# Ein Garten Eden

Meisterwerke der botanischen Illustration

# Garden Eden

Masterpieces of botanical illustration

# Un Jardin d'Eden

Chefs-d'œuvre de l'illustration botanique

Österreichische
NationalBibliothek

H. Walter Lack

# Ein Garten Eden

## Meisterwerke der botanischen Illustration

# Garden Eden

## Masterpieces of botanical illustration

# Un Jardin d'Eden

## Chefs-d'œuvre de l'illustration botanique

TASCHEN

KÖLN LONDON MADRID NEW YORK PARIS TOKYO

FRONT COVER:
*Cucumis melo* L., Melon

SPINE:
*Citrus medica* L., Citron

BACK COVER:
*Magnolia grandiflora* L., Evergreen Magnolia


Hohenzollernring 53, D-50672 Köln
**www.taschen.com**


Project coordination: Anton Knoll, Vienna

Project management: Petra Lamers-Schütze, Cologne
Editorial coordination: Brigitte Beier, Hamburg; Thierry Nebois, Cologne
Design: Claudia Frey, Cologne
Production: Ute Wachendorf, Cologne

English translation: Martin Walters, Cambridge
French translation: Thérèse Chatelain-Südkamp & Michèle Schreyer, Cologne

Printed in Italy
ISBN 3-8228-5727-0 [German]
ISBN 3-8228-1521-7 [English]
ISBN 3-8228-1522-5 [French]

# INHALTSVERZEICHNIS | CONTENTS | SOMMAIRE

# VORWORT | FOREWORD | PRÉFACE

Mit ihrer Ausstellungs- und Publikationstätigkeit will die Österreichische Nationalbibliothek über den Kreis ihrer Leser hinaus dem allgemeinen Publikum Einblicke in ihre reichen historischen Sammlungen verschaffen. Oft handelt es sich dabei um die Präsentation von Objekten oder ganzen Beständen, die erstmals gezeigt werden. In der ersten Prunksaalausstellung des neuen Jahrhunderts stellt die Bibliothek erstmals eine hochkarätige Auswahl botanischer Motive aus ihren Sammlungen vor. Sie ist der Anlaß für das vorliegende Buch.

Die Österreichische Nationalbibliothek besitzt einen der umfangreichsten und bedeutendsten Bestände botanischer Darstellungen verschiedenster Art weltweit. Ihre Geschichte und die Geschichte der botanischen Illustration beginnt mit dem *Codex Aniciae Julianae* (Cod. Med. gr. 1), dem sogenannten *Wiener Dioskurides*, einer pharmakologisch-botanischen Prachthandschrift, vor 512 in Byzanz entstanden. Zusammen mit dem gesamten Fonds der griechischen Handschriften der Österreichischen Nationalbibliothek wurde der Codex im Jahr 1997 als eines der ersten handgeschriebenen Bücher weltweit in die UNESCO-Liste »Memory of the World« aufgenommen.

Mit ihren botanischen Kostbarkeiten präsentiert sich die Österreichische Nationalbibliothek in der vorliegenden Publikation und in der gleichnamigen Ausstellung wahrhaftig als ein Garten Eden. Die zeitliche Dimension der Ausstellung reicht von frühbyzantinischer Buchmalerei bis zu Rotationsdrukken aus dem Jahr 2000. Erstmals erscheint ein Buch zu einer Ausstellung der Österreichischen Natio-

Through its exhibitions and publications, the Austrian National Library desires to reach beyond its traditional circle of readers and offer the general public insight into its rich historical collections. Often this aim can be achieved by placing objects or entire collections on display for the first time. Now, in this splendid first exhibition of the new century in the Great Hall, the Library is presenting for the first time a venerable selection of botanical motifs from its collections. This exhibition has also given rise to the present book.

The Austrian National Library possesses one of the world‘s most significant, comprehensive and wide-ranging collections of botanical illustrations. The history of this collection – as of botanical illustration – begins with the *Codex Aniciae Julianae* (Cod. Med. gr. 1), the so-called *Vienna Dioscorides*, a magnificent pharmacological and botanical manuscript produced before 512 in Byzantium. In 1997 the Codex, one of the first hand-written books, was to be placed together with the entire deposit of Greek manuscripts held by the Austrian National Library, on the UNESCO list “Memory of the World”.

In the present book and exhibition, the Austrian National Library presents itself and its botanical treasures as a true garden Eden.
The chronological dimensions of the exhibition reach from early Byzantine illuminated manuscripts to works produced by the rotary press in the year 2000. For the first time, a book accompanying an exhibition of the Austrian National Library is appearing in trilingual format – along with approximately 500 illustrations drawn from the Library’s comprehensive holdings.

Avec ses expositions et ses publications, l’Österreichische Nationalbibliothek veut donner au public, au-delà du cercle de ses lecteurs, un aperçu de ses riches collections historiques. Il s’agit souvent ici de montrer pour la première fois des objets isolés ou des fonds complets. A l’occasion de la première exposition du XXIe siècle dans la Salle d’apparat, la Bibliothèque présente de manière inédite une sélection des plus beaux motifs botaniques de ses collections. C’est elle qui est à l’origine du présent ouvrage.

L’Österreichische Nationalbibliothek possède l’une des collections les plus vastes et les plus importantes au monde de représentations botaniques les plus diverses. Son histoire, et l’histoire de l’illustration botanique, commence avec le *Codex Aniciae Julianae* (Cod. Med. gr. 1), dit *Dioscoride de Vienne*, un manuscrit enluminé traitant de pharmacologie et de botanique, réalisé avant l’année 512 à Byzance. En 1997, avec le fonds intégral des manuscrits grecs de l’Österreichische Nationalbibliothek, le Codex a été inscrit sur la liste « Mémoire du monde » de l’UNESCO comme l’un des premiers livres écrits à la main. Avec ses merveilles botaniques, l’Österreichische Nationalbibliothek apparaît dans le présent ouvrage et dans l’exposition du même nom comme un véritable jardin d’Eden. Pour ce qui est de son étendue dans le temps, l’exposition commence avec l’enluminure des premiers temps byzantins et s’achève sur les impressions par rotative de l’an 2000. C’est la première fois qu’un livre accompagnant une exposition de l’Österreichische Nationalbibliothek paraît en trois langues – avec environ 500 illustrations d’objets originaires des vastes collections de notre maison.

nalbibliothek dreisprachig – mit rund 500 Abbildungen aus den umfassenden Sammlungen unseres Hauses.

Mein Dank gilt in erster Linie Prof. Dr. H. Walter Lack, Direktor am Botanischen Garten und Botanischen Museum Berlin-Dahlem der Freien Universität Berlin. Von ihm stammen Idee, Konzept und alle Texte zur Ausstellung. Ich danke jenen Sammlungen des Hauses, die die Objekte zur Verfügung stellen; das sind vor allem die Sammlung von Inkunabeln, alten und wertvollen Drucken, die Porträtsammlung, das Bildarchiv und die Fideikommissbibliothek sowie die Handschriftensammlung. Mein Dank gilt ebenso dem Institut für Restaurierung und der Abteilung für Öffentlichkeitsarbeit für die Organisation des gesamten Projekts.

Ich bin überzeugt, daß Buch und Ausstellung, die wir, wie üblich, ausschließlich aus eigenen Beständen ausstatten, erfolgreich an frühere Ausstellungen anknüpfen wird.

*Hans Marte*
Generaldirektor der Österreichischen Nationalbibliothek

My greatest thanks go to Prof. Dr. Walter Lack, director of the Botanic Garden and the Botanical Museum Berlin-Dahlem of the Free University of Berlin. He provided not only the initial idea and the general concept for the project, but also all texts. I would also like to thank all the various Library collections which made the objects available, particularly the Department of Incunabula, Old and Rare Prints; the Portrait Collection, Picture Archive and Family Trust Library; as well as the Department of Manuscripts. For the organization of the entire project, my gratitude is also due to the Institute for Restoration and the Department of Public Relations.

I am convinced that this book and the exhibition – both of which we drew, as always, entirely from our own resources – constitute a worthy successor to our other exhibitions.

*Hans Marte*
General Director of the Austrian National Library

Je tiens en premier lieu à remercier le Prof. Dr H. Walter Lack, directeur aux Jardin et Musée Botaniques de Berlin-Dahlem de l'Université libre de Berlin. Il a eu l'idée de cette exposition, l'a conçue et a écrit tous les textes qui l'accompagnent. Je remercie les responsables des collections de la maison qui mettent les objets à notre disposition ; ce sont en particulier la collection d'incunables, d'anciens imprimés précieux, la collection de portraits, les archives d'images et la Fideikommissbibliothek ainsi que la collection de manuscrits. Je remercie également l'Institut de restauration et le Département des relations publiques qui a organisé le projet dans son ensemble.

Je suis convaincu que le livre et l'exposition qui n'abritera, comme le veut l'usage, que des objets issus de nos propres fonds, renouera avec succès avec des expositions antérieures.

*Hans Marte*
Directeur général de l'Österreichische Nationalbibliothek

# Von der Mannigfaltigkeit des Pflanzenreiches
# On the Diversity of the Plant Kingdom
# De la diversité du règne végétal

Die Idee zu dem Projekt *Ein Garten Eden* entstand am 11. September 1998 in der Staatsbibliothek in Berlin: An diesem Tag wurde die von der Österreichischen Nationalbibliothek organisierte Ausstellung »Musikjahrhundert: Wien 1797–1897« im Beisein ihres Generaldirektors Dr. Hans Marte eröffnet. Der Autor wies im Gespräch Herrn Dr. Marte darauf hin, daß die von ihm geleitete Bibliothek auch einen außerordentlichen Schatz von botanischen Werken besitzt – Handschriften, Drucke, Bilder, Wachsmodelle. Rasch war die Idee geboren, diese selbst unter Kennern wenig bekannten Objekte in einer Ausstellung im Prunksaal der Österreichischen Nationalbibliothek dem Publikum vorzustellen. Dabei war es leicht, sich mit Herrn Dr. Marte über Grundsätzliches zu einigen: Das Projekt sollte sich auf Meisterwerke der botanischen Illustration beschränken, jedoch keine zeitlichen, räumlichen und thematischen Grenzen kennen; das Projekt sollte auf Leihgaben verzichten, was umso leichter fiel, als eine Fülle von hervorragenden Stücken zur Verfügung stand; das Projekt sollte bemerkenswertes Material aus möglichst vielen Abteilungen der Österreichischen Nationalbibliothek zeigen.

Die Idee zu einem Begleitband *Ein Garten Eden* wurde zwar von Anfang an ins Auge gefaßt, konnte aber erst konkrete Formen annehmen, als der Autor im folgenden Jahr mit Frau Dr. Petra Lamers-Schütze vom Taschen Verlag zusammentraf. Sie war sofort Feuer und Flamme und verstand es auch, ihre Begeisterung auf den Verleger, Herrn Benedikt Taschen, Köln, zu übertragen. Auch hier war es leicht, sich über Grundsätzliches zu einigen: Das Projekt sollte die Abbildungen in den Vordergrund stellen, die Texte sollten in englischer, französischer und deutscher Sprache gedruckt werden, der Band insge-

The idea for the project *A Garden Eden* arose on 11 September 1998 in the Staatsbibliothek (State Library) in Berlin. This was the opening day of the exhibition *A Century of Music: Vienna 1797–1897*, organized by the Österreichische Nationalbibliothek (Austrian National Library) and opened in the presence of the latter library's Director General, Dr. Hans Marte. In conversation, the author drew to the attention of Dr. Marte the fact that the library of which he was in charge also possesses an extraordinary wealth of botanical works – manuscripts, prints, pictures and wax models. The idea quickly formed to exhibit these objects (little-known even among experts) in an exhibition in the Great Hall of the Austrian National Library. It was easy to come to an agreement with Dr. Marte on the fundamentals: to focus the project on masterpieces of botanical illustration, but with no temporal, spatial or thematic restrictions; not to include loaned material, all the easier since there is such a wealth of outstanding pieces at the library's disposal; also to display notable material from as many departments of the Austrian National Library as possible.

While the idea for an accompanying volume *A Garden Eden* was considered from the beginning, it only assumed concrete form after the author met Dr. Petra Lamers-Schütze of Taschen Verlag the following year. She was immediately full of enthusiasm and was also able to communicate this to the publisher, Benedikt Taschen of Cologne. Also on this occasion it was easy to come to an agreement on fundamentals. It was decided that the project should give pride of place to the illustrations; that the texts should be printed in English, French and German; and that the volume should above all convey pleasure in the diversity of the plant

C'est le 11 septembre 1998 à la Staatsbibliothek de Berlin qu'est née l'idée du projet *Un Jardin d'Eden* : ce jour-là, une exposition organisée par l'Österreichische Nationalbibliothek et baptisée « Musikjahrhundert : Wien 1797–1897 » (Un siècle de musique : Vienne 1797–1897) était inaugurée en présence de son directeur général, le Dr Hans Marte. Pendant la conversation, l'auteur fit remarquer au Dr Marte, que la bibliothèque qu'il dirige recèle aussi des trésors peu communs sur le plan de la botanique – manuscrits, gravures, illustrations, modèles en cire. Rapidement, on décida d'organiser une exposition dans la salle d'apparat de l'Österreichische Nationalbibliothek pour présenter au public ces objets dont même les connaisseurs ignorent l'existence. Il fut facile de se mettre d'accord avec le Dr Marte sur les points essentiels : le projet ne présenterait que des chefs-d'œuvre de l'illustration botanique, sans toutefois connaître de limites temporelles, géographiques ou thématiques ; il renoncerait à exposer des objets prêtés, ce qui serait d'autant plus aisé qu'une quantité de pièces hors du commun étaient disponibles ; il fallait présenter un matériel exceptionnel provenant du plus grand nombre de départements possible de la Bibliothèque Nationale d'Autriche.

Dès le départ on envisagea de rédiger un ouvrage qui accompagnerait l'exposition « Un Jardin d'Eden », mais l'idée ne prit vraiment forme que lorsque l'auteur, l'année suivante, eut une entrevue avec le Dr Petra Lamers-Schütze des éditions Taschen. Le projet la passionna immédiatement et elle réussit à communiquer son enthousiasme à l'éditeur Benedikt Taschen de Cologne. Ici aussi, il fut facile de s'entendre sur les points essentiels : les illustrations devaient avoir la primeur, l'édition serait tri-

samt die Freude an der Mannigfaltigkeit des Pflanzenreichs im allgemeinen und an Meisterwerken der botanischen Illustration im besonderen vermitteln. Durch großzügige Bebilderung sollte es dem Leser möglich werden, in kostbaren Werken zu blättern.

Was folgte, geschah in Wien, Berlin und Köln: die Auswahl der Objekte durch den Autor und die Photoarbeiten durch das Atelier der Österreichischen Nationalbibliothek in Wien, die Niederschrift des Textes durch den Autor in Berlin, das Layout durch Frau Dr. Lamers-Schütze in Köln. Eine zentrale Rolle in dieser Phase des Projekts spielten Mag. Anton Knoll, der Leiter der Abteilung Öffentlichkeitsarbeit und Ausstellungen der Österreichischen Nationalbibliothek, und die Homepage dieser Institution – viele Fragen konnten so auf elektronischem Weg von Berlin aus geklärt werden. Brigitte Beier lektorierte und koordinierte mit Thierry Nebois die Texte. Den Aufbau der Ausstellung »Ein Garten Eden« leitete dann mit dem für ihn charakteristischen Schwung und Enthusiasmus Mag. Knoll.

Der vorliegende Band will nicht nur die Meisterwerke der botanischen Illustration in der Österreichischen Nationalbibliothek vorstellen, sondern in dem hier gebotenen Querschnitt durch Zeit, Raum, Themen und Techniken aufzeigen, wie der kritisch denkende, beobachtende und zeichnende Mensch sich über die Jahrhunderte mit der ihn umgebenden Pflanzenwelt auseinandergesetzt hat und wie er sie im Bild naturgetreu festzuhalten versuchte. So schufen Generationen einen Garten Eden – überwiegend auf Papier, in Einzelfällen auf Pergament und in Wachs. Durch ihn zu wandern wird der Leser hiermit eingeladen.

kingdom in general and in masterpieces of botanical illustration in particular. Generous illustration would enable the reader to leaf through valuable works.

What followed took place partly in Vienna, partly in Berlin, and partly in Cologne: the selection of objects by the author and the photographic work carried out by the studio of the Austrian National Library in Vienna, the writing of the text by the author in Berlin, and the layout by Dr. Petra Lamers-Schütze in Cologne. In this phase of the project a central role was played by Mag. Anton Knoll, head of the Department of Public Relations and Exhibitions at the Austrian National Library, and by the homepage of this institution – many questions were resolved from Berlin via the electronic route. Brigitte Beier edited and coordinated the texts with Thierry Nebois. With his characteristic drive and enthusiasm Mag. Anton Knoll subsequently supervised the mounting of the exhibition "A Garden Eden".

This volume aims not only to display the masterpieces of botanical illustration of the Austrian National Library, but to demonstrate, through a cross-section of time, space, themes and techniques, how human beings, with their capacity for critical thought, observation and drawing, have concerned themselves over the centuries with the flora which surrounds them and how they have attempted to capture this in naturalistic illustration. Thus generations created a Garden of Eden – predominantly on paper, and occasionally on parchment or in wax – through which the reader is herewith invited to wander.

lingue – anglais, français et allemand ; le volume dans son intégralité devait communiquer au lecteur le plaisir que procurent la diversité du royaume végétal en général et la contemplation des chefs-d'œuvre de l'illustration botanique en particulier. Grâce aux nombreuses illustrations, le lecteur aurait la possibilité de feuilleter des ouvrages précieux.

Ensuite, tout se déroula entre Vienne, Berlin et Cologne : à Vienne, l'atelier de l'Österreichische Nationalbibliothek photographia les objets choisis par l'auteur qui, de son côté, rédigeait les textes à Berlin, tandis que le Dr Lamers-Schütze, à Cologne, veillait à réaliser une première maquette. Durant cette phase du projet, le Mag. Anton Knoll, directeur des relations publiques et des expositions de l'Österreichische Nationalbibliothek et le site internet de cette institution ont joué un rôle capital – de nombreuses questions ont pu ainsi être réglées à partir de Berlin. Brigitte Beier a édité et coordonné les textes avec Thierry Nebois. Le Mag. Knoll a ensuite géré l'aménagement de l'exposition « Un Jardin d'Eden », avec l'enthousiasme et l'élan qui le caractérisent.

Présenter les chefs-d'œuvre de l'illustration botanique de l'Österreichische Nationalbibliothek n'est pas notre seule intention. Le présent ouvrage veut montrer, en voyageant dans le temps autour du monde et en abordant les divers thèmes et techniques, comment l'homme à l'esprit critique qui observe et dessine a étudié au cours des siècles l'univers végétal et comment il a tenté de reproduire fidèlement ce qu'il voyait. Des générations d'illustrateurs ont ainsi créé un jardin d'Eden – sur papier, dans des cas isolés sur du vélin et en cire. Nous invitons le lecteur à le parcourir.

**Schätze der Österreichischen Nationalbibliothek**

Die Österreichische Nationalbibliothek in Wien bezeichnet sich stolz auf ihrer Homepage als »historische Universalbibliothek, die das reiche kulturelle und geistige Erbe vieler europäischer und außereuropäischer Völker verwahrt«. Dies ist keine Übertreibung: Hier findet sich außerordentlich umfangreiches und unersetzliches Schrift- und Bildmaterial aus allen Kontinenten und aus vielen Jahrhunderten. Hervorgegangen aus der kaiserlichen Hofbibliothek, nimmt die Österreichische Nationalbibliothek die Funktion einer Zentralbibliothek für die Republik Österreich wahr und zählt mit der British Library in London, der Bibliothèque Nationale in Paris und der Staatsbibliothek in Berlin zu den führenden derartigen Sammlungen in Europa.

Weltbekannt ist die Österreichische Nationalbibliothek durch ihren märchenhaften Bestand an Papyri, Handschriften, Landkarten, Globen, Inkunabeln und Musicalia. Wie hier darzulegen sein wird, besitzt diese Bibliothek aber auch eine ebenso märchenhafte Sammlung an botanischer Literatur – von der Renaissance bis zur Wende vom 19. ins 20. Jahrhundert. Dafür gibt es vor allem drei Gründe:

(1) Jahrhundertelang war die Hofbibliothek in Wien auch die Bibliothek der kaiserlichen Leibärzte und Hofapotheker. Da Pharmazie und Botanik gemeinsame Wurzeln besitzen und lange Zeit der überwiegende Anteil des Arzneimittelschatzes pflanzlichen Ursprungs war, erwarb man auch botanische Literatur, wofür unter anderem ein reicher Bestand an Kräuterbüchern spricht.

**Treasures of the Austrian National Library**

On its homepage, the Austrian National Library in Vienna proudly declares itself "a historical universal library housing the rich cultural and intellectual heritage of many European and non-European nations". This is no exaggeration: the library contains extraordinarily wide-ranging and irreplaceable written and illustrative material from all continents and from many different centuries. The Austrian National Library had its origins in the Imperial Court Library and fulfils the function of a central library for the Republic of Austria. It is among the leading collections of its kind in Europe, along with the British Library in London, the Bibliothèque Nationale in Paris and the Staatsbibliothek in Berlin.

Throughout the world, the Austrian National Library is known for its fabulous holdings in papyrus, manuscripts, maps, globes, incunabula and printed music. As will be explained here, this library also possesses an equally marvellous collection of botanical literature – from the Renaissance to the turn of the 19th and 20th centuries. There are three main reasons for this:

(1) For centuries the Court Library in Vienna was also the library of the personal physicians of the Emperor and of the court apothecaries. Since pharmaceutics and botany share common roots and for a long time most medicines derived directly from plants, the library also acquired botanical literature – an activity attested to for example by the large number of herbals.

(2) the wide-ranging political interests of the Imperial family and the key position of Vienna in Central Europe are reflected in the equally

**Les trésors de l'Österreichische Nationalbibliothek**

Le site internet de l'Österreichische Nationalbibliothek de Vienne désigne fièrement celle-ci comme une « bibliothèque universelle historique qui préserve le riche patrimoine culturel et spirituel de nombreuses nations européennes et non-européennes ». On n'y verra aucune exagération : une compilation incroyablement vaste de matériel pictural et écrit irremplaçable, recueillie dans le monde entier, a été amassée ici au cours des siècles. Issue de la Bibliothèque Impériale de Vienne, l'Österreichische Nationalbibliothek est la bibliothèque centrale de la république d'Autriche et abrite avec la British Library de Londres, la Bibliothèque Nationale de Paris et la Staatsbibliothek de Berlin les plus grandes collections en Europe.

L'Österreichische Nationalbibliothek est connue sur le plan international pour les trésors fabuleux qu'elle a réunis sous forme de papyrus, manuscrits, cartes géographiques, mappemondes, incunables et partitions. Mais elle abrite aussi, ainsi que nous l'exposerons, une collection tout aussi mythique sur le plan de la littérature botanique et qui va de la Renaissance au tournant du XIXe au XXe siècle. Et cela surtout pour trois raisons :

(1) Pendant des siècles, la Bibliothèque de la Cour de Vienne fut aussi celle des médecins personnels de l'Empereur et des apothicaires de la Cour. La pharmacie et la botanique ayant des racines communes et la plus grande partie des remèdes ayant été longtemps d'origine végétale, la bibliothèque acquit aussi des écrits de botanique, ce dont témoignent les nombreux livres sur les plantes médicinales.

(2) Die weitgespannten politischen Interessen des Kaiserhauses und die zentrale Position Wiens in Mitteleuropa spiegeln sich in einer ebenso weitgespannten Erwerbungstätigkeit wider, die erst im späten 19. Jahrhundert nachläßt. So finden sich in der Österreichischen Nationalbibliothek botanische Werke aus allen Teilen Europas, auch aus Orten weit außerhalb der politischen Einflußsphäre des Kaiserhauses – aus St. Petersburg und London ebenso wie aus Uppsala und Rom. Dem Repräsentationsbedürfnis des Kaiserhauses entspricht auch die Erwerbung von botanischen Prachtwerken, von denen viele im Prunksaal, dem vielleicht schönsten Bibliothekssaal der Welt (Frontispiz), ihren Aufstellungsort fanden.

(3) Die von Franz I., Kaiser von Österreich, dem „Blumenkaiser", gegründete Fideikommissbibliothek des Hauses Habsburg-Lothringen enthält einen großartigen Bestand an botanischer Literatur, der von seinem Sohn Ferdinand I., Kaiser von Österreich, noch erweitert wurde. Nach dem Ende des Ersten Weltkriegs kam diese Sammlung an die aus der kaiserlichen Hofbibliothek hervorgegangene Nationalbibliothek. Diese auch heute weitgehend getrennt aufbewahrte Kollektion ist reich an Seltenheiten und enthält mehrere bisher weitgehend unerforschte Florilegien, wie sie in dieser Reichhaltigkeit nur an ganz wenigen Stellen auf der Welt anzutreffen sind.

Dieser glänzenden Vergangenheit steht auf dem Gebiet der botanischen Literatur eine nicht so glänzende Gegenwart gegenüber. Die Österreichische Nationalbibliothek betrachtet sich heute primär als Universalbibliothek geistesgeschichtlicher Prägung mit einem Sammelschwerpunkt auf in Österreich

wide-ranging acquisitions of the library, which diminished only in the late 19th century. Thus there are botanical works in the Austrian National Library from all parts of Europe, far beyond the political sphere of influence of the Imperial family – from St. Petersburg and London, as well as from Uppsala and Rome. The Imperial family's need for prestige is also attested to by the acquisition of magnificent botanical works, of which many found their place in the Great Hall, perhaps the most beautiful library hall in the world (see frontispiece).

(3) The Fideikommissbibliothek des Hauses Habsburg-Lothringen (Hapsburg-Lothringen Family Trust Library), founded by Francis I, Emperor of Austria, "the flower emperor", contains magnificent holdings in botanical literature. These were further increased by his son Ferdinand I, Emperor of Austria. After the end of the First World War, this collection came to the National Library. Today largely kept separately, it is rich in rarities and contains several hitherto largely unresearched florilegia. Indeed, they are to be found in such abundance only in very few places in the world.

In the province of botanical literature, this brilliant past contrasts with a much less brilliant contemporary situation. Today the Austrian National Library regards itself primarily as a universal library oriented toward the history of ideas, with emphasis on literature published in or related to Austria. Botanical literature published outside Austria is only rarely acquired today by the Austrian National Library.

No attempt will be made here to sketch the history of the acquisition of the botanical holdings at the Austrian National Library. It would also be

(2) Les intérêts politiques très vastes de la maison impériale et le rayonnement de Vienne au cœur de l'Europe centrale sont reflétés par les nombreuses acquisitions faites, une activité qui ne se relâchera qu'à la fin du XIXe siècle. On trouve ainsi à l'Österreichische Nationalbibliothek des ouvrages de botanique originaires de tous les pays d'Europe, et même de pays très éloignés de la sphère d'influence politique de la maison impériale – ils viennent de Saint-Pétersbourg et de Londres tout aussi bien que d'Uppsala et de Rome. Au besoin de représentation de la maison impériale correspond aussi l'acquisition d'ouvrages de botanique luxueux, dont beaucoup étaient exposés dans la Salle d'apparat qui abrite sans doute la plus belle bibliothèque du monde entier (frontispice).

(3) La Fideikommissbibliothek de la Maison de Habsbourg-Lorraine créée par l'empereur François Ier d'Autriche, dit l'Empereur des fleurs, possède un fonds botanique grandiose que son fils Ferdinand Ier s'attacha encore à développer. Après la Première Guerre mondiale, cette collection fut intégrée à la Bibliothèque Nationale issue de la Bibliothèque Impériale. Cette collection qui est encore conservée séparément aujourd'hui comprend de nombreux ouvrages rares et plusieurs florilèges qui n'ont pas encore fait l'objet d'études et dont la richesse est pratiquement inégalée.

Dans le domaine de la littérature botanique, ce passé glorieux est confronté à un présent qui l'est moins. L'Österreichische Nationalbibliothek se conçoit aujourd'hui en premier lieu comme une bibliothèque universale axée sur les Lettres et dont le point fort est la littérature parue en

erscheinender bzw. Österreich betreffender Literatur. Botanisches Schrifttum, das außerhalb von Österreich gedruckt wird, gelangt heute nur selten in die Österreichische Nationalbibliothek.

An dieser Stelle wird kein Versuch unternommen, die Erwerbungsgeschichte der in der Österreichischen Nationalbibliothek aufbewahrten botanischen Bestände zu skizzieren. Es wäre auch falsch, einen roten Faden zu sehen, wo es keinen gibt, denn vieles war durch Zufälle bestimmt: Zwar wurde das älteste und berühmteste hier dargestellte Werk, der vor 512 in Byzanz entstandene *Codex Aniciae Julianae* (Nr. 1) bereits im Jahre 1569 von der kaiserlichen Hofbibliothek erworben, der fast ebenso bedeutende, um 1550 in Tübingen entstandene *Codex Fuchs* (Nr. 3) aber erst im späten 18. Jahrhundert. Besonders wertvolle Unikate aus dem Frankreich von Ludwig XIV. und XV. kamen durch den Ankauf der Bibliothek des Prinzen Eugen von Savoyen an die kaiserliche Hofbibliothek, und die durch vorzüglich kolorierte Exemplare vertretenen Kräuterbücher der Fideikommissbibliothek ließ Franz I., Kaiser von Österreich, sogar noch später kaufen.

### Meisterwerke der botanischen Illustration

Aus der Fülle des Vorhandenen wurden illustrierte botanische Werke und botanische Bildersammlungen ausgewählt, denn es ist nicht der Text, sondern die naturgetreue Pflanzenabbildung, die hier im Mittelpunkt der Aufmerksamkeit stehen soll. So verstehen sich die hundert hier näher zu beschreibenden Objekte nicht als Aneinanderreihung der Meilensteine botanischer Forschung oder als Anhäufung

wrong to locate a pattern where there is none, for much was determined by chance. Whereas the oldest and most famous work presented here, the *Codex Aniciae Julianae* (No. 1), which dates from before 512 and stems from Byzantium, was acquired by the Imperial Court Library as early as 1569, the *Codex Fuchs* (No. 3), which is almost as important and which was produced in Tübingen around 1550, was not acquired until the late 18th century. Unique items of particular value from the France of Louis XIV and XV came from the purchase of the library of Prince Eugene of Savoy by the Imperial Court Library, and the herbals of the Family Trust Library, which are represented by excellently coloured copies, were purchased even later at the behest of Francis I, Emperor of Austria.

### Masterpieces of Botanical Illustration

Illustrated botanical works and collections of botanical illustrations were chosen from the enormous wealth of material available, as it is not the written text, but rather the naturalistic plant illustration which is meant to be the centre of attention here. Thus the hundred objects described here in more detail should be regarded not as a compilation of the milestones of botanical research or as the accumulation of rare botanical works, but as a cross-section of botanical illustration – in time, space, technique and range of topics covered. While the emphasis is on the naturalistic representation of flowering plants, nonetheless other plant groups – algae, mosses and ferns, as well as fungi and lichens – are also represented. Microscopic depictions of plants or plant parts were excluded, because more extensive commentaries would have been necessary to clarify these;

Autriche ou se référant à l'Autriche. Les traités de botanique qui ne sont pas imprimés en Autriche ne parviennent que rarement à l'Österreichische Nationalbibliothek.

Nous ne tenterons pas ici de décrire l'histoire de l'acquisition des ouvrages de botanique conservés à l'Österreichische Nationalbibliothek. Il ne serait pas correct de voir un fil directeur là où il n'y en a pas, car le hasard a souvent bien fait les choses. En effet, si la Bibliothèque Impériale acheta, dès 1569, le *Codex Aniciae Julianae* (n° 1) créé à Byzance avant 512 et qui est l'ouvrage le plus ancien et le plus célèbre présenté ici, elle n'acquit qu'à la fin du XVIIIe siècle le *Codex Fuchs* (n° 3) créé en 1550 à Tübingen et presque aussi important. Des pièces françaises uniques très précieuses de l'époque de Louis XIV et de Louis XV parvinrent à la Bibliothèque Impériale quand la Bibliothèque du prince Eugène de Savoie fut vendue. Quant aux livres sur les plantes médicinales de la Fideikommissbibliothek, représentés par des exemplaires superbement coloriés, l'empereur François Ier d'Autriche les fit acheter plus tard encore.

### Les chefs-d'œuvre de l'illustration botanique

Des ouvrages botaniques illustrés et des compilations d'illustrations de plantes ont été sélectionnés à partir de ce riche patrimoine, car c'est la reproduction fidèle de la plante qui doit retenir notre attention ici et non le texte. Il faut donc concevoir les 100 ouvrages étudiés ici non comme une liste des étapes franchies par l'exploration botanique ou comme un inventaire d'ouvrages rares sur ce thème, mais comme un aperçu de l'illustration botanique à travers les âges – époques et lieux, thèmes et

von seltenen Werken botanischen Inhalts, sondern als Querschnitt durch die botanische Illustration – in Zeit, Raum, Themen und Technik. Dabei liegt der Schwerpunkt zwar auf der naturalistischen Darstellung von Blütenpflanzen, doch werden auch die anderen Pflanzengruppen – Algen, Moose, Farne sowie Pilze und Flechten – berücksichtigt. Mikroskopische Darstellungen von Pflanzen bzw. Pflanzenteilen wurden ausgeschlossen, weil zu ihrem Verständnis umfangreichere Erläuterungen nötig gewesen wären; von dieser Grundlinie wird nur in einem für die Pharmaziegeschichte besonders bemerkenswerten Fall (Nr. 95) abgewichen.

Das Wort »Meisterwerk« bedarf eines kurzen Kommentars. Darunter wird hier immer das Meisterwerk in der betreffenden Zeit verstanden. Mit verbesserten optischen Hilfsmitteln wie Lupen und Mikroskopen und mit einer reicheren Palette an Pigmenten kann man exakter arbeiten und sich dem darzustellenden Objekt stärker annähern; an ein Meisterwerk der Barockzeit sind daher andere Maßstäbe anzulegen als an ein Meisterwerk des frühen 19. Jahrhunderts.

Die Beschränkung auf Meisterwerke hatte zur Konsequenz, daß in Zeitschriften erschienene Pflanzenabbildungen grundsätzlich ausgeschlossen wurden, denn sie sind den gleichzeitig in selbständigen Werken publizierten Pflanzenabbildungen in der Regel qualitativ deutlich unterlegen. Hinzu kam, daß der in der Österreichischen Nationalbibliothek vorhandene Bestand an botanischen Zeitschriften, die ihre Blüte im 19. und 20. Jahrhundert erlebten, nur als mager zu bezeichnen ist. Ausgeschlossen blieben weiters alle Drucke vor 1530, weil sie nur fallweise naturgetreue Pflanzendarstellungen enthalten,

only one exception is made to this rule, in a case particularly notable for the history of pharmaceutics (No. 95).

The word "masterpiece" requires a brief explanation. Masterpiece is always understood here in the context of the period in question: with improved optical aids, such as magnifying glasses and microscopes, and with a richer palette of pigments, one can work more exactly and represent the subject to be portrayed even more accurately, so that different criteria should be applied to a masterpiece of the baroque age from those applied to a masterpiece of the early 19th century. One consequence of limiting the range of the exhibition to masterpieces is that plant illustrations which appeared in journals have been excluded as a matter of principle, as they are as a rule clearly of a lower quality than plates which appeared at the same time in independent works. There was also the fact that the Austrian National Library's holdings in botanical journals, which experienced their high point in the 19th and 20th centuries, can only be described as meagre. Furthermore, all prints before 1530 were excluded, because these only occasionally contained naturalistic representations of plants. Also excluded, with the exception of one work (No.1), are all manuscripts from this period, because, if the works included naturalistic plant illustrations at all, these were only accorded the status of decorative material of secondary importance. A rather balanced cross-section from 1530 to 2000 was sought, giving particular consideration to the golden century of botanical illustration (1750–1850). Admittedly no selection of this kind is free of personal preferences, and for this the author asks forbearance. With regard to the individual works presented here, the state

techniques. L'accent est mis, bien sûr, sur une représentation naturaliste des spermatophytes, mais d'autres plantes sont aussi prises en compte – algues, mousses, fougères ainsi que champignons et lichens. Nous avons renoncé aux représentations microscopiques de plantes ou de fragments de plantes, car des explications plus vastes auraient été nécessaires à leur compréhension; nous ne nous sommes écartés de ce principe que dans un cas particulièrement remarquable pour l'histoire de la pharmacie (n° 95).

Il convient de commenter brièvement le mot « chef-d'œuvre ». Nous ne considérons ici cette « œuvre accomplie » que dans le cadre de l'époque où elle a été créée : l'apparition d'outils sophistiqués, loupes et microscopes par exemple, et d'un plus grand choix de pigments, ont facilité le travail du dessinateur sur le plan de l'exactitude des données et de la précision dans le rendu. On ne peut donc juger à la même aulne un chef-d'œuvre de l'ère baroque et un chef-d'œuvre du début du XIXe siècle.

Le fait de ne présenter que des chefs-d'œuvre eut aussi pour conséquence d'écarter de prime abord les illustrations de plantes publiées dans les magazines, car elles sont manifestement inférieures sur le plan qualitatif aux planches parues en même temps dans des ouvrages indépendants. Il faut ajouter que le fonds de revues botaniques disponibles à l'Österreichische Nationalbibliothek et qui ont connu leur apogée au XIXe et au XXe siècle, est plutôt maigre. En outre tous les ouvrages imprimés antérieurs à 1530 ont été écartés parce qu'ils ne contiennent que sporadiquement des illustrations botaniques fidèles à la nature ; on a procédé de même – si on excepte un ouvrage (n° 1) – pour tous les manuscrits de cette époque, en effet dans le cas improbable où ils mon-

sowie – mit Ausnahme eines Werks (Nr. 1) – alle Handschriften aus dieser Zeit, da sie, wenn überhaupt, naturgetreue Pflanzenabbildungen oft nur als dekoratives Beiwerk enthalten. Angestrebt wurde ein einigermaßen ausgewogener Querschnitt von 1530 bis 2000, wobei das goldene Jahrhundert der botanischen Illustration (1750–1850) besondere Berücksichtigung fand. Freilich ist jede derartige Auswahl nie frei von persönlichen Vorlieben, für die der Autor um Verständnis bittet. Unausgewogen ist allerdings der Forschungsstand zu den einzelnen Objekten; dieses spiegelt sich naturgemäß in den Beschreibungen wider.

### Botanische Illustration – Zweck und Technik

Zweck jeder botanischen Illustration ist es, ein genaues Bild einer Pflanze oder von Pflanzenteilen zu geben. Es gilt, die oft kurzlebige und fragile Struktur einer Pflanze so präzise festzuhalten, daß der Betrachter in die Lage versetzt wird, ihre Identität zu bestimmen und die Pflanze wiederzuerkennen. Botanische Illustrationen haben sehr wenig mit Kunst zu tun, sie zählen zum Gebiet der Naturwissenschaften, ästhetische Überlegungen sind gänzlich unangebracht, und Schönheit ist ein angenehmer, jedoch völlig irrelevanter Nebeneffekt. Im Idealfall ist eine anonyme botanische Illustration weder datierbar noch zuschreibbar. Die Wiedererkennbarkeit der Pflanze in einer botanischen Illustration zu fordern ist eine Prämisse westlichen Denkens, die sich auf die griechische Spätantike zurückführen läßt. Die östlichen Traditionen kennen diese Forderung nicht, obwohl einige wenige ostasiatische Pflanzen-

of research is uneven – a situation which is of course reflected in the texts concerning the works.

#### Botanical Illustration – Purpose and Techniques

The purpose of every botanical illustration is to give an exact picture of a plant or of parts of a plant. It is essential to capture the often short-lived and fragile structure of a plant so precisely that the observer is able to identify and recognize the plant. Botanical illustrations have very little to do with art, but belong rather to the realm of the sciences. Aesthetic considerations are wholly inappropriate, and beauty is a pleasant, but also wholly irrelevant, side effect. In the ideal world, an anonymous botanical illustration can be neither dated nor attributed to a particular illustrator. To require the plant in a botanical illustration to be recognizable is a premise of western thought, traceable to the Greece of late classical antiquity. This requirement is unknown to eastern traditions, although the subjects of a few East Asian plant illustrations can nonetheless be identified. Outside Eurasia – in Africa, Australia and America – there were no naturalistic, pictorial representations of plants before the indigenous inhabitants came into contact with Europeans. In what follows we will only deal with botanical illustration as it is found in the western tradition.

As a rule, these naturalistic or realistic illustrations are made by or for the researcher, and portray a particular plant in a fashion similar to that of a herbarium specimen – however, the illustrations have the advantage of retaining their colouring, of showing the three-dimensional struc-

treraient des illustrations botaniques fidèles, celles-ci ne visent souvent que la décoration. Nous avons tenté de présenter un aperçu plus ou moins équilibré allant de 1530 à 2000, en tenant particulièrement compte des années 1750–1850 qui représentent l'Age d'or de l'illustration botanique. Il va de soi qu'une telle sélection n'est jamais exempte de préférences personnelles, ce pourquoi l'auteur en appelle à la compréhension du lecteur. Un niveau de recherche différent a été atteint pour chacun des objets, ce qui transparaît naturellement dans les textes descriptifs.

#### L'illustration botanique – Objectif et techniques

L'objectif de toute illustration botanique est de donner une image exacte d'une plante ou de parties d'une plante. Il s'agit de fixer pour le spectateur leur structure souvent éphémère et fragile de manière si précise, qu'il est capable de l'identifier et de reconnaître la plante. Les illustrations botaniques font partie du domaine des sciences naturelles et n'ont guère de points communs avec l'art, les réflexions esthétiques sont parfaitement inopportunes et la beauté est un effet secondaire agréable mais sans aucune importance. Dans le cas idéal, une illustration botanique anonyme n'est ni datable ni attribuable à qui que ce soit. Exiger que l'on puisse reconnaître la plante dans une illustration botanique est une prémisse de la pensée occidentale qui remonte à l'Antiquité grecque tardive. Les traditions orientales ignorent cette exigence, bien que quelques rares illustrations de plantes d'Extrême-Orient puissent être identifiées. En dehors du continent eurasiatique – c'est-à-dire en Afrique, en Australie et en Amérique –, il n'existe pas de représentations figuratives et fidèles

abbildungen dennoch identifizierbar sind. Außerhalb Eurasiens – in Afrika, Australien und den beiden Amerikas – gab es vor dem Kontakt mit Europäern keine naturgetreuen bildlichen Darstellungen von Pflanzen. Im folgenden wird nur auf die in westlicher Tradition stehende botanische Illustration eingegangen.

In der Regel werden diese naturalistischen oder realistischen Abbildungen vom oder für den Forscher angefertigt und stellen eine bestimmte Pflanze in ähnlicher Art und Weise dar, wie dieses durch ein Herbarexemplar geschieht – sie haben aber den Vorteil, die Farben nicht zu verlieren, die dreidimensionale Struktur zu zeigen und von Insekten nicht angegriffen zu werden. Naturalistisch ist freilich ein relativer Begriff: Der Illustrator produziert nämlich letztendlich die Illusion einer dreidimensionalen Pflanze auf einer zweidimensionalen Oberfläche, meist Papier, und oft in verändertem Maßstab. Es ist kennzeichnend, daß gerade die größten Meister oft exakt in natürlicher Größe arbeiteten, wofür die Bremer Iris von Albrecht Dürer ein besonders eindrucksvolles Beispiel liefert, und es ist auffällig, daß auch immer wieder der Versuch unternommen wurde, Pflanzen in dreidimensionalen Modellen in natürlicher Größe festzuhalten. Die unter der Aufsicht von Leopold Trattinick geschaffenen Wachsmodelle von Pilzen (Nr. 72, 73) belegen diese Tendenz. Der unkonventionelle Begriff Illustrator wird mit Bedacht verwendet: Die Herstellung naturgetreuer Pflanzendarstellungen geschieht fast immer unter der laufenden Kontrolle durch den Auftraggeber, in der Regel den Botaniker, der Auftragnehmer besitzt keinerlei Freiheiten in seiner Arbeit, keine Möglichkeit der Selbstdarstellung und arbeitet gleichsam

ture of the plant and of not being attacked by insects. Admittedly the word "naturalistic" is a relative term: in fact the illustrator ultimately produces the illusion of a three-dimensional plant on a two-dimensional surface, usually paper, and often at a different scale from the original. It is notable that the greatest masters often worked exactly to scale, a particularly impressive example being provided by the Bremen iris of Albrecht Dürer, and it is obvious that the attempt was again and again being made to capture plants in three-dimensional models in their actual size. The wax models of mushrooms (Nos. 72, 73), made under the supervision of Leopold Trattinick, demonstrate this trend. The unconventional term of illustrator is used circumspectly: the production of true-to-life portrayals of plants occurs almost always under the constant scrutiny of the client, as a rule a botanist. The person contracted to do the illustration has no freedom whatsoever in the work – no possibility of self-expression – and works in the same way as a camera. To describe the illustrator as an artist with the usual freedoms of self-expression seems inappropriate.

Precise, two-dimensional representations of plants are made using the following methods: (1) drawing and painting, (2) printing, using the actual plant material, (3) photography, and also recently (4) digital processes. The selection of the example to be illustrated is always fundamental – all of the possible variations must be examined and an example chosen which is in the statistical sense "normal". Then all of the features which are important for the botanist (not for the illustrator) – such as hair covering, patches of colour on the petals, and seed shape – must be captured. Every such plant illustration should be provided with an indication

des plantes avant l'arrivée des Européens. Les lignes qui suivent ne traiteront que l'illustration botanique de tradition occidentale.

En règle générale, ces illustrations naturalistes ou réalistes ne sont réalisées que par ou pour le chercheur et représentent une plante spécifique à peu près telle qu'elle apparaît dans un herbier. Elles ont en tout cas l'avantage de ne pas perdre leurs couleurs, de montrer la structure en perspective et de ne pas être la proie des insectes. Le terme « naturaliste » est néanmoins relatif, car en fin de compte l'illustrateur ne produit que l'illusion d'une plante en trois dimensions sur une surface en deux dimensions, du papier la plupart du temps, et le plus souvent en utilisant une autre échelle de proportions. Il est significatif à cet égard que justement les plus grand maîtres aient souvent travaillé exactement grandeur nature, l'iris de Brême d'Albrecht Dürer en livre d'ailleurs un exemple particulièrement impressionnant, et il est frappant de voir que l'on a sans cesse aussi tenté de modeler les plantes grandeur nature. Les champignons en cire (n[os] 72, 73) créés sous la surveillance de Leopold Trattinick documentent cette tendance. C'est à dessein que le terme non conventionnel d'illustrateur est utilisé : la réalisation de représentations fidèles de plantes se fait presque toujours sous le contrôle constant du commanditaire – un botaniste généralement – l'exécuteur n'a aucune liberté, aucune possibilité de se mettre en valeur et travaille en fait comme un appareil photo. Il semble inconvenant de le définir comme un artiste avec toutes les possibilités d'épanouissement personnel que le terme implique.

Des représentations bidimensionnelles exactes de plantes ont été réalisées selon les méthodes suivantes (1) dessiner et peindre, (2) auto-

wie ein Photoapparat. Ihn als einen Künstler mit den üblichen Freiheiten der Selbstverwirklichung zu bezeichnen erscheint unangemessen.

Genaue zweidimensionale Darstellungen von Pflanzen wurden mit folgenden Methoden hergestellt: (1) Zeichnen und Malen, (2) Selbstdruck, (3) Photographie und neuerdings auch (4) digitale Verfahren. Wesentlich ist dabei immer die Auswahl des abzubildenden Individuums – die vorhandene Variationsbreite muß untersucht und ein im statistischen Sinne »normales« Individuum ausgewählt werden. Dann müssen alle für den Botaniker, nicht den Illustrator wichtigen Merkmale – wie Behaarung, Farbflecken auf den Blütenhüllblättern, Samenform – festgehalten werden. Jede Pflanzenabbildung sollte mit Herkunftsangabe und wissenschaftlichem Namen versehen werden und möglichst auch mit einem Herbarexemplar korreliert sein. Eine botanische Illustration ist daher häufig das Ergebnis einer Zusammenarbeit von Illustrator und Botaniker. Auf der ersten, von James Cook geleiteten Weltumseglung (Nr. 89) wird die Situation in der großen Kajüte der »Endeavour« mit folgenden Worten beschrieben: »Wir [die Wissenschaftler] saßen … am großen Tisch unserem Illustrator gegenüber und zeigten ihm, in welcher Art und Weise er seine Zeichnungen machen sollte, während wir schnelle Beschreibungen anfertigten …, solange die Belege noch frisch waren.« Nur wenige, herausragende Persönlichkeiten arbeiteten unabhängig von Botanikern, wie George Dionysius Ehret, Pierre-Joseph Redouté, Franz und Ferdinand Bauer. Allen Illustratoren gemeinsam ist der Wunsch, nicht sich selbst auszudrücken, sondern Objekte der Natur in einer kühlen, objektiven Art und Weise zu dokumentieren.

of origin and the relevant scientific name, and should also be correlated as far as possible with a herbarium specimen. A botanical illustration is therefore often the result of a collaboration between illustrator and botanist. On the first circumnavigation of the globe led by James Cook (No. 89), the situation in the large cabin of the *Endeavour* is described in the following words: "we [the scientists] sat … by the great table with our draughtsman opposite and showed him in what way to make his drawings, and ourselves made rapid descriptions … while our specimens were still fresh." Only a few outstanding personalities, such as George Dionysius Ehret, Pierre-Joseph Redouté, and Franz and Ferdinand Bauer, worked independently of botanists. All illustrators share the desire not to express themselves, but to document natural objects in a cool, objective fashion.

Over the centuries, the following trends emerged: cheap paper took the place of the expensive medium of parchment, the number of available pigments increased, and magnifying glasses allowed the portrayal of the smallest details, so that for example plant illustrations from the early 19th century are surrounded by many separate illustrations of the parts of the flower. At the same time the range of plants to be depicted rose, and illustrators who had previously only been active in gardens now also accompanied botanists on their expeditions. The so-called *horti picti* [painted gardens] occupied a special position: prosperous owners of gardens often had the rarities of their gardens captured over decades in watercolour paintings which were accurate in every detail. The largest and most famous collection of this kind came into existence at the behest of the kings of

phytotypie (terme technique pour désigner l'empreinte végétale), (3) photographie et récemment aussi (4) les techniques numériques. Ce faisant, le choix de la plante est toujours essentiel – il faut étudier le domaine de variation qui existe et sélectionner un spécimen « normal », statistiquement parlant. Ensuite il s'agit de fixer sur le papier toutes les caractéristiques importantes pour le botaniste – et non pour l'illustrateur – telles que poils, taches de couleur sur les sépales, forme des graines. Chaque illustration ainsi réalisée devrait être dotée de données concernant son origine et de son nom scientifique et, si c'est possible, être aussi en corrélation avec l'exemplaire d'un herbier. Une illustration botanique est donc souvent le résultat d'une collaboration entre l'illustrateur et le botaniste. Lors du premier voyage autour du monde de James Cook (n° 89), la situation dans la grande cabine de l'« Endeavour » est décrite comme suit : « Nous [les savants] étions assis … à la grande table en face de l'illustrateur et lui montrions de quelle manière il devait faire ses dessins, tout en rédigeant de courtes descriptions… tant que les échantillons était encore frais. » Seules quelques rares figures éminentes comme George Dionysius Ehret, Pierre-Joseph Redouté, Franz et Ferdinand Bauer travaillaient indépendamment des botanistes. Tous les illustrateurs ont en commun le désir de ne pas s'exprimer eux-mêmes mais de documenter de manière froide et objective des objets de la nature.

Au cours des siècles on voit se dessiner les tendances suivantes : le parchemin onéreux cède la place au papier bon marché, le nombre de pigments disponibles augmente, l'apparition de verres grossissants

Im Laufe der Jahrhunderte zeichnen sich folgende Tendenzen ab: An die Stelle des teuren Bildträgers Pergament tritt das billige Papier, die Zahl der zur Verfügung stehenden Pigmente steigt, Lupen gestatten die Darstellung kleinster Details, sodaß etwa Pflanzenabbildungen aus dem frühen 19. Jahrhundert von vielen Einzeldarstellungen der Blütenteile umgeben sind. Gleichzeitig steigt das Spektrum der darzustellenden Pflanzen; die früher nur in Gärten tätigen Illustratoren begleiten Botaniker auch auf ihren Expeditionen. Eine Sonderstellung nehmen dabei die sogenannten *horti picti* [gemalten Gärten] ein: Wohlhabene Gartenfreunde ließen oft über Jahrzehnte die Seltenheiten ihrer Gärten in detailgenauen Wasserfarbenmalereien festhalten. Die größte und berühmteste derartige Sammlung ließen die Könige von Frankreich anlegen; sie wird heute in der Bibliothèque Centrale des Muséum National d'Histoire Naturelle in Paris aufbewahrt. Generationen von Illustratoren hatten im Jardin du Roi, dem heutigen Jardin des Plantes in Paris, für dieses Projekt gearbeitet. Kopien aus dieser in ihrer Art einzigartigen Sammlung erwarb Eugen Prinz von Savoyen (Nr. 21), und Franz I., Kaiser von Österreich, griff diese Pariser Tradition auf, indem er wie die Könige von Frankreich den Auftrag erteilte, die Raritäten seiner Gärten durch Mathias Schmutzer und andere porträtieren zu lassen (Nr. 44, 56).

Mit dem Aufkommen der Photographie nimmt die Bedeutung des Illustrators ab; bald geht der Botaniker nicht mehr mit ihm, sondern mit seiner Kamera ins Feld, in den letzten Jahren zunehmend auch mit einem digitalen Aufnahmegerät. Das Ergebnis all dieser Bemühungen sind Abbildungen, die oft lose in Schachteln, zu Alben gebunden oder in einer Datenbank aufbewahrt werden.

France, and is preserved today in the Bibliothèque Centrale of the Muséum National d'Histoire Naturelle in Paris. Generations of illustrators had worked on this project in the Jardin du Roi, now the Jardin des Plantes, in Paris. Prince Eugene of Savoy acquired copies from this unique collection (No. 21), and Francis I, Emperor of Austria, continued this Parisian tradition by giving commissions, as did the kings of France, to have the rarities of his gardens portrayed by Mathias Schmutzer and others (Nos. 44, 56).

With the arrival of photography, the importance of the illustrator declined; soon the botanist was no longer entering the field with an illustrator, but rather preferred to go with a camera, and in recent years increasingly even with a digital one. The result of all of these efforts are illustrations which are often kept loosely in boxes, collected together in albums or preserved in electronic form in a databank.

**Multiplication of Botanical Illustrations**

Making copies of botanical illustrations was often a great problem. Aside from the great masters – for example Veit Speckle or James Sowerby – reproduction was almost always associated with inaccuracies and a deterioration in quality. Besides, some amount of time often passed between the production of the plant illustration and the preparation of the printing block; there was the additional fact that the graphic artists had often not even seen the plant whose image they were now cutting into blocks of wood (woodcutting), engraving on a copperplate (copperplate engraving) or transferring onto a stone with a lithographic pencil (lithography). After inking the printing block, it was usually possible to make a

permet de représenter les plus petits détails, ce qui fait par exemple que les plantes reproduites au début du XIXe siècle sont entourées de nombreuses représentations isolées de parties de la fleur. En même temps, la gamme des plantes à représenter est de plus en plus vaste, les illustrateurs qui ne travaillaient à l'origine que dans les jardins accompagnent maintenant aussi les botanistes durant leurs expéditions. Une place particulière revient ici à ce qu'on appelle les « horti picti » [jardins peints] : de riches amis des jardins faisaient peindre les plantes rares de leur jardin en aquarelle aux détails minutieux, et ce parfois pendant des décennies. La collection de ce genre la plus importante et la plus célèbre a été réalisée pour les rois de France, elle est conservée aujourd'hui à la Bibliothèque Centrale du Muséum National d'Histoire Naturelle de Paris. Des générations d'illustrateurs avaient œuvré à ce projet au Jardin du roi à Paris, qui deviendra le Jardin des Plantes. Le prince Eugène de Savoie (n° 21) acheta des copies de cette collection unique au monde. Quant à l'empereur François Ier d'Autriche, il veilla à poursuivre cette tradition en faisant, à l'instar des rois de France, reproduire les plantes rares de ses jardins par Mathias Schmutzer et d'autres encore (n[os] 44, 56).

Avec la photographie, l'illustrateur perd son importance : il n'accompagne plus le botaniste sur le terrain, celui-ci emporte son appareil photo et ces dernières années de plus en plus souvent aussi un appareil d'enregistrement numérique. Le résultat de tous ces efforts finit souvent dans des boîtes, relié en albums ou conservé dans les fichiers d'une banque de données.

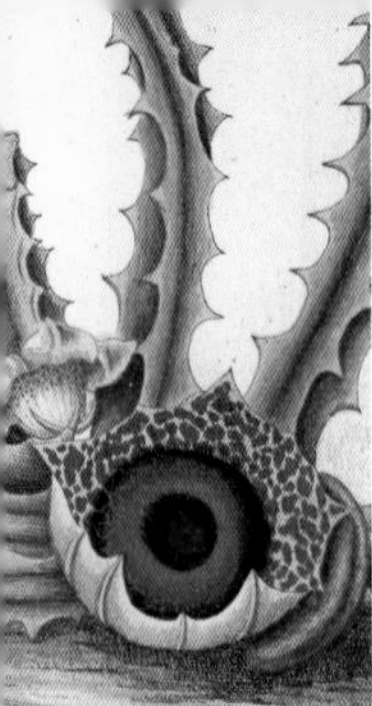

**Vervielfältigung botanischer Illustrationen**

Die Vervielfältigung botanischer Illustrationen war oft ein großes Problem. Abgesehen von den größten Meistern – etwa Veit Speckle oder James Sowerby – war die Reproduktion fast immer mit Ungenauigkeiten und einem Qualitätsverlust verbunden. Außerdem verging oft einige Zeit zwischen der Herstellung der Pflanzenabbildung und der Anfertigung der Druckform; hinzu kam, daß die Graphiker oft die Pflanze gar nicht gesehen hatten, deren Abbild sie jetzt in Holzblöcke schnitten (Holzschnitt), in eine Kupferplatte gravierten (Kupferstich) oder mit Fettstift auf einen Stein übertrugen (Lithographie). Nach Einfärben der Druckform konnte so eine in der Regel schwarzlinige Reproduktion der Pflanzenabbildung entstehen.

Es ist gerade der Aspekt der Vervielfältigung, der botanische Graphik auszeichnet. Dabei bestimmt das Druckverfahren die Auflagenhöhe: Von den robusten Holzstöcken und den Lithosteinen können große Stückzahlen hergestellt werden, nicht aber von den wesentlich empfindlicheren Kupferplatten – durch den Druck der Presse werden diese bald beschädigt. All dieses hatte natürlich Einfluß auf den Preis und die Seltenheit eines botanischen Werks, ebenso wie die Kolorierung. In der Regel gibt es nämlich von botanischen illustrierten Werken eine Normalausgabe mit schwarzlinigen Abbildungen und eine wesentlich teurere kolorierte Luxusausgabe. Dabei variiert die Qualität der händisch durchgeführten Kolorierung oft sehr stark – je nachdem, ob der Kolorist bzw. die Koloristin der Wasserfarbenmalerei des Illustrators präzise oder schlampig folgte oder gar nach Farbangaben in

black line reproduction of the plant illustration. It is precisely the possibility of making copies that distinguishes graphic art. The printing procedure determines the number of copies that are made: large numbers can be produced from the robust wood blocks and stones used in the lithographic process, but not from the considerably more sensitive copperplates – these are soon damaged by the pressure of the press. All of these factors naturally had an influence on the price and the rarity of a botanical work, just as did as the colouring. Generally, with illustrated botanical works there is a normal edition with black line illustrations and a considerably more expensive deluxe edition with coloured illustrations. The quality of hand-colouring varies dramatically according to whether the colourist follows the watercolour painting of the illustrator in a precise or slipshod way, or even finishes the work according to written or verbal instructions on colour. So it is not surprising that a connoisseur such as Peter Lambesius, Prefect of the Imperial Court Library, acquired a particularly carefully coloured copy of the *Hortus Eystettensis* (No. 15); the Family Trust Library also contains many excellently coloured volumes.

Printing directly from plants (nature self impression) is a further method of reproduction. If a plant is pressed and dried, printer's ink can be applied to it directly and it can be used for printing. If a sheet of paper is laid upon it and both are run through the press the result is a perfect, albeit monochrome image. This very simple method appears to have been used for the first time in a Syrian manuscript from the 13th century and there are also early examples in Europe, though not in the possession of the Austrian National Library. However, since this method also has great

**La reproduction des illustrations botaniques**

La reproduction d'illustrations botaniques en plusieurs exemplaires fut souvent problématique. Si un grand maître n'y mettait pas la main – par exemple Veit Speckle ou James Sowerby – la reproduction était presque toujours synonyme d'inexactitudes ou de moindre qualité. En outre, il se passait souvent un laps de temps entre la représentation botanique et la préparation de la planche à impression : et puis, bien souvent, les graveurs n'avaient pas vu la plante dont ils taillaient maintenant les détails dans des blocs de bois (gravures sur bois), les gravaient dans des plaques de cuivre (gravures sur cuivre) ou les reportaient au crayon gras sur une pierre (lithographie). Une fois la forme à impression imprégnée de couleur, on pouvait en général réaliser une reproduction en traits noirs de la représentation botanique. C'est justement la possibilité de reproduction multiple qui caractérise l'art graphique botanique. Ici, la méthode d'impression déterminait le tirage. Les bois et les pierres étaient robustes et pouvaient servir un grand nombre de fois, mais les plaques de cuivre sont beaucoup plus fragiles, la pression de la machine les abîme rapidement, et le tirage est donc beaucoup plus petit. Tout cela avait évidemment une influence sur le prix et la rareté d'un ouvrage botanique, tout comme ses couleurs. En général, les ouvrages de botanique illustrés comportent une édition normale en caractères et lignes noirs et une édition de luxe beaucoup plus chère dont les illustrations ont été coloriées. Toutefois, la qualité des illustrations imprimées rehaussées de couleurs à la main est souvent extrêmement variable, selon que le ou la coloriste a suivi avec précision ou sans soin l'aquarelle de l'illustrateur, voire s'il a dû travailler

Worten die Arbeit erledigte. So verwundert es nicht, daß ein Connaisseur wie Peter Lambesius, Präfekt der kaiserlichen Hofbibliothek, ein besonders sorgfältig koloriertes Exemplar des *Hortus Eystettensis* (Nr. 15) erwarb; auch die Fideikommissbibliothek enthält viele hervorragend kolorierte Bände.

Naturselbstdruck ist eine weitere Methode der Reproduktion. Preßt und trocknet man eine Pflanze, kann sie mit Druckerschwärze direkt eingefärbt und als Druckform verwendet werden. Legt man ein Blatt Papier darauf und drückt beides durch die Presse, erhält man ein perfektes, wenn auch monochromes Bild. Diese sehr einfache Methode scheint erstmals in einem syrischen Manuskript aus dem 13. Jahrhundert verwendet worden zu sein, und auch in Europa gibt es frühe Beispiele, die allerdings in der Österreichischen Nationalbibliothek nicht vorhanden sind. Da diese Methode aber auch große Nachteile besitzt – nur flache pflanzliche Strukturen eignen sich, die Druckformen werden rasch zerstört, sodaß nur winzige Auflagen hergestellt werden können –, konnte sie sich nie durchsetzen und blieb eine Außenseitermethode (Nr. 26, 41). Auch als der kaiserlich-königlichen Hof- und Staatsdruckerei in Wien eine raffinierte Weiterentwicklung, der Naturdruck über gestählte Bleiplatten, gelang, brachte das nicht den erhofften Durchbruch (Nr. 80, 83).

Die Erfindung der Photographie revolutionierte die botanische Illustration. Einige der frühesten Photographien – die kurzlebigen »Sonnenbilder« von John Wedgewood und die Zyanographien von Sir John Herschel – zeigen Silhouetten von Blättern, doch haben sich derartige Objekte nicht in der

disadvantages – only flat plant structures are suitable, and the originals are quickly destroyed, so that only a tiny number of copies can be made – it never became widely established, remaining something of a curiosity (Nos. 26, 41). Even when the Imperial Royal Court and State Printing Works in Vienna succeeded in developing a refined version of this technique, namely natural printing on hardened lead plates, it did not bring about the breakthrough that had been hoped for (Nos. 80, 83).

The invention of photography revolutionized botanical illustration. Some of the earliest photographs – the short lived "sun pictures" of John Wedgewood and the zyanographs of Sir John Herschel – show silhouettes of leaves, but such objects are not to be found in the Austrian National Library. Photographs also play a secondary role in this book, which has a strong historical orientation.

Further technical developments in photography, the invention of silk-screen printing and the photocopy, as well as recent computer technology, have accelerated and facilitated the duplication, storage and dissemination of images to an extent never seen before. These truly dramatic changes make plant illustrations more easily and quickly accessible than before and will determine the future of botanical illustration.

The announcement of this book by Taschen Verlag worldwide on the Internet by means of a click on the mouse and the publicity given by the Austrian National Library to the exhibition "A Garden of Eden", not only with posters but also on its homepage, marks the latest stage in this development.

d'après des données uniquement orales ou écrites. On comprend donc aisément qu'un connaisseur tel que Peter Lambesius, administrateur de la Bibliothèque Impériale, ait fait l'acquisition d'un exemplaire de l'*Hortus Eystettensis*« (n° 15) colorié avec un soin tout particulier. La Fideikommissbibliothek rassemble elle aussi de nombreux volumes coloriés de manière remarquable.

Une autre technique de reproduction est l'empreinte végétale (autophytotypie). Une plante pressée et séchée peut être imprégnée directement d'encre grasse et utilisée comme forme d'impression. Si on pose une feuille de papier sur elle et qu'on met le tout sous presse, on obtient une image parfaite bien que monochrome. Cette méthode très simple semble avoir été utilisée pour la première fois dans un manuscrit syrien du XIII$^{e}$ siècle. Il existe aussi en Europe des exemples précoces de cette technique mais ils ne se trouvent pas à l'Österreichische Nationalbibliothek. Néanmoins cette méthode présente de tels inconvénients – seules des structures végétales plates peuvent être utilisées, les formes d'impression sont rapidement endommagées et le tirage reste minuscule – qu'elle ne put jamais percer et resta marginale (n$^{os}$ 26, 41). Et le fait que l'imprimerie impériale de Vienne ait réussi à mettre au point une technique progressiste et raffinée d'autophytotypie en utilisant des plaques de plomb recouvertes d'acier (n$^{os}$ 80, 83) n'y changea rien.

L'invention de la photographie a révolutionné l'illustration botanique. Quelques-unes des premières photographies – les éphémères héliotypes de John Wedgewood et les cyanotypes de Sir John Herschel – montrent des silhouettes d'arbre, mais il n'en existe pas de semblables

Österreichischen Nationalbibliothek finden lassen. Photographien spielen in dem hier vorgelegten, stark historisch orientierten Band deshalb eine untergeordnete Rolle.

Technische Weiterentwicklungen auf dem Gebiet der Photographie, die Erfindung des Siebdrucks und der Photokopie sowie in den letzten Jahren die Computertechnologie haben die Vervielfältigung, Speicherung und Verbreitung von Bildern ungeheuer erleichtert und beschleunigt. Diese wahrhaft dramatischen Veränderungen machen auch Pflanzenabbildungen leichter und schneller zugänglich, als dieses je zuvor der Fall war, und werden die Zukunft der botanischen Illustration bestimmen.

Wenn die Ankündigung zu diesem Buch vom Taschen Verlag über das Internet per Mausklick weltweit zugänglich gemacht wird und die Österreichische Nationalbibliothek auf die Ausstellung »Ein Garten Eden« nicht nur mit Plakaten, sondern auch auf ihrer Homepage hinweist, ist das ein weiteres Beispiel für diese allgemeine Entwicklung.

Das Staunen allerdings bleibt bestehen, denn das Verlangen, Pflanzen im Bild dauerhaft festzuhalten, ist sehr alt – auf paläolithischen Knochenfunden gibt es erste Ritzzeichnungen, minoische Fresken auf Kreta zeigen bereits naturnahe Darstellungen von Madonnenlilien (*Lilium candidum* L.). Etwa zwei Jahrtausende später dürfte an der nahen kleinasiatischen Küste jener Text über Arzneimittel entstanden sein, mit dem der Band bzw. die Ausstellung beginnt – ein mit weitgehend naturgetreuen Pflanzenabbildungen illuminiertes frühbyzantinisches Manuskript mit den Texten des Dioskurides.

The astonishment certainly still remains, for the desire to capture plants lastingly in an image is very old. The first scratched drawings are seen on finds of bones from the Palaeolithic era, and Minoan frescoes in Crete show life-like representations of madonna lily (*Lilium candidum* L.). It was probably approximately 2000 years later that the medicinal text with which this volume and the exhibition begins, came into being on the nearby coast of Asia Minor: an illuminated early Byzantine manuscript with largely naturalistic plant illustrations accompanying texts of Dioscorides.

à l'Österreichische Nationalbibliothek. C'est la raison pour laquelle les photographies jouent dans le présent volume à forte orientation historique un rôle secondaire.

Des développements techniques dans le domaine de la photographie, l'invention de la sérigraphie et de la photocopie, ainsi que ces dernières années la technologie de l'informatique ont incroyablement facilité et accéléré la reproduction en plusieurs exemplaires, la mémorisation et la diffusion des images. Ces transformations véritablement sensationnelles rendent l'accès aux illustrations de plantes plus aisé et plus rapide qu'il ne l'a jamais été et elles vont déterminer ce que sera demain l'illustration botanique.

Quand le site internet des éditions Taschen annonce la publication de ce livre dans le monde entier à tous ceux qui sont en ligne et que l'Österreichische Nationalbibliothek attire de la même manière, et plus seulement avec des affiches, l'attention sur l'exposition « Un Jardin d'Eden », nous assistons à un autre exemple de cette évolution.

Mais l'étonnement n'en demeure pas moins vivace, car le désir de fixer durablement des plantes par l'image est très ancien. Déjà les hommes du paléolithique gravaient des ossements et les Crétois ont peint à fresque des fleurs de lis blanc (*Lilium candidum* L.) parfaitement reconnaissables. Et 2000 ans plus tard apparaîtra le *Dioscoride* – un manuscrit byzantin sur les plantes médicinales enrichi d'enluminures représentant des plantes avec une grande fidélité à la nature – sur lequel s'ouvrent le présent livre et l'exposition.

# ERLÄUTERUNGEN | NOTES | REMARQUES

1. Die Objekte sind chronologisch geordnet.
2. Die erste Zeile enthält Autor und Titel. Bei Handschriften wird nur der Titel angegeben.
3. Die zweite Zeile enthält Erscheinungsort und Erscheinungsjahr, allerdings nicht wie auf dem Titelblatt, sondern wie in der botanischen Standardbibliographie *Taxonomic Literature* von F. A. Stafleu und R. S. Cowan angegeben. Für dort nicht verzeichnete Drucke wird sinngemäß vorgegangen. Soweit abweichend, wird zum Erscheinungsort in eckiger Klammer die moderne Bezeichnung hinzugefügt. Der Entstehungsort von Handschriften, Wasserfarbenmalereien, Ex libris, Plakaten und freien Graphiken wird grundsätzlich in eckigen Klammern angegeben.
4. Die dritte Zeile gibt links die Signatur des in der Österreichischen Nationalbibliothek aufbewahrten Werks an, wobei folgende Abkürzungen verwendet werden: BUI Druckschriften-Sammlung (Benutzung und Information), FLU Flugblätter-, Plakate- und Ex libris-Sammlung, HAN Handschriften-, Autographen- und Nachlaß-Sammlung, KAR Karten-Sammlung, POR Porträtsammlung, Bildarchiv und Fideikommissbibliothek, SIAWD Sammlung Inkunabeln, alte und wertvolle Drucke.
5. Die dritte Zeile rechts enthält die Verweise auf das Literaturverzeichnis.
6. Unter den Abbildungen wird links unten in der gebräuchlichen lateinischen Abkürzung die Seitenzahl (p.), Foliozahl (f.) Tafelnummer (t.) bzw. Modellnummer (m.) und ggf. der Band (vol.) angegeben. Nicht paginierte Druckwerke und nicht gezählte Tafeln haben links unter den Abbildungen eine jeweils mit 1 beginnende Zählung, das gleiche gilt für Blätter aus unnumerierten, lose in Kassetten aufbewahrten Bildersammlungen. Fallweise wird auf diese Angaben im Text verwiesen.
7. Die im Text verwendeten wissenschaftlichen Namen wurden überprüft, nicht jedoch die auf den Abbildungen verwendeten Bezeichnungen. Die deutschen Pflanzennamen orientieren sich an Zander, *Handwörterbuch der Pflanzennamen*, ed. 16.
8. Auf die Verwendung von gängigen Nachschlagewerken und Bibliographien wird nicht eigens hingewiesen, sie finden sich aber am Beginn des Literaturverzeichnisses.
9. Wasserfarben- und Gouache-Malerei werden nicht unterschieden.

1. The objects are in chronological order.
2. The first line gives the author and title. Where manuscripts are concerned only the title is given.
3. The second line gives place and year of publication, not as they appear on the title page but as they are indicated in the standard botanical bibliography *Taxonomic Literature* by F. A. Stafleu and R. S. Cowan. For printed works not listed there, a logical procedure is followed. Modern names for places of publication are added in square brackets. The place of origin of manuscripts, watercolours, ex libris, posters and graphic art are always given in square brackets.
4. The third line gives to the left the shelf mark of the work preserved in the Austrian National Library, and in such cases the following abbreviations are used: BUI Department of Prints (Use and Information); FLU Department of Broadsheets, Posters and Ex Libris; HAN Department of Manuscripts, Autographs and Estate Collections; KAR Department of Maps; POR Department of Portraits, Pictures and Family Trust Library; SIAWD Department of Incunabula, Old and Rare Prints.
5. The third line to the right gives bibliographical references.
6. The page number (p.), folio number (f.), plate number (t.) or model number (m.) and if necessary the volume (vol.) are given with the customary latin abbreviations beneath the illustrations on the left. Unpaginated printed works and uncounted plates have a numbering which always begins with a "1" on the left beneath the illustrations. The same applies to illustrations from unnumbered picture collections which are kept loosely in boxes. Often these are referred to in the text.
7. The scientific names which are used in the text have been checked, but not those used on the illustrations.
8. Standard reference works and bibliographies are not referred to in the text; they are listed at the beginning of the bibliography.
9. Watercolour and gouache painting are not distinguished.

1. Les objets sont présentés dans leur ordre chronologique.
2. La première ligne indique le nom de l'auteur et le titre de l'ouvrage. En cas de manuscrit, seul le titre est mentionné.
3. La seconde ligne indique le lieu et l'année de parution, et ce non comme sur la page de titre mais comme mentionné dans la bibliographie botanique standard *Taxonomic Literature* de F. A. Stafleu et R. S. Cowan. Les imprimés qui en sont absents sont traités par analogie. Dans la mesure où elle s'en écarte, la dénomination moderne est ajoutée entre crochets au lieu de parution. L'endroit où ont été créés les manuscrits, aquarelles, ex-libris, affiches et gravures libres est toujours inscrit entre crochets.
4. La troisième ligne indique à gauche la signature de l'ouvrage conservé à l'Österreichische Nationalbibliothek. Les abréviations suivantes ont été utilisées : BUI Collection d'ouvrages imprimés (Utilisation et Information), FLU Feuilles volantes, Collection d'affiches et d'ex-libris, HAN Collection de manuscrits, d'autographes et de successions, KAR Collection de cartes, POR Collection de portraits, archives en images et bibliothèque fidéicommis (Fideikommissbibliothek), SIAWD Collection d'incunables, d'imprimés anciens et précieux.
5. La troisième ligne à droite mentionne les références bibliographiques.
6. Sous les illustrations en bas à gauche sont indiqués avec les abréviation usuelles latines la page (p.), le numéro de folio (f.) ou celui de la planche (t.), de modèle (m.) et le cas échéant le tome (vol.). Les ouvrages imprimés non paginés et les planches sans référence chiffrée mentionnent à gauche sous les illustrations un chiffre commençant par le 1, la même chose est valable pour les feuilles provenant de collections non numérotées, non reliées et conservées dans des cassettes. Le cas échéant, ces données sont indiquées dans le texte.
7. Les noms scientifiques utilisés dans le texte ont été contrôlés, mais non les dénominations placées sous les illustrations.
8. L'utilisation d'ouvrages de référence courants et de bibliographies n'est pas mentionnée expressément. Leurs noms sont néanmoins cités au début de la bibliographie.
9. Aucun distinction n'est faite entre la gouache et l'aquarelle.

## 1 *Codex Aniciae Julianae*

[BYZANTIUM], VOR/BEFORE/AVANT 512

HAN: Cod. Med. gr. 1 — Lit. 41

Kein Wort ist zu groß für dieses Werk. Es ist nicht nur die bedeutendste byzantinische Handschrift weltlichen Inhalts, sondern auch die älteste illuminierte Fassung der Schriften des Dioskurides. Mehr als eineinhalb Jahrtausende bildete dieser Text über Heilmittel aus dem Pflanzen-, Tier- und Steinreich die unumstößliche Grundlage des Wissens für Ärzte und Apotheker, war für sie ähnlich sakrosankt wie die Bibel für die Christenheit. Dementsprechend groß war das Interesse an den Schriften des Dioskurides, die in einer unüberblickbaren Fülle von Abschriften und Übersetzungen, oft versehen mit Anmerkungen, Kommentaren und Ergänzungen, auf uns gekommen sind. Sieht man von einigen noch älteren Fragmenten ab, ist die vorliegende Handschrift die älteste Fassung des fast kompletten Textes, knapp vor 512 auf Pergament geschrieben und mit überwiegend naturgetreuen Abbildungen illustriert.

Dieser Codex hat verschiedene Namen – (1) *Codex Aniciae Julianae* nach seiner ersten Eigentümerin, der byzantinischen Prinzessin Juliana Anikia († c. 527); (2) *Codex Constantinopolitanus, Codex C* oder *Codex Byzantinus* nach Konstantinopel bzw. Byzanz, seit 1453 Istanbul genannt, jener Stadt, in der er entstanden ist und über tausend Jahre lang aufbewahrt wurde; (3) *Codex Vindobonensis* oder *Wiener Dioskurides* nach dem Ort, wo er sich seit 1569 befindet. Ohne Zweifel ist dieses die berühmteste in Österreich aufbewahrte Handschrift, die zu Recht auch in die UNESCO-Liste „Memory of the World" [Gedächtnis der Welt] aufgenommen wurde.

Kein anderer Codex vermittelt in ähnlicher Weise eine Vorstellung vom Geheimnis der Zeit: Aus den Jahren nach dem ersten Fall von Byzanz 1204 scheint die ostfranzösische Anmerkung „ginestre"

No words can exaggerate the importance of this work. It represents not only the most significant Byzantine manuscript of secular content, but also the oldest illuminated version of the writings of Dioscorides. For more than 1500 years this work concerning medicines and other treatments drawn from the plant, animal and mineral kingdoms formed the undisputed basis of knowledge for doctors and pharmacists – as sacrosanct as the Bible for Christians. Equally great was the interest in the writings of Dioscorides, which survived in a confused mass of copies and translations, often accompanied by notes, commentaries and supplementary material. Apart from a few even earlier fragments, the present manuscript is the oldest version of the almost complete text, written on parchment shortly before 512 and containing largely lifelike illustrations.

This codex is known by various titles – (1) *Codex Aniciae Julianae*, named after its first owner, the Byzantine princess Juliana Anicia († c. 527); (2) *Codex Constantinopolitanus, Codex C* or *Codex Byzantinus*, after Constantinople or Byzantium (later, after 1453, known as Istanbul), the city in which the manuscript originated and was kept for more than a thousand years; (3) *Codex Vindobonensis*, or the *Vienna Dioscorides*, after the place where the codex has resided since 1569. This is without doubt the most famous manuscript preserved in Austria. It has also quite rightly been included in UNESCO's "Memory of the World" list.

No other codex communicates to the reader a similar feeling for the mystery of time: the annotation "ginestre" from an eastern French dialect apparently stems from the years after the first fall of Byzantium in 1204. Other notes in Greek date from the time of the Palaeologue emperors

Il n'y a pas de terme assez fort pour décrire cet ouvrage. Il ne s'agit pas seulement du plus important manuscrit byzantin de thème profane, c'est aussi la plus ancienne version enluminée des écrits de Dioscoride. Durant plus de 15 siècles, ce texte qui traite des vertus curatives de produits du règne végétal, animal et minéral, fut le fondement irréfutable du savoir pour les médecins et les apothicaires, pour eux aussi sacrosaint que l'est la Bible pour les chrétiens. On voit par-là que l'intérêt porté aux écrits de Dioscoride était grand. Ils nous ont été transmis par d'innombrables copies et traductions, souvent dotées de remarques, de commentaires et de compléments. Si l'on excepte quelques fragments plus vieux encore, le présent manuscrit est la version la plus ancienne du texte presque complet, inscrite sur parchemin peu avant l'année 512 et pourvue d'illustrations en majeure partie proches de la nature.

Ce codex porte différents noms – (1) *Codex Aniciae Julianae* d'après celui de sa première propriétaire, la princesse byzantine Juliana Anikia († vers 527) ; (2) *Codex Constantinopolitanus, Codex C* ou *Codex Byzantinus* d'après la ville de Constantinople ou Byzance, nommée Istanbul depuis 1453, dans laquelle il a vu le jour et a été conservé pendant plus de mille ans ; (3) *Codex Vindobonensis* ou *Dioscoride de Vienne* d'après le lieu où il se trouve depuis 1569. Il s'agit sans aucun doute du manuscrit le plus célèbre conservé en Autriche et inscrit aussi à juste titre sur la liste de l'Unesco « Mémoire du monde ».

Aucun autre codex ne permet ainsi de se faire une idée du mystère de l'écoulement du temps : l'annotation en langue d'oïl « ginestre » semble dater des premières années qui ont suivi la première chute de Byzance en

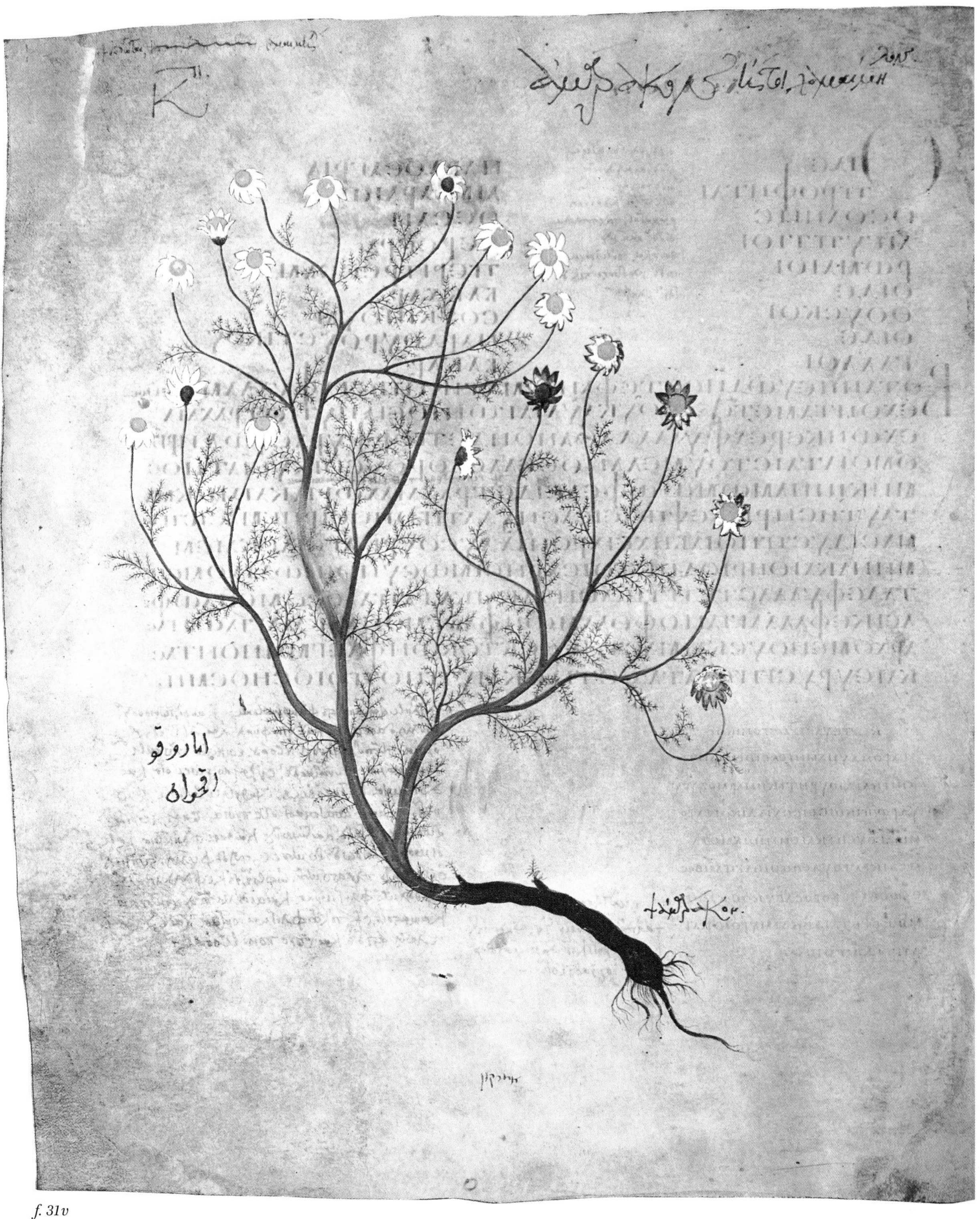

f. 31v

zu stammen, weitere Vermerke in griechischer Sprache datieren aus der Zeit der Dynastie der Palaiologen (ab 1261), als diese Handschrift im Kloster Prodromu Petra aufbewahrt wurde. Anmerkungen und Synonyme in arabischer, persischer und türkischer Sprache lassen erkennen, daß dieser Text auch nach dem zweiten Fall von Konstantinopel 1453 benutzt wurde. Später erwarb ihn Mose ben Mose, der die zahlreichen hebräischen Transkriptionen der Pflanzennamen hinzugefügt haben könnte; der Sohn eines Hamon verkaufte die Handschrift dann an Kaiser Maximilian II.; sie wurde nach Wien gebracht und sofort in die kaiserliche Bibliothek aufgenommen. Schon bald kamen Gelehrte aus ganz Europa, die Neuerwerbung zu studieren. Über keinen byzantinischen Codex existiert eine auch nur annähernd vergleichbare Fülle von Analysen, Kommentaren, Bewertungen; es gibt auch drei komplette Faksimile-Ausgaben.

Für den Botaniker von besonderem Interesse ist die Tatsache, daß die Illustratoren nahe jener Gegend wirkten, in der Dioskurides, allerdings vier Jahrhunderte vorher, seinen Text verfaßt hatte. Wahrscheinlich wurde nicht nach der Natur, d. h. nach lebenden Pflanzen gearbeitet, sondern nach naturgetreuen Vorlagen kopiert, jedenfalls wird heute übereinstimmend angenommen, daß es sich um eine sehr authentische Interpretation der von Dioskurides verwendeten Pflanzennamen handelt. Die Darstellungen von Mönchspfeffer (*Vitex agnus-castus* L.; f. 36v), Aronstab (*Arum maculatum* L.; f. 98r), Wunderbaum (*Ricinus communis* L.; f. 170v), Kapernstrauch (*Capparis spinosa* L.; f. 172v) oder Schlafmohn (*Papaver somniferum* L.; f. 221v) lassen keinen Zweifel an deren Identität aufkommen.

(after 1261), when the manuscript was preserved in the Monastery of Prodromu Petra. Further notes and synonyms in Arabic, Persian and Turkish make it clear that this work continued to be used even after the second fall of Constantinople in 1453. Later the manuscript was acquired by Mose ben Mose, who may have added the numerous Hebrew translations of the plant names. The son of a certain Hamon then sold the manuscript to Emperor Maximilian II. Ultimately it was brought to Vienna, where it was immediately placed in the Imperial Library. Before long, scholars were coming from all over Europe to study the library's new acquisition. No other Byzantine codex has generated anything approaching the number of analyses, commentaries and evaluations; furthermore, the text exists in three complete facsimile editions.

Of particular interest for the botanist is the fact that the illustrators were working near to that part of the world in which Dioscorides had written his text – albeit 400 years earlier. In all probability, the illustrators did not work from nature, i. e., from living plants, but rather copied other lifelike illustrations. In any case, today it is universally accepted that we have before us a highly authentic interpretation of the plant names used by Dioscorides. The illustrations of chaste tree (*Vitex agnus-castus* L.; f. 36v), lords-and-ladies (*Arum maculatum* L.; f. 98r), castor oil plant (*Ricinus communis* L.; f. 170v), capers (*Capparis spinosa* L.; f. 172v) and opium poppy (*Papaver somniferum* L.; f. 221v) leave no doubt as to their identities.

1204, d'autres annotations en langue grecque datent de l'époque de la dynastie byzantine des Paléologues (à partir de 1261), alors que ce manuscrit était conservé au monastère de Prodromu Petra. Des remarques et des synonymes en langue arabe, perse et turque révèlent que ce texte fut aussi utilisé après la seconde chute de Constantinople en 1453. Plus tard, il fut acquis par Mose ben Mose qui pourrait y avoir ajouté les nombreuses transcriptions hébraïques des noms des plantes. Le fils d'un certain Hamon vendit ensuite le manuscrit à l'empereur Maximilien II : il le fit apporter à Vienne où il fut aussitôt intégré à la Bibliothèque Impériale. Les savants de toute l'Europe venus étudier la nouvelle acquisition ne se firent pas attendre. Aucun autre codex byzantin n'a été analysé, commenté à ce point et il en existe trois éditions fac-similé complètes.

Ce qui intéresse particulièrement le botaniste est le fait que les illustrateurs ont travaillé près de la région où Dioscoride, mais plus de quatre siècles auparavant, avait rédigé son texte. Très probablement les illustrateurs n'ont pas travaillé d'après nature, c'est-à-dire sur des plantes vivantes, mais ont copié des modèles réalistes. En tout cas, il est généralement admis qu'il s'agit d'une interprétation très authentique des noms de plantes utilisés par Dioscoride. Les représentations de l'agnus-castus (*Vitex agnus-castus* L. ; f. 36v), de l'arum tacheté (*Arum maculatum* L. ; f. 98r), du ricin (*Ricinus communis* L. ; f. 170v), du câprier (*Capparis spinosa* L. ; f. 172v) ou du pavot (*Papaver somniferum* L. ; f. 221v) ne laissent aucun doute quant à leur identité.

*f. 36v*

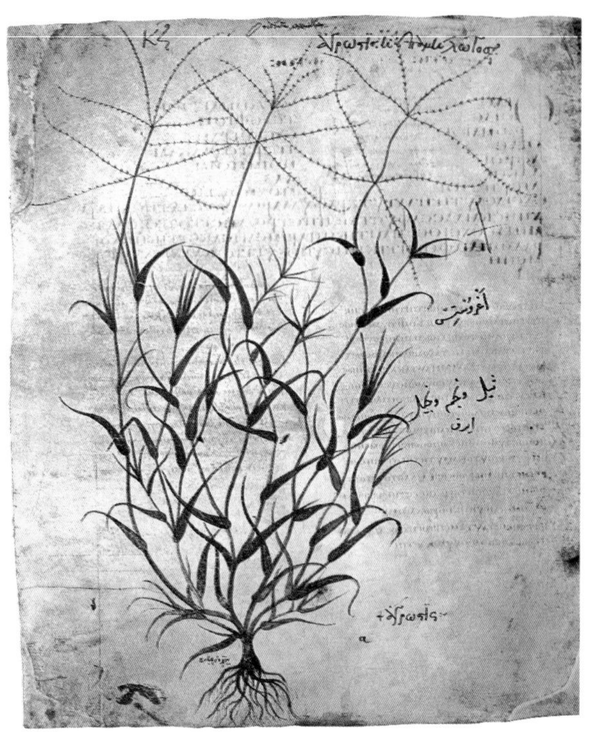

*f. 38v*

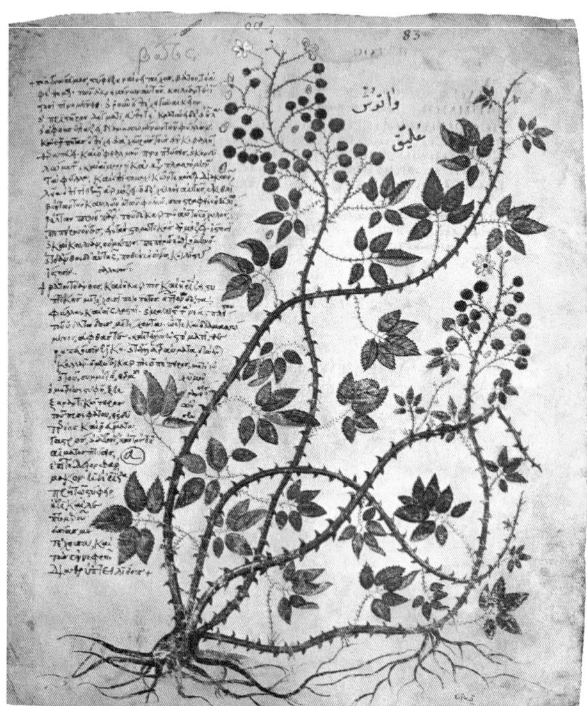

*f. 83r*

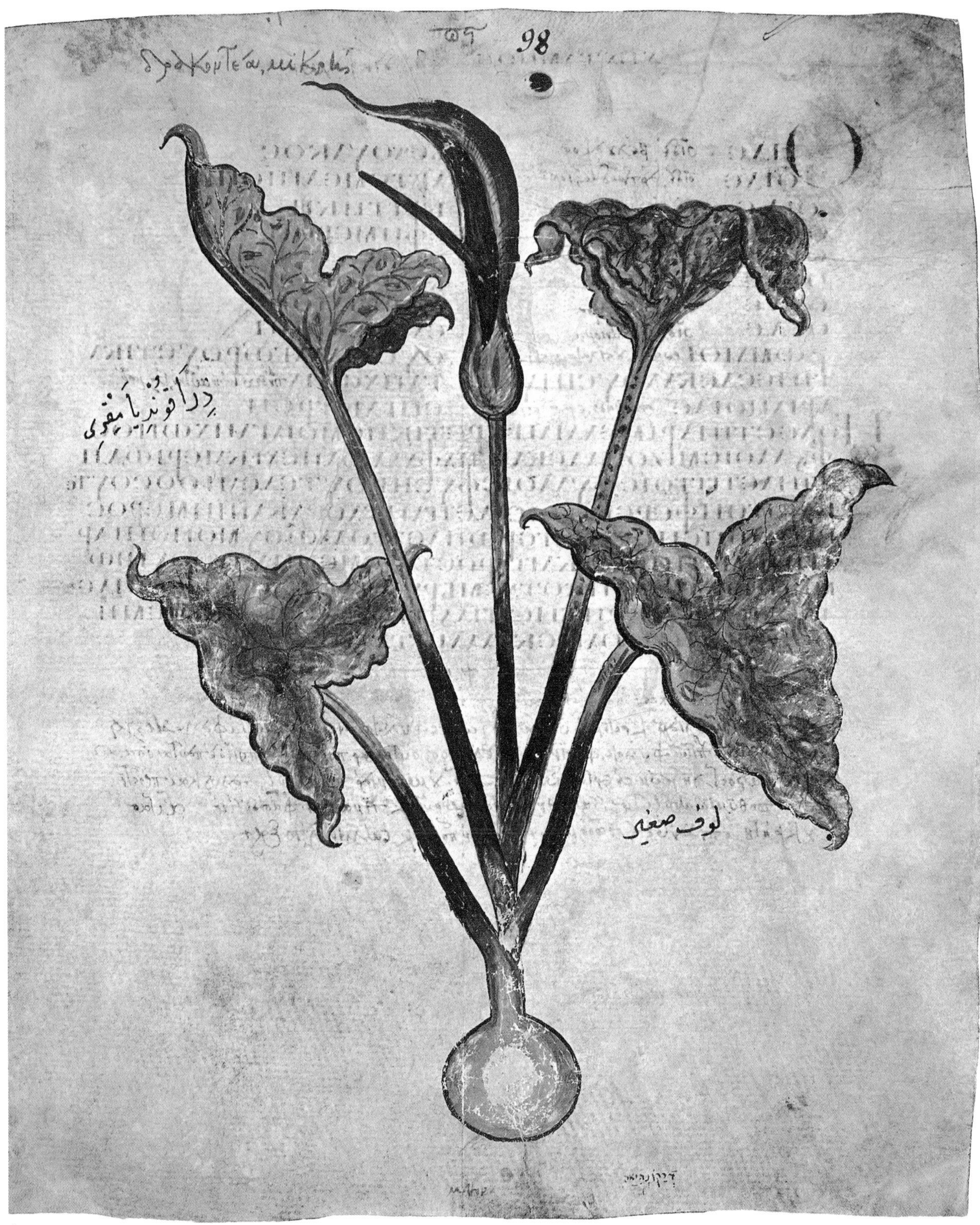

f. 98r

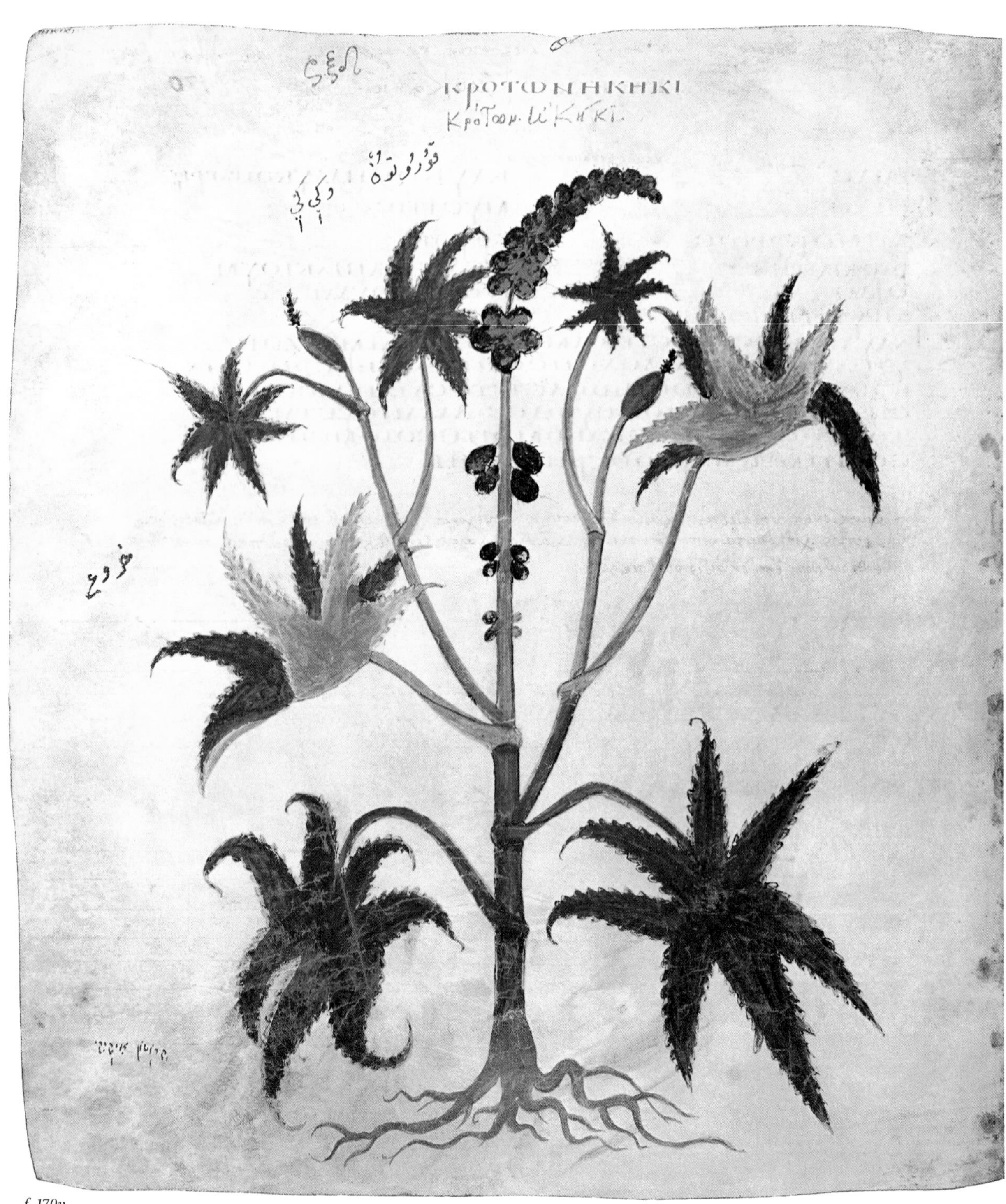


*f. 170v*

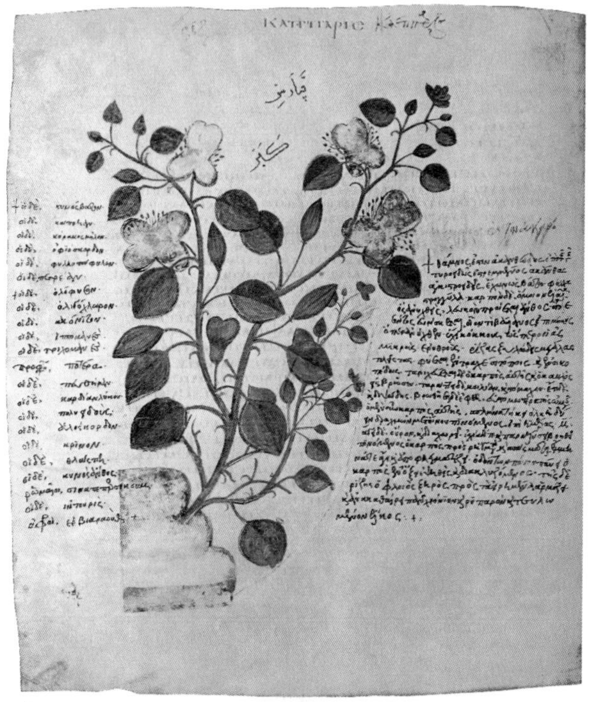

*f. 172v*

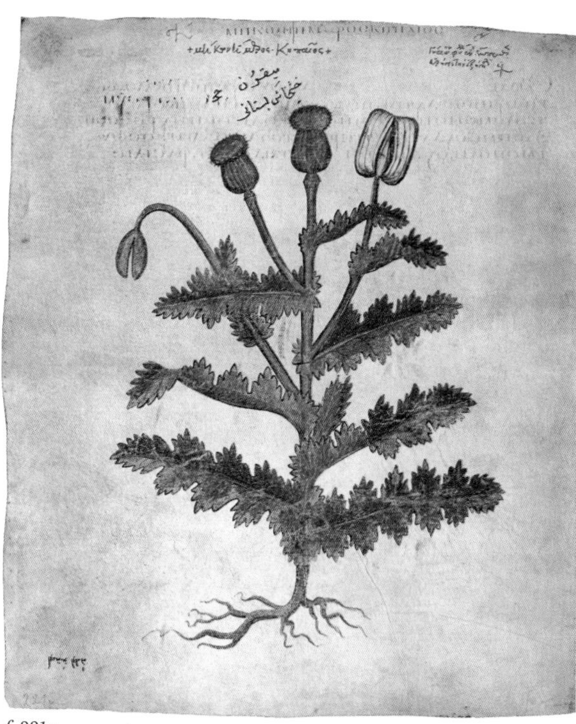

*f. 221v*

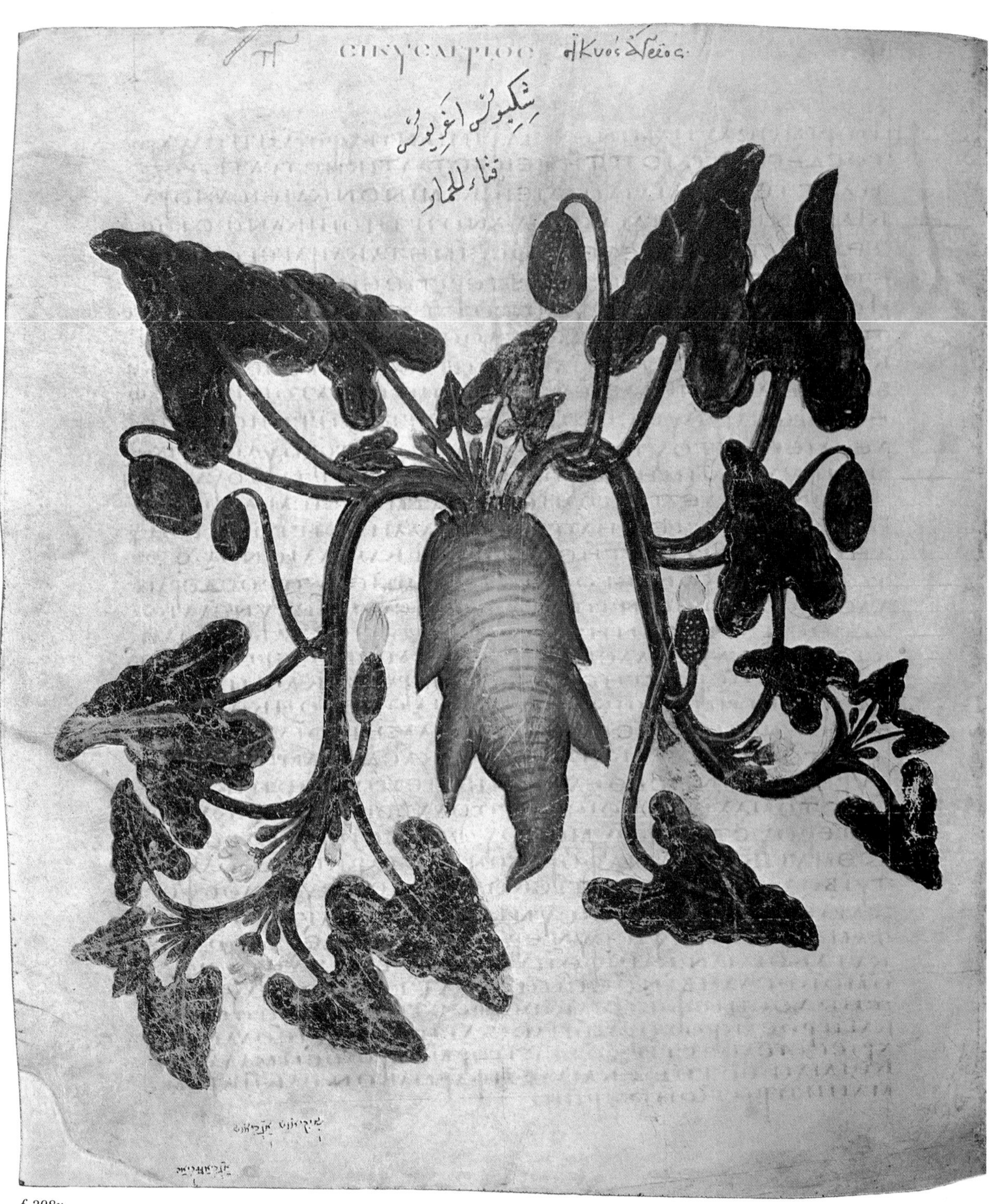


*f. 298v*

*f. 359v*

## 2 Otto Brunfels *Herbarum vivae eicones*

ARGENTORATI [STRASBOURG], 1532

POR: 253.852–D Fid. Lit. 29, 66

Renaissance heißt Wiedergeburt. Auch auf dem Gebiet der botanischen Illustration kam es in dieser Epoche zu einer Wiederbelebung der naturgetreuen Darstellung von Pflanzen. Meisterwerke aus dem späten 14. und dem frühen 15. Jahrhundert wie das sogenannte *Carrara Herbal* (MS Egerton 2020, British Library, London) oder den *Codex Bellunensis* (Add. MS. 41623, British Library, London), beide in Oberitalien entstanden, besitzt die Österreichische Nationalbibliothek nicht. Ihr ältestes Werk mit ausschließlich nüchtern sachlichen Pflanzendarstellungen ist ein Druck aus dem Jahre 1532. Sein Autor ist Otto Brunfels (c. 1489–1534), zuletzt Stadtarzt in Bern, der als einer der drei „Väter der Kräuterkunde" gilt, doch ist sein Text von untergeordnetem Interesse.

Von herausragender Bedeutung aber sind die Pflanzenabbildungen, „durch den hochberühmten meyster Hans Weiditz von Strassburg gerissen und contrafeyt", wie es in der deutschen Ausgabe dieses Werkes heißt. Glücklicherweise haben sich mehrere kolorierte Zeichnungen von Weiditz (c. 1500–1537) im Platter-Herbar, Systematisch-Geobotanisches Institut, Universität Bern, erhalten, allerdings entlang der Konturen ausgeschnitten und auf Kartonpapier aufgeklebt. Es ist gerade die „unbeschönigende deskriptive Darstellung", die das Werk zu einem Höhepunkt der botanischen Illustration macht. Erklärtes Ziel der Abbildungen ist die Identifizierungshilfe. Bemerkenswerterweise finden sich in den *Herbarum vivae eicones* erstmals Nebenfiguren. Der Band gilt seit Jahrzehnten als „nicht zu überbietendes Meisterwerk scharfsinniger Naturbeobachtung".

"Renaissance" means re-birth. In the world of botanical illustration, the Renaissance brought about a revitalization of the art of depicting plants naturalistically. Certain masterpieces from the late 14th and early 15th centuries, such as the so-called *Carrara Herbal* (MS Egerton 2020, British Library, London) and the *Codex Bellunensis* (Add. MS. 41623, British Library, London), both originating in upper Italy, are not in the Austrian National Library. The library's oldest work, containing exclusively plain, functional plant drawings, is a printed work from the year 1532. Its author, Otto Brunfels (c. 1489–1534), who became a city doctor in Berne, counts as one of the three "fathers of herbal science". However, his text is of lesser significance.

Of outstanding importance, however, are the plant drawings by the famous master Hans Weiditz from Strasbourg who was well known to his contemporaries, as is clear from the German edition of this work. Fortunately, several coloured drawings by Weiditz (c. 1500–1537) have been preserved in the Platter Herbarium of the Systematisch-Geobotanisches Institut of the University of Berne, albeit cut out along the outlines and stuck on card. It is precisely Weidlitz's "unflattering descriptive portrayal," with the declared purpose of serving as an aid to identification, that distinguishes his work as a pinnacle of botanical illustration. Remarkably, in the *Herbarum vivae eicones* we find subsidiary images for the first time. For decades the volume has been recognized an "unsurpassable masterpiece of the accurate observation of nature."

L'esprit de la Renaissance se manifesta aussi dans le domaine de l'illustration botanique et on lui doit une redécouverte de la représentation naturaliste. L'Österreichische Nationalbibliothek ne possède pas de chefs-d'œuvre de la fin du XIVe et du début du XVe siècle tels que le *Carrara Herbal* (MS Egerton 2020, British Library, Londres) ou le *Codex Bellunensis* (Add. MS. 41623, British Library, Londres), créés tous deux en Italie septentrionale. L'ouvrage le plus ancien qu'elle recèle, simplement doté d'illustrations végétales sobres et réalistes, est une impression de l'année 1532. Son auteur est Otto Brunfels (vers 1489–1534), en dernier lieu médecin officiel de la Ville de Berne et l'un des trois « pères de la médecine par les plantes », mais son texte est d'intérêt secondaire.

En revanche, les illustrations de plantes « durch den hochberühmten meyster Hans Weiditz von Strassburg gerissen und contrafeyt » (tracées et reproduites par le très célèbre maître Hans Weiditz de Strasbourg), ainsi qu'il est stipulé dans l'édition allemande de l'ouvrage, sont d'une importance majeure. Par bonheur, plusieurs dessins coloriés de Weiditz (vers 1500–1537) sont conservés à l'Herbier Platter du Systematisch-Geobotanisches Institut, de l'Université de Berne. Ils sont cependant découpés le long des contours et collés sur du papier cartonné. C'est justement « la représentation descriptive sans embellissements » qui fait d'eux un sommet de l'illustration botanique, le but recherché étant d'aider à identifier les plantes. Il est remarquable que l'on trouve pour la première fois dans les *Herbarum vivae eicones* des figures auxiliaires. Depuis des décennies, le volume est considéré comme « un chef-d'œuvre insurpassable de l'observation rigoureuse de la nature ».

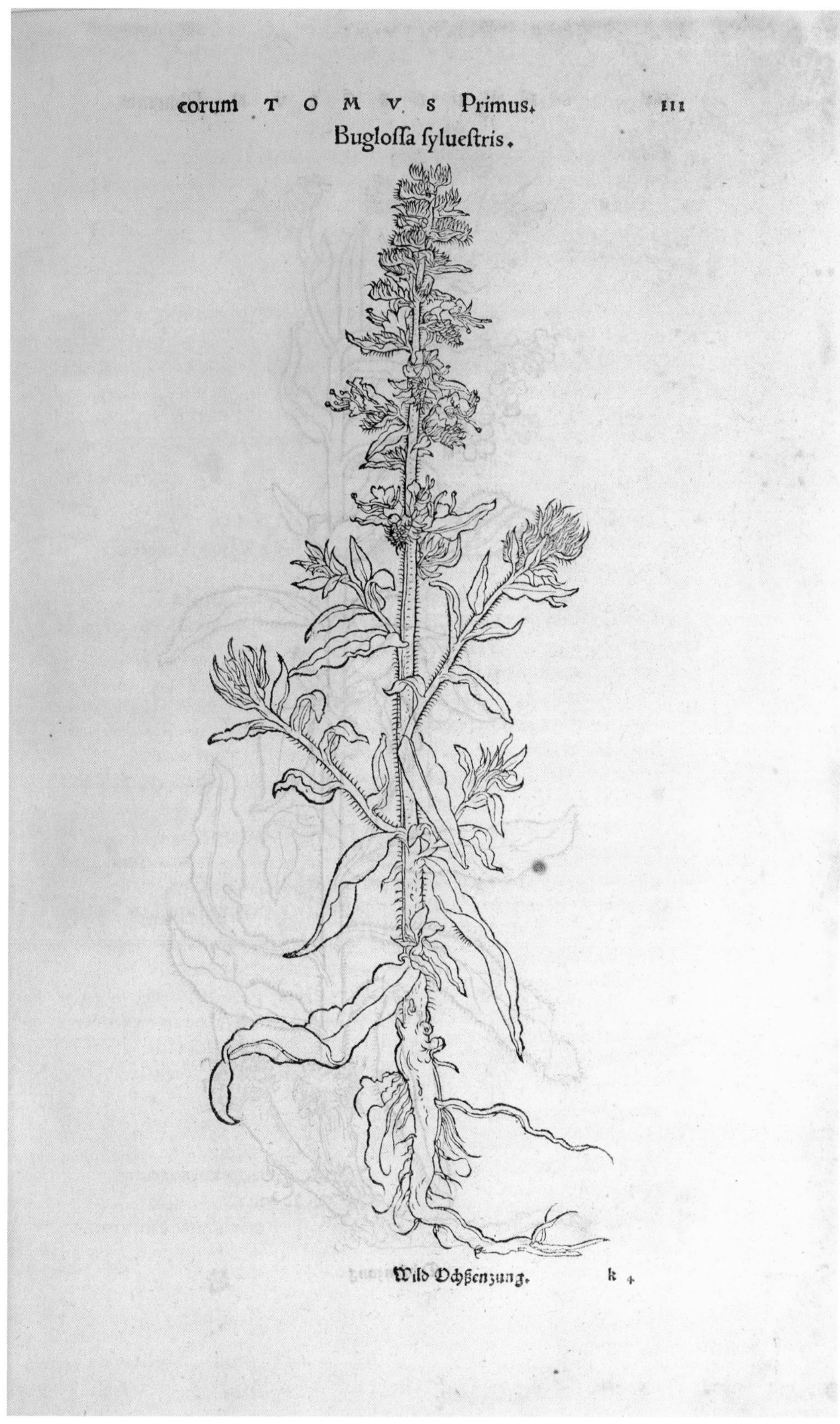

corum TOMVS Primus. 111

Buglossa syluestris.

Wild Ochßenzung. k 4

*p. 111*

A

B

Kuchenschell. Hackerkraut.

OTHO BRVNNFELSIVS.

CONSTITVERAMVS ab ipso statim operis nostri initio, quicquid esset huiuscemodi herbarum incognitarum, et de quarum nomenclaturis dubitaremus, ad libri calcem appendere, & eas tantum sumere describendas, quæ fuissent plane uulgatissimæ, adeoq; & officinis in usu: uerum longe secus accidit, & rei ipsius periculum nos edocuit, interdum seruiendum esse scenæ καὶ καιρῷ λατρεύειν, quod dicitur. Nam cum formarum deliniatores & sculptores, uehementer nos remorarentur, ne interim ociose agerent & prela, cōacti sumus, quamlibet proxime obuiam arripere. Statuimus igitur nudas herbas, quarum tantum nomina germanica nobis cognita sunt, preterea nihil. Nam latina neq; ab medicis, neq; ab herbarijs rimari ualuimus (tantum abest, ut ex Dioscoride, uel aliquo ueterum hanc quiuerimus demonstrare) magis adeo ut locum supplerent, & occasionem preberent doctioribus de ijs deliberandi, q;

t 3

p. 217

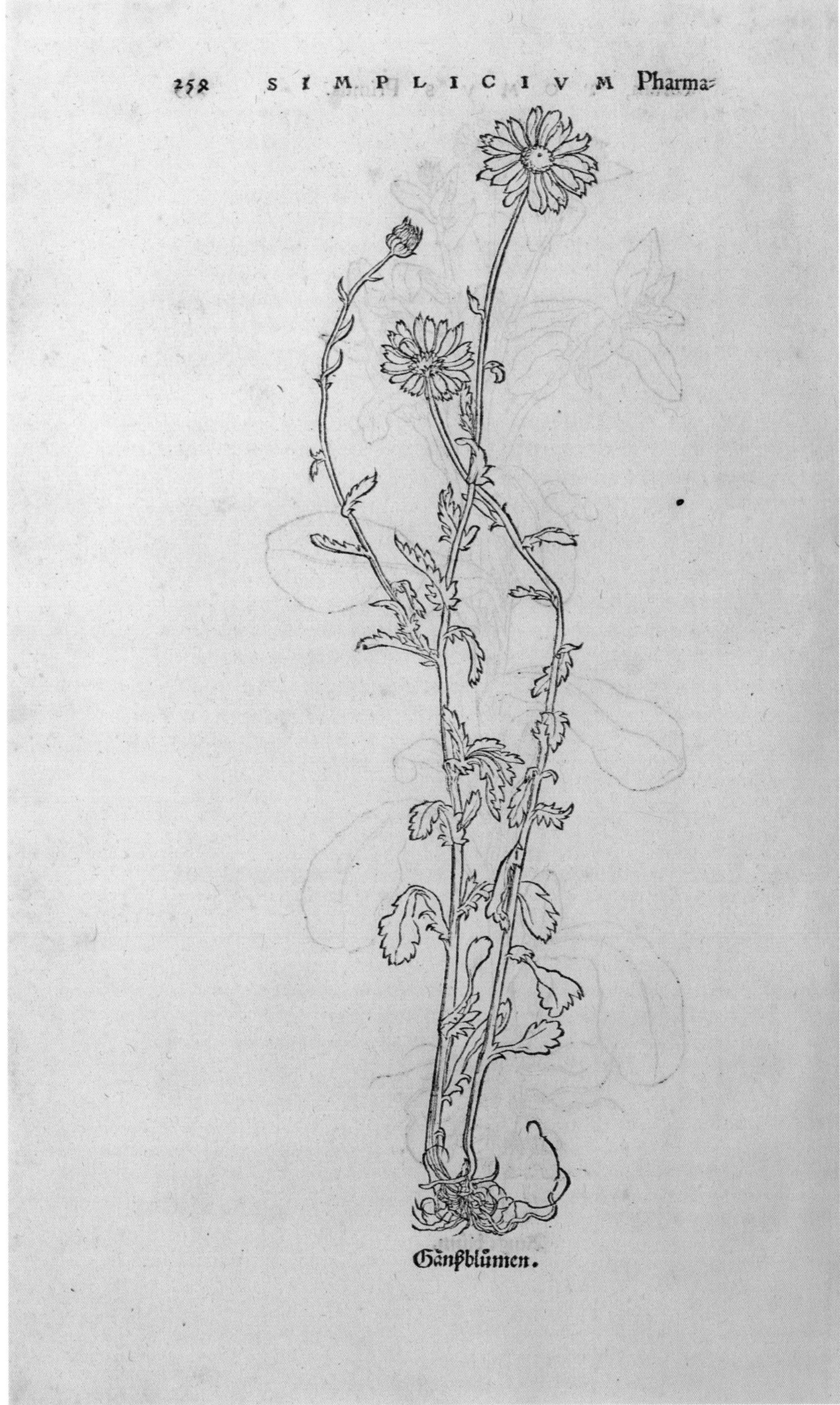
258 SIMPLICIVM Pharma-

Gänßblůmen.

p. 258

# 3 Codex Fuchs

[TÜBINGEN], C. 1536–1566

HAN: Cod. 11117–11125 (9 vol.)

Lit. 56

Der *Codex Fuchs* ist die bedeutendste illuminierte Handschrift botanischen Inhalts aus der Renaissancezeit. Er wird auch *Codex Vindobonensis Palatinus* oder *Vienna Codex (VC)* genannt, doch sollte diese Bezeichnung wegen der Verwechslungsmöglichkeit mit dem *Codex Vindobonensis* (Nr. 1) vermieden werden. Von diesem neunbändigen Werk, das bisher nur einem kleinen Kreis bekannt ist, wurde zuletzt 2000 ein Band bei der Ausstellung „Karl V." in Bonn und Wien vorgestellt. Damals war eine kolorierte Federzeichnung aufgeschlagen, die eine blühende und fruchtende Maispflanze (*Zea mays* L.; Cod. 11120, p. 317) zeigt; sie ist auch in „Ein Garten Eden" zu sehen. Dabei handelt es sich um die älteste in Europa angefertigte Darstellung dieser Weltwirtschaftspflanze, um 1540 in Tübingen oder Umgebung nach einem kultivierten Exemplar gemalt.

Leonhart Fuchs (1501–1566) war Arzt und zuletzt Professor für Medizin an der Universität Tübingen; seine ganze Liebe aber galt der Botanik. Die Summe seines in jahrzehntelanger Arbeit zusammengetragenen Wissens hat er in der vorliegenden Handschrift festgehalten. Alles spricht dafür, daß das hier *Codex Fuchs* genannte Werk in Tübingen entstanden ist.

Von besonderem Interesse sind die 1529 Tafeln mit naturgetreuen Pflanzendarstellungen, von denen 893 unsigniert sind; der Rest trägt die Signaturen von Jörg oder Jerg Ziegler (c. 1500–?) und einem bisher nicht identifizierten Illustrator. Alle Gruppen des Pflanzenreichs sind dargestellt – Algen (4), Pilze (2), Flechten (1), Moose (3), Farne (23) und Samenpflanzen (1508). Nur vereinzelt wird die Herkunft der Pflanzen angegeben – so erhielt Fuchs den Pyramiden-Milchstern (*Ornithogalum pyramidale* L.; Cod.

The *Codex Fuchs* is the most significant illuminated botanical manuscript of the Renaissance. It is also known as the *Codex Vindobonensis Palatinus* or the *Vienna Codex* (*VC*), but these designations should be avoided because of possible confusion with the *Codex Vindobonensis* (No. 1). Until now the *Codex* was known only to a small circle of scholars; however, one volume of this nine-part work was recently on display at the exhibition *Charles V* in Bonn and Vienna in the year 2000. On that occasion the work was opened at a page showing a coloured pen drawing of a maize plant, both in flower and with its fruit (*Zea mays* L.; Cod. 11120, p. 317). This drawing, which is also to be seen in *A Garden of Eden* and which represents the oldest European illustration of this worldwide commercial crop, was painted around 1540 from a cultivated specimen in the vicinity of Tübingen.

Leonhart Fuchs (1501–1566) was a doctor and ultimately a professor of medicine at the University of Tübingen. His great passion, however, was botany. In this manuscript, he incorporated the entirety of his knowledge, gleaned through decades of research. All the evidence suggests that the work designated here as *Codex Fuchs* was created in Tübingen.

Of particular interest are the 1529 plates with naturalistic plant illustrations. Among these, 893 are unsigned, but the rest bear the signature of Jörg or Jerg Ziegler (c. 1500–?) or that of another illustrator, as yet unidentified. All groups of the plant kingdom are represented: algae (4), fungi (2), lichens (1), mosses (3), ferns (23) and seed plants (1508). The origin of the plants appears only occasionally – thus Fuchs received *Ornithogalum pyramidale* L.; Cod. 11122, p. 405) from Luca Ghini of Tus-

Le *Codex Fuchs* est le manuscrit de botanique orné d'enluminures le plus important de la Renaissance. Il est aussi nommé *Codex Vindobonensis Palatinus* ou *Vienna Codex* (*VC*), mais on devrait éviter d'utiliser cette appellation afin de ne pas le confondre avec le *Codex Vindobonensis* (n° 1). Un tome de cet ouvrage en neuf parties, dont l'étude n'est pas encore terminée et qui n'est connu que d'un nombre restreint de spécialistes, a été présenté en l'an 2000 à l'exposition « Charles Quint » à Bonn et à Vienne. La page exposée montrait un dessin à la plume colorié représentant du maïs (*Zea mays* L. ; Cod. 11120, p. 317) en fleurs et en épi, que l'on retrouve dans « Un Jardin d'Eden ». C'est la plus ancienne représentation de cette plante importante sur le plan de l'économie mondiale à avoir été réalisée en Europe, à Tübingen en 1540 plus précisément. Elle a été peinte d'après un spécimen cultivé.

Leonhart Fuchs (1501–1566) était médecin et, à la fin de sa carrière, professeur de médecine à l'Université de Tübingen. Néanmoins c'est à la botanique qu'il vouait tout son amour. Le manuscrit représente la somme d'un savoir rassemblé durant des dizaines d'années de travail. Tout indique que l'ouvrage nommé ici *Codex Fuchs* a vu le jour à Tübingen.

Les 1529 planches montrant des représentations d'après nature de plantes dont 893 non signées sont particulièrement intéressantes. Le reste porte la signature de Jörg ou Jerg Ziegler (vers 1500–?) et d'un autre illustrateur, non identifié jusqu'ici. Tous les groupes du règne végétal sont représentés – algues (4), champignons (2), lichens (1), mousses (3), fougères (23) et phanérogames (1508). L'origine des plantes n'est indiquée que de manière isolée – c'est ainsi que Luca Ghini fit parvenir à

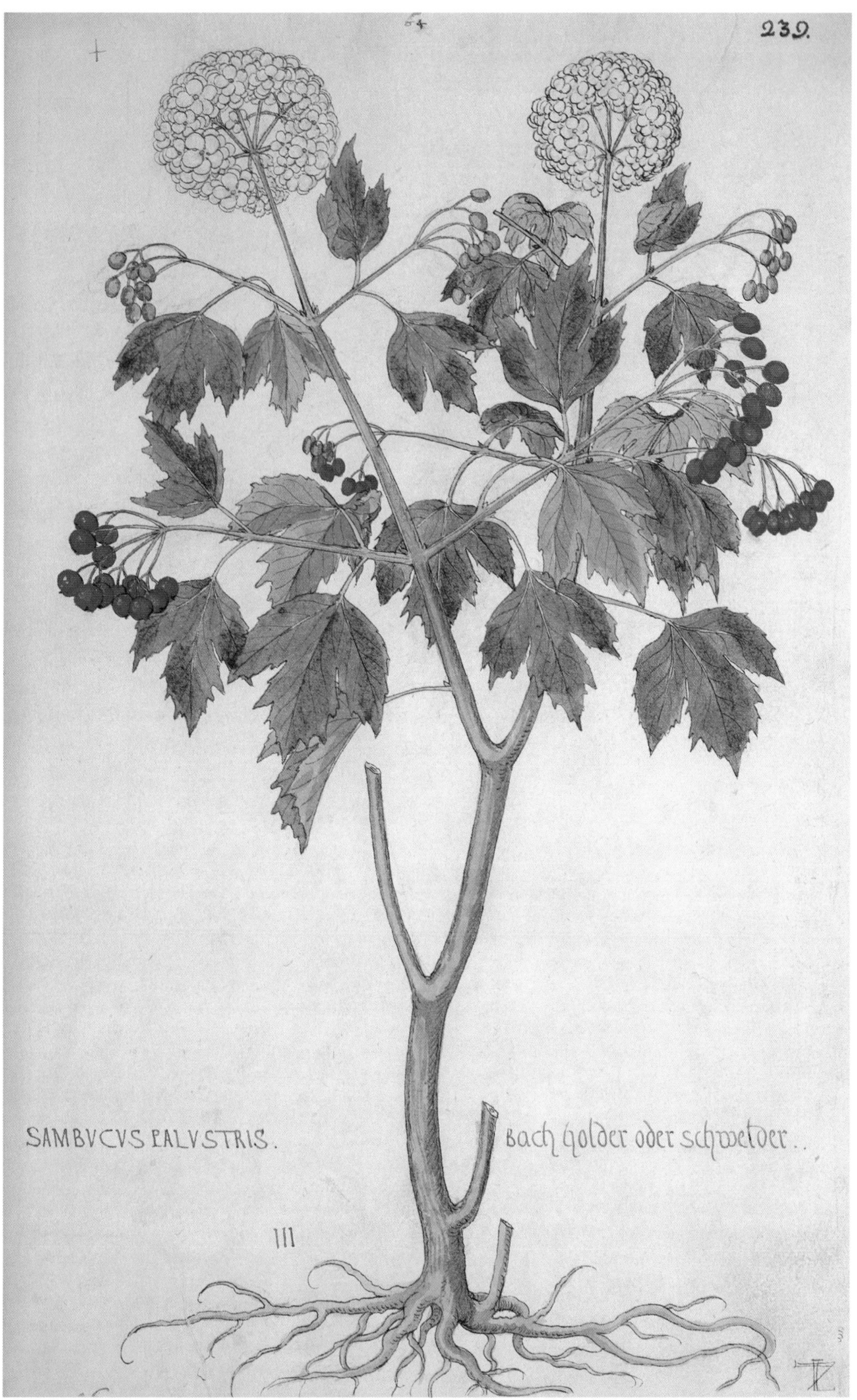


*Cod. 11117, p. 239*

11122, p. 405) von Luca Ghini aus der Toskana, die Pistazie (*Pistacia lentiscus* L.; Cod. 11125, p. 9) aus dem Garten der Franziskaner in Venedig.

Der *Codex Fuchs* ist reich an frühen Abbildungen außereuropäischer Zierpflanzen, z. B. der aus China nach Europa gelangten Braunroten Taglilie (*Hemerocallis fulva* (L.) L.; Cod. 11118, p. 111), der in Mexiko heimischen Studentenblume (*Tagetes erecta* L.; Cod. 11118, p. 277), der aus den iranisch-afghanischen Gebirgen stammenden Kaiserkrone (*Fritillaria imperialis* L.; Cod. 11121, p. 113), des seit Jahrtausenden in Südamerika kultivierten Blumenrohrs (*Canna indica* L.; Cod. 11122, p. 321). Lang ist auch die Liste der neuweltlichen Kulturpflanzen, die Fuchs darstellen ließ: die Tomate (*Lycopersicon esculentum* Mill.; Cod. 11122, p. 161), den Tabak (*Nicotiana tabacum* L.; z. B. Cod. 11123, p. 257), den Kürbis (*Cucurbita pepo* L.; z. B. Cod. 11124, p. 119), die Sonnenblume (*Helianthus annuus* L.; Cod. 11125, p. 391). Viele der Tafeln gelten als die ältesten bekannten Abbildungen der betreffenden Pflanzen.

Während die Illustratoren alle diese Pflanzen gesehen haben, kannten sie von anderen nur die Produkte. So stellten sie korrekt wiedergegebene Gewürznelken an einem ihrer Phantasie entsprungenen Baum dar (Cod. 11120, p. 289) und die Früchte des Muskatnußbaums (*Myristica fragans* Houtt.; Cod. 11122, p. 211) an einem imaginären Gehölz.

Erstmals finden sich im *Codex Fuchs* auch gepreßte und getrocknete Pflanzen abgebildet. Die Darstellung der Silberwurz (*Dryas octopetala* L.; Cod. 11125, p. 323) etwa läßt sich zurückführen auf einen Herbarbeleg von Leonhart Rauwolf (c. 1535–1596), der heute im Rijksherbarium in Leiden aufbewahrt wird.

cany, and lentisk (*Pistacia lentiscus* L.; Cod. 11125, p. 9) from the garden of the Franciscans in Venice.

The *Codex Fuchs* is a rich source of early illustrations of non-European ornamental plants, for example, day lily (*Hemerocallis fulva* (L.) L.; Cod. 11118, p. 111) which came to Europe from along the Silk Road from China; African marigold (*Tagetes erecta* L.; Cod. 11118, p. 277) native to Mexico; crown imperial (*Fritillaria imperialis* L.; Cod. 11121, p. 113) from the Iranian-Afghan mountains; and Indian shot (*Canna indica* L.; Cod. 11122, p. 321), cultivated for thousands of years in South America. Fuchs also had illustrations made for many plants cultivated in the New World: tomato (*Lycopersicon esculentum* Mill.; Cod. 11122, p. 161), tobacco (*Nicotiana tabacum* L.; e. g. Cod. 11123, p. 257), pumpkin (*Cucurbita pepo* L.; e. g. Cod. 11124, p. 119), and sunflower (*Helianthus annuus* L.; Cod. 11125, p. 391). Many of the plates constitute the oldest known illustrations of the plants in question.

Whilst the illustrators had seen all these plants, there were others of which they knew only the products. Thus they drew accurate cloves on an imaginary tree (Cod. 11120, p. 289), and similarly the fruits of nutmeg (*Myristica fragans* Houtt.; Cod. 11122, p. 211) are shown hanging from an imaginary shrub.

Dried and pressed plants also appear for the first time in the *Codex Fuchs*. The illustration of mountain avens (*Dryas octopetala* L.; Cod. 11125, p. 323), for example, can be traced back to a herbarium specimen of Leonhart Rauwolf (c. 1535–1596), now in the Rijksherbarium in Leiden.

Fuchs l'ornithogale (*Ornithogalum pyramidale* L. ; Cod. 11122, p. 405) de Toscane, la pistache (*Pistacia lentiscus* L. ; Cod. 11125, p. 9) provient du jardin des Franciscains à Venise.

Le *Codex Fuchs* est riche en illustrations précoces de plantes ornementales non-européennes, par exemple l'hémérocalle (*Hemerocallis fulva* (L.) L. ; Cod. 11118, p. 111) originaire de Chine qui a rejoint l'Europe, la rose d'Inde (*Tagetes erecta* L. ; Cod. 11118, p. 277) venue du Mexique, la couronne impériale (*Fritillaria imperialis* L. ; Cod. 11121, p. 113), qui pousse dans les montagnes irano-afghanes, le canna (*Canna indica* L. ; Cod. 11122, p. 321), cultivé depuis des milliers d'années en Amérique du Sud. La liste des plantes cultivées du Nouveau Monde que Fuchs fit représenter est tout aussi longue : la tomate (*Lycopersicon esculentum* Mill. ; Cod. 11122, p. 161), le tabac (*Nicotiana tabacum* L. ; p. ex. Cod. 11123, p. 257), la citronille (*Cucurbita pepo* L. ; p. ex. Cod. 11124, p. 119), le tournesol (*Helianthus annuus* L. ; Cod. 11125, p. 391). Bien des planches sont considérées comme les représentations les plus anciennes des plantes concernées.

Si les illustrateurs ont vu toutes ces plantes, ils ne connaissaient de certains autres végétaux que leurs produits. Ils ont ainsi représenté des clous de girofle parfaitement corrects sur un arbre sorti tout droit de leur imagination (Cod. 11120, p. 289) et des fruits de muscadier (*Myristica fragans* Houtt. ; Cod. 11122 : p. 211) sur un arbuste imaginaire.

Le *Codex Fuchs* est aussi le premier à représenter des plantes pressées et séchées. L'illustration de la dryade à huit pétales (*Dryas octopetala* L. ; Cod. 11125, p. 323) par exemple, remonte à un modèle de Leonhart Rauwolf (vers 1535–1596), conservé aujourd'hui au Rijksherbarium de Leyde.

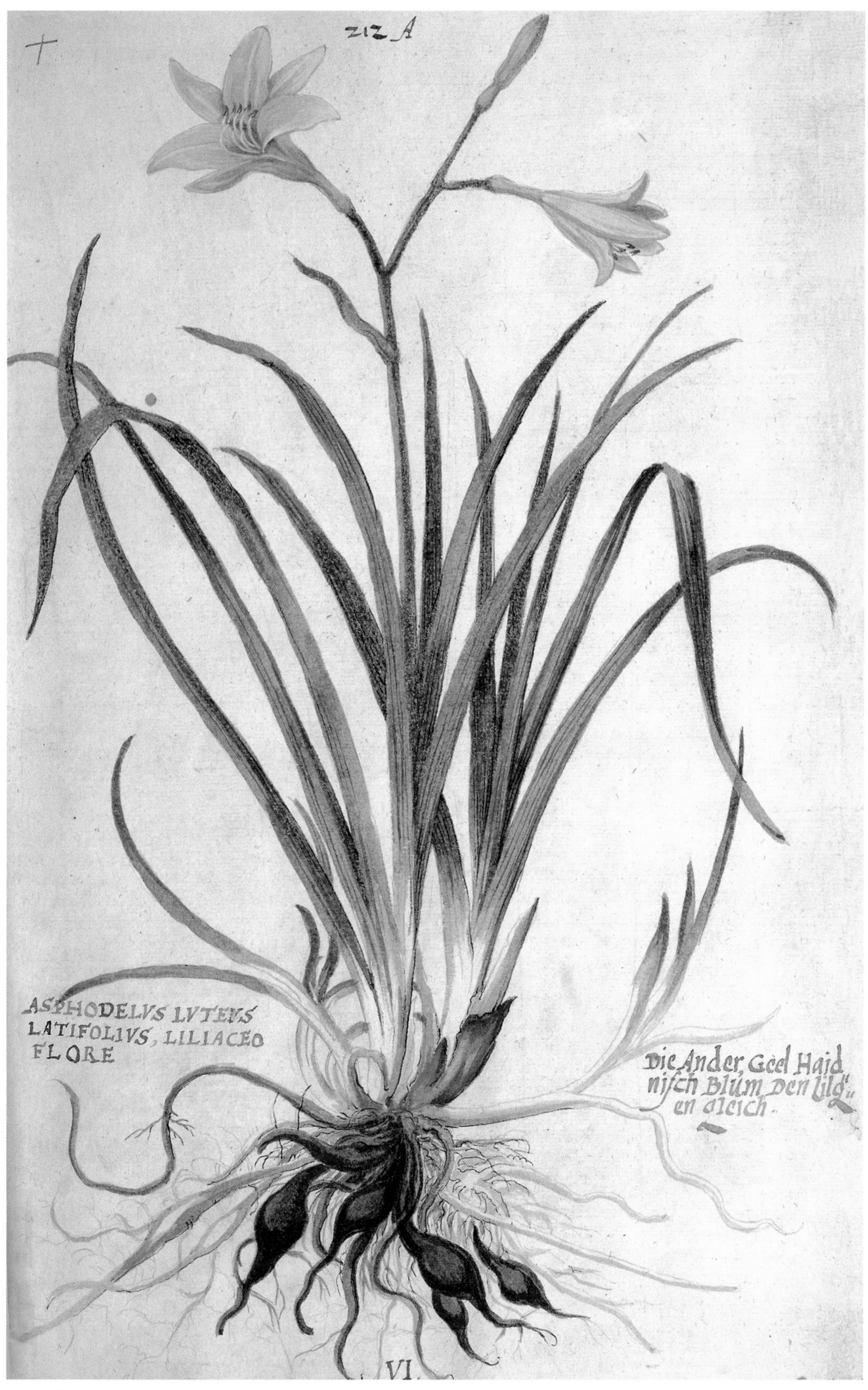


*Cod. 11118, p. 109*

Cod. 11119, p. 115

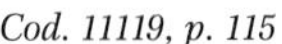

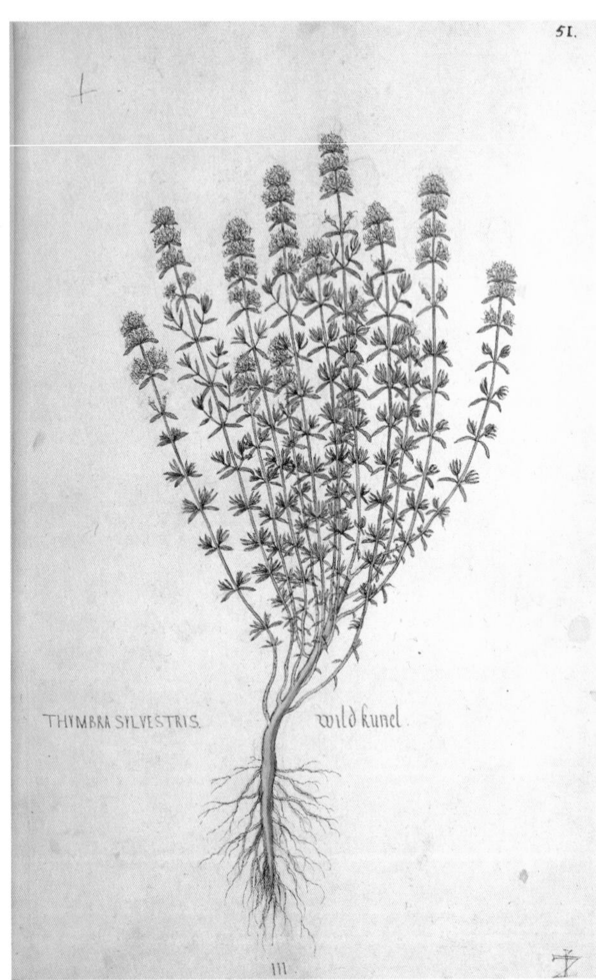


Cod. 11120, p. 51

*Cod. 11121, p. 317*

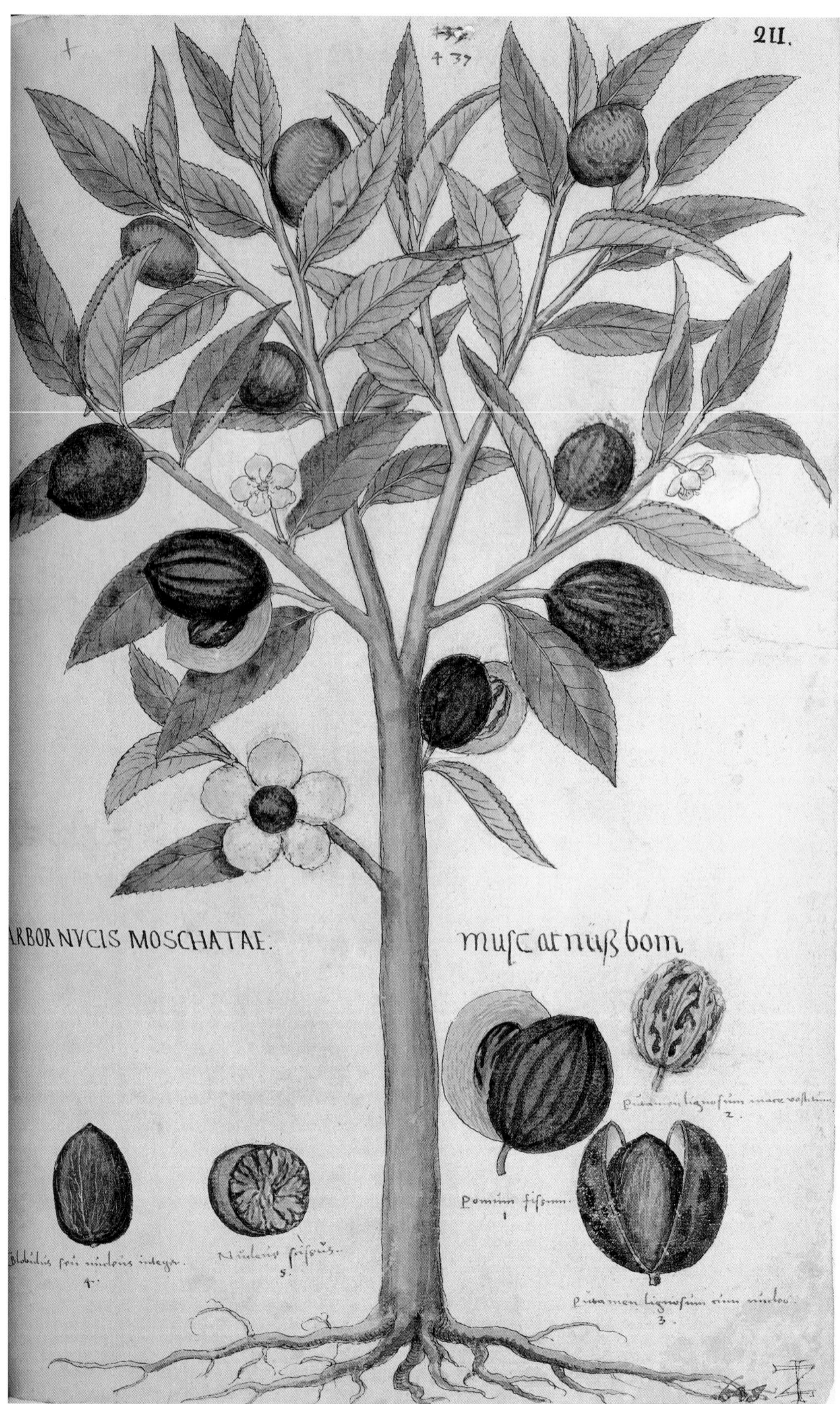


*Cod. 11122, p. 211*

*Cod. 11122, p. 321*

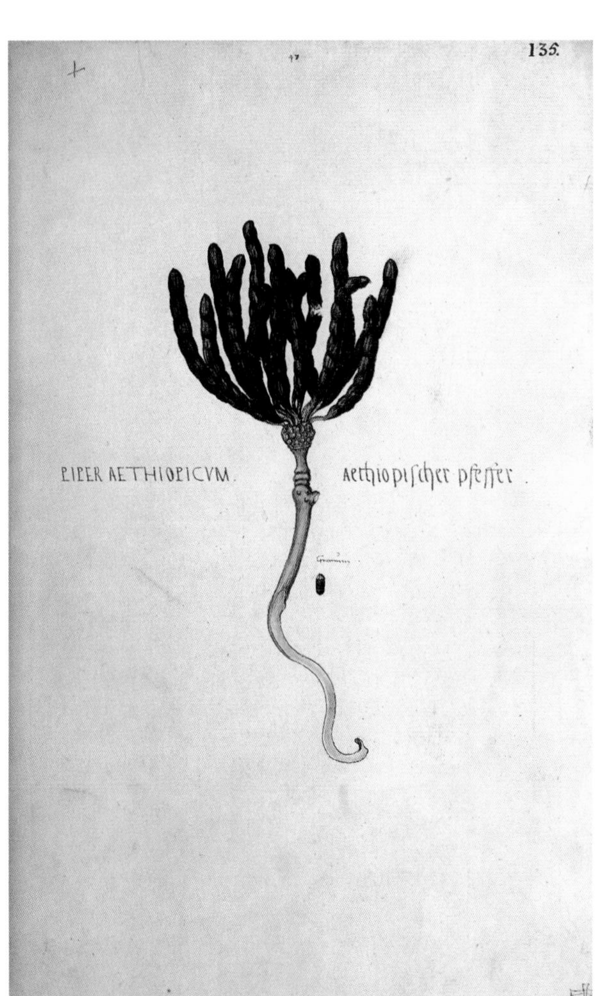


*Cod. 11123, p. 135*

*Cod. 11124, p. 119*

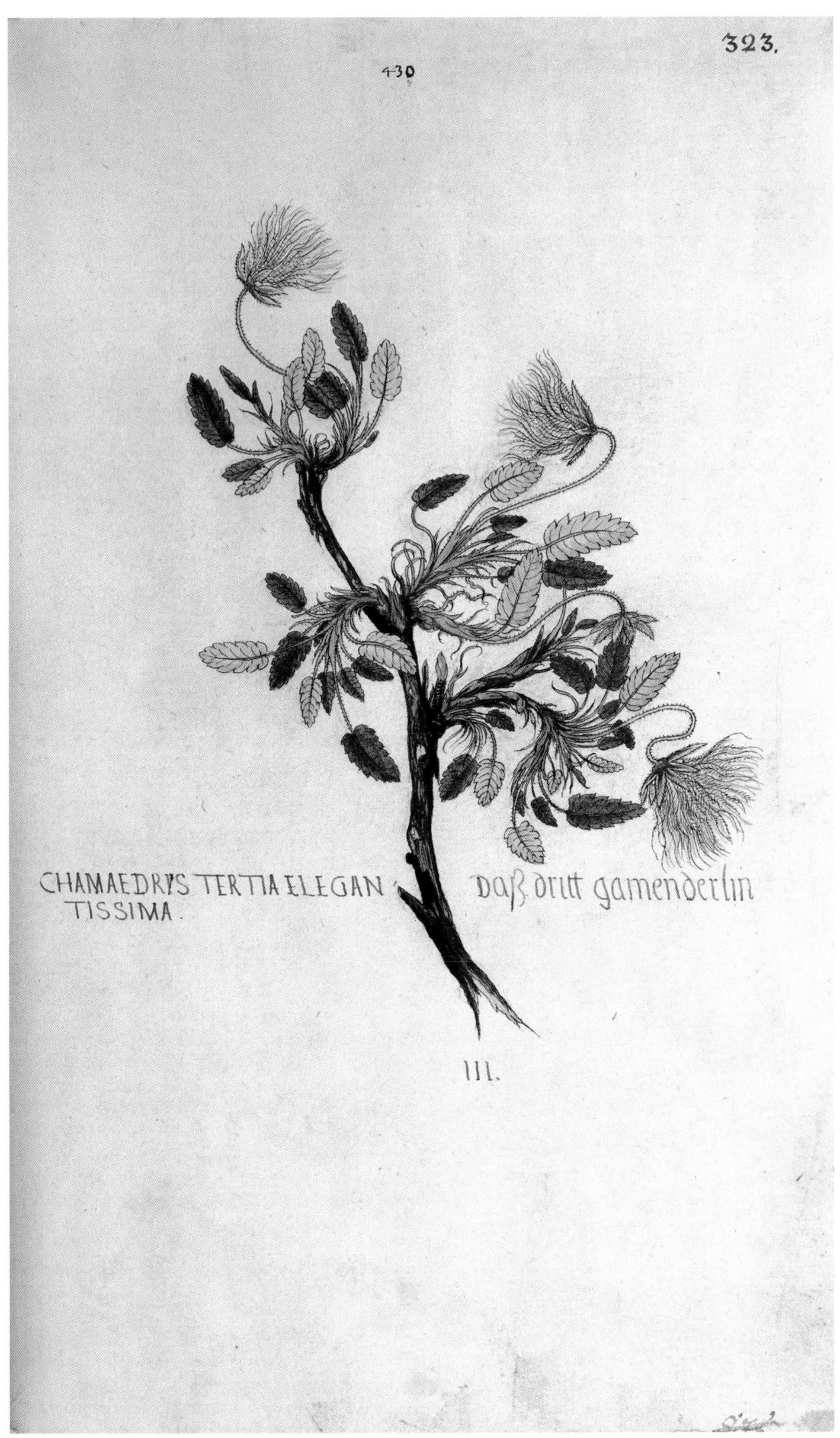


*Cod. 11125, p. 323*

# 4 *Codex Amphibiorum*

[TÜBINGEN (?)], C. 1540

HAN: Cod. Min. 107*

Diese Handschrift ist bisher gänzlich unbekannt. Sie wird hier *Codex Amphibiorum* genannt, weil die ersten drei Aquarelle Landschaften mit Wasserläufen darstellen, in denen Amphibien, vor allem Molche, schwimmen. Alle anderen Bilder in Wasserfarben zeigen aber Pflanzen, darunter – in der Ansicht eines stehenden Gewässers (f. 10r) – die Wassernuß (*Trapa natans* L.) kombiniert mit dem Rohrkolben (*Typha latifolia* L.) und das Fettkraut (*Pinguicula vulgaris* L.). Die Darstellung entspricht so genau einer Abbildung im *Codex Fuchs* (Nr. 3; Cod. 11125, p. 129), daß eine Beziehung anzunehmen ist. Da die drei Landschaften offensichtlich mit Anmerkungen in der Schrift von Leonhart Fuchs versehen sind, wird vermutet, daß der *Codex Amphibiorum* aus seinem Kreis stammt und um 1540, vielleicht in Tübingen, entstanden ist.

Von besonderem Interesse sind zwei weitere Pflanzenabbildungen. Eine zeigt Cayenne-Pfeffer (*Capsicum frutescens* L.; f. 11r), eine neuweltliche Nutzpflanze, deren brennend scharfe Früchte zum Würzen verwendet werden – die kleine Darstellung des Landsknechts mit einer Frucht in der linken Hand und geöffnetem Mund nimmt darauf Bezug. Die andere Tafel (f. 19r) gemahnt den Kenner sofort an die berühmte Darstellung des Edelweiß (*Leontopodium alpinum* (L.) Cass.) im *Codex Bellunensis*; vor schwarzem Hintergrund wird eine seltsame Pflanze gezeigt, die „Dictamnus Creticus" beschriftet ist. Während die naturgetreu wiedergegebenen Blätter an den Kretischen Dost (*Origanum dictamnus* L.) erinnern, sind die Blüten der Phantasie entsprungen – der Illustrator kannte offensichtlich nur die aus der Levante importierten Blätter, die zur Herstellung von Tees verwendet werden, nicht aber die Blüten.

Until now this manuscript has remained completely unknown. It is termed *Codex Amphibiorum* here because the first three watercolours depict landscapes with watercourses in which amphibians, especially newts, are swimming. However, all the other watercolour paintings present plants, including water chestnut (*Trapa natans* L.), combined with bulrush (*Typha latifolia* L.), and butterwort (*Pinguicula vulgaris* L.) in a scene with a stretch of standing water (f. 10r). In *Codex Fuchs* (No. 3, Cod. 11125, p. 129) there is an illustration which so closely resembles the material depicted here that one must assume a connection. As the three landscapes are evidently accompanied by notes in the hand of Leonhart Fuchs, the *Codex Amphibiorum* presumably originated in his circle around 1540, perhaps in Tübingen.

Two further plates are of particular interest. One shows cayenne pepper (*Capsicum frutescens* L.; f. 11r), a crop plant from the New World, whose extremely hot fruits are used as seasoning – the little image of the mercenary, with a fruit in his left hand and his mouth open, makes reference to this. The other plate (f. 19r) is clearly reminiscent of the famous illustration of edelweiss (*Leontopodium alpinum* (L.) Cass.) in the *Codex Bellunensis*; an unusual plant, labelled "Dictamnus Creticus", is presented against a black background. Whilst the naturalistically drawn leaves are reminiscent of dittany (*Origanum dictamnus* L.), the flowers are a product of the imagination: the illustrator was evidently familiar only with the leaves imported from the Levant, which were used to make tea, but not the flowers.

Ce manuscrit était complètement inconnu jusqu'à ce jour. Il est nommé ici *Codex Amphibiorum* parce que les trois premières aquarelles représentent des paysages traversés de ruisseaux dans lesquels nagent des amphibies, surtout des tritons. Toutes les autres illustrations à l'aquarelle montrent néanmoins des plantes et l'on décèle, en observant les eaux stagnantes (f. 10r), la macre commune (*Trapa natans* L.), combinée avec la massette à feuilles larges (*Typha latifolia* L.), et la grassette commune (*Pinguicula vulgaris* L.). L'illustration est tellement semblable à celle du *Codex Fuchs* (n° 3 ; Cod. 11125, p. 129) que l'on suppose une relation entre elles. Comme les trois paysages sont manifestement dotés d'annotations écrites par Leonhart Fuchs, on suppose que le *Codex Amphibiorum* est originaire de son entourage et a vu le jour vers 1540, peut-être à Tübingen.

Deux autres illustrations sont particulièrement intéressantes. L'une d'elles montre le poivre de Cayenne (*Capsicum frutescens* L. ; f. 11r), une plante du Nouveau Monde, dont les fruits à la forte saveur piquante sont utilisés en cuisine – la petite représentation du lansquenet, un fruit dans la main gauche et la bouche ouverte, s'y réfère. L'autre planche (f. 19r) rappelle spontanément la célèbre représentation de l'edelweiss (*Leontopodium alpinum* (L.) Cass.) du *Codex Bellunensis* ; sur un arrière-plan noir se découpe une plante bizarre qui porte l'inscription « Dictamnus Creticus ». Si les feuilles reproduisent d'après nature celles de l'origan dictame (*Origanum dictamnus* L.), les fleurs elles sont purement imaginaires – l'illustrateur ne connaissait manifestement que les feuilles importées du Levant utilisées en tisane, mais n'avait jamais vu les fleurs.

*f. 28r*

*f. 10r*

*f. 11r*

*f. 19r*

## 5 Leonhart Fuchs *De historia stirpium commentarii insignes*

BASILEAE [BASEL], 1542

POR: 8414 (alte Signatur) Lit. 56

Berühmt wurde Leonhart Fuchs nicht durch das oben vorgestellte, unveröffentlicht gebliebene Manuskript (Nr. 3), sondern durch sein im Jahre 1542 veröffentlichtes Kräuterbuch, das 517 Tafeln aus diesem Werk enthält. *De historia stirpium* zählt zu den „hundert Büchern, welche die Welt veränderten" und ist in einer großen Zahl von Übersetzungen und Bearbeitungen, oft mit Anmerkungen, Ergänzungen und Kommentaren versehen, auf uns gekommen. Die hier gezeigte, von Franz I., Kaiser von Österreich (regierte 1804–1835), erworbene kolorierte Erstausgabe erzielt bis heute auf Auktionen Spitzenpreise. Die Bedeutung und Beliebtheit des Werks ist an einigen Faksimile-Ausgaben zu ersehen, deren letzte im Jahre 1999 erschien.

Die bildliche Darstellung der an diesem Buch beteiligten Personen sucht in der botanischen Literatur ihresgleichen: Auf einer Tafel wird Leonhart Fuchs, der Autor des Textes, gezeigt, auf einer anderen Tafel (p.[897]) sind Heinrich Füllmaurer (?–1545), Albert Meyer und Veit Rudolf Speckle (?–1550) bei ihrer Arbeit zu sehen. Meyer zeichnet auf Papier, Füllmaurer überträgt die Zeichnung auf einen glattgeschliffenen Holzblock, Speckle wartet mit dem Schneideisen in der Hand darauf, die Holzschnitte anzufertigen. Kein Autor auf dem Gebiet der Botanik hat wie Fuchs seine Mitarbeiter gewürdigt.

Geschnittene Holzformen für *De historia stirpium* haben sich nicht erhalten, wohl aber einige Zeichnungen auf von Fuchs beschrifteten Birnholzbrettern, die im Dachboden des Instituts für Botanik der Universität Tübingen gefunden wurden. Sie waren für eine erweiterte Ausgabe bestimmt, zu der es trotz aller Bemühungen von Fuchs und seinem Sohn Friedrich aber nie gekommen ist.

Leonhart Fuchs did not become famous through the manuscript described above (No. 3), which remained unpublished, but through his herbal, published in 1542, which contained 517 plates from the manuscript. *De historia stirpium* is one of the "hundred books that changed the world", and has come down to us in a great number of translations and adaptations, often with notes, additions and commentaries. The coloured first edition, shown here, was acquired by Francis I, Emperor of Austria (reigned 1804–1835), and to this day fetches high prices at auction. The importance and popularity of the work are evident from the production of several facsimile editions, the last of which appeared in 1999.

The pictorial representation of the people who collaborated on this book is without parallel in botanical literature. Leonhart Fuchs, the author of the text, appears on one plate, while Heinrich Füllmaurer (? –1545), Albert Meyer and Veit Rudolf Speckle (? –1550) are to be seen at work in another (p. [897]): whilst Meyer is drawing on paper, Füllmaurer is transferring the drawing onto a smooth block of wood, and Speckle is waiting with a cutting iron in his hand to prepare the woodcuts. No other author in the field of botany has acknowledged his collaborators in this manner.

The cut woodblocks of *De historia stirpium* have not survived, but a number of drawings on pear wood inscribed by Fuchs were found in the loft of the Botanical Institute at the University of Tübingen. These had been intended for an enlarged edition, which never appeared despite prodigious efforts of Fuchs and his son Friedrich.

Ce n'est pas le manuscrit précédemment illustré (n° 3) – il ne fut d'ailleurs jamais publié – qui fit la célébrité de Leonhart Fuchs mais son herbier paru en 1542. Il comporte 517 planches issues du manuscrit. *De historia stirpium* fait partie « des cent livres qui ont changé le monde » et il est parvenu jusqu'à nous en un grand nombre de traductions, de remaniements souvent annotés, complétés, commentés. La première édition coloriée montrée ici, acquise par l'empereur d'Autriche François Ier (règne de 1804 à 1835), atteint aujourd'hui encore des prix records dans les ventes aux enchères. Le fait que cet ouvrage ait eu droit à quelques éditions en fac-similé, la dernière datant de 1999, nous montre son importance et l'estime qu'on lui porte.

On cherchera vainement dans la littérature botanique un livre représentant ainsi ses illustrateurs : Leonhart Fuchs, l'auteur du texte, apparaît sur une planche, Heinrich Füllmaurer ( ?–1545), Albert Meyer et Veit Rudolf Speckle ( ?–1550) sont représentés sur une autre (p. [897]) en train de travailler. Meyer dessine sur du papier, Füllmaurer reporte le dessin sur un bloc de bois poli, Speckle, un burin dans la main, attend pour préparer l'estampe. Aucun autre auteur dans le domaine de la botanique n'a ainsi reconnu les mérites de ses collaborateurs.

Les bois gravés utilisés pour *De historia stirpium* n'ont pas été conservés, mais on a trouvé dans le grenier de l'Institut Botanique de l'Université de Tübingen quelques dessins sur des planches de bois de poirier portant des inscriptions de la main de Fuchs. Ils étaient destinés à une nouvelle édition élargie, qui ne vit jamais le jour malgré les efforts conjugués de Fuchs et de son fils Friedrich.

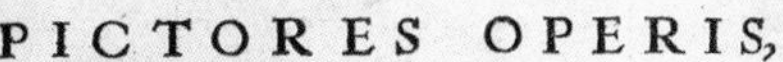

PICTORES OPERIS,

Heinricus Füllmaurer. Albertus Meyer.

SCVLPTOR

Vitus Rodolph. Speckle.

p. [897]

## 6 *Leonhart Fuchs New Kreüterbůch*

BASELL [BASEL], 1543

POR: 252.041-D Fid. Lit. 56

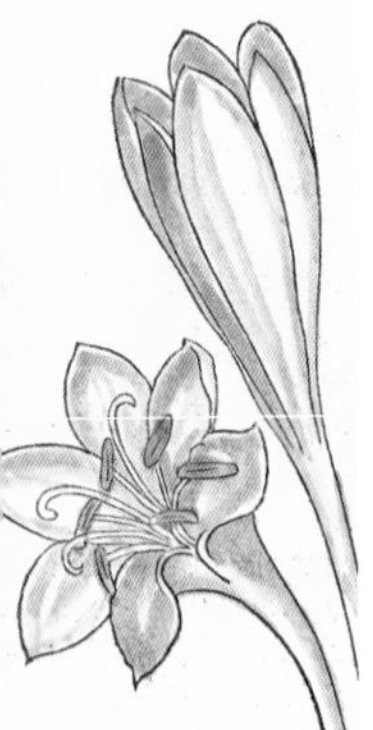

Lateinische Texte in die Volkssprache zu übersetzen war ein besonderes Anliegen der Reformation. Da Fuchs eng mit dieser religiösen Erneuerungsbewegung verbunden war, verwundert es nicht, daß man einige seiner Werke bald auch in andere Sprachen übertrug – so erschien bereits 1543, wieder in Basel, das *New Kreüterbůch in welchem nit allein die gantz histori das ist namen gestalt statt und zeit der wachsung natur krafft und würckung des meysten theyls der Kreüter so in Teütschen unnd andern Landen wachsen mit dem besten vleiss beschriben sonder auch aller derselben wurtzel stengel bletter blumen samen frücht und in summa die gantze gestalt allso artlich und kunstlich abgebildet und contrafayt ist das dessgleichen vofmahls nie gesehen noch an tag kommen. Durch den hochgelerten Leonhart Fuchsen der artzney Doctorn.* Besonders bemerkenswert ist das neue Krankheitsregister, das dem Leser Selbst-Medikamentation ermöglichen soll; im Titelblatt heißt es: „Im dritten [Register] mag man zů allen kranckheyten und gebresten so dem menschen und auch zum teyl dem viech mogen zůfallen vilfeltig artzney und radteilends finden." Daß beispielsweise die Herbstzeitlose (*Colchicum autumnale* L.; p. cci) gefährlich ist, wußte bereits Fuchs, denn er schreibt „die wurtzel … gessen tödtet".

Das hier gezeigte Exemplar besitzt mannigfache Bezüge zu Mitgliedern des Hauses Habsburg: Es stammt aus dem Privateigentum von Franz I., Kaiser von Österreich; das Werk selbst ist Anna, der Frau von Ferdinand I., König von Ungarn und Böhmen (regierte 1526–1564), gewidmet; das in Toledo ausgestellte, im Wortlaut abgedruckte Privileg, d. h. das Nachdruckverbot, stammt aus der Kanzlei seines Bruders, Kaiser Karl V.

The translation of Latin texts into the vernacular was of particular interest to the Reformation. As Fuchs was very closely linked with this religious reform movement, it is not surprising that some of his works were also soon translated into other languages. Thus, as early as 1543, there appeared, once again in Basle, the *New Kreüterbůch, which contains not only full and comprehensive information, including the name, form, place and season of growth, natural strength and use of most herbs which grow in the German and other lands, but also of all the roots, stems, leaves, flowers, seeds and fruit, and, in short, the entire form of each plant is accurately illustrated, in a manner which has never before been seen nor come to light. By the highly educated Leonhart Fuchs, doctor of medicine.* Particularly noteworthy is the new register of illnesses, which was supposed to enable the readers to administer medication to themselves. The title page states, "In the third [index] one can find for all illnesses and diseases which afflict man and, to some extent, animals also, many kinds of medicines and advice". Fuchs already knew, for example, that meadow saffron (*Colchicum autumnale* L.; p. cci) is dangerous, since he writes, "if eaten, the root kills".

The copy shown here is closely linked with various members of the House of Hapsburg. It stems from the personal possessions of Francis I, Emperor of Austria; the work itself is dedicated to Anna, wife of Ferdinand I, King of Hungary and Bohemia (reigned 1526–1564); and the copyright privilege, which was issued in Toledo and printed verbatim, stems from the Chancellery of the king's brother, Emperor Charles V.

Traduire les textes latins en langue vulgaire fut l'une des préoccupations majeures de la Réforme. Fuchs ayant été lié à ce mouvement de renouveau religieux, il n'est guère étonnant que certains de ses ouvrages aient bientôt été traduits dans d'autres langues. C'est ainsi que parut, à Bâle encore, dès 1543 le *New Kreüterbůch* dans lequel on peut lire en vieil allemand qu'il ne s'agit « *… pas seulement de toute l'histoire [des plantes], c'est-à-dire leurs noms et formes, le lieu et l'époque de leur croissance avec en plus la force et les effets naturels de la plupart des plantes dûment décrits qui poussent en Allemagne et dans d'autres pays, mais aussi toutes les racines, tiges, feuilles, fleurs, graines, fruits de celles-ci et, somme toute, toute leur créature est illustrée et si bien tournée que telle n'a jamais vu le jour. Par le très érudit docteur en médecine Leonhart Fuchs* ». Le nouvel index des maladies, qui doit aider le lecteur à se soigner lui-même, est particulièrement remarquable. Dans la page de titre, on peut lire que l'on trouvera dans le troisième index toutes sortes de remèdes et de conseils concernant toutes les maladies et infirmités des êtres humains et en partie aussi du bétail. Que par exemple, le colchique d'automne (*Colchicum autumnale* L. ; p. cci) présenté ici est toxique, cela Fuchs le savait déjà, car il écrit que sa racine tue.

Notre exemplaire comporte de multiples références aux membres de la maison de Habsbourg : il fait partie de la propriété privée de François Ier, empereur d'Autriche ; l'œuvre elle-même est dédiée à Anna, l'épouse de Ferdinand Ier roi de Hongrie et de Bohême (règne de 1526 à 1564) ; le privilège, c'est-à-dire l'interdiction de réimpression, établi à Tolède et imprimé en libellé, provient de la chancellerie de son frère Charles Quint.

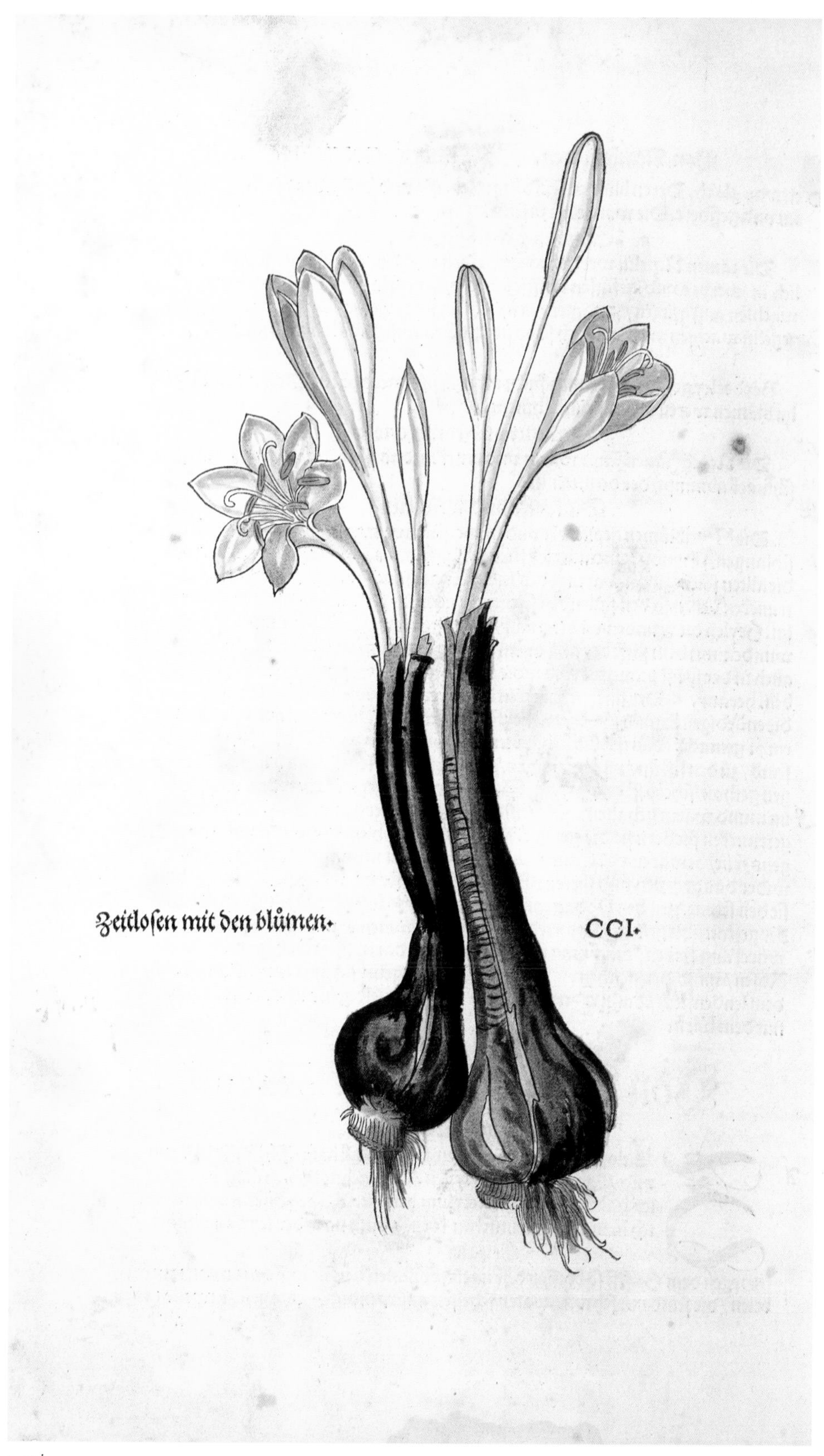


p. cci

# 7 *Hieronymus Bock* Kreuterbuch

[STRASBOURG], 1546

SIAWD 79.A.27

Lit. 25, 37

Wie Brunfels und Fuchs war auch Hieronymus Bock (1498–1554), der dritte „Vater der Kräuterkunde", eng mit der Reformation verbunden. Anders aber als die *Herbarum vivae eicones* (Nr. 2) und die *De historia stirpium commentarii insignes* (Nr. 5) wendet sich Bocks *Kreuterbuch* direkt an den deutschsprachigen Leser; erst 13 Jahre später wird das Werk auch in lateinischer Sprache veröffentlicht. Die hier gezeigte Ausgabe wurde zum großen Erfolg, vor allem weil sie reich mit Holzschnitten illustriert ist. Die Darstellungen verschiedener Bäume suchen ihresgleichen, weil sie in ländliche Szenen eingebunden sind – sie zeigen z. B. ein Kind beim Pflücken von Weichseln im Baum (*Prunus cerasus* L.; 3: xxxiiii r), von einem Hirten bewachte, Eicheln fressende Schweine unter einer Stiel-Eiche (*Quercus robur* L.; 3: lxii r), den von einem Dudelsackbläser begleiteten Tanz zweier Paare um eine blühende Sommerlinde (*Tilia platyphyllos* Scop.; 3: lxv r). Die Wirkung von im Übermaß gegessenen Feigen (*Ficus carica* L.; 3: xliii r) wird drastisch gezeigt, und die Darstellung des Apfelbaums (*Malus domestica* Borkh.; 3: xl r) ist mit den Attributen Schlange, Totenschädel und Knochen versehen.

Die von David Kandel hergestellten, heute verschollenen Zeichnungen verdienen aus botanischer Sicht nur begrenzt Beifall, denn zahlreiche Darstellungen sind aus den Werken von Brunfels und Fuchs kopiert, mehrfach wurden sogar Teile der Vorlagen kopiert und dann in anderer Anordnung zu einem neuen Bild zusammengefügt. Blühende und fruchtende Zweige auf einem Baum zu zeigen, wie bei der Quitte (*Cydonia oblonga* Mill.; 3: xxxviii v), hat hingegen Tradition; diese Darstellungsweise ist auch im *Codex Fuchs* (Nr. 3) anzutreffen.

Like Brunfels and Fuchs, Hieronymus Bock (1498–1554), the third "father of herbal science", was also closely connected with the Reformation. Unlike the authors of *Herbarum vivae eicones* (No. 2) and the *De historia stirpium commentarii insignes* (No. 5), Bock turns directly to the German-speaking reader with his *Kreuterbuch* (Herb book); not until thirteen years later was the work also published in Latin. The edition shown here was a great success, above all because it was richly illustrated with woodcuts. The portrayal of various trees is without equal, because the illustrations include scenes from country life – a child plucking sour cherries in a tree (*Prunus cerasus* L.; 3: xxxiiii r), pigs watched over by a swineherd as they eat acorns beneath a pedunculate oak (*Quercus robur* L.; 3: lxii r), two couples dancing beneath a flowering large-leaved lime (*Tilia platyphyllos* Scop.; 3: lxv r) accompanied by a man playing the bagpipes. The drastic effect of the excessive consumption of figs (*Ficus carica* L.; 3: xliii r) is clearly illustrated, and the portrayal of the apple tree (*Malus domestica* Borkh.; 3: xl r) includes the attributes of the snake, skull and bones.

From a botanical point of view, David Kandel's drawings, now lost, are worthy of only limited praise, since many of them were copied from the works of Brunfels and Fuchs and then arranged to form a new picture. In contrast, the practice of depicting tree branches simultaneously bearing blossoms and fruit, such as the quince (*Cydonia oblonga* Mill.; 3: xxxviii v), follows an old tradition: this type of representation is also to be found in the *Codex Fuchs* (No. 3).

Hieronymus Bock (1498–1554), le troisième « père de la médecine par les plantes », eut à l'instar de Brunfels et Fuchs des liens étroits avec la Réforme. Mais à la différence de l'*Herbarum vivae eicones* (n° 2) et du *De historia stirpium commentarii insignes* (n° 5), le *Kreuterbuch* de Bock s'adresse directement au lecteur de langue allemande. L'ouvrage ne paraîtra que treize ans plus tard en latin. L'édition présentée ici connut un grand succès, surtout parce qu'elle est richement illustrée de gravures sur bois. Les illustrations montrant divers arbres sont sans pareilles car on y voit en même temps des scènes pastorales – par exemple un enfant cueillant des merises (*Prunus cerasus* L. ; 3 : xxxiiii r) dans un arbre, des porcs surveillés par leur gardien et mangeant des glands sous un chêne (*Quercus robur* L. ; 3 : lxii r), deux couples dansant sous un tilleul (*Tilia platyphyllos* Scop. ; 3 : lxv r) en fleurs au son de la cornemuse. Ce qui advient lorsque l'on mange trop de figues (*Ficus carica* L. ; 3 : xliii r) est montré sans détours et le pommier (*Malus domestica* Borkh. ; 3 : xl r) est représenté avec le serpent, la tête de mort et les os symboliques.

Les dessins exécutés par David Kandel et aujourd'hui perdus ne méritent que des applaudissements discrets du point de vue botanique, en effet de nombreuses plantes ont été copiées dans les ouvrages de Brunfels et de Fuchs. Les illustrateurs copiaient même plusieurs fois des parties du modèle et les reportaient dans un ordre différent pour faire un autre dessin. En revanche, montrer des branches portant à la fois des fleurs et des fruits, par exemple dans le cas du coing (*Cydonia oblonga* Mill. ; 3 : xxxviii v), est dans la tradition botanique, on la retrouve d'ailleurs dans le *Codex Fuchs* (n° 3).

# Von der kreüter underscheid

Geelsucht. Leber ver stopffung. Gemelt kraut inn wein gesotten/vnd getruncken/bewegt den harn/der frawen zeit/treibt auß gifft rc. Die geelsucht/eröffnet die verstopffte leber vnd miltz/vnd soll das gebrant wasser gleiche tugend haben rc.

## Eüsserlich.

Mund we. HVndelreben in wein oder wasser gesotten/vnd den halß damit gegurgelt/heilet die verserung so vō der feül/oder von essen sich erhabē hat. Gemelt kochung heilt auch andere grind vnnd vnreinigkeit im mund an heimlichen enden der weiber rc.

Der safft von Gundelreben ist gůt zů den vnsaubern fisteln/vnd andern schaden/die reinigt vnd heilet diser safft rc.

## Von Ephew oder Eppich.cap.lxxxviij.

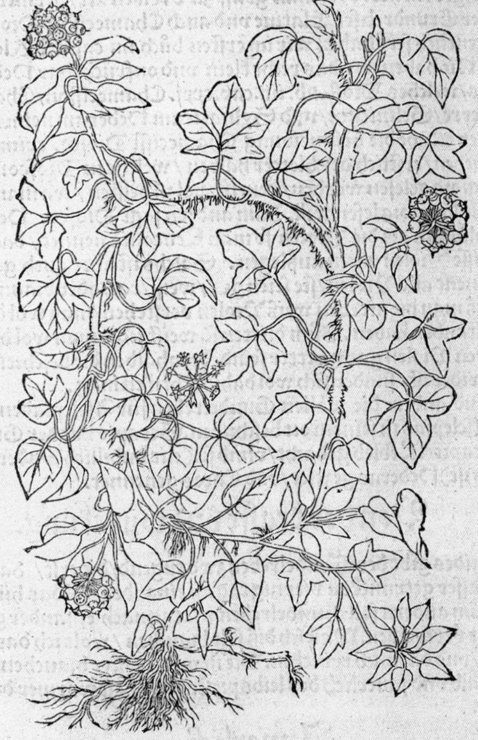

ZWei Eppich geschlecht wachsen in vnsern landen/ein groß geschlecht mit schwartzen runden kōrnern/vnnd das klein onfruchtbar walt Eppich mit den dreieckten schwartz grünen blettern/das kreücht stets auff d

erden

vol. II, p. ccciii v

namen vnd würckung. cccviij

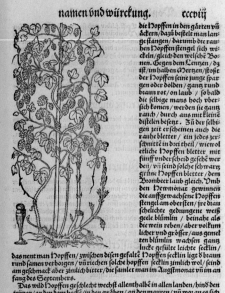

die Hopffen in den gärten vñ äckern/dazů bestelt man lange stangen/ darumb die rauhen Hopffen stengel sich wickeln/gleich den welschē Bonen. Gegen dem Lentzen/dz ist/im halben Mertzen/stoßt der Hopffen seine junge spargen oder dolden/gantz rund braun rot/on laub / so bald die selbige mans hoch vbersich komen/werden sie gantz rauch/durch aus mit kleinē distelen besetzt. Zů der selbigen zeit erscheinen auch die rauhe bletter/ ein jedes zerschnittē in drei theil/wiewol etliche Hopffen bletter mit fünff vnderscheid geschē werden/ vñ seind solche schwartz grüne Hopffen bletter/dem Brombeer laub gleich. Vmb den Hewmonat gewinnen die auffgewachsene Hopffen stengel am obersten/jre drauschelichte gedrungene weiß geele blůmlin / beinahe als die wein reben/aber volkumlicher vnd grösser/aus gemelten blůmlin wachsen gantz lucke gefülte leichte secklin/ das nent man Hopffen/ zwischen disen gefaltē Hopffen secklin ligt ď braun rund samen verborgen/ vñ riechen solche hopffen secklin zimlich wol/ seind am geschmack aber zimlich bitter/die samlet man im Augstmonat vñ im anfang des Septembers.

Das wild Hopffen geschlecht wechßt allenthalbē in allen landen/hinď den zeünen/an den dorn heckē/in den gräben/ an den mauren/ vñ wor an es sich kan anhencken/ ist aller ding dē zamen Hopffen gleich/ würt im wein landt vō den beckern auffgesamlet/die heffel darmit zů setzē/darumb dz die Hopffen gewaltigklich aufftreiben/vnnd den dey glück machen. Im frůling lassen die leckmeüler die jungen dolden der Hopffen zům salat bereiten/wie die jungen spargen/ vñ halten das für ein gesunde speiß der verstopfftē lebern.

Von den namen.

MEsue in simplicibus cap.xxiiij.nent den Hopffen auch Volubilem/vñ sol das dritt sein/andere nennen den Hopffen Lupulum/ vnnd sol das kraut sein(spricht Barbarus)welches Plinius Lupulum salictarium nennet/lib.xxj.cap.xv.auff Griechisch Bryon/als wer es ein art Bryonie. Dar

Volubilis. Lupus salictario. Lupus repticius. Bryon.

FF ij

*vol. II, p. cccviii r*

Von der stauden/hecken vnd Beümen

Innerlich.

WAs man aus Sperwer öpffel bereit/mag zur artznei so da stopffet genützet werden. Derhalbē pflegen etliche diß Obs im Herbst zů backē wie man die Hutzelen dört in den bachöfen. Andere zerschneiden dise öpffel in vier theil/hencken die stücklin in den lufft zů dörren. Etliche aber beissen sie in honig/wie Quitten. So behaltē etliche die Sperwer vast grün in süßsem gesottenem wein. Man bereit sie nun wie es einem jeden geliebt/so dienen sie zů der bauch růr. Darumb sollen die so ongehebe schlupfferige beüch haben/Sperwer brauchen zů jrer speiß.

Die gedörte stücklin mag man puluerisierē/oder in warmem wasser wetchen/darin erfrischet man sie wider. Wer da will der mach aus den gedörtē stücklin ein decoction mit wein für den bauchfluß.

Die krafft vnd tugent diser frucht ist mit disem eintzigē verßlin beschribē.

*Sorba sumus molles, nimium durantia uentres.*

Eüsserlich.

SPerwel zerstossen/vnd mit jrem laub in wasser gesottē/vnd darin gebadet/dienet wol denen so onbehebe seind/vnd denen der afftern stets heraus gehet. Mag auch wol zů mehr heimlichen sachen genützet werden.

Nespelbaum. cap. xxxij.

*vol. III, p. xxix v*

vnderſcheid/ namen vnd würckung. xxxiiij

## Innerlich.

AVff der Moſelen / vñ an ortē da obernenter Kirſen vil wachſen/ werdē die ſchwein darmit gemeſtet. Aber warlich diſe frucht geeſſen / ſtopffen gewaltigklich/ den Schlehen vnd Neſpeln gleich/ ſollen inn allen bauch flüſſen genützet werden.

Man mag diſe Kirſen backen/ oder einſaltzen/ wie Oliuen / beſihe Columellam.

Etliche beitzen diſe frucht in zucker vnd honig / wie Kirſen vnnd Schlehen/ zů der roten růr vaſt dienſtlich.

## Eüſſerlich.

DJe bletter/ oder auch junge ſchüßling/ in wein geſotten/ oder für ſich ſelbs vbergelegt/ drückenen vñ heilen alle flieſſende wundē vnd maler.

## Kirſen. cap. xxxviij.

vol. III, p. xxxiiii r

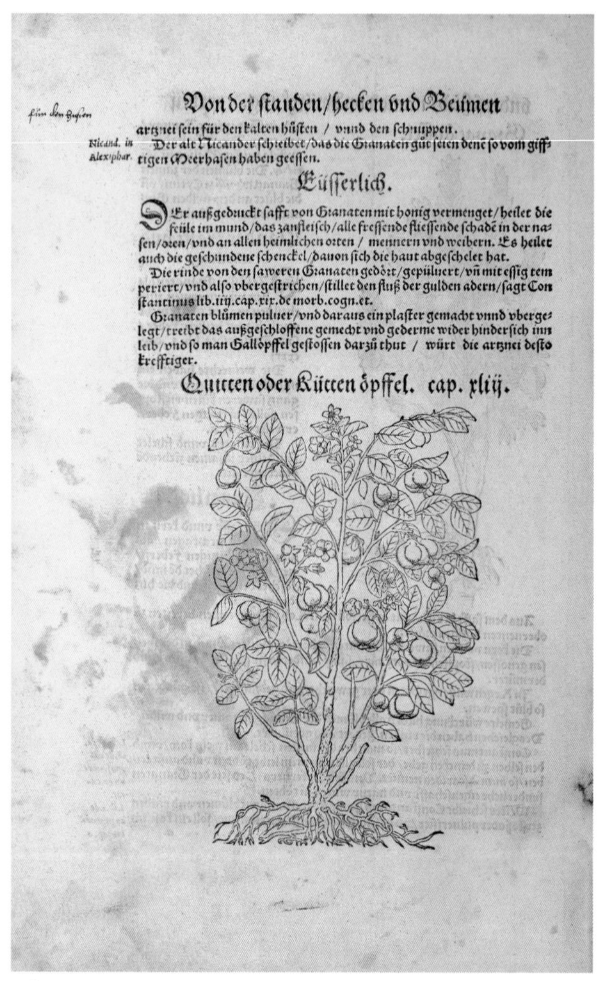

Von der stauden/hecken vnd Beümen

artznei sein für den kalten hůsten / vnnd den schnuppen.

Nicand. in Alexiphar. Der alt Nicander schreibet/das die Granaten gůt seien denē so vom giff-tigen Meerhasen haben geessen.

Eüsserlich.

DEr außgedruckt safft von Granaten mit honig vermenget/heilet die feüle im mund/das zanfleisch/alle fressende fliessende schadē in der na-sen/oren/vnd an allen heimlichen orten / mennern vnd weibern. Es heilet auch die geschundene schenckel/dauon sich die haut abgeschelet hat.

Die rinde von den saweren Granaten gedört/gepülvert/vñ mit essig tem periert/vnd also vbergestrichen/stillet den fluß der gulden adern/sagt Con stantinus lib.iiij.cap.xix.de morb.cogn.et.

Granaten blůmen pulver/vnd daraus ein plaster gemacht vnnd vberge-legt/treibt das außgeschloffene gemecht vnd gederme wider hindersich inn leib/vnd so man Gallöpffel gestossen darzů thut / würt die artznei desto krefftiger.

Quitten oder Kütten öpffel. cap. xliij.

vol. III, p. xxxviii v

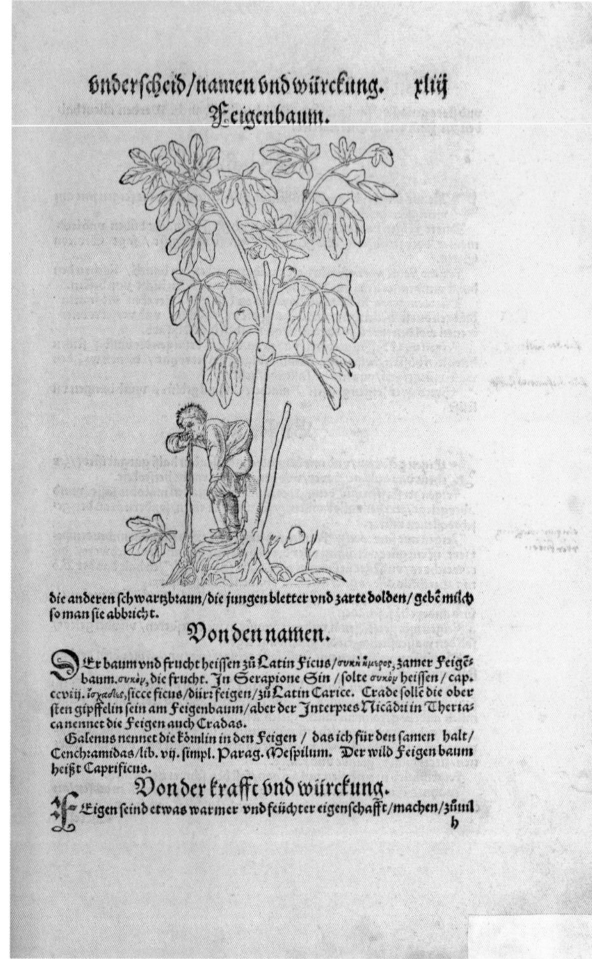

vnderscheid/namen vnd würckung. xliij

Feigenbaum.

die anderen schwartzbraun/die jungen bletter vnd zarte dolden/gebē milch so man sie abbricht.

Von den namen.

DEr baum vnd frucht heissen zů Latin Ficus/συκῆ ἥμερος, zamer Feigē-baum. σῦκον, die frucht. In Serapione Sin / solte σῦκον heissen / cap. ccviij. ἰσχάδες, sicce ficus/dürr feigen/zů Latin Carice. Crade sollē die ober sten gipffelin sein am Feigenbaum/aber der Interpres Nicādri in Theria-ca nennet die Feigen auch Cradas.

Galenus nennet die körnlin in den Feigen / das ich für den samen halt/ Cenchramidas/lib. vij. simpl. Parag. Mespilum. Der wild Feigen baum heißt Caprificus.

Von der krafft vnd würckung.

FEigen seind etwas warmer vnd feüchter eigenschafft/machen/zů vil

h

vol. III, p. xliii r

# Eichbaum.

Das bleich geel färbig laub/ wurt ie lenger ie grüner vnnd harter/ wiewol etlichs laub am Eichbaum erstmals auch braunrot wurt/ sonderlich an den jungen stauden. Nach dem getreid kommen als bald die aller kleinste rote blümlin auff stenglin/ daraus werden Eichelen/ etwan drei oder vier auff einem dünne faden stengelin. Ob aber die Eichelen bestendig seien nimpt man war vmb S. Jacobs tag/ als dan siehet man die gedrungene Eichelen aus jhren schüsselē schlieffen/ Ein jede Eichel hat nach dem schüsselin zwo heut/ die eüsserst ist die zehe harte schelet/ die ander das braunfärbig bitter heütlin vmb den herben bittern kern gewachsen.

Etliche Eichbeum gewinnen im Lentzē runde lucke öpffelin/ als schwē/ inwendig voller herber feüchtigkeit/ darin wachsen maden/ vnnd werden zů letst schnöcklin daraus.

Gegen dem Herbst bringt das Eiche laub etwan runde lucke öpffelin/ auff der seiten gegen der erden/ etwan vj oder x öpffelin an einem blat/ darin wachsen auch maden/ die werden mit der zeit/ so der Herbst warm ist/ zů fliegen vnd schnocken/ vnd das seind aber nit die rechten Gall öpffel damit man ferbt/ Von den selben hernach.

l ij

*vol. III, p. lxii r*

# Linden baum.

laub oder wie Theophraſtus leret/dem Ephewen laub/doch gröſſer/vnd am angriff vil linder vnd weicher.

Solche zame Linden pflegen jr laub järlichs vmb Gertrudis/wan tag vnd nacht gleich iſt/herfür zů bringen/die runde vnnd geelweiſſe blůmlin/ die ſich mit der geſtalt der Zaunlinen blůet vergleicht/erſcheinet gemeinlich vmb Vrbani/wachſen etwan drei wolriechēder blůmlin an einem dünnen ſtiele/das ſich vornen auſſen in drei theil zertheilet/vnd hanget alſo an einem jeden blůmen ſtengelin/ein dünnes gelfarbes bletlin/als ein kleines zünglin/Vnd ſo die blůet abfelt/werden daraus runde bollen/aller ding/ wie an dem Ephewen/die reiſſen im Augſtmonat auff/vnnd falt der rund ſchwartz ſüſſe ſamen herauſſer/nit gröſſer dan der Rhetich ſamen. Theo. lib. 3. cap. 10.

Der ſtam der zamē lindē/wurt ſer alt vñ dick/iſt auſwenig mit ſchwartzer grober rindē vberzogen/vnd der ſelbē findt man ein weiſſes zehes glattes baſtſeil/voller ſafft/ſchleimig/vñ am geſchmack gantz ſüß/dz holtz aber iſt gantz weich vñ lind/Dannē her im ſonder zweifel von den Deutſchē der namen/Lindenbaum geben iſt. Dz holtz vnd nebē eſtlin ſeind mirb vnd brechē bald/Man pflegt aber ſolche äſte auszůſpreitē/vñ zů vnderſtützē/damit dz volck im ſummer ſeine luſt vñ kurtzweil drunder haben möge.

Der

*vol. III, p. lxv r*

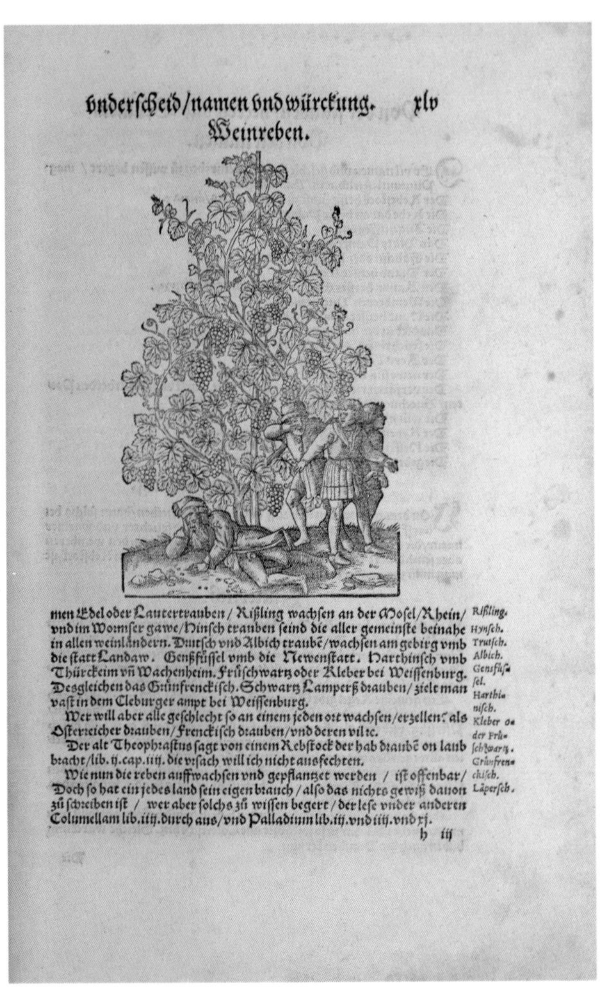

vnderscheid/namen vnd würckung. xlv

Weinreben.

men Edel oder Lautertrauben / Rißling wachsen an der Mosel/Rhein/ vnd im Wormser gawe/Hinsch trauben seind die aller gemeinste beinahe in allen weinländern. Drutsch vnd Albich traubē/wachsen am gebirg vmb die statt Landaw. Genßfüssel vmb die Newenstatt. Harthinsch vmb Thürckeim vñ Wachenheim. Früschwartz oder Kleber bei Weissenburg. Desgleichen das Grünfrenckisch. Schwartz Lamperß drauben/ zielt man vast in dem Cleburger ampt bei Weissenburg.

Wer will aber alle geschlecht so an einem jeden ort wachsen/erzellen? als Osterreicher drauben/Frenckisch drauben/vnd deren vil rc.

Der alt Theophrastus sagt von einem Rebstock der hab draubē on laub bracht/lib. ij. cap. iiij. die vrsach will ich nicht ausfechten.

Wie nun die reben auffwachsen vnd gepflantzet werden / ist offenbar/ Doch so hat ein jedes land sein eigen brauch / also das nichts gewiß dauon zü schreiben ist / wer aber solchs zü wissen begert / der lese vnder anderen Columellam lib. iiij. durch aus/vnd Palladium lib. iij. vnd iiij. vnd xj.

Rißling. Hynsch. Trutsch. Albich. Gensfüssel. Harthinisch. Kleber oder Früschwartz. Grünfrenckisch. Läpersch.

h iij

*vol. III, p. xlv r*

vnderscheid/namen vnd würckung. xl

Apffelbaum.

Die Alten haben zum jar zwei mal öpffel gepfroßt oder geimpffet / nemlich im Lentzen vnd Herbst. Dauon lise Columellā lib. de Arboribus. Man müß aber in sunderheit der Apffelbeümen wurtzeln wol warnemmen / das sie von den würmen onbeschediget bleiben / darzü haben die Alten sewmist mit menschen harn vermischet gebraucht/vñ bei die wurtzel gegossen. Der harn aber ist nutz zü allen krancken wurtzeln der beüm so wurmessig seind.

Alle geschlecht der öpffel zü beschreiben / befelhen wir dem Cloatio / der hat auff zwentzig geschlecht angezeigt. Jn vnseren landen hat man zame vnd wilde öpffel/groß vnd klein/rund vnd lang/sawer vnd süsse/ früe vnd spate öpffel/weiß/gäl/stremicht vnd rot/außwendig vnnd auch zum theil innwendig.

Also wunderbarlich vnd reich ist die Natur an jr selbs/das es niemands gnügsam erzellen oder beschreiben kan. Dann wer will alle geschlecht

Cato. Columel. lib. 5. cap. 10. Pallad. in Februario.

g iiij

*vol. III, p. xl r*

# 8 *Pier Andrea Mattioli Herbarz*

W STARÉM MIESTIE PRAZSKEM [PRAHA], 1562

SIAWD 69.N.20

Lit. 61, 68

Ähnlich Fuchs war auch der in Siena geborene Pier Andrea Mattioli (1501–1578) Arzt, und sein wissenschaftliches Werk ist ebenfalls außerordentlich umfangreich. Wie Brunfels, Fuchs und Bock verstand sich Mattioli in erster Linie als Kommentator der antiken Texte, insbesondere des Dioskurides (siehe Nr. 1). Daher trägt auch sein Erstlingswerk den Titel *Di Pedacio Dioscoride Anazarbeo libri cinque della historia et materia medicinale tradotta in lingua volgare italiana.* Es ist in Venedig im Jahre 1544 erschienen und in späteren Auflagen mit kleinformatigen Holzschnitten illustriert. Während seines Wirkens als Stadtarzt in Görz [Gorizia/Goricia] könnte Mattioli den Illustrator Giorgio Liberale (c. 1527–1579) aus Udine kennengelernt haben, von dem die Österreichische Nationalbibliothek großformatige Tierstudien besitzt (Cod. Ser. n. 2669).

Für Mattioli schuf Liberale großformatige Pflanzenabbildungen, die erstmals in dem hier gezeigten Werk als Holzschnitte veröffentlicht wurden – dem in Prag im Jahre 1562 gedruckten *Herbarz.* Der Text wurde von Tadeáš Hájek z Hagku (1525–1600) ins Tschechische übersetzt, der Erscheinungsort des Werks steht in Beziehung zur Tätigkeit von Mattioli als Leibarzt von Erzherzog Ferdinand von Tirol, damals Regent in Prag. Die geschnittenen Holzstöcke wurden bald darauf vom Drucker Vincenzo Valgrisi in Venedig erworben und für spätere Auflagen genutzt. Erstaunlicherweise haben sich viele Druckstöcke erhalten; sie wurden ab 1992 in London und Amsterdam verkauft.

Die aufgeschlagene Seite zeigt eine Darstellung der in Mexiko beheimateten Studentenblume (*Tagetes erecta* L.; p. cccxix v), die bereits im *Codex Fuchs* (Nr. 3) abgebildet wurde.

Like Fuchs, Pier Andrea Mattioli (1501–1578), who was born in Siena, was also a doctor, and his scientific work is just as extraordinary in its range. Similar to Brunfels, Fuchs and Bock, Mattioli understood himself first and foremost to be a commentator on the classical texts, in particular Dioscorides (see No. 1). It is for this reason that he titled his first work *Di Pedacio Dioscoride Anazarbeo libri cinque della historia et materia medicinale tradotta in lingua volgare italiana.* It appeared in Venice 1544 and later editions were illustrated with small-format woodcuts. Through his work as town physician in Görz [Gorizia/Goricia], Mattioli would have been able to make the acquaintance of the illustrator Giorgio Liberale (c. 1527–1579) from Udine, whose large-format studies of animals are in the possession of the Austrian National Library (Cod. Ser. n. 2669).

Liberale also created large-format plant illustrations for Mattioli that were published for the first time as woodcuts in the work shown here – the *Herbarz*, printed in Prague in the year 1562. The text was translated into Czech by Tadeáš Hájek z Hagku (1525–1600), the place of publication deriving from Mattioli's role as personal physician to Archduke Ferdinand of Tyrol, who was then regent in Prague. Shortly thereafter, the Venetian printer Vincenzo Valgrisi acquired the cut woodblocks and used them for later editions. Surprisingly, many blocks have survived; beginning in 1992, they appeared for sale in London and Amsterdam.

This page depicts the African marigold (*Tagetes erecta* L.; p. cccxix v), which had been introduced from Mexico and which had already been portrayed in the *Codex Fuchs* (No. 3).

Pier Andrea Mattioli (1501–1578), né à Sienne, était médecin comme Fuchs et son œuvre scientifique est, elle aussi, extrêmement vaste. Dans la lignée de Brunfels, Fuchs et Bock, Mattioli se considérait comme un commentateur des textes antiques, et en particulier de Dioscoride (voir n° 1). Dans cet ordre d'idées, son premier ouvrage est intitulé *Di Pedacio Dioscoride Anazarbeo libri cinque della historia et materia medicinale tradotta in lingua volgare italiana.* Il est paru à Venise en 1544, et les éditions ultérieures sont illustrées de gravures de petites dimensions. C'est alors qu'il était médecin dans la ville de Görz [Gorizia/Goricia] que Mattioli pourrait avoir fait la connaissance de l'illustrateur Giorgio Liberale (vers 1527–1579) originaire d'Udine, dont l'Österreichische Nationalbibliothek possède des études d'animaux de grand format (Cod. Ser. n. 2669).

Liberale réalisa pour Mattioli des illustrations de plantes de grandes dimensions, qui furent publiées pour la première fois dans l'ouvrage montré ici sous forme de gravures sur bois. Il s'agit de l'*Herbarz* imprimé à Prague en 1562. Le texte fut traduit en tchèque par Tadeáš Hájek z Hagku (1525–1600), le lieu de parution de l'ouvrage est en relation avec la fonction de Mattioli qui était médecin attitré de l'archiduc Ferdinand de Tyrol, à l'époque régent à Prague. Les blocs de bois taillé furent acquis un peu plus tard par l'imprimeur Vincenzo Valgrisi à Venise et utilisés pour des éditions ultérieures. De nombreux bois gravés se sont étonnamment conservés ; ils ont été vendus à partir de 1992 à Londres et à Amsterdam.

La page exposée montre une rose d'Inde (*Tagetes erecta* L. ; p. cccxix v), originaire du Mexique que l'on rencontre déjà dans le *Codex Fuchs* (n° 3).

# Cžtwrté

## Přirození a Mocy.

Geſt přirozenij horkého a ſuchého. Chuti přijhořké a přijtrpké. Zlautenicy ſpomáhá/buď
žeby ho kdo w gijdle yako giného Zelij/buď w traňku v Wijně/nebylaliby přijtomná Zymnice/po-
žijwal/ſyc muſelby gey w wodě wařiti/Má ſe požijwati hned po Lázni. Wſſecka bylina w Wij-
ně pitá/Moč wyhánij a Kámen láme. Kwět s Woſkem a s Olegem ſmijſſený a přiložený/
naſedliny rozpauſſtij.

## O Karaffilátu Indyckém Kapitola L.

I. Karaffilát Indycký. I. Garyophylli Indici. Indianiſch Negelin.

p. cccxix v

# 9 *Pier Andrea Mattioli*
## *Commentarii ... in sex libros Pedacii Dioscoridis*

VENETIIS [VENEZIA], 1565

SIAWD 70.B.9 Lit. 45

Bei seiner Suche nach den Pflanzen des Dioskurides (Nr. 1) stieß Mattioli auf vieles, was für die Wissenschaft gänzlich neu war und offenkundig in keinem Zusammenhang mit den Schriften des antiken Gelehrten stand. Auch diese Objekte wurden beschrieben und in Holzschnitten abgebildet. Darunter befindet sich die älteste gedruckte Abbildung einer heute in Mitteleuropa fast allgegenwärtigen Pflanze – des Flieders (*Syringa vulgaris* L., p. 1237). Im Text berichtet Mattioli dazu: „Die Pflanze, von der ich hier eine Abbildung gebe, wurde aus Istanbul von Augherius de Busbecq ... unter dem Namen ‚lilac' gebracht. Eine lebende Pflanze konnte ich nicht sehen, aber diese hier ist kunstvoll und sehr genau gemalt." In der Tat war Busbecq als Botschafter von Kaiser Ferdinand I. in Istanbul tätig und hat dort den *Codex Aniciae Julianae* (Nr. 1) entdeckt. Schon im Jahre 1557 hatte Willem Quackelbeen (1527–1561), der Leibarzt von Busbecq, in einem Brief an Mattioli über die Roßkastanie (*Aesculus hippocastanum* L., p. 212) berichtet, und es ist wahrscheinlich, daß auf dem gleichen Weg die Abbildung des Flieders zu diesem gelangte. Beide, Flieder und Roßkastanie, sind in ihrer natürlichen Verbreitung auf die Gebirge der Balkanhalbinsel beschränkt, befanden sich aber in der Hauptstadt des Osmanischen Reichs bereits in Kultur, worauf die Angabe des türkischen Namens „lilac", heute „leylak", hinweist.

Über Wien und Venedig kamen Flieder und Roßkastanie dann nach Mittel- und Westeuropa in Kultur, ihre wahre Heimat aber wurde bald vergessen. Erst im Jahre 1795 gelang es dem englischen Botaniker John Sibthorp (1758–1796; siehe Nr. 54), im Gebiet des heutigen Bulgarien den Flieder an einem natürlichen Standort nachzuweisen.

In searching for the plants of Dioscorides (No. 1), Mattioli came across much that was completely new to science and that obviously had no connection with the writings of the classical scholar. These objects were also described and portrayed in woodcuts. Amongst them is the oldest printed image of a plant which is virtually ubiquitous today throughout Central Europe – the lilac (*Syringa vulgaris* L., p. 1237). In the text, Mattioli wrote, "The plant, of which I here give an illustration, was brought from Istanbul by Augherius de Busbecq ... under the name 'lilac'. I was unable to see a living plant, but this one is painted in a skilful and very accurate manner". In fact Busbecq had served as ambassador for Emperor Ferdinand I in Istanbul and there discovered the *Codex Aniciae Julianae* (No. 1). As early as 1557, Busbecq's personal physician, Willem Quackelbeen (1527–1561), had reported on the horse chestnut (*Aesculus hippocastanum* L., p. 212) in a letter to Mattioli, and it is likely that the portrayal of lilac reached him in the same way. The lilac and horse chestnut are restricted in their natural distribution to the mountains of the Balkan peninsula, but both plants were already under cultivation in the capital of the Ottoman Empire, a fact alluded to by the use of the Turkish name "lilac", (modern: *leylak*).

Lilac and horse chestnut then came under cultivation in Central and Western Europe, having arrived via Vienna and Venice, and their real natural habitat was soon forgotten. Not until 1795 did the English botanist John Sibthorp (1758–1796; see No. 54) succeed in locating the lilac in its natural habitat in what is now Bulgaria.

En cherchant les plantes de Dioscoride (n° 1), Mattioli trouva beaucoup de choses complètement inconnues de la science et qui n'avaient manifestement aucun rapport avec les écrits du savant antique. Tout cela fut aussi décrit et illustré en gravures sur bois. En fait ainsi partie la représentation imprimée la plus ancienne du lilas (*Syringa vulgaris* L., p. 1237), un arbre aujourd'hui courant en Europe. Dans le texte, Mattioli rapporte que « la plante dont je donne ici une illustration a été apportée d'Istanbul par Augherius de Busbecq... sous le nom de "lilac". Je n'ai pas pu voir de plante vivante, mais celle-ci est peinte avec art et de manière très précise. » De fait, Busbecq était ambassadeur de l'empereur Ferdinand Ier à Istanbul où il a découvert le *Codex Aniciae Julianae* (n° 1). En 1557 déjà, Willem Quackelbeen (1527–1561), le médecin attitré de Busbecq, avait mentionné le marronnier d'Inde (*Aesculus hippocastanum* L., p. 212) dans une lettre à Mattioli, et il est vraisemblable que l'illustration du lilas prit le même chemin. L'habitat naturel du lilas et du marronnier est limité aux montagnes de la péninsule des Balkans mais ils étaient déjà cultivés dans la capitale de l'Empire ottoman, ce qu'indique par ailleurs la mention du nom turc « lilac », aujourd'hui « leylak ».

Le lilas et le marronnier, passant par Vienne et Venise, furent cultivés en Europe centrale et occidentale, et on oublia bientôt leur origine. Il fallut attendre l'année 1795 pour qu'un botaniste anglais, John Sibthorp (1758–1796 ; voir n° 54), réussisse à trouver l'habitat naturel du lilas dans la Bulgarie actuelle.

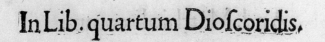

In Lib. quartum Dioscoridis. 1237

LILAC.

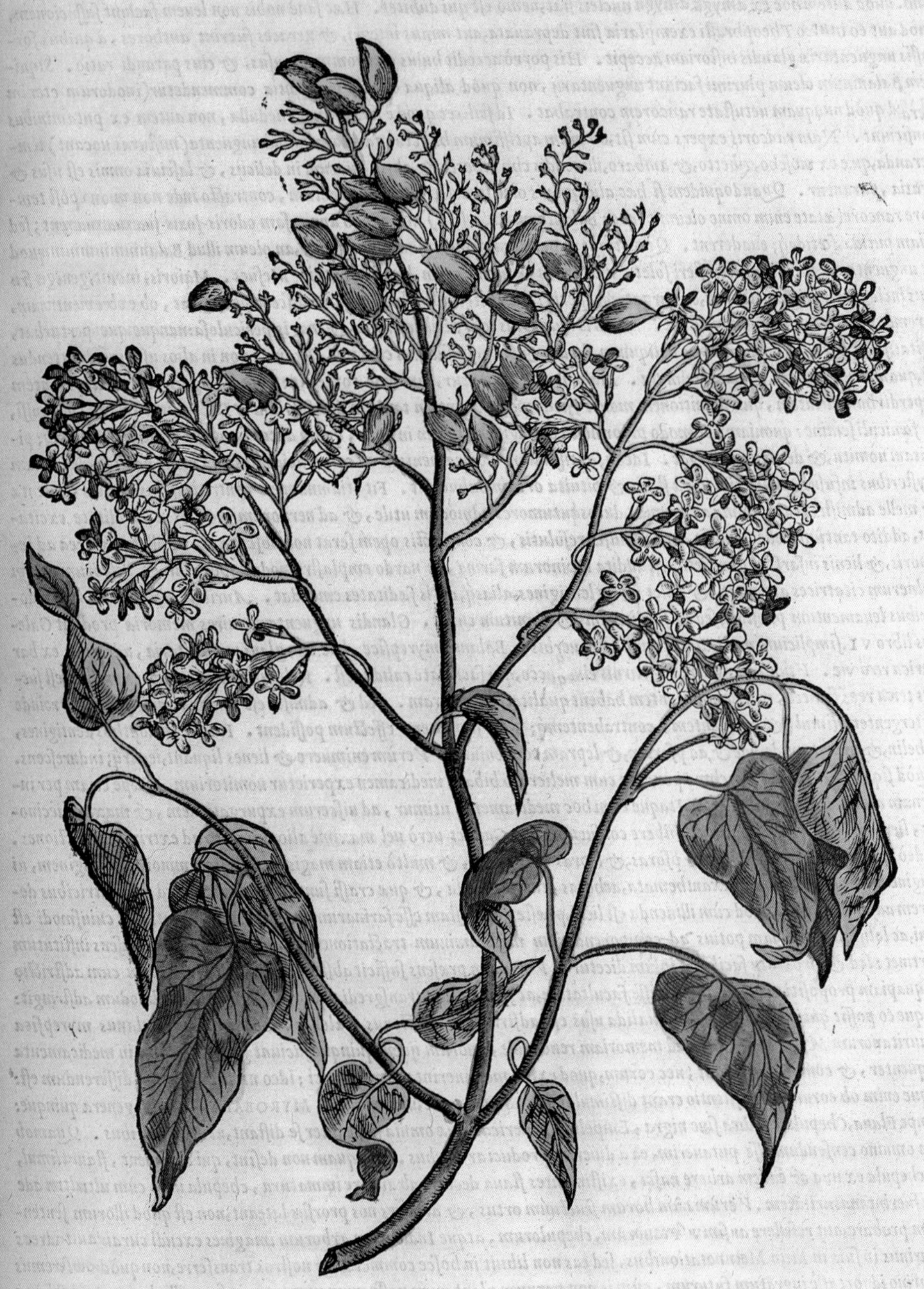

*p. 1237*

# 10 *Mathias Lobel Plantarum seu stirpium historia*

ANTVERPIAE [ANTWERPEN], 1576

POR: 261.728-D Fid. Lit. 6, 8

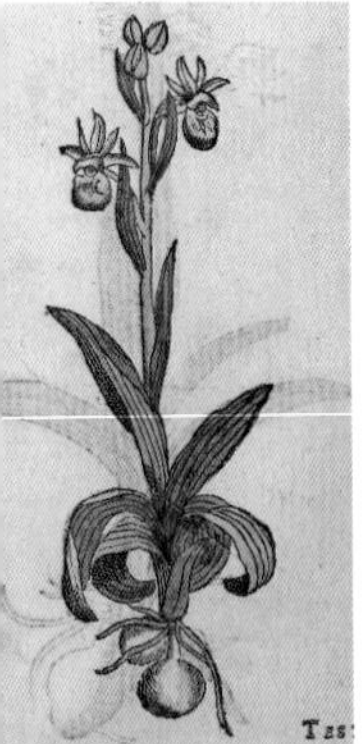

Wie Busbecq war Mathias Lobel (1538–1616), auch Lobelius oder L'Obel genannt, Flame. Daß er sein großes, bald auch als *Kruydtboeck* ins Flämische übersetzte Werk bei dem damals sehr erfolgreichen Verlag Plantin Moretus in Antwerpen drucken ließ, kann daher nicht verwundern. Glücklicherweise hat sich wesentliches Archivmaterial dieses Betriebs erhalten – es wird heute im Plantin-Moretus-Museum aufbewahrt –, darunter als besondere Kostbarkeit das älteste erhaltene Aquarell einer blühenden Kartoffel (*Solanum tuberosum* L.). Es wurde im Jahre 1589 an den damals in Wien lebenden Carolus Clusius geschickt und gelangte später nach Antwerpen (siehe Nr. 13).

Wie die meisten botanischen Autoren des 16. Jahrhunderts beschäftigte sich Lobel in seiner *Plantarum seu stirpium historia* mit dem gesamten Pflanzenreich. Geschrieben und abgebildet werden dabei sowohl in Europa heimische Pflanzen als auch exotische Gewächse, wobei oft Unklarheit über die wahre Heimat besteht. Daß etwa die Zitronatszitrone (*Citrus medica* L.; p. 572), die Zitrone (*Citrus limon* (L.) Burm. f.; p. 573) und die Bitterorange (*Citrus aurantium* L.; p. 573) aus China über die Seidenstraße nach Europa gelangt und vor allem durch die Araber im Mittelmeerraum weit verbreitet worden waren, blieb Lobel unbekannt. Seine Darstellung dieser Zitrus-Arten ist aber keineswegs der Erstnachweis in Europa: Fresken in Pompeji lassen bereits an Zitronatszitronen denken, die im jüdischen Brauchtum beim Sukkot-Fest schon damals eine wesentliche Rolle spielten, und die erste naturgetreue Darstellung dieses Baumes findet sich um 1390 im *Carrara Herbal* (MS Egerton 2020, f. 4 r, British Library, London).

Like Busbecq, Mathias Lobel (1538–1616), also known as Lobelius or L'Obel, was Flemish. It should therefore come as no surprise that he had his great work, which was soon translated into Flemish under the title of *Kruydtboeck* (Herb book), printed by the then very successful publisher Plantin Moretus in Antwerp. Fortunately a considerable amount of archive material from this firm has survived and is preserved today in the Plantin Moretus Museum. Included in its collection is a particularly valuable item: the oldest surviving watercolour painting of a flowering potato (*Solanum tuberosum* L.): The painting was sent in 1589 to Carolus Clusius, then living in Vienna, and later reached Antwerp (see No. 13).

Like most botanical authors of the 16th century, in his *Plantarum seu stirpium historia*, Lobel concerned himself with the whole of the plant kingdom. He therefore described and illustrated not only plants that were native to Europe, but also exotic plants, although the true place of origin of these specimens was often unclear. For example, Lobel never realized that citron (*Citrus medica* L.; p. 572), lemon (*Citrus limon* (L.) Burm. f.; p. 573) and Seville orange (*Citrus aurantium* L.; p. 573) came from China to Europe along the Silk Road and that it was primarily through the Arabs that they became widespread in the Mediterranean region. His portrayal of these citrus varieties is however by no means the first instance in Europe: frescoes in Pompeii include images suggestive of citrons, which already played an important role in Jewish custom in the Sukkot Festival, and the first lifelike portrayal of this tree occurs around 1390 in the *Carrara Herbal* (MS Egerton 2020, f. 4 r, British Library, London).

Mathias Lobel (1538–1616), dit aussi Lobelius ou L'Obel, était flamand comme Busbecq. Rien d'étonnant donc à ce qu'il ait fait imprimer son grand ouvrage, bientôt traduit en flamand sous le titre de *Kruydtboeck* chez l'éditeur Plantin Moretus d'Anvers, très réputé à l'époque. Par bonheur, une partie essentielle des archives de cette maison est parvenue jusqu'à nous. Elle est conservée aujourd'hui au Plantin-Moretus-Museum. On y trouve un petit bijou sous la forme de la plus ancienne aquarelle représentant une pomme de terre (*Solanum tuberosum* L.) en fleurs. L'aquarelle fut envoyée en 1589 à Carolus Clusius qui vivait à Vienne à l'époque et on la retrouve plus tard à Anvers (voir n° 13).

Comme la plupart des auteurs botaniques du XVIe siècle, Lobel traite dans son *Plantarum seu stirpium historia* tout le règne végétal. Ce faisant, il décrit et illustre aussi bien la flore européenne que les plantes exotiques, sans connaître souvent leur véritable origine. Il ignorait par exemple que le cédrat (*Citrus medica* L. ; p. 572), le citron (*Citrus limon* (L.) Burm. f. ; p. 573) et la bigarade (*Citrus aurantium* L. ; p. 573) originaires de Chine arrivèrent en Europe en passant par la Route de la Soie et que les Arabes surtout les propagèrent dans les pays du bassin méditerranéen. La représentation de ces agrumes n'est cependant en aucun cas le premier témoignage de la présence de ces fruits en Europe. Certains fruits visibles sur les fresques de Pompéi font déjà penser aux cédrats qui jouaient également un rôle considérable dans la tradition juive du Sukkot, la fête de la fin des récoltes. On trouve la première reproduction d'après nature du cédratier dans le *Carrara Herbal* (MS Egerton 2020, f. 4 r, British Library, Londres).

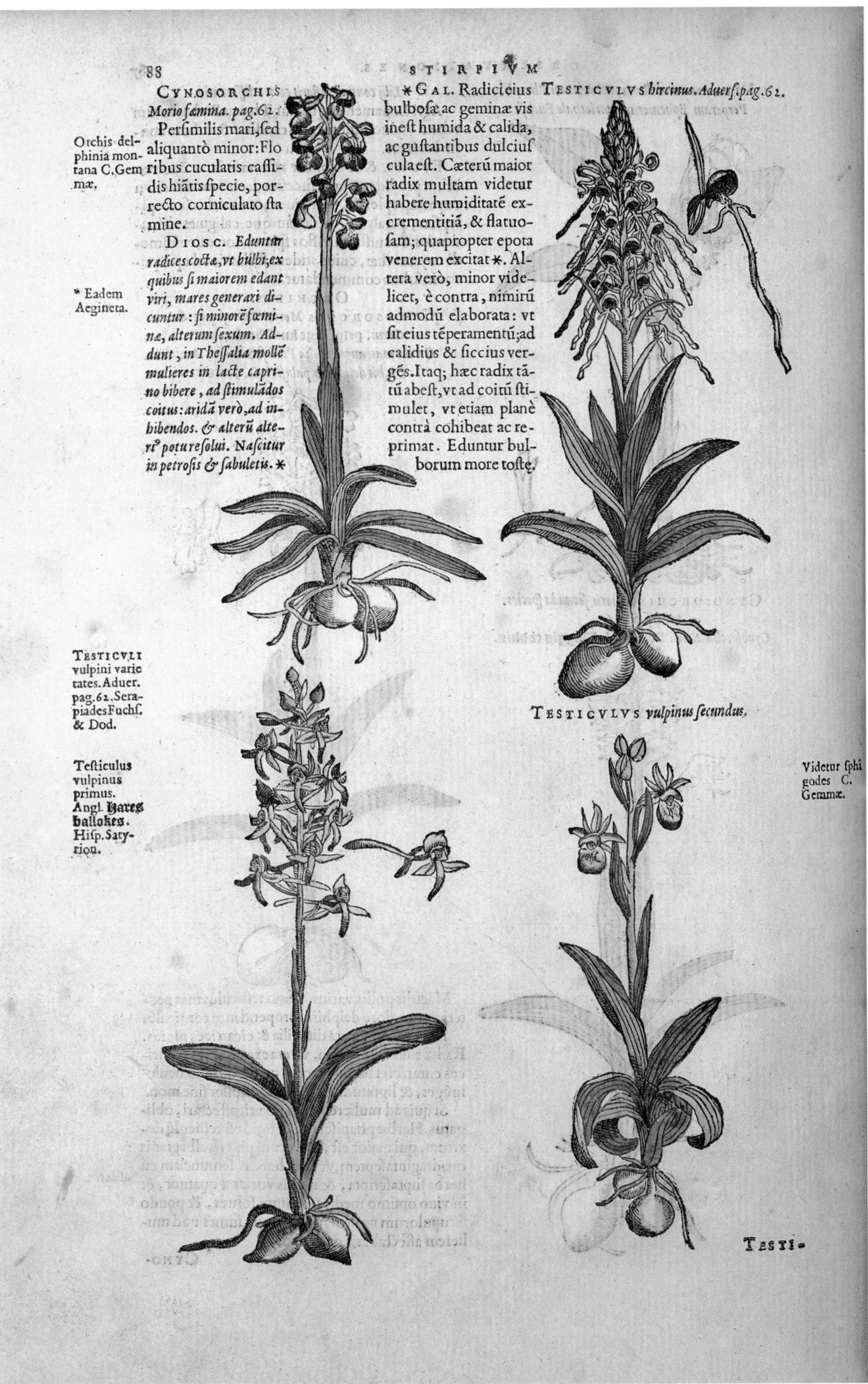

88 STIRPIVM

CYNOSORCHIS *Morio fœmina. pag.62.*

Persimilis mari, sed aliquantò minor: Floribus cuculatis cassidis hiātis specie, porrecto corniculato stamine.

Orchis delphinia montana C. Gemmæ.

DIOSC. *Eduntur radices coctæ, vt bulbi; ex quibus si maiorem edant viri, mares generari dicuntur: si minorē fœminæ, alterum sexum. Addunt, in Thessalia mollē mulieres in lacte caprino bibere, ad stimulādos coitus: aridā verò, ad inhibendos. & alterū alterius potu resolui. Nascitur in petrosis & sabuletis.* *

* Eadem Aegineta.

*GAL. Radici eius bulbosæ ac geminæ vis inest humida & calida, ac gustantibus dulciuscula est. Cæterū maior radix multam videtur habere humiditatē excrementitiā, & flatuosam; quapropter epota venerem excitat *. Altera verò, minor videlicet, è contra, nimirū admodū elaborata: vt sit eius tēperamentū; ad calidius & siccius vergēs. Itaq; hæc radix tātū abest, vt ad coitū stimulet, vt etiam planè contrà cohibeat ac reprimat. Eduntur bulborum more tostę.

TESTICVLVS *hircinus. Aduers. pág. 62.*

TESTICVLI vulpini varietates. Aduer. pag. 62. Serapiades Fuchs. & Dod.

Testiculus vulpinus primus. Angl. Hares ballokes. Hisp. Satyrion.

TESTICVLVS *vulpinus secundus.*

Videtur sphigodes C. Gemmæ.

TESTI-

p. 88

TINVS *Lusitanica Clusij.*

MEDICA *Malus. Malum Persicum fortè Theoph. Malum Assyriacum Plin. Malum Hespericum, Citreum & Chrysomela, Athenæi.* Ital. Cedri, & Citroni. *Angl.* Citron tre. *Ger. & Gall.* Citron. *Hisp.* Cidras. *Belg.* Citroenen. *Aduers.* 425.

Tini aliud genus exhibet Clusius Corni fœminæ proceritate, firmioribus & frequentioribus ramulis, cortice ex rubro virescente tectis, circa quos folia superioris angustiora & oblongiora aliquantum, & venulis pluribus distincta, sibi inuicem opposita vt in priore: flores extremis ramis vmbellatim etiam nascuntur, colore nonnihil purpurascente, neque adeò odorati, vti superioris: fructus etiam minor, plenior, nigrior. Piæ memoriæ D. Brancion huius Tini mecum sæpe verba fecit, sed ingenuè fateor mihi incognitum, & minimè animaduersum.

MEDICA *Malus.*

DIOSC. *Semen in vino potum venenis resistit: aluum mouet. Oris suauitatem commendat, decocto eius colluto, aut succo.*

LIMO-

p. 572

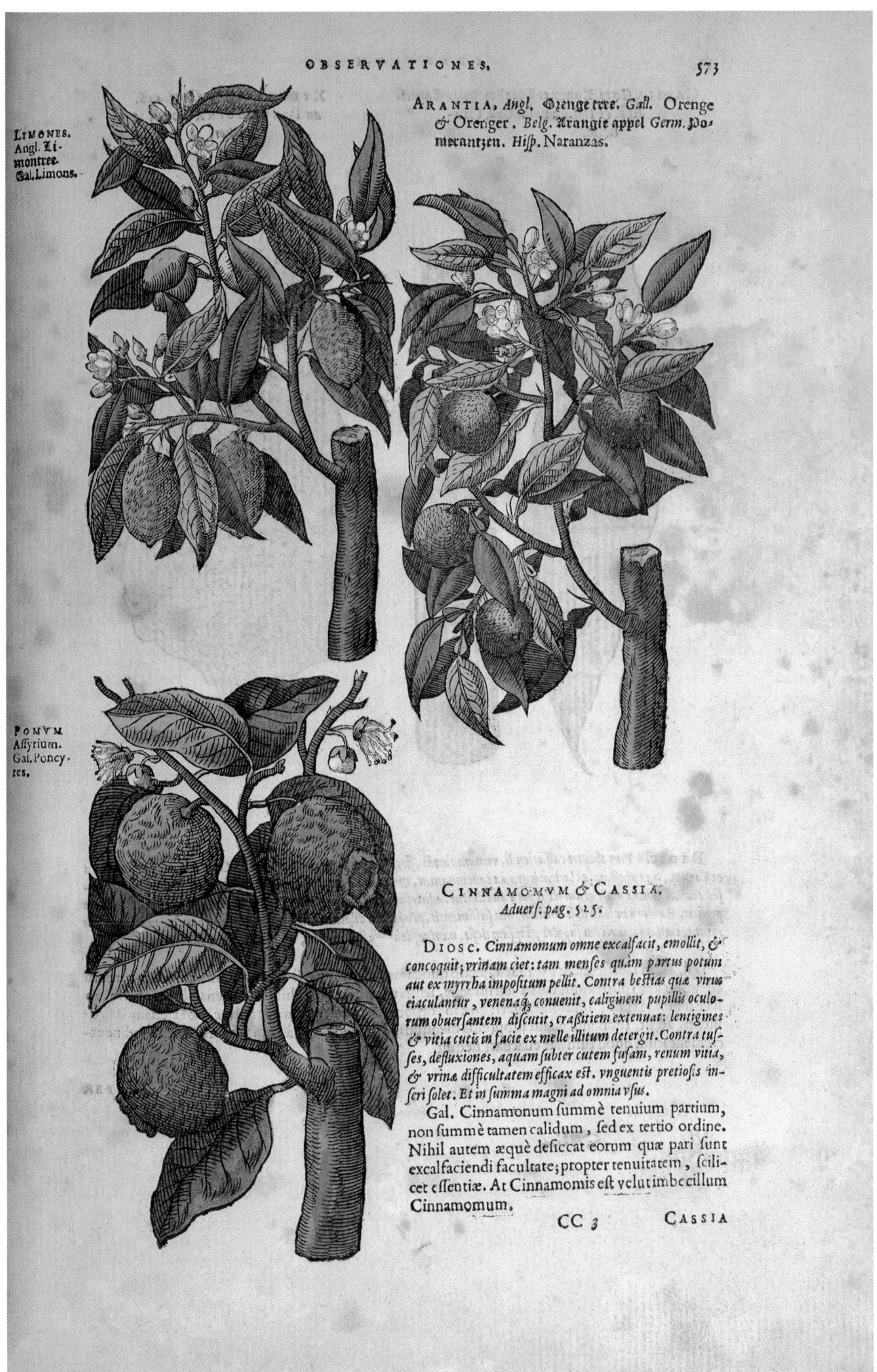

OBSERVATIONES. 573

ARANTIA, *Angl.* Orenge tree. *Gall.* Orenge & Orenger. *Belg.* Arangie appel *Germ.* Pomerantzen. *Hisp.* Naranzas.

LIMONES. Angl. Limontree. Gal. Limons.

POMVM Assyrium. Gal. Poncyres.

CINNAMOMVM & CASSIA.
*Aduers. pag. 525.*

DIOSC. *Cinnamomum omne excalfacit, emollit, & concoquit; vrinam ciet: tam menses quàm partus potum aut ex myrrha impositum pellit. Contra bestias quæ virus eiaculantur, venenaq; conuenit, caliginem pupillis oculorum obuersantem discutit, craßitiem extenuat: lentigines & vitia cutis in facie ex melle illitum detergit. Contra tusses, defluxiones, aquam subter cutem fusam, renum vitia, & vrinæ difficultatem efficax est. vnguentis pretiosis inseri solet. Et in summa magni ad omnia vsus.*

Gal. Cinnamonum summè tenuium partium, non summè tamen calidum, sed ex tertio ordine. Nihil autem æquè desiccat eorum quæ pari sunt excalfaciendi facultate; propter tenuitatem, scilicet essentiæ. At Cinnamomis est velut imbecillum Cinnamomum.

CC 3 CASSIA

p. 573

## 11 Adam Lonicer *Kreuterbuch*

FRANCKFORT [FRANKFURT], 1582

POR: 251.303-D Fid.

Nach kurzer Tätigkeit als Professor für Mathematik an der Universität Marburg wurde Adam Lonicer (1528–1586; auch Lonicerus) zum Stadtarzt von Frankfurt am Main ernannt. Hier verfaßte er ein Kräuterbuch, das er bei seinem Schwiegervater, dem Verleger Christian Egenloff, im Jahre 1557 publizieren ließ. Über zwei Jahrhunderte lang erlebte es Neuauflagen, von denen hier die letzte vor Lonicers Tod erschienene Bearbeitung gezeigt wird. Wie breit dieses Werk angelegt ist, kann man dem Untertitel entnehmen: *Kunstliche Conterfeytunge der Bäume, Stauden, Hecken, Kreuter, Getreyde, Gewürtze. Mit eigentlicher Beschreibung derselben Namen, in sechserley Spraachen … auffs fleissigst zum Letztenmal von neuwem ersehen und durchauß an vilen Orten gebessert.* Etliche Pflanzendarstellungen orientieren sich an den Arbeiten von David Kandel (Nr. 7) – Adam und Eva stehen unter dem Apfelbaum (*Malus domestica* Borkh.; p. xxv r), Johannes der Täufer ist unter dem Johannisbrotbaum (*Ceratonia siliqua* L.; p. lxx v) plaziert. Aus der Neuen Welt werden u. a. eine Opuntie (*Opuntia ficus-indica* (L.) Mill.; p. ccc r), mit Schnüren zusammengebundenes Brasilholz (*Caesalpinia echinata* Lam.; p. lxxxiii r), dessen Farbstoff bereits Albrecht Dürer verwendet hatte, und schließlich Tabak (*Nicotiana tabacum* L.; p. cccv r) abgebildet. Zur letztgenannten Darstellung gehört eine Nebenfigur: Sie zeigt einen menschlichen Kopf, in dessen Mund eine Zigarre steckt; der erläuternde Text lautet: „Figur des Trechterlins [Trichterleins] durch welches die Indianer den Dampff dieses Krauts an sich ziehen". Die Proportionen sind richtig erfaßt, denn in Mittelamerika rauchte man riesige, mit Maisblättern umwickelte Zigarren.

After briefly holding the position of professor of mathematics at the University of Marburg, Adam Lonicer (1528–1586; also Lonicerus) was appointed city physician in Frankfurt-am-Main. Here he wrote a herbal, which he published through his father-in-law, the publisher Christian Egenloff, in 1557. In the course of the following two centuries, new editions of it continued to appear. The version shown here was the last to be published before Lonicer's death. The broad scope of this work can be gathered from its subtitle: *Artistic illustrations of trees, shrubs, hedges, herbs, grains, spices. With accurate descriptions of their names, in six languages … most assiduously revised recently and improved in many places.* The influence of the works of David Kandel (No. 7) can be discerned in the many of the plants depictions – Adam and Eve standing beneath the apple tree (*Malus domestica* Borkh.; p. xxv r) or John the Baptist beneath the carob tree (*Ceratonia siliqua* L.; p. lxx v) [NB: His biblical food of locusts and wild honey probably refers to the so-called locust beans of this tree – translator's note.] Amongst the subjects portrayed from the New World are prickly pear (*Opuntia ficus-indica* (L.) Mill.; p. ccc r); Brazil-wood (*Caesalpinia echinata* Lam.; p. lxxxiii r), whose pigment had already been used by Albrecht Dürer, here tied together with pieces of string; and finally tobacco (*Nicotiana tabacum* L.; p. cccv r). The last mentioned portrayal is accompanied by a secondary figure: it shows a human head with a cigar in its mouth accompanied by an explanatory text that reads: "Figure of the funnel through which the Indians inhale the vapour of this herb." The proportions are correctly portrayed, since enormous cigars wrapped in maize leaves were smoked in Central America.

Après avoir été brièvement professeur de mathématiques à l'Université de Marbourg, Adam Lonicer (1528–1586 ; dit aussi Lonicerus) fut nommé médecin officiel de la Ville de Francfort-sur-le-Main. C'est là qu'il rédigea un livre sur les plantes et le fit publier chez son beau-père, l'éditeur Christian Egenloff, en 1557. L'ouvrage fut réédité plusieurs fois pendant plus de deux siècles. La réédition présentée ici est la dernière à avoir été remaniée par Lonicer avant sa mort. Le sous-titre en vieil allemand, qui mentionne l'illustration d'arbres, arbustes, haies, herbes, céréales, épices et la description de ceux-ci en six langues et qui précise que c'est avec le plus grand soin que cette édition a été « revue pour la dernière fois et dûment amendée en de nombreux endroits », nous permet de mesurer l'ampleur de l'ouvrage. Les représentations des plantes s'inspirent des travaux de David Kandel (n° 7) – Adam et Eve sont debout sous le pommier (*Malus domestica* Borkh. ; p. xxv r), saint Jean-Baptiste sous le caroubier (*Ceratonia siliqua* L. ; p. lxx v). Illustrés entre autres aussi un figuier de Barbarie (*Opuntia ficus-indica* (L.) Mill. ; p. ccc r) du Nouveau Monde, du bois du Brésil ou pernambouc (*Caesalpinia echinata* Lam. ; p. lxxxiii r) lié en fagots, dont la substance colorante avait déjà été utilisée par Albrecht Dürer, et finalement le tabac (*Nicotiana tabacum* L. ; p. cccv r). Une figure secondaire fait partie de cette dernière illustration : elle montre une tête humaine, un cigare à la bouche, le texte explicatif dit ceci : « Figure du "petit entonnoir" par lequel les Indiens tirent à eux la vapeur de cette herbe. » Les proportions sont correctement rendues, en Amérique centrale on fumait en effet d'énormes cigares emballés dans des feuilles de maïs.

A

# Warhafftige Conterfeytunge/ Beschreibung der Gestalt/Natur/Eigenschafft/ Krafft vnd Wirckung der Bäume vnd Stauden.

## Apffelbaum/ Pomus. Cap. j.

B

### ¶ Name vnd Beschreibung.

Apffelbaum heiszt auff Griechisch Μηλέα, in Lateinischer Spraache/ Malus vnd Pomus. *Italicè, Pome. Gallicè, des Pomes. Hispanicè, Manſanas.* Seine Frucht wirt bey den Griechen Μῆλον, vnd Lateinischen genandt Malum vnd Pomum.

Der Apffelbäum Geschlecht vnd vnderscheidt ist nicht wol möglich zu erzehlen/ Dann jr seind mancherley/ welcher vnderscheidt zum theil auß dem geschmack/ zum theil auß der gestalt/ vnd auch von den Landen da sie wachsen/ genommen wirdt/ Aber in einer Sum̃ darvon zu reden/ so werden sie getheilet in zwey Geschlecht/ Nemlich/ in zame vnd wilde/ welche man die sauren Holtzöpffel/ vmb jhres hannigen vnnd bittern geschmacks willen/ nennet. Allerley öpffelbäum haben fast einerley gestalt/ sind auch gnugsam bekandt/ ist derhalben vnnötig/ vnderschiedlich sie zu beschreiben. Jhrer etliche werden auffgepflantzet/ etliche werden auff die Stämme gepfropfft. Sie wachsen auß jhrem Stamme/ wie andere grosse Bäum/ mit vielen ästen/ werden bekleidet mit einer glatten Rinden/ welche außwendig graw ist/ zimlich dick/ innwendig Wachsgeel/ auß welcher geele Farb gemacht wirt/ so man mit Wasser vnd Alaun seudet. Die Bletter/ welche gegem Winter abfallen/ vnd welck werden/ sind gemeinglich rundt vnd lang/ nit gespalten.

E Die



p. xxv r

## Kreuterbuchs Erſter Theil/

Apffel ſey/ alſo genandt/ dieweil man ſein nicht mehr dann einen eſſen kan. Vnnd ſagt C weiter/daß ſein Baum Arbutus geheiſſen wirt.

Hierauß ſihet man/ daß Plinius auß gleichnuß der Bäum betrogen/zweyerley Bäume vermenget hat/ Dann Vnedo iſt nit die Frucht deß Arbuti, ſonder eins andern Baumes/welcher genandt wirt Epimelis, als Galenus zeugnuß gibt/ lib. 6. phar. ſimp. da er mit außtrücklichen worten ſagt/ daß Epimelis ſey ein rauher Baum/ daß man jhn möge für einen wilden Apffelbaum achten/ welches Frucht Vnedo genandt werde in Italia/ vnd wachſe ſehr in Calabria/ Seine Frucht ſey gantz rauhe vnd herb/dem Magen zuwider/vñ mache das Haupt ſchwer. Auß welchen worten Galeni klar iſt/daß Vnedo ſey ein Frucht deß Epimelidis, die Frucht aber deß Arbuti ſey Memecylos. Darumb ſo hat Plinius vielleicht ſeine wort von andern alſo abgeſchrieben/ oder hat Arbutum vnd Epimelida, vmb der gleichen krafft willen/ für ein ding gehalten.

### ¶ Natur vnd wirckung.

Arbutus oder Comaros iſt einer reſſen oder herben Natur.

Iſt dem Magen zuwider / macht wehethumb deß Haupts / wie Dioſcorides vnd Galenus bezeugen.

## Stinckendbaum/ Anagyris. Cap. lxxix.

STinckendbaum heißt auff Griechiſch Ανάγυρις, vnnd Ακοπον, auff Lateiniſch Lignum putidum, vnnd bey etlichen Malua terreſtris, dieweil er / wie die Bappeln / auff der Erden kreucht. Stinckendbaum wirdt er genandt / vmb ſeines ſtinckenden geruchs willen / wie auch bey den Lateiniſchen mit gleichem Namen Lignum putidum. *Ital. Eghelo arbore. Hiſpan. Anagyro.* Er wächßt auff in geſtalt eines D Baums/mit Blettern vnd äſten dem Schaaffmüllen gleich/ hat einen ſtarcken ſtinckenden geruch / blüet wie der Cappis/ treget runde Schoten / in welchen der Samen / gleich den Nieren verſchloſſen wirdt / welcher in der Erndte zeitiget/ iſt rund/hart/vnd mancherley geſtalt.

Vom wüſten Geruch dieſes Baums / iſt gemacht das Prouerbium Græcorum: Anagyrin mouet, welches ſich dem Teutſchen Spruch gleichet : Wann man ein Treck rüttelt/ſo ſtinckt er.

### ¶ Natur oder Complexion.

Sein Natur iſt zertheilen vnd erweichen.

### ¶ Krafft vnd wirckung.

Geſchwulſt. Die Bletter darvon geſtoſſen / vnnd vbergelegt/ legen Geſchwulſt. Der Bletter ein quintlin in ſüſſem wein getruncken/treiben Geburt vñ Frauwenzeit/leichtern den Athem vnd Hauptwehe.

Frauwenzeit. Anagyrim henckt man geberenden Frauwen an / ſol doch bald nach der Geburt wider hinweg gethan werden.

Der Wurtzeln Safft zertheilt/treibt vnd [illegible]itiget.

Der Samen geſſen/machet erbrechen.

Maſtixbaum/

*p. lx v*

## Von Bäumen vnd Stauden. LXXXIII

## A Anacarden/ Anacardi. Cap. cvij.

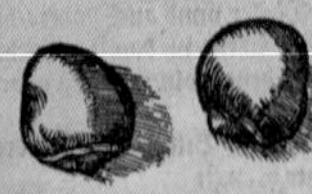

ANacardi ſeind Früchte welche man in den Apotecken findet mit dieſem Namen/vnd werden bey den Lateiniſchen Anacardium genandt / wiewol ſie auch etliche nennen wöllen Pediculum Elephanti, das iſt/ Elephanten Lauß. Bey den Araben wirdt dieſe Frucht beſchrieben/Aber jrer wirdt kein meldung bey den Alten Griechen gefunden. Serapio citiert doch Galenum/daß er jr gedencke/vnd ſage/daß ſie/eines halben Quintlins ſchwer eingenommen/die gedächtniß ſtercken. Vnd der Blutſafft/welcher in der Frucht iſt/die Wartzen vertreibe/aber die Haut auffetze/Aber in den jetzigen Büchern Galeni wirt kein meldung nit gefunden.

Serapion ſchreibet/daß es ein Baum ſey/welcher ein Frucht bringe in geſtalt eines Vogels Hertz/braun/wie das Vogels Hertz ſihet/innwendig voll rotes Saffts/wie ein Blut/wachſend in den feuwrigen Bergen Siciliæ/ Solchs bezeugt auch Auicenna/vnd andere Arabes.

Der Apotecker Anacardi vergleichen ſich in allen dingen mit der beſchreibung der Alten/darumb ich ſie für die rechten halt / Ihr geſtalt iſt wie ein Vogels Hertz / oder wie ein dörre ſchwartzbraune Caſtanien/innwendig voll ſüſſes Blutſaffts. Es wachſen auch ſolche Frücht in Indien.

### ¶ Natur oder Complexion.

Anacardi ſeind warm vnd trucken/wie Serapio vnnd Auicenna ſagen/im vierdten Grad/Andere ſetzen ſie in den dritten Orden.

### ¶ Krafft vnd wirckung.

B Es wirdt auß dieſer Frucht gemacht ein Compoſitz/welche Anacardina genandt wirt/ iſt ſonderlich gut zu der Lähme.

Die Frucht Anacardium iſt gut zu der Gedächtniß/eines halben Quintlins ſchwer eingenommen/ ſtercket die ſchwachen Senſus, vertreibt die vergeſſenheit/vnnd ſchärpffet den verſtandt/ Iſt nützlich der ſchwacheyt deß Hirns/welche von kälte oder feuchte entſtanden iſt/ vnd der verlähmung der Glieder.

Der Safft in der Frucht vertreibt die Wartzen/etzet aber die Haut auff. Sein gebrauch macht grindig. Iſt ſchädlich Jungen vnd Choleriſchen Leuten/iſt gut zu der lähme/oder denen die ſich vor der lähme beſorgen.

## Preſilienholtz/ Berſilicum. Cap. cviij.

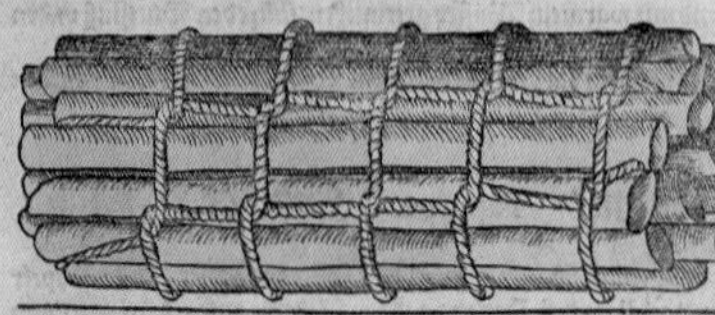

PReſiliẽholtz nennet man vff Lateiniſch Berſilicum, vnnd Breſilum. Diß Holtz wirt zu vns herauß geführt auß den neuwen Inſeln / vnnd wirdt von dem Namen deß Orts / da es herbracht wirdt / alſo genandt.

Das Holtz iſt glatt vnd rundt/mit einer zarten Haut bekleydet/iſt ſchön Purpurfarb.

Es wirdt

*p. lxxxiii r*

A ist ein grosser hoher Baum in Egyptenlandt / hat ein hartgetrungen Holtz / innwendig schwartz wie das Frantzosen Holtz / die Rinden ist wie an dem Buxbaum / das Holtz so es frisch ist / hat einen starcken geruch / so es aber dörr ist / hat es gar keinen geruch. Seine Bletter seindt wie an dem S. Johannes brot Baum / doch etwas spitziger / der Baum wurtzelt gar weit vnd tieff wie der Welschnußbaum.

An den ästen hangen lange / runde / dicke Röhren / wie lange Pfeiffen / welche rotbraun werden / wann sie zeitigen / innwendig volles süsses schwartzes Marcks / so zähe vnd schleimig ist. Die Röhren seyndt innwendig mit Häutlin in Fache vnderscheiden / vnd in jedem Fache ist ein besonder harter Kern / den Kernen in S. Johannes Brot so gantz gleich / daß kein vnderscheidt darunder ist. Dieser Cassien Figur ist hieneben abconterfeyt gesetzt.

## ¶ Krafft vnd wirckung der purgirenden Cassien.

Von krafft der rechten wolriechenden Cassien / welche ist vnser gemein Zimmet / ist in vorigem Capitel vnder der Zimmetrören gesagt.

So viel aber die Tugendt dieser purgirenden Cassien belanget / Diser Cassien Marck ist trucken vnnd feucht im ersten Grad / weychet / zertheilet / reiniget das geblüt / dämpffet die hitzige verbrannte Gallen / purgiert sänfftiglichen den Leib vndenauß / Man mag sie gebrauchen Jungen vnd Alten / auch schwangern Frauwen ohn schaden. In hitzigen schwachheiten mit Rosenwasser eingenommen auff zwey Loth / purgieret sie gantz sänfftiglich / treibet auß die Gallen vnd Phlegmatische feuchtigkeiten. Ist gut denen / welche den Lendenstein vnd den Blasenstein haben / auch zu der dämpffigen Brust. Sie wirt auch zu den Clystiren für den Lendenstein vnd Krimmen gebraucht.

B

## Indianische Feigen / Tune. Opuntia.

### Cap. cccciij.

DIß frembd gewächß / so in kurtzen jaren zu vns gebracht / vnnd allhie gezielet worden / nennet man Indianische Feigen / Vulgò, Ficus Indica, Die Indianer nennen es Tune, bey dem Plinio heißt es Opuntia, dieweil es bey dem ort Opunte in India wächßt. Diß frembdes Indianisch gewächß hat ein besondere art vnnd eigenschafft mit seinem wachsen / darinn der Natur wunderwerck zusehen / dieweil es wurtzelt auß seinen Blettern / dann so man diesem gewächß ein Blat abschneidet / vnnd biß an die helfft in die Erden stecket / wurtzelt es vnder sich / vñ wächßt darnach je ein Blat auß dem andern / daß es in höhe eines Baums anzusehen / ohn einigen Stamm / ohn Zweigen oder äste / Die Bletter seindt eines Daumens dick / werden sehr breyt / an den Blettern sind dünne lange spitze weisse Dorn oder stacheln / doch haben etliche gewächß keine stacheln. An den eusserſten Blettern wachsen Früchte wie die Feigen / etwas grösser / von farben ge-

Ee ij stalt

p. ccc r



A

## Heilig wundtkraut / Nicosiana, Sanasancta.

### Cap. ccccxiiij.

Figur deß Trechterlins / durch welches die Indianer den Dampff dieses Krauts an sich ziehen.

B

HEiliges wundtkraut / wirdt also genennet / von seiner fürtrefflichen krafft wegen / die es für allen andern Wundtkreutern hat / daß es derwegen / wie ein Heiliges kraut / vnd besondere gabe Gottes zuachten. Die Indianer nennen es Sanasancta, vnnd Herba sancta, / vmb gemeldter vrsachen willen. Den Gallis Nicosiana, vnnd Nicotiana, vnnd Herba Reginæ, von dem Lusitanischen gesandten Nicotio, welcher dieses Krauts Samen erstlich der Königin in Franckreich herauß gebracht hat. Die Brasilianer nennen es Petum. Bey den Hispanis, Tabaco, von der Insel Tabaco, in welcher es gemein wachset. Die Indianer heissen es Picielt.

Dieses Kraut ist erstlich auß der neuwen Indien herauß gebracht / vnd folgendts in Portugal / Engellandt / Franckreich vnd Teutschen landen bekandt gemacht vnd gezielet worden.

Es wächset gern an feyßten vnd läfftigen Orten / hat viel grosse / lange / breyte / rauhe / wollichte Bletter / grösser vnd runder als an der Wallwurtz / weißgrün / wie an dem grossen Klettenkraut. Gewinnet viel lange hohe Stengel / daran bringt es in dem Augstmonat lange Knöpfflin mit bleichbraunen Blümlin / vnd ein kleines Sämlin wie an dem gelben Bilsenkraut.

Hat ein kleine zasichte Wurtzel.

## ¶ Krafft vnd wirckung.

Von der krafft vnd tugendt dieses Krauts schreibet Matthias Lobel / daß kein gewaltiger oder heilsamer Kraut zu den Wunden vnd Geschweren sey als dieses Kraut. Wunden.

Dienet auch zu den gebresten der Brust / vnd der Lungen / zu der Lungensucht / vnd für Brust. Lungensucht.

Ff das

p. cccv r

## 12 Carolus Clusius *Rariorum aliquot stirpium ... historia*

ANTWERPIAE [ANTWERPEN], 1583

SIAWD 261.737-A

Lit. 45, 59

Der Flame Carolus Clusius (1526–1609; auch Charles de l'Ecluse) hat sich als erster eingehend mit der Pflanzenwelt am Alpenostrand beschäftigt und das Ergebnis seiner Forschungen in der *Rariorum aliquot stirpium … historia* veröffentlicht. Seine Beobachtungen stammen aus den Jahren nach 1573 und aus Orten, die auf dem heutigen Staatsgebiet von Österreich, Ungarn, Slowenien, Kroatien und der Slowakei liegen. In Wien war Clusius „aulae familiaris" von Kaiser Maximilian II.; er zählte somit im weiteren Sinne zum Hofstaat, dem auch der damalige Präfekt der kaiserlichen Hofbibliothek, Hugo Blotius, angehörte. Wiederholt hielt sich Clusius in Güssing und Schlaining auf, wo er Gast des ungarischen Adligen Balthasar Batthyány war, der ihm für seine botanischen Exkursionen eine berittene Leibwache zum Schutz vor Überfällen zur Verfügung stellte.

Daneben beschäftigte sich Clusius mit Pflanzen, die in Gärten kultiviert wurden. Von David Ungnad Graf von Weißenfels, einem Nachfolger von Busbecq als Botschafter in Istanbul, hatte Clusius wahrscheinlich im Jahre 1581 Samen der Roßkastanie (*Aesculus hippocastanum* L.; p. 6) erhalten. Er pflanzte sie aus und zeichnete später Samen und Jungpflanze, nicht aber die Blüte, die ihm jahrelang unbekannt blieb – Roßkastanien blühen erstmals als Jungbäume. In Antwerpen wurde von der Zeichnung ein Holzschnitt hergestellt und als Illustration in dem vorliegenden Werk verwendet, das Kaiser Rudolf II. (regierte 1576–1612) und seinen Brüdern, den Erzherzögen Ernst, Matthias und Maximilian, gewidmet ist. Druckformen der *Rariorum aliquot stirpium … historia* haben sich erstaunlicherweise im Plantin-Moretus-Museum in Antwerpen erhalten.

Born in Flanders, Carolus Clusius (1526–1609; also Charles de l'Ecluse) was the first to concern himself in detail with the flora on the eastern margins of the Alps: He published the result of his researches in the *Rariorum aliquot stirpium … historia*. In the years following 1573, he pursued his observations at sites located today in the countries of Austria, Hungary, Slovenia, Croatia and Slovakia. In Vienna, Clusius was *aulae familiaris* of Emperor Maximilian II and was therefore in a broad sense a member of the court, to which Hugo Blotius, at that time prefect of the Imperial Court Library, also belonged. Clusius repeatedly spent time in Güssing and Schlaining, as a guest of the Hungarian nobleman Balthasar Batthyány, who provided him with a mounted bodyguard on his botanical excursions to protect him against attacks.

However, Clusius was also interested in plants that were cultivated in gardens. In 1581 he probably received horse chestnut seeds (*Aesculus hippocastanum* L.; p. 6) from David Ungnad, Count von Weißenfels, a successor of Busbecq as the ambassador in Istanbul. He planted them out and later drew seeds and a young plant, but without the flower, which remained unknown to him for years – horse chestnuts do not bloom until they reach the young tree stage. In Antwerp a woodcut was made from his drawing and used as an illustration in the present work, which was dedicated to Emperor Rudolf II (reigned 1576–1612) and his brothers, the Archdukes Ernst, Matthias and Maximilian. Astonishingly, cut woodblocks of the *Rariorum aliquot stirpium … historia* have been preserved in the Plantin Moretus Museum in Antwerp.

Le Flamand Carolus Clusius (1526–1609 ; dit aussi Charles de l'Ecluse) est le premier à s'être intéressé de manière approfondie aux plantes des marges orientales des Alpes, et il a publié le résultat de ses recherches dans la *Rariorum aliquot stirpium … historia*. Ses observations datent d'après 1573 et ont été faites dans des sites qui se trouvent aujourd'hui en Autriche, en Hongrie, en Slovénie, en Croatie et en Slovaquie. A Vienne, Clusius était « aulae familiaris » de l'empereur Maximilien II et faisait ainsi partie dans le sens large de la cour, à laquelle appartenait aussi l'administrateur de la bibliothèque impériale Hugo Blotius. Clusius séjourna plusieurs fois à Güssing et Schlaining sur l'invitation de Balthasar Batthyány, un noble hongrois qui mettait à sa disposition une garde à cheval pour le protéger des agressions durant ses excursions botaniques.

Clusius s'intéressait parallèlement aux plantes horticoles. David Ungnad comte de Weißenfels, un successeur de Busbecq au poste d'ambassadeur à Istanbul lui avait probablement fait parvenir en 1581 des graines de marronnier d'Inde (*Aesculus hippocastanum* L. ; p. 6). Il les mit en terre et dessina plus tard des marrons et de jeunes plantes, mais pas la fleur qui lui resta inconnue des années encore. Le marronnier d'Inde ne fleurit pas avant d'être un jeune arbre. Une gravure sur bois en fut réalisée à Anvers et utilisée pour illustrer l'ouvrage présenté ici qui est dédié à l'empereur Rodolphe II (règne de 1576 à 1612) et à ses frères les archiducs Ernst, Matthias et Maximilien. Des matrices d'impression de la *Rariorum aliquot stirpium … historia* sont conservées au Plantin-Moretus-Museum d'Anvers.

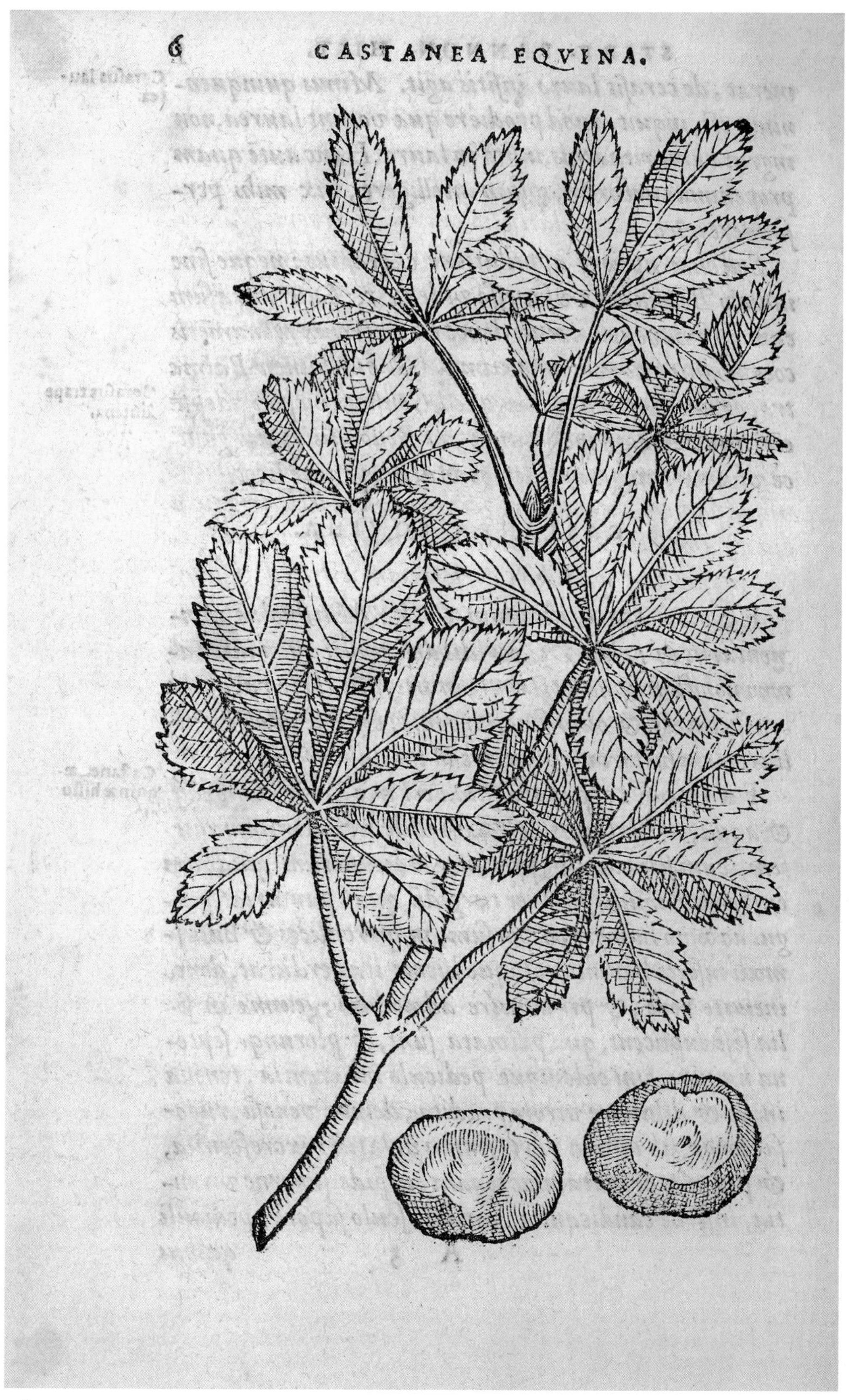
6 CASTANEA EQVINA.

p. 6

# 13 Carolus Clusius *Rariorum plantarum historia*

ANTWERPIAE [ANTWERPEN], 1601

POR: 2779 (alte Signatur) Lit. 10, 33

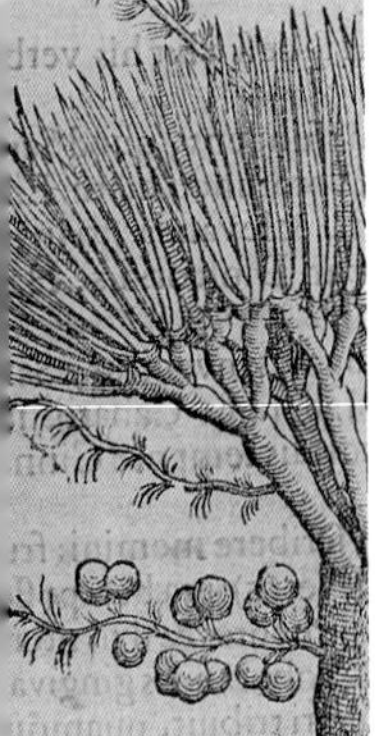

Während man die *Rariorum aliquot stirpium … historia* (Nr. 12) als frühe Form einer sogenannten Flora bezeichnen kann, d. h. einer Gesamtdarstellung der Pflanzenwelt in einem klar umschriebenen Gebiet, gilt dies trotz des ähnlichen Titels nicht für das im folgenden beschriebene Werk. Es ist seltenen, vor allem exotischen Pflanzen gewidmet und stammt aus dem letzten Lebensabschnitt von Clusius. Am kaiserlichen Hof in Ungnade gefallen, hatte der schon 66jährige Gelehrte eine Berufung an die Universität Leiden angenommen und widmete sich nun – wegen der Folgen eines Sturzes an sein Studierzimmer gebunden – fast ausschließlich seiner umfangreichen literarischen Tätigkeit.

Die Quellen der in den *Rariorum plantarum historia* abgebildeten Pflanzen sind sehr unterschiedlich: Den auf den Kanarischen Inseln heimischen, heute aber dort fast ausgerotteten Drachenbaum (*Dracaena draco* (L.) L.; p. 1) hatte Clusius im Jahre 1566 in Lissabon gesehen, die Jakobslilie (*Sprekelia formosissima* (L.) Herb.; p. 157) erhielt er als Zwiebel aus Westindien, die Kartoffel (*Solanum tuberosum* L.; p. lxxix) als Knolle von einem Korrespondenten in Mons (siehe Nr. 10). Die Darstellung der Roßkastanie (*Aesculus hippocastanum* L.; p. 8) ist erweitert um die Frucht (siehe Nr. 12); Blüten waren zu diesem Zeitpunkt immer noch unbekannt. Den Holzschnitt des Drachenbaums hatte Clusius erstmals in einem früheren Werk veröffentlicht. Er läßt sich auf ein Aquarell in der Staatsbibliothek in Berlin (Libri Picturati 18: f. 1847, aufbewahrt in der Biblioteka Jagiellońska, Krakau [Kraków]) zurückführen. Die erste naturgetreue Abbildung des Drachenbaums ist aber wesentlich älter – sie stammt von Martin Schongauer und wird in das Jahr 1470 datiert.

Whereas one may describe the *Rariorum aliquot stirpium … historia* (No. 12) as an early form of a so-called flora, (i. e., a complete description of the plant life within a clearly defined area), the term does not hold for the work now under discussion, despite the similarities between the titles. Stemming from the last years of Clusius' life, it is instead dedicated to rare and, especially, exotic plants. Having fallen out of favour at the imperial court, the scholar, who was already sixty-six years old, accepted an appointment at the University of Leiden. Confined to his study because of a fall, he dedicated himself almost exclusively to his extensive literary activities.

The plants depicted in the *Rariorum plantarum historia* are drawn from a wide variety of sources: dragon tree (*Dracaena draco* (L.) L.; p. 1), which Clusius had seen in Lisbon in 1566 and which is native to the Canary Islands (although it has almost been eradicated there today); Jacobean lily (*Sprekelia formosissima* (L.) Herb.; p. 157), received as a bulb from the West Indies; and potato (*Solanum tuberosum* L.; p. lxxix), sent as a tuber by a correspondent in Mons (see Nr. 10). In this work, the depiction of horse chestnut (*Aesculus hippocastanum* L.; p. 8) includes the fruit (see Nr. 12), the flowers being still unknown at the time. Clusius had published the woodcut of the dragon tree for the first time in an earlier work, and drew upon a watercolour painting in the State Library in Berlin (Libri Picturati 18: f. 1847; kept in the Biblioteka Jagiellońska, Cracow). The first true-to-life illustration of the dragon tree is however considerably older – it was made by Martin Schongauer and is dated 1470.

Si l'on peut considérer la *Rariorum aliquot stirpium … historia* (n° 12) comme une forme précoce de ce qu'on appelle une flore, c'est-à-dire la présentation des plantes d'une région clairement définie, on ne peut dire la même chose de l'ouvrage mentionné ici bien qu'il ait un titre similaire. Il est consacré aux plantes rares, surtout exotiques, et Clusius l'a réalisé à la fin de sa vie. Tombé en disgrâce à la cour impériale, le savant de 66 ans déjà était devenu professeur à l'Université de Leyde et consacrait maintenant presque toute son existence – une mauvaise chute le confinait à la chambre – à ses vastes activités littéraires.

Les origines des plantes illustrées dans la *Rariorum plantarum historia* sont très diverses : il avait vu à Lisbonne en 1566 le dragonnier, originaire des Canaries (*Dracaena draco* (L.) L. ; p. 1) et qui y à peu près disparu aujourd'hui ; un bulbe d'amaryllis croix Saint-Jacques (*Sprekelia formosissima* (L.) Herb. ; p. 157) lui avait été envoyé des Antilles, et un correspondant de Mons (voir n° 10) lui avait fait parvenir une pomme de terre (*Solanum tuberosum* L. ; p. lxxix). La représentation du marronnier d'Inde (*Aesculus hippocastanum* L. ; p. 8) est plus détaillée et montre maintenant un fruit (voir n° 12) : les fleurs ne sont toujours pas connues à l'époque. Clusius avait édité la gravure sur bois du dragonnier pour la première fois dans un ouvrage antérieur, l'origine de cette représentation remontant à une aquarelle de la Staatsbibliothek de Berlin (Libri Picturati 18 : f. 1847, conservée à la Biblioteka Jagiellońska, à Cracovie). La première illustration d'après nature d'un dragonnier est néanmoins beaucoup plus ancienne, puisqu'elle date de Martin Schongauer et est datée de 1470.

# CAROLI CLVSI
# RARIORVM PLANTARVM HISTORIÆ
## LIBER PRIMVS.

PLANTARVM, *quas in variis peregrinationibus meis rariores observavi, historiam scripturus, ab arboribus eam auspicabor, sic enim ordo postulare videtur: deinde ad frutices, suffrutices & virgulta progrediar, quibus aliquot ἐπαυλοκαύλους subijciam. Hæc autem omnia priore libro complecti animus est: reliquas stirpes in sequentes libros distribuam.*

### DRACO. CAP. I.

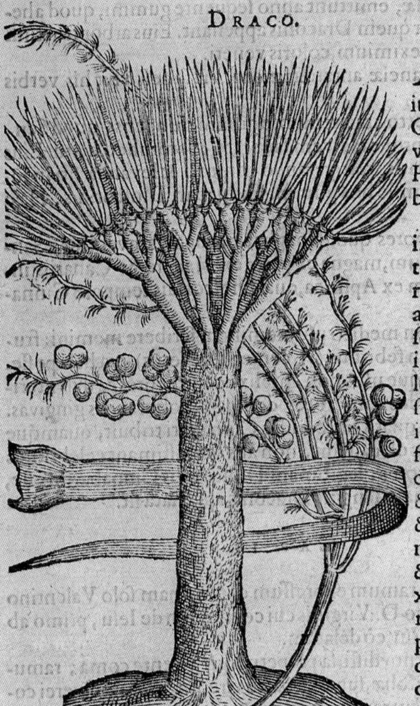

A PAVCIS prodita est huius Arboris historia, eaque admodum mutila. Libuit itaque eam hic subiicere, & ab illa nostras Observationes auspicari, quandoquidem valdè rara est, in nostra præsertim Europa, & Herbariis dum hos Commentarios scribebam (ni fallor) incognita.

EST verò Draco (aptiùs enim nomẽ non inuenio) procera arbor, Pinũ procul intuentibus referens, adeò æquales, semperque virentes sunt rami. Huius truncus crassus, octo aut novem cubitales ramos æqualiter nascentes & nudos sustinet, qui in summo fissi, in alios ternos vel quaternos ramos cubitales, aut paulò ampliores, brachialisque crassitudinis desinunt, nudos item & sine foliis, in summo gestantes capita plena cubitalium foliorum, unciali latitudine, sensim in mucronem desinentium, media costa densiore & eminentiore, ut in Iridis foliis, tenuium & rubentium in lateribus: mucronem planè repræsentant ea folia, semperque virent, & Aloës vel Iridis modo, invicem amplexando nascuntur. Truncus perquam scaber, multis rimis dehiscit, humoremque fundit per Caniculæ æstus, qui in rubrã lacrymam densatus, sanguis Draconis appellatur, ob quam sanè causam, hanc arborẽ Draconem nuncupavi. Materia trunci firma est, ferrumque difficulter admittit, quòd veluti fibris transversim & obliquè excurrentibus constet: at rami cùm multo succo prægnantes sint, satis facilè cædi possunt. *Draconis arboris historia.*

EAM arborem Olysipone primùm vidi anno reparatæ salutis humanæ, quingentesimo sexagesimo quarto supra millesimum, post monasterium Divæ Virgini sacrum, cui nomen à Gratia, octo palmorum crassitudine, inter aliquot Oleas in colle nascentem, monachis ignotam & neglectam, quam neque florem, neque fructum ferre assererent: rem tamen aliter se habere postea deprehendi, ramulo ex illa ipsa arbore anno sequente revulso donatus ab amico. Est autem hic ramus (quem cum aliquot foliis, corticisque fragmento, & lacryma meis manibus exemta multo tempore adservatum, à Cæsare Maximiliano evocatus, in Belgica cum multis aliis eius generis reliqui) pedali ampliorève longitudine, cui inhærent alij ramuli multo fructu racematim compacto onusti. Fructui color flavescens, sapor aliquantulum

A

p. 1

CLUSIUS 17. JAHRHUNDERT | 17TH CENTURY | 17E SIÈCLE

8 CAROLI CLVSI RARIORVM

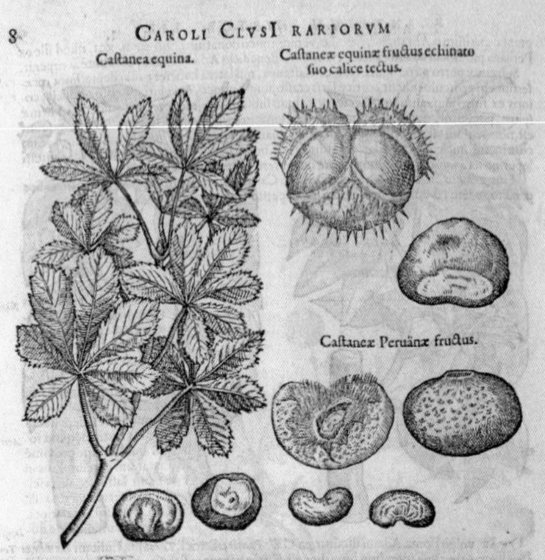


sese explicent, quæ palmata sunt, & plerumque septena numero uni eidemque pediculo inhærentia, tenella initio & dilutiore viriditate prædita, deinde venosa, rugosa, longa, ab infima parte sensim in latum excrescentia, & per oras crenata, mucronata cuspide, supernè virentia, infernè candicantia, amariusculo sapore: pediculi quibus inhærent oblongi, bini semper æquali situ, opposito tamen, alternatim ramos amplectuntur: novelli rami virent, adulti cinereo cortice obducti sunt, sub quo latet alius succulentus, viridis, lignum ambiens, ut in Sambuco, vel Acere latifolio, cui huius arboris (quantum quidem ex ea quam unicam alui deprehendere licuit) materies persimilis est. Eius flos & recens fructus nondum mihi conspecti, tametsi in eam amplitudinem, vt dixi, mea excreverit, ut sperarē flores daturam: sed neque sæpiùs petitos ab amicis qui Constantinopoli cum Cæsareis Legatis fuerunt, impetrare potui. Siccus vero fructus inde aliquoties allatus, nudus omnino, & suo calice exemptus: tandem cum suo echino communicatus, à doctissimo viro Christophoro Wexio ex sua peregrinatione Ægypriaca, Syriaca, Asiatica, & Byzantina reduce anno M. D. LXXXVII. Est verò vulgari castaneæ æqualis, interdum etiam maior, non in mucronem desinens ut illa, sed planior, & orbiculari quodammodo forma, tuberculo quodam superiore parte eminente, quod sensim gracilescens, ad pronam usque partem extenditur, germen (quod istic ortum habet) amplectens: coriaceo cortice integitur ut vulgaris, qui supernè spadicei coloris est, sed infima, qua suo echinato calyci adhæret, exalbidus, similem propemodum notam impressam habet, qualis in vesicariæ repentis seu peregrinæ semine conspicitur, sed longè maiorem, nec ita candidam: singularis est hic cortex, nec aliam tunicam aut lanuginem intra se occulit, quemadmodum nostrates castaneæ: firma & solida constat carne, candida ut vulgares, non adeò grati saporis tamen, sed amaricantis potius, præsertim vetustior & sicca, qualem degustavi: singulæ magna ex parte, nonnumquam binæ, eodem calyce multis brevibus firmisq; spinis horrido includuntur, qui per maturitatem in tres partes dehiscens, nucem ostendit ipsius lateri infima parte inhærentem, non à pediculo, vt reliquæ nuces.

VETERIBVS ignotam fuisse hanc arborem censeo, quandoquidem nullius historiam, quæ ab illis descripta sit, legere memini, quæ huic arbori convenire deprehendatur.

At ceestaneß. Ad castaneßi. Chastagne de cheual. Roßo keßten Castagna di cavallo. Castaña de cauallo.

Turcæ *at ceestanesi*, vel *ad castanesi*, id est, equinæ castaneæ nomine insigniunt, quia eius fructum devoratum, anhelis & tussientibus equis plurimum auxilij adferre comperiunt. Gallis dici potest *Chastagne de cheual*, Germanis Roßo keßten/ Italis *Castagna di cavallo*, Hispanis *Castaña de cauallo*.

Hic nō possum nō adiicere elegās Castaneæ genus mihi à doctissimo viro, eodēq; Cosmographo



*p. 8*

PLANTARVM HISTOR. LIBER II. 157

capitula triangula, crassiuscula, in quibus nigrum inæquale semen: radix ut ceteris bulbacea, multis candicantibus tunicis constans, extima, quæ reliquas ambit, fusca, è cujus sessili parte plurimæ subfuscæ fibræ dependent.

Provenit magno miliari supra Gamingam Chartusianorum monasterium, D. Virgini ad Thronum nuncupatæ, sacrum, pratis quibusdam altissimo lacui vicinis, ad prædium Kechof dictum, in quo, curantibus Carthusiæ moderatoribus, perhumaniter & luculenter excepti semper fuimus, dum in summa Herren-alben & Durrenstain juga tenderemus, aut ex ijs jugis Gamingam rediremus. Quo istic tempore floreat, mihi non constat: nec scivissem istic nasci, nisi ad lacum proficiscens aliquot bulbos rotarum orbitis recens erutos offendissem: biduo enim aut triduo ante rustici fœnum evexerant. Sed illę Viennam perlatæ, Maio mense in meo hortulo floruerunt: verisimile autem est natali loco seriùs florere. Memini & illi ferè similes in Euganeis montibus inventos, à studiosis ex Italia reducibus Viennam ad me perlatos. *Natales.*

SEPTIMO generi latiora reliquis folia, æruginei ferè pallescentis coloris, inter quæ satis latus prodit caulis, nudus ut reliquis Narcissis, paullo infirmior, foris striatus, intus concavus, summa parte sustinens magnum, laxum, membranaceum folliculum, quo dehiscente, exit unicus, ut plurimùm, flos magnus, odoratus, sex albis folijs medium calicem pallidum cingentibus constans, cujus fimbria ex pallido purpurascit: flori succedit satis crassum triangulare caput, nigrum semen continens: radix crassior superiore, & cum majore illo, quem in Angliâ sponte nasci dixi, comparanda, etiam soboles, reliquarum Narcissinarum instar, satis feliciter procreans. *Narciss. lati. fol. VII.*

E Styriâ allatum, Generosa Dn. de Heusenstain dicebat: seriùs etiam reliquis floret, nempe Maio mense. Id genus deinde satis frequens observabam Francofortianis in hortis.

ELEGANTIS porrò Narcissi (qui inter eos qui latiora habent folia VIII. erit) flos cum aliquot folijs mihi mittebatur à doctissimo viro Bernardo Paludano Medico celebri, qui Indicum cognominabat: ego ejus historiam pro meo modulo ita concinnabam.

Narciss. latifol. Indicus rubro flore.

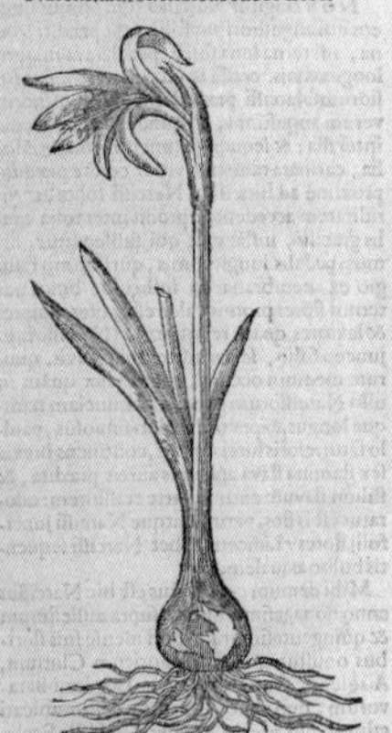

SENA vel pluta habet is Narcissus folia, Narcissi vulgaris foliorum instar lōga, ad quorum latus emergebat caulis lævis & enodis, intus concavus, summo fastigio in nodum desinens, membranaceum quoddam involucrum purpurascentis coloris sustinentem, è quo unicus flos sese exerebat sex lōgis & angustis folijs constans, qualia ferè in Narcissi Autumnalis minoris (de quo cap. XVI. hujus libri) flore conspiciuntur, non flavi tamen, ut illa, verùm rubri saturi & splendentis coloris, instar floris Arundinis Indicæ vulgo appellatæ, cui non valde absimilis est, è quorum medio prodibant sex stamina ejusdem pænè coloris, oblonga (quibus insidebant apices fusci coloris quia forsitā ex attritu corrupti) & medius stilus, sub quo rudimentum triangularis capitis, quod haud dubiè semen dedisset, fortè etiam maturum, nisi ipse florem præcidisset, ut mihi conspiciendum præberet: radicem, Paludano referente, habet bulbaceam, cæpis vulgaribus rubētibus prorsus similem. *Narciss. latifol. VIII. qui & Narciss. Indicus.*

Vnicam autem ejus plantam habebat, ipsi missam ab eruditissimo viro D. Simone de Tovar Hispalensi Medico, quæ florem dabat Iunio M.D.XCIIII. alterum autem expectabat sequente mense, quoniam præcedente anno, eadem planta bis illi florem protulisset, mensibus Iunio & Quintili. *Tempus.*

AT anno insequente, ex Indice horti Tovarici, & epistolis quas ipse Tovar ad me deinde scribebat, cognoscebam Narcissum Indicum Iacobæum ab ipso nuncupatum.

NARSISSVS Indicus, Iacobæus mihi indigetatus, ut scribit in epistolâ Cal. Iunij M. D. XCVI. ad me datâ, ex Occidētali Indiâ (ubi *Azcal-Xochitl*, quod est, Bulbus flore rubro, vocatur) nobis delatus: nulli rei herbariæ scriptori hactenus, quod sciam, notus, cujus radix bulbosa, cepæ rotundæ similima, verùm supernâ tunicâ pullâ, folia primùm emittit crassa, oblonga, Narcissi marini, tibi Hemerocallis Valentina dicti, æmula: secūdum folia verò, atque *Narciss. Indicus Iacobæus. Azcal-Xochitl. Natales.*

O adeò

*p. 157*

berantes, tectas omnes scabro & inæquali cortice, ut Aristolochiæ longæ legitimæ radices, & multis exiguis fibris sparsim nascentibus præditas: ipsa radicis substantia alba, lenta, & succulenta est, atque veluti grumosa, tenera tamen, nec ingrati saporis (crudam enim gustabam) exiguo autem post momento nonnihil asperi & acriusculi: assa verò (nam & gustare volui, ut certius observare possem) tenerior est castaneâ, & pyri instar, cui grumosa substantia, edulis. Qualem caulem, aut folia habeat, non intelligebam, unam tamen radicem cum germine accipiebam, sed vecturâ abrupto, quale in eadem tabellâ cum radice, quàm commodè potui, exprimebam.

D. Thomæ insulanos eâ assâ & elixâ vesci intelligebam, ejúsque rei gratiâ Lusitani quidam, qui multos istic cùm viros, tum feminas & pueros emerant, ut Vlysipone pro mancipijs venderent, istas radices in naves intulerant in miserorum alimentum, præterea nuces quaspiam, quibus cum radicis cujusdam farinâ vescerentur. Omnes autem illæ naves eodem anno in Walachriam delatæ. *Natales.*

SED & aliam ab eodem Wilhelmo cum superiore accipiebam, nec formâ, nec colore, nec magnitudine superiori dissimilem, quam *Igname* etiam vocabat Lusitanus, qui illam ipsi dabat, licet aliud genus esse non inficiaretur: sed totius radicis cortex magis inæqualis erat, & veluti quibusdam tuberculis obsitus: è quibus tenues fibræ emergebant, præterea radix summo capite, paullo crassioribus, duríque & pedalis sive palmaris lōgitudinis fibris, seu verius viticulis, magnâ ex parte spinosis erat prædita. Nonnulli *Ycam Peru.* *Igname genus aliud.*

ARACHIDNA THEOPH. fortè; Papas Peruānorum. CAP. LII.

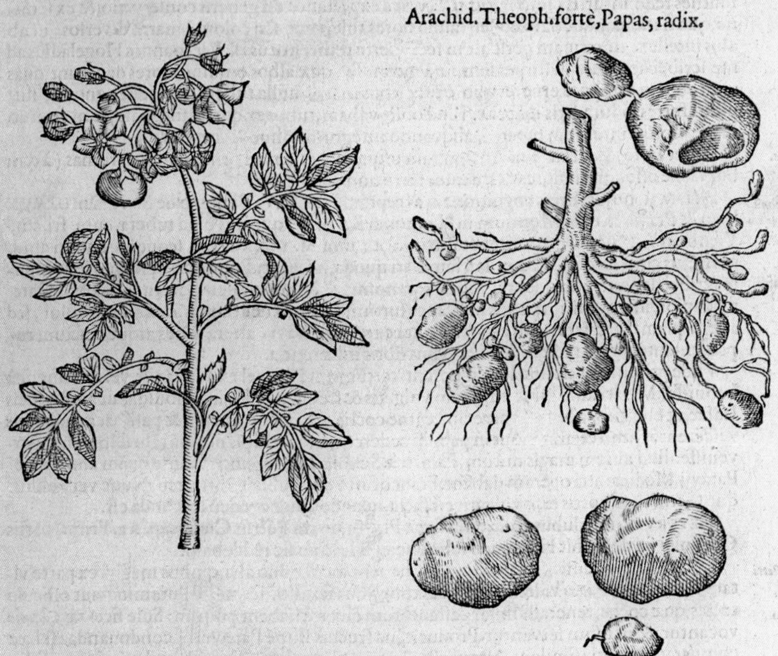


ESCVLENTA etiam est radix hujus novæ, & ante paucos annos Europæ primum cognitæ plantæ: veteribus tamen, meo judicio, non ignotæ, ut postea ex ijs quæ in medium proferemus, apparebit.

PRIMVM autem ex bulbo (qui Aprili plerumque serendus apud nos, non maturius) paucis diebus à satione, folia promit ex atro purpurascentia, villosa, quæ deinde explicata, viridem contrahunt colorem, quina, septena aut plura in eadem ala nascentia, à Raphani folijs non valde aliena, impari semper numero, interjectis alijs minoribus folijs, & impare extremam alam semper occupante: caulis pollicari crassitudine, angulosus est, lanugine obductus, quinos aut senos interdum cubitos longus, πολυβλαστὴς, & in multos ramos divisus, longos, infirmos, & nisi ridica aut alijs adminiculis sustineantur, pondere suo in terram procumbentes, & latè se spargentes: ex ramorum alis prodeunt pedales crassi, angulosi pediculi, denos, duodenos, aut plures flores sustinentes, elegantes, uncialis amplitudinis aut majores, *Papas historia.*

p. lxxix

CLUSIUS 17. JAHRHUNDERT | 17TH CENTURY | 17E SIÈCLE

# 14 *Pierre Vallet Le Jardin du Roy*

[PARIS], 1608

POR: 9536 (alte Signatur)

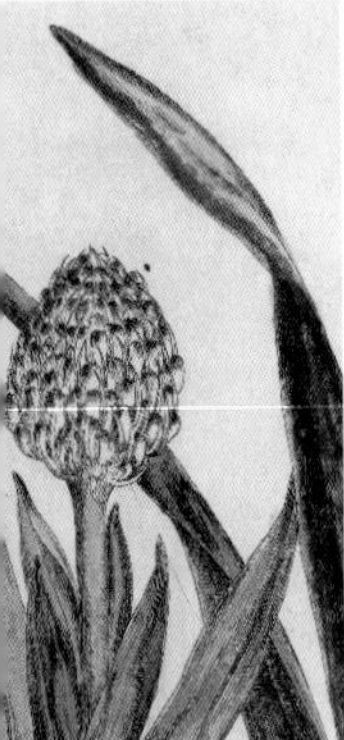

Die Differenzierung der botanischen Literatur im frühen 17. Jahrhundert führte auch zur Entstehung von Werken, die sich – anders als die Kräuterbücher oder die Floren – nur mit jenen Pflanzen beschäftigen, die in einem bestimmten Garten kultiviert wurden. Dabei handelt es sich in der Regel nicht um das Spektrum der Arten, das in einem bestimmten Jahr zu bewundern war, vielmehr ließ man über einen längeren Zeitraum naturgetreue Pflanzenabbildungen anfertigen. Die Notwendigkeit, einen hochqualifizierten Illustrator für Jahre unter Vertrag zu nehmen, machte derartige Vorhaben zu teuren Prestigeprojekten, die nur wenige zu finanzieren in der Lage waren. Bezeichnenderweise war es das Zeitalter des Absolutismus, in dem reiche Geldgeber solche Sammlungen von Pflanzenabbildungen, oft Florilegien genannt, in Auftrag gaben. Waren ausreichende Mittel vorhanden, ließ man dieses Bildmaterial als Kupferstiche oder Radierungen drucken. Charakteristisch für viele derartige Werke sind das große Format, die naturgetreuen Pflanzendarstellungen mit Angabe der wissenschaftlichen, manchmal auch der umgangssprachlichen Pflanzennamen sowie das Fehlen eines Textes. Das erste bedeutende Florilegium wurde für Henri IV., König von Frankreich (regierte 1589–1610), hergestellt, auf dessen Übertritt zum Katholizismus („Paris vaut bien une messe") sogar der Titel Bezug nimmt, denn darin wird der König ausdrücklich als „tres chrestien" bezeichnet. Mit „Jardin du Roy" ist der damals beim Louvre in Paris gelegene königliche Garten gemeint; dort, am rechten Seine-Ufer, dürfte die hier abgebildete Kaplilie (*Agapanthus africanus* (L.) Hoffmanns.; t. 27) geblüht haben. Die Pflanzenabbildungen hat Pierre Vallet, Hofsticker des Königs, angefertigt.

The greater sophistication of botanical literature in the early 17th century also led to the genesis of works which – unlike herbals or floras – dealt only with those plants which were cultivated in a particular garden. Such works were usually not limited to the range of varieties that were to be admired in a particular year, however, but rather involved commissioning true-to-life illustrations of plants over a longer period of time. The necessity of placing a highly qualified illustrator under contract for years made such projects into expensive and prestigious undertakings, which only a few patrons were in a position to finance. Significantly, it was precisely the age of absolutism in which wealthy sponsors commissioned such collections of plant illustrations, often called florilegia. If sufficient funds were available, the illustrative material was printed in the form of copperplate engravings or etchings. Characteristic of many works of this kind is their large format, absence of text and the presence of the scientific, and sometimes also the colloquial, names of the plants on the illustrations. The first important florilegium was made for Henry IV of France (reigned 1589–1610), to whose conversion to Catholicism ("Paris is worth a Mass") even the title makes reference, expressly describing the king as "very Christian". The "Jardin du Roy" referred to the royal garden in Paris that had been laid out near the Louvre. It was there on the right bank of the Seine that the African lily (*Agapanthus africanus* (L.) Hoffmanns.; t. 27) portrayed here might well have bloomed. The plant illustrations were made by Pierre Vallet, the king's embroiderer.

La diversification de la littérature botanique au début du XVII^e^ siècle déboucha aussi sur la création d'ouvrages qui – contrairement aux herbiers ou flores du Moyen Age – étaient consacrés aux plantes poussant dans un jardin bien particulier. En général, il ne s'agit pas de la gamme des espèces que l'on pouvait admirer durant une année donnée, on faisait plutôt réaliser durant un plus long laps de temps des reproductions de plantes d'après nature. La nécessité d'engager pour plusieurs années un illustrateur hautement qualifié faisait de ce genre de dessein un projet prestigieux que peu de personnes étaient en mesure de financer. Fait révélateur, ce fut à l'époque de la monarchie absolue que de riches bailleurs de fonds commandèrent de telles compilations d'illustrations de plantes, souvent nommées florilèges. Si les moyens étaient suffisants, on faisait imprimer le matériel pictural en eaux-fortes ou en gravures. Leurs dimensions imposantes, les représentations fidèles des plantes avec mention des noms scientifiques, quelquefois aussi des noms vulgaires sur les illustrations et l'absence de texte caractérisent ces ouvrages. Le premier florilège important fut réalisé pour Henri IV (règne de 1589 à 1610) et son titre se réfère même à sa conversion au catholicisme (« Paris vaut bien une messe »), en effet le roi y est expressément déclaré « tres chrestien ». Le « Jardin du Roy » désigne les jardins royaux du Louvre, c'est là, sur la rive droite de la Seine, que devrait avoir fleuri l'agapanthe (*Agapanthus africanus* (L.) Hoffmanns. ; t. 27) que nous voyons ici. C'est Pierre Vallet, le brodeur du roi, qui a réalisé les illustrations.

*t. 27*

## 15 Basilius Besler *Hortus Eystettensis*

[NÜRNBERG], 1613

SIAWD 68.A.24 (Einbd.-S.)

Lit. 1, 5

Der *Hortus Eystettensis*, meist *Garten von Eichstätt* genannt, gilt als Hauptwerk der botanischen Buchillustration in der Barockzeit. Am Beginn dieses Buchprojekts stand Johann Conrad von Gemmingen, Fürstbischof von Eichstätt, der in seiner Person höchste weltliche und geistliche Macht vereinigte. Im Alter von 34 Jahren 1595 in sein Amt eingeführt, ließ er die Gartenanlagen seiner Residenz Schloß Willibaldsburg bei Eichstätt neu gestalten und luxuriös bepflanzen. Bemerkenswert war sein Befehl, diese Pracht in Hunderten von naturgetreuen Pflanzenabbildungen festzuhalten, die heute in der Universitätsbibliothek Erlangen aufbewahrt werden und eine ungewöhnlich genaue Kenntnis der Anlage ermöglichen. Als der Fürstbischof im Jahre 1612 starb, existierte zwar der Plan einer Veröffentlichung, aber keine einzige Kupferplatte war gestochen. Basilius Besler (1561–1629), ein Apotheker in Nürnberg, übernahm diese Aufgabe und übergab schon 1613 ein erstes unkoloriertes Exemplar des Buches an den Rat der Stadt.

Wie bei vielen botanischen Prachtwerken wurde vom *Hortus Eystettensis* neben einer schwarzlinigen Ausgabe auf normalem Papier auch eine kolorierte Ausgabe auf hochwertigem Papier hergestellt. Gerade das Exemplar in der Österreichischen Nationalbibliothek läßt erkennen, wie enorm hoch der Arbeitsaufwand beim Kolorieren war. Von 1672 bis 1677, sechs Jahre lang, war Magdalena Fürstin (1652–1717), eine Schülerin von Maria Sibylla Merian, damit beschäftigt, wobei ihr möglicherweise ein Assistent zur Seite stand. Dieses Meisterwerk der Nürnberger Koloristin erwarb die kaiserliche Hofbibliothek im Jahre 1678; es gilt als besonderer Stolz der Österreichischen Nationalbibliothek.

The *Hortus Eystettensis*, commonly known as the *Garten von Eichstätt* (Garden of Eichstätt), is regarded as the masterpiece of botanical book illustration in the Baroque age. Behind the creation of this book stood Johann Conrad von Gemmingen, Prince-Bishop of Eichstätt, who presided over both the highest temporal and spiritual offices. Taking office in 1595 at age 34, he had the gardens of his residence, the Willibaldsburg Palace near Eichstätt, newly laid out and richly planted. Remarkably, he also issued a directive to capture this splendour in hundreds of naturalistic plant illustrations, today preserved in the University Library at Erlangen. Today, these illustrations provide us with extraordinarily accurate knowledge of the grounds. When the prince-bishop died in 1612, there was indeed a plan to publish the work, but not a single copperplate had yet been engraved. Basilius Besler (1561–1629), a Nuremberg apothecary, took on the task and by 1613 he presented a first uncoloured copy of the book to the city council.

As with many magnificent botanical works, a coloured edition of the *Hortus Eystettensis* on high-quality paper was also produced alongside a simple line-drawing edition on normal paper. The copy in the Austrian National Library is particularly suited to afford us insight into the labour involved in colouring. For six years, between 1672 and 1677, Magdalena Fürstin (1652–1717), a pupil of Maria Sibylla Merian, worked on the project, although she probably had an assistant to help. The masterpiece created by the Nuremberg colourist was purchased by the Imperial Court Library in 1678 and is today regarded with particular pride by the Austrian National Library.

L'*Hortus Eystettensis* est le plus grand ouvrage de l'ère baroque consacré à l'illustration botanique. A l'origine du projet, on trouve Johann Conrad von Gemmingen, prince-évêque d'Eichstätt qui associait en sa personne le pouvoir spirituel et temporel au plus haut degré. Entré en fonction en 1595 à l'âge de 34 ans, il résidait au château Willibaldsburg près d'Eichstätt. Les jardins qu'il fit aménager recelaient des plantes magnifiques. Un fait remarquable est que Conrad von Gemmingen fit reproduire d'après nature des centaines d'espèces de cette végétation superbe. Les illustrations sont aujourd'hui conservées à la bibliothèque de l'Université d'Erlangen et nous permettent une connaissance exacte de ces jardins, ce qui n'est pas courant. Quand le prince-évêque mourut en 1612, il existait bien un plan de parution de l'ouvrage mais aucun cuivre n'était encore gravé. Basilius Besler (1561–1629), un apothicaire de Nuremberg prit le projet en mains et, dès 1613, il faisait parvenir au Conseil de la Ville un premier exemplaire du livre non colorié.

Comme de nombreux autres superbes herbiers, l'*Hortus Eystettensis* fut imprimé en noir sur papier normal et aussi en couleur sur un papier de grande qualité. L'exemplaire que possède l'Östereichische Nationalbibliothek permet justement d'apprécier l'énorme travail du coloriste. De 1672 à 1677, pendant six ans, Magdalena Fürstin (1652–1717), une élève de Maria Sibylla Merian, s'attacha à ce travail, peut-être avec l'aide d'un assistant. Ce chef-d'œuvre de la coloriste de Nuremberg, fut acheté en 1678 par la Bibliothèque Impériale et il fait la fierté de l'Österreichische Nationalbibliothek.

On a cru longtemps que les cuivres originaux de l'*Hortus Eystettensis*

IV.
Tulipa candida virgulis ex
purpura rub scentibus
II.
Tulipa alba circa calicem lute,
um, radis ru bente.
V.
Tulipa lutea, in medio coniform.
macula rubens.
III.
Tulipa lutea irrorata ex cinnaba,
ri rutilis maculis.
I.
Tulipa lutea virgulis oblongi
ad latera, colore cinnabaris.

*t. 67*

Erst seit 1998 ist bekannt, daß die meisten der eingeschmolzen geglaubten Kupferplatten des *Hortus Eystettensis* in der Graphischen Sammlung Albertina in Wien aufbewahrt werden. Als das Fürstbistum Eichstätt nach seiner Säkularisierung, aber noch vor der Vereinigung mit dem Königreich Bayern, 1803 bis 1806 Teil des Großherzogtums Toskana war, sind die gut erhaltenen Kupferplatten in habsburgischen Besitz gekommen. Großherzog Ferdinand III. ließ sie offensichtlich nach Wien bringen, wo gerade sein Onkel, Albert Herzog von Sachsen-Teschen, eine graphische Sammlung aufbaute, die später zum Grundstein der Albertina wurde.

Für die Botanik besitzt der *Hortus Eystettensis* überragende Bedeutung: Kein Garten der Barockzeit ist so genau dokumentiert wie der des Fürstbischofs, sodaß vor wenigen Jahren die Verwaltung der Bayerischen Schlösser, Gärten und Seen eine genaue Rekonstruktion der längst aufgegebenen Anlagen durchführen konnte. Noch 140 Jahre nach der Veröffentlichung der ersten Auflage nutzte Carl von Linné (Carolus Linnaeus) die Illustrationen, nannte sie unvergleichlich und zitierte sie in seinen *Species plantarum*.

Die Anordnung der Pflanzen im *Hortus Eystettensis* erfolgte nach den Jahreszeiten; der Garten ist gleichzeitig ein Spiegel der damals bekannten Welt: Die Tulpen (*Tulipa gesneriana* L. ; t. 67, t. 77) waren aus den zentralasiatischen Gebirgen nach Europa gelangt, die Pfingstrosen (*Paeonia peregrina* Mill.; t. 107) von der Balkanhalbinsel, Goldlack (*Erysimum cheiri* (L.) Crantz; t. 169) aus dem östlichen Mittelmeerraum und die Sonnenblume (*Helianthus annuus* L.; t. 204) aus Nordamerika.

Not until 1998 did it become known that most of the copperplates for the *Hortus Eystettensis*, which were supposed melted down, had been preserved in the Graphische Sammlung Albertina (Graphic Collection Albertina) in Vienna. Between 1803 and 1806, when the prince-bishopric of Eichstätt was part of the Grand Duchy of Tuscany – that is, after its secularization but before its incorporation into the Kingdom of Bavaria – the well-preserved copper plates came into Hapsburg possession. Grand Duke Ferdinand III evidently had them brought to Vienna, where his uncle, Duke Albert of Saxony-Teschen, was building up his collection of graphics, which later became the foundation of the Albertina.

The *Hortus Eystettensis* has tremendous significance for botany: no garden of the Baroque age was documented as precisely as that of the prince-bishop. Thus, a few years ago, it was possible for the Bavarian authority for castles, gardens and lakes to undertake an exact reconstruction of the long-abandoned gardens. Even 140 years after the publication of the first edition, Carl von Linné (Carolus Linnaeus) still used the illustrations from this work: describing them as incomparable, he cited them in his *Species plantarum*.

The arrangement of the plants in the *Hortus Eystettensis* follows the order of the seasons; at the same time, the garden presents a mirror of the world as it was known at the time: tulips (*Tulipa gesneriana* L.; t. 67, t. 77) had come to Europe from the mountains of Central Asia, peonies (*Paeonia peregrina* Mill.; t. 107) from the Balkan peninsula, the wallflower (*Erysimum cheiri* (L.) Crantz; t. 169) from the eastern Mediterranean, and the sunflower (*Helianthus annuus* L.; t. 204) from North America.

avaient été fondus mais on sait depuis 1998 que la plupart sont en fait conservés dans la Graphische Sammlung Albertina de Vienne. De 1803 à 1806, au temps où la principauté épiscopale d'Eichstätt, déjà sécularisée mais n'appartenant pas encore à la couronne de Bavière, faisait partie du grand-duché de Toscane, les plaques de cuivre gravé bien conservées devinrent la propriété des Habsbourg. Le grand-duc Ferdinand III les fit manifestement envoyer à Vienne, où son oncle, le duc Albert de Saxe-Teschen était en train de constituer sa collection de gravures, qui deviendra plus tard la pierre angulaire de la collection Albertina.

L'importance de l'*Hortus Eystettensis* est considérable sur le plan de la botanique : aucun jardin de l'époque baroque n'est aussi exactement documenté que celui du prince-évêque. L'administration des châteaux, jardins et lacs bavarois a ainsi été capable, il y a quelques années, de reconstituer les jardins disparus depuis longtemps. Près d'un siècle et demi après l'apparition du premier ouvrage, Carl von Linné (Carolus Linnaeus) en utilisait encore les illustrations, déclarait qu'elles étaient incomparables et les citait dans son *Species plantarum*.

Les plantes reproduites dans l'*Hortus Eystettensis* ont été classées selon les saisons et le jardin reflète en même temps le monde connu à l'époque : les tulipes (*Tulipa gesneriana* L. ; t. 67, t. 77) originaires des montagnes d'Asie centrale, les pivoines (*Paeonia peregrina* Mill. ; t. 107) de la péninsule balkanique, les giroflées (*Erysimum cheiri* (L.) Crantz ; t. 169) du bassin méditerranéen oriental et les tournesols (*Helianthus annuus* L. ; t. 204) d'Amérique du Nord avaient fait leur apparition en Europe.

II
Tulipa globosa serotina aureo co-
lore punctata.
I
Tulipa globosa serotina cin-
nabrio colore.

t. 77

II. Lilium Byzantinum flore multiplici
I. Lilium album.
III. Scapus Lily.

*t. 88*

V. Borago flor: cœruleo.
IIII. Borago flore albo.
II. Pæonia Bizanthina Minor.
I. Pæonia Bizanthina Maior.
III. Pæonia pumilis

*t. 107*

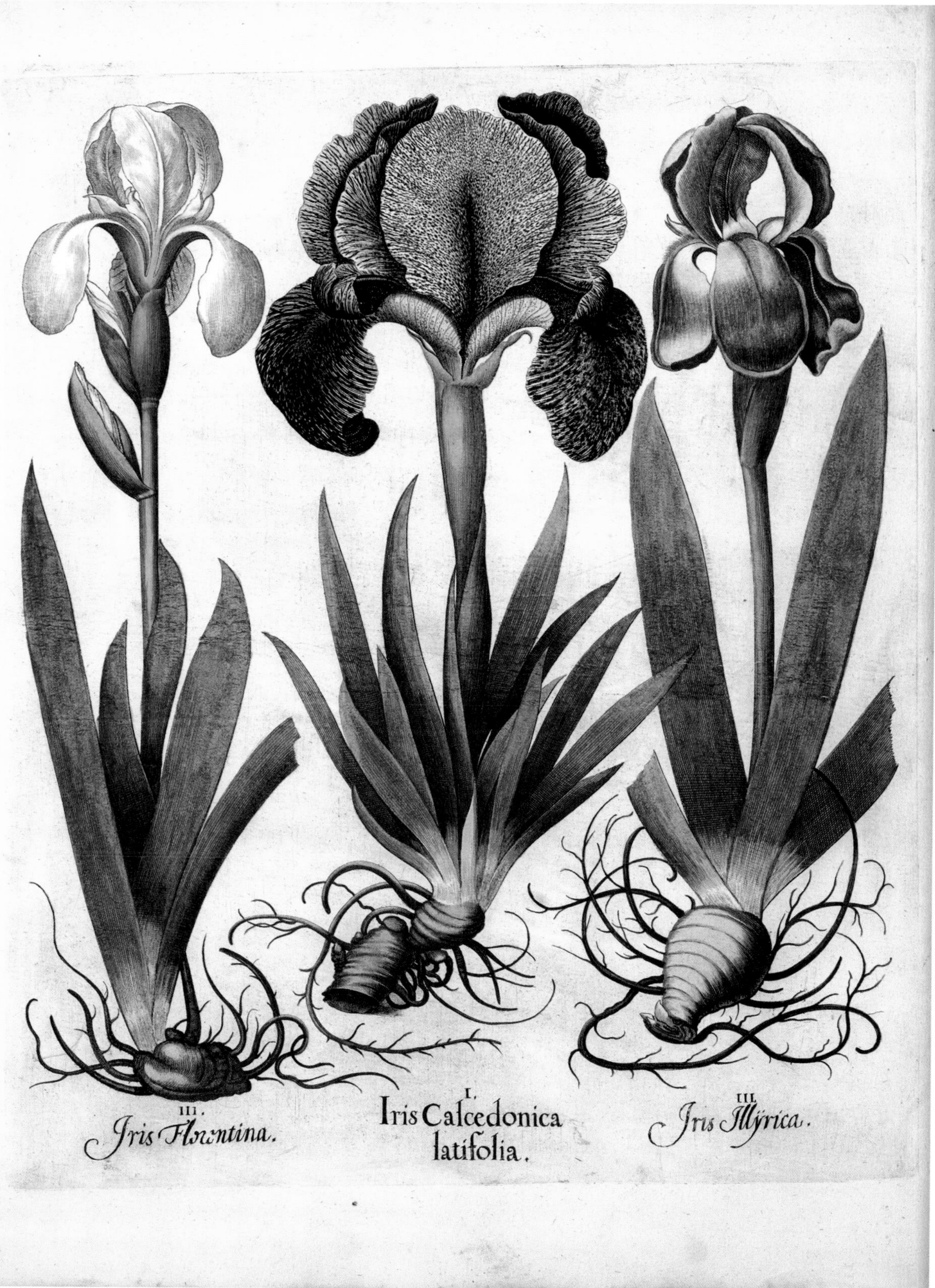
III.
Iris Florentina.
I.
Iris Calcedonica
latifolia.
III.
Iris Illyrica.

t. 120

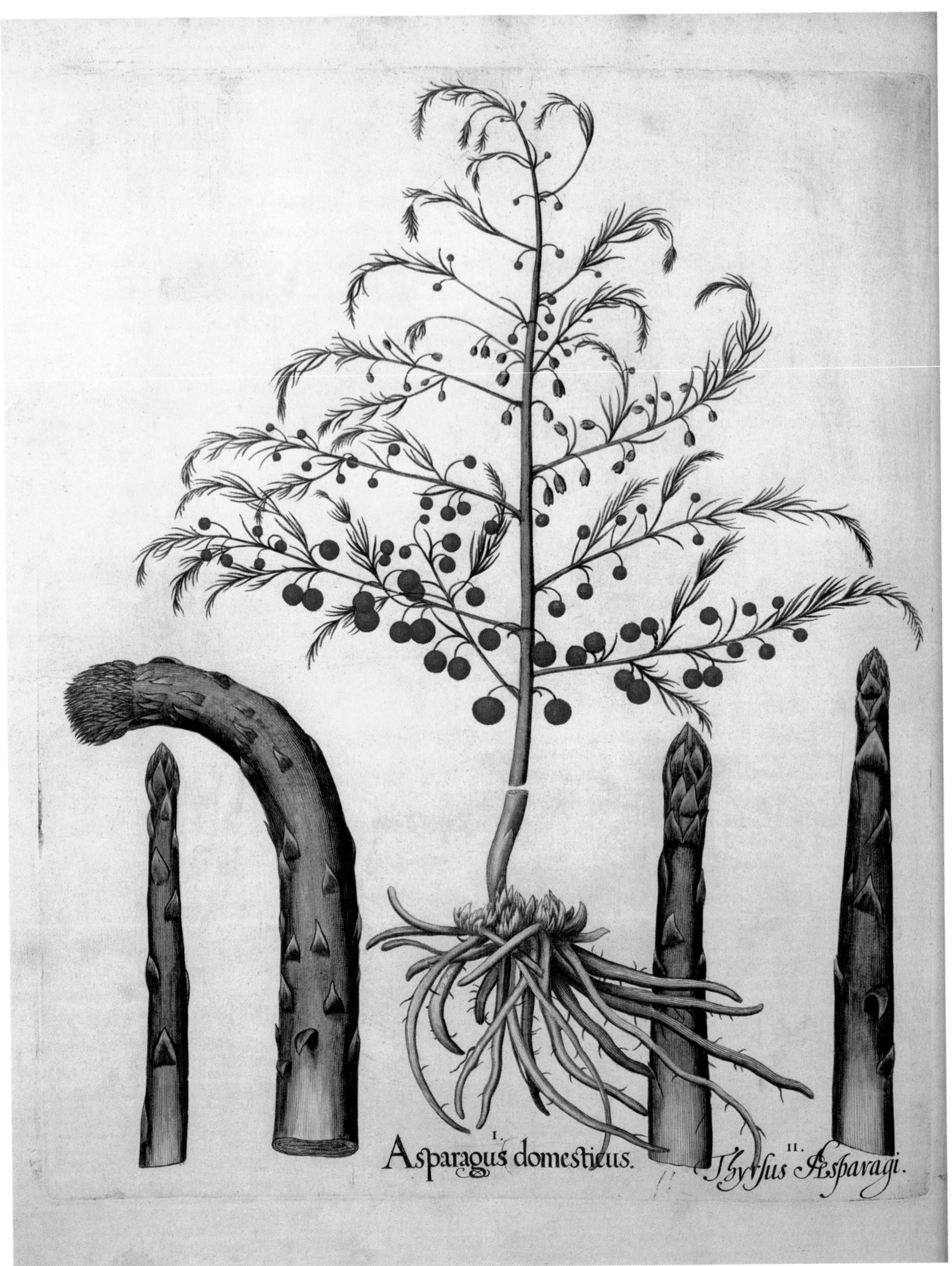


*t. 134*

II.
Flos Cheyri simplex medius.
I
Flos Cheyri maximus
Eystettensis.
III.
Flos Cheyri simplex minor.

*t. 169*

*t. 204*

*t. 279*

*t. 359*

# 16 Giovanni Ferrari Flora

ROMA, 1638

POR: 254.111–B Fid. Lit. 21

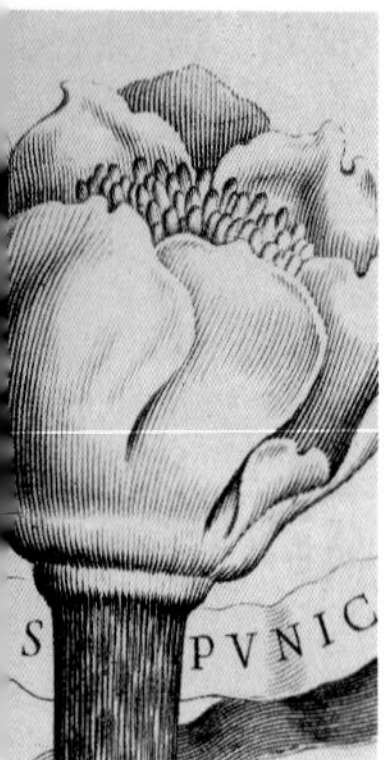


Kardinal Francesco Barberini gründete nicht nur die heute mit der Biblioteca Apostolica Vaticana vereinigte Biblioteca Barberini und ließ den bekannten Palazzo Barberini in Rom erbauen (heute Sitz der Galleria Nazionale d'Arte Antica), er besaß auch einen luxuriösen Garten am Quirinal. Diese Anlage dürfte auch Papst Urban VIII. bekannt gewesen sein, der vor seiner Wahl zum Kirchenoberhaupt 1623 Maffeo Barberini hieß; auf ihn bezieht sich der bekannte Vers: „Quod non fecerunt barbari, fecerunt Barberini." [Was die Barbaren nicht getan haben, haben die Barberini getan.]

In dem Garten am Quirinal, heute Sitz des italienischen Staatspräsidenten, wuchsen höchst seltene Pflanzen, darunter die hier gezeigte Blutblume (*Haemanthus coccineus* L.; p. 139), die erstmals in der *Flora seu de florum cultura libri IV* des Jesuitenpaters Giovanni Baptista Ferrari (1584–1655) abgebildet wurde. Die hier gezeigte Übersetzung des Werks ins Italienische erschien im Jahre 1638 in Rom und enthält unverändert diesen Kupferstich.

Als Quelle für die Pflanze wird ein holländischer Gärtner genannt, der sie vom Kap der Guten Hoffnung an der Südspitze Afrikas importiert haben muß. In botanischer Hinsicht ist die Darstellung korrekt – Blutblumen blühen vor Entfaltung der Laubblätter. Drei weitere Zwiebelpflanzen vom Kap werden in Ferraris Werk abgebildet – die Belladonna-Lilie (*Amaryllis bella-donna* L.), die Brunsvigie (*Brunsvigia orientalis* (L.) Aiton ex Eckl.) und *Ferraria crispa* Burm. Sie alle sind frühe Boten einer weitgehend unbekannten Pflanzenwelt, die im Laufe der folgenden zwei Jahrhunderte vor allem durch holländische Botaniker erforscht werden sollte.

Cardinal Francesco Barberini not only founded the Biblioteca Barberini (today a part of the Biblioteca Apostolica Vaticana) and built the famous Palazzo Barberini in Rome (today the headquarters of the Galleria Nazionale d'Arte Antica), but he also possessed a luxurious garden on the Quirinale. These grounds might well also have been known to Pope Urban VIII – up to his election to the papacy in 1623 his name was Maffeo Barberini – who inspired the famed observation, "Quod non fecerunt barbari, fecerunt Barberini" (What was not done by the barbarians was done by the Barberini).

In this garden on the Quirinale, today the seat of the Italian president, the greatest rarities grew, including the blood lily (*Haemanthus coccineus* L.; p. 139) shown here, which had been portrayed for the first time in the *Flora seu de florum cultura libri IV* by the Jesuit Giovanni Baptista Ferrari (1584–1655). The Italian translation of the work shown here was published in 1638 in Rome and contains this unaltered copperplate engraving.

Cited as the source of the plant is a Dutch gardener, who must have imported it from the Cape of Good Hope. From the botanical viewpoint, the portrayal is correct: blood lilies flower before the leaves develop. Three further bulbs from the Cape are depicted in Ferrari's work: the Belladonna lily (*Amaryllis bella-donna* L.), *Brunsvigia orientalis* (L.) Aiton ex Eckl. and *Ferraria crispa* Burm., all early harbingers of a largely unknown flora, which was explored primarily by Dutch botanists during the course of the following two centuries.

Le cardinal Francesco Barberini, qui a fait construire le célèbre Palazzo Barberini à Rome (il abrite aujourd'hui la Galleria Nazionale d'Arte Antica) n'est pas seulement le fondateur de la Biblioteca Barberini réunie aujourd'hui avec la Biblioteca Apostolica Vaticana, il possédait aussi un superbe jardin au Quirinal. Maffeo Barberini, futur pape sous le nom d'Urbain VIII (élu en 1623) et à qui est dédié le célèbre vers « Quod non fecerunt barbari, fecerunt Barberini » [Ce que les Barbares n'ont pas fait a été fait par les Barberini] devrait avoir fréquenté les lieux.

Dans le jardin du Quirinal où se trouve aujourd'hui la résidence des présidents de la république italienne étaient cultivées des plantes extrêmement rares, dont l'hémanthe (*Haemanthus coccineus* L. ; p. 139) présentée ici, qui est reproduite pour la première fois dans la *Flora seu de florum cultura libri IV* du père jésuite Giovanni Baptista Ferrari (1584–1655). La traduction italienne de l'ouvrage présenté ici parut en 1638 à Rome et contient cette gravure sur cuivre non modifiée.

A l'origine de la plante, on mentionne un jardinier hollandais, qui l'aurait importée du cap de Bonne-Espérance, à la pointe méridionale de l'Afrique. La représentation est exacte sur le plan botanique – l'hémanthe fleurit avant l'épanouissement des feuilles. Trois autres plantes à bulbe originaires du Cap sont reproduites dans l'ouvrage de Ferrari – l'amaryllis (*Amaryllis bella-donna* L.), *Brunsvigia orientalis* (L.) Aiton ex Eckl. et *Ferraria crispa* Burm. Elles sont toutes les trois des messagères avant l'heure d'un univers végétal encore peu connu et qui sera exploré au cours des deux siècles à venir, surtout par des botanistes hollandais.

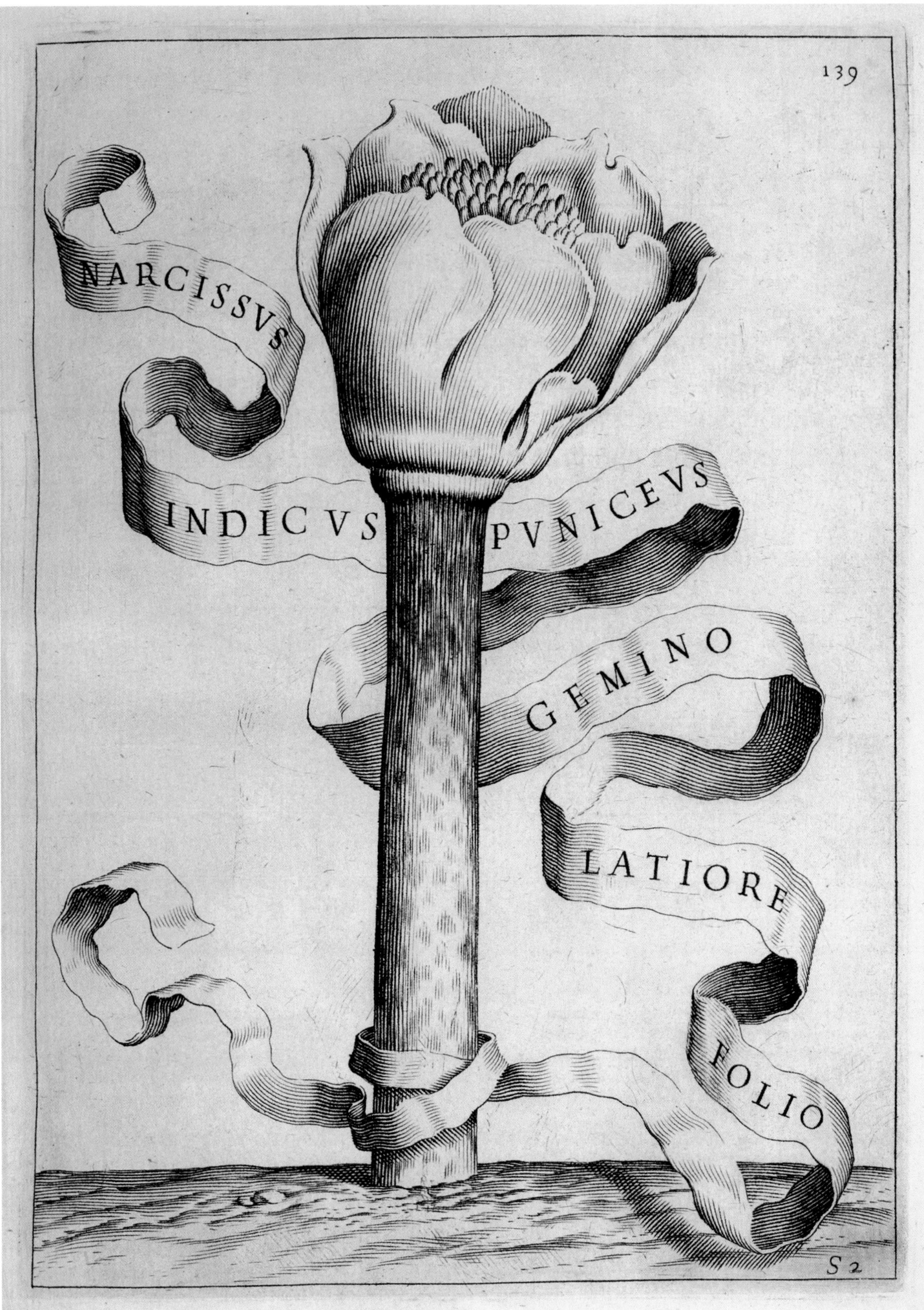


*p. 139*

# 17 *Nicolas Robert Skizzenbuch A / Sketchbook A / Carnet de croquis A*

[PARIS], C. 1650

HAN Cod. Min. 4 — Lit. 46

Am linken Seine-Ufer gründete der französische König Ludwig XIII. (regierte 1610–1643), Sohn von Henri IV., 1635 einen botanischen Garten; dieser Jardin du Roi (später Jardin des Plantes genannt) lag damals noch außerhalb von Paris. Von Anfang an war er keine universitäre, sondern eine königliche Institution, die allein wegen ihrer Größe und der Zahl des wissenschaftlichen und gärtnerischen Personals ihresgleichen suchte. Auch in den folgenden Generationen förderten die Monarchen den Garten und ließen lebende Pflanzen aus allen damals bekannten Erdteilen erwerben; dies gilt insbesondere für den Sohn des Gründers, den Sonnenkönig Ludwig XIV. (regierte 1643–1715), unter dem Paris zur glänzendsten Metropole in Europa aufstieg.

Gaston d'Orleáns, ein Bruder von Ludwig XIII., hatte ab 1630 die Pflanzen seiner Gärten in Blois durch Nicolas Robert (1614–1685) im Großformat auf Pergament dokumentieren lassen. Diese Tradition ließ Ludwig XIV. fortsetzen: Die begonnene Sammlung von Pflanzenabbildungen wurde nach Paris gebracht, die Stelle eines königlichen Miniaturmalers mit einer Dienstwohnung im botanischen Garten geschaffen und mit Robert besetzt. Das hier *Skizzenbuch A* genannte Konvolut von Pflanzendarstellungen ist *Dessins de Fleurs par Robert* bezeichnet und bisher der Wissenschaft unbekannt; die vorgeschlagene Datierung ist provisorisch. Es handelt sich um unsignierte Rötelstiftzeichnungen auf Papier, die meist gängige Gartenpflanzen zeigen, darunter die Madonnen-Lilie (*Lilium candidum* L.; f. 59), die Sumpfdotterblume (*Caltha palustris* L.; f. 68), die Sonnenblume (*Helianthus annuus* L.; f. 82), die Stengellose Primel (*Primula vulgaris* Huds.; f. 96) und die Schachbrettblume (*Fritillaria meleagris* L.; f. 114).

In 1635, the French king Louis XIII (reigned 1610–1643), son of Henry IV, established a botanical garden on the left bank of the Seine. This Jardin du Roi (later known as the Jardin des Plantes) lay at that time outside Paris. From the beginning it was not a university institution but a royal one, which surpassed all others through its size and the number of its scientific and horticultural workers. The king's successors also supported the botanical garden, and had living plants imported from all of the known corners of the world; this is particularly true for his son Louis XIV (reigned 1643–1715), under whom Paris rose to become the most glittering metropolis in Europe.

Beginning in 1630, Gaston d'Orleáns, a brother of Louis XIII, had had the plants in his gardens in Blois documented in large format on parchment by Nicolas Robert (1614–1685). Louis XIV continued this tradition, ordering the fledgling collection of plant illustrations to be brought to Paris. There the post of royal miniaturist with residence in the botanical garden was created, and Robert was appointed. The bundle of plant illustrations referred to here as *Sketchbook A* and inscribed *Dessins de Fleurs par Robert* was hitherto unknown, and the proposed dating is provisional. The bundle consists of unsigned drawings in red chalk on paper, which depict largely familiar garden plants, including madonna lily (*Lilium candidum* L.; f. 59), marsh marigold (*Caltha palustris* L.; f. 68), sunflower (*Helianthus annuus* L.; f. 82), primrose (*Primula vulgaris* Huds.; f. 96) and snake's head fritillary (*Fritillaria meleagris* L.; f. 114).

Louis XIII (règne de 1610 à 1643) fit aménager en 1635 un jardin botanique sur la rive gauche de la Seine. Ce Jardin du Roi qui deviendra plus tard le Jardin des Plantes se situait à l'époque hors de Paris. Il fut dès le départ une institution non académique mais royale, incomparable, quand ce ne serait que par le nombre des personnes employées tant scientifiques que jardiniers. Les successeurs du roi, en particulier son fils Louis XIV, le roi Soleil, sous le règne duquel (1643–1715) Paris devint la capitale la plus brillante d'Europe, favorisèrent l'essor de leur jardin botanique et firent acquérir des plantes vivantes dans tous les pays connus à l'époque.

Dès 1630, Gaston d'Orléans, frère de Louis XIII, avait fait reproduire par Nicolas Robert (1614–1685) les plantes de ses jardins de Blois, et ce en grand format sur vélin. Louis XIV resta fidèle à cette tradition : on apporta ce début de collection à Paris. Le poste de miniaturiste royal fut créé avec un logement de service au jardin botanique. On confia le travail à Nicolas Robert. La collection de représentations de plantes désignée ici sous le nom de *Carnet de croquis A* est baptisée *Dessins de Fleurs par Robert* ; elle reste à ce jour inconnue des chercheurs, la datation proposée n'est que provisoire. Il s'agit de dessins non signés réalisés à la sanguine sur papier et qui montrent le plus souvent des plantes de jardin courantes, dont le lis blanc (*Lilium candidum* L. ; f. 59), le populage des marais (*Caltha palustris* L. ; f. 68), le tournesol (*Helianthus annuus* L. ; f. 82), la primevère (*Primula vulgaris* Huds. ; f. 96) et la fritillaire (*Fritillaria meleagris* L. ; f. 114).

*f.* 5

*f. 9*

*f. 24*

*f. 35*

*f. 46*

*f. 59*

*f. 68*

*f.* 82

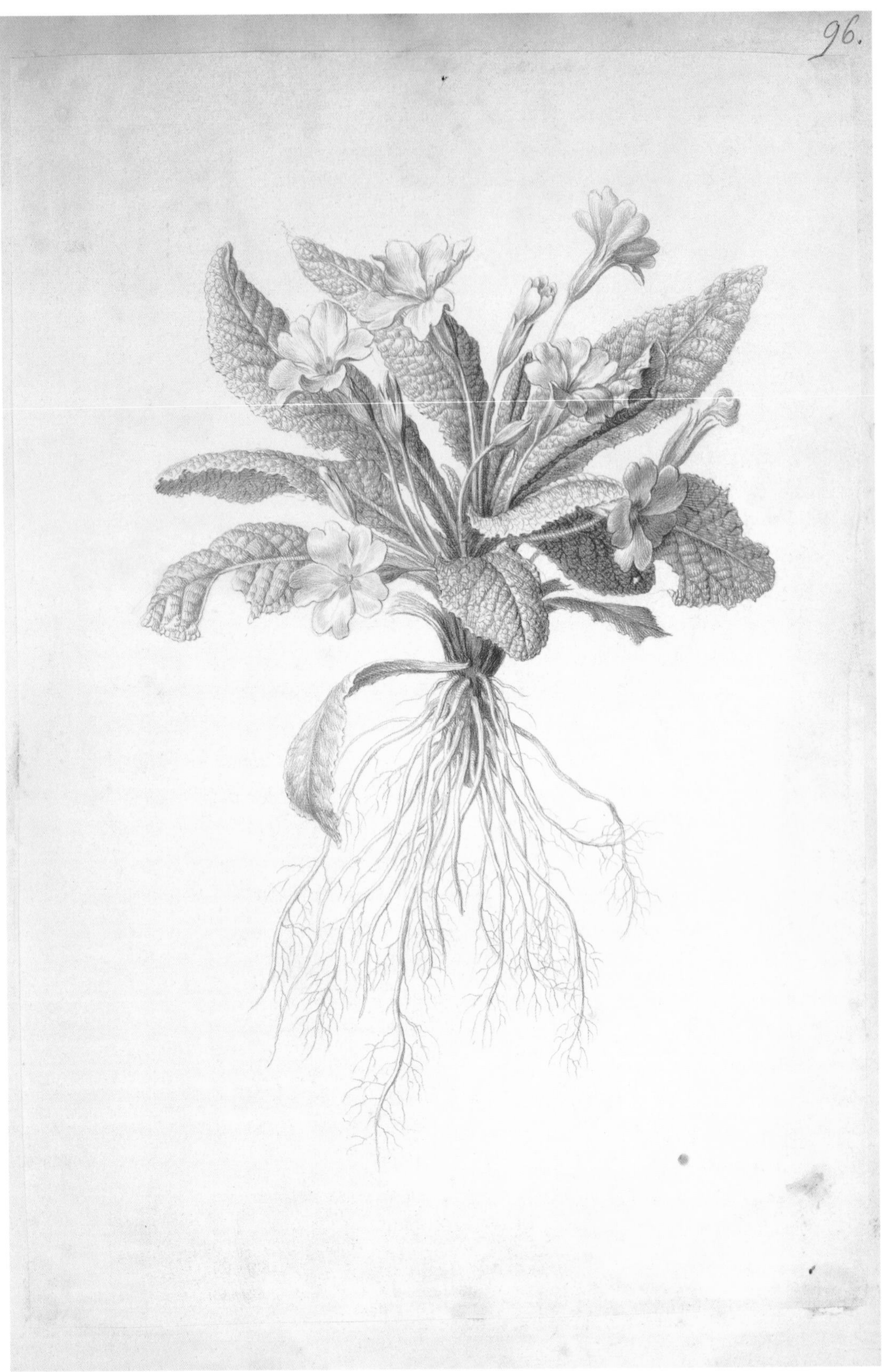


*f. 96*

*f. 114*

# 18 *Nicolas Robert* *Skizzenbuch B / Sketchbook B / Carnet de croquis B*

[PARIS], C. 1650

HAN Cod. Min. 22

Auch das hier *Skizzenbuch B* genannte Konvolut an Pflanzenabbildungen auf Papier ist bisher der Wissenschaft unbekannt. Die Datierung des *Dessins de fleurs par Nicolas Robert (de Langres)* bezeichneten Bandes ist ebenfalls provisorisch. Im Gegensatz zum *Skizzenbuch A* (Nr. 17) verwendete Robert sehr unterschiedliche Zeichen- und Malutensilien – Tusche, Rötelstift, Bleistift, Wasserfarben, wobei er sowohl monochrom als auch farbig arbeitete. Bei den abgebildeten Pflanzen handelt es sich um damals gängige Zierpflanzen wie die Braunrote Taglilie (*Hemerocallis fulva* (L.) L.; f. 2), das Stiefmütterchen (*Viola tricolor* L., f. 7), die Kaiserkrone (*Fritillaria imperialis* L.; f. 26) und die Passionsblume (*Passiflora caerulea* L.; f. 92). Daneben finden sich auch neue Importe vom Kap der Guten Hoffnung. Dazu zählen *Nerine sarniensis* (L.) Herb. (f. 45), *Chasmanthe aethiopica* (L.) N. E. Br. (f. 56) und die Belladonna-Lilie (*Amaryllis bella-donna* L.), dargestellt gemeinsam mit einer Blutblume (*Haemanthus* spec.; f. 61). In Einzelfällen gibt Robert Pflanzennamen an, z. B. „fleur de passion" bei der Passionsblume, oder notiert Farben, z. B. „jaune dor" [goldgelb] auf der Darstellung einer Schwertlilie (*Iris* spec.; f. 86).

Das *Skizzenbuch B* ermöglicht einen direkten Einblick in die schrittweise Entstehung einer Pflanzenabbildung – in der Studie zu *Nerine sarniensis* wurde etwa die Pflanze mit Rötelstift gezeichnet, nur ein Blütenblatt ist mit Wasserfarbe koloriert. Es ist möglich, daß die *Skizzenbücher A* und *B* in Bezug stehen zu den Arbeiten von Robert für die Dokumentation der im Jardin du Roi in Paris kultivierten Pflanzen.

The bundle of plant illustrations on paper here designated as *Sketchbook B* was also hitherto unknown; similarly, the dating of the group inscribed *Dessins de fleurs par Nicolas Robert (de Langres)* is provisional. In contrast to *Sketchbook A* (No. 17), Robert, who worked variously in colour and monochrome, used a large variety of drawing and painting materials – Indian ink, red chalk, lead pencil and watercolour. The portrayed plants consisted of the standard ornamental varieties of the time, such as tawny day lily (*Hemerocallis fulva* (L.) L.; f. 2), heartsease (*Viola tricolor* L., f. 7), crown imperial (*Fritillaria imperialis* L.; f. 26) and blue passion flower (*Passiflora caerulea* L.; f. 92). In addition there are also new imports from the Cape of Good Hope, including *Nerine sarniensis* (L.) Herb. (f. 45), *Chasmanthe aethiopica* (L.) N. E. Br. (f. 56) and belladonna lily (*Amaryllis bella-donna* L.), portrayed together with a blood lily (*Haemanthus* spec.; f. 61). In individual cases Robert gives plant names, for example "fleur de passion" for the passion flower, or notes colours, as with "jaune dor" (golden yellow) on a portrait of an iris (*Iris* spec.; f. 86).

Sketchbook B provides direct insight into the step-by-step process of plant illustration – for instance in the study for *Nerine sarniensis*, the plant was drawn with red chalk, only one petal being painted with watercolour. It is possible that Sketchbooks A and B are linked to Robert's work in documenting the plants cultivated in the Jardin du Roi in Paris.

La collection de représentations de plantes désignée ici sous le nom de *Carnet de croquis B* et baptisée *Dessins de fleurs par Nicolas Robert (de Langres)* n'a pas fait l'objet d'études scientifiques et sa datation est, elle aussi, provisoire. Contrairement à ce qu'il fit dans le livret A (n° 17), Robert utilisa ici des ustensiles de dessin et de peinture très divers – encre de Chine, sanguine, mine de plomb, aquarelle –, travaillant aussi bien avec une seule couleur qu'avec plusieurs. Les plantes reproduites montrent ici des espèces décoratives communes telles l'hémérocalle (*Hemerocallis fulva* (L.) L. ; f. 2), la pensée (*Viola tricolor* L., f. 7), la couronne impériale (*Fritillaria imperialis* L. ; f. 26) et la fleur de la Passion (*Passiflora caerulea* L. ; f. 92). On y trouve aussi de nouveaux arrivages du cap de Bonne-Espérance dont la *Nerine sarniensis* (L.) Herb. (f. 45), la *Chasmanthe aethiopica* (L.) N. E. Br. (f. 56) et l'amaryllis (*Amaryllis bella-donna* L.), représentées avec une hémanthe (*Haemanthus* spec. ; f. 61). Dans certains cas, Robert nomme les plantes, par exemple « fleur de passion », ou note les couleurs, par exemple « jaune dor » sur la représentation d'un iris (*Iris* spec. ; f. 86).

Le *Carnet de croquis B* permet d'étudier directement et par étapes la représentation depuis le commencement – dans l'étude de *Nerine sarniensis* par exemple, la plante a été dessinée à la sanguine, seul un pétale est coloré à l'aquarelle. On suppose que le livret A et le livret B se réfèrent aux travaux de Robert pour la documentation des plantes cultivées dans le Jardin du Roi à Paris.

*f. 2*

f. 7

*f. 26*

*f. 45*

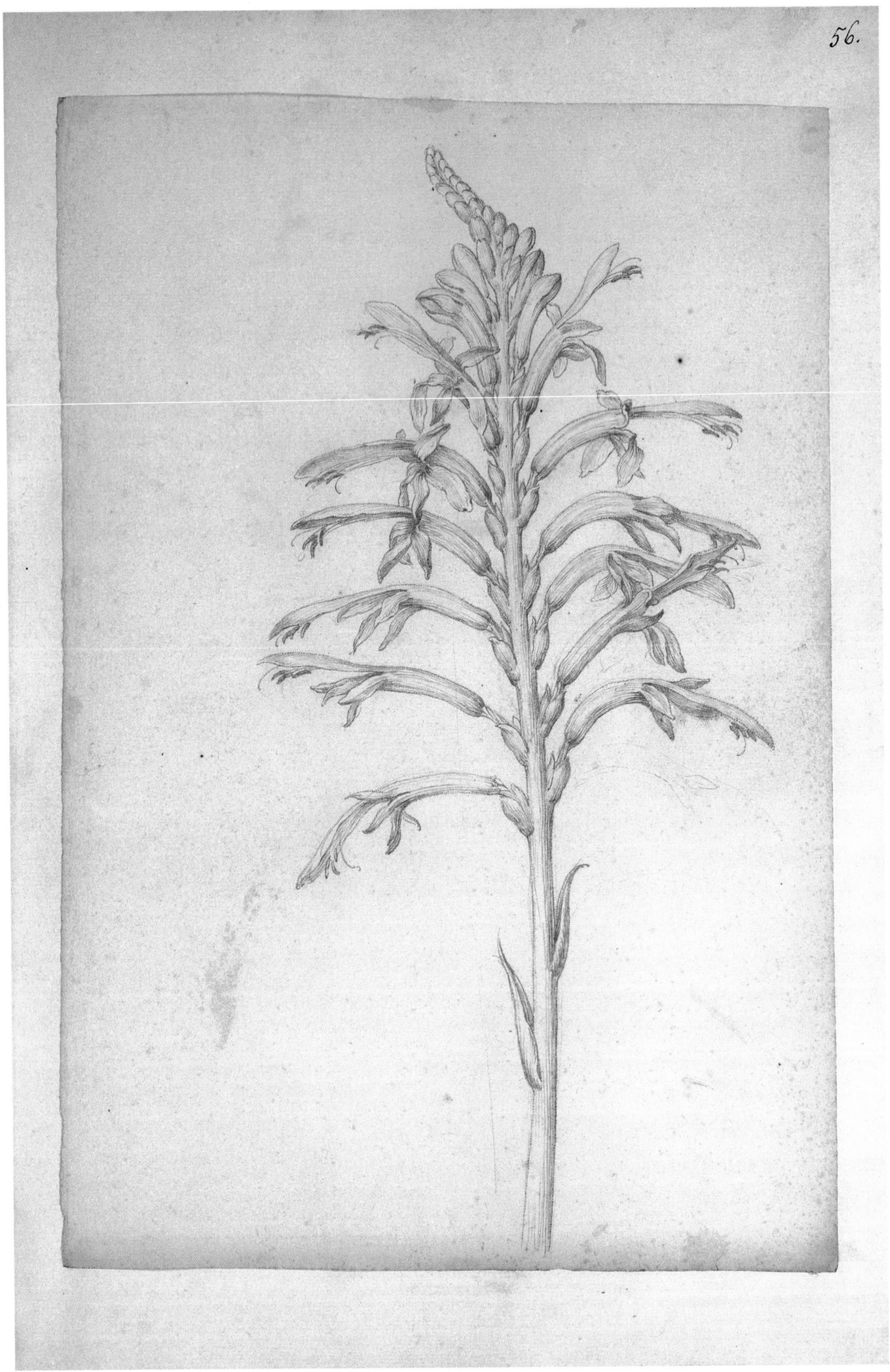


*f. 56*

*f. 61*

*f.* 76

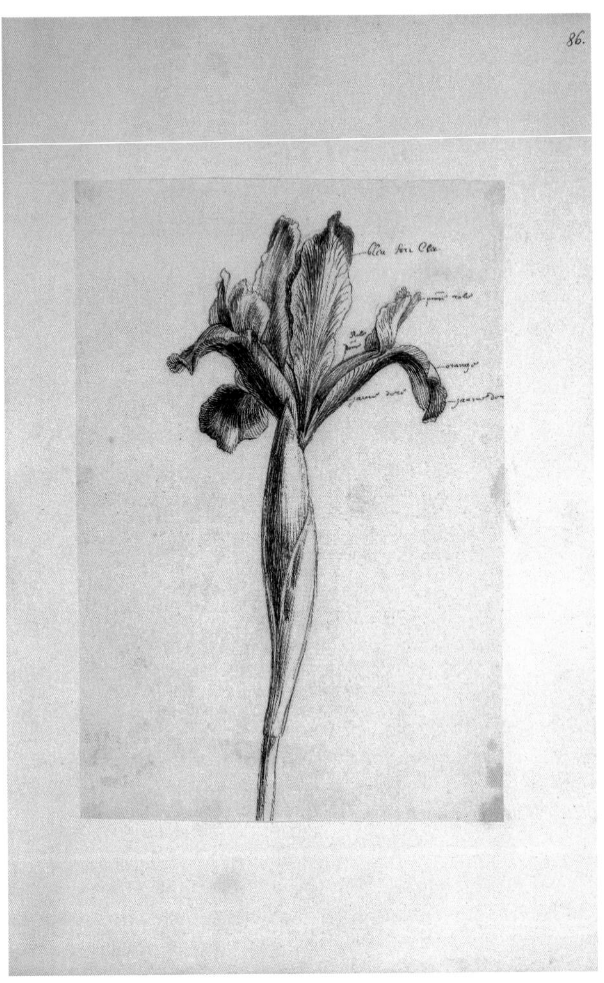


*f.* 86

*f. 92*

# 19 Nicolas Robert *Livre des tulipes*

[PARIS], 1650–1655

HAN Cod. Min. 47

Lit. 46

Ähnlich unbekannt wie die Provenienz der *Skizzenbücher A* und *B* (Nr. 17, 18) ist die Herkunft des *Livre des tulipes* von Nicolas Robert; auch dieses Konvolut ist noch keiner genaueren wissenschaftlichen Analyse unterzogen worden. Anders als bei den Skizzenbüchern handelt es sich hier um sorgfältig ausgearbeitete aquarellierte Darstellungen von frühjahrsblühenden Zwiebelpflanzen, vor allem von Tulpen (*Tulipa gesneriana* L.).

In den Niederlanden hatten diese über Istanbul in den Westen gelangten Zierpflanzen um 1635 zu einem kurzlebigen Spekulationsrausch in Tulpenzwiebeln geführt – dieses heute als „Tulipomanie" bezeichnete Phänomen ist von zahlreichen Volkswirtschaftlern analysiert worden –, und auch in Paris hatten die begehrten panaschierten, d. h. an einer Virose erkrankten Tulpen viele Freunde. Robert hielt zahlreiche dieser Formen in bestechend genauen Wasserfarbenmalereien fest und notierte Name, Eigentümer und Jahr – so etwa „Vespasien de Mr. Robin 1652" (f. 3), „La Flamboyante blanche de M. Peruchot. 1652" (f. 4), „Generael Catlyn" (f. 44), „La Glorieuse de Mr. Virot 1650" (f. 59) und „Medonte de M. Dodier 1655" (f. 60). Neben Tulpen finden sich am Ende des Bandes auch Darstellungen anderer Pflanzen, so von einer Narzisse (*Narcissus* spec.; f. 78). Da die Tulpen im 17. Jahrhundert Modepflanzen waren und auch die Händler minutiös ausgearbeitete Musterbücher für ihre Kunden anlegten, sind derartige Tulpenbücher keine Seltenheit.

As with the provenance of the *Sketchbooks A* and *B* (Nos. 17, 18), the origin of the *Livre des tulipes* (Book of Tulips) by Nicolas Robert is unknown; neither has the latter bundle been yet subjected to a more detailed scientific analysis. Unlike the sketchbooks, the *Livre* is concerned with carefully elaborated watercolour portrayals of spring bulbs – in particular, tulips (*Tulipa gesneriana* L.).

In the Netherlands, these ornamental plants, which had made their way to the West via Istanbul, led to a short-lived frenzy of speculation in tulip bulbs around 1635. The phenomenon known today as "tulipomania" has been analysed by numerous economists. The virus-induced forms were much sought after and also had many enthusiasts in Paris. Robert captured many of these forms in strikingly accurate watercolour paintings and noted name, owner and year – for instance "Vespasien de Mr. Robin 1652" (f. 3), "La Flamboyante blanche de M. Peruchot. 1652" (f. 4), "Generael Catlyn" (f. 44), "La Glorieuse de Mr. Virot 1650" (f. 59) and "Medonte de M. Dodier 1655" (f. 60). In addition to tulips, portraits of other plants are found at the end of the volume, including, for example, a narcissus (*Narcissus* spec.; f. 78). As tulips were fashionable in the seventeenth century and even traders compiled books of samples which were prepared for their clients with meticulous precision, such tulip books are no great rarity.

L'origine du *Livre des tulipes* de Nicolas Robert s'avère tout aussi obscure que la provenance de ses *Carnets de croquis A* et *B* (n$^{os}$ 17, 18) ; ces feuillets non plus n'ont pas encore fait l'objet d'une étude scientifique approfondie. Ce qui les différencie des carnets de croquis est qu'il s'agit ici de représentations à l'aquarelle soigneusement élaborées de plantes bulbeuses fleurissant au printemps, et surtout de tulipes (*Tulipa gesneriana* L.).

Ces plantes ornementales parvenues en Occident en passant par Istanbul avaient donné lieu vers 1635 en Hollande à une brusque vague de spéculations effrénées sur les oignons de tulipes. On désigne aujourd'hui cet engouement qui fut étudié par de nombreux économistes du nom de « tulipomanie ». A Paris aussi, les amateurs de tulipes panachées, ce qui est dû à l'action d'un virus, étaient nombreux. Robert réalisa de nombreuses aquarelles de tulipes au rendu extrêmement fidèle et nota le nom, le propriétaire et l'année – par exemple « Vespasien de Mr. Robin 1652 » (f. 3), « La Flamboyante blanche de M. Peruchot. 1652 » (f. 4), « Generael Catlyn » (f. 44), « La Glorieuse de Mr. Virot 1650 » (f. 59) et « Medonte de M. Dodier 1655 » (f. 60). A côté des tulipes, on trouve aussi d'autres plantes à la fin du volume, un narcisse (*Narcissus* spec. ; f. 78) par exemple. Des livres de tulipes de ce genre ne sont pas rares, en effet la mode de ces fleurs allant bon train au XVII$^{e}$ siècle, les marchands préparaient des catalogues d'échantillons minutieux pour leurs clients.

*f. 44*

*f.* 1

*f.* 3

f. 4

*f. 9*

*f. 46*

*f. 59*

*f. 60*

*f. 78*

# 20 Michael Boym *Flora sinensis*

VIENNAE [WIEN], 1656

SIAWD BE.4.F.21

Lit. 27

Die *Flora sinensis* ist das älteste hier gezeigte Werk, welches in Wien gedruckt wurde. Es gilt als das erste Buch, das einigermaßen verläßliche Kunde über in China heimische Pflanzen und Tiere gibt. Der nicht foliierte Band ist ein Bericht des in Lemberg [Lwiw] geborenen Jesuitenpaters Michael Boym (1612–1659), der von 1643 bis 1652 Indien und China bereiste. Gewidmet Leopold, König von Ungarn (als Kaiser Leopold I., regierte 1658–1705), enthält der schmale Band 17 botanische Abbildungen, von denen hier der „Li Ci Fruct Arbor" bezeichnete kolorierte Kupferstich aufgeschlagen ist. Er zeigt einen stark stilisierten und in den Proportionen falsch dargestellten Litschibaum (*Litchi chinensis* Sonn.), während die Früchte in Form und Farbe sowie der Same (links vom Stamm) korrekt wiedergegeben sind. Im Jahr der Veröffentlichung der *Flora sinensis* kehrte Boym nach China zurück und verstarb bald danach in der Provinz Guangxi-Zhuang im äußersten Süden des Landes.

Of the works presented here, the *Flora sinensis* is the oldest to have been printed in Vienna and is thought to be the first book to provide reasonably accurate information concerning plants and animals native to China. The volume's unnumbered pages contain a report by the Jesuit Father Michael Boym (1612–1659), who was born in Lemberg (today Lwiw) and travelled in India and China from 1643 to 1652. Dedicated to Leopold, King of Hungary (reigned 1658–1705 as Emperor Leopold I), the slender volume contains 17 botanical illustrations. The one depicted here is a coloured copperplate engraving bearing the description "Li Ci Fruct Arbor". It shows a highly stylised – and in terms of proportion inaccurately rendered – lychee tree (*Litchi chinensis* Sonn.); the fruits, however, are reproduced correctly in form and colour, as is the seed (left of trunk). Boym returned to China in the same year that the *Flora sinensis* was published and died shortly afterwards in Guangxi-Zhuang province in the extreme south of the country.

La *Flora sinensis* est le plus ancien ouvrage imprimé à Vienne présenté ici. On considère qu'il s'agit du premier livre à rendre compte de manière plus ou moins fiable de la flore et de la faune chinoises. Le volume non folié est un compte rendu du père jésuite Michael Boym (1612–1659), natif de Lemberg [Lwiw], qui traversa la Chine et les Indes de 1643 à 1652. Dédié à Léopold, roi de Hongrie (l'empereur Léopold Ier, qui régna de 1658 à 1705), le mince volume regroupe 17 illustrations de plantes. A la page présentée ici, on observe une gravure coloriée désignée sous le nom de «Li Ci Fruct Arbor». Elle montre un litchi (*Litchi chinensis* Sonn.) très stylisé et dont les proportions sont fausses, alors que la couleur et la forme des fruits ainsi que les graines (à gauche du tronc) sont rendues correctement. Boym retourna en Chine l'année où parut la *Flora sinensis* et mourut peu de temps après dans la province de Guangxi-Zhuang, à l'extrémité méridionale du pays.

D
荔 Li'
枝 Ci
菓 Fruct'
樹 Arbor

## 21 *Florilegium des Prinzen Eugen von Savoyen*

[PARIS], C. 1670 (?)

HAN Cod. Min. 53 (10 vol.) Lit. 46

Keine in der Österreichischen Nationalbibliothek aufbewahrte Handschrift botanischen Inhalts ist ähnlich luxuriös ausgestattet wie der zehnbändige Codex Miniatus 53, hier *Florilegium des Prinzen Eugen von Savoyen* genannt, keine besitzt eine ähnlich bemerkenswerte Geschichte. Robert (Nr. 17–19) und seine Nachfolger hatten die Aufgabe, die Pflanzen im Jardin du Roi in Paris naturgetreu darzustellen. Der so in jahrzehntelanger Arbeit entstandene, fast durchgängig auf Pergament gemalte Garten der Könige von Frankreich ist die bedeutendste derartige Sammlung auf der Welt; sie wird heute im Muséum National d'Histoire Naturelle in Paris aufbewahrt. Robert und sein Kreis arbeiteten aber auch für Jean-Baptiste Marquis de Colbert, einen langjährigen Minister am Hof von Ludwig XIV. Ebenfalls auf Pergament wurden für ihn 516 Wiederholungen bzw. Kopien nach den für den König von Frankreich hergestellten Originalen angefertigt. Diese meist unsignierten Blätter sind von den Erstfassungen nicht oder kaum zu unterscheiden; vereinzelt findet sich die Signatur von Robert. Die wissenschaftlichen und französischen Pflanzennamen sind innerhalb des mit Blattgold ausgearbeiteten Rahmens angegeben. Als Charles-Éléonore Colbert Comte de Seignelay das Florilegium seines berühmten Vorfahren verkaufen mußte, wurde ein „Avertissement" geschrieben, in dem sich die Behauptung findet, die Pflanzendarstellungen stammten von Robert. Wie inzwischen aus Archivalien bekannt, war dies für den übergroßen Teil der Blätter eine glatte Lüge, offensichtlich aufgestellt, um einen hohen Preis für das *Recueil de Plantes cultivées dans le Jardin Royal à Paris* genannte Werk zu erzielen. Käufer war Eugen, Prinz von Savoyen, der seine Neuerwerbung wahrscheinlich im Jahre 1728 nach Wien bringen ließ. Prunkvoll in

No other botanical manuscript in the Austrian National Library is as luxuriously presented as the ten-volume Codex Miniatus 53, here referred to as the *Florilegium of Prince Eugen of Savoy*. Robert (No. 17–19) and his successors had the task of depicting the plants of the Jardin du Roi in Paris in realistic detail. Requiring decades of work and painted almost entirely on parchment, the illustrated garden of the French kings is the most important such collection in the world; it is now stored in the National Museum of Natural History in Paris. Robert and his circle also did work for Jean-Baptiste, Marquis de Colbert, a long-standing minister at the court of King Louis XIV. They prepared for him 516 repeats or copies, also on parchment, of the originals that had been produced for the French king.

These largely unsigned plates are indistinguishable, or barely distinguishable, from the original versions, and occasionally one finds the signature of Robert. The scientific and French plant names are given inside the frames, which are decorated with gold leaf. When Charles-Éléonore Colbert, Comte de Seignelay had to sell the florilegium of his famed ancestor, it was accompanied by a notice claiming that the plant illustrations had been painted by Robert. As is now known from the archival records, as far as most of the paintings were concerned, this was a barefaced lie, apparently concocted to secure a high price for the *Recueil de Plantes cultivées dans le Jardin Royal à Paris*, as the work was called. The purchaser was Eugen, Prince of Savoy, who had his new possession brought to Vienna, probably in 1728. Splendidly bound in red leather, bearing his coat-of-arms on the covers and the words "Plantes peintes

Aucun des manuscrits de botanique conservés à l'Österreichische Nationalbibliothek n'est aussi luxueux que le Codex Miniatus 53 en dix volumes, appelé ici le *Florilège du prince Eugène de Savoie*. Aucun d'eux n'a eu une histoire aussi remarquable. Robert (n[os] 17–19) et ceux qui lui succédèrent avaient pour tâche de reproduire d'après nature les plantes du Jardin du Roi à Paris. Réalisé au bout de plusieurs décennies, le Jardin des rois de France, qui fut peint en grande majorité sur du vélin, est la plus importe collection de ce genre dans le monde entier. Elle représente aujourd'hui l'un des trésors de la Bibliothèque Centrale du Muséum National d'Histoire Naturelle à Paris. Cependant, Robert et ses collègues travaillèrent aussi pour Jean-Baptiste Colbert, ministre de Louis XIV pendant de nombreuses années. Les travaux furent ici aussi peints sur du vélin et des copies et reproductions furent réalisées d'après les originaux effectués pour le roi de France. Dans la plupart des cas, les 516 feuillets ne sont pas signés, mais ne se distinguent pas ou à peine des versions originales. On trouve néanmoins par endroits la signature de Robert. Les noms scientifiques et français des plantes sont indiqués à l'intérieur du cadre doré à la feuille. Lorsque Charles-Éléonore Colbert, comte de Seignelay, dut vendre le florilège de son illustre ancêtre, on rédigea en guise d'explication un « avertissement » prétendant que les représentations de plantes avaient été effectuées par Robert. Comme on le sait désormais grâce aux archives, ceci était pour la plupart des feuilles un mensonge destiné probablement à faire monter le prix de l'œuvre intitulée *Recueil de Plantes cultivées dans le Jardin Royal à Paris*. L'acheteur, le prince Eugène de Savoie, emporta sa nouvelle acquisition à Vienne en 1728. Reliés de

*vol. II, f. 57*

rotes Leder gebunden, die Buchdeckel mit seinem Wappensupralibros geschmückt, die Buchrücken mit der Goldprägung „Plantes peintes par Robert“, seinen Wappen und Monogrammen versehen, zählten die zehn Bände zu den Schmuckstücken seiner Sammlung.

Bald nach dem Tod des Prinzen 1736 verkaufte seine Erbin die gesamte Bibliothek an Kaiser Karl VI. (regierte 1711–1740). Nunmehr in der kaiserlichen Hofbibliothek untergebracht, fand das Werk bald Bewunderer. Der erste war wohl Gerard van Swieten, den Maria Theresia, Königin von Ungarn und Böhmen (regierte 1740–1780), Tochter von Kaiser Karl VI., als ihren ersten Leibarzt und Präfekten der Hofbibliothek berufen hatte. Ein Kupferstich zeigt van Swieten beim Bestimmen von Pflanzen an seinem Schreibtisch – vor sich aufgeschlagen riesige Bände mit Pflanzenabbildungen, die sofort an den Codex Miniatus 53 denken lassen. Über van Swieten oder seinen Protégé Nikolaus Joseph Jacquin haben möglicherweise die Brüder Joseph, Franz und Ferdinand Bauer dieses Florilegium kennengelernt, das ihr Frühwerk maßgeblich bestimmen sollte (siehe Nr. 100). Ein zweiter Bewunderer dürfte Franz I., Kaiser von Österreich, gewesen sein: Er ließ die Gewächse in seinen Gärten durch Pflanzenillustratoren dokumentieren, wie dies seit Ludwig XIII. in Paris geschah (siehe auch Nr. 44).

Im Codex Miniatus 53 finden sich neben Einzeldarstellungen auch Blätter, auf denen verschiedene Sorten einer Pflanze abgebildet sind, z. B. sechs Varianten der Kornblume (*Centaurea cyanus* L.; 5: f. 214) oder ein Blütenstrauß (2: f. 57). Die Signatur „N. Rob“ (9: f. 419, 10: f. 515) steht für Nicolas Robert, „NRoy“ (1: f. 8) für den Kopisten Le Roy.

par Robert" together with his crest and monogram stamped in gold on the spines, the ten volumes are amongst the finest in his collection.

Soon after the death of the prince in 1736, his heiress sold the entire library to Emperor Charles VI (reigned 1711–1740). The work, now housed in the Imperial Court Library, soon found its admirers. The first such was Gerard van Swieten, appointed by Maria Theresia, Queen of Hungary and Bohemia (reigned 1740–1780) and daughter of Emperor Charles VI, to be her chief personal physician and prefect of the court library. A copperplate engraving depicts van Swieten identifying plants at his desk with very large volumes of plant illustrations – immediately reminiscent of the Codex Miniatus 53 – open in front of him. It would have been through van Swieten or his protégé Nikolaus Joseph Jacquin that the brothers Joseph, Franz and Ferdinand Bauer probably became acquainted with this florilegium, which decisively influenced their early work (see No. 100). A second admirer of this work would have been Francis I, Emperor of Austria: in the tradition established by Louis XIII, he too had botanical illustrators document the plants in his gardens (see also No. 44).

Alongside individual illustrations, Codex Miniatus 53 also contains plates showing different forms of particular plants, e. g. six varieties of cornflower (*Centaurea cyanus* L.; 5: f. 214) or a bouquet (2: f. 57). The signature "N. Rob" (9: f. 419, 10: f. 515) stands for Nicolas Robert, "NRoy" (1: f. 8) for the copyist Le Roy.

cuir rouge, les dix volumes comptaient parmi les joyaux de sa collection avec leur couverture aux armoiries du prince, leur dos portant son monogramme et, en lettres d'or, le titre «Plantes peintes par Robert».

L'héritière du prince vendit peu de temps après l'ensemble de la bibliothèque à l'empereur Charles VI (règne de 1711 à 1740). Désormais à la Bibliothèque Impériale, l'œuvre ne tarda pas à trouver des admirateurs. Le plus fervent d'entre eux fut sans nul doute Gerard van Swieten que Marie-Thérèse, reine de Hongrie et de Bohême de 1740 à 1780 et fille de l'empereur Charles VI, avait élevé au rang de médecin personnel et d'administrateur de la Bibliothèque Impériale. Une gravure le montre à sa table de bureau occupé à déterminer des plantes. Sont ouverts devant lui d'énormes volumes illustrés qui font tout de suite penser au Codex Miniatus 53. Ce fut probablement grâce à van Swieten ou à son protégé Nikolaus Joseph Jacquin que les frères Joseph, Franz et Ferdinand Bauer connurent ce florilège qui devait tant influencer leur œuvre de jeunesse (voir n° 100). L'empereur d'Autriche, François I^er^, fut certainement un autre admirateur de cet ouvrage puisqu'il a fait représenter les plantes de ses jardins comme on le faisait à Paris depuis Louis XIII (voir n° 44).

Dans le Codex Miniatus 53 on trouve, outre des descriptions individuelles de plantes, des feuilles sur lesquelles sont reproduites plusieurs variétés d'une plante, par exemple six variétés du bleuet (*Centaurea cyanus* L. ; 5 : f. 214) ou un bouquet (2 : f. 57). La signature « N. Rob » (9 : f. 419, 10 : f. 515) signifie Nicolas Robert, celle de « NRoy » (1 : f. 8) est celle du copiste Le Roy.

8
Acante, ou Branche Urſine.
Acanthus ſatiuus.
Acanthus sativus, vel mollis Vergilii. C B pin. 383.

*vol. I, f. 8*

140
Arundo Indica fl. phœniceo maxima.
Balisier à fleur couleur de feu.
Cannacorus Flore coccineo splendente. I.R. herb. 367.

vol. III, f. 140

157
Grande Carline
Carlina acaulos magno flore, purpureo. C. B. pin. 380.

vol. IV, f. 157

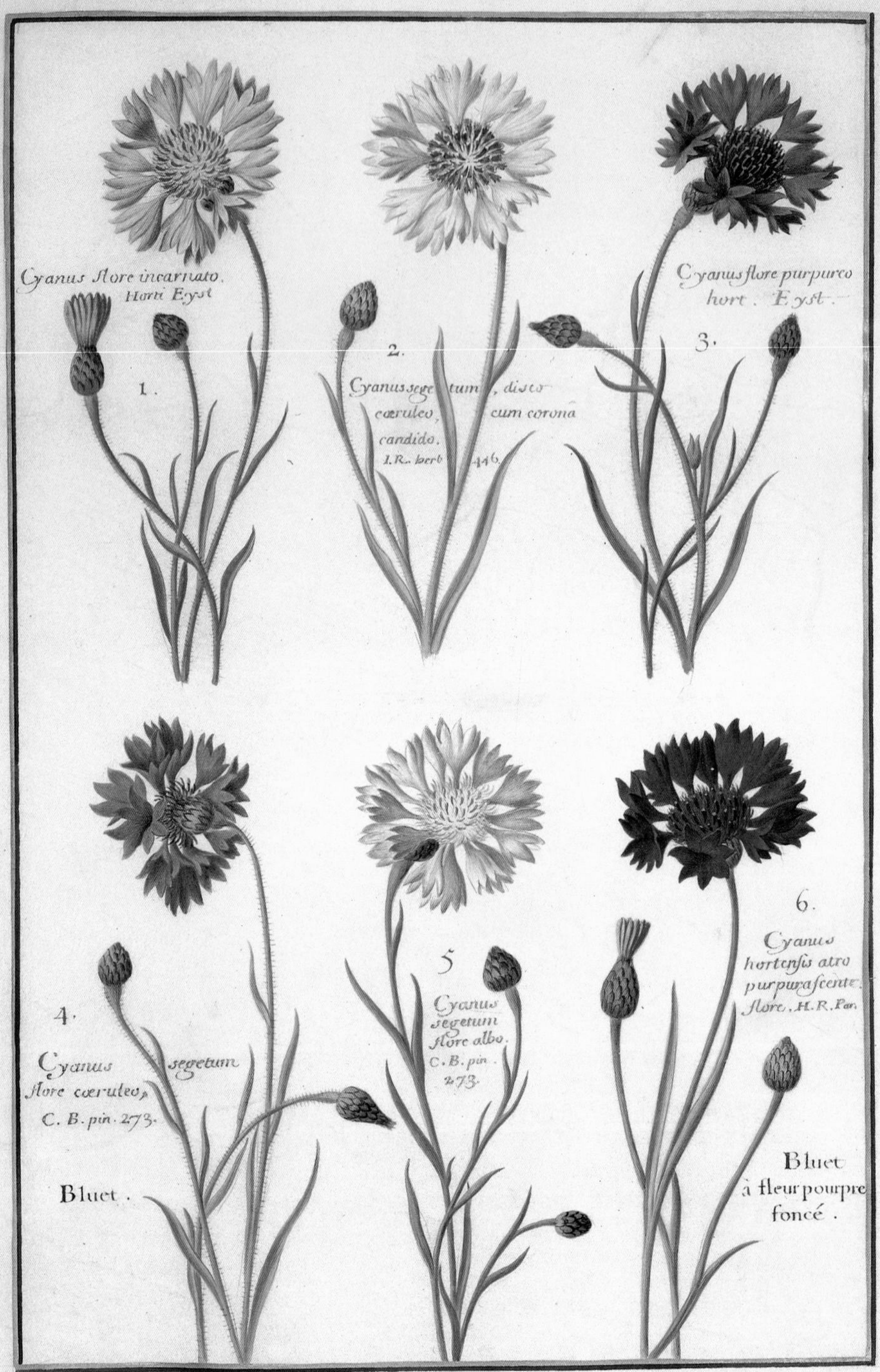
214
1. Bluet ou Bajbeau a fleur couleur de chair.
2 Bluet a fleur blanche & a fond bleu.
Cyanus flore incarnato. Horti Eyst
1.
2.
Cyanus segetum, disco cœruleo, cum corona candido. I.R. herb 446.
Cyanus flore purpureo hort. Eyst.
3.
4.
Cyanus segetum flore cœruleo, C. B. pin. 273.
Bluet.
5
Cyanus segetum flore albo. C.B. pin. 273.
6.
Cyanus hortensis atro purpurascente flore. H.R. Par.
Bluet à fleur pourpre foncé.
3. Bluet à fleur purpurine.
5. Bluet à fleur blanche

*vol. V, f. 214*

259
Fleur de la Passion
Clematis quinq; fol, siue flos Passionis.
Granadilla polyphillos, fructu ovato. I. R. herb. 240.

*vol. V, f. 259*

*vol. VII, f. 354*

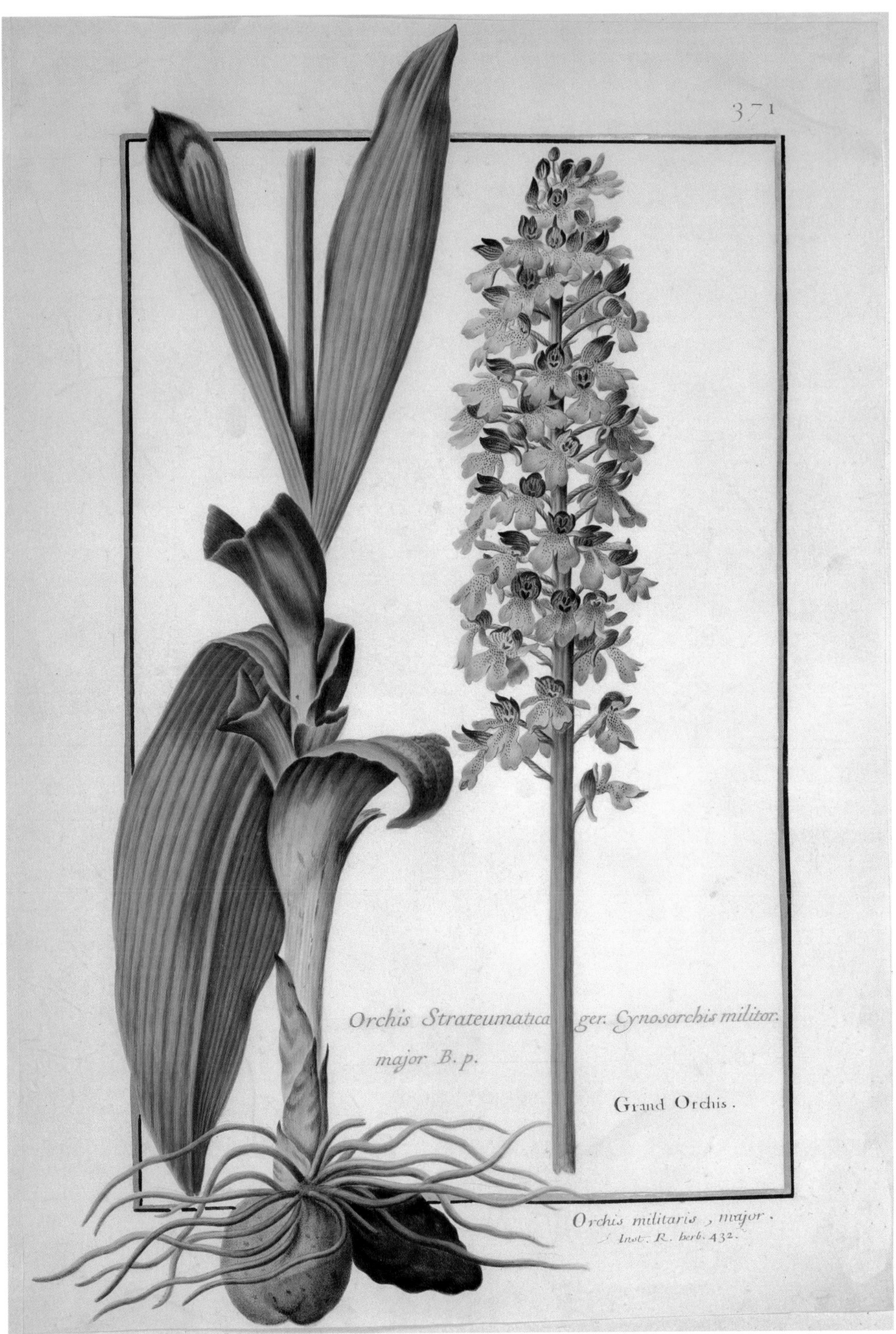


*vol. VIII, f. 371*

419
Laurus alexandrina.
fructu pediculo insidente.
Houx-Frelon ou
Laurier Alexandrin.
Ruscus angustifolius, fructu summis ramulis innascente. I. R. herb. 79.

*vol. IX, f. 419*

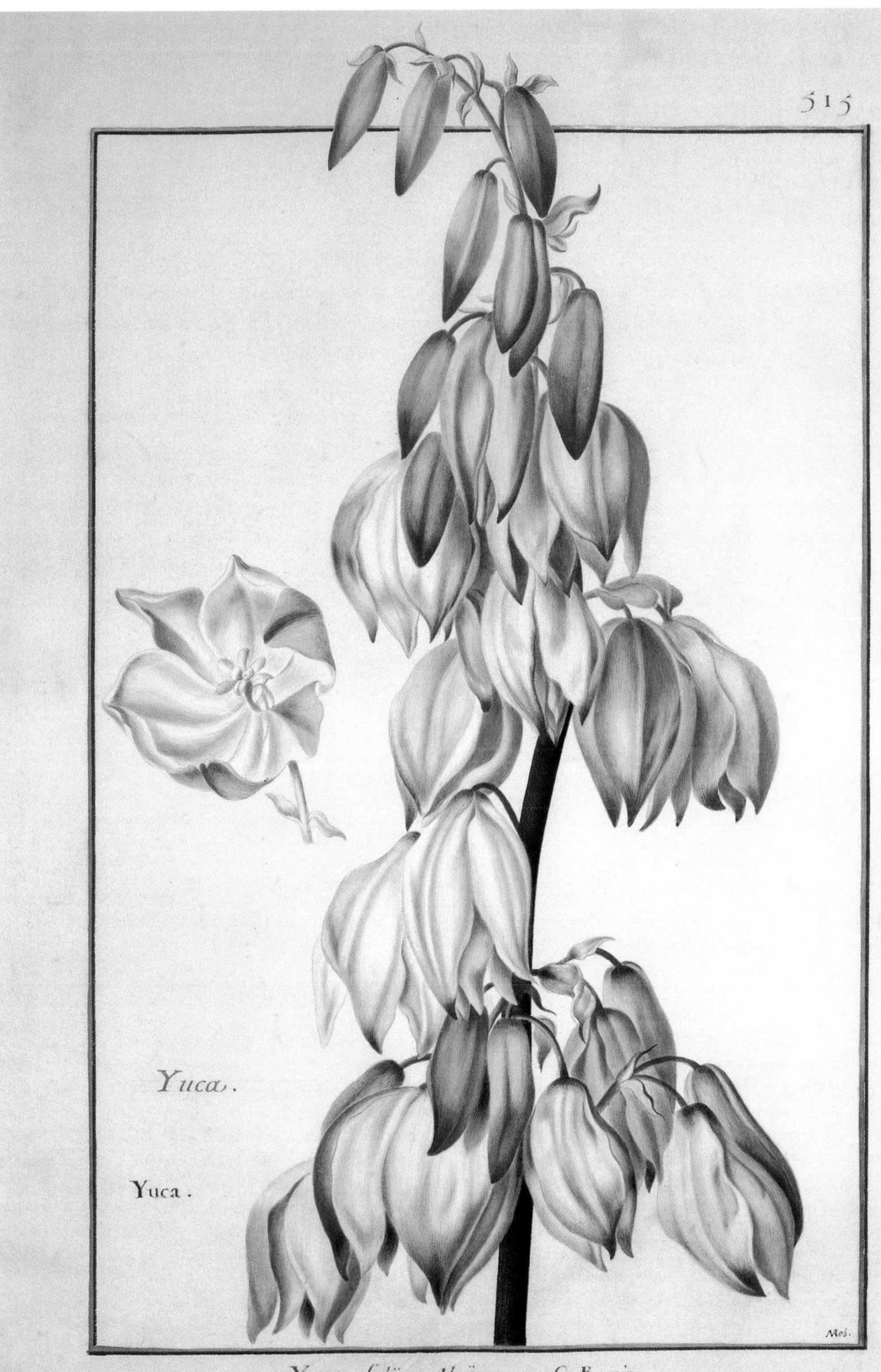


*vol. X, f. 515*

# 22 Jakob Breyne *Exoticarum aliarumque minus cognitarum plantarum Centuria prima*

GEDANI [GDAŃSK], 1678



Lit. 21, 65

Wie viele Holländer war der in Danzig [Gdańsk] lebende Jakob Breyne (1637–1697; auch Breyn, Breynius) ein Freund der Botanik, der nicht nur Pflanzen, sondern auch Abbildungen von Pflanzen sammelte. Über seinen Onkel Johann Breyn in Amsterdam erwarb er von Willem ten Rhyne, der sich im Jahre 1673 einige Wochen am Kap der Guten Hoffnung aufgehalten hatte, Zeichnungen, auf denen damals in Europa noch fast unbekannte Pflanzen von der Südspitze Afrikas dargestellt waren. 48 dieser Pflanzenabbildungen ließ Breyne in seiner *Exoticarum aliarumque minus cognitarum plantarum Centuria prima*, einem Privatdruck, in schwarzlinigen Kupferstichen veröffentlichen, die Kunde geben von der außerordentlich artenreichen Flora dieses Gebietes. Die aufgeschlagene Tafel zeigt das Löwenohr (*Leonotis leonurus* (L.) R. Br.), das sich als Zierpflanze bald großer Beliebheit erfreute. Das Titelblatt des Werks ist eine ganzseitige allegorische Darstellung: Die gelehrten Könige des Altertums, Salomon und Cyrus, die sich auch auf dem Titelblatt des *Hortus Eystettensis* (Nr. 15) befinden, bewundern zusammen mit den Ärzten Dioskurides (siehe Nr. 1), Plinius und Theophrastus ein getopftes Exemplar von *Conicosia pugioniformis* (L.) N. E. Br., ein Mittagsblumengewächs von den sandigen Ebenen in der Nähe des heutigen Kapstadt. Über dieser Szene halten zwei Cherubim ein Band mit der Aufschrift „Quam ampla sunt Opera Tua ò Jehova!“ [Wie großartig sind deine Werke, o Herr!].

Die Materialien für die Veröffentlichung dieses Werkes wurden durch Ernst II., Herzog von Sachsen-Gotha und Altenburg, im Jahre 1798 erworben und werden heute in der Forschungs- und Landesbibliothek in Gotha aufbewahrt (Chart. A 786).

Like many Dutch, Jakob Breyne (1637–1697; also Breyn, Breynius) who lived in Danzig (today Gdańsk), was interested in botany and collected not only plants, but also botanical illustrations. Through his uncle Johann Breyn in Amsterdam, he acquired from Willem ten Rhyne, who had spent a few weeks in the Cape of Good Hope in 1673, drawings of plants from the southern tip of Africa that were at that time almost unknown in Europe. Breyne published 48 of these botanical illustrations in his privately produced *Exoticarum aliarumque minus cognitarum plantarum Centuria prima* as copperplate engravings outlined in black that provided a good impression of the extraordinarily diverse flora of the region.

The displayed plate depicts lion's ear (*Leonotis leonurus* (L.) R. Br.), which was soon to become a popular decorative house plant. The title page of the work is a full-plate allegorical representation: Solomon and Cyrus, the wise kings of antiquity, who are found on the title-page of the *Hortus Eystettensis* (No. 15), are admiring, together with the doctors Dioscorides (see No. 1), Pliny and Theophrastus, a potted specimen of *Conicosia pugioniformis* (L.) N. E. Br., a member of the Aizoaceae from the sandy plains close to modern-day Cape Town. Above this scene, two cherubs hold a banner with the inscription: “Quam ampla sunt Opera Tua ò Jehova!” (How mighty are your works, O Lord!).

The materials for the publication of this work were acquired by Ernst II, Duke of Saxony-Gotha and Altenburg in 1798 and are today held in the Research and State Library in Gotha (Chart. A 786).

Comme beaucoup de Hollandais, Jakob Breyne (1637–1697 ; appelé également Breyn, Breynius) qui vivait à Dantzig [Gdańsk] aimait la botanique et collectionnait non seulement les plantes mais aussi leurs reproductions. Par l'intermédiaire de son oncle Johann Breyn il fit l'acquisition à Amsterdam de dessins de Willem ten Rhyne, qui avait passé en 1673 quelques semaines au cap de Bonne-Espérance. Ces dessins représentaient des plantes de la pointe méridionale de l'Afrique, pratiquement inconnues à l'époque en Europe. Breyne fit publier 48 reproductions de plantes dans son *Exoticarum aliarumque minus cognitarum plantarum Centuria prima* qui parut en impression privée sous forme de gravures sur cuivre en noir et blanc. Ces reproductions témoignaient de la richesse végétale de cette région de l'Afrique. La planche ci-jointe montre la queue-de-lion (*Leonotis leonurus* (L.) R. Br.), qui allait être bientôt très prisée comme plante ornementale. Sur toute la page de titre apparaît une représentation allégorique : les rois de l'Antiquité Salomon et Cyrus, que l'on retrouve aussi sur la page de titre du *Hortus Eystettensis* (n° 15), admirent avec les médecins Dioscoride (n° 1), Pline et Théophraste un exemplaire en pot de *Conicosia pugioniformis* (L.) N. E. Br., un mésembryanthemum des régions sablonneuses proches aujourd'hui de la ville du Cap. Au-dessus de cette scène, deux chérubins tiennent une banderole portant l'inscription « Quam ampla sunt Opera Tua ò Jehova ! » [Que tes œuvres sont magnifiques, ô Seigneur !]. Les matériaux pour la publication de cet ouvrage furent acquis en 1798 par Ernst II, duc de Saxe-Gotha et Altenburg. Ils sont conservés aujourd'hui à la Forschungs-und Landesbibliothek de Gotha (Chart. A 786).

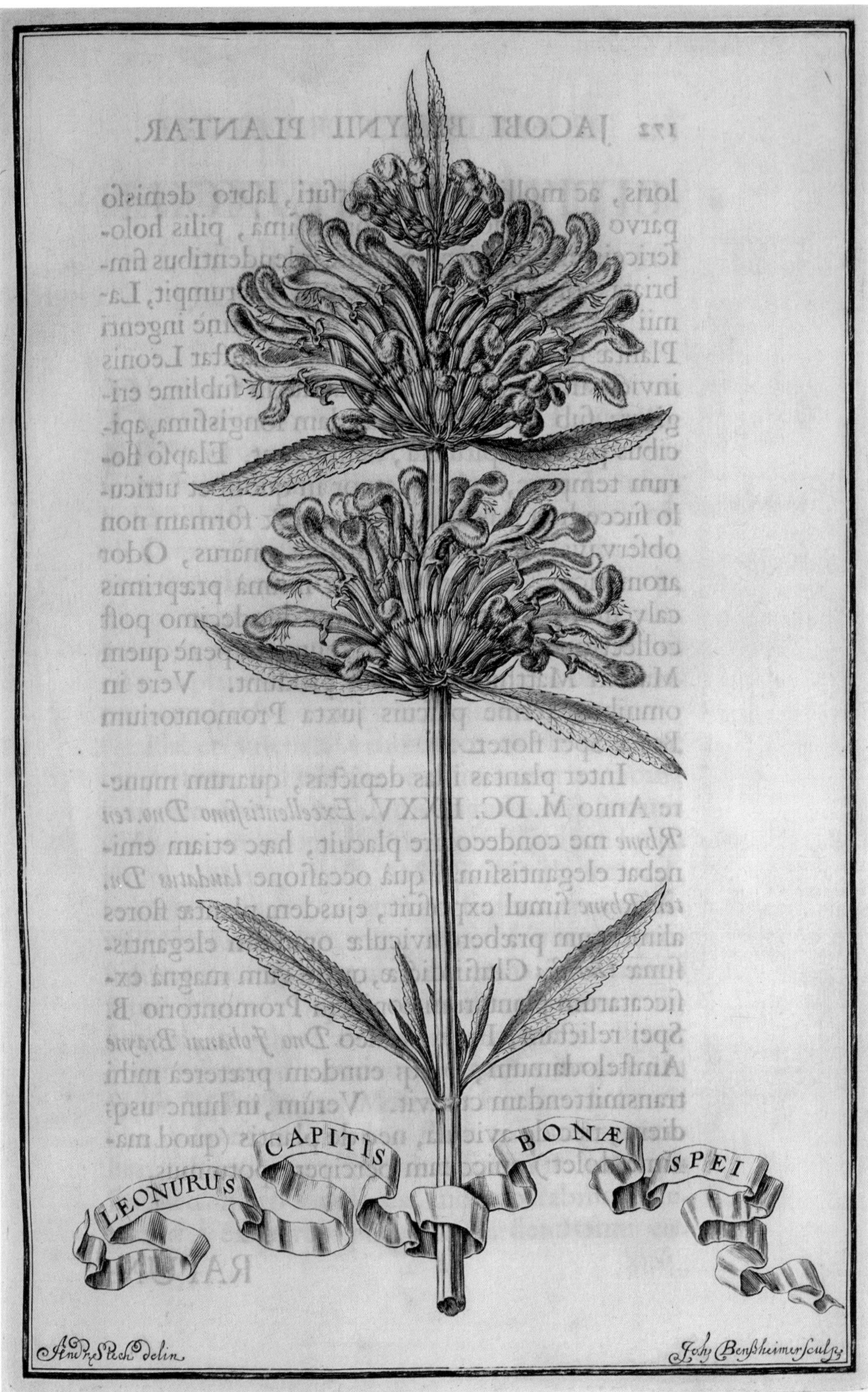
LEONURUS CAPITIS BONÆ SPEI
Andr. Stech delin
Joh. Benßheimer sculps.

# 23 *Paolo Boccone* Museo di Piante Rare

VENEZIA, 1697

SIAWD BE.3.M.33 — Lit. 40, 70

Paolo Boccone (1633–1704; als Zisterzienser Bruder Silvio) war ein weitgereister, vielseitig interessierter Ordensmann. Die Österreichische Nationalbibliothek besitzt von ihm zwei kleine Sammlungen getrockneter Pflanzen (Cod. 11109, 11109*), ein unbekanntes, Kaiser Leopold I. gewidmetes Konvolut von Naturselbstdrucken (Cod. 11102) sowie mehrere Drucke, von denen hier Boccones *Museo di Piante Rare della Sicilia, Malta, Corsica, Italia, Piemonte e Germania* vorgestellt werden soll. Es ist ein reichbebildertes Werk zur Flora der Apennin-Halbinsel, das auch in Gärten kultivierte Pflanzen berücksichtigt. Boccone scheint den im Jahre 1545 gegründeten Garten der Universität Padua, den ältesten, bis heute weitgehend unverändert fortbestehenden botanischen Garten der Welt, gut gekannt und wahrscheinlich mehrfach besucht zu haben. Diese Anlage war berühmt für viele Pflanzen, die aus den früheren Besitzungen der Republik Venedig im östlichen Mittelmeerraum stammten. Inzwischen waren zwar diese Territorien Provinzen des Osmanischen Reichs geworden und damit für Forscher sehr schwer zugänglich, viele Pflanzen aus jenen Regionen wuchsen aber weiter im botanischen Garten in Padua. So notierte Boccone zu der nur im westlichen Kreta anzutreffenden *Campanula saxatilis* L. subsp. *saxatilis* (t. 64, rechts oben): „Seit vielen Jahren befindet sich dieses Trachelium unter den exotischen Pflanzen, die im Botanischen Garten in Padua kultiviert werden, aber sie ist nur eine Spanne aus der Erde emporgewachsen.“ Mehr als ein halbes Jahrhundert später zitiert Carl von Linné (Carolus Linnaeus) ausdrücklich die Angaben von Boccone und den von ihm veröffentlichten Kupferstich.

Paolo Boccone (1633–1704; Cistercian monk, Brother Silvio) was a much-travelled monk with broad interests. The Austrian National Library contains two of his collections of dried plants (Cod. 11109, 11109*), an unknown bundle of nature self impressions (Cod. 11102) dedicated to Emperor Leopold I, as well as several other printed works. From these, Boccone's *Museo di Piante Rare della Sicilia, Malta, Corsica, Italia, Piemonte e Germania* is introduced here. This is a richly illustrated work on the flora of the Apennine peninsula, but also contains garden plants. Boccone seems to have been well acquainted with the garden of Padua University and probably visited it several times. This garden, largely unaltered since its founding in 1545, is the oldest botanic garden in the world. The garden was famous for its many plants, which originated from the earlier eastern Mediterranean provinces of the Republic of Venice. These provinces subsequently became part of the Ottoman Empire and thus were nearly impossible for researchers to visit; many of these plants, however, continued to grow in the botanic garden in Padua. Of the *Campanula saxatilis* L. subsp. *saxatilis* (t. 64, top right), which is found only in western Crete, Boccone noted, “For many years this trachelium has been grown as an exotic plant in the botanic garden in Padua, but it has emerged only a span above the soil”. More than half a century later, Carl von Linné (Carolus Linnaeus) specifically cited Boccone's statements and his published copperplate engraving.

Paolo Boccone (1633–1704 ; frère Silvio chez les cisterciens), un religieux qui s'était aventuré dans des contrées lointaines, s'intéressait à une multitude de choses. L'Österreichische Nationalbibliothek possède de lui deux petites collections de plantes sèches (Cod. 11109, 11109*), une liasse inconnue d'empreintes végétales ou autophytotypies dédiée à l'empereur Léopold Ier (Cod. 11102), ainsi que plusieurs livres imprimés dont son *Museo di Piante Rare della Sicilia, Malta, Corsica, Italia, Piemonte e Germania* présenté ici. Il s'agit d'un ouvrage richement illustré sur la flore de la peninsule italienne des Apennins qui tient compte également de plantes cultivées en jardin. Boccone semble avoir bien connu le jardin de l'Université de Padoue et l'aurait visité plusieurs fois. Créé en 1545, ce jardin, le plus vieux jardin botanique au monde a conservé en grande partie son aspect d'origine jusqu'à aujourd'hui. Il était célèbre pour ses nombreuses plantes issues des anciennes dépendances de la république de Venise dans la partie orientale du bassin méditerranéen. Devenus entre-temps provinces de l'Empire ottoman, ces territoires étaient difficilement accessibles aux savants, mais heureusement beaucoup de plantes en provenance de chaque région continuaient à pousser dans le Jardin botanique de Padoue. Boccone notait ainsi à propos de la *Campanula saxatilis* L. subsp. *saxatilis* (t. 64, en haut à droite) que l'on ne rencontre que dans la partie occidentale de la Crète : « Ce trachelium se trouve depuis plusieurs années parmi les plantes exotiques cultivées au Jardin botanique de Padoue, mais elle n'atteint qu'un empan de hauteur. » Plus d'un demi-siècle plus tard, Carl von Linné (Carolus Linnaeus) citait explicitement les indications de Boccone et la gravure qu'il avait publiée.

*t. 64*

## 24 Olaus Johannis Rudbeck *Campi Elysii Liber Secundus*

UPSALA [UPPSALA], 1701

SIAWD 180.288-E

Lit. 20

Als am 16. Mai 1702 ein Feuer die überwiegend aus Holz gebaute schwedische Stadt Uppsala verwüstete, verbrannten im Keller der Kathedrale auch der Großteil der Auflage von zwei soeben gedruckten Büchern und die meisten der dazugehörigen Druckformen. Der Autor, Olaus Rudbeck der Ältere (1630–1702), rettete zwar sein Leben, starb aber noch im gleichen Jahr. Ob das hier gezeigte Exemplar schon vor der Katastrophe an die kaiserliche Hofbibliothek gelangt ist oder zu den wenigen geretteten Exemplaren zählt, ist ungeklärt. Diese Erwerbung zeigt einmal mehr die außergewöhnliche Position, welche damals die kaiserliche Bibliothek innehatte: Vom in Wien ebenfalls vorhandenen ersten Band ist außerhalb von Schweden nur noch das Exemplar in der Bibliothèque Royale, Paris (heute Bibliothèque Nationale), bekannt; das Exemplar in der Bodleian Library, Oxford, wurde an die Kungeliga Biblioteket in Stockholm abgegeben.

Rudbeck war Professor der Anatomie an der Universität Uppsala und Gründer des botanischen Gartens sowie des noch heute existierenden Seziersaales. Es wird berichtet, er habe 11 000 Pflanzen, zum Teil nach der Natur, zum Teil nach Werken anderer, gezeichnet. Zusammen mit Olaus Rudbeck dem Jüngeren, seinem Sohn und Nachfolger auf dem Lehrstuhl, sollten auf dieser Grundlage die *Campi Elysii* entstehen, illustriert mit Tausenden von Holzschnitten. Der hier gezeigte zweite Band ist Zwiebelpflanzen gewidmet und wurde wegen des besonderen Interesses an dieser Pflanzengruppe vor dem ersten Band gedruckt.

On 16 May 1702 a fire laid waste the Swedish city of Uppsala, which had been mainly constructed of wood. In the cathedral cellar, most of the copies of two newly printed books, along with the majority of their cut woodblocks, were also destroyed. Although the author, Olaus Rudbeck the Elder (1630–1702), survived the fire, he died later in the year. It is not clear whether the specimen displayed here had made its way into the Imperial Court Library before the catastrophe, or whether it is one of very few to have been rescued. This acquisition demonstrates once again the unusual position then occupied by the Imperial Library: the only other surviving copies of the first volume are those in the Royal Library in Paris (now the National Library) and a further exemplar, originally held by the Bodleian Library in Oxford but later surrendered to the Kungeliga Library in Stockholm.

Rudbeck was Professor of Anatomy at Uppsala University and founder of the Botanic Garden and also the anatomical theatre, which still is in existence today. Reportedly Rudbeck had 11,000 plants drawn, partly from life and partly after other works. From this basis, with the help of Olaus Rudbeck the Younger, his son and the successor to his chair, he intended to develop the *Campi Elysii* (Elysian fields), illustrated with thousands of woodcuts. The second volume, displayed here, is devoted to bulbous plants and was printed – because of its particular interest – before the first volume.

Lorsque le 16 mai 1702, un incendie ravagea la ville suédoise d'Uppsala construite essentiellement en bois, il détruisit aussi dans les caves de la cathédrale la majeure partie d'une édition de deux ouvrages fraîchement publiés et la plupart des matrices. L'auteur, Olaus Rudbeck l'Ancien (1630–1702), fut certes sauvé, mais il mourut la même année. Nous ignorons si l'exemplaire présenté ici se trouvait déjà à la Bibliothèque Impériale avant la catastrophe ou s'il fait partie des rares exemplaires que l'on a pu sauver. Cette acquisition montre bien l'importance de la Bibliothèque Impériale à l'époque : en dehors de la Suède, on ne connaît de ce premier volume, conservé également à Vienne, que l'exemplaire de la Bibliothèque Royale, à Paris (aujourd'hui Bibliothèque Nationale). L'exemplaire de la Bodleian Library, à Oxford, fut cédé à la Kungeliga Biblioteket de Stockholm.

Rudbeck était professeur d'anatomie à l'Université d'Uppsala et fondateur du jardin botanique et de la salle de dissection qui existe aujourd'hui encore. On raconte qu'il aurait dessiné 11 000 plantes, en partie d'après nature et en partie d'après des ouvrages. Avec son fils et successeur à sa chaire, Olaus Rudbeck le Jeune, il voulut réaliser sur cette base les *Campi Elysii* illustrés de milliers de gravures sur bois. Le deuxième tome présenté ici est consacré aux plantes bulbeuses et fut imprimé avant le premier volume en raison de l'intérêt particulier qu'il éveilla pour ces plantes.

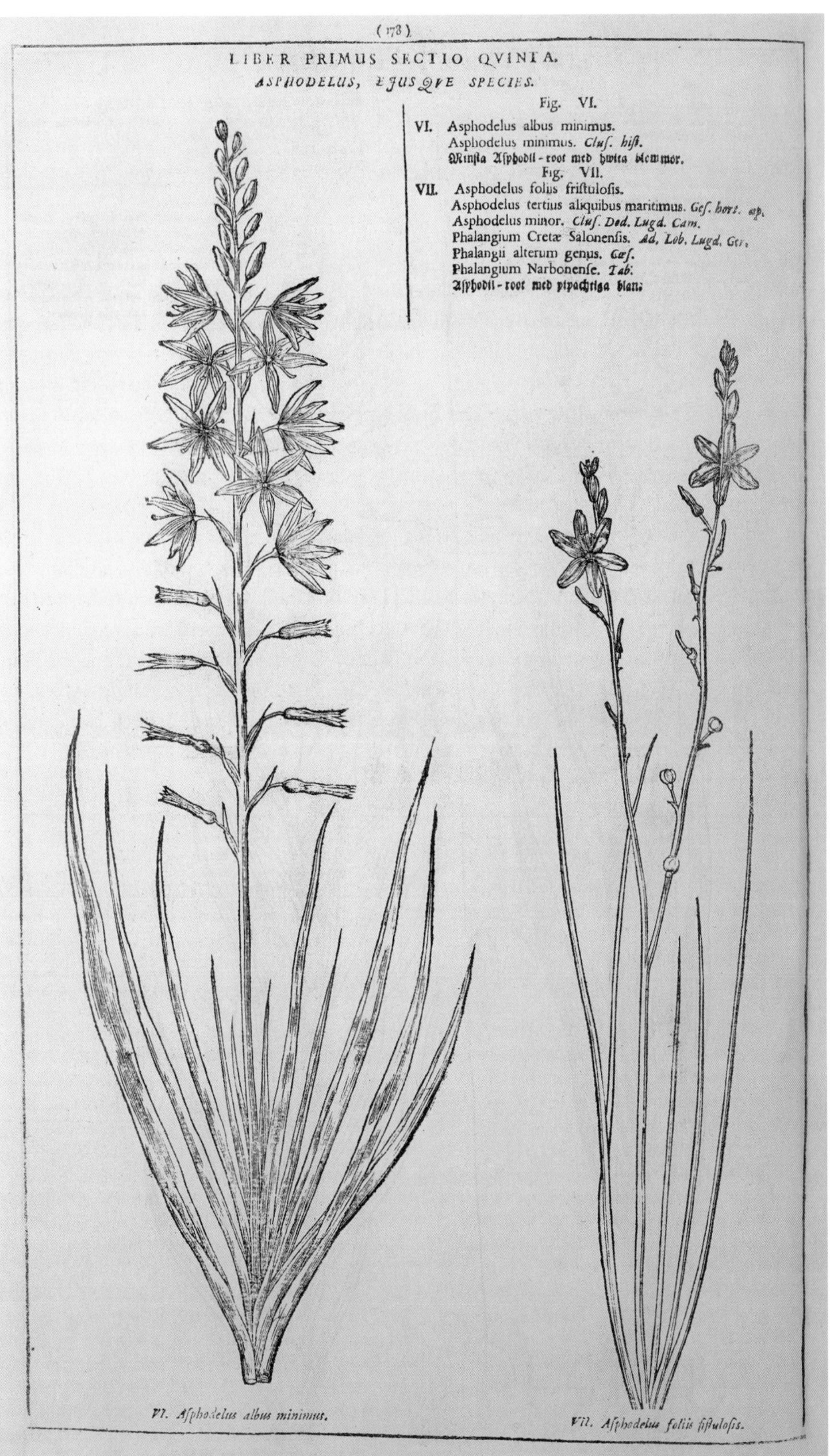
(178)

LIBER PRIMUS SECTIO QVINTA.

*ASPHODELUS, EJUSQVE SPECIES.*

Fig. VI.

VI. Asphodelus albus minimus.
Asphodelus minimus. *Cluſ. hiſt.*
Minſta Aſphodil-root med hwita blommor.

Fig. VII.

VII. Asphodelus foliis friſtuloſis.
Asphodelus tertius aliquibus maritimus. *Geſ. hort. ap.*
Asphodelus minor. *Cluſ. Dod. Lugd. Cam.*
Phalangium Cretæ Salonenſis. *Ad. Lob. Lugd. Ger.*
Phalangii alterum genus. *Cæſ.*
Phalangium Narbonenſe. *Tab.*
Aſphodil-root med pipachtiga blan;

*VI. Aſphodelus albus minimus.*

*VII. Aſphodelus foliis fiſtuloſis.*

*p. 178*

## 25 Engelbert Kaempfer *Amoenitatum exoticarum politico-physico-medicarum fasciculi V*

LEMGOVIAE [LEMGO], 1712



Lit. 47, 72

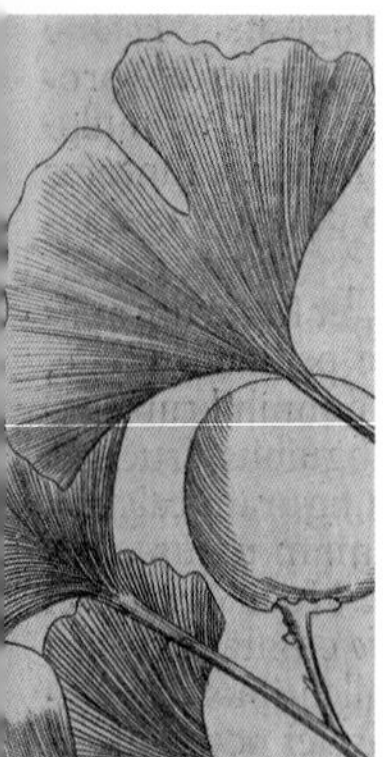

Das japanische Wort „sakoku" ist schwer zu übersetzen. Es wird häufig mit „nationale Selbstisolierung" wiedergegeben und bezieht sich auf die langjährige Politik des Tokugawa-Shōgunats, Missionaren und christlichen Händlern das Betreten Japans zu untersagen sowie Japanern die Ausübung des Christentums und jede Form des Außenhandels zu verbieten. Deshalb blieb Japan bis zur Mitte des 19. Jahrhunderts für den Rest der Welt weitestgehend unbekannt. Während der „sakoku"-Zeit, die von 1639 bis 1854 dauerte, besaß Deshima, eine künstliche Insel im Hafen von Nagasaki, eine zentrale Bedeutung für den Kontakt Japans mit dem Westen. Auf dieser schwimmenden Plattform durften Holländer Handel treiben, in Abständen war der Oberaufseher der Handelsstation zur Teilnahme an einer Reise nach Edo [Tokyo] verpflichtet, um dem Shōgun zu huldigen.

Der Arzt Engelbert Kaempfer (1651–1716) aus Lemgo nahm 1691 und 1692 an einer solchen Hofreise teil. Die von ihm dabei angefertigen naturgetreuen Graphitstiftzeichnungen von Pflanzen (Sloane MSS. 2907, 2910, 2912, 2915, 2917, 2920, 2921, British Library, London) gelten als die ältesten von einem Europäer angefertigten Darstellungen aus Japan. Darunter befinden sich Abbildungen der Kamelie (*Camellia japonica* L.), der Prachtlilie (*Lilium speciosum* Thunb.) und der Bitterorange (*Poncirus trifoliatus* (L.) Raf.). Auch den Ginkgo (*Ginkgo biloba* L.), einen nur in China natürlich vorkommenden Baum, der aber in Japan oft in der Nähe von Tempeln kultiviert wurde, hat Kaempfer gezeichnet. Der darauf beruhende Kupferstich (p. [813]) wurde 1712 veröffentlicht und gibt erstes Zeugnis eines in mehrfacher Hinsicht spektakulären Baums.

The Japanese word *sakoku* is difficult to translate: often represented as "national self-isolation", it refers to the long-lasting politics of the Tokugawa shogunate, which prohibited missionaries and Christian traders entry into Japan, and also forbade the Japanese to practice Christianity and any form of foreign trade. Japan therefore remained almost completely unfamiliar to the rest of the world until the middle of the 19th century. During the *sakoku* period, which lasted from 1639 until 1854, Deshima, an artificial island in Nagasaki harbour, held a central importance for Japanese contact with the West. Dutch merchants were permitted to trade on this floating platform, and from time to time the overseer of the trading station was required to journey to Edo (Tokyo) to pay homage to the shogun.

Doctor Engelbert Kaempfer (1651–1716) from Lemgo took part in this journey to court in 1691 and 1692. His naturalistic plant drawings in graphite pencil (Sloane MSS. 2907, 2910, 2912, 2915, 2917, 2920, 2921, British Library, London) are accounted the oldest Japanese illustrations done by a European. These include drawings of camellia (*Camellia japonica* L.), showy lily (*Lilium speciosum* Thunb.) and bitter orange (*Poncirus trifoliata* (L.) Raf.). Kaempfer also drew ginkgo (*Ginkgo biloba* L.), a tree native only to China but often grown in the vicinity of Japanese temples. The copper engraving (p. [813]) based on this drawing was published in 1712 and constitutes the first testimony of this in several ways spectacular tree.

Le mot japonais « sakoku » n'est pas facile à rendre dans une autre langue. Le plus souvent, il est traduit par « isolement national » et s'applique à la politique des shogun Tokugawa qui interdirent aux missionnaires et aux commerçants chrétiens d'entrer au Japon et défendirent aux Japonais de pratiquer le christianisme et toute forme de commerce extérieur. C'est la raison pour laquelle le Japon demeura pratiquement inconnu du reste du monde jusqu'au milieu du XIXe siècle. A l'époque « sakoku », qui dura de 1639 à 1854, Deshima, une île artificielle dans le port de Nagasaki avait une importance capitale pour les contacts avec l'Occident. Les Hollandais avaient le droit de faire du commerce sur cette plate-forme flottante et, à intervalles réguliers, l'inspecteur en chef de la place, devait entreprendre un voyage à Edo [Tokyo] pour présenter ses hommages au shogun.

Dans les années 1691 et 1692, le médecin Engelbert Kaempfer (1651–1716), originaire de Lemgo, participa à ces voyages à la cour. Les dessins de plantes à la mine de plomb qu'il réalisa (Sloane MSS. 2907, 2910, 2912, 2915, 2917, 2920, 2921, British Library, Londres) sont considérés comme les représentations les plus anciennes faites par un Européen au Japon. On y trouve des reproductions du camélia (*Camellia japonica* L.), du lis superbe (*Lilium speciosum* Thunb.) et de la bigarade (*Poncirus trifoliatus* (L.) Raf.). Kaempfer a également dessiné le ginkgo (*Ginkgo biloba* L.), un arbre que l'on ne trouve qu'en Chine à l'état naturel mais qui fut souvent cultivé au Japon près des temples. La gravure se basant sur ce dessin (p. [813]) fut publiée en 1712 et elle livre un témoignage précoce sur cet arbre spectaculaire à plusieurs égards.

p. [813]

# 26 *Jean-Nicolas La Hire* Naturselbstdrucke / Nature self impressions / Empreintes végétales

[PARIS], C. 1720

HAN Cod. Min. 35 (4 vol.) Lit. 17

Auch dieses Werk wurde in Paris angefertigt, von Agenten für Prinz Eugen von Savoyen erworben und ähnlich luxuriös gebunden wie sein *Florilegium* (Nr. 21). Soweit bekannt, handelt es sich um ein Unikat – eine nur in diesem Exemplar bekannte Serie von großformatigen, in vier Bänden vereinigten Naturselbstdrucken mit einzelnen eingestreuten lavierten Federzeichnungen (z. B. 1: f. 12).

Preßt und trocknet man Pflanzen bzw. Pflanzenteile und färbt sie dann mit Druckerschwärze ein, so ist es möglich, sie als Druckformen zu verwenden und sehr genaue monochrome Abdrucke auf Papier herzustellen. Wegen des bei diesem Vorgang auszuübenden Drucks werden aber die Druckformen sehr rasch zerstört, sodaß nur wenige Abdrucke möglich sind. Der älteste bekannte Naturselbstdruck findet sich in einer in Syrien entstandenen, in Istanbul aufbewahrten Dioskurides-Handschrift aus dem 13. Jahrhundert (Ahmed III – 2127, Topkapı Sarayı Muzesi Kütüphane); im *Codex Atlanticus* (Biblioteca Ambrosiana, Mailand, f. 72 ca) beschreibt Leonardo da Vinci dieses Verfahren in allen Einzelheiten und druckt ein Blatt des Salbeis (*Salvia* cf. *officinalis* L.) ab.

Auch in folgenden Jahrzehnten wurden immer wieder Naturselbstdrucke hergestellt, so auch von dem Arzt Jean-Nicolas La Hire (1685–1727), seit 1709 Mitglied der Académie des Sciences in Paris. Seine Sammlung wurde später nach Wien verkauft. Die Qualität der Abdrucke ist meist überragend. In mehreren Fällen wurde mit monochromer Kolorierung unter häufig massiver Verwendung von Deckweiß nachgebessert, sodaß man von teilkolorierten Naturselbstdrucken sprechen muß. Im Gegensatz zum *Florilegium* (Nr. 21) ist dieses Werk der Forschung weitgehend unbekannt, die Datierung provisorisch.

This work was also produced in Paris, having been acquired by agents of Eugen Prince of Savoy and, similar to his *Florilegium* (No. 21), sumptuously bound. As far as is known, the work is unique – a series of large-format, nature self impressions, along with a few scattered pen and ink drawings with wash (e. g. 1: f. 12), collected into four volumes.

If plants and plant parts are pressed and dried, and printing ink applied to them, it is possible to use them as printing plates to produce very precise monochrome prints on paper. Because of the pressure exerted during this printing process, the originals deteriorate rather rapidly, and so only a few prints are possible. The oldest known such nature self impression is in a 13th-century Syrian Dioscorides manuscript kept in Istanbul (Ahmed III – 2127, Topkapı Sarayı Muzesi Kütüphane). In the *Codex Atlanticus* (Biblioteca Ambrosiana, Milan, f. 72 ca), Leonardo da Vinci described this process in great detail and printed a leaf of salvia (*Salvia* cf. *officinalis* L.).

In the following decades many nature self impressions were produced, for example by the doctor Jean-Nicolas La Hire (1685–1727), a member of the Académie des Sciences in Paris since 1709, whose collection was later sold to Vienna. The quality of these prints is on the whole excellent; in some cases, they have been improved by the often very heavy use of opaque white, so that one should refer to them as partly improved nature self impressions. In contrast to the *Florilegium* (No. 21), this work is relatively unknown to research and the dating is provisional.

Cet ouvrage fut lui aussi réalisé à Paris, acheté par les agents du prince Eugène de Savoie et relié aussi luxueusement que son *florilège* (n° 21). Autant que l'on sache, il s'agit d'un exemplaire unique présentant une série d'empreintes végétales ou autophytotypies en grand format avec différents lavis (p. ex. 1 : f. 12), le tout réuni en quatre volumes.

Si l'on met sous presse des plantes ou des parties de plantes, qu'on les fait sécher et qu'on les enduit ensuite d'encre d'imprimerie, il est possible de les utiliser comme formes à imprimer et de réaliser sur papier des empreintes monochromes très exactes. Les formes étant très rapidement inutilisables en raison de la pression exercée, on ne peut réaliser qu'un petit nombre d'empreintes. L'empreinte végétale la plus ancienne se trouve dans un manuscrit de Dioscoride réalisé en Syrie au XIIIe siècle, aujourd'hui à Istanbul (Ahmed III – 2127, Topkapı Sarayı Muzesi Kütüphane). Dans le *Codex Atlanticus* (Biblioteca Ambrosiana, Milan, f. 72 ca), Léonard de Vinci décrit ce procédé en détail et reproduit une feuille de sauge (*Salvia* cf. *officinalis* L.).

Les empreintes végétales furent également réalisées dans les années suivantes, entre autres par le médecin Jean-Nicolas La Hire (1685–1727), qui était membre de l'Académie des Sciences à Paris depuis 1709. Sa collection fut vendue plus tard et partit pour Vienne. La qualité des empreintes est pour la plupart excellente. De nombreux travaux ont été retouchés en employant massivement du blanc opaque, de sorte que l'on doit parler d'empreintes partiellement perfectionnées. Contrairement au *florilège* (n° 21), cet ouvrage est peu connu des chercheurs et sa datation est provisoire.

*Aloë Americana, folio in oblongum aculeum abeunte. C. B. pin. 286.*
Aloes d'Amerique, a feuilles se terminant en un long éguillon.

*vol. I, f. 12*

36
Ari venis albis Italici, maximi, Flos.
Fleur de grand Pied-de-Veau d'Italie veiné de blanc.

*vol. I, f. 36*

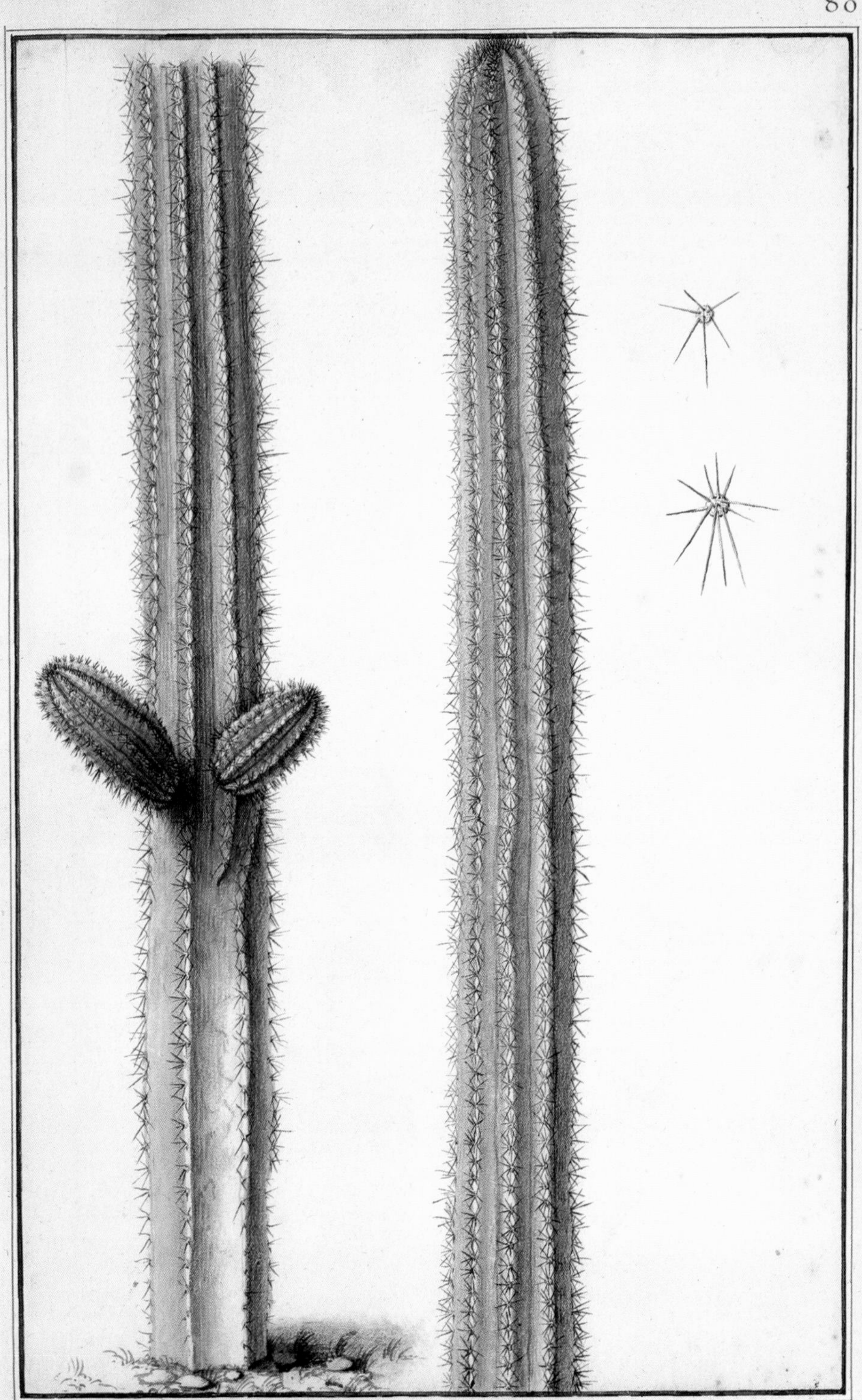
80
Cereus erectus, altissimus Syrinamensis. Par. Bat. 116.
Cierge à tres-haute tige droite, de Surinam.

*vol. I, f. 80*

96
Clematitis sive flammula, surrecta, alba. J. B. 2. 127.
Clematite à fleur blanche, portant sa tige droite.

*vol. I, f. 96*

64
Fucus marinus seu alga marina graminea minor.
Raii. Synop 7.
Fucus ou petite Alga marine.

*vol. II, f. 64*

*vol. III, f. 67*

*vol. III, f. 80*

4
Papaver Orientale hirsutissimum, Flore magno. Cor. Inst. 17.
Pavot d'Orient tres-velu, à grande fleur.

*vol. IV, f. 4*

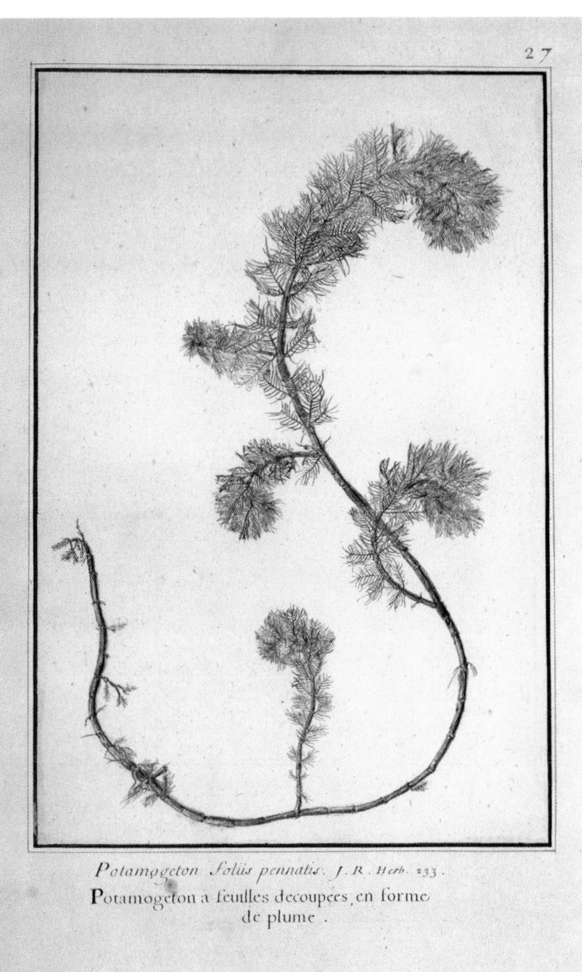
27
Potamogeton Foliis pennatis. J. R. Herb. 233.
Potamogeton a feuilles decoupees, en forme de plume.

*vol. IV, f. 27*

76
Solanum Scandens, seu Dulcamara. C. B. pin. 167. Inst. R. Herb. 149.
Foliorum colore & floribus variat.
Morelle grimpante ou Dulcamara.

*vol. IV, f. 76*

## 27 *Michelangelo Tilli* Catalogus plantarum horti Pisani

FLORENTIAE [FIRENZE], 1723



Lit. 16, 76

„Sarebbe vissuto famoso in eterno" [er möge in Ewigkeit berühmt weiterleben] ist eine geradezu hymnische Grabinschrift. Sie findet sich im Friedhof von Castelfiorentino und bezieht sich auf den weitgereisten Arzt Michelangelo Tilli (1655–1740), der 55 Jahre lang die Botanik in Pisa dominiert hatte. Er war gleichzeitig Präfekt des Botanischen Gartens, Professor für Botanik am Ateneo Pisano – wie man damals die Universität Pisa nannte – und Direktor des Museums, d. h. des Herbariums. Sein reich illustrierter *Catalogus* erschien 1723, im Todesjahr von Cosimo III., dem vorletzten der regierenden Medici, und ist ein Verzeichnis der damals im Botanischen Garten Pisa kultivierten Pflanzen.

Aufgeschlagen ist ein Kupferstich, der eine Orange (*Citrus sinensis* (L.) Osbeck ; t. 16) zeigt. Wie aus der dazugehörigen Beschreibung hervorgeht, handelt es sich um eine Blutorange; sie hatte auf einer Insel vor der Küste der Provence in Frankreich im Privatgarten eines Adeligen geblüht und war von dort durch Tilli in die Gärten in Florenz gebracht worden. Der *Catalogus* enthält unter dem Namen „Jasminum Arabicum" auch einen Kupferstich des damals noch unvollständig bekannten Kaffeestrauches (*Coffea arabica* L.; t. 12); das dazugehörige Aquarell wird im Natural History Museum in London aufbewahrt (MS Banks 111).

Dem *Catalogus* beigegeben ist ein von Cosimo Mogalli geschaffener Plan des Botanischen Gartens von Pisa; obwohl die Anlage später wesentlich erweitert wurde, ist ihr historischer Kern auch heute noch gut zu erkennen. Wie zur Zeit von Tilli wird dieser Teil von Pflanzbeeten eingenommen und in der universitären Lehre zu Demonstrationszwecken genutzt.

"Sarebbe vissuto famoso in eterno"(May he live in eternal fame) is an almost hymn-like epitaph. This inscription is to be found in the Castelfiorentino Cemetery, and refers to the much-travelled doctor Michelangelo Tilli (1655–1740), who dominated botany in Pisa for 55 years. He was simultaneously director of the Botanic Garden, and Professor of Botany at Ateneo Pisano, as Pisa University was then known, and director of the museum, that is, of the herbarium. His richly illustrated *Catalogus*, which constitutes a catalogue of the plants then grown in Pisa Botanic Garden, was published in 1723, the year in which Cosimo III, the penultimate Medici ruler, died.

Presented is a copperplate engraving of an orange (*Citrus sinensis* (L.) Osbeck; t. 16). As is noted in the accompanying description, this is actually a blood-orange, which had bloomed in the private garden of a nobleman on an island off the coast of Provence in France; from thence it was brought by Tilli to the Florence gardens. Under the name "Jasminum Arabicum" the *Catalogus* also contains a copper engraving of the still somewhat unfamiliar coffee plant (*Coffea arabica* L.; t. 12), whose corresponding watercolour is in the Natural History Museum in London (MS Banks 111).

Together with the *Catalogus* there is also a plan of the Botanic Garden of Pisa drawn by Cosimo Mogalli. Although the garden was later considerably enlarged, its historical heart is still discernible today. As in Tilli's day, this section of the garden contains beds of plants and is used for practical demonstrations in university teaching.

« Sarebbe vissuto famoso in eterno » [Qu'il soit célèbre pour toute l'éternité], voilà une épitaphe bien laudative. Elle se trouve au cimetière de Castelfiorentino sur la tombe du médecin Michelangelo Tilli (1655–1740), un homme qui voyagea beaucoup et qui, pendant 55 ans, régna sur la botanique à Pise. Il fut à la fois administrateur du Jardin botanique, professeur de botanique à l'Ateneo Pisano, comme on appelait jadis l'Université de Pise, et directeur du musée, c'est-à-dire de l'Herbier. Son *Catalogus* richement illustré qui parut en 1723, l'année de la mort de Cosme III, l'avant-dernier des Médici, répertorie les plantes cultivées à l'époque dans le Jardin botanique de Pise.

La gravure que l'on voit ici montre une orange (*Citrus sinensis* (L.) Osbeck ; t. 16). Comme on peut le lire dans l'explication, il s'agit d'une orange sanguine qui avait fleuri dans le jardin d'un noble sur une île au large de la Provence et que Tilli avait rapportée dans les jardins de Florence. Le *Catalogus* comporte également sous le nom « Jasminum Arabicum » une gravure du caféier (*Coffea arabica* L. ; t. 12), encore peu connu à l'époque et dont l'aquarelle correspondante est conservée au Natural History Museum de Londres (MS Banks 111).

Le *Catalogus* est accompagné d'un plan du Jardin botanique de Pise dessiné par Cosimo Mogalli. Bien qu'il connût par la suite des agrandissements, on reconnaît aujourd'hui encore le noyau historique du jardin. Comme du temps de Tilli, cette partie est recouverte de plates-bandes et est utilisée par l'université à des fins pédagogiques.

Tab. 16
Aurantium Hierichunteum, cortice tenuiori, medulla dulci, rubente.
Cosmus Mogalli Sculp.

*t. 16*

## 28 *Carolus Linnaeus Systema naturae*

LUGDUNI BATAVORUM [LEIDEN], 1735

SIAWD 70.N.5

Lit. 9

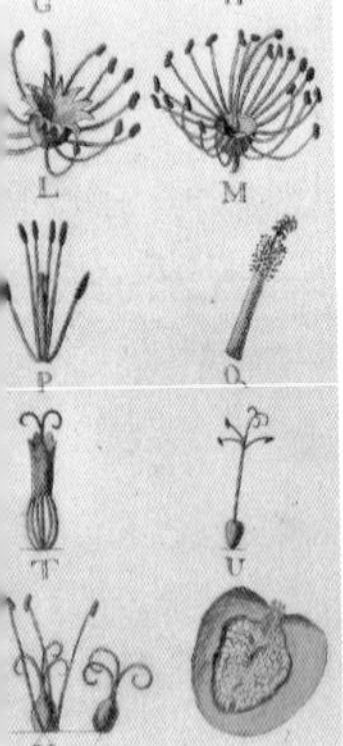

Aus guten Gründen wird der Name Linné fast als ein Synonym für Botanik im allgemeinen und für Pflanzentaxonomie und Nomenklatur im speziellen verwendet. Der Schwede Carl von Linné (Carolus Linnaeus, 1707–1778) hat in der Tat einen wesentlichen Beitrag zu beiden Gebieten geleistet – als junger Mann zur Taxonomie durch eine neue Methode, die Pflanzen zu klassifizieren, und als berühmter Professor an der Universität Uppsala zur Nomenklatur durch die Standardisierung der Methode, taxonomische Einheiten – vor allem Gattungen, Arten und Varietäten – zu benennen.

Im Juni 1735 war Linné in Harderwijk in der Republik der Sieben Vereinigten Niederlande zum Doktor der Medizin promoviert worden, und bald danach veröffentlichte er in Leiden sein *Systema naturae*. Dieses dünne, heute extrem seltene Bändchen revolutionierte die botanische Systematik: Es gilt als Meilenstein in der Geschichte der beschreibenden Biologie.

Bei Linnés Sexualsystem werden die arithmetischen Verhältnisse in einer Blüte, insbesondere die Zahl der Staub- und Fruchtblätter, zur Kennzeichnung und Bildung von künstlichen Gruppen verwendet. Linnés anschauliche Vergleiche wie „Diandria-Monogynia: Zwei Staubblätter und ein Fruchtblatt in einer Blüte wie zwei Männer und eine Frau in einem Bett“ oder „Cryptogamia: Der Geschlechtsverkehr wird im Geheimen gefeiert“ brachten dem Werk und seinem Autor ungeheure Popularität. Die 24 Sexualpraktiken der Pflanzen wurden auch in dem hier gezeigten kolorierten Kupferstich illustriert; das dazugehörige Aquarell von George Dionysius Ehret wird im Natural History Museum in London aufbewahrt.

With good reason, the name Linnaeus is almost synonymous with botany in general, and with plant taxonomy and nomenclature in particular. Carl von Linné (Carolus Linnaeus, 1707-1778) did indeed make a major contribution to both disciplines – to taxonomy as a young man through a new method of classifying plants, and to nomenclature as a famous professor at Uppsala University through his standardization of the methods used to name taxonomic units – above all genera, species and varieties.

In June 1735, in Harderwijk in the Republic of the Seven United Netherlands, he was promoted to Doctor of Medicine, and soon thereafter published his *Systema naturae* in Leiden. This thin volume, which is now very rare, revolutionized botanical systematics, and stands as a milestone in the history of descriptive biology.

In the Linnaean sexual system, the arithmetical ratios in a flower, especially the number of stamens and carpels, are used to characterize and construct artificial groups. Linnaeus' vivid comparisons, such as "Diandria-Monogynia: two stamens and one carpel as two men and one woman in one bed", or "Cryptogamia: sex celebrated in private", brought the work and its author tremendous popularity. The 24 sexual practices of plants are also illustrated here in the coloured copperplate engraving; the associated watercolour by George Dionysius Ehret is in the Natural History Museum in London.

Ce n'est pas sans raison que le nom de Linné est pratiquement devenu synonyme de botanique en général et de taxinomie botanique et de nomenclature en particulier. Le Suédois Carl von Linné (Carolus Linnaeus, 1707–1778) a effectivement apporté une énorme contribution à ces deux domaines – à celui de la taxinomie par une nouvelle méthode de classification des plantes mise au point alors qu'il était jeune homme, à celui de la nomenclature par la standardisation de la méthode permettant la dénomination des unités taxonomiques (genres, espèces, variétés) alors qu'il était déjà célèbre comme professeur à l'Université d'Uppsala.

Après avoir acquis en juin 1735 le grade de docteur en médecine à Harderwijk dans les Provinces-Unies, il publia peu de temps après à Leyde son *Systema naturae*. Ce mince ouvrage qui devait révolutionner la systématique botanique est considéré aujourd'hui comme une étape marquante dans l'histoire de la biologie descriptive.

Dans le système reproducteur, Linné se sert des rapports arithmétiques d'une fleur, en particulier les étamines et le pistil, pour caractériser et créer des catégories. Les comparaisons évocatrices de Linné, par exemple « Diandria-Monogynia : deux étamines et un pistil dans une fleur comme deux hommes et une femme dans un lit » ou « Cryptogamia : l'acte sexuel est célébré en secret » ont rendu l'auteur et son œuvre extrêmement populaires. Les 24 pratiques sexuelles des plantes furent également illustrées dans la gravure colorée que nous présentons ici. L'aquarelle originale de George Dionysius Ehret est conservée au Natural History Museum de Londres.

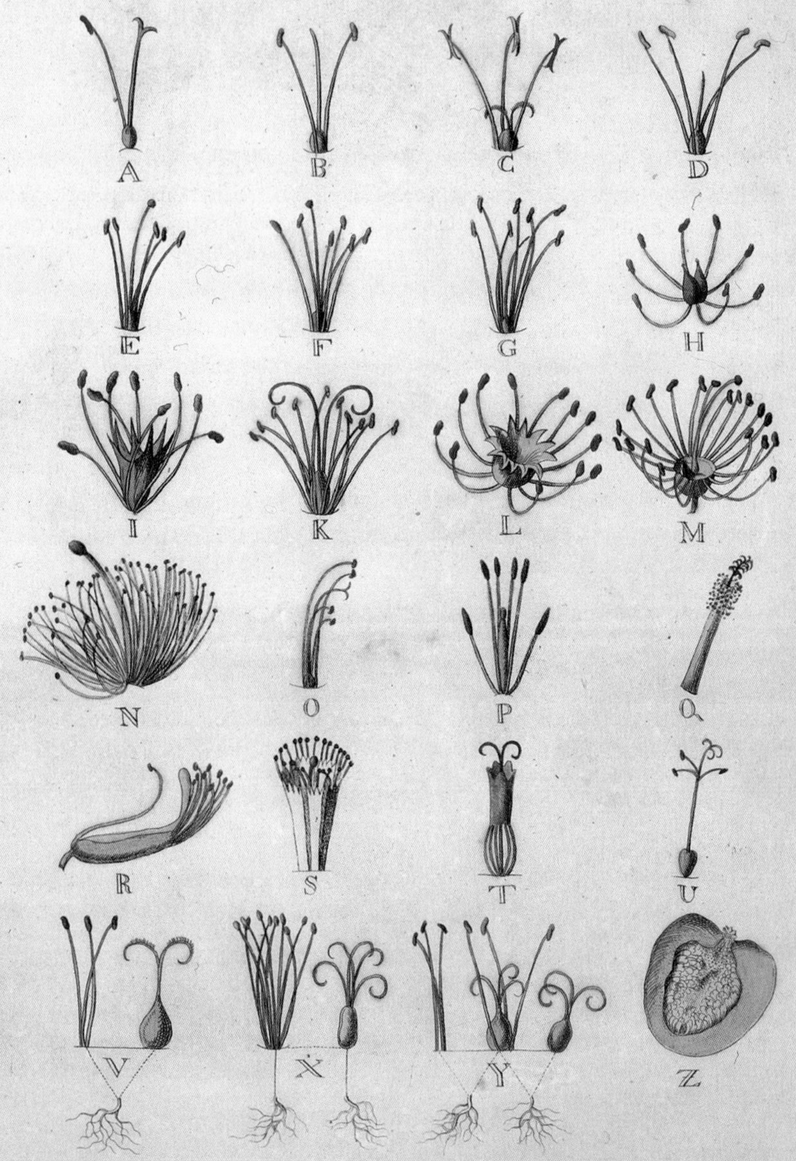
Clariſſ: LINNÆI. M. D.
METHODUS plantarum SEXUALIS
in SISTEMATE NATURÆ
deſcripta
A B C D
E F G H
I K L M
N O P Q
R S T U
V X Y Z
G.D. EHRET. Palat=heidelb:
Lugd. bat: 1736
fecit & edidit

*t. [1]*

# 29 Christoph Jakob Trew *Hortus nitidissimus*

NORIMBERGAE [NÜRNBERG], 1750–1792

POR 260.038-F FID

Lit. 9, 50, 75

Die Veröffentlichung dieses Werkes kann man nur als chaotisch bezeichnen: Sie zog sich über mehr als vier Jahrzehnte hin, wobei die Herausgeber wechselten und der Text nicht gleichzeitig mit den dazugehörigen, ungewöhnlich großformatigen Kupferstichen ausgeliefert wurde. Das ist nicht erstaunlich, denn an diesem Projekt waren viele Personen beteiligt. George Dionysius Ehret (1708–1780) in London bzw. Oxford sowie verschiedene Illustratoren in Nürnberg, darunter Nikolaus Friedrich Eisenberger (1707–1771) und Johann Christoph Keller (1737–1795), stellten naturgetreue Pflanzenabbildungen her. Der wohlhabende, in Nürnberg wirkende Arzt Christoph Jakob Trew (1695–1769), später der Verleger Johann Michael Seligmann (1720–1762) und schließlich dessen Erben sammelten diese Abbildungen. Dann wurden von verschiedenen Autoren Texte verfaßt, von verschiedenen Stechern die Kupferplatten bearbeitet, Texte gesetzt, Stiche hergestellt und koloriert, Texte gedruckt. Das Ergebnis aber waren häufig unvollständige Exemplare. Zentrum all dieser Tätigkeiten war die Freie Reichsstadt Nürnberg, seit Albrecht Dürer (1471–1528) ein wichtiger Ort für die naturwissenschaftliche Illustration.

Es sind häufig Seltenheiten, die Ehret malte – darunter die Jakobslilie (*Sprekelia formosissima* (L.) Herb.; Nr. 2) aus Mexiko und die Calla (*Zantedeschia aethiopica* (L.) Spreng.; Nr. 3) vom Kap der Guten Hoffnung. Obwohl das Werk zum erheblichen Teil nach Linnés Nomenklatur-Reform publiziert wurde, sind fast bis zu den letzten Lieferungen die auch auf den Tafeln angegebenen mehrelementigen Pflanzennamen verwendet.

The publication of this work can only be described as chaotic: it dragged on for more than four decades, the editors changed, and the text was not distributed simultaneously with the unusually large-format copperplate engravings that belonged to it. This confusion is not surprising, considering how many people took part in the project. George Dionysius Ehret (1708–1780) in London and Oxford, together with various illustrators in Nuremberg, including Nikolaus Friedrich Eisenberger (1707–1771) and Johann Christoph Keller (1737–1795), produced lifelike plant illustrations. These were collected by Christoph Jakob Trew (1695–1769), a prosperous doctor who worked in Nuremberg, and later by the publisher Johann Michael Seligmann (1720–1762) and his heirs. The texts were written by various authors, the copper plates worked on by various engravers; then the texts were set, engravings produced and coloured, and the text printed. The process resulted in often incomplete copies. The centre of all these activities was the Free City of Nuremberg, an important site of scientific illustration since the days of Albrecht Dürer (1471–1528).

Ehret frequently painted rarities, including Jacobean lily (*Sprekelia formosissima* (L.) Herb.; No. 2) from Mexico, and arum lily (*Zantedeschia aethiopica* (L.) Spreng.; No. 3) from the Cape of Good Hope. Although mostly published after Linnaeus' reform of botanical nomenclature, polynomial plant names were used on the plates until almost the final instalments.

La publication de cet ouvrage fut en un mot chaotique : elle s'étendit sur plus de 40 ans, les éditeurs furent remplacés par d'autres et le texte ne fut pas vendu en même temps que les gravures qui étaient d'un format inhabituel. Mais tout ceci n'est guère étonnant vu le nombre de personnes qui participèrent à cette entreprise. A Londres et à Oxford, George Dionysius Ehret (1708–1780) réalisait les reproductions de plantes d'après nature avec divers illustrateurs de Nuremberg, dont Nikolaus Friedrich Eisenberger (1707–1771) et Johann Christoph Keller (1737–1795). Ces reproductions étaient rassemblées par un riche médecin de Nuremberg, Christoph Jakob Trew (1695–1769), auquel succédèrent l'éditeur Johann Michael Seligmann (1720–1762), puis les héritiers de ce dernier. Les textes étaient rédigés par différents auteurs, et plusieurs graveurs préparaient les plaques de cuivre, composaient les textes, réalisaient les gravures, les coloriaient et imprimaient les textes. Bien souvent, tout cela donnait des exemplaires incomplets. Haut lieu de l'illustration scientifique depuis Albrecht Dürer (1471–1528), la ville libre de Nuremberg constituait le centre de toutes ces activités.

Ehret peignit souvent des plantes rares – comme l'amaryllis croix Saint-Jacques (*Sprekelia formosissima* (L.) Herb. ; n° 2) du Mexique, l'arum d'Ethiopie (*Zantedeschia aethiopica* (L.) Spreng. ; n° 3) du cap de Bonne-Espérance. Bien que publiés en grande partie après la réforme de la nomenclature botanique de Linné, les noms de plantes composés qui figurent également sur les planches furent utilisés jusqu'aux toutes dernières livraisons.

1

LILIO - NARCISSVS III.
Sprekelia Heisteri vid. Brunſvigia ejus, pag. XII.
Narciſſus Jacobeus.
J. M. Seligmann fecit et excud. Norimbergae.
24.
G.D. Ehret pinx. Lond.

2

CALLA AETHIOPICA I.
G.D.Ehret pinx.
131.
A.L.Wirsing Sc. et excud. Norimberg 1777.

3

# 30 Adam Franz Kollár Zettelkartei / Box of notes / Fichier

[WIEN], 1762

HAN Ser. Nov. 2449 Lit. 41

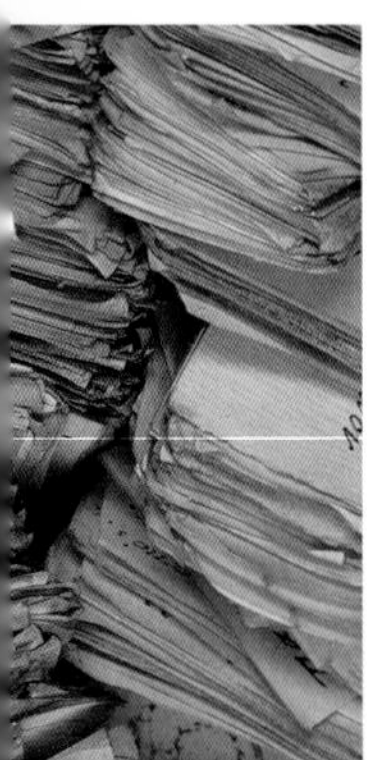

Als Folge des Friedens von Rastatt, der 1714 den Spanischen Erbfolgekrieg beendete, trat Kaiser Karl VI. die Herrschaft über das Königreich Neapel an. Kurz danach erwarb Alessandro Riccardo, Präfekt der kaiserlichen Hofbibliothek und selbst Neapolitaner, im Kloster San Giovanni a Carbonara in Neapel eine byzantinische Handschrift, die allgemein als *Codex Neapolitanus* bezeichnet wird, und ließ sie nach Wien bringen. Wie beim *Codex Aniciae Julianae* (Nr. 1) handelt es sich um ein reich illuminiertes frühbyzantinisches Manuskript mit den Schriften des Dioskurides, das aber nicht aus Byzanz, sondern aus einem Skriptorium auf der Apennin-Halbinsel, möglicherweise Ravenna, stammt und ins späte 6. oder frühe 7. Jahrhundert zu datieren ist.

Adam Franz Kollár (1723–1783), Skriptor an der kaiserlichen Hofbibliothek und Mitarbeiter von van Swieten, dem damaligen Präfekten, verglich um 1762 den *Codex Aniciae Julianae* mit dem *Codex Neapolitanus*, die beide damals unter dem Dach der kaiserlichen Hofbibliothek vereint waren. Kollárs besonderes Interesse galt den frühbyzantinischen Pflanzennamen in den beiden Manuskripten. Für ein gemeinsam mit van Swieten und dem damals 35jährigen Medizinstudenten Nikolaus Joseph Jacquin geplantes Projekt über die Heilpflanzen in Antike und Gegenwart sammelte Kollár in der hier gezeigten Zettelkartei Notizen. Auf einer Schnur aneinandergereiht und in einer Schachtel aufbewahrt, überstanden diese Karteizettel die Zeit.

As a result of the Peace of Rastatt, which ended the War of the Spanish Succession in 1714, Emperor Charles VI obtained dominion over the Kingdom of Naples. Shortly afterwards, Alessandro Riccardo, prefect of the Imperial Court Library and himself a Neapolitan, acquired a Byzantine manuscript from the Monastery of San Giovanni a Carbonara in Naples, and had it brought to Vienna. This work is generally known as the *Codex Neapolitanus*. As in the case of the *Codex Aniciae Julianae* (No. 1), this is a richly-illuminated early Byzantine manuscript dating from the late 6th or early 7th century and contains writings of Dioscorides; it did not, however, originate in Byzantium, but came from a Scriptorium on the Apennine Peninsula, probably Ravenna.

Approximately in 1762, Adam Franz Kollár (1723 -1783), scribe at the Imperial Court Library and a collaborator of van Swieten, then the library prefect, compared the *Codex Aniciae Julianae* with the *Codex Neapolitanus*, both of which were then in the library's possession. Kollár was particularly interested in the early Byzantine plant names in the two manuscripts. The card index shown here contains notes collected by Kollár for a planned project on ancient and modern medicinal plants together with van Swieten and the then thirty-five year old medical student Nikolaus Joseph Jacquin. Bound together with cord and protected in a box, these notes have survived.

A la suite de la paix de Rastatt qui mit fin à la guerre de succession espagnole en 1714, ce fut l'empereur Charles VI qui gouverna le royaume de Naples. Peu de temps après, Alessandro Riccardo, administrateur de la Bibliothèque Impériale et lui-même napolitain, fit l'acquisition au monastère San Giovanni a Carbonara de Naples d'un manuscrit byzantin, appelé plus communément *Codex Neapolitanus*, et le rapporta à Vienne. A l'instar du *Codex Aniciae Julianae* (n° 1), il s'agit d'un manuscrit richement enluminé comprenant des écrits de Dioscoride et provenant non pas de Byzance mais d'un scriptorium de la peninsule italienne, probablement situé à Ravenne, et qui date de la fin du VI$^{e}$ siècle ou du début du VII$^{e}$ siècle.

Adam Franz Kollár (1723–1783), « scriptor » à la Bibliothèque Impériale et collaborateur de van Swieten, l'administrateur de l'époque, comparait vers 1762 le *Codex Aniciae Julianae* au *Codex Neapolitanus*, tous deux conservés jadis à la Bibliothèque Impériale. Kollár s'intéressait surtout aux noms de plantes du début de l'ère byzantine qui apparaissaient dans les deux manuscrits. C'est pour un projet sur les plantes médicinales de l'Antiquité et de son temps, en collaboration avec van Swieten et l'étudiant en médecine Nikolaus Joseph Jacquin, âgé de 35 ans à l'époque, qu'il rassembla des notes pour le fichier présenté ici. Reliées par une ficelle et conservées dans une boîte, les fiches nous sont parvenues intactes.

## 31 J. Wagner Drucke byzantinischer Pflanzenabbildungen / Proofs of Byzantine plant illustrations / Épreuves de reproductions de plantes byzantines

[WIEN], 1762

HAN Cod. 12448 Lit. 41

Das von van Swieten, Kollár und Jacquin geplante Werk (siehe Nr. 30) über Heilpflanzen in Antike und Gegenwart sollte reich illustriert werden. Zu diesem Zweck ließ Jacquin viele Abbildungen im *Codex Aniciae Julianae* (Nr. 1) und im *Codex Neapolitanus* (siehe Nr. 30) pausen, die so entstandenen Strichzeichnungen auf Kupferplatten übertragen, die Kupferplatten stechen und mehrere Serien von Probeabzügen herstellen. Dann kam das Projekt aus unbekannten Gründen – möglicherweise bedingt durch den Tod des an naturwissenschaftlichen Fragen sehr interessierten Kaisers Franz I. Stephan (regierte 1745–1765) – zum Erliegen. Fünf unterschiedlich umfangreiche Serien von Probeabzügen haben sich erhalten: Ein Fragment wurde an Linné geschickt und befindet sich heute in der Bibliothek der Linnean Society in London; ein weiteres gelangte an John Sibthorp, Professor an der Universität Oxford, wurde von ihm auf seiner Reise im Osmanischen Reich für sprachwissenschaftliche Studien benutzt und wird heute am Department of Plant Sciences in Oxford aufbewahrt; ein Exemplar kam zusammen mit mehreren kaum benutzen Kupferplatten an die Albertina in Wien, zwei weitere Exemplare gelangten in die Hofbibliothek. Zusammen mit Jacquins Briefen an Linné über dieses Projekt sind sie das eindrucksvolle Zeugnis eines Plans, der erst im 20. Jahrhundert Wirklichkeit wurde – des Faksimiledrucks der beiden frühbyzantinischen Codices. Im hier gezeigten Exemplar der Probedrucke hat Kollár die frühbyzantinischen Pflanzennamen notiert; der Stich stammt möglicherweise von J. Wagner, der auch alle Kupferplatten zu Jacquins *Selectarum stirpium americanarum historia* (Nr. 32) anfertigte.

The work planned by van Swieten, Kollár, and Jacquin (see No. 30) on ancient and modern medicinal plants was to be abundantly illustrated. For this purpose, Jacquin had many of the illustrations in the *Codex Aniciae Julianae* (No. 1) and the *Codex Neapolitanus* (see No. 30) traced, the resulting line-drawings transferred to copper plates, the copper plates engraved, and several sets of proofs made. Then for unknown reasons the project came to a standstill – possibly through the death of the Emperor Francis I Stephan (reigned 1745–1765) who had been very interested in natural history. Five sets of proofs, differing in extent, have been preserved. One set was sent to Linnaeus, and is now in the Library of the Linnaean Society in London; another went to John Sibthorp, a professor at Oxford University, who used it for linguistic studies on his journey into the Ottoman Empire, and is now in the Department of Plant Sciences in Oxford; one copy, together with several barely-used copper plates, came to the Albertina in Vienna; and two further copies reside in the Court Library. Together with Jacquin's letters to Linnaeus concerning the project, they are the most impressive evidence of a plan that was realized only in the 20th century – the printed facsimile of the two early Byzantine codices. In the copy of the proof shown here, Kollár noted the early Byzantine plant names. J. Wagner was possibly the engraver who had also made all the copper plates for Jacquin's *Selectarum stirpium americanarum historia* (No. 32).

L'œuvre sur les plantes médicinales de l'Antiquité et des temps modernes (voir n° 30) que van Swieten, Kollár et Jacquin envisageaient de réaliser devait être richement illustrée. Jacquin fit décalquer à cet effet plusieurs reproductions du *Codex Aniciae Julianae* (n° 1) et du *Codex Neapolitanus* (voir n° 30). Les dessins ainsi obtenus furent reportés sur des plaques de cuivre, les plaques gravées et plusieurs séries d'épreuves virent le jour. Puis, le projet fut abandonné pour des raisons inconnues – probablement à cause de la mort de l'empereur François Ier Étienne (règne de 1745 à 1765) qui s'intéressait vivement aux sciences naturelles. Cinq séries d'épreuves de tailles diverses ont été conservées : une partie fut envoyée à Linné et se trouve aujourd'hui à la bibliothèque de la Linnean Society à Londres ; une autre parvint entre les mains de John Sibthorp, professeur à l'Université d'Oxford, qui l'utilisa pour des études linguistiques lors de son voyage dans l'Empire ottoman. Elle est aujourd'hui au Department of Plant Sciences d'Oxford. Un autre jeu partit avec plusieurs plaques de cuivre à peine usagées pour l'Albertina à Vienne tandis que deux autres furent attribuées à la Hofbibliothek. Avec les lettres de Jacquin à Linné, ces épreuves anticipent de façon saisissante ce qui n'allait devenir réalité qu'au XXe siècle : l'impression en fac-similé des deux codex. Dans l'exemplaire présenté ici, Kollár a noté le nom byzantin des plantes. J. Wagner était peut-être le graveur qui avait préparé tous les cuivres pour la *Selectarum stirpium americanarum historia* (n° 32) de Jacquin.

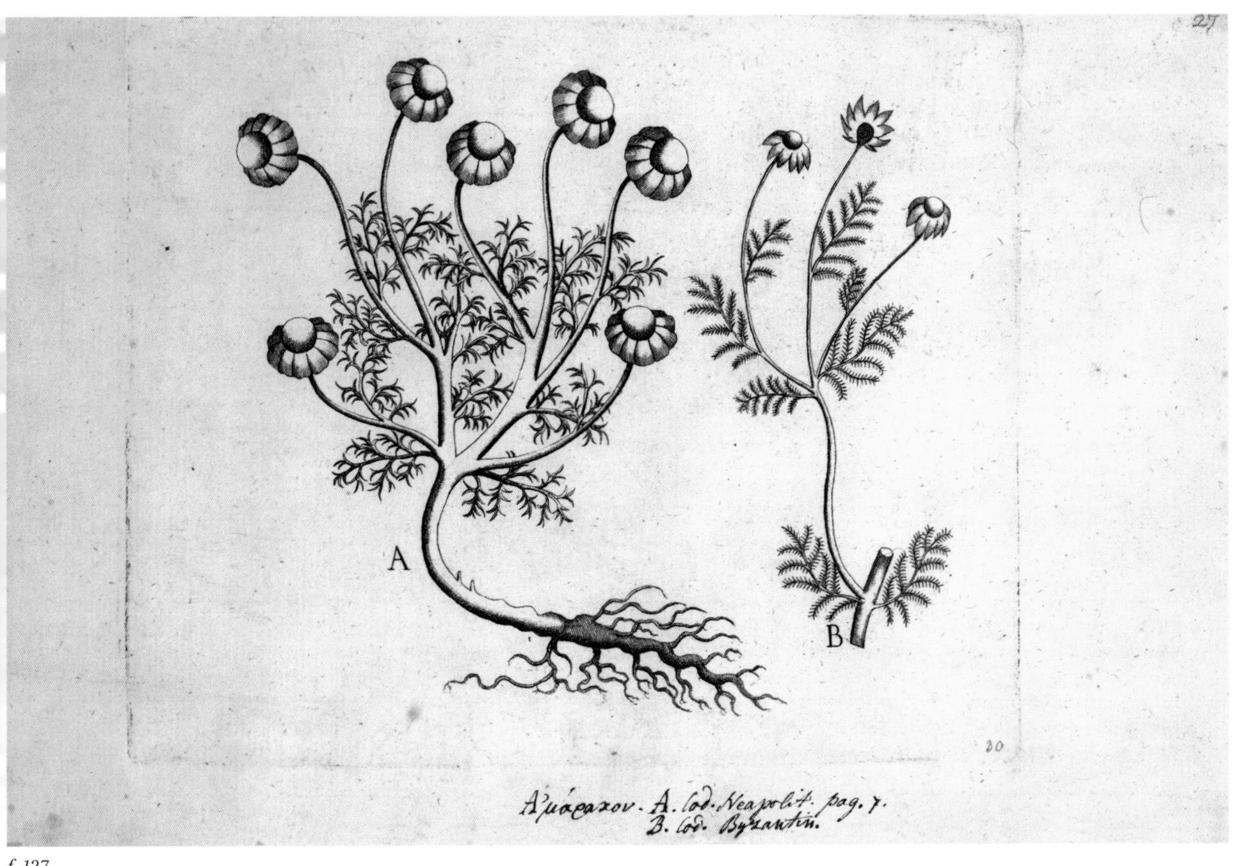


*f. 127*

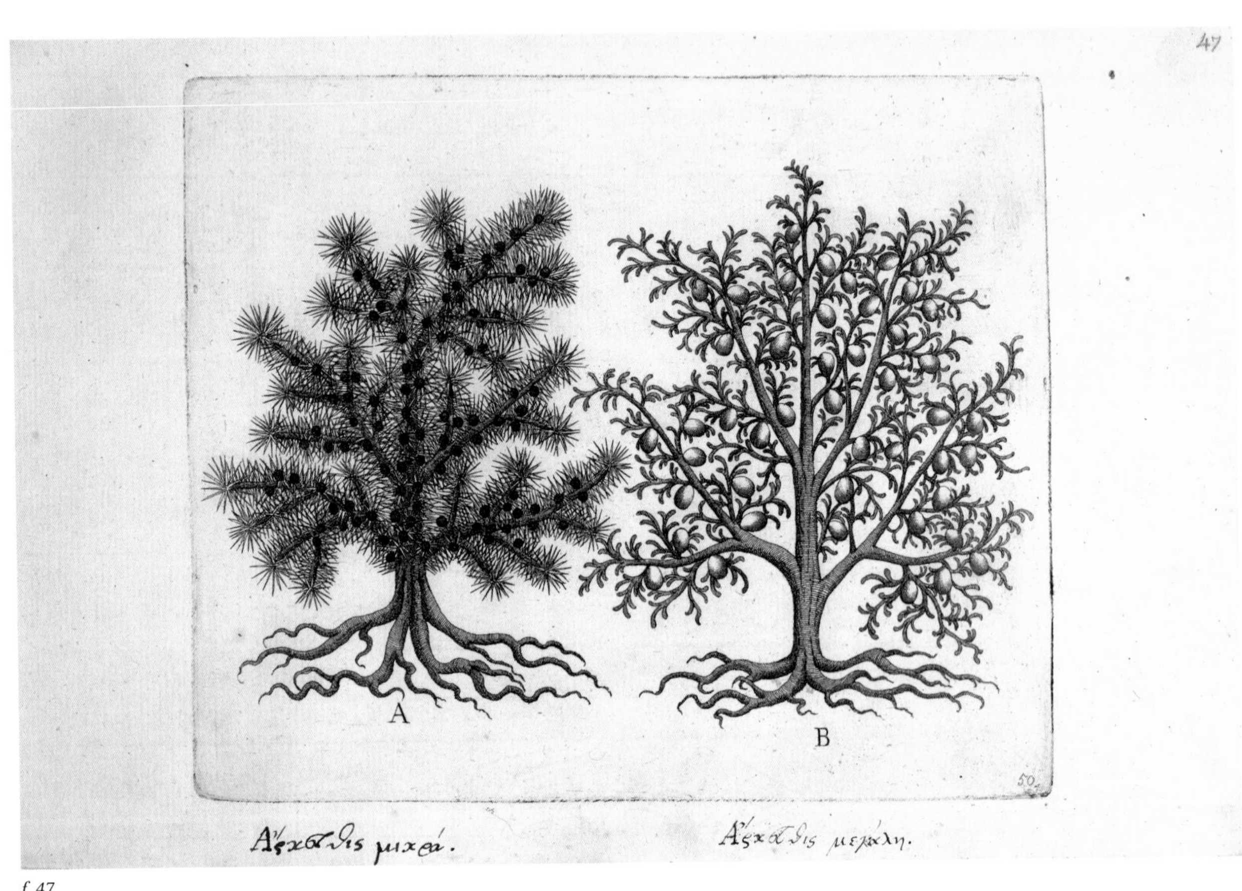


*f.* 47

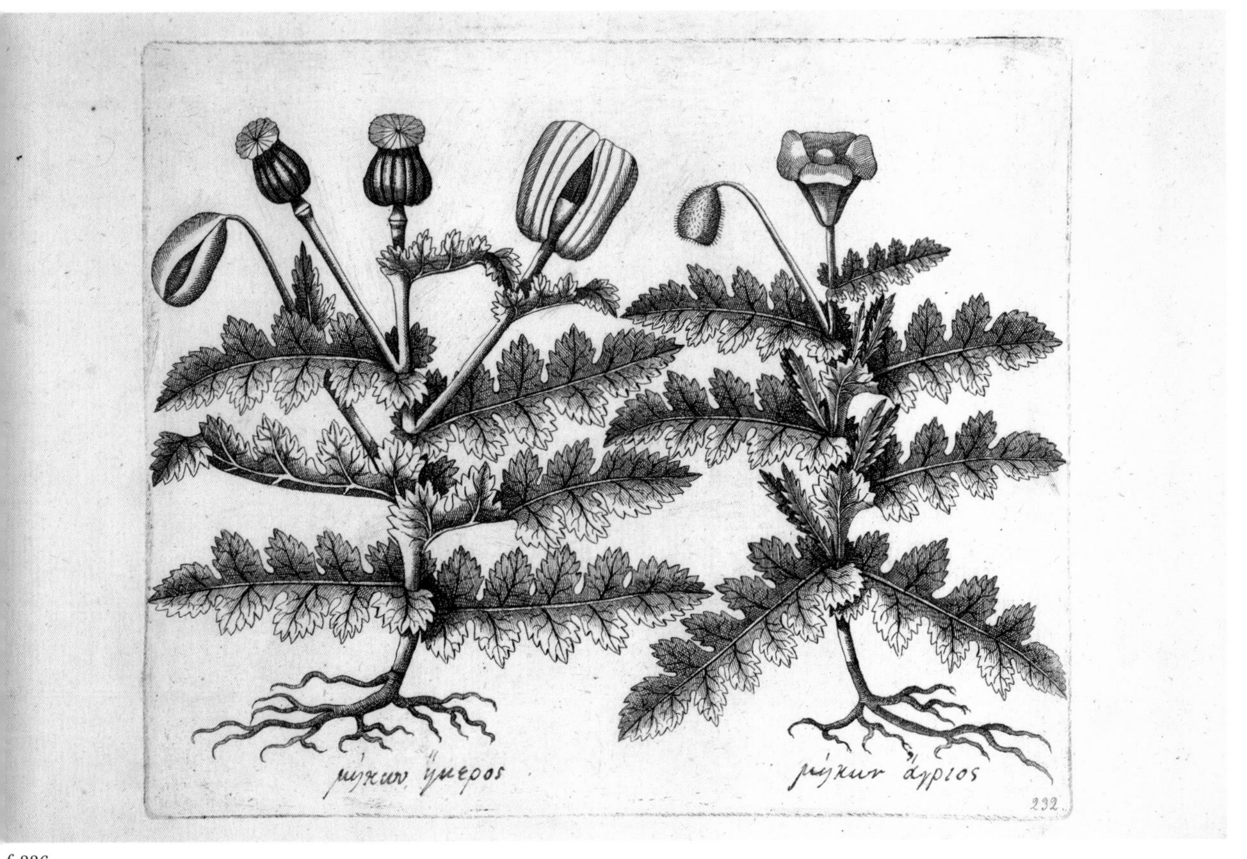


*f. 226*

## 32 Nikolaus Joseph Jacquin
## Selectarum stirpium americanarum historia

VINDOBONAE [WIEN], 1763

POR 27147

Lit. 42, 46

Auf einem 1753 von Kaiser Franz I. Stephan erworbenen Grundstück, das den Park der kaiserlichen Sommerresidenz in Schönbrunn bei Wien in westlicher Richtung erweiterte, legte man einen botanischen Garten an und errichtete ein für damalige Verhältnisse riesiges Warmhaus für die Kultur tropischer Gewächse. Mit dem Auftrag, Pflanzen und Tiere von den Inseln in der Karibik nach Schönbrunn zu bringen, wurde im Jahr darauf ein Student der Medizin abgeschickt – Nikolaus Joseph Jacquin (1727–1817), ein Protégé von van Swieten (siehe Nr. 30). Von verschiedenen Häfen aus veranlaßte Jacquin umfangreiche Pflanzensendungen nach Schönbrunn, darunter als Glanzleistung den Transport mannshoher entblätterter Bäume. Er selbst kam im Jahre 1759 mit einer umfangreichen Sammlung an Gesteinen, Tieren, Pflanzen und Sämereien sowie ethnographischen Objekten nach Wien zurück.

Von mindestens ebenso großer Bedeutung aber waren die zahlreichen naturgetreuen Zeichnungen und Wasserfarbenmalereien, die Jacquin und sein Reisegefährte Ryk van der Schot (c. 1733–1790) angefertigt hatten; sie werden, soweit erhalten, heute im Archiv des Naturhistorischen Museums Wien aufbewahrt. Jacquins Abbildungen bilden die Basis für die eher groben Kupferstiche des hier gezeigten Bandes. Der wissenschaftliche Wert dieser Abbildungen wird noch dadurch erhöht, daß nur vereinzelt Herbarexemplare nach Europa gebracht wurden – Ameisen, Termiten, Schimmel hatten die anderen vernichtet.

Bis heute ist Jacquins *Selectarum stirpium americanarum historia* ein Grundlagenwerk zur Flora der karibischen Inseln: Eine in Afrika beheimatete, aber seit Jahrhunderten in der Karibik kultivierte Welt-

In 1753, Emperor Francis I Stephan bought a small piece of land which extended the park of the Imperial summer palace at Schönbrunn near Vienna westwards. There a botanic garden was developed and a greenhouse (immense for its day) was erected for the cultivation of tropical plants. In the following year the medical student Nikolaus Joseph Jacquin (1727–1817), a protégé of van Swieten (see No. 30), was dispatched to the Caribbean islands to bring plants and animals to Schönbrunn. From various ports, Jacquin sent extensive collections of plants – including defoliated trees as high as an adult – back to Schönbrunn. He himself returned to Vienna in 1759 with a comprehensive collection of geological specimens, animals, plants, seeds and ethnographic objects.

Equally important, however, were all the drawings and watercolours executed by Jacquin and his travelling companion, Ryk van der Schot (c. 1733–1790); the surviving work now resides in the archive of the Natural History Museum in Vienna. Jacquin's illustrations form the basis for the rather rough copper engravings of the volume exhibited here. The scientific value of these botanical illustrations was all the greater because only isolated herbarium specimens of these plants had been brought to Europe; ants, termites and mould had destroyed the others.

Jacquin's *Selectarum stirpium americanarum historia* remains a fundamental work on the Caribbean flora, and it was here that the oil palm (*Elaeis guineensis* Jacq.; t. 172) received its scientific name, still valid today. This plant of worldwide economic importance, which is native to Africa, had been grown in the Caribbean for centuries.

The plate preceding the illustrations (No. 1) is particularly notewor-

En 1753, l'empereur François Ier Étienne acheta un petit terrain qui devait agrandir vers l'ouest le parc de sa résidence d'été à Schönbrunn près de Vienne. On y aménagea un jardin botanique et l'on construisit une serre immense pour l'époque qui devait abriter des plantes tropicales. L'année suivante, un étudiant en médecine – Nikolaus Joseph Jacquin (1727–1817), protégé de van Swieten (voir n° 30) – fut envoyé aux Caraïbes afin d'en rapporter des plantes et des animaux. A partir de différents ports, Jacquin fit expédier à Schönbrunn de volumineux envois de plantes, dont des arbres dépouillés de leurs feuilles et de la hauteur d'un homme, ce qui représentait une réelle performance. Il revint à Vienne en 1759 transportant dans ses bagages une grande collection de roches, animaux, plantes et graines ainsi que des objets ethnographiques.

Tout aussi importants, si ce n'est plus, furent toutefois les nombreux dessins et aquarelles d'après nature que Jacquin et son compagnon Ryk van der Schot (vers 1733–1790) avaient effectués et qui se trouvent aujourd'hui aux archives du Naturhistorisches Museum de Vienne. Les reproductions de Jacquin constituent la base des gravures plutôt grossières du volume présenté ici. La valeur scientifique de ces reproductions a augmenté du fait que seuls quelques exemplaires sont bien parvenus jusqu'en Europe, les fourmis, les termites et les moisissures ayant détruit les autres.

Le *Selectarum stirpium americanarum historia* demeure un ouvrage de base sur la flore des Caraïbes : le palmier oléifère (*Elaeis guineensis* Jacq. ; t. 172), originaire d'Afrique mais cultivé depuis des siècles dans les îles, y a reçu son nom scientifique, encore en vigueur.

STIRPIUM AMERICANARUM
CONES
OCEANUS ATLANTICUS
Florida
Cuba
Domingo
Martinica
Mare

*1*

wirtschaftspflanze, die Ölpalme (*Elaeis guineensis* Jacq.; t. 172), erhielt hier ihren bis heute gültigen wissenschaftlichen Namen.

Auf einem Kupferstich vor dem Abbildungsteil (Nr. 1) sind zwei Karaiben zu sehen, die zwischen sich ein Tuch mit einer Landkarte der wichtigsten von Jacquin besuchten Inseln aufspannen. Die Darstellung ist mit Tieren, Pflanzen, Gesteinsproben und einem ethnographischen Objekt geschmückt. Von besonderem Interesse ist im oberen Bildteil rechts eine Frucht, aus der ein geflügelter Same herauszufallen scheint. Dabei handelt es sich um eine Kapsel des Mahagoni-Baums (*Swietenia mahagoni* (L.) Jacq.), deren wissenschaftlichen Gattungsnamen Jacquin seinem Protektor van Swieten gewidmet hatte. Diese Höflichkeit machte sich doppelt bezahlt: Dank van Swieten war Jacquin bald Professor an der königlich-ungarischen Bergakademie in Selmesbanya [Banská Štiavnica]. Wenige Jahre später sollte François Laugier, der erste Direktor des botanischen Gartens der Universität Wien und Professor für Chemie und Botanik, in einem Konflikt mit van Swieten seine Demission anbieten. Dieser empfahl Maria Theresia, Königin von Böhmen und Ungarn, die sofortige Annahme und hatte in weiterer Folge freie Hand bei der Nachbesetzung der doppelten Professur und der Direktion. Seine Wahl fiel auf Jacquin, wobei sicher dessen Fähigkeiten, vielleicht aber auch der gemeinsame Geburtsort Leiden und die Gattung *Swietenia* Jacq. eine Rolle gespielt haben mögen. Durch diese Entscheidung bestimmte van Swieten für mehr als ein halbes Jahrhundert die Entwicklung der Botanik in Wien, denn auf Nikolaus Joseph Jacquin folgte in allen Funktionen dessen Sohn Joseph Franz Jacquin.

thy: this copperplate engraving depicts two natives holding a cloth with a map indicating the main islands which Jacquin visited. The image is decorated with animals, plants, mineral samples and an ethnographic object. Of special interest is the fruit shown at the top right, from which a winged seed is apparently falling. This is a capsule of mahogany (*Swietenia mahagoni* (L.) Jacq.), a genus Jacquin named in honour of his protector, van Swieten. This courtesy was doubly acknowledged. Thanks to van Swieten, Jacquin was soon named professor at the Royal Hungarian Mining Academy in Selmesbanya (Banská Štiavnica). Some years later, François Laugier, the first director of the Vienna University Botanic Garden and Professor of Chemistry and Botany, is said to have tendered his resignation in the course of a dispute with van Swieten. On van Swieten's advice, this was immediately accepted by Maria Theresia, Queen of Bohemia and Hungary; as a result, van Swieten had a carte blanche in naming a successor to the dual posts of professor and director. Van Swieten's choice was Jacquin, in which case certainly Jacquin's abilities – but perhaps also their common birthplace of Leiden and the genus *Swietenia* Jacq. – may have played a part. With this decision, van Swieten influenced the development of botany in Vienna for more than half a century: Nikolaus Joseph Jacquin was succeeded in all his offices by his son Joseph Franz Jacquin.

Le tableau précédant les illustrations (n° 1) montre deux indigènes tenant une étoffe sur laquelle est représentée une carte des îles les plus importantes visitées par Jacquin. Cette carte est ornée d'animaux, de plantes, de roches et d'un objet ethnographique. On notera avec intérêt, en haut à droite, un fruit dont semble s'échapper une graine ailée. Il s'agit d'une capsule d'acajou (*Swietenia mahagoni* (L.) Jacq.), dont Jacquin avait dédié le nom scientifique à son protecteur van Swieten. Cette courtoisie s'avéra doublement rentable. Grâce à van Swieten, Jacquin fut bientôt nommé professeur à l'Académie royale hongroise de Selmesbanya [Banská Štiavnica]. Quelques années plus tard, François Laugier, premier directeur du Jardin botanique de l'Université de Vienne et professeur de chimie et de botanique, entra en conflit avec van Swieten et pensa renforcer son avantage en proposant sa démission. Van Swieten conseilla Marie-Thérèse, reine de Bohême et de Hongrie de l'accepter et eut ainsi carte blanche pour choisir des successeurs pour les deux chaires ainsi qu'à la direction du Jardin botanique. Son choix tomba sur Jacquin. Les aptitudes de ce dernier jouèrent certainement un rôle, mais peut-être aussi le fait que tous deux étaient nés à Leyde ainsi que le nom donné à la *Swietenia* Jacq. Par cette décision de van Swieten, l'évolution de la botanique viennoise fut déterminée pour plus d'un demi-siècle : le successeur de Nikolaus Joseph Jacquin aux mêmes postes fut en effet son propre fils Joseph Franz Jacquin.

TAB. I.
Jacquin ad vivum delineavit.

*t. 1*

TAB. CLXXII.
Jacquin del.
172

*t. 172*

# 33 *Christian Jakob Trew* *Plantae rariores*

NORIMBERGAE [NÜRNBERG], 1763–1784

POR 261.451-E. Fid

Lit. 7, 9, 50

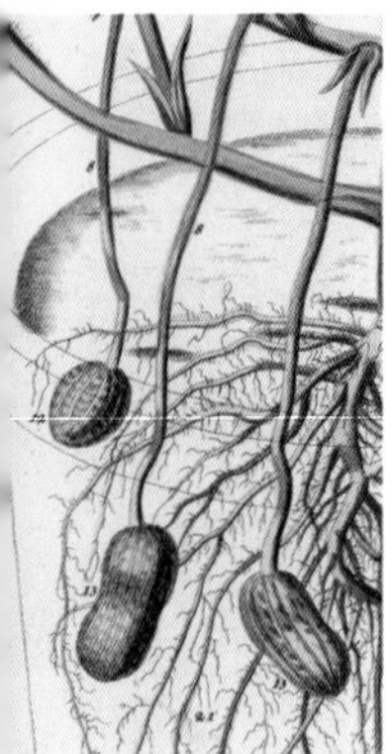

Im Jahre 1758 kaufte Linné zwei kleine Landgüter – Hammarby und Sävja, beide in unmittelbarer Nähe von Uppsala gelegen. Vier Jahre später ließ er in Hammarby ein bescheidenes Landhaus errichten, in dem er mit seiner großen Familie die Sommer verbrachte. Glücklicherweise hat sich die Anlage erhalten und vermittelt bis heute den Charme des ländlichen Schwedens im späten 18. Jahrhundert. Während die ursprünglich in seinem Privatmuseum in Hammarby untergebrachten wissenschaftlichen Sammlungen und die selteneren Bücher von seiner Witwe nach England verkauft wurden und heute im unterirdischen Objektschutzbereich der Linnean Society am Piccadilly in London aufbewahrt werden, blieb Linnés Schlafzimmer weitgehend unverändert erhalten. Es ist ungewöhnlich tapeziert – mit kolorierten Kupferstichen aus Nürnberg, die überwiegend außereuropäische Pflanzen zeigen. Von ihnen war Linné so begeistert, daß er an Trew (siehe Nr. 29) schrieb: „In den Naturwissenschaften sind die Wunder unseres Jahrhunderts Ihr Werk über Ehrets Pflanzen …" Soweit bekannt, stammt die Tapezierung aus den *Plantae selectae*, die Trew in Nürnberg auf der Grundlage von naturgetreuen, von Ehret in London angefertigten Abbildungen in den Jahren 1750 bis 1771 herausgab. Eine Parallelpublikation waren die hier gezeigten *Plantae rariores*, deren Pflanzendarstellungen ebenfalls zum Teil von Ehret stammen. Die Abbildung einer Erdnuß (*Arachis hypogaea* L.; t. 3) wurde allerdings von dem wenig bekannten Nürnberger Illustrator Magnus Melchior Payerlein (1716–1751) angefertigt und nach dessen Tod von Trew veröffentlicht.

In 1758, Linnaeus purchased two small estates – Hammarby and Sävja – situated in the immediate vicinity of Uppsala. Four years later, he had a modest country house built in Hammarby, where he and his large family used to spend the summers. Fortunately the property has been preserved, and it still conveys the charm of rural Sweden in the 18th century. The scientific collections and the rarer books, which were originally housed in his private museum in Hammarby, were sold to England by his widow and are kept nowadays in an underground repository at the Linnean Society in Piccadilly, London. Linnaeus' bedroom, on the other hand, has remained largely unchanged. It is papered in an unusual manner – with coloured engravings from Nuremberg depicting largely non-European plants. Linnaeus was so enthusiastic about the prints that he wrote to Trew (see No. 29): "In the field of natural science, your labours on Ehret's plants are the miracles of our century …" As far as is known, the design of the wallpaper comes from the *Plantae selectae*, which had been published in Nuremberg by Trew based on lifelike illustrations made by Ehret in London between 1750 and 1771. The work shown here, *Plantae rariores*, was a parallel publication also containing some plants originally painted by Ehret. The illustration of a peanut (*Arachis hypogaea* L.; t. 3) shown here was in fact made by the little-known Nuremberg illustrator Magnus Melchior Payerlein (1716–1751) and published posthumously by Trew.

En 1758, Linné acheta deux petits domaines ruraux, Hammarby et Sävja, tous deux situés dans les environs d'Uppsala. Quatre ans plus tard, il fit construire une modeste maison de campagne à Hammarby où il devait passer ses étés avec sa grande famille. La maison qui a été heureusement conservée dégage aujourd'hui encore ce charme propre à la Suède rurale de la fin du XVIIIe siècle. Tandis que les collections scientifiques et les livres rares qui se trouvaient à l'origine dans son musée privée de Hammarby furent vendus en Angleterre par sa veuve et sont conservés aujourd'hui dans les salles souterraines protégées de la Linnean Society à Piccadilly, Londres, la chambre à coucher de Linné n'a subi pratiquement aucune modification. Ses murs sont recouverts d'un papier peint inhabituel – ce sont des gravures coloriées de Nuremberg représentant en grande partie des plantes non européennes. Linné en était si enthousiaste qu'il écrivit à Trew (voir n° 29) : « Dans le domaine des sciences naturelles, votre ouvrage sur les plantes d'Ehret constitue l'un des miracles de notre siècle. » Autant qu'on le sache, cette tapisserie provient des *Plantae selectae*, que Trew publia à Nuremberg dans les années 1750 et jusqu'en 1771 sur la base des reproductions d'après nature qu'Ehret avait exécutées à Londres. Les *Plantae rariores*, présentées ici, étaient une publication parallèle et ses reproductions de plantes provenaient en partie aussi des travaux d'Ehret. La reproduction d'une cacahuète (*Arachis hypogaea* L. ; t. 3) fut toutefois réalisée par un illustrateur peu connu de Nuremberg, Melchior Payerlein (1716–1751), et fut publiée par Trew après sa mort.

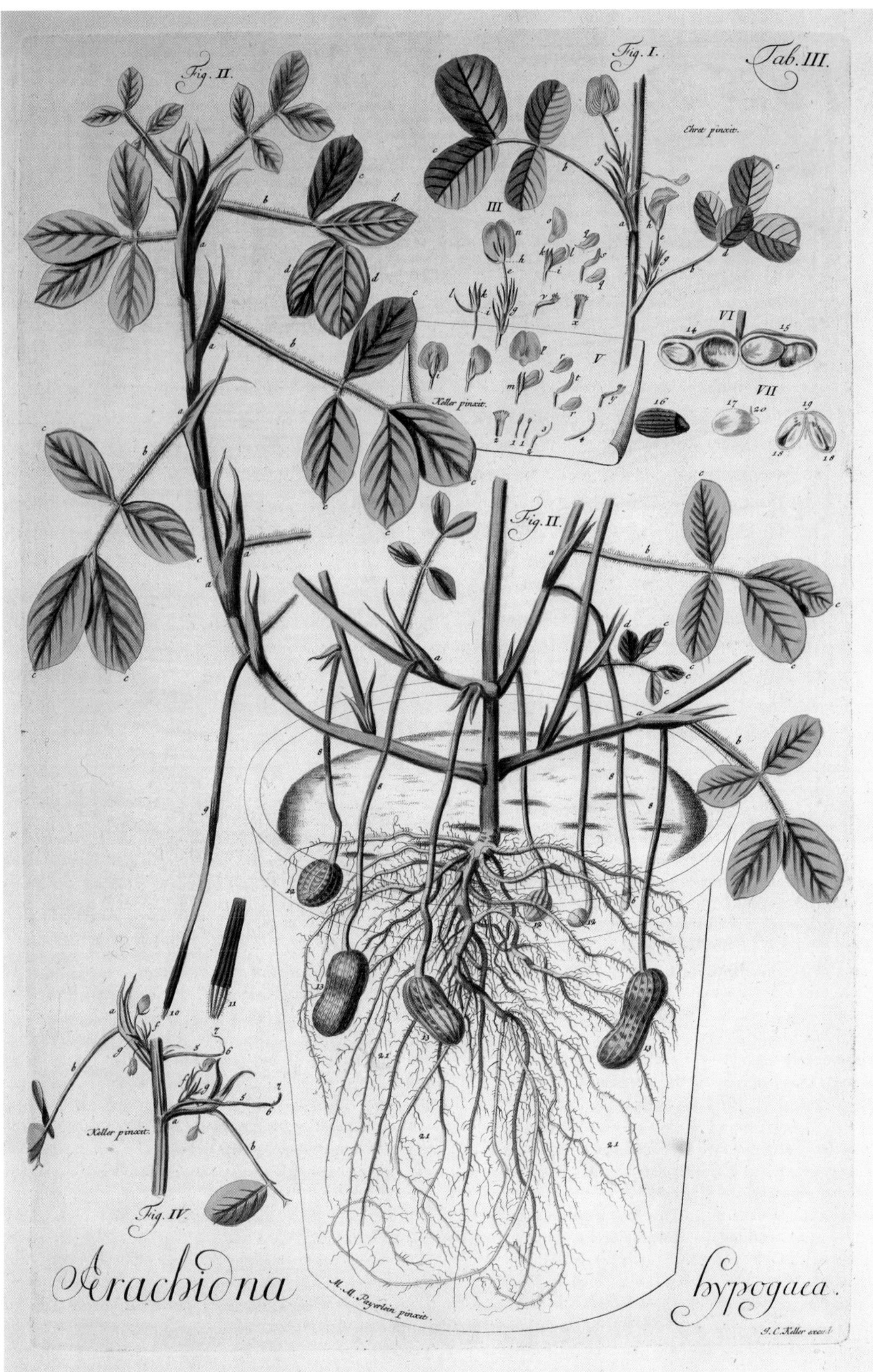
Tab. III.
Fig. I.
Fig. II.
Ehret pinxit.
Keller pinxit.
Fig. II.
Keller pinxit.
Fig. IV.
Arachidna hypogaea.
M. M. Payerlein pinxit.
J. C. Keller excud.

t. 3

# 34 *Florilegium von Johann Jakob Well*

[WIEN], 1768–1780

HAN Ser. Nov. 2733–2740 (8 vol.) Lit. 44, 4

Wie Jacquin kam Johann Jakob Well (1725–1787) als Student nach Wien, wurde von van Swieten geprüft und gelangte dort durch Heirat in den Besitz einer Apotheke. Bald auf die neu gegründete Professur für Naturgeschichte berufen, war Well auch Leiter eines längst untergegangenen Museums für Naturkunde der Universität Wien. Ähnlich wie Dr. Norbert Boccius, Prior des Konvents der Barmherzigen Brüder in Feldsberg [Valtice], ließ Well die gesamte ihm bekannte Pflanzenwelt in naturgetreuen Abbildungen festhalten. Diese von ihm *Phytanthologia Eikonike* genannte, für seine Apotheke bestimmte achtbändige Bilderhandschrift kam später in das Salesianerinnenkloster am Rennweg in Wien und von dort 1938 an die damalige Nationalbibliothek. Die von Boccius *Liber regni vegetabilis* genannte Bilderhandschrift gelangte an Alois I. Joseph Fürst von Liechtenstein; sie wurde in der Fürstlich-Liechtensteinischen Fideikommissbibliothek in Wien aufbewahrt, ehe man gegen Ende des Zweiten Weltkriegs das 14bändige Werk ins sichere Vaduz brachte. Erforscht wurden beide Werke erst in den Jahren 1998 bis 2000.

Am *Liber regni vegetabilis*, heute *Codex Liechtenstein* genannt, waren mehrere Illustratoren beteiligt, vor allem die Brüder Joseph, Franz und Ferdinand Bauer (siehe Nr. 100). Die weniger qualitätvollen *Phytanthologia Eikonike* scheinen allein das Werk von Franz Scheidl (1731–?) zu sein. Scheidl stellte für Jacquin „alle Pflanzen der *Flora Austriaca* (mit Ausnahme der Pflanzen von [Franz Xaver] Wulfen) [Nr. 37] und des *Hortus botanicus Vindobonensis* [Nr. 35] her“. Die Österreichische Nationalbibliothek besitzt einen bisher unerforschten Band Vogelzeichnungen auf Papier von Scheidl (Cod. Min. 142), weiters be-

Like Jacquin, Johann Jakob Well (1725–1787) came to Vienna as a student; after being examined by van Swieten, through marriage he entered into ownership of a chemist's shop. Soon appointed to the newly-founded professorship of natural history at the University of Vienna, Well also became director of a long-since defunct University Museum for Nature Study. Like Dr. Norbert Boccius, prior of the Monastery of the Brothers of Mercy in Feldsberg (Valtice), Well had the whole of the plant world that was known to him recorded in an eight-volume work with true-to-life illustrations. This illustrated manuscript, which he called *Phytanthologia Eikonike* and intended for his chemist's shop, later came into the possession of the Salesian nunnery located on the Rennweg in Vienna and passed in 1938 to the National Library. The illustrated manuscript, to which Boccius gave the name *Liber regni vegetabilis*, came into the possession of Alois I Joseph, Prince of Liechtenstein; it was kept in the Liechtenstein Family Trust Library in Vienna until the 14-volume work was taken to Vaduz for secure storage shortly before the end of the Second World War. Neither work was extensively researched until 1998–2000.

Several illustrators collaborated on the *Liber regni vegetabilis*, today known as the *Codex Liechtenstein*, above all the brothers Joseph, Franz and Ferdinand Bauer (see No. 100). The *Phytanthologia Eikonike*, which is not of the same quality, appears to have been the work of Franz Scheidl (1731–?). He made for Jacquin "all of the plants of the *Flora Austriaca* (with the exception of the plants by [Franz Xaver] Wulfen) [No. 37] and of the *Hortus botanicus Vindobonensis* [No. 35]." The Austrian National Library possesses a hitherto unresearched volume of bird drawings on

Comme Jacquin, Johann Jakob Well (1725–1787) arriva en tant qu'étudiant à Vienne et eut van Swieten comme examinateur. Il acquit par son mariage une pharmacie dans cette ville. Nommé bientôt à la nouvelle chaire d'histoire naturelle, Well fut également le directeur d'un musée de sciences naturelles de l'Université de Vienne qui n'existe plus depuis longtemps. A l'instar du Dr Norbert Boccius, supérieur du couvent des Frères Charitables à Feldsberg [Valtice], Well réunit dans une œuvre en huit volumes des reproductions d'après nature de toutes les plantes qu'il connaissait. Ce manuscrit illustré qu'il intitula *Phytanthologia Eikonike* était destiné à sa pharmacie. On le retrouva plus tard au couvent des salésiennes situé sur le Rennweg à Vienne, puis, en 1938, à l'ancienne Nationalbibliothek. Le manuscrit illustré intitulé *Liber regni vegetabilis* par Boccius fut acquis par Aloys Ier Joseph, prince de Liechtenstein. L'ouvrage en 14 volumes fut conservé à la Fürstlich-Liechtensteinische Fideikommissbibliothek de Vienne avant d'être mis en sécurité à Vaduz à la fin de la guerre. Les deux ouvrages ne firent l'objet de recherches scientifiques que dans les années 1998–2000.

Plusieurs illustrateurs, en particulier les frères Joseph, Franz et Ferdinand Bauer (voir n° 100), participèrent au *Liber regni vegetabilis*, appelé aujourd'hui *Codex Liechtenstein*. Le florilège de moins bonne qualité *Phytanthologia Eikonike* est l'œuvre, semble-t-il, de Franz Scheidl (1731–?). Il exécuta pour Jacquin « toutes les plantes du *Flora Austriaca* (à l'exception des plantes de [Franz Xaver] Wulfen) [n° 37] et du *Hortus botanicus Vindobonensis* [n° 35] ». L'Österreichische Nationalbibliothek possède un volume de dessins d'oiseaux sur papier par Scheidl (Cod. Min. 142), non

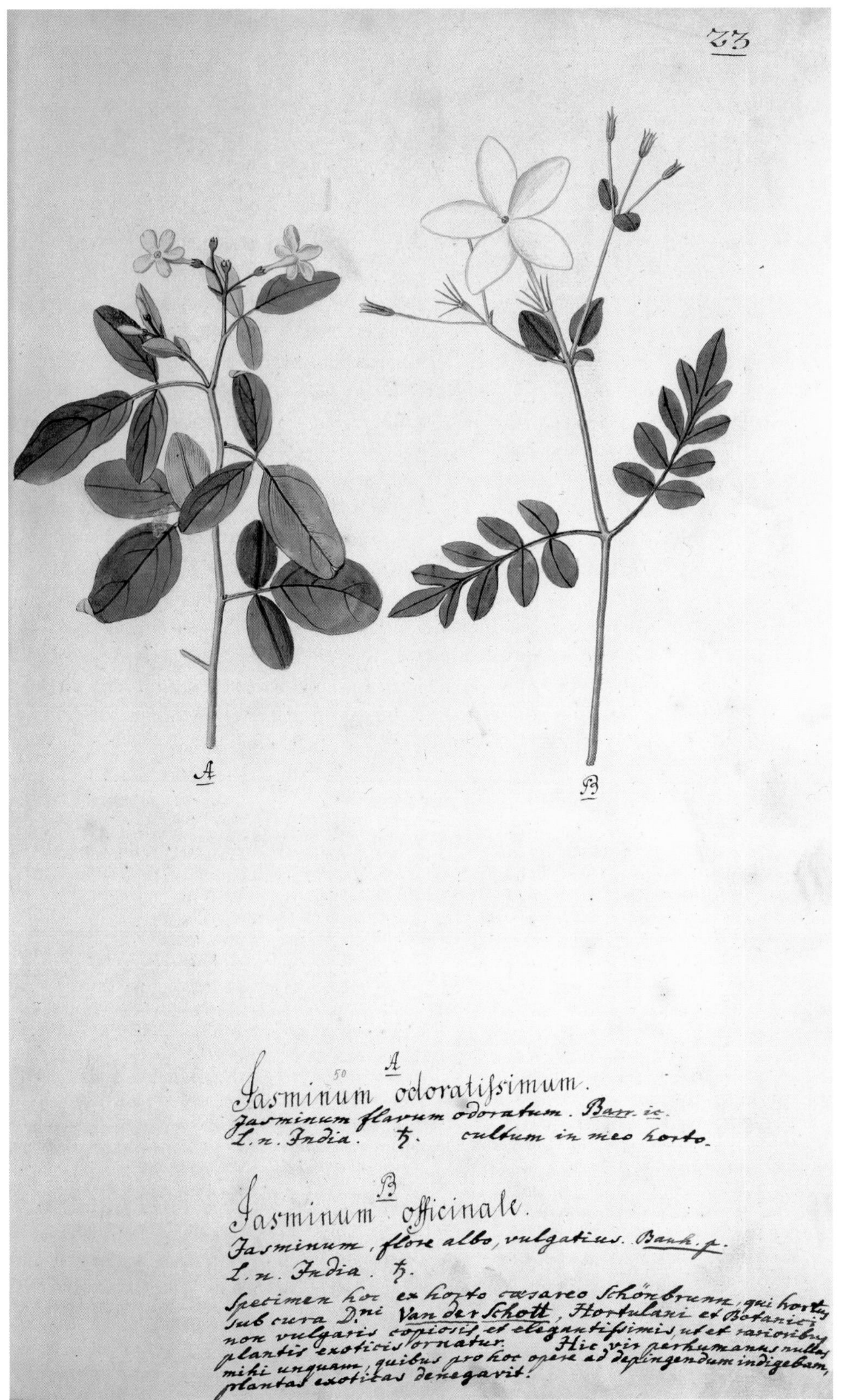

23
A
B
Jasminum 50 A odoratissimum.
Jasminum flavum odoratum. Barr. ic.
L. n. India. ♄. cultum in meo horto.
Jasminum B officinale.
Jasminum, flore albo, vulgatius. Bauh. p.
L. n. India. ♄.
Specimen hoc ex horto caesareo Schönbrunn, qui hortus
sub cura D.ni Van der Schott, Hortulani et Botanici
non vulgaris copiosis et elegantissimis, ut et rarioribus
plantis exoticis ornatur. Hic vir perhumanus nullas
mihi unquam, quibus pro hoc opere ad depingendum indigebam,
plantas exoticas denegavit.


*Ser. Nov. 2733, f. 23*

findet sich in der Oak Spring Garden Library, Upperville, Virginia, ein am Buchrücken „Scheidtl Blumen Pflanzen und Früchte" bezeichnetes Album.

Die *Phytanthologia Eikonike* enthalten zahlreiche Wiederholungen von Arbeiten, die Scheidl für Jacquin hergestellt hatte und die heute größtenteils im Archiv des Naturhistorischen Museums in Wien aufbewahrt werden. Unter den Unika finden sich Darstellungen von Pflanzen aus dem Garten von Schloß Schönbrunn (z. B. Echter Jasmin [*Jasminum officinale* L.]; Ser. Nov. 2733, f. 23, rechts) und Pflanzen aus Sibirien (z. B. *Nepeta sibirica* L.; Ser. Nov. 2740, f. 129). Das Vorwort zur *Flora rossica* von Peter Simon Pallas (Nr. 40) erläutert die Zusammenhänge: Zwar ließ Pallas die Pflanzenabbildungen für dieses Werk durch Karl Friedrich Knappe herstellen – teils in Sankt Petersburg, teils auf Expeditionen –, geeignete Kupferstecher fand er in der damaligen russischen Hauptstadt aber nicht. So wandte er sich u. a. an Jacquin mit der Bitte, die Abbildungen stechen zu lassen. Bei dieser Gelegenheit muß ein Teil der Pflanzendarstellungen von Knappe in Wien gewesen sein, und Scheidl muß sie kopiert haben.

Die Titelblätter der *Phytanthologia Eikonike* stellen Landschaften in der Umgebung von Wien dar, darunter Ansichten der Ruine Stixenstein bei Ternitz (Ser. Nov. 2737, f. I) und der Ruine Rauhenstein bei Baden (Ser. Nov. 2739, f. I). Ein Titelblatt (Ser. Nov. 2735, f. I) zeigt zwei Herren mit Perücke und Dreispitz (Jacquin und Well?), die mit dem Sammeln von Pflanzen beschäftigt sind, während ein dritter (Scheidl?) uriniert. Die miniaturhafte Szene ist die einzige dem Autor bekannte Darstellung von botanischer Geländearbeit aus dem 18. Jahrhundert.

paper by Scheidl (Cod. Min. 142), and there is also an album whose spine bears the title "Scheidtl Blumen Pflanzen und Früchte" (Scheidtl Flowers Plants and Fruits) in the Oak Spring Garden Library, Upperville, Virginia.

The *Phytanthologia Eikonike* contains numerous repeats of works which Scheidl had created for Jacquin and which for the most part are preserved today in the archive of the Natural History Museum in Vienna. Among the unique items are depictions of plants from the garden of the Emperor's summer residence at Schönbrunn (e. g. common jasmine [*Jasminum officinale* L.]; Ser. Nov. 2733, f. 23, right) and plants from Siberia (e. g. *Nepeta sibirica* L.; Ser. Nov. 2740, f. 129). The foreword to *Flora rossica* by Peter Simon Pallas (No. 40) explains the connection. For this work, although Pallas had Karl Friedrich Knappe produce the plant illustrations, partly in St. Petersburg, partly on expeditions, he was unable to find any suitable copperplate engravers in the then-capital of Russia. Pallas therefore turned to others, including Jacquin in Vienna, with the request that they have the illustrations engraved. By this time, a portion of Knappe's plant illustrations must have been in Vienna and Scheidl must have copied them.

The title pages of *Phytanthologia Eikonike* show landscapes surrounding Vienna, including views of the ruins of Stixenstein near Ternitz (Ser. Nov. 2737, f. I) and Rauhenstein near Baden (Ser. Nov. 2739, f. I). A title page (Ser. Nov. 2735, f. I) depicts two gentlemen wearing wigs and tricorns (Jacquin und Well?) busily collecting plants, while a third (Scheidl?) is urinating. The scene, resembling a miniature, is the only 18th-century portrayal known to the author showing botanical fieldwork.

exploré jusqu'ici. Par ailleurs, un album intitulé « Scheidtl Blumen Pflanzen und Früchte » (Fleurs, plantes et fruits de Scheidtl) se trouve à la Oak Spring Garden Library d'Upperville, en Virginie.

Le *Phytanthologia Eikonike* contient de nombreuses répétitions de travaux que Scheidl avait exécutés pour Jacquin et qui, pour la plupart, sont conservés de nos jours aux archives du Naturhistorisches Museum à Vienne. Parmi les pièces uniques, on trouve des reproductions des plantes du jardin du château de Schönbrunn (p. ex. le jasmin commun [*Jasminum officinale* L.] ; Ser. Nov. 2733, f. 23, à droite) ainsi que des plantes de Sibérie (p. ex. *Nepeta sibirica* L. ; Ser. Nov. 2740, f. 129). Peter Simon Pallas (n° 40) en explique les circonstances dans l'avant-propos de sa *Flora rossica* : pour cet herbier Pallas fit exécuter les reproductions de plantes par Karl Friedrich Knappe – en partie à Saint-Pétersbourg, en partie lors d'expéditions – mais il ne trouva pas de graveurs qui lui convenaient dans l'ancienne capitale russe. C'est ainsi qu'il s'adressa entre autres à Jacquin et le pria de faire graver les reproductions.

Les pages de titre de *Phytanthologia Eikonike* représentent des paysages dans les environs de Vienne où l'on reconnaît les ruines de Stixenstein près de Ternitz (Ser. Nov. 2737, f. I) et les ruines de Rauhenstein près de Baden (Ser. Nov. 2739, f. I). Une autre page de titre (Ser. Nov. 2735, f. I) nous montre deux gentilshommes portant perruque et tricorne (Jacquin et Well ?) qui sont occupés à rassembler des plantes tandis que le troisième (Scheidl ?) vide sa vessie. Cette scène qui ressemble à une miniature est la seule représentation du XVIIIe siècle que l'auteur connaisse où l'on voit des botanistes travailler sur le terrain.

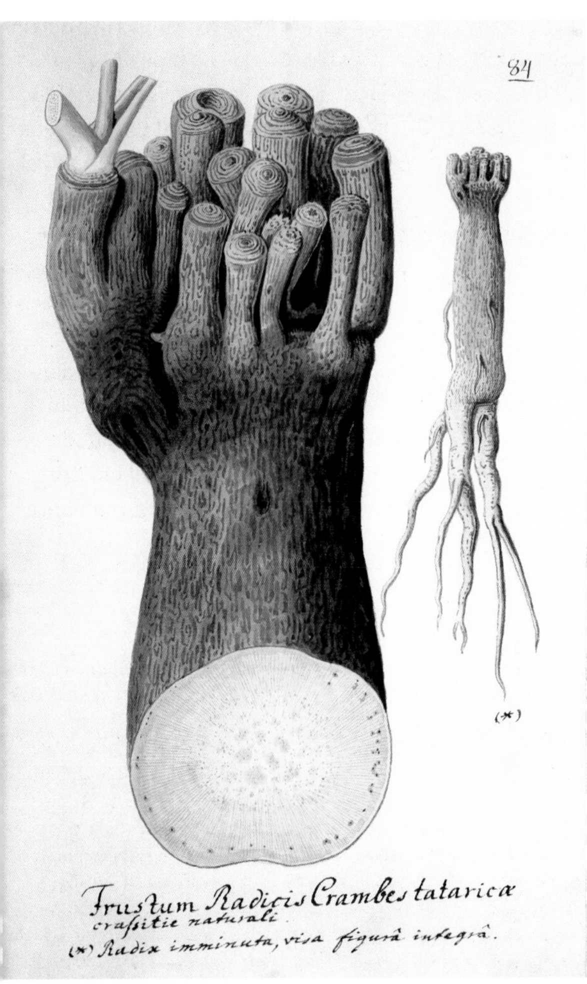


*Ser. Nov. 2737, f. 84*

*Ser. Nov. 2740, f. 129*

# 35 Nikolaus Joseph Jacquin *Hortus botanicus Vindobonensis*

VINDOBONAE [WIEN], 1770–1777

SIAWD 69.B.2 (3 vol.) Lit. 26, 4

Den von Maria Theresia gegründeten und von seinem Vorgänger Laugier eingerichteten Botanischen Garten der Universität Wien fand Nikolaus Joseph Jacquin bei seiner Berufung (siehe Nr. 32) in vernachlässigtem Zustand vor. Das Dach des Dienstgebäudes war „so ganz verfault … daß es in alle Zimmer lange eingeregnet hatte", die Zahl der kultivierten Arten bescheiden, der Vorrat bestand aus „halbvermoderten und von Mäusen und Insekten angegriffenen Samen". Durch seine vielfältigen Beziehungen gelang es Jacquin jedoch bald, neues Pflanzenmaterial zu erwerben. Das geschah damals wie heute überwiegend auf dem Tauschwege: Jacquin sammelte – wahrscheinlich zusammen mit Scheidl – die „damahls im Ausland noch wenig bekannten und sehr gesuchten seltenen österreichischen Pflanzen" bzw. deren Samen und erhielt im Gegenzug lebendes Material von seinen Korrespondenten. Ausgesät und teils im Freiland, teils in den für heutige Begriffe winzigen Gewächshäusern kultiviert, ergaben sie jene Pflanzen, die Scheidl in naturgetreuen Wasserfarbenmalereien dokumentierte. Jacquin verfaßte den Text und sorgte für den Druck der von Unbekannten gestochenen Kupferplatten. So entstand der seiner Gründerin Maria Theresia gewidmete *Hortus botanicus Vindobonensis*. Das Werk ist kein Gesamtverzeichnis der damals vorhandenen Pflanzen, sondern beschreibt lediglich eine Auswahl, die Jacquin für besonders interessant hielt. Dazu zählt die hier gezeigte Darstellung einer Inkalilie (*Alstroemeria pelegrina* L.; 1: t. 50). Wie der *Catalogus plantarum horti Pisani* (Nr. 27) enthält auch der *Hortus botanicus Vindobonensis* einen detailgenauen Gartenplan.

Upon appointment, Nikolaus Joseph Jacquin (see No. 32) found the Botanical Garden of the University of Vienna in a neglected state. Established by Maria Theresia and laid out by Jacquin's predecessor, Laugier, the roof of the building was "so completely rotten … that it had been raining into all of the rooms for a long time"; furthermore, the number of cultivated varieties was modest, and the stock consisted of "half decayed seeds which had been attacked by mice and insects." Thanks to his many and diverse connections, Jacquin soon however succeeded in acquiring new plant material. Then as now, acquisition occurred predominantly by way of exchange: Jacquin collected – probably together with Scheidl – the "rare Austrian plants which were at that time still little-known abroad and much sought-after"; in return for the plants or seeds, he received live material from his correspondents. Once sown and cultivated, at times in the open air, at times in greenhouses (which by today's standards were tiny), they resulted in those plants which Scheidl documented in naturalistic watercolour paintings. Jacquin wrote the text and looked after the printing from the copper plates, which had been engraved by unknown hands. Thus the *Hortus botanicus Vindobonensis*, dedicated to Maria Theresia, the garden's founder, came into being. The work does not offer a complete index of all plants which existed at that time, but merely describes a selection which Jacquin considered to be particularly interesting. These included the portrayal of the Peruvian lily (*Alstroemeria pelegrina* L.; 1: t. 50) shown here. Like the *Catalogus plantarum horti Pisani* (No. 27), the *Hortus botanicus Vindobonensis* also contains a meticulously detailed garden plan.

Créé par Marie-Thérèse et aménagé par Laugier, le prédécesseur de Nikolaus Joseph Jacquin (voir n° 32), le Jardin botanique de l'Université de Vienne était dans un triste état à l'époque où Jacquin en prit la direction. Le toit du bâtiment de service « était moisi… et la pluie avait pénétré depuis longtemps dans toutes les pièces », le nombre des espèces cultivées était médiocre, les réserves étaient constituées de « graines à moitié pourries et rongées par les souris et les insectes ». Grâce à ses nombreuses relations, Jacquin ne tarda pas toutefois à acquérir de nouveaux végétaux. Comme aujourd'hui, ceci se faisait par des échanges : Jacquin collectionnait – probablement avec Scheidl – les « plantes rares autrichiennes peu connues à l'étranger et de ce fait très recherchées », et recevait en échange des graines ou des plantes de ses correspondants. Semées en pleine terre ou cultivées dans des serres qui nous paraîtraient aujourd'hui minuscules, elles donnèrent naissance à ces plantes que Scheidl reproduisait d'après nature dans ses aquarelles. Jacquin rédigeait les textes et s'occupait de l'impression des gravures exécutées par des inconnus. C'est ainsi que fut réalisé le *Hortus botanicus Vindobonensis* dédié à Marie-Thérèse. L'herbier n'est pas une compilation complète des plantes existant à l'époque, mais décrit simplement une sélection que Jacquin jugeait particulièrement intéressante et dont fait partie cette représentation de l'alstroeméria (*Alstroemeria pelegrina* L. ; 1 : t. 50). Comme le *Catalogus plantarum horti Pisani* (n° 27), le *Hortus botanicus Vindobonensis* comprend lui aussi un plan détaillé du jardin.

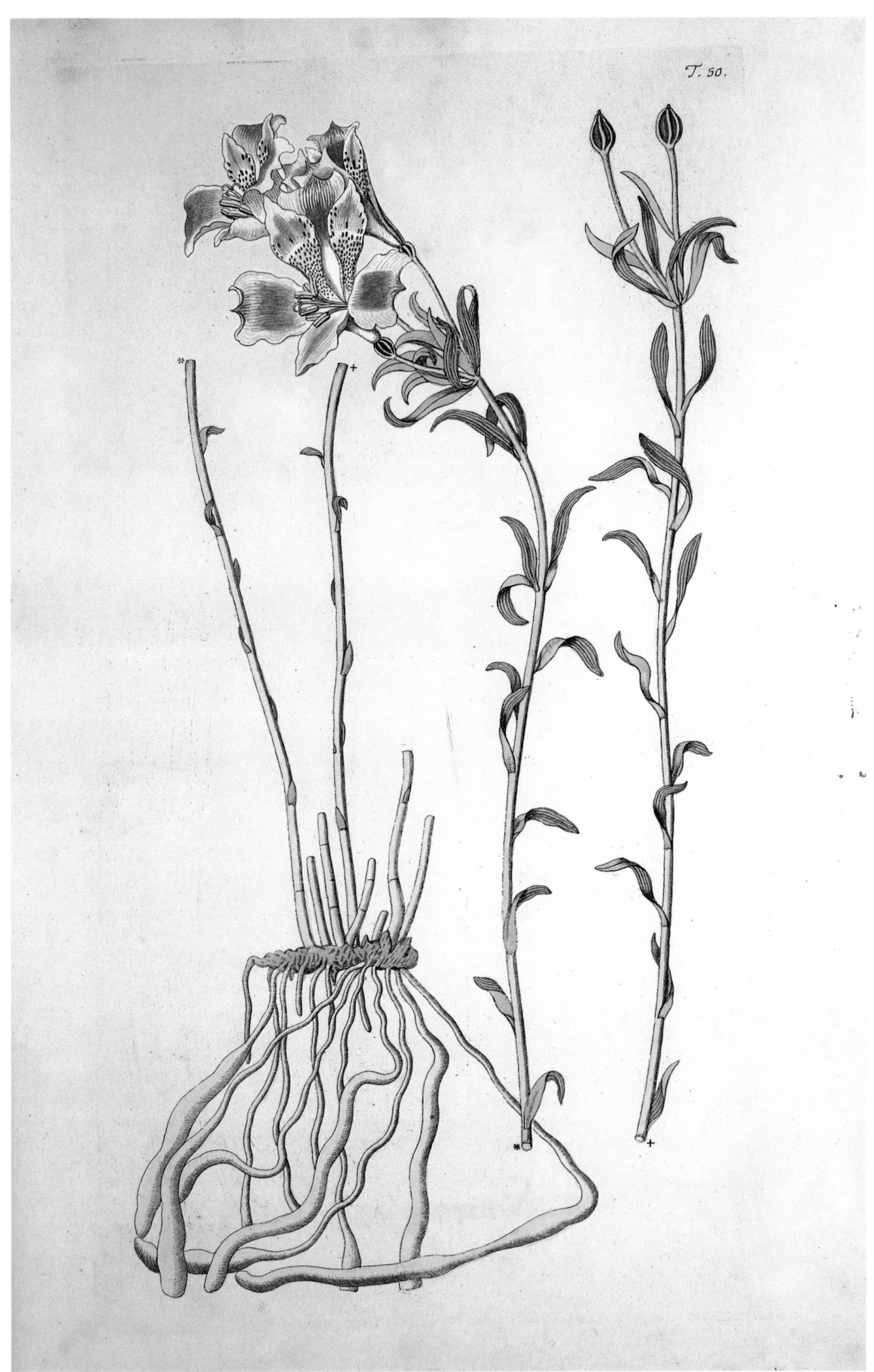


vol. I, t. 50

*vol. II, t. 148*

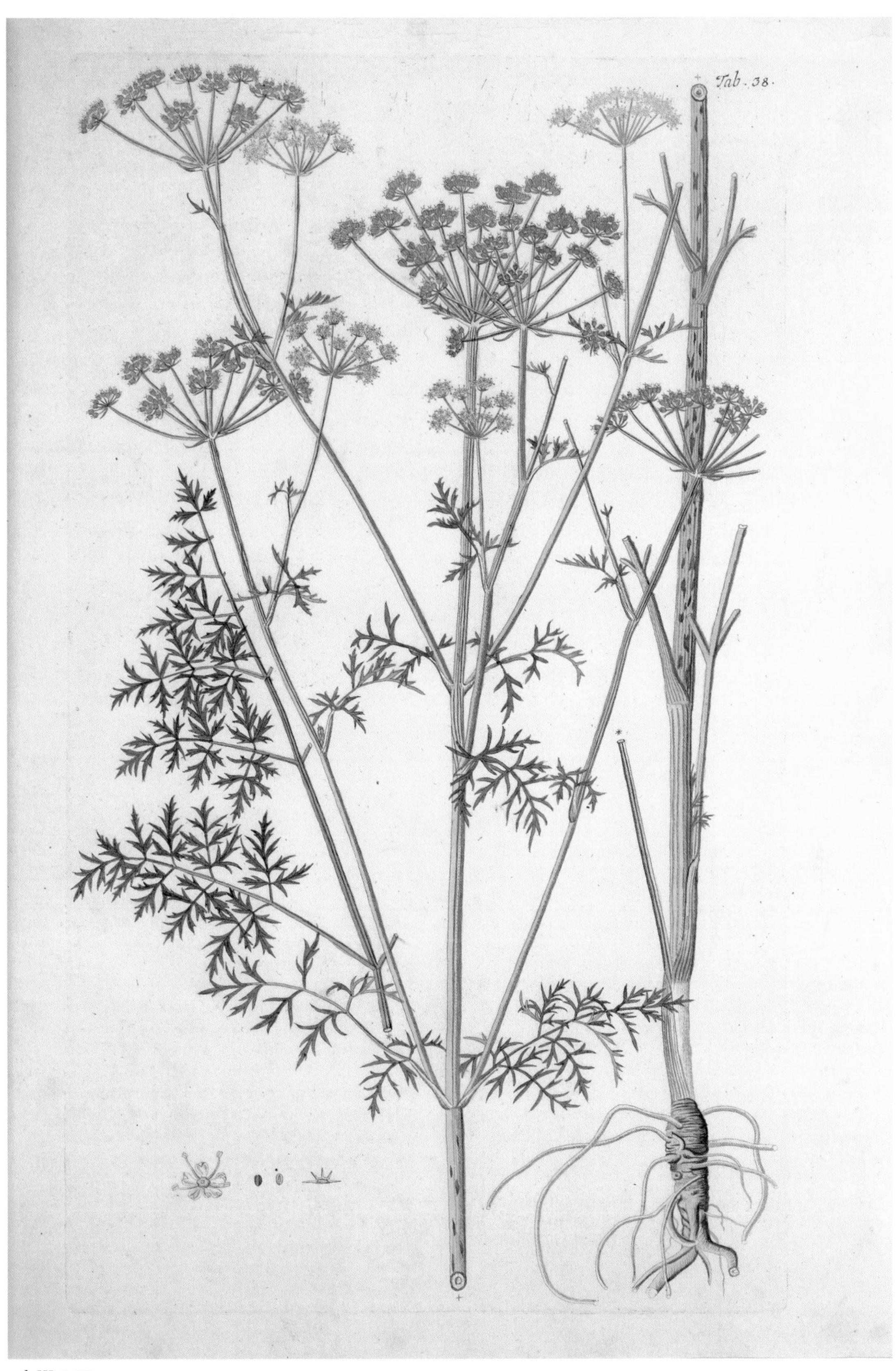


vol. III, t. 38

# 36 Anton Storck *Libellus de uso medico Pulsatillae nigricantis*

VINDOBONAE [WIEN], 1771

SIAWD 68.K.16 Lit. 46

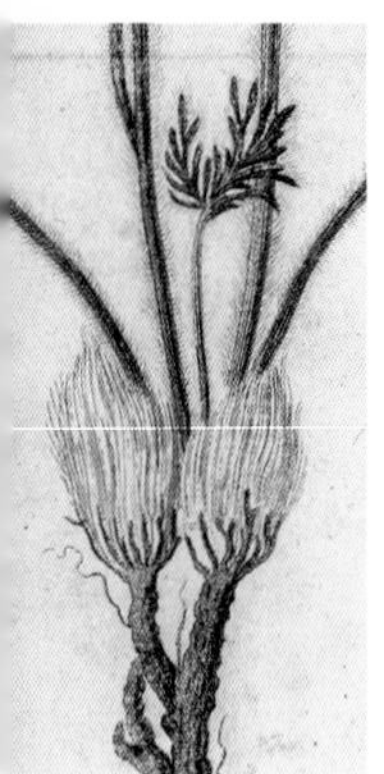

Wie Jacquin und Well kam Anton Stoerck (1731–1803) als Student nach Wien und sollte hier großen Erfolg haben. Im Jahre 1757 zum Doktor der Medizin promoviert, findet er sich bald als Physicus am Pazmayr'schen Spital in Wien. Nun führte seine Karriere rasch und steil aufwärts: Stoerck wurde Professor an der Universität Wien und kaiserlicher Leibarzt; van Swieten zog ihn bei der Behandlung der Pockenerkrankung von Maria Theresia hinzu. Im Alter von 37 Jahren Rektor der Universität Wien, wurde er zum Nachfolger von van Swieten als Protomedicus des Hauses Habsburg bestimmt; diese Position hatte er auch unter den Kaisern Joseph II., Leopold II. und Franz II. (I.) bis zu seinem Tode inne.

Die hier gezeigte Schrift zur Verwendung der Küchenschelle (*Pulsatilla pratensis* (L.) Mill. subsp. *nigricans* (Stoerck) Zämelis) zählt zu Stoercks zahlreichen Berichten über stark wirkende Pflanzen, durch die er sich einen dauerhaften Platz in der Geschichte der experimentellen Pharmakologie erwarb. Die Abhandlung beruht auf Tierversuchen, Selbstversuchen und einer ersten Erprobung am Krankenbett.

Das kleine Bändchen enthält einen nicht numerierten Kupferstich, der die Küchenschelle zeigt. Die Darstellung beruht auf einer Zeichnung des damals 13jährigen Franz Bauer (1758–1840), der zusammen mit Ehret (siehe Nr. 28, 29) und seinem jüngeren Bruder Ferdinand (siehe Nr. 54, 59, 66) zu den berühmtesten Pflanzenillustratoren aller Zeiten zählt. Es ist sein erstes genau datierbares Werk. Möglicherweise wurde die dem Druck zugrunde liegende Zeichnung in oder bei Feldsberg angefertigt – Franz Bauer lebte damals in dieser Stadt, und die Pflanze kommt auf den nahen Pollauer Bergen [Pavlovske Vrchy] häufig vor.

Like Jacquin and Well, Anton Stoerck (1731–1803) had come to Vienna as a student and was to have great success. In 1757, having gained his doctorate in medicine, he soon became physician at the Pazmayr Hospital in Vienna. Then his career soared: named professor at the University of Vienna and appointed Imperial personal physician, Stoerck was consulted by van Swieten on the treatment of Maria Theresia's smallpox. Rector of the University of Vienna at the age of 37, he was chosen to be van Swieten's successor as *Protomedicus*, or first Imperial personal physician to the house of Hapsburg, a position which he also held under the emperors Joseph II, Leopold II and Francis II (I), and which he occupied until his death.

The work by Stoerck presented here on the use of *Pulsatilla pratensis* (L.) Mill. subsp. *nigricans* (Stoerck) Zämelis is one of his numerous reports on plants possessing a strong medicinal effect, for which he achieved a lasting place in the history of experimental pharmacology. His text was based on animal experiments, self-experimentation and an initial testing at the sickbed.

The small volume contains an unnumbered copperplate engraving, which shows this plant. The portrayal is based on a drawing by the then thirteen year-old Franz Bauer (1758–1840), who together with Ehret (see No. 28, 29) and Bauer's younger brother Ferdinand (see No. 54, 59, 66), is amongst the most famous plant illustrators in history. It is the first of his works that can be precisely dated. Possibly the drawing upon which the print is based was made in or near Feldsberg, since Franz Bauer lived at that time in the town, and the plant is common in the nearby Pollau Mountains (Pavlovske Vrchy).

Comme Jacquin et Well, Anton Stoerck (1731–1803) partit à Vienne pour faire ses études et eut une brillante carrière. Reçu docteur en médecine en 1757, nous le retrouvons bientôt en tant que « physicus » à l'hôpital Pazmayr de Vienne. C'est à partir de cette époque qu'il connut une ascension rapide : Stoerck devint en effet professeur à l'Université de Vienne et médecin de la famille impériale. Lorsque Marie-Thérèse eut la petite vérole, van Swieten fit appel à lui pour soigner sa Majesté. Recteur de l'Université de Vienne à 37 ans, il fut alors désigné pour succéder à van Swieten dans ses fonctions de « protomedicus » de la maison de Habsbourg, un poste qu'il conserva jusqu'à sa mort après avoir servi sous les empereurs Joseph II, Léopold II et François II (Ier). Le traité sur l'utilisation de la pulsatille (*Pulsatilla pratensis* (L.) Mill. subsp. *nigricans* (Stoerck) Zämelis), que nous présentons ici, est l'un des nombreux comptes rendus de Stoerck sur les plantes aux effets puissants grâce auxquels il se ménagea une place durable dans l'histoire de la pharmacologie expérimentale. Ce traité se fonde sur des expérimentations effectuées sur les animaux, sur lui-même et sur des malades. Le petit ouvrage comprend une gravure non numérotée représentant la pulsatille. La reproduction a été faite d'après un dessin de Franz Bauer (1758–1840), âgé de 13 ans à l'époque, qui devait compter avec Ehret (voir n[os] 28, 29) et son jeune frère Ferdinand (voir n[os] 54, 59, 66) parmi les illustrateurs les plus célèbres de tous les temps. Il s'agit de sa première œuvre datée avec précision. Le dessin servant de base à la gravure fut probablement exécuté à Feldsberg ou dans les environs – Franz Bauer vivait à l'époque dans cette ville et la plante pousse dans les monts Pollau tout proches [Pavlovske Vrchy].

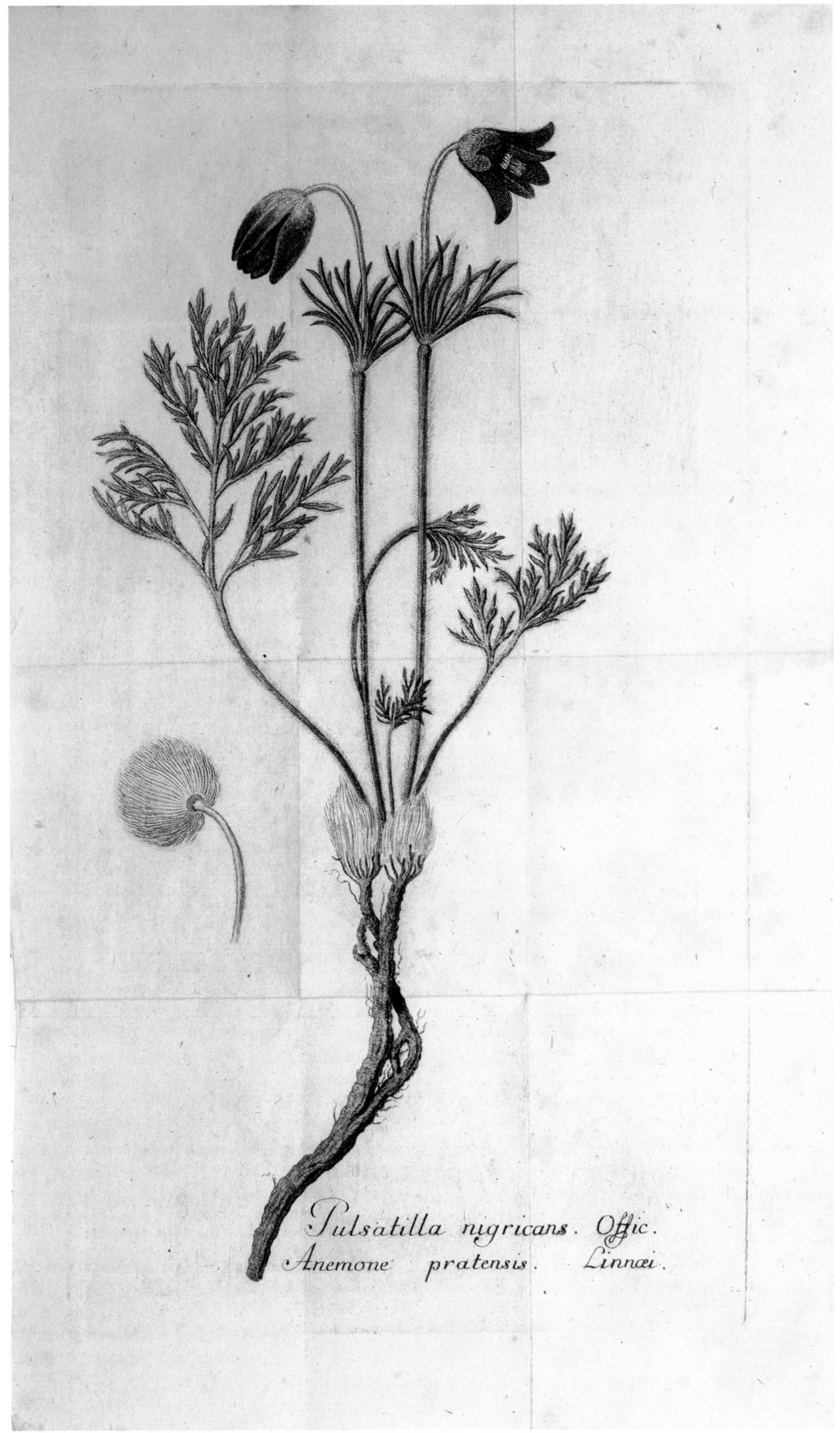
Pulsatilla nigricans. Offic.
Anemone pratensis. Linnæi.

# 37 *Nikolaus Joseph Jacquin Florae Austriacae ... icones*

VIENNAE [WIEN], 1773–1778



Lit. 44

Parallel mit dem *Hortus botanicus Vindobonensis* (Nr. 35) und beim gleichen Verleger veröffentlichte Jacquin ein fünfbändiges Werk, dessen Intention im Untertitel treffend zum Ausdruck gebracht wird. Ins Deutsche übersetzt lautet er: *Abbildungen von ausgewählten Pflanzen, die im Erzherzogtum Österreich wild wachsen, nach dem Leben koloriert und mit Beschreibungen und Synonymen versehen.* Der Begriff „Erzherzogtum Österreich" ist dabei im Sinne des heutigen Bundeslandes Niederösterreich zu verstehen; allerdings wurden auch Pflanzen aus den benachbarten Gebieten sowie aus dem angrenzenden Ungarn behandelt. Mit Ausnahme von mehreren durch Franz Xaver Wulfen angefertigten Pflanzenabbildungen stammt das gesamte Bildmaterial von Scheidl. Dies gilt wohl auch für die in die Titelblätter integrierten Landschaften, unter ihnen die schon von den *Phytanthologia Eikonike* (Nr. 34) bekannten Ansichten der Ruinen Stixenstein und Rauhenstein. Wie im *Hortus botanicus Vindobonensis* werden auch hier auf den Kupferstichen weder Pflanzenname noch Illustrator oder Stecher angegeben – eine Praxis, die Jacquin in späteren Werken beibehalten hat und die von anderen Autoren übernommen wurde. Mehrere im genannten Gebiet seltene Pflanzen wurden von Jacquin in diesem Werk erstmals beschrieben, sie sind darin erstmals abgebildet und tragen noch heute die von ihm gegebenen wissenschaftlichen Namen. An Korbblütlern seien genannt der Österreichische Beifuß (*Artemisia austriaca* Jacq.; 1: t. 100), die Österreichische Gemswurz (*Doronicum austriacum* Jacq.; 2: t. 130) und die Österreichische Hundskamille (*Anthemis austriaca* Jacq.; 5: t. 444).

Parallel to the *Hortus botanicus Vindobonensis* (No. 35) and together with the same publisher, Jacquin published a five-volume work whose intention was aptly expressed in the subtitle. Translated it reads thus: *Illustrations of selected plants, which grow wild in the archduchy of Austria, coloured from life and equipped with descriptions and synonyms.* The phrase "Archduchy of Austria" is to be understood in the sense of the modern province of Lower Austria, though plants from neighbouring areas as well as adjoining Hungary were also included. With the exception of several plant illustrations which were done by Franz Xaver Wulfen, most of the illustrative material stems from Scheidl. This is probably also true of the landscapes integrated into the title pages, which include views of the ruins of Stixenstein und Rauhenstein, already familiar from the *Phytanthologia Eikonike* (No. 34). As in the *Hortus botanicus Vindobonensis*, neither the names of plants, illustrators nor engravers are given on the copperplate engravings, a practice which Jacquin retained in later works and which was also taken over by other authors. Several rare plants from the delineated area were described and illustrated by Jacquin for the first time in this work and bear to this day the scientific name chosen by him. The following species of composite are mentioned: *Artemisia austriaca* Jacq. (1: t. 100), *Doronicum austriacum* Jacq. (2: t. 130) and *Anthemis austriaca* Jacq. (5: t. 444).

Jacquin publia en même temps que le *Hortus botanicus Vindobonensis* (n° 35) et chez le même éditeur, un ouvrage en cinq volumes dont l'intention est donnée dans le sous-titre. Celui-ci peut se traduire en français par *Reproductions d'une sélection de plantes poussant à l'état sauvage dans l'archiduché d'Autriche, coloriées d'après nature et accompagnées de descriptions et de synonymes.* Le terme d'« archiduché d'Autriche » s'applique à la basse Autriche d'aujourd'hui, bien que l'ouvrage traite aussi des plantes des régions voisines et de la Hongrie. A l'exception de plusieurs reproductions de plantes effectuées par Franz Xaver Wulfen, la plupart ont été réalisées par Scheidl. Ceci concerne probablement aussi les paysages des pages de titre, dont les ruines de Stixenstein et de Rauhenstein qui apparaissaient déjà dans les *Phytanthologia Eikonike* (n° 34). Comme dans le *Hortus botanicus Vindobonensis*, on n'indique ici sur les gravures ni le nom des plantes, ni l'illustrateur, ni le graveur, une pratique que Jacquin devait conserver dans ses ouvrages ultérieurs et qui fut reprise par d'autres auteurs. Plusieurs plantes rares originaires de la région indiquée furent décrites pour la première fois par Jacquin dans cet ouvrage, il s'agit donc des toutes premières illustrations et ces plantes portent aujourd'hui encore le nom scientifique qu'il leur donna. Parmi les composées, citons l'armoise d'Autriche (*Artemisia austriaca* Jacq. ; 1 : t. 100), le doronic d'Autriche (*Doronicum austriacum* Jacq. ; 2 : t. 130) et la camomille d'Autriche (*Anthemis austriaca* Jacq. ; 5 : t. 444).

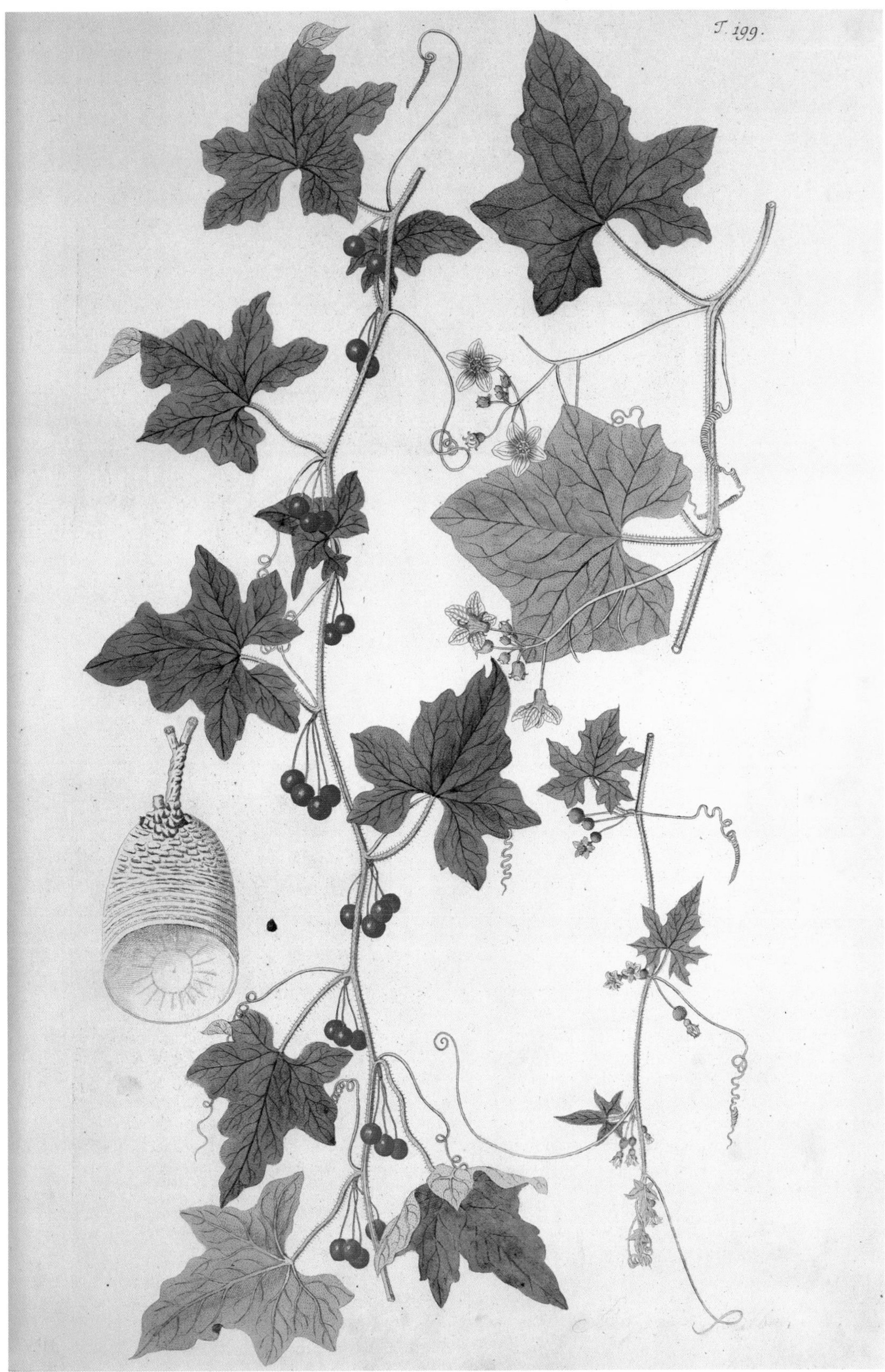


*vol. II, t. 199*

*vol. I, t. 1*

*vol. I, t. 52*

*vol. II, t. 135*

*vol. III, t. 241*

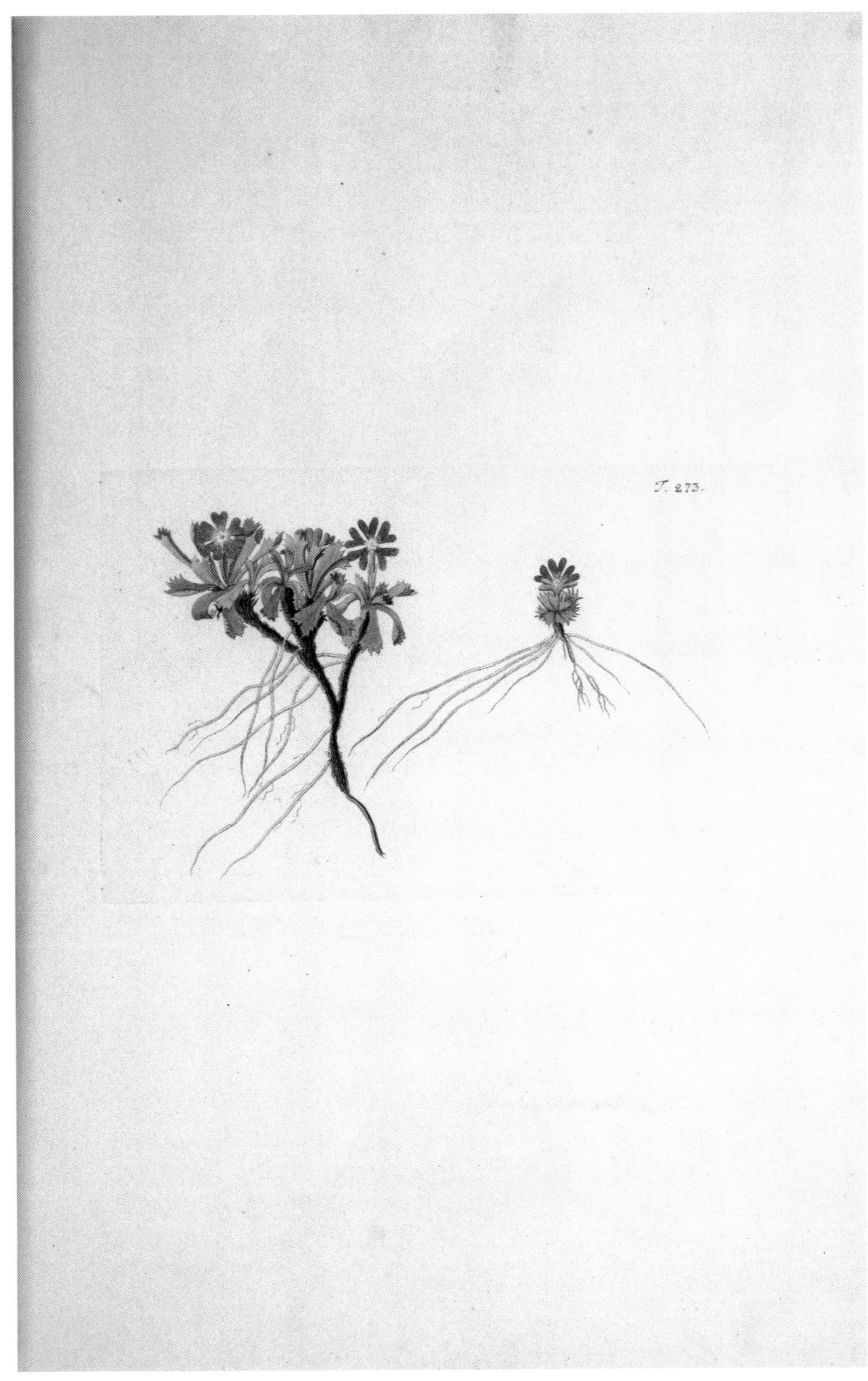


*vol. III, t. 273*

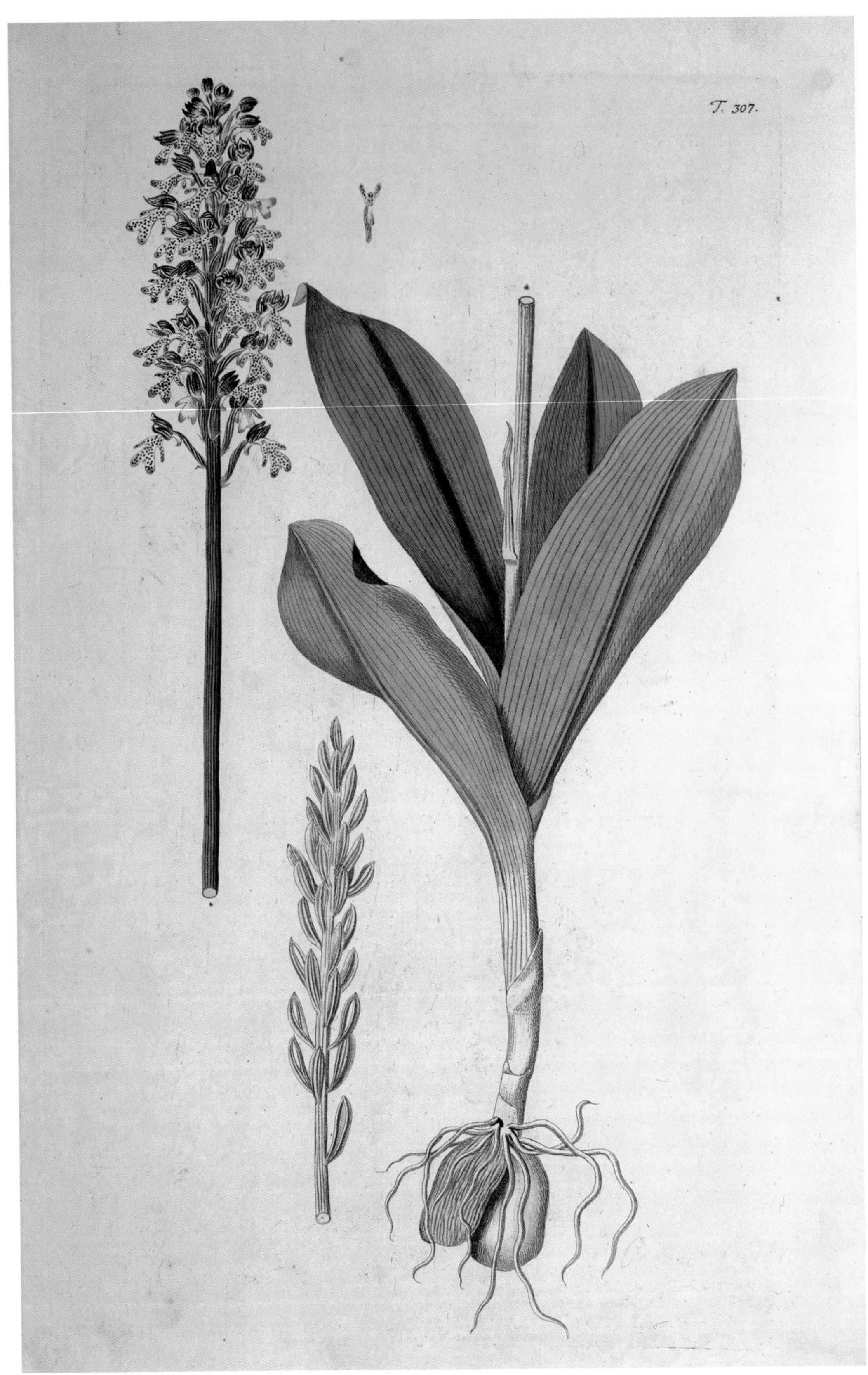


*vol. IV, t. 307*

vol. V, t. 428

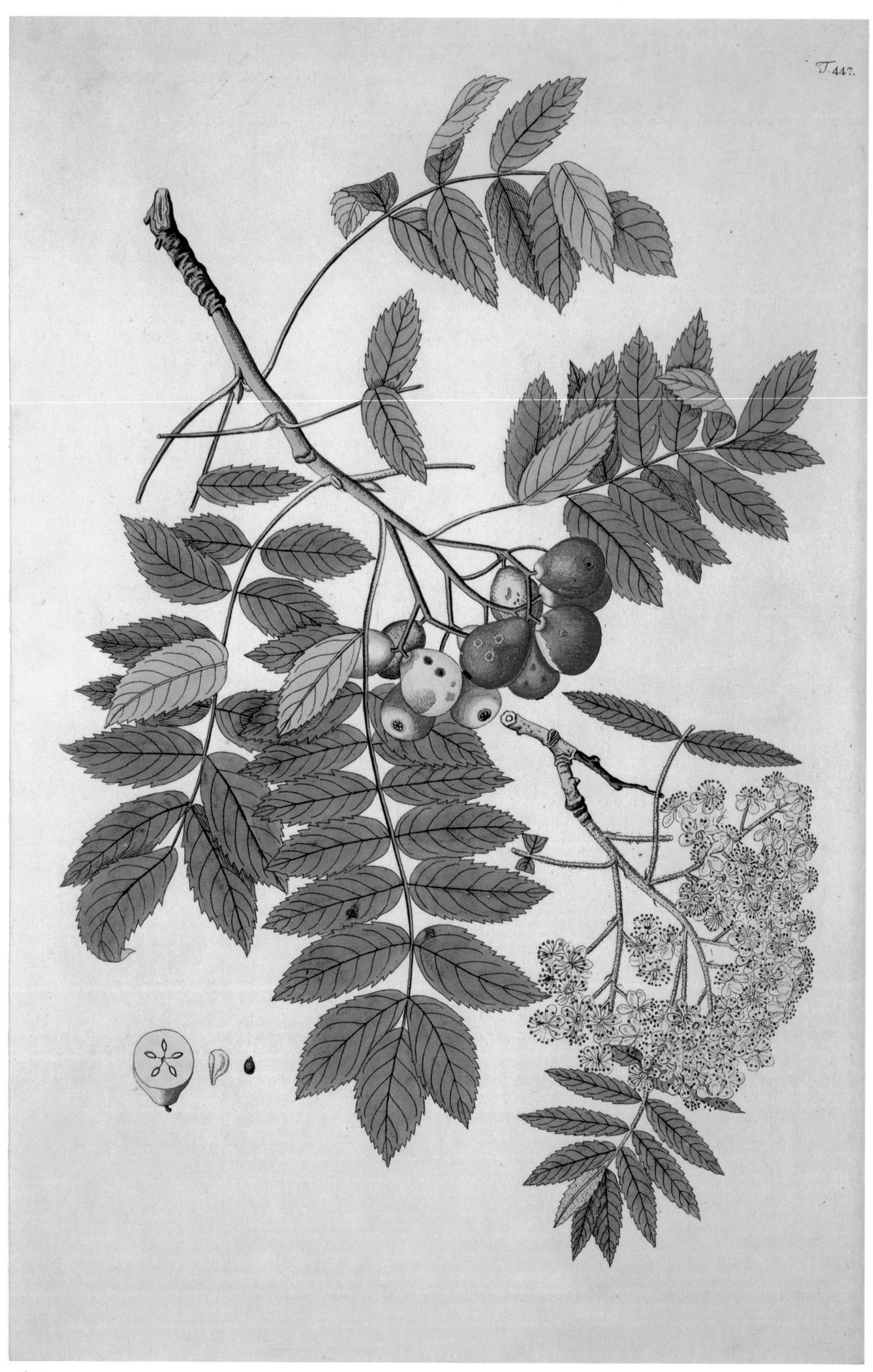


*vol. V, t. 447*

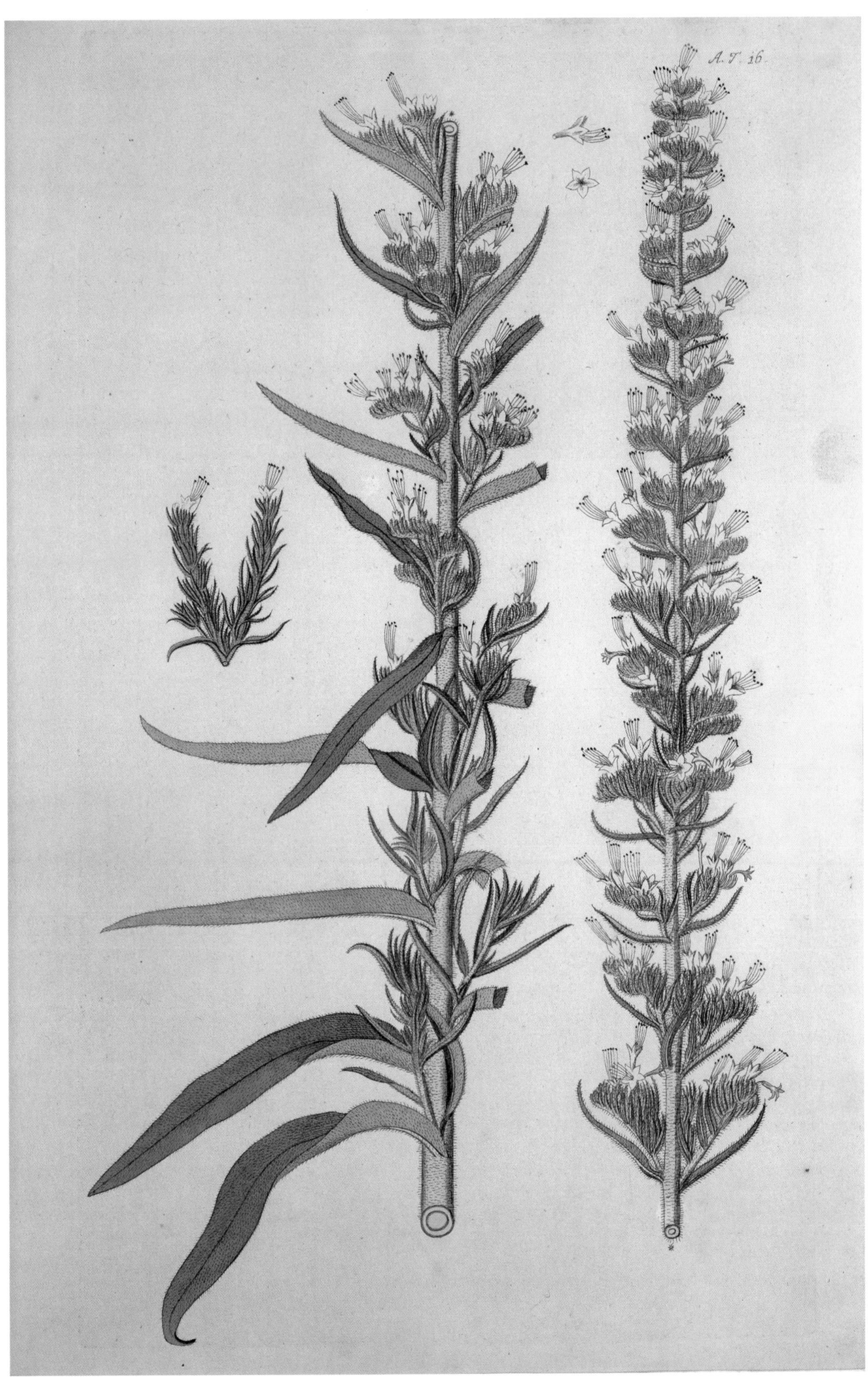


vol. V, t. A 16

# 38 Johann Reinhold & Johann Georg Forster
## Characteres generum plantarum, ed. 2

LONDON, 1776

POR 3915 (alte Signatur)

Die zweite Weltumsegelung durch Kapitän James Cook mit den Schiffen „Resolution" und „Adventure" war zwar nicht mit dem Auffinden und Vermessen einer so riesigen Landmasse wie Australien verbunden, aber mit dem Vordringen in extreme südliche Breiten. Fast ein Jahrhundert sollte vergehen, bis sich ein Schiff wieder so weit in die antarktischen Meere wagte. Diese nautische Meisterleistung war verbunden mit der Entdeckung bedeutender Inseln – u. a. Neu-Kaledoniens, Süd-Georgiens und der Norfolk-Insel. Nachdem sich Joseph Banks (siehe Nr. 89) im letzten Moment von einer Teilnahme an dieser Fahrt zurückgezogen hatte, nahmen Johann Reinhold Forster (1729–1798) und dessen Sohn Johann Georg (1754–1794) seine Position als Naturwissenschaftler an Bord ein. Beide waren außerordentlich vielseitig und kamen mit einer verwirrenden Fülle von Beobachtungen, Zeichnungen sowie Tier- und Pflanzenexemplaren nach London zurück. Ihre erste Veröffentlichung berichtet über Pflanzengattungen, die sie als neu für die Wissenschaft betrachteten. Den Neuseeländischen Flachs (*Phormium tenax* J. R. Forst. & G. Forst.; t. 24) hatten sie im damals in botanischer Hinsicht fast unbekannten Neuseeland gezeichnet; sie hatten festgestellt, daß die Maoris aus den Blättern „eine Art Lein" herstellten, den ihre Frauen als Material für verschiedene Gewebe nutzten. Die sehr naturgetreue Darstellung zeigt eine in Einzelteile zerlegte Blüte sowie eine angeschnittene Fruchtkapsel. Die Zeichnungen zu diesem Werk werden heute im Natural History Museum in London aufbewahrt, wo sich auch eine große Zahl der auf dieser Reise gesammelten Herbarexemplare befindet.

Captain James Cook's second circumnavigation of the globe with the ships *Resolution* and *Adventure* did not in fact have so much to do with the discovery and survey of as enormous a land mass as Australia, as with the advance into extreme southern latitudes. Almost a century was to pass until a ship would again dare to sail so far into the Antarctic seas. This masterpiece of seamanship resulted in the discovery of important islands – including New Caledonia, South Georgia and Norfolk Island. After Sir Joseph Banks (see No. 89) had withdrawn from the voyage at the last moment, Johann Reinhold Forster (1729–1798) and his son Johann Georg (1754–1794) took his place as natural scientists. Both were extraordinarily versatile, and returned to London with a confusing wealth of observations, drawings and animal and plant specimens. Their first publication concerned plant genera which they regarded as new to science. They had drawn bush flax (*Phormium tenax* J. R. Forst. & G. Forst.; t. 24) in a New Zealand that was at that time virtually unknown from a botanical point of view, and observed that the Maoris produced "a kind of flax" from its leaves, used by the native women for various fabrics. The portrayal, which is very true to life, shows the individual parts of a flower as well as a fruit capsule which has been sliced open. The drawings for this work are today preserved at the Natural History Museum in London, where a large number of the herbarium specimens collected on this voyage are also to be found.

La deuxième expédition du capitaine James Cook sur le « Resolution » et l'« Adventure » n'avait pas pour objet, comme la première, d'explorer et de faire le relevé de terres aussi vastes que l'Australie mais de naviguer le plus loin possible vers le sud. Près d'un siècle devait s'écouler avant qu'un navire osât s'aventurer si loin dans la mer Antarctique. Cette performance navale permit de découvrir des îles importantes telles que la Nouvelle-Calédonie, l'archipel de Géorgie du Sud et l'île Norfolk. Après que Joseph Banks (voir n° 89) eut annulé au dernier moment sa participation au voyage, Johann Reinhold Forster (1729–1798) et son fils Johann Georg (1754–1794) le remplacèrent à bord comme savants. S'intéressant tous deux à une multitude de choses, ils rapportèrent à Londres pêle-mêle une foule d'observations, de dessins, d'animaux et de plantes. Leur première publication traite d'espèces végétales qu'ils considéraient comme nouvelles pour la science. Ils avaient ainsi dessiné en Nouvelle-Zélande, terres pratiquement inexplorées sur le plan botanique, le lin néo-zélandais (*Phormium tenax* J. R. Forst. & G. Forst. ; t. 24) et avaient constaté que les Maoris fabriquaient avec les feuilles une « sorte de toile » que les femmes utilisaient comme tissu. Les reproductions d'après nature très fidèles montrent les différentes parties d'une fleur ainsi qu'une capsule de fruit coupée en morceaux. Les dessins de cet ouvrage sont conservés aujourd'hui au Natural History Museum de Londres où se trouvent également un grand nombre de végétaux rassemblés lors de ce voyage.

t. 24

# 39 *Nikolaus Joseph Freiherr von Jacquin*
## *Selectarum stirpium americanarum historia, ed. 2*

[WIEN], C. 1780

SIAWD 177.687-E

Lit. 39

Eine zweite Auflage eines wissenschaftlichen Werks herauszubringen, ist etwas ganz Normales. Wie aber Jacquin bei seinem karibischen Reisewerk (Nr. 32) vorging, war unkonventionell: Er erweiterte den Text und ließ ihn drucken, seine im Gelände angefertigten kolorierten Abbildungen wurden hingegen kopiert und die Titelblätter einzeln hergestellt. So entstand eine Luxusausgabe, die ihresgleichen sucht. Wegen der immensen Kosten wurden Exemplare offensichtlich nur auf Bestellung angefertigt, die Stückzahl war dementsprechend gering. Über die Namen der Kopisten ist nichts bekannt. Die individuell angefertigten Titelblätter tragen hingegen in einigen Exemplaren Signaturen; so enthält ein Exemplar in der Bibliothek der Universität Wien die Angabe „A Joseph Hofbauer". Als für Jacquin tätiger Illustrator war Hofbauer Nachfolger von Scheidl und Vorgänger der Brüder Franz und Ferdinand Bauer (1760–1826). Signierte Titelblätter sind weiters von Franz Bauer bekannt: Das hier gezeigte Exemplar von Franz I., Kaiser von Österreich, das Exemplar von Carl Eugen Herzog von Württemberg (heute Württembergische Landesbibliothek, Stuttgart), das Exemplar von Karl Joseph Graf von Firmian (heute Biblioteca Nazionale Braidense, Mailand) tragen seinen Namen. Ein weiteres, 1998 im Londoner Kunsthandel befindliches Exemplar trägt den von Jacquin geschriebenen Vermerk „Madame la Comtesse du Nord", ein Pseudonym für Dorothea Augusta von Württemberg, die spätere Zariza Maria Feodorowna, und auf dem Titelblatt den Vermerk „F. Bauer", der sich auf Franz oder Ferdinand Bauer beziehen kann. Die unsignierten Titelblätter des Exemplars in der Niedersächsischen Staats- und Universitätsbibliothek, Göttingen, und des Exemplars in der Library of Congress, Washington, DC., sind von ähnlicher Qualität, sodaß

It is quite normal to bring out a second edition of a scientific work, but Jacquin's treatment of his Caribbean journey (No. 32) was unconventional. He expanded the text and had it printed, but his coloured illustrations, which had been done in the field, were copied, and the title pages were produced individually. In this way, a deluxe edition unequalled in botanical literature was created. Because of the immense costs, copies were evidently only made to order, and the print run was correspondingly low. Nothing is known of the names of the copyists. The individually finished title pages do however carry signatures in some copies; the copy in the Vienna University Library is, for example, inscribed "A Joseph Hofbauer". As an illustrator working for Jacquin, Hofbauer succeeded Scheidl and was a precursor of Franz and Ferdinand Bauer (1760–1826). Further title pages signed by Franz Bauer are known: the copy shown here, which belonged to Francis I, Emperor of Austria; the copy belonging to Carl Eugen Duke of Württemberg (now in the Württemberg State Library, Stuttgart); and the copy belonging to Karl Joseph, Count Firmian (now in the Biblioteca Nazionale Braidense, Milan). Also bearing the name "F. Bauer" – which could refer either to Franz or Ferdinand Bauer – in Jacquin's hand is yet another copy, which appeared on the London art market in 1998 with the inscription "Madame la Comtesse du Nord", a pseudonym for Dorothea Augusta of Württemberg, the later Tsarina Maria Feodorovna. The unsigned title pages of two further copies are of similar quality, suggesting they may be attributable to the brothers Bauer: the copy in the Lower Saxony State and University Library, Göttingen, and the copy in the Library of Congress, Washington, DC. Of the

Publier une seconde édition d'un ouvrage scientifique n'a rien d'anormal. Mais la manière dont procéda Jacquin avec son livre sur les Caraïbes (n° 32) sort, elle, de l'ordinaire : il augmenta le texte et le fit imprimer, ses reproductions coloriées sur le terrain furent en revanche copiées et les pages de titre réalisées séparément. C'est ainsi qu'il créa une édition de luxe sans pareille. Les coûts étant considérables, on ne produisit d'exemplaires que sur commande et leur nombre demeura par conséquent peu élevé. Nous ignorons totalement le nom des copistes. Dans certains exemplaires toutefois, la page de titre porte une signature, comme c'est le cas de l'exemplaire de l'Université de Vienne où l'on peut lire « A Joseph Hofbauer ». Illustrateur travaillant pour Jacquin, Hofbauer fut le successeur de Scheidl et le prédécesseur des frères Franz et Ferdinand Bauer (1760–1826). A notre connaissance, d'autres pages de titre de Franz Bauer sont signées. Ainsi l'exemplaire, présenté ici, de l'empereur d'Autriche François Ier, celui de Carl Eugen, duc de Wurtemberg, (aujourd'hui à la Württembergische Landesbibliothek de Stuttgart) et celui de Karl Joseph, comte de Firmian, (aujourd'hui à la Biblioteca Nazionale Braidense de Milan) portent son nom. Un autre exemplaire qui se trouvait sur le marché de l'art londonien en 1998, présente une mention écrite par Jacquin, « Madame la Comtesse du Nord », qui était le pseudonyme de Dorothea Augusta de Wurtemberg, la future tsarine Maria Fédorovna. La page de titre porte le nom de « F. Bauer » qui peut se référer à Franz ou à Ferdinand Bauer. Les pages de titre non signées des exemplaires de la Niedersächsische Staats- und Universitätsbibliothek de Göttingen et de celui de la Library of Congress de Washington (DC) sont de même qualité, si

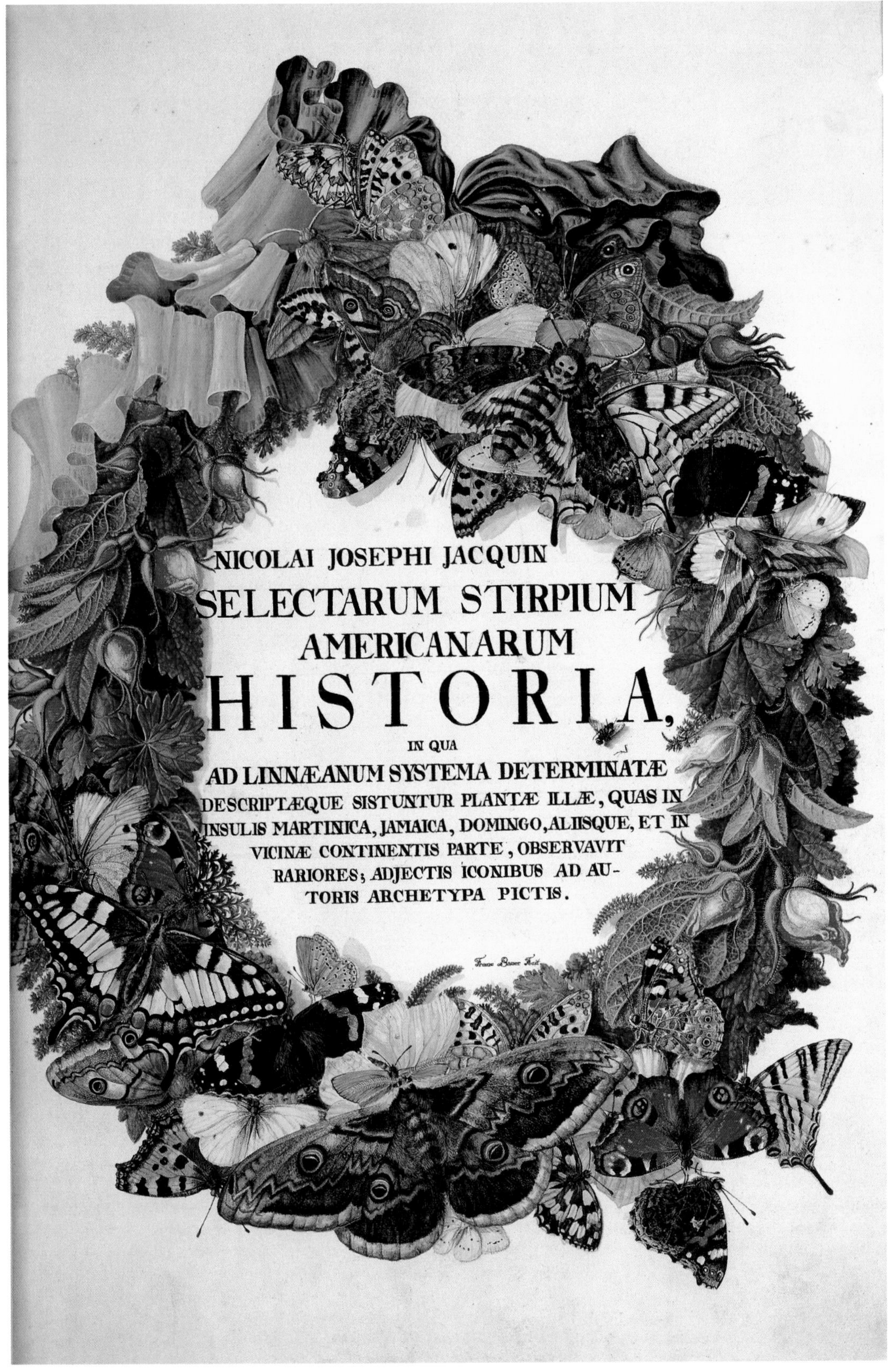

NICOLAI JOSEPHI JACQUIN

SELECTARUM STIRPIUM AMERICANARUM

HISTORIA,

IN QUA

AD LINNÆANUM SYSTEMA DETERMINATÆ DESCRIPTÆQUE SISTUNTUR PLANTÆ ILLÆ, QUAS IN INSULIS MARTINICA, JAMAICA, DOMINGO, ALIISQUE, ET IN VICINÆ CONTINENTIS PARTE, OBSERVAVIT RARIORES; ADJECTIS ICONIBUS AD AUTORIS ARCHETYPA PICTIS.

Franz Bauer fecit

man sie den Brüdern Bauer zuschreiben kann. Von den sieben genannten Exemplaren besitzt das hier gezeigte das qualitätvollste Titelblatt. Es zeigt einen mit Rosenknospen (*Rosa* x *francofurtana* Münchh.) dekorierten Kranz, der von Schmetterlingen besetzt ist, umschlungen von einem blauen Band. Der Text des Titelblatts ist geschrieben, nicht gedruckt, zwischen den letzten beiden Buchstaben des Wortes „historia" ist eine tote Fliege (*Musca domestica* L.) dargestellt; auffällig ist der Rote Admiral (*Vanessa atalanta* L.), der von Hofbauer und Franz Bauer verwendet wurde und vielleicht eine Art Kennzeichen der für Jacquin tätigen Illustratoren darstellt.

Franz I. besaß zwar bereits ein Exemplar dieser Luxusausgabe in seiner Privatbibliothek, als ihm aber die Familie Jacquin das Exemplar mit Kranz und Schmetterlingen zeigte, schlug der Kaiser vor, die beiden gegeneinander auszutauschen. Diesem Wunsch konnte man sich offensichtlich nicht verweigern. Nüchtern vermerkte jedenfalls Nikolaus Joseph von Jacquin oder sein Sohn Joseph Franz in dem neu erworbenen Exemplar: „Se Majestät haben mir dieses Exemplar, im Tausche gegen das meinige, mit dem Titelblatte von Franz Bauer, allergnädigst zu überlassen geruht." Dieses qualitativ schlechtere Exemplar befindet sich heute ebenfalls in der Bibliothek der Universität Wien. Als man nach Ende des Ersten Weltkriegs begann, die Fideikommissbibliothek mit der früheren kaiserlichen Hofbibliothek zu vereinigen, kam das prachtvolle Exemplar mit den Schmetterlingen in die Nationalbibliothek.

seven copies mentioned, the one shown here has the title page of the highest quality. It shows a garland wrapped with a blue ribbon, decorated with rosebuds (*Rosa* x *francofurtana* Münchh.) and covered with many different butterflies. The text of the title page, which is hand-written, not printed, contains a dead fly (*Musca domestica* L.) between the last two letters of the word "historia". The conspicuous red admiral (*Vanessa atalanta* L.) was used by Hofbauer and Franz Bauer, and perhaps represents a means of identification for illustrators who worked for Jacquin.

Francis I already possessed a copy of this deluxe edition in his private library. However, when the copy belonging to the Jacquin family with the garland and butterflies was shown to him, Franz I proposed exchanging the two works. Evidently it was not possible to refuse this wish; in any case, Nikolaus Joseph von Jacquin or his son Joseph Franz noted soberly in the newly acquired copy: "His Majesty has deigned most graciously to let me have this copy, in exchange for mine, with the title page by Franz Bauer". This quite inferior copy is to be found today also in the library of the University of Vienna. After the end of the First World War, when the process of merging the Family Trust Library with the former Imperial Court Library began, the magnificent copy with the butterflies passed to the Austrian National Library.

bien qu'on peut les attribuer aussi aux frères Bauer. Sur les sept exemplaires que nous venons d'indiquer, celui qui est présenté ici possède la plus belle page de titre. On y voit une couronne entrelacée d'un ruban bleu, décorée de boutons de roses (*Rosa* x *francofurtana* Münchh.) et de papillons. Le texte de la page de titre est écrit à la main, et pas imprimé. Une mouche morte (*Musca domestica* L.) apparaît entre les deux dernières lettres du mot « historia ». On remarquera la vanessa rouge (*Vanessa atalanta* L.) utilisée par Hofbauer et Franz Bauer, qui constitue peut-être une signe distinctif pour les illustrateurs travaillant pour Jacquin.

François Ier possédait déjà un exemplaire de cette édition de luxe dans sa bibliothèque personnelle. Mais lorsque la famille Jacquin lui montra la version avec la couronne et les papillons, l'empereur proposa d'échanger les deux exemplaires. Apparemment, ce souhait ne put être rejeté et Nikolaus Joseph von Jacquin, ou son fils Joseph Franz, nota simplement dans son nouvel ouvrage : « Votre Majesté m'a laissé dans sa grande clémence cet exemplaire en échange du mien avec la page de titre de Franz Bauer. » Cet exemplaire de moindre qualité se trouve aujourd'hui aussi à la bibliothèque de l'Université de Vienne. Lorsque l'on commença, après la Première Guerre mondiale, à réunir la Fideikommissbibliothek et l'ancienne Bibliothèque Impériale, le somptueux exemplaire fut remis à l'Österreichische Nationalbibliothek.

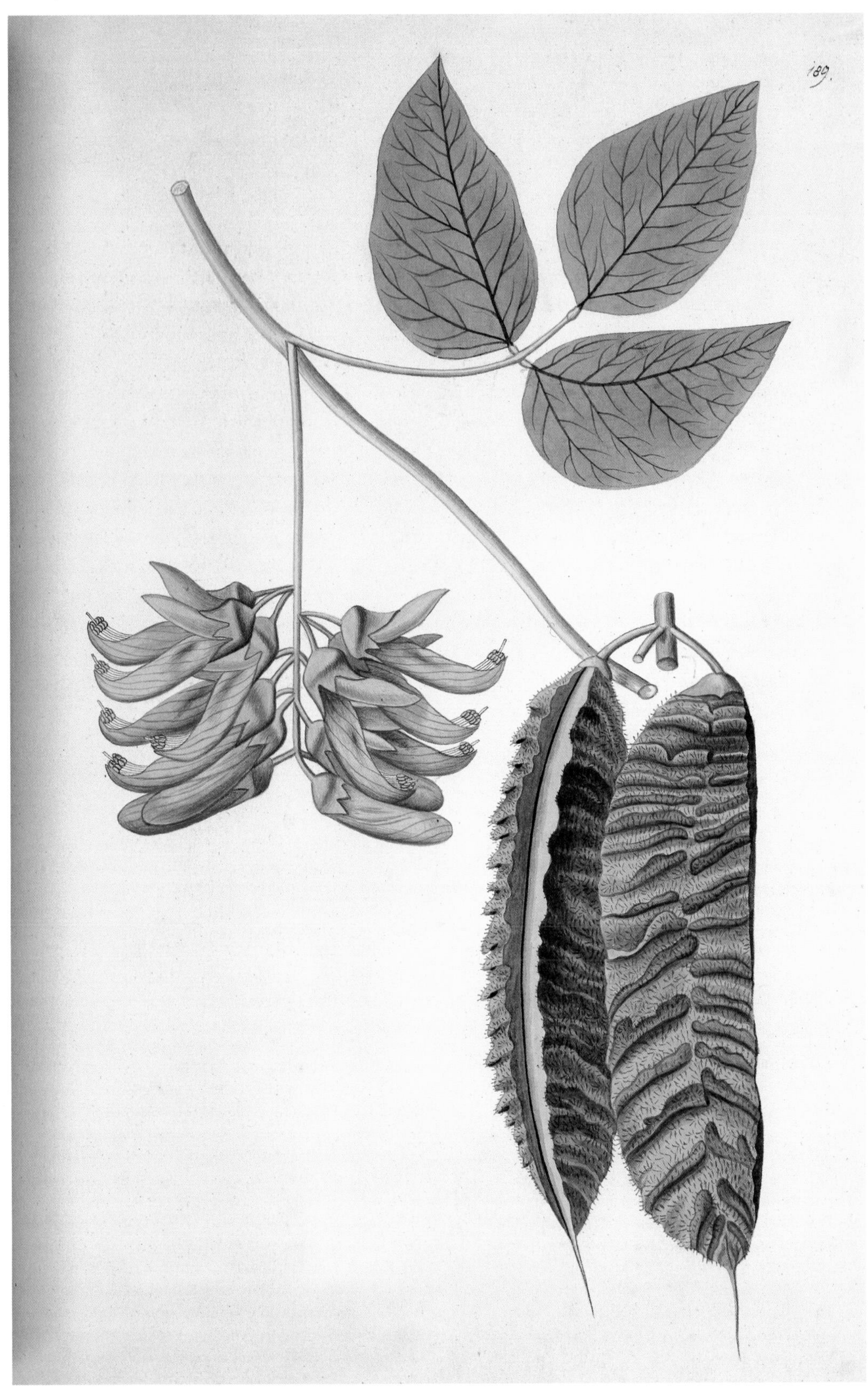


*t. 189*

## 40 *Peter Simon Pallas Flora rossica*

PETROPOLI [SANKT-PETERBURG], 1784–1789

SIAWD 177.707-D

Lit. 33, 62

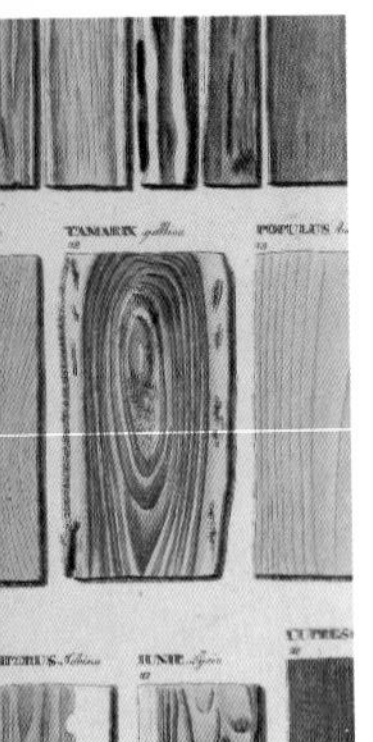

Peter Simon Pallas (1741–1811) war der bedeutendste Forschungsreisende, den Berlin in der ersten Hälfte des 18. Jahrhunderts hervorgebracht hat. Das weitgehend unbekannte Russische Reich stand im Zentrum seiner Interessen. Dazu lesen wir in einer Kurzbiographie: „Den Vorschriften gemäß trugen Pallas' Reisen stets auch den Charakter von ‚Ökonomischen' Reisen … Die wirthschaftliche Lage der bereisten Gegenden, die bemerkenswertheren Industrien, besonders aber alles was im Thier-, Pflanzen- und Steinreich sich aus irgend einem wirthschaftlichen Zwecke nutzbar zu erweisen schien, wurde so genau verzeichnet, daß heute [1887] schon Pallas' Reisewerke als Beiträge zur Wirthschaftsgeschichte des russischen Reiches gelten … Keine Nährpflanze, die auch nur entfernt möglich scheint, Arzenei- und Färbepflanzen … werden unerwähnt gelassen." Pallas sammelte auf der großen Reise durch Sibirien und Mittelasien auch lebende Pflanzen, die dann teilweise im botanischen Garten der kaiserlichen Akademie der Wissenschaften in St. Petersburg kultiviert und von Knappe gezeichnet wurden. Die Druckformen wurden in Nürnberg und Wien hergestellt (siehe Nr. 34). Im Jahre 1784 erschien in St. Petersburg auch die erste Lieferung des ersten Bandes einer Zarin Katharina II. gewidmeten *Flora rossica*; es dauerte fünf Jahre, bis eine zweite Lieferung folgte. Die aufgeschlagene Tafel (t. C) zeigt Holzblöcke, die aus Stämmen verschiedener Arten geschnitten wurden, wodurch erneut die wirtschaftliche Dimension der Forschungsreisen von Pallas deutlich wird. Jahrzehnte später wurden 25 weitere Tafeln zur *Flora rossica* ausgeliefert, die in der Österreichischen Nationalbibliothek fehlen.

Peter Simon Pallas (1741–1811) was the most important explorer to emerge from Berlin in the first half of the eighteenth century. At the centre of his interests lay the largely unknown Russian empire. Concerning this we read in a short biography: "In accordance with the regulations, Pallas' journeys often also had the character of 'economic' journeys … The economic condition of the areas he travelled in, the industries which were of note, and particularly everything in the animal and plant kingdoms as well as the world of minerals which appeared to be of use from an economic point of view, were described so precisely that today [1887] Pallas' travel works are regarded as contributions to the economic history of the Russian Empire … No plant that appears only remotely useful, or medicinal plants and plants which provide dyestuffs … are left unmentioned." Pallas also collected living plants on his great journey through Siberia and Central Asia, some of which were then cultivated in the botanical gardens of the Imperial Academy of Sciences in St. Petersburg and drawn by Knappe. The printing blocks were produced in Nuremberg and Vienna (see No. 34). In 1784 there appeared in St. Petersburg the first instalment of the initial volume of *Flora rossica*, which was dedicated to Tsarina Catherine II. It took five years for a second instalment to follow. The table shown here (t. C) shows blocks of wood cut from the trunks of various trees, from which the economic dimension of Pallas' expeditions becomes clear once again. Decades later a further 25 plates for *Flora rossica* were produced, but none of these plates are to be found in the Austrian National Library.

Peter Simon Pallas (1741–1811) fut l'explorateur le plus illustre que la Ville de Berlin ait engendré pendant la première moitié du XVIIIe siècle. Il était particulièrement attiré par l'empire russe dont beaucoup de territoires étaient encore inconnus à l'époque. Lisons à ce propos dans une courte biographie : « Conformément aux règlements, les voyages de Pallas avaient toujours aussi un caractère "économique" … Il rapporta si bien la situation économique des contrées qu'il visitait, les industries les plus remarquables, et en particulier tout ce qui semblait dans le monde animal, végétal et minéral, d'une quelconque utilité pour l'économie que les récits de voyage de Pallas sont considérés aujourd'hui [1887] comme d'importantes contributions à l'histoire économique de l'empire russe … Aucune plante alimentaire, même si son utilisation paraissait vaguement possible, aucune plante médicinale ou colorante … n'étaient laissées de côté ». Durant son long voyage à travers la Sibérie et l'Asie centrale, Pallas ramassa aussi des plantes vivantes qui furent en partie cultivées au Jardin botanique de l'Académie impériale des sciences à Saint-Pétersbourg et furent dessinées par Knappe. Les formes d'imprimerie furent réalisées à Nuremberg et à Vienne (voir n° 34). C'est également à Saint-Pétersbourg que parut en 1784 la première livraison du premier volume d'une *Flora rossica* dédiée à Catherine II. Il fallut attendre cinq ans pour la seconde livraison. La planche présentée ici (t. C) représente des rondins de bois provenant de troncs d'espèces différentes et illustrent une fois de plus la dimension économique des expéditions de Pallas. Plusieurs décennies plus tard, 25 planches supplémentaires furent livrées pour le *Flora rossica*. Elles font défaut à l'Österreichische Nationalbibliothek.

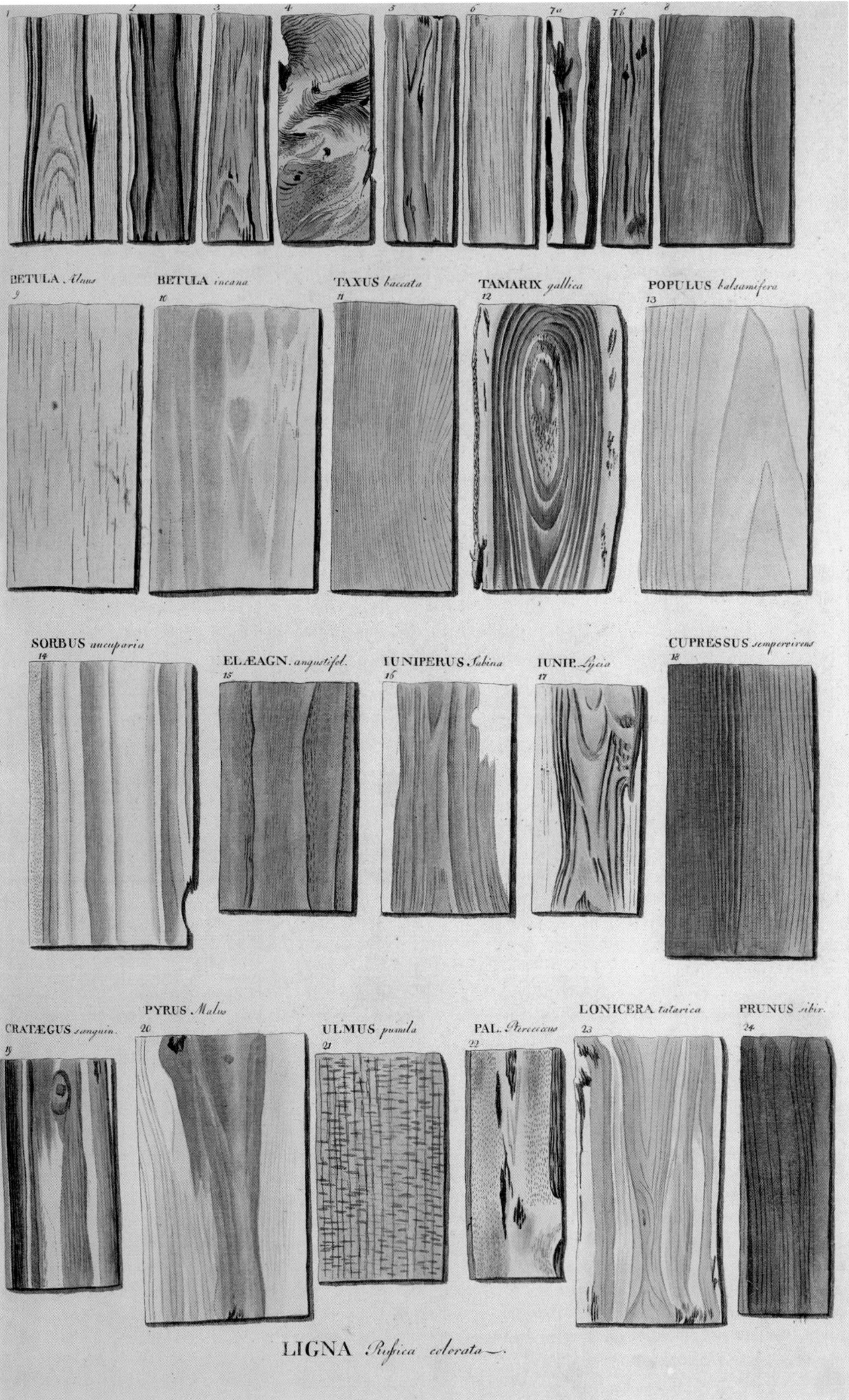
BETULA Alnus
BETULA incana
TAXUS baccata
TAMARIX gallica
POPULUS balsamifera
SORBUS aucuparia
ELÆAGN. angustifol.
IUNIPERUS Sabina
IUNIP. Lycia
CUPRESSUS sempervirens
CRATÆGUS sanguin.
PYRUS Malus
ULMUS pumila
PAL.
LONICERA tatarica
PRUNUS sibir.
LIGNA Russica colorata

t. C

# 41 *David Heinrich Hoppe Ectypa plantarum ratisbonensium*

REGENSBURG, 1787–1793

POR 254.095-D Fid. (8 vol.)

Lit. 17

Zwei junge Apotheker, Ernst Wilhelm Martius und David Heinrich Hoppe, gründeten die älteste bis heute bestehende botanische Vereinigung – die Regensburger Botanische Gesellschaft. Beide stellten auch Naturselbstdrucke her, von denen hier Hoppes *Ectypa plantarum ratisbonensium oder Abdrücke derjenigen Pflanzen, welche um Regensburg wild wachsen* gezeigt werden. Über die Drucktechnik berichtet Martius: „Da bei diesen Versuchen es hauptsächlich darauf ankommt, die zwischen Papier getrockneten Pflanzen auf zarte Weise mit Buch- oder Kupferdruckfarbe anzuschwärzen, so wählte ich zu der Operation ein fein abgehobeltes Brett von Buchenholz in Folio, worauf ich mittels eines Ballens, wie jene, deren sich die Kupferdrucker bedienen, eine feine Kupferdruckfarbe möglichst gleichmäßig auftrug. Auf die geschwärzte Fläche legte ich die sorgfältig eingelegte und getrocknete Pflanze, bedeckte sie mit weichem, ungeleimten Papier und darauf mit einem Buch weichen Maculaturs, welches mit einem zweiten Brette von gleicher Größe beschwert wurde. Der ganze Apparat wurde nun unter die Presse gebracht. Nach geschehener starker Pressung ward die angeschwärzte Pflanze vom Brett abgenommen, auf schönes weißes Papier und mit demselben zwischen Lagen von Maculaturpapier gelegt. Eine nochmalige Pressung ließ nun den Abdruck der Pflanze auf dem Papier zurück."

Auf Grund der starken Beanspruchung der eingefärbten Pflanzen war trotz späterer technischer Verbesserungen nur eine sehr geringe Auflage möglich, sodaß der Naturselbstdruck innerhalb der botanischen Illustration eine Außenseitermethode blieb. Das hier gezeigte Exemplar stammt aus der Fideikommissbibliothek.

Two young chemists, Ernst Wilhelm Martius and David Heinrich Hoppe, founded the oldest botanical organization still existing today – the Regensburg Botanical Society. Both also produced nature self impressions, of which Hoppe's *Ectypa plantarum ratisbonensium or imprints of those plants which grow wild around Regensburg* are shown here. Regarding the printing technique, Martius reports, "As in these attempts it depends mainly on delicately blackening plants, which have been dried between paper, with letterpress ink or copperplate printing ink, I chose for the operation a finely planed board of beech wood in folio on which I applied a fine copperplate printer's ink as evenly as possible, by means of a roller like those used by copperplate printers. I laid the plant, carefully arranged and dried, on the blackened surface, covered it with soft, unsized paper and placed upon that a block of soft waste paper weighted down with a second board of equal size. The whole apparatus was now placed under the press. After the application of strong pressure, the blackened plant was removed from the board and laid on fine white paper, again between layers of waste paper. A further pressing now left an imprint of the plant on the paper."

In view of the considerable pressure on the stained plants, only a very limited edition was possible, so that, in spite of later technical improvements, nature self impression remained a fringe method in botanical illustration. The example shown here comes from the Family Trust Library.

Ce sont deux jeunes apothicaires, Ernst Wilhelm Martius et David Heinrich Hoppe, qui créèrent la plus ancienne association de botanique existant encore de nos jours, la Regensburger Botanische Gesellschaft (Société botanique de Ratisbonne). Tous deux réalisèrent aussi des empreintes végétales, dont fait partie l'herbier de Hoppe présenté ici, *Ectypa plantarum ratisbonensium ou empreintes de plantes poussant à l'état sauvage dans les alentours de Ratisbonne.* Martius nous informe sur la technique d'impression : « Etant donné qu'il importait surtout dans ces épreuves de passer délicatement à l'encre d'imprimerie les plantes séchées entre les couches de papier, je choisis pour cette opération une planche de bois de hêtre finement rabotée sur laquelle j'étalai la couleur le plus régulièrement possible à l'aide d'un tampon de tissu comme ceux dont se servent les graveurs en taille-douce. Je posai sur la surface encrée les plantes soigneusement conservées et séchées, les recouvris d'un papier tendre et sans colle, puis d'un livre que j'alourdis encore avec une seconde planche de la même taille. Le tout était ensuite mis sous presse. Après une forte pression, la plante passée à l'encre fut retirée de la planche et posée sur un beau papier blanc entre deux couches de papier de maculature. Une autre pression permit de laisser l'empreinte de la plante sur le papier. » En raison de la forte pression exercée sur les plantes, on ne pouvait obtenir qu'un tirage très limité et ce, même plus tard, lorsque certaines améliorations techniques furent apportées au procédé. La méthode des empreintes végétales demeura donc une méthode marginale dans l'illustration botanique. Notre exemplaire provient de la Fideikommissbibliothek.

t. 642

## 42 Johann Bartholomaeus Bellermann *Abbildungen zum Cabinett der vorzüglichsten in- und ausländischen Holzarten*

ERFURT, 1788

POR 250.976-D

Lit. 4

Xylothek heißt Holzbibliothek. Im engeren Sinn werden darunter beschriftete, buchförmig beschnittene Holzstücke verstanden, die aneinandergereiht den Eindruck einer Bücherreihe erwecken. Diese Xylotheken wurden unterschiedlich ausgestattet und besaßen oft die Form von aufklappbaren Kästchen der jeweiligen Gehölzart, in denen sich getrocknete Blätter, Blüten, Wurzeln, Früchte, Samen, Zweigstücke befanden. Manchmal enthielten sie auch ein kleines Holzstück zur Bestimmung des spezifischen Gewichts. Im weiteren Sinne versteht man unter Xylothek auch eine anders gestaltete Holzsammlung sowie die dazugehörigen, oft gedruckten Erläuterungen. Ihre Blütezeit erlebten diese Holzbibliotheken um 1800, sie stammen zum Großteil aus Mitteleuropa.

Der in Erfurt lebende Johann Bartholomaeus Bellermann stellte 60 Gehölzarten in Text, Bild und einer Holzprobe vor, darunter auch den Mahagoni-Baum (*Swietenia mahagoni* (L.) Jacq.; Nr. 1). Im erläuternden Text lesen wir: „Sowohl die Engelländer als Holländer treiben mit diesem Holze wichtigen Handel; gewöhnlich wird es von ihnen nach Kubikfuß, und nicht nach Gewicht verkauft." Der erhebliche Bedarf an diesem hochgeschätzten Holz, das vor allem von den Kunsttischlern Chippendale & Hepplewhite populär gemacht wurde, führte zur weitgehenden Vernichtung der in Westindien heimischen Mahagoni-Bäume. Diese Entwicklung erzwang Plantagenanbau, der heute weltweit betrieben wird. Bellermanns Xylothek enthält auch Darstellungen von in Europa einheimischen oder seit Jahrhunderten hier kultivierten Gehölzen, so etwa von der ursprünglich aus China stammenden Marille (*Prunus armeniaca* L.; Nr. 2).

"Xylotheque" means wood library. In the stricter sense it refers to pieces of wood cut into the shape of books, inscribed and placed side-by-side to give the impression of a row of books. Xylotheques were produced in different ways, frequently taking the form of small hinged boxes made from particular species of wood containing specimens of dried leaves, flowers, roots, fruits, seeds and twigs, and sometimes also a small piece of the wood itself for the determination of its specific gravity. In a broader sense, xylotheque signifies any kind of wood collection, together with explanatory notes, often in printed form. Such wood libraries, which largely come from central Europe, flourished around 1800.

The merchant and illustrator Johann Bartholomaeus Bellermann, who lived in Erfurt, presented 60 kinds of wood in text, pictures, and wood samples, including that of the mahogany tree (*Swietenia mahagoni* (L.) Jacq.; No. 1). In the explanatory text we read, "Both the English and the Dutch carry on an important trade in this wood, usually selling it by the cubic foot, and not according to weight". The high demand for this highly prized wood, made popular principally by fine carpenters Chippendale and Hepplewhite, resulted in the extensive destruction of the mahogany trees indigenous to the West Indies and led to the establishment of plantations, which are today found worldwide. Bellermann's xylotheque also contains representations of trees native to Europe or cultivated there for centuries, for instance the apricot (*Prunus armeniaca* L.; No. 2) which originated in China.

Une xylothèque est une bibliothèque de différentes essences de bois. Dans un sens plus restreint, elle désigne des planchettes en bois, portant une inscription et évoquant des rayons de livres quand elles sont alignées les unes à côté des autres. De formes diverses, les xylothèques prenaient souvent l'aspect de boîtes fabriquées dans diverses essences de bois et contenant des feuilles séchées, des fleurs, des racines, des fruits, des morceaux de branche et parfois aussi un petit morceau de bois pour déterminer le poids spécifique. Dans un sens plus large, la xylothèque désigne les collections de bois et les explications souvent imprimées qui les accompagnent. Ces bibliothèques du bois connurent leur apogée aux alentours de 1800, elles proviennent pour la plupart d'Europe centrale.

Johann Bartholomaeus Bellermann, commerçant et illustrateur d'Erfurt, présenta à ses lecteurs 60 variétés de bois avec des textes, des images et des échantillons, dont entre autres l'acajou (*Swietenia mahagoni* (L.) Jacq. ; n° 1). Nous pouvons lire dans le texte explicatif : « Aussi bien les Anglais que les Hollandais font des affaires importantes avec ce bois. En général ils le vendent en stère et non pas selon son poids. » La demande considérable à l'égard de ce bois très prisé, qui devint surtout populaire grâce aux ébénistes Chippendale & Hepplewhite, détruisit presque complètement les forêts d'acajou des Indes occidentales et nécessita la création de plantations qui existent aujourd'hui dans le monde entier. La xylothèque de Bellermann comprend toutefois aussi des représentations d'arbres poussant en Europe ou cultivés dans nos régions depuis des siècles, comme par exemple l'abricotier originaire de Chine (*Prunus armeniaca* L. ; n° 2).

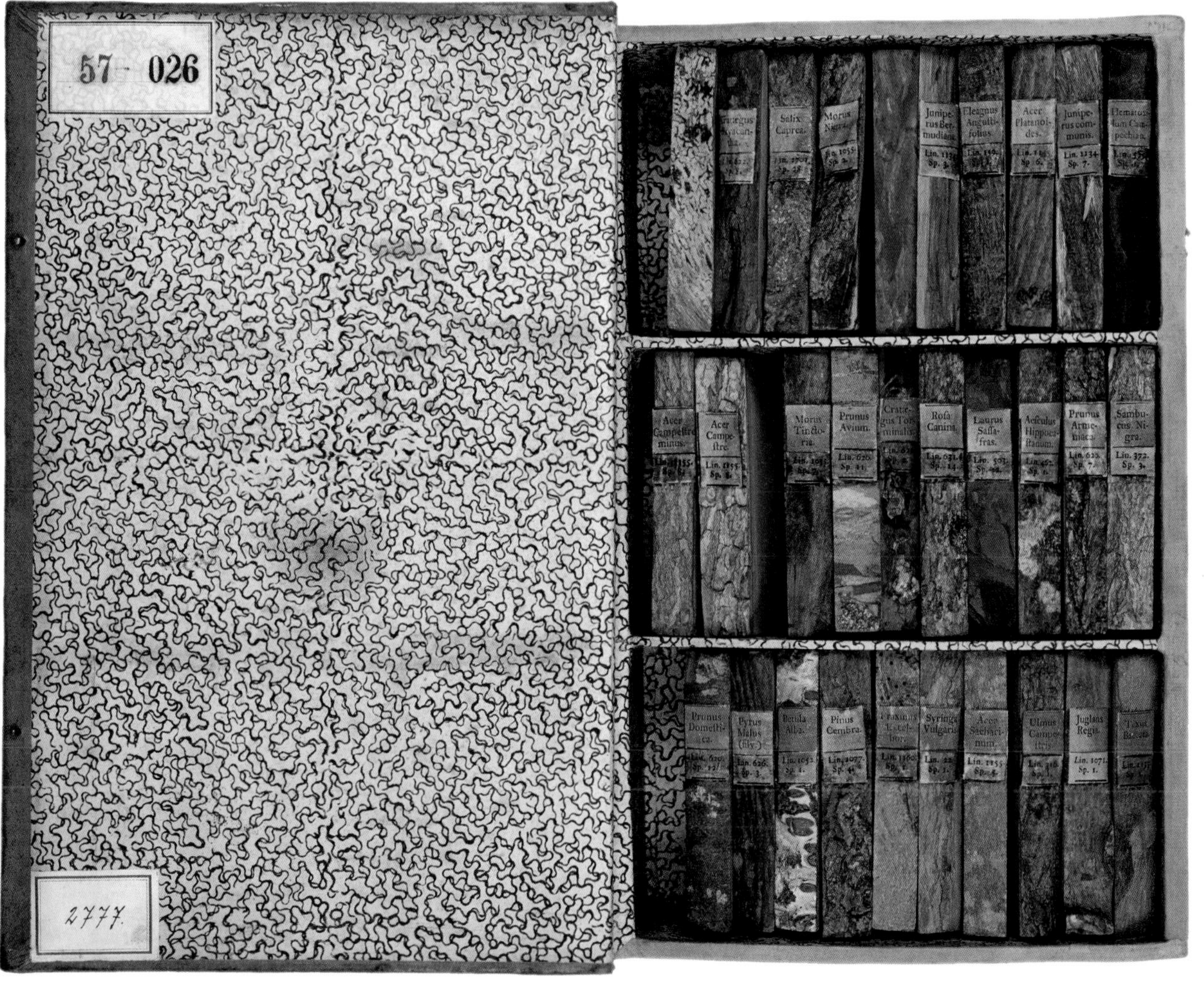
57 026
2777

*1*

*2*

## 43 *Nikolaus Joseph Freiherr von Jacquin* *Plantarum rariorum horti caesarei Schoenbrunnensis descriptiones et icones*

VIENNAE [WIEN]/LONDINI [LONDON]/LUGDUNI BATAVORUM [LEIDEN], 1797–1804

SIAWD 41.A.9 (4 vol.) Lit. 36, 46

„Man betrachte ihn daher als eine botanische Schatzkammer, als ein wahrhaft kaiserliches lebendes Pflanzenkabinett, welches unter … der wissenschaftlichen Leitung des Seniors der großen Botaniker Europas, des Herrn Nikolaus von Jacquin … auf das herrlichste gedeiht“, schreibt im Jahre 1805 ein Reisender über den k. k. holländischen Garten in Schönbrunn bei Wien. Das im Jahre 1753 von Kaiser Franz I. Stephan erworbene Grundstück (siehe Nr. 32) war durch seinen Sohn, Kaiser Joseph II., erweitert worden. Seltenheiten aus der gesamten damals bekannten Welt wuchsen in den berühmten Gewächshäusern, über deren Inhalt erstmals ein handgeschriebener, vom Gärtnermeister Franz Boos geführter Katalog aus dem Jahre 1799 Auskunft gibt. Im Auftrag von Kaiser Leopold II., dem jüngeren Bruder von Joseph II., verfaßte Nikolaus Joseph von Jacquin ein reich illustriertes Prachtwerk über hier kultivierte Pflanzen. Zur Veröffentlichung kam es allerdings erst nach der Emeritierung Jacquins unter der Regierung von Kaiser Franz II. (regierte 1792–1806; regierte 1804–1835 als Franz I., Kaiser von Österreich). Unter den dargestellten Pflanzen finden sich einige, die Jacquin auf den karibischen Inseln gesammelt hatte (siehe Nr. 32, 39), sowie Material, das aus anderen Erdteilen geschickt worden war – so zwei Exemplare des in Madagaskar beheimateten Baums der Reisenden (*Ravenala madagascariensis* J. F. Gmel.; t. 93), der über einen Garten auf der Insel Mauritius als Geschenk an Joseph II. nach Schönbrunn gekommen war. Zumindest im letzten Jahrzehnt des 18. Jahrhunderts war der kaiserliche Garten allgemein zugänglich, denn ein weiterer Augenzeuge berichtet: „Daß es einem Jeden erlaubt ist in diesen Garten zu gehen, ist ein sehr schöne Sache.“

“It is therefore to be considered as a botanical treasure chamber, as a truly imperial repository of living plants, which flourishes most splendidly under… the scientific leadership of the master of the great botanists of Europe, Nikolaus von Jacquin,” wrote a traveller in 1805 about the Imperial Royal Dutch Garden at Schönbrunn near Vienna. The piece of land (see No. 32) that had been acquired by the Emperor Francis I Stephan in 1753 was extended by his son, Emperor Joseph II. Rarities from the entire known world grew in the famous glasshouses, the contents of which were listed for the first time in a handwritten catalogue compiled by the master gardener, Franz Boos. On the instructions of Emperor Leopold II, the younger brother of Joseph II, Nikolaus Joseph von Jacquin, the Professor of Chemistry and Botany at the University of Vienna, produced a magnificent, abundantly illustrated work on the plants cultivated in the garden. Publication, however, came only later, under Emperor Francis II (reigned 1792–1806; as Francis I, Emperor of Austria, reigned 1804–1835). Among the plants illustrated are some which Jacquin had collected on the Caribbean Islands (see No. 32, 39), as well as material sent from other regions of the world, for example two specimens of traveller's tree (*Ravenala madagascariensis* J. F. Gmel.; t. 93) that came as a gift to Joseph II at Schönbrunn via a garden on the island of Mauritius. At least in the last decade of the 18th century, the imperial garden was accessible to the public, for another eyewitness reports, “It is a very fine thing that anyone is allowed into this garden”.

« On le considère donc comme un trésor botanique, comme un véritable cabinet impérial de plantes vivantes qui se développe magnifiquement … sous la direction scientifique du senior des grands botanistes d'Europe, Monsieur Nikolaus von Jacquin » écrivait un voyageur en 1805 à propos du jardin hollandais austro-hongrois de Schönbrunn près de Vienne. Le terrain acheté par l'empereur François I^er^ Étienne (voir n° 32) avait été agrandi par son fils Joseph II. Des plantes rares provenant du monde entier, c'est-à-dire des régions connues à l'époque, poussaient dans les célèbres serres. Le contenu de ces dernières fut consigné pour la première fois en 1799 dans un catalogue écrit à la main par le maître jardinier Franz Boos. C'est pour l'empereur Léopold II, frère cadet de Joseph II, que Nikolaus Joseph von Jacquin, professeur de chimie et de botanique à l'Université de Vienne, réalisa un herbier somptueux et richement illustré de plantes cultivées dans ces serres. Cet ouvrage ne parut toutefois que lorsque Jacquin fut mis à la retraite sous le règne de François Ier qui avait succédé à son père Léopold II. Parmi les plantes reproduites on trouve certains échantillons que Jacquin avait rapportés des Caraïbes (voir nos 32, 39) ainsi que du matériel provenant d'autres parties du globe – comme ces deux exemplaires de l'arbre du voyageur poussant à Madagascar (*Ravenala madagascariensis* J. F. Gmel. ; t. 93), qui furent envoyés en cadeau à Joseph II depuis un jardin de l'île Maurice. Le jardin de Schönbrunn fut ouvert au public au moins dès la dernière décennie du XVIIIe siècle. Un autre témoin rapporte en effet : « C'est une très bonne chose que chacun soit autorisé à aller dans ce jardin. »

*t. 55*

*t. 63*

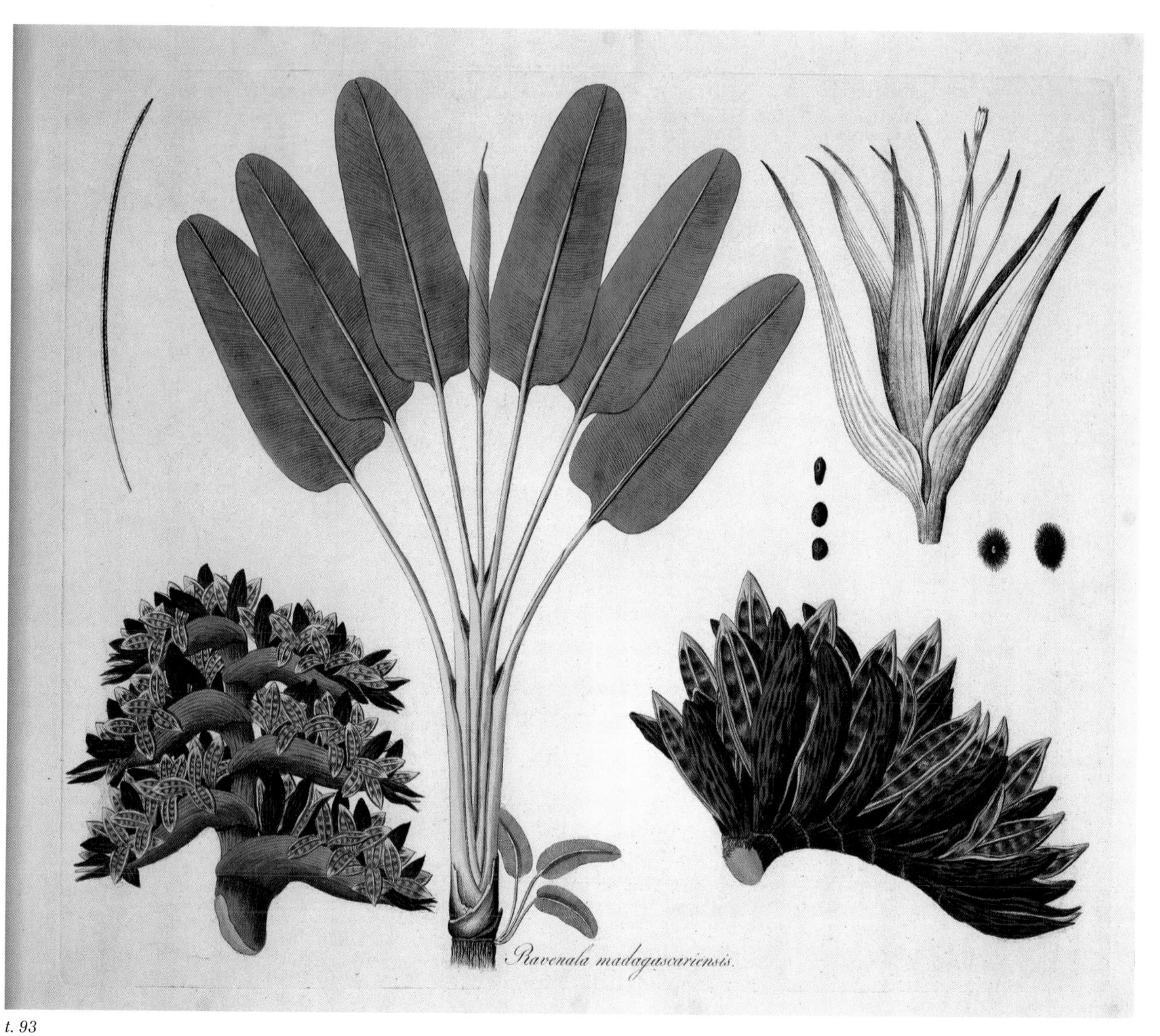


t. 93

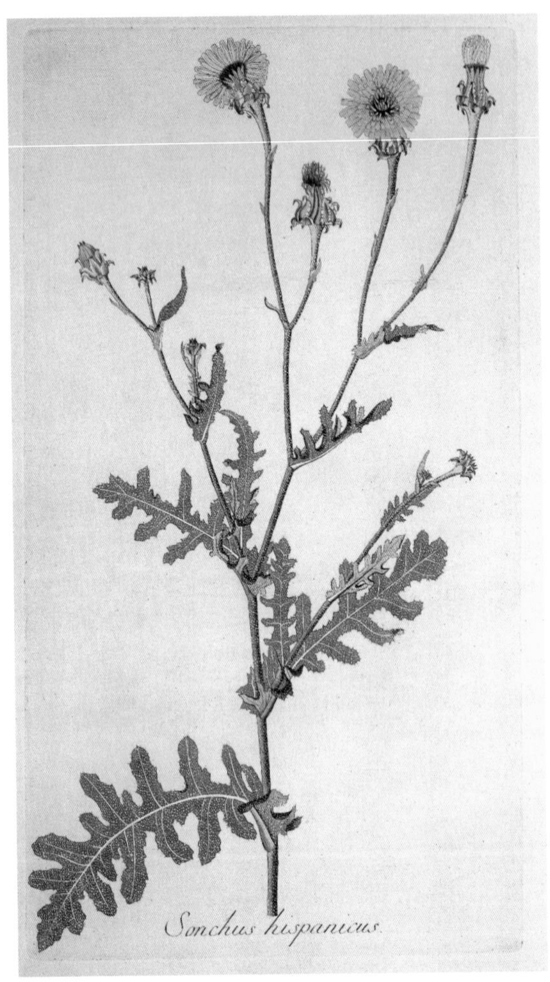


*t. 143*

*t. 167*

t. 187

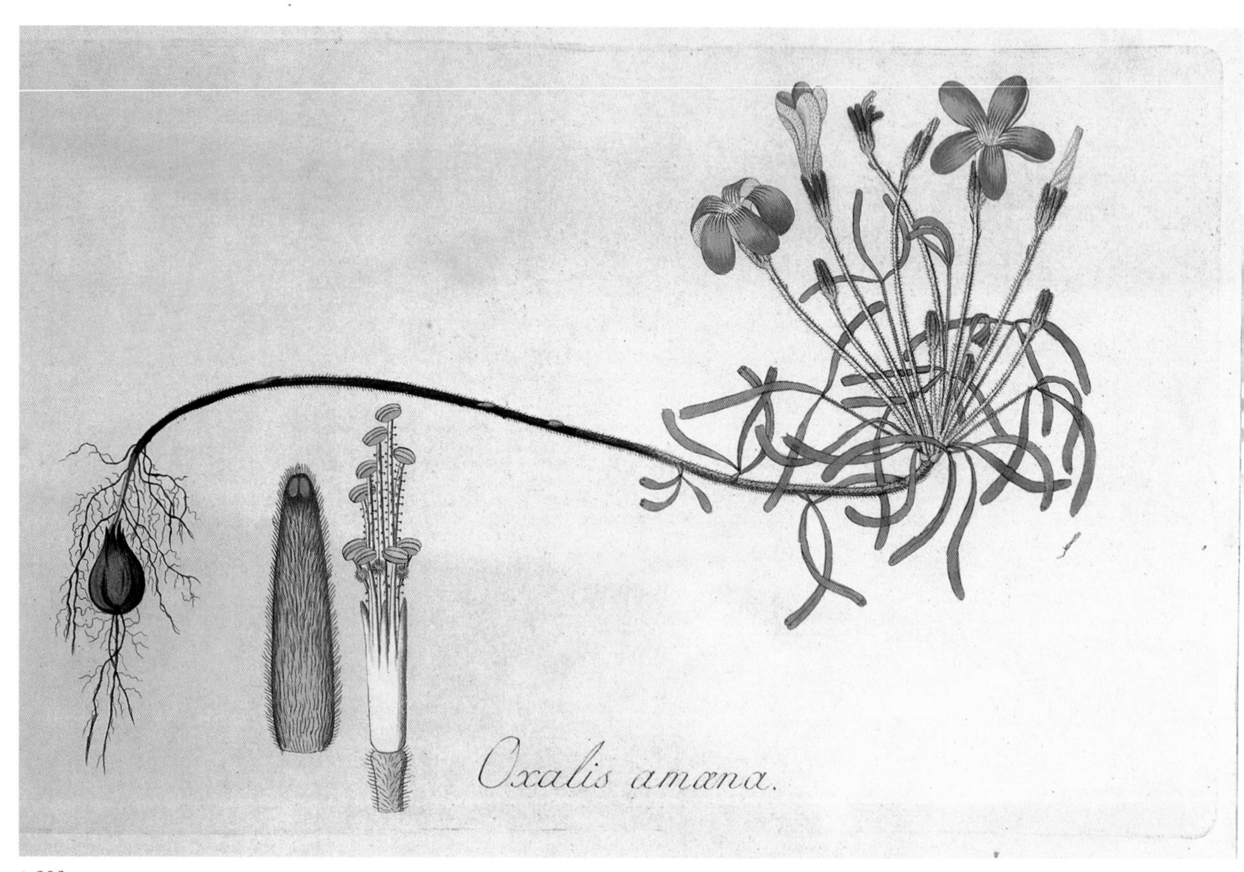


*t. 206*

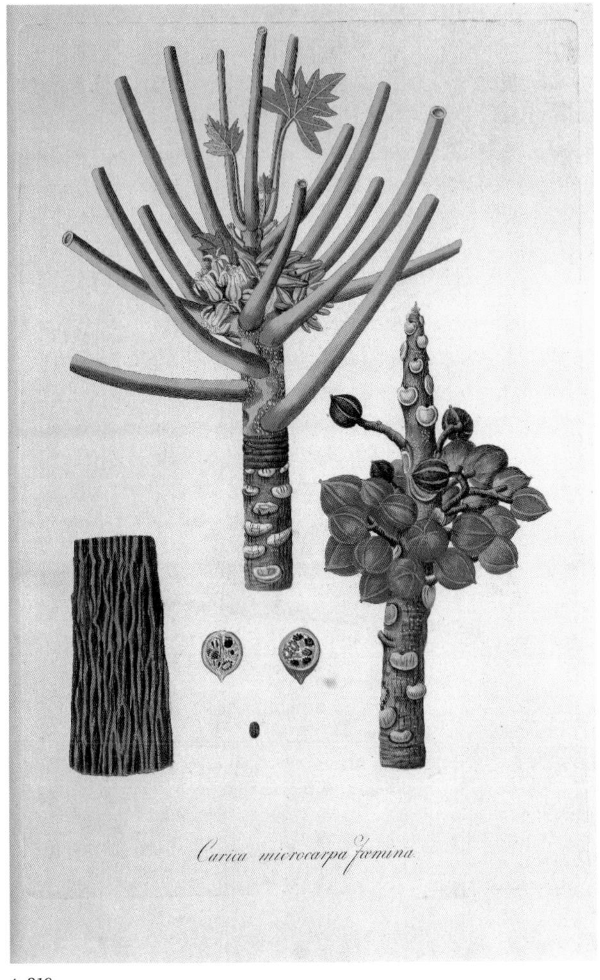


*t. 310*

*t. 397*

# 44 Florilegium A von Franz I., Kaiser von Österreich

[WIEN], C. 1798–C. 1824

POR Pk 508

Lit. 36, 4

Aufbewahrt in 16 Großfolio-Kasetten von den imponierenden Maßen 78 x 58 x 9 cm, ist diese Sammlung naturgetreuer Pflanzenabbildungen ein besonderer, allerdings noch weitgehend unerforschter Schatz der Österreichischen Nationalbibliothek. Im Auftrag von Franz I., Kaiser von Österreich, schuf Mathias Schmutzer Hunderte von detailgenauen Wasserfarbenmalereien, meist auf Papier, selten auch auf Pergament. Diese unnumerierten Blätter sind fast nie signiert und datiert, aber fast immer mit dem wissenschaftlichen Namen in Schönschrift versehen. Schmutzers Darstellungen wurden später nur mit den beiden oberen Ecken auf kräftiges Kartonpapier geklebt. Somit konnte jede Wasserfarbenmalerei angehoben werden, um die ebenfalls auf dem Kartonpapier fixierten handschriftlichen Notizen von Joseph Franz von Jacquin, dem Sohn von Nikolaus Joseph von Jacquin (siehe Nr. 32), zu lesen.

Diese erste für Franz I. angefertigte Serie, daher hier *Florilegium A* genannt, ist durch zwei handschriftliche Kataloge erschlossen – der eine wird im Archiv des Naturhistorischen Museums Wien, der andere in der Österreichischen Nationalbibliothek aufbewahrt. Der erste trägt den Titel „Verzeichniss der Handzeichnungen von Pflanzen-Arten welche für die Privat-Bibliothek Sr. Majestät in den K. K. Gärten von Wien von Johann [sic!] Schmutzer in den Jahren 1798 bis 1824 verfertigt worden sind. Von J. Freih. v. Jacquin", der zweite „Verzeichniss über die aus 1314 Stücken bestehenden Sammlung von Pflanzen welche durch den Maler M. [sic!] Schmutzer verfertigt" und stammt aus dem Jahr 1840. Offensichtlich wurden einzelne Abbildungen zur Dekoration verwendet: An den vier Ecken finden sich Rostflecken und vier kleine Löcher, die auf ein Befestigen mit Nägeln hindeuten.

This collection of lifelike plant illustrations, residing in 16 large-folio Solander boxes with an impressive size of 30 ⅛ x 23 ¼ x 3 ½ in. (78 x 58 x 9 cm), constitutes a special, but still largely unresearched, treasure of the Austrian National Library. Acting on the instructions of Francis I, Emperor of Austria, Mathias Schmutzer produced hundreds of accurate and detailed watercolour paintings in the course of decades of work. The unnumbered paper – or, rarely, parchment – leaves that are hardly ever signed or dated, but almost always bear the scientific name written in neat handwriting, were later fastened by their two upper corners to strong card. Also attached on the card were manuscript notes in the handwriting of Joseph Franz von Jacquin, the son of Nikolaus Joseph von Jacquin (see No. 32); by lifting up the water-colour paintings, Jacquin's text can be read underneath. The unnumbered plant illustrations, mounted on card, were then placed in magnificently prepared boxes.

This first set produced for Francis I, and therefore called *Florilegium A*, is accessible through two handwritten catalogues – one in the archive of the Natural History Museum in Vienna, the other in the Austrian National Library. The first bears the title *Register of the drawings of plant species, which were made during the years 1798–1824 in the Imperial Royal Gardens of Vienna for His Majesty's private library by Johann* [sic] *Schmutzer. By J. Freih. v. Jacquin.* The other is entitled *Register of the collection of 1314 plants which were prepared by the Painter M.* [sic] *Schmutzer,* and dates from the year 1840. Individual plant illustrations were apparently also used decoratively, for the four corners contain flecks of rust and four small holes, which indicate that they were fastened with nails.

Conservée dans 16 cassettes grand folio aux imposantes dimensions (78 x 58 x 9 cm), cette collection de reproductions de plantes d'après nature constitue un trésor bien particulier de l'Österreichische Nationalbibliothek, bien qu'elle ait fait jusqu'à ce jour l'objet de peu de recherches. C'est pour l'empereur d'Autriche François Ier que Mathias Schmutzer exécuta des centaines d'aquarelles très détaillées, la plupart sur papier, mais aussi plus rarement sur vélin. Ces pages non numérotées ne sont pratiquement jamais signées ni datées, mais presque toujours dotées du nom scientifique calligraphié. Les reproductions de plantes de Schmutzer furent collées plus tard seulement par les bords supérieurs sur du papier cartonné. En soulevant les aquarelles, on pouvait lire, également collées sur le papier, les notes manuscrites de Joseph Franz von Jacquin, le fils de Nikolaus Joseph von Jacquin (voir n° 32). Cette première série réalisée pour François Ier, d'où son nom ici de *Florilegium A*, est complétée par deux catalogues rédigés à la main – l'un se trouve aux archives du Naturhistorisches Museum de Vienne, l'autre à l'Österreichische Nationalbibliothek. Le premier est intitulé « Catalogue des dessins à la main d'espèces de plantes, qui furent exécutés pour la bibliothèque privée de Sa Majesté dans les jardins austro-hongrois de Vienne par Johann [sic !] Schmutzer entre 1798 et 1824. Par J. Baron von Jacquin », le second « Catalogue de la collection de 1314 plantes, qui fut exécutée par le peintre M. [sic !] Schmutzer ». Cette seconde série remonte à 1840. Apparemment on utilisa certaines reproductions pour décorer les murs : on peut voir en effet aux quatre coins des taches de rouille et quatre petits trous qui indiquent qu'on avait accroché les images avec des clous.

1

Glücklicherweise haben sich insgesamt 1433 Vorzeichnungen für das *Florilegium A* in der Staatsbibliothek zu Berlin (Libri Picturati A 77–81) und, bedingt durch die Auslagerung der Bestände während des Zweiten Weltkrieges, in der Biblioteka Jagiellońska in Krakau (Berlinka, Libri Picturati 76) erhalten. Sie gestatten Einblicke in die Arbeitsweise von Schmutzer und enthalten zudem viele Vermerke, die auf den ausgearbeiteten Fassungen in der Österreichischen Nationalbibliothek fehlen. Diese Notizen betreffen das Datum der Anfertigung und geben Auskunft, aus welchem Garten bzw. Gewächshaus die dargestellten Pflanzen stammen. Vermerke wie „k. k. holandischer Garten von Schönbrun", „k. k. Therasse" [Terrasse an der Hofburg] oder „k. k. Augarten" finden sich auf vielen Vorzeichnungen, an einer Stelle auch „aus dem neu angelegten garten auf der landstrassen emahls die Zucker Ravinerie gewest oder der harrachische garden genant". Damit wird bestätigt, daß die dargestellten Pflanzen ausschließlich in Wien kultiviert wurden. Nicht selten sind eindeutige Zuordnungen möglich: Die Vorzeichnung zur Darstellung der Guernsey-Lilie (*Nerine sarniensis* (L.) Herb.; Nr. 1) findet sich etwa in Libri Picturati A 76 : f. 199.

Die Pflanzendarstellungen in der Österreichischen Nationalbibliothek sind fast ausnahmslos von einem rechteckigen Rahmen aus zwei Tuschelinien umgeben, der Raum zwischen den Linien ist mit einer Goldfarbe bemalt. Dieses läßt sofort an das *Florilegium des Prinzen Eugen von Savoyen* (Nr. 21) denken, das Franz I. gekannt haben muß.

Fortunately, a total of 1433 preparatory sketches for *Florilegium A* have been preserved in the State Library of Berlin (Libri Picturati A 77–81) and, as a result of the evacuation of the collection during World War II, in the Jagiellońska Library in Cracow (Berlinka, Libri Picturati 76). They offer insight into Schmutzer's working methods and also contain many notes which are missing on the finished versions in the Austrian National Library. These notes give the date of completion and provide information on the garden or glasshouse from which the illustrated plants came. Remarks such as "Imperial Royal Dutch Garden of Schönbrunn", "Imperial Royal Terrace" or "Imperial Royal Augarten" occur on numerous drawings; one inscription reads, "From the newly laid-out garden on the Landstrasse where the sugar refinery was, also called the Harrach family garden". This confirms that the illustrated plants were cultivated exclusively in Vienna. It is often possible to make clear classifications – for example, the preparatory sketch for the illustration of the Guernsey lily (*Nerine sarniensis* (L.) Herb.; No. 1) is found in Libri Picturati A 76: f. 199.

The finished plant illustrations in the Austrian National Library are almost without exception surrounded by a rectangular frame consisting of two lines in Indian ink, with the intervening space painted in gold. This immediately calls to mind the *Florilegium of Prince Eugene of Savoy* (No. 21), which must have been familiar to Francis I.

Heureusement, les 1433 dessins préliminaires pour le *Florilegium A* ont été conservés à la Staatsbibliothek de Berlin (Libri Picturati A 77–81) ainsi qu'à la Biblioteka Jagiellońska de Cracovie (Berlinka, Libri Picturati 76), cette partie ayant été mise en lieu sûr pendant la Seconde Guerre mondiale. Ces dessins nous révèlent la façon de travailler de Schmutzer et ils contiennent de nombreuses remarques qui n'existent pas sur les versions achevées de l'Österreichische Nationalbibliothek. Ces notes nous indiquent la date d'exécution et la provenance des plantes représentées (jardins ou serres). Plusieurs dessins préliminaires comportent ainsi des mentions comme « Jardin austro-hongrois hollandais de Schönbrun », « Terrasses austro-hongrois » [Terrasses de la Hofburg] ou « Austro-hongrois Augarten ». Sur l'un d'entre eux on peut lire « provenant du nouveau jardin aménagé sur la Landstrasse de l'ancienne raffinerie de sucre et appelé aussi le harrachische garden ». Ceci confirme que les plantes représentées étaient cultivées exclusivement à Vienne. Parfois, on peut classer clairement ces dessins : ainsi celui de la nerine de Guernesey (*Nerine sarniensis* (L.) Herb. ; n° 1) se trouve dans Libri Picturati A 76 : f. 199.

Les reproductions de plantes de l'Österreichische Nationalbibliothek présentent en grande majorité un cadre rectangulaire tracé par deux lignes parallèles à l'encre de Chine. L'espace compris entre ces lignes est recouvert d'une couleur dorée. Ces détails font tout de suite penser au *Florilège du prince Eugène de Savoie* (n° 21) que l'empereur François Ier devait connaître.

*Bromelia nudicaulis.*

FID.C

*Caladium bicolor.*

3

*4*

5

6

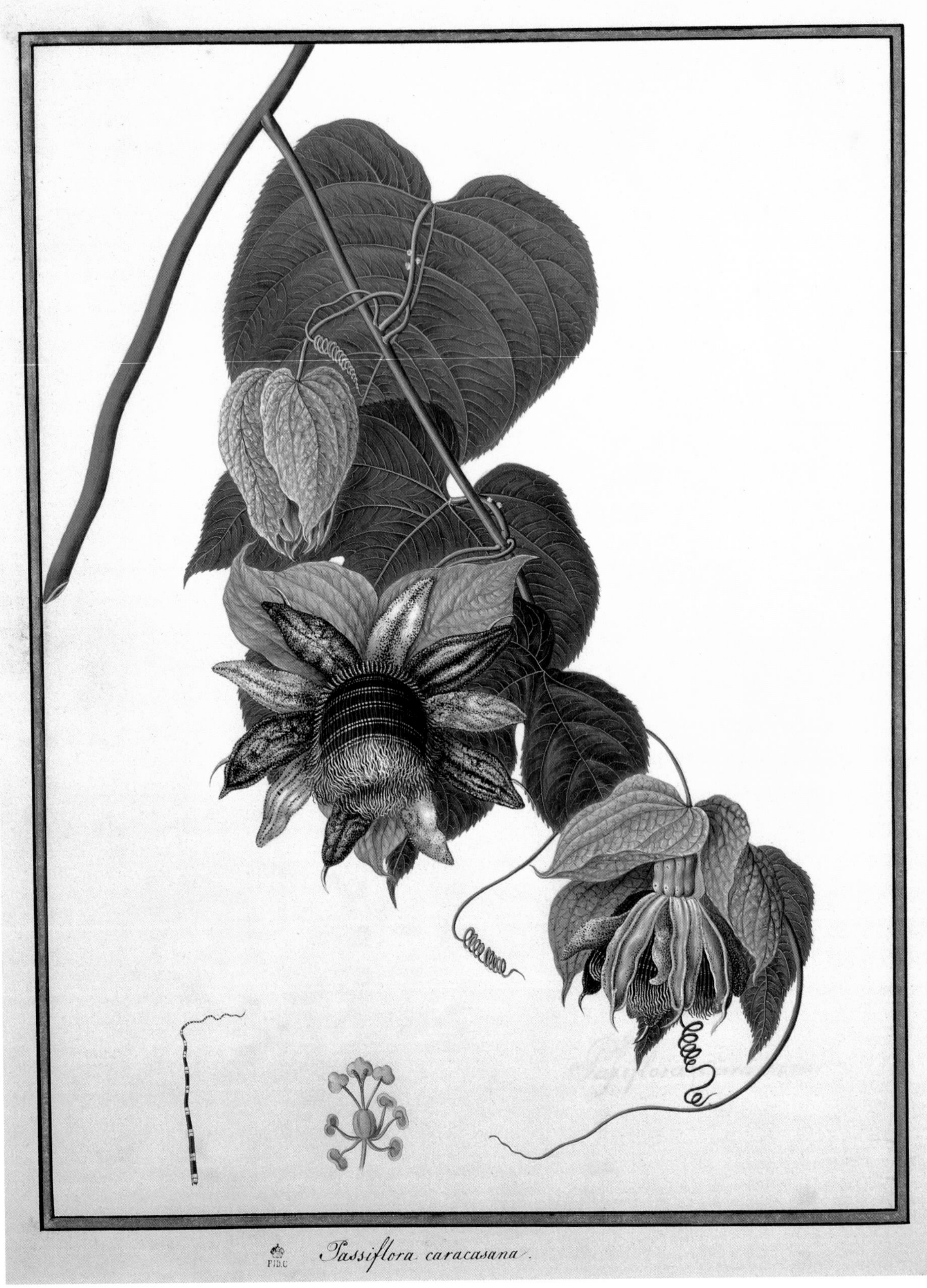


7

PIB.C *Pothos crassinervia. Die Blüthe und Frucht.*

*9*

10

## 45 *Hipólito Ruiz Lopez Flora Peruviana et Chilensis*

MADRID, 1798–1802

 Lit. 36, 73

In botanischer Hinsicht waren die spanischen Besitzungen in Amerika bis in die zweite Hälfte des 18. Jahrhunderts weitgehend terra incognita: Ihre Erforschung begann erst, als Carlos III., König von Spanien, im Jahre 1777 eine „Expedición Botánica" in das Vizekönigreich Peru entsandte, die unter der Leitung von Hipólito Ruiz Lopez stand und sich insgesamt zehn Jahre im Gebiet der heutigen Staaten Peru und Chile aufhielt. Teilnehmer waren u. a. José Antonio Pavón y Jiménez, Joseph Dombey und die Pflanzenillustratoren Joseph Brunete und Isidro Gálvez. In den Instruktionen von Carlos III. war festgelegt, daß „Herbarien und Sammlungen von Naturprodukten" angelegt werden sollten sowie „Beschreibungen und Abbildungen der in diesen, meinen fruchtbaren Ländereien gefundenen Pflanzen, um mein Museum für Naturkunde und den botanischen Garten des Hofes zu bereichern". Die Bearbeitung der außerordentlich umfangreichen, nach Madrid gebrachten Expeditionsausbeute blieb allerdings ein Torso: Zwar erschienen ein *Florae Peruvianae et Chilensis Prodromus* (Madrid, 1794) und der erste Band eines *Systema vegetabilium florae Peruvianae et Chilensis*, die Veröffentlichung der auf zehn Bände konzipierten, reich illustrierten *Flora Peruviana et Chilensis* aber brach 1802 mit dem dritten Band ab.

Das hier gezeigte Exemplar stammt aus der Fideikommissbibliothek, die aufgeschlagene Tafel zeigt *Lapageria rosea* Ruiz & Pavon, die im Spanischen „copihue" genannte Nationalpflanze Chiles. Ihre wissenschaftliche Bezeichnung erinnert an die vielleicht bedeutendste Mäzenatin der Botanik – Marie-Josèphe Rose Tascher de la Pagerie, meist Joséphine genannt, Gattin von Napoleon Bonaparte und ab 1804 Kaiserin der Franzosen.

From the botanical viewpoint, the Spanish possessions in America were to a large extent terra incognita until the second half of the 18th century: their exploration began only when King Charles III of Spain dispatched an *Expedición Botánica* under the leadership of Hipólito Ruiz Lopez to the viceroyalty of Peru. This expedition spent a total of ten years in the region of present-day Peru and Chile. Among its most important participants were José Antonio Pavón y Jiménez, Joseph Dombey and the two plant illustrators Joseph Brunete and Isidro Gálvez. According to the instructions laid down by Carlos III, "herbaria and collections of natural products" were to be assembled, along with "descriptions and illustrations of the plants found in my fertile lands, in order to enrich my museum of natural history and the botanic garden of my court". However, the work on the expedition's extremely extensive finds after they had been brought back to Madrid remained uncompleted: admittedly a *Florae Peruvianae et Chilensis Prodromus* appeared (Madrid, 1794), and also the first volume of a *Systema vegetabilium florae Peruvianae et Chilensis*, but the planned ten-volume, lavishly illustrated *Flora Peruviana et Chilensis* came to a halt in the year 1802, with the publication of the third volume.

The example presented here comes from the Family Trust Library, the plate showing *Lapageria rosea* Ruiz & Pavon, the national plant of Chile, known as *copihue* in Spanish. Its scientific name commemorates possibly the most important patroness of botany – Marie-Josèphe Rose Tascher de la Pagerie, usually known as Joséphine, wife of Napoleon Bonaparte and, after 1804, Empress of the French.

En matière de botanique, les possessions espagnoles en Amérique demeurèrent une terra incognita jusque dans la deuxième moitié du XVIIIe siècle. Leur exploration ne commença que lorsque le roi d'Espagne Carlos III envoya en 1777 une « Expedición Botánica » dans la vice-royauté du Pérou. Dirigée par Hipólito Ruiz Lopez, l'expédition resta dix ans au total sur les territoires qui forment actuellement le Pérou et le Chili. Ses membres étaient José Antonio Pavón y Jiménez, Joseph Dombey et les illustrateurs de plantes Joseph Brunete et Isidro Gálvez. Selon les instructions royales, les hommes devaient « faire des herbiers et des collections de produits naturels » ainsi que « des descriptions et des reproductions des plantes trouvées sur mes terres fertiles afin d'enrichir mon musée d'histoire naturelle et le Jardin botanique de la Cour ». Le traitement des échantillons exceptionnellement nombreux que rapporta l'expédition fut toutefois incomplet : on fit certes paraître un *Florae Peruvianae et Chilensis Prodromus* à Madrid, en 1794, ainsi que le premier volume d'un *Systema vegetabilium florae Peruvianae et Chilensis*, mais la publication de la *Flora Peruviana et Chilensis* prévue en dix volumes richement illustrés fut interrompue en 1802 au troisième volume.

L'exemplaire que nous présentons ici provient de la Fideikommissbibliothek, la planche montre une *Lapageria rosea* Ruiz & Pavon, plante nationale du Chili appelée « copihue ». Son nom scientifique évoque celui d'une femme qui fut peut-être le plus grand protecteur des botanistes : Marie-Josèphe Rose Tascher de la Pagerie, que nous connaissons mieux sous le nom de Joséphine. Elle épousa Napoléon Bonaparte et fut couronnée impératrice des Français en 1804.

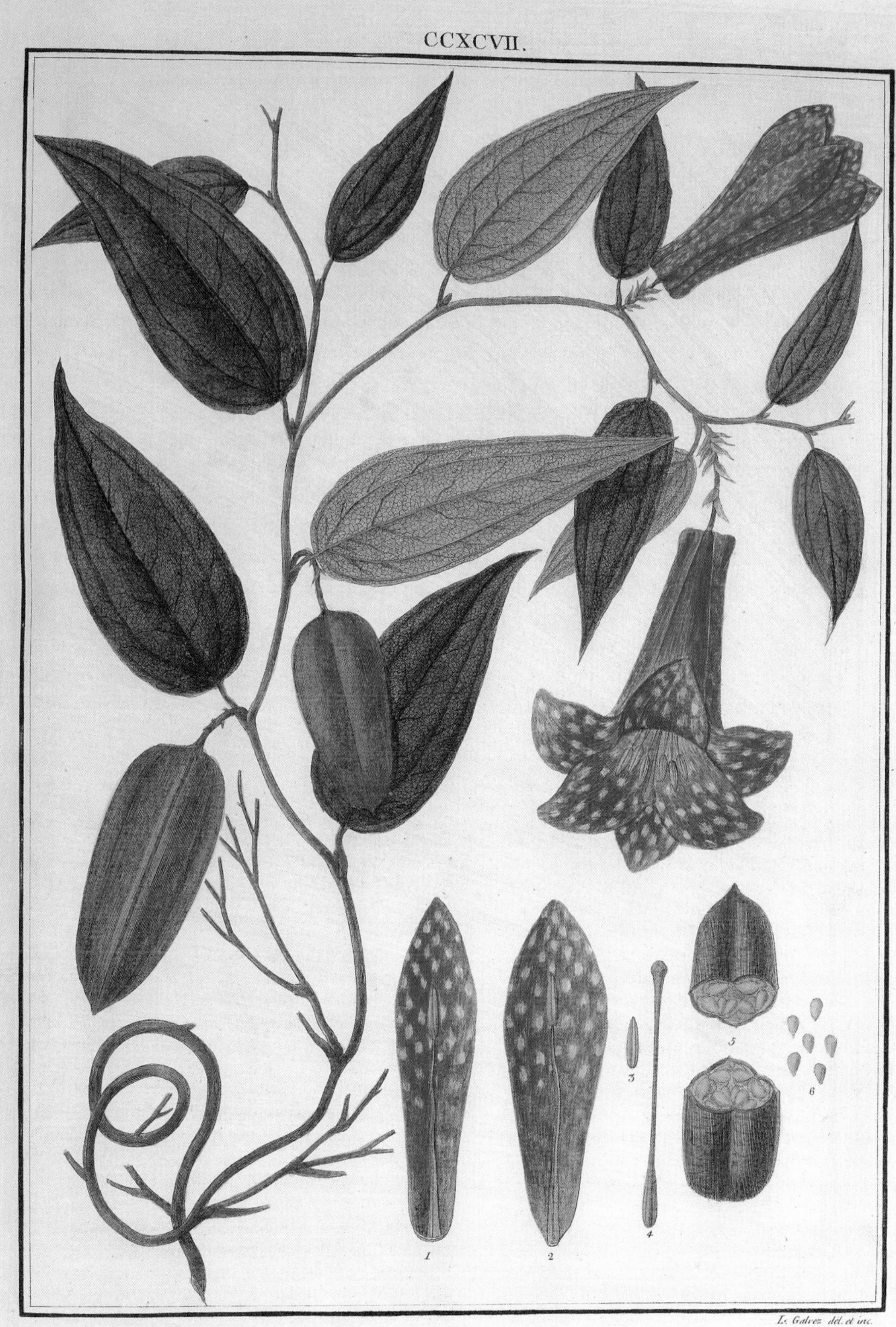


t. 297

# 46 *Franz de Paula Adam Graf Waldstein & Paul Kitaibel*

## *Descriptiones et icones plantarum rariorum Hungariae*

VIENNAE [WIEN], 1799–1812

SIAWD 176.925–F Rara (3 vol.) Lit. 2, 18

Um 1800 war die Pflanzenwelt der östlichen Teile Mitteleuropas noch wenig erforscht. Mit einer Konsequenz wie kein Naturforscher vor ihm bereiste der in Nagymartonban [Mattersburg] geborene Paul Kitaibel (1757–1817) die Länder der Stephanskrone und damit Gebiete, die heute zu den Staaten Ungarn, Österreich, Slowakei, Kroatien, Jugoslawien, Rumänien und Ukraine zählen. Auf seinen oft sehr beschwerlichen Unternehmungen sammelte der spätere Professor für Botanik an der Universität Pest [Budapest] Pflanzen, ließ sie durch seinen Reisebegleiter Janós Schütz in naturgetreuen Darstellungen festhalten und schilderte seine Beobachtungen in Tagebüchern, die ein plastisches Bild von den kargen Lebensbedingungen der Zeit vermitteln. Franz de Paula Adam Graf von Waldstein (1759–1823), der lange bei Pozsony [Bratislava] lebte, veröffentlichte mit Kitaibel ein auf vier Bände angelegtes Werk, das in Aufbau, Gliederung und den Abbildungen stark an die *Florae Austriacae … icones (*Nr. 37) von Nikolaus Joseph Jacquin erinnert. Nach dem dritten Band wurde das Projekt abgebrochen – „wegen vielfältiger Hindernisse, die untrennbar verbunden sind mit den schweren Zeiten, in denen wir leben". Damit sind die politischen und wirtschaftlichen Erschütterungen gemeint, die mit den militärischen Auseinandersetzungen mit Napoleon einhergingen.

An Kitaibel erinnernde Briefmarken, welche die Österreichische und die Ungarische Post herausgegeben haben, zeugen von der bis heute fortbestehenden Wertschätzung, ebenso wie die derzeit im Umlauf befindliche 20-Forint-Münze. Sie zeigt eine in den *Descriptiones et icones plantarum rariorum Hungariae* abgebildete Schwertlilie (*Iris hungarica* Waldst. & Kit.).

Around 1800, the plant world of the eastern parts of Central Europe was still largely unexplored. Paul Kitaibel (1757–1817), who had been born in Nagymartonban (Mattersburg), travelled widely throughout the lands united under the crown of St Stephen, that is, in the regions that are today located in the countries of Hungary, Austria, Slovakia, Croatia, Yugoslavia, Romania and the Ukraine. On his often exhausting ventures, Kitaibel, later professor of botany at the University of Pest (Budapest) collected plants, had them illustrated in true-to-life pictures by his travelling companion Janós Schütz, and recorded his observations in diaries, which convey an uncommonly picture of the difficult living conditions of the time. Together with Kitaibel, Franz de Paula Adam, Count Waldstein (1759–1823), who lived for a long time near Pozsony (Bratislava), published a work projected to comprise four volumes whose structure, arrangement, and illustrations are strongly reminiscent of *Florae Austriacae … icones* (No. 37) by Nikolaus Joseph Jacquin. After the publication of the third volume, the project was abandoned "because of all kinds of obstacles that are inseparably connected with the difficult times in which we are living" – a reference to the profound political and economic upheavals associated with the military conflicts of the Napoleonic era.

Postage stamps commemorating Kitaibel, issued by the Austrian and Hungarian postal authorities, bear witness to the high regard in which he is held even to this day, as does the 20-forint coin which is currently in circulation. The coin shows an iris (*Iris hungarica* Waldst. & Kit.) that was illustrated in the *Descriptiones et icones plantarum rariorum Hungariae.*

Vers 1800, la flore des régions orientales de l'Europe centrale était encore peu explorée. Paul Kitaibel (1757–1817), né à Nagymartonban [Mattersburg], fut le premier naturaliste à parcourir aussi largement les pays de la Couronne de saint Etienne, à savoir les territoires faisant partie actuellement de la Hongrie, de l'Autriche, de la Slovaquie, de la Croatie, de la Yougoslavie, de la Roumanie et de l'Ukraine. Lors de ses expéditions souvent très pénibles, le futur professeur de botanique à l'Université de Pest [Budapest] cueillit diverses plantes, les fit reproduire d'après nature par son compagnon de voyage Janós Schütz et décrivit ses observations dans des journaux intimes qui nous offrent une image extrêmement vivante des conditions de vie difficiles de l'époque. Franz de Paula Adam, comte de Waldstein (1759–1823), qui vécut longtemps près de Pozsony [Bratislava], publia avec Kitaibel, un ouvrage prévu en quatre volumes qui, par sa structure et ses reproductions, rappelle fortement le *Florae Austriacae … icones* (n° 37) de Nikolaus Joseph Jacquin. Le projet fut abandonné après le troisième volume, « à cause des nombreux obstacles qui sont intimement liés à l'époque difficile que nous traversons », ce qui voulait dire en d'autres termes : à cause des bouleversements politiques et économiques dus aux affrontements militaires avec Napoléon.

Les timbres en souvenir de Kitaibel, émis par les postes autrichiennes et hongroises, témoignent de l'estime qu'on lui porte aujourd'hui encore, tout comme la pièce de 20 florins qui est en circulation. Elle montre un iris (*Iris hungarica* Waldst.& Kit.) reproduit dans l'ouvrage *Descriptiones et icones plantarum rariorum Hungariae.*

t. 12

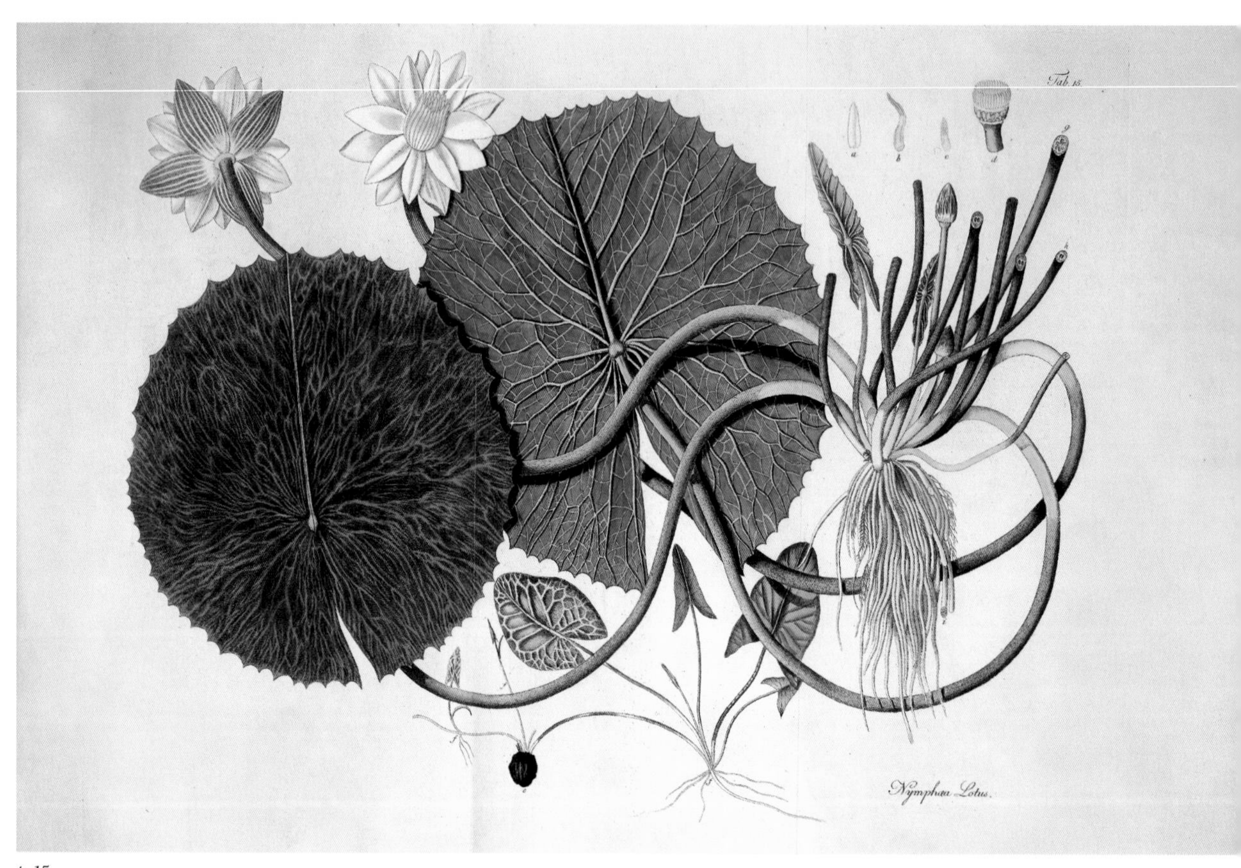


*t. 15*

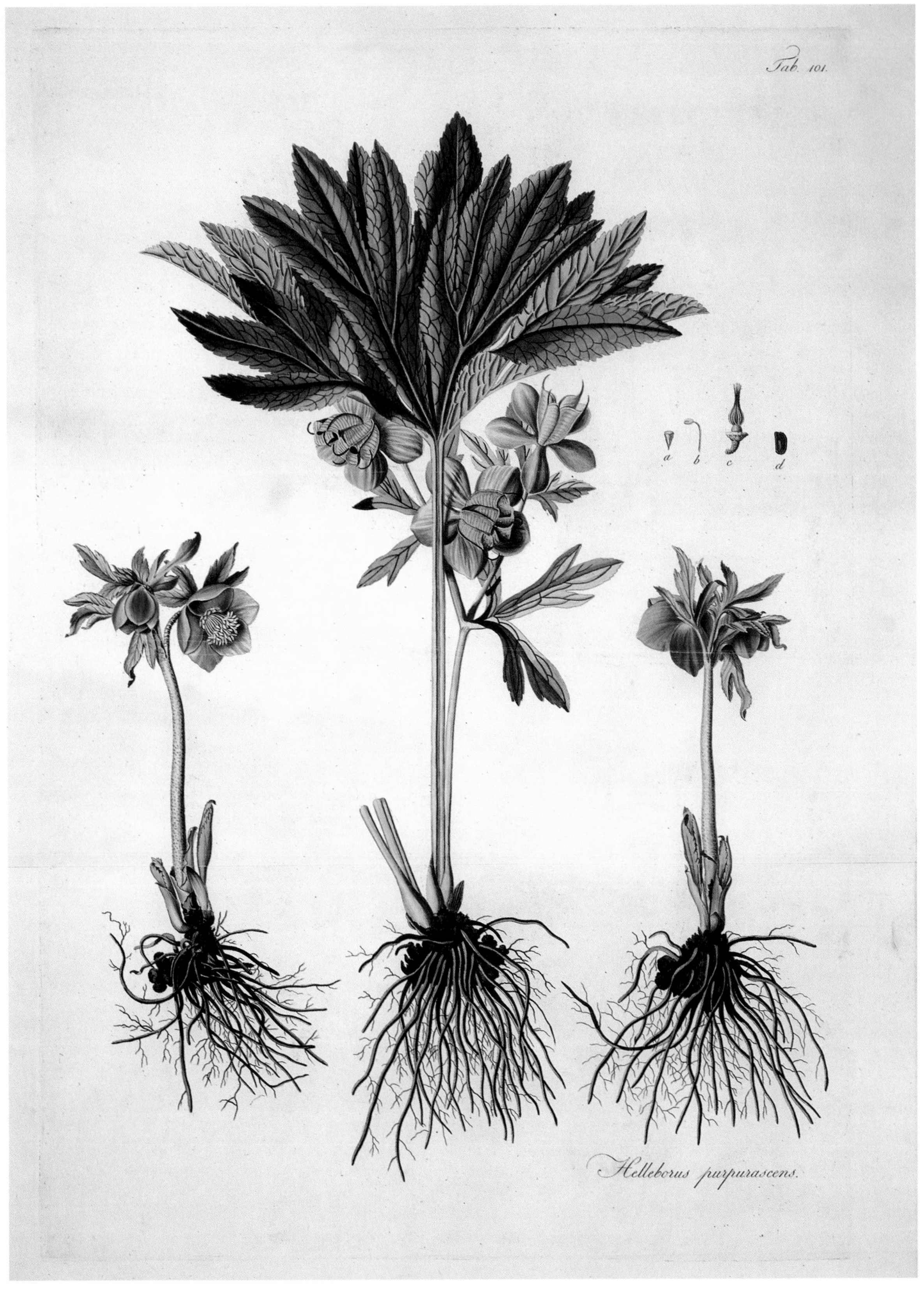


t. 101

WALDSTEIN & KITAIBEL 19. JAHRHUNDERT | 19TH CENTURY | 19E SIÈCLE

t. 110

t. 116

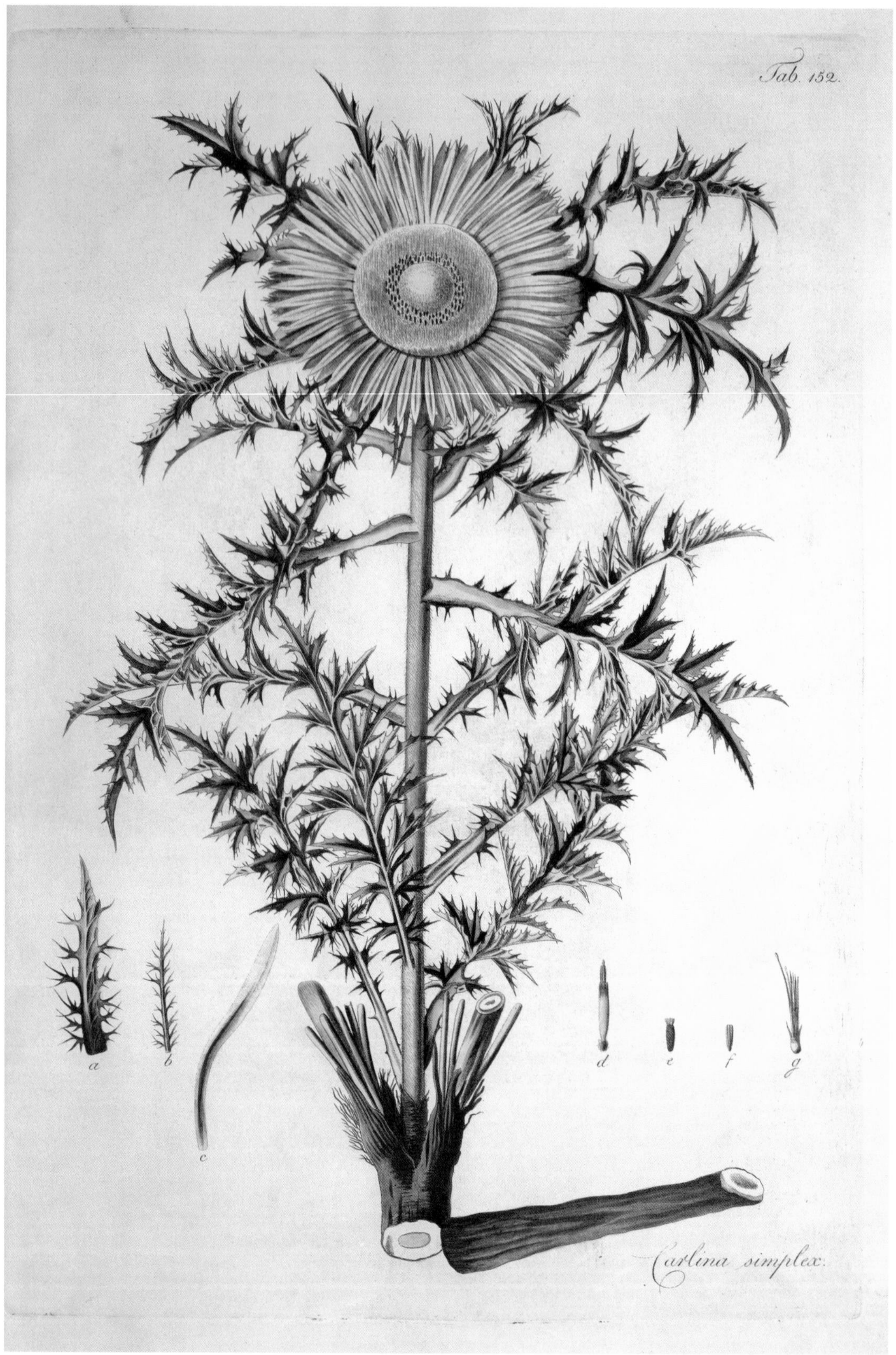


*t. 152*

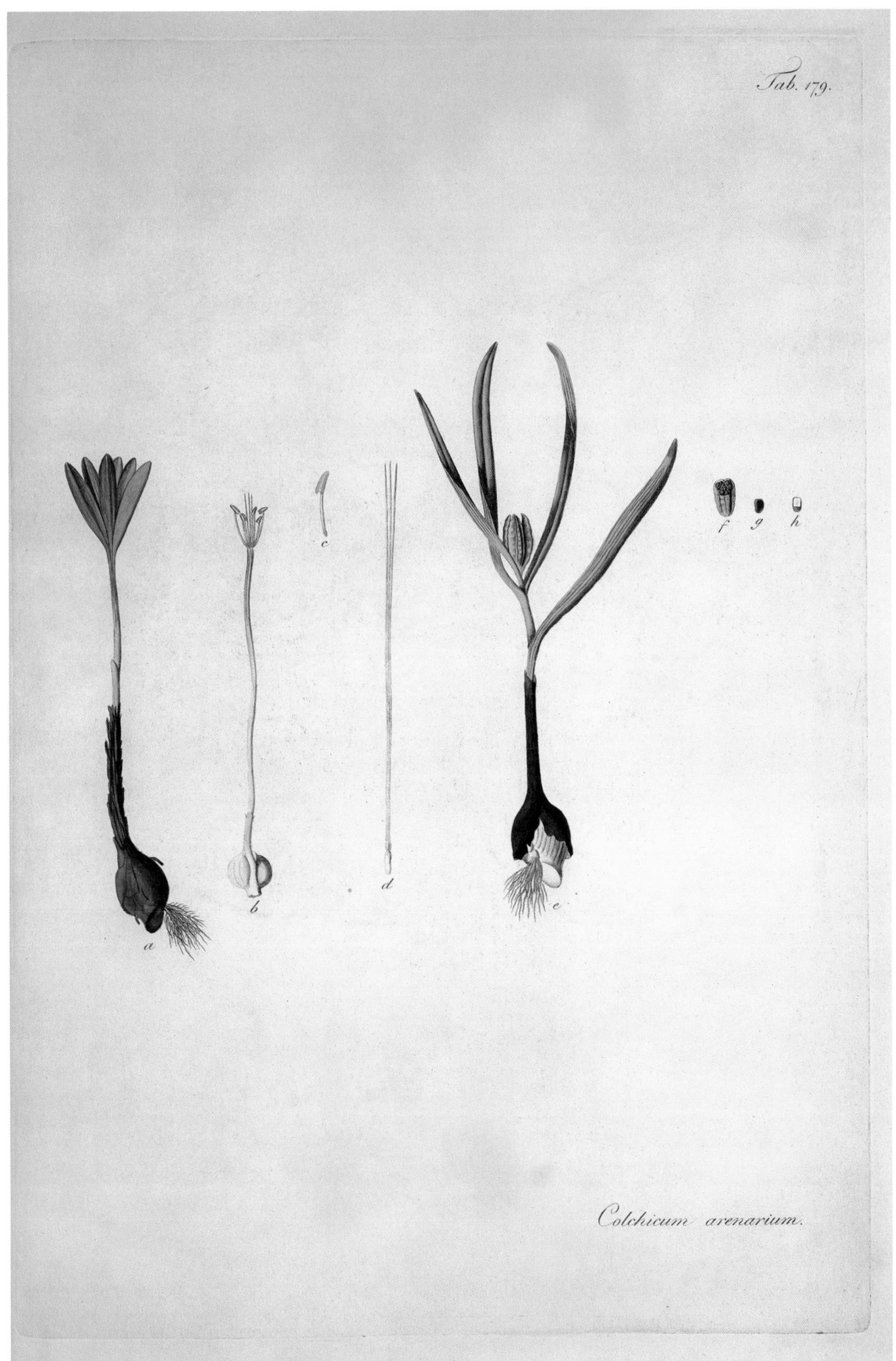


*t. 179*

t. 211

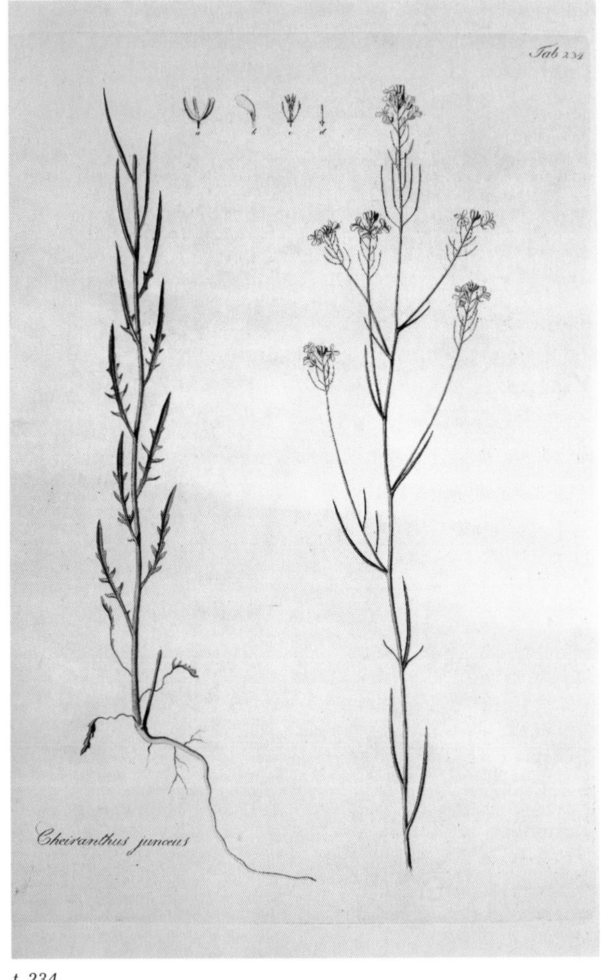
Tab 234
Cheiranthus junceus

*t. 234*

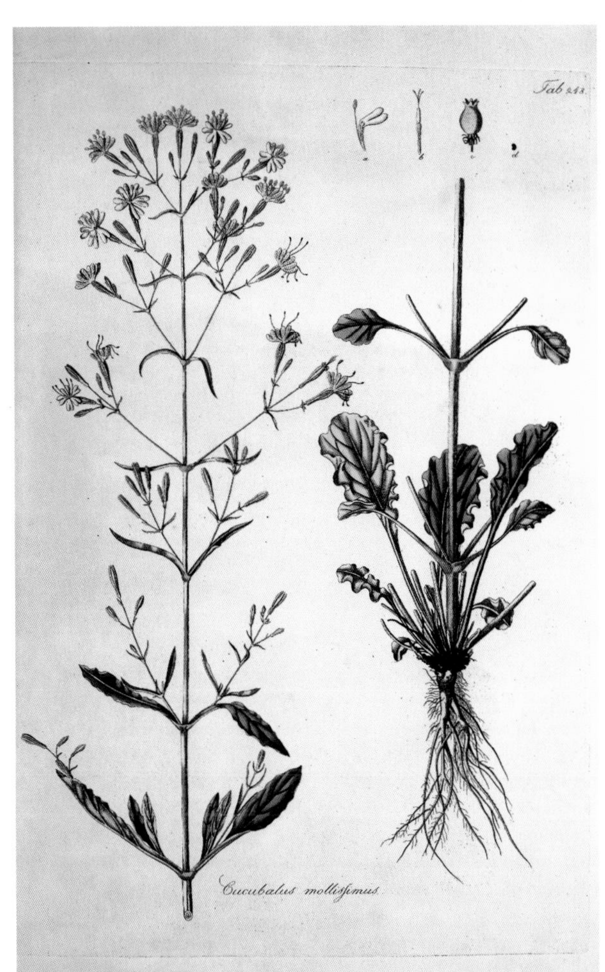
Tab 248
Cucubalus mollissimus

*t. 248*

# 47 Henri Louis Duhamel du Monceau
## Traité des arbres et arbustes, nouvelle édition

**PARIS, 1800–1819**

SIAWD BE.2.A.6 (7 vol.) Lit. 60

Meist *Nouveau Duhamel* genannt, ist dieses siebenbändige Werk weitgehend unabhängig von dem 1768 ebenfalls in Paris erschienenen *Traité des arbres et arbustes*. Andere Botaniker, andere Illustratoren, andere Stecher waren hier tätig, gemeinsam ist lediglich das Thema – eine Gesamtdarstellung der Bäume und Sträucher, die damals unter freiem Himmel in Frankreich kultiviert wurden. Étienne Michel gilt als Hauptherausgeber des in 83 Lieferungen in den Jahren 1800 bis 1819 veröffentlichten Werks; weitere Beiträge stammen von J. L. A. Loiseleur-Deslongchamps, C. F. Brisseau-Mirbel, J. L. Poiret, J. H. Jaume Saint-Hilaire und Veillard.

Die heute in der Bibliothèque Nationale in Paris aufbewahrten Wasserfarbenmalereien wurden von Pierre-Joseph Redouté und Pancrace Bessa, den führenden Pflanzenillustratoren in Frankreich, angefertigt. 29 Stecher waren an der Herstellung der Kupferplatten beteiligt. Das Werk ist in drei Varianten bekannt – mit schwarzen Punktstichen, mit farbigen Punktstichen und, als Luxusausgabe, mit farbigen Punktstichen auf großem Format.

Nichts veranschaulicht besser den Reichtum der Österreichischen Nationalbibliothek als die Tatsache, daß sie lange Zeit zwei Exemplare der Luxusausgabe besaß – eines in der Hofbibliothek, ein zweites in der Fideikommissbibliothek. Das zweite Exemplar wurde im Jahre 1949 verkauft und befindet sich heute in der Oak Spring Garden Library in den USA. Das Exemplar der Fideikommissbibliothek hat eine bemerkenswerte Provenienz: Es war ein taktloses Geschenk von Napoleon an Franz I., Kaiser von Österreich, den Vater seiner zweiten Frau Marie-Luise – taktlos vor allem deshalb, weil das Werk aus-

This seven-volume work, commonly known as the *Nouveau Duhamel*, is to a large extent independent of the *Traité des arbres et arbustes* which was published, also in Paris, in 1768. Other botanists, illustrators and engravers were involved in the work, the only common element being the theme: general descriptions of the trees and shrubs cultivated outdoors in France at that time. Étienne Michel is accounted as the chief editor of the work, which was published in 83 parts between 1800 and 1819 and which contained further contributions from J. L. A. Loiseleur-Deslongchamps, C. F. Brisseau-Mirbel, J. L. Poiret, J. H. Jaume Saint-Hilaire and Veillard.

The watercolours, kept nowadays in the National Library in Paris, were painted by Pierre-Joseph Redouté and Pancrace Bessa, the leading plant illustrators in the French capital. Twenty-nine engravers participated in the production of the copper plates. The work is dedicated to Joséphine, the first wife of Napoleon, and is known in three forms – one with black and one with coloured engraving à la poupée, and one large-format luxury edition with coloured engraving à la poupée.

Nothing illustrates the wealth of the Austrian National Library better than the fact that for a long time it possessed two copies of the luxury edition – one in the Court Library, and the other in the Family Trust Library. The second copy was sold in the year 1949 and is now housed in Oak Spring Garden Library in the USA. The copy from the Family Trust Library has a remarkable provenance. It was a tactless gift from Napoleon to Francis I, Emperor of Austria, the father of Napoleon's second wife –

Généralement appelé le *Nouveau Duhamel*, cet ouvrage en sept volumes est distinct du *Traité des arbres et arbustes* paru lui aussi à Paris, mais en 1768. D'autres botanistes, d'autres illustrateurs et d'autres graveurs y travaillèrent, seul le sujet demeura le même : une présentation des arbres et arbustes cultivés à découvert dans la France de l'époque. Paru en 83 livraisons entre 1800 et 1819, le traité a Étienne Michel pour éditeur principal et comprend des textes de J. L. A. Loiseleur-Deslongchamps, C. F. Brisseau-Mirbel, J. L. Poiret, J. H. Jaume Saint-Hilaire et Veillard.

Les aquarelles conservées aujourd'hui à la Bibliothèque Nationale de Paris ont été effectuées par Pierre-Joseph Redouté et Pancrace Bessa, les principaux illustrateurs de plantes de France. Vingt-neuf graveurs participèrent à la réalisation des plaques de cuivre. L'ouvrage est connu en trois versions – la première avec des planches en noir et blanc, la deuxième avec des planches en couleurs et la troisième, en édition de luxe, avec des planches en couleur de grand format, toujours préparées à la poupée.

Le fait que l'Österreichische Nationalbibliothek ait longtemps possédé deux exemplaires de l'édition de luxe – l'un se trouvant à la Bibliothèque Impériale et l'autre à la Fideikommissbibliothek – illustre bien sa richesse. Le second exemplaire fut vendu en 1949 et il se trouve aujourd'hui à la Oak Spring Garden Library aux Etats-Unis. L'exemplaire de la Fideikommissbibliothek a une provenance illustre : il fut offert par Napoléon à François Ier, empereur d'Autriche et père de Marie-Louise, sa seconde femme. Ce cadeau révélait toutefois un manque de tact puisque l'ouvrage était dédié à Joséphine dont il venait de se séparer.

1.
1.
2.
3
4.
5.
6.
ILEX Aquifolium.
HOUX Commun. pag.1.
Redouté pinx.t

*vol. I, t. 1*

drücklich Napoleons erster Frau Joséphine gewidmet ist, von der er sich gerade getrennt hatte. Das Spektrum der abgebildeten Bäume und Sträucher reicht von der Stechpalme (*Ilex aquifolium* L.; 1: t. 1), der Kamelie (*Camellia japonica* L.; 2: t. 71), der roten Johannisbeere (*Ribes rubrum* L.; 3: t. 57) bis zur schwarzen Maulbeere (*Morus nigra* L.; 4: t. 2e), dem Oleander (*Nerium oleander* L.; 5: t. 23), der Pflaume (*Prunus domestica* L.; 5: t. 56) und der Zitronatszitrone (*Citrus medica* L.; 7: t. 22). Von besonderem Interesse sind zwei Bäume, die nachweislich über den Jardin du Roi in Paris, zum Zeitpunkt des Erscheinens des *Nouveau Duhamel* bereits Jardin des Plantes genannt, nach Europa eingeführt wurden – die Robinie (*Robinia pseudoacacia* L.; 2: t. 16) und der Japanische Schnurbaum (*Sophora japonica* L.; 3: t. 21). Während der zweite Baum nur in Parkanlagen verbreitet ist, kann man sich Europa heute ohne Robinie nicht mehr vorstellen – der sich rasch ausbreitende Baum ist vielerorts, so etwa im Süden Ungarns, aspektbestimmend. Das hier gezeigte Werk enthält auch recht genaue Angaben über die Einführungsgeschichte einiger Bäume. Zur Robinie heißt es: „Am Beginn des 17. Jahrhunderts … pflanzte Jean Robin, Professor für Botanik in Paris, im Jardin des Plantes Samen dieses Baums an, die er sich in Kanada [gemeint ist der Mittlere Westen der heutigen USA] besorgt hatte“, und zum in China und Korea beheimateten Japanischen Schnurbaum: „Im Jahre 1747 sandte Pater D'Incarville Samen dieses Baumes an den berühmten Bernard de Jussieu; sie wurden im Garten von Louis XV. in Trianon ausgesät, und Jungpflanzen an verschiedene Personen verteilt. Im Jahre 1779 … blühten die Exemplare von Herrn de Noailles in Saint-Germain-en-Laie zum ersten Male in Frankreich.“

tactless principally because the work is expressly dedicated to Napoleon's first wife, from whom he had just separated.

The scope of the illustrated trees and shrubs ranges from holly (*Ilex aquifolium* L.; 1: t. 1), camellia (*Camellia japonica* L.; 2: t. 71) and redcurrant (*Ribes rubrum* L.; 3: t. 57), to black mulberry (*Morus nigra* L.; 4: t. 2e), oleander (*Nerium oleander* L.; 5: t. 23), plum (*Prunus domestica* L.; 5: t. 56) and citron (*Citrus medica* L.; 7: t. 22). Two trees of particular interest were introduced into Europe via the Jardin du Roi in Paris, already known as the Jardin des Plantes at the time of the publication of the *Nouveau Duhamel*: robinia (*Robinia pseudoacacia* L.; 2: t. 16) and pagoda tree (*Sophora japonica* L.; 3: t. 21). Whereas the second tree is widespread only in parks, one cannot imagine Europe today without robinia – a rapidly spreading tree that in many places dominates the landscape, as for example southern Hungary. In the work shown here, fairly precise details were given about the history of the introduction of several trees. In the case of robinia, we read that "at the beginning of the 17th century … Jean Robin, professor of botany in Paris, planted seeds of this tree that he had acquired from Canada (i. e., the middle west of present-day USA) in the Jardin des Plantes"; of the pagoda tree, which is native to China and Korea, we learn that "in 1747 Father D'Incarville sent seeds of this tree to the famous Bernard de Jussieu; they were sown in the garden of Louis XV in Trianon, and young plants were distributed to various people. In 1779 … the specimens of Monsieur de Noailles in Germain-en-Laie were the first to flower in France."

L'éventail des arbres et arbustes reproduits va du houx (*Ilex aquifolium* L. ; 1 : t. 1) au cédrat (*Citrus medica* L. ; 7 : t. 22) en passant par le camélia (*Camellia japonica* L. ; 2 : t. 71), le groseillier (*Ribes rubrum* L. ; 3 : t. 57), le mûrier (*Morus nigra* L. ; 4 : t. 2e), le laurier-rose (*Nerium oleander* L. ; 5 : t. 23) et le prunier (*Prunus domestica* L. ; 5 : t. 56). Signalons également deux arbres dont il est prouvé qu'ils furent introduits en Europe via le Jardin du Roi à Paris, qui s'appelait déjà le Jardin des Plantes à l'époque du *Nouveau Duhamel* : le robinier (*Robinia pseudoacacia* L. ; 2 : t. 16) et le sophora japonais (*Sophora japonica* L. ; 3 : t. 21). Tandis que le second est seulement répandu dans les parcs, le premier se rencontre couramment en Europe. Cet arbre de pousse rapide détermine bien souvent l'aspect du paysage comme dans le sud de la Hongrie. L'ouvrage présenté ici donne également des indications précises sur l'histoire de quelques arbres : à propos du robinier, on apprend que « Jean Robin, professeur de botanique à Paris, sema des graines de cet arbre qu'il s'était procurées au Canada [en fait la partie occidentale des Etats-Unis d'aujourd'hui]. » A propos du sophora japonais, originaire de Chine et de Corée, on peut lire : « En 1747, le père D'Incarville envoya des graines de cet arbre au célèbre Bernard de Jussieu ; elles furent semées dans le jardin de Louis XV à Trianon, et les jeunes pieds furent distribués à différentes personnes. En 1779, … ceux de M. de Noailles, à Saint-Germain-en-Laie, fleurirent pour la premiere fois en France. »

T. 2. N° 16.

*vol. II, t. 16*

*vol. II, t. 71*

*vol. III, t. 21*

T. 3. N°. 57.
1
RIBES rubrum.
GROSEILLER rouge. pag. 227
P. J. Redouté pinx.
Gabriel Sculp.

vol. III, t. 57

T. 4. N°. 2.

Dessiné par Bessa d'après les Dessins originaux faits en Egypte par Redouté jeune.

pag. 7.

M^lle Janinet Sculp.

vol. IV, t. 2

T. 5. N° 23.
4
5
6
3
1
2
NERIUM Oleander.
NERION Laurier-rose.
P. J. Redouté pinx.
Lemaire Sculp.
vol. V, t. 23

*vol. V, t. 56*

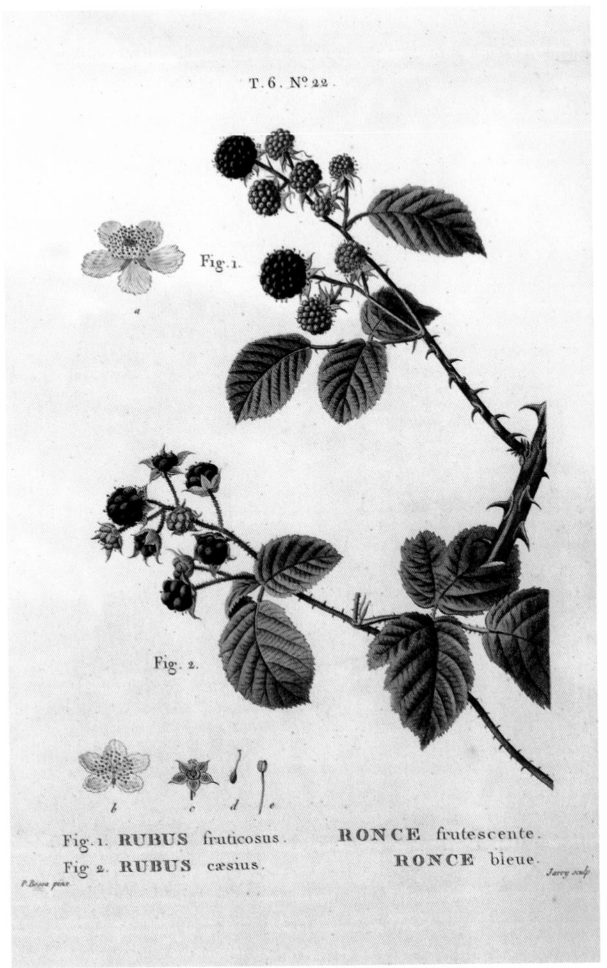


*vol. VI, t. 22*

T. 7. N°. 22.
CITRUS Medica. CITRONIER de Médie.
P. Bessa pinx.
Gabriel sculp.

vol. VII, t. 22

## 48 *Pierre-Joseph Redouté Les liliacées*

PARIS, 1802–1815



Lit. 36, 53, 7

Am 20. November 1985 sorgte eine Auktion bei Sotheby's in New York für Schlagzeilen: Bei einem Ausrufungspreis von 5 Millionen US $ wurde eine 468 Wasserfarbenmalereien umfassende Sammlung von Pflanzenabbildungen versteigert, die Pierre-Joseph Redouté geschaffen hatte. So sensationell wie das Objekt selbst war dessen Provenienz: Von Joséphine, der ersten Frau Napoleons, gekauft, an ihren Sohn aus erster Ehe, Eugène Prinz von Beauharnais, vererbt, dann im Eigentum der Herzöge von Leuchtenberg, war die Sammlung schließlich in den 1930er Jahren in die USA gelangt. Da kein Käufer bereit war, die gesamte Kollektion zu erwerben, wurde der Bestand geteilt und ist heute in alle Winde zerstreut.

Das auf der Grundlage der Wasserfarbenmalereien von Redouté und der botanischen Beschreibungen von A. P. de Candolle, F. Delaroche und A. Raffeau Delile hergestellte achtbändige Werk *Les liliacées* ist somit das einzige allgemein zugängliche Ergebnis dieses Projekts. Es gilt zu Recht als Meisterwerk des berühmten Redouté.

Der Titel ist mißverständlich: Nicht nur Liliengewächse werden hier abgehandelt, sondern auch viele andere petaloide Monokotyledonen, die in Gärten in und um Paris in jener Zeit kultiviert wurden. Eine wichtige Quelle waren dabei die Gewächshäuser von Joséphine: *Brunsvigia josephinae* (Delile) Ker-Gawl. (Nr. 10), eine seltene Zwiebelpflanze vom Kap der Guten Hoffnung, stammt beispielsweise aus einem ihrer Gärten (siehe Nr. 49).

Unter den Liliengewächsen finden sich neben der Braunroten Taglilie (*Hemerocallis fulva* (L.) L.; Nr. 2) und der Kaiserkrone (*Fritillaria imperialis* L.; Nr. 5) auch jüngere Einführungen wie *Lilium superbum* L. (Nr. 1) aus dem Osten der USA.

On 20th November 1985, an auction at Sotheby's in New York made the headlines: a collection of plant illustrations comprising 468 watercolour paintings was sold for the price of 5 million US dollars. The paintings were the result of many years' work by Pierre-Joseph Redouté. The provenance of the material was as sensational as the work itself: the collection had been bought by Joséphine, Napoleon's first wife, and was left to her son by her first marriage, Eugène Prince of Beauharnais. It then became the property of the Princes of Leuchtenberg, and finally reached the USA in the 1930s. As no buyer was ready to acquire the entire collection, it was split up, and today is scattered far and wide.

The eight-volume work *Les liliacées*, based on watercolour paintings by Redouté and botanical descriptions by A.-P. de Candolle, F. Delaroche and A. Raffeau Delile, is consequently the only commonly available result of this project. Containing 486 colour engravings à la poupée of the highest quality, it is justifiably considered a masterpiece of the famed Redouté. The title is misleading: the Liliaceae are not the sole subject here, but also many other petaloid monocotyledons, which were cultivated in gardens in and around Paris at that time. The glasshouses belonging to Joséphine formed an important source for the plants; for example, *Brunsvigia josephinae* (Delile) Ker-Gawl. (No. 10), a rare bulbous plant from the Cape of Good Hope, came from her garden (see also No. 49). Among the Liliaceae, in addition to the tawny day lily (*Hemerocallis fulva* (L.) L.; No. 2) and crown imperial (*Fritillaria imperialis* L.; No. 5), there are also newer introductions such as *Lilium superbum* L. (No. 1) from the eastern part of the USA.

Le 20 novembre 1985, une vente aux enchères chez Sotheby's à New York fit les gros titres des journaux : on avait en effet vendu pour cinq millions de dollars une collection de 468 aquarelles réalisées à Paris par Pierre-Joseph Redouté. L'histoire de cette collection était tout aussi sensationnelle que la collection elle-même : achetée par Joséphine, la première femme de Napoléon, puis léguée à son fils le prince Eugène de Beauharnais, issu de son premier mariage, la collection passa aux mains des princes de Leuchtenberg avant de parvenir finalement aux Etats-Unis dans les années trente. Aucun client n'étant prêt à acheter l'ensemble de la collection, celle-ci fut morcelée et dispersée aux quatre vents.

L'ouvrage en huit volumes intitulé *Les liliacées* et réalisé à partir des aquarelles de Redouté et des descriptions botaniques de A. P. de Candolle, F. Delaroche et A. Raffeau Delile constitue donc le seul résultat de cette entreprise commune qui soit accessible au public. Il est considéré à juste tire comme le chef-d'œuvre du célèbre illustrateur.

Le titre peut prêter à confusion puisque l'ouvrage ne traite pas uniquement des liliacées, mais aussi de beaucoup d'autres monocotylédones pétaloïdes cultivées jadis dans les jardins de Paris et de ses environs. Les serres de Joséphine furent précieuses à cet égard. Ainsi la *Brunsvigia josephinae* (Delile) Ker-Gawl. (n° 10), une plante bulbeuse rare du cap de Bonne-Espérance, provient ainsi de ses jardins (voir n° 49).

Parmi les liliacées, on trouve à côté de l'hémérocalle brunâtre (*Hemerocallis fulva* (L.) L. ; n° 2) et la couronne impériale (*Fritillaria imperialis* L. ; n° 5), des importations plus récentes comme le *Lilium superbum* L. (n° 1) de l'est des Etats-Unis d'Amérique.

1

Hemerocallis Fulva
Hemerocalle Fauve.
P. J. Redouté pinx.
Tassaert sculp.

2

Limodorum Tankervilliæ
Limodore de Tankervill
3

Pitcairnia Latifolia
Pitcairnie à large feuille
4

131.
Fritillaria Imperialis
Fritillaire Impériale
Redouté pinx.
de Gouy sculp.

5

235
Iris Pseudacorus.
Iris faux-acore.
J. Redouté pinx.
Langlois sculp.
1

6

7

Musa Coccinea.
Bananier à fleurs écarlates.

8

Musa Coccinea
Bananier à fleurs écarlates

9

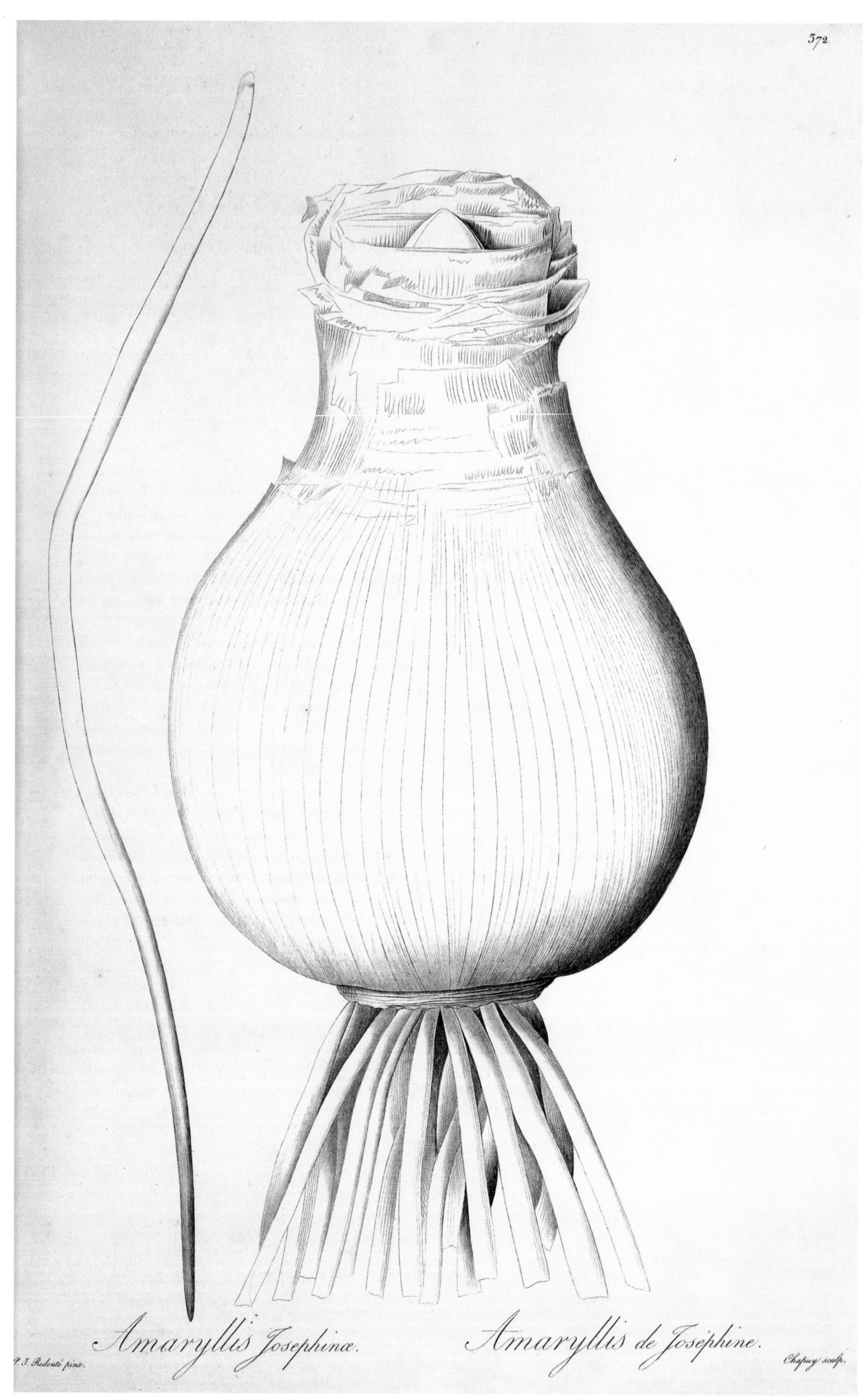
372.
Amaryllis Josephinæ. Amaryllis de Joséphine.
P. J. Redouté pinx.
Chapuy sculp.

10

11

## 49 *Étienne Pierre Ventenat Jardin de la Malmaison*

PARIS, 1803–1805

SIAWD BE.4.B.18

Lit. 3[illegible]

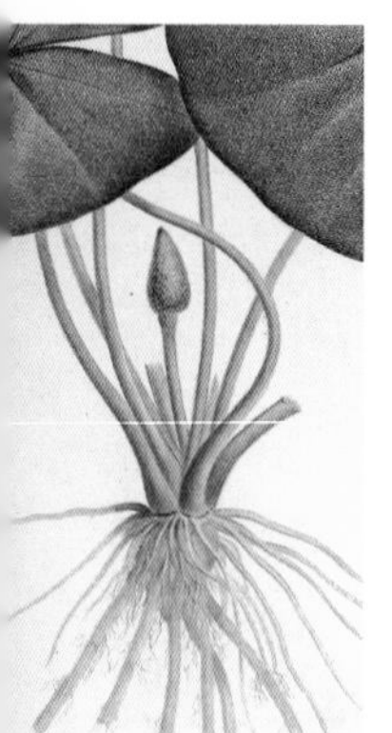

Als Joséphine im Jahre 1798 den Landsitz Malmaison bei Paris kaufte, standen sie und Napoleon erst am Beginn ihrer politischen Laufbahn. Mit großem Enthusiasmus und ohne Kosten zu scheuen ließ Joséphine in den kommenden Jahren Schloß, Garten und Park von den ersten Architekten der Zeit umgestalten und luxuriös ausstatten. Große Gewächshäuser entstanden, aus aller Welt und in großer Zahl gelangten seltene, zum Teil noch der Wissenschaft unbekannte Pflanzen nach Malmaison. Die ersten Samen kamen von der Insel Martinique in der Karibik, der Heimat Joséphines – ihre Mutter hatte sie geschickt. Weiteres Material wurde in den großen Handelsgärtnereien Frankreichs und Englands gekauft, erreichte als Geschenk botanischer Gärten Malmaison oder war von Expeditionen für Joséphine mitgebracht worden – so etwa Pflanzen aus Mittel- und Südamerika, die Alexander von Humboldt und Aimé Bonpland gesammelt hatten. Rasch war so in Malmaison ein botanischer Garten entstanden, der wegen seines Reichtums an Raritäten Berühmtheit erlangte.

Um die exquisite Pracht in Wasserfarbenmalereien festhalten zu lassen, engagierte Joséphine den besten und teuersten Pflanzenillustrator in Paris, Pierre-Joseph Redouté, der mehrere hundert Pflanzendarstellungen schuf. Die Pergamentblätter verbinden vorbildlich künstlerische Eleganz und Raffinesse mit wissenschaftlicher Genauigkeit.

Daneben verpflichtete Joséphine den Botaniker Étienne Pierre Ventenat, der die in Malmaison kultivierten Pflanzen bestimmen und beschreiben sollte. Damit nicht genug, Joséphine wollte ihre botanischen Schätze auch bekannt machen: So entstand in Zusammenarbeit mit mehreren Kupferstechern in

When Joséphine bought the country seat of Malmaison near Paris in the year 1798, she and Napoleon were only at the beginning of their political career. In the years to come, with great enthusiasm and with no expense spared, Joséphine had the château, garden, and park redesigned and richly furnished by the leading architects of the time. Large glasshouses were built, and from all over the world great numbers of rare plants, some still unknown to science, arrived in Malmaison. The first seeds – sent by her mother – came from the island of Martinique in the Caribbean, Joséphine's homeland. Other material was bought in the big commercial nurseries of France and England, or was sent to Malmaison as a gift from botanic gardens, or – like the plants collected by Alexander von Humboldt and Aimé Bonpland from Central and South America – was brought back for Joséphine by expeditions. Thus, in a surprisingly short time a botanic garden was created in Malmaison which, because of its wealth of rare plants became famous far outside France.

In order to capture the exquisite splendour in watercolour, Joséphine engaged the best and most expensive plant illustrator in Paris, Pierre-Joseph Redouté, who produced several hundred plant portraits. Painted on sheets of parchment, these pictures combine in exemplary fashion scientific precision with artistic elegance and refinement.

In addition, Joséphine also engaged the botanist Étienne Pierre Ventenat, who was given the task of identifying and describing the plants cultivated at Malmaison. Not content with that, Joséphine wanted her botanical treasures to be publicized as well. Thus, with the collaboration of a number of copperplate engravers, the magnificent work *Jardin de la*

Lorsque Joséphine acheta en 1798 le château de la Malmaison près de Paris, elle se trouvait avec Bonaparte au seuil de leur fulgurante ascension politique. Débordant d'enthousiasme et ne reculant devant aucune dépense, elle fit exécuter par les meilleurs architectes de l'époque des transformations luxueuses dans le château, les jardins et le parc. De vastes serres furent construites et de nombreuses plantes rares, parfois même inconnues des botanistes, furent envoyées des quatre coins du monde à la Malmaison. Les premières graines vinrent de la Martinique, la patrie de Joséphine ; c'est sa mère qui les expédia. D'autres végétaux furent achetés dans les grandes exploitations horticoles de France et d'Angleterre, furent offerts par des jardins botaniques ou furent rapportés à Joséphine par des expéditions, comme ces plantes d'Amérique du Sud et d'Amérique centrale rassemblées par Alexander von Humboldt et Aimé Bonpland. C'est ainsi que fut aménagé en un temps record un jardin botanique qui, en raison de ses nombreuses plantes rares allait devenir célèbre.

On peut comprendre que Joséphine ait voulu fixer dans des aquarelles la magnificence de ses serres et jardins. Elle engagea pour cela le meilleur et le plus cher illustrateur de plantes de Paris, Pierre-Joseph Redouté, qui exécuta plusieurs centaines de reproductions d'après les plantes poussant à la Malmaison. Peintes sur vélin, ces feuilles marient de façon exemplaire l'élégance artistique et la précision scientifique.

Joséphine fit également appel au botaniste Étienne Pierre Ventenat qui eut pour mission de déterminer les plantes cultivées à Malmaison et de les décrire. Mais cela ne suffisait pas à Joséphine qui voulait aussi

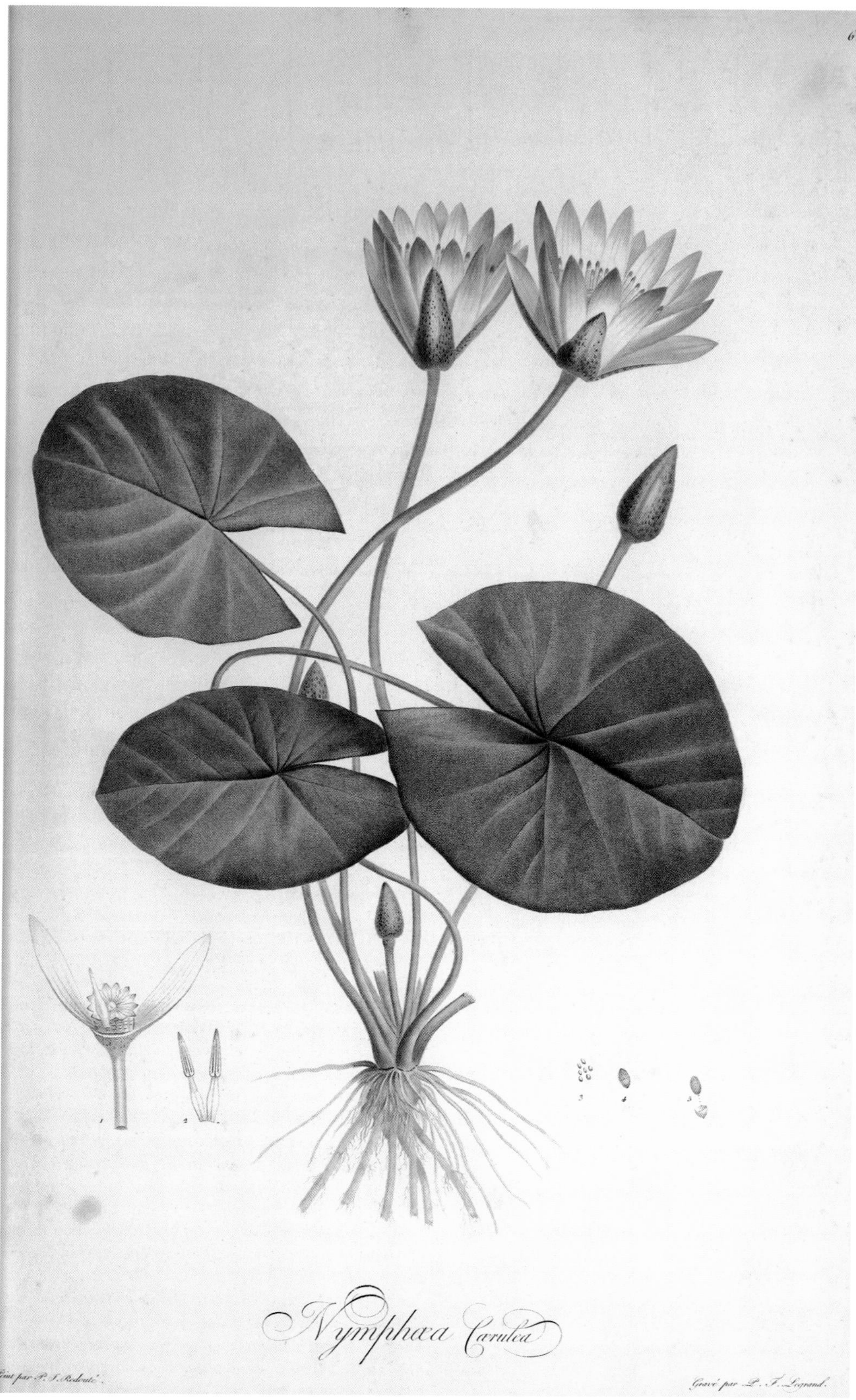
6.
Nymphæa Cærulea
Peint par P. J. Redouté.
Gravé par P. F. Legrand.

t. [6]

20 Lieferungen das Druckwerk *Jardin de la Malmaison.* Es galt von Anfang an als eine bibliophile Kostbarkeit – von den etwa 150 hergestellten Exemplaren gelangte nur ein winziger Teil in den Handel, der größte Teil wurde zur Verwendung als Repräsentationsgeschenke von Napoleon und der französischen Regierung gekauft.

Wie beim *Nouveau Duhamel* (Nr. 47) besaß die Österreichische Nationalbibliothek bis 1949 zwei Exemplare dieses seltenen Werks. Auch in diesem Fall wurde das Exemplar der Fideikommissbibliothek verkauft, kam in Privatbesitz und wurde im Jahre 1987 von der Deutschen Bank, Frankfurt am Main, erworben. Es ist als Dauerleihgabe in der Bibliothek des Botanischen Gartens und Botanischens Museums Berlin-Dahlem hinterlegt. Dieses Exemplar war ebenfalls ein Geschenk von Napoleon an seinen Schwiegervater, und es ist ebenfalls ein taktloses Präsent, wird doch im *Jardin de la Malmaison* der Garten von Napoleons erster Frau beschrieben.

Ein anderes, inzwischen verschollenes Exemplar dieses Werks befand sich im Jahre 1807 in der Königlichen Porzellan-Manufaktur in Berlin. Dort wurden einzelne Tafeln als Vorlagen zur Dekoration eines Tafelservices für Joséphine verwendet (siehe Nr. 96).

Schloß und Garten von Malmaison blieben zwar erhalten und vermitteln bis heute ein Bild der eleganten Welt des Premier Empire. Allerdings wurden die Gewächshäuser abgerissen und erhebliche Teile des Parks verkauft, sodaß sich die botanische Pracht dieser Anlage heute nur mehr durch das hier gezeigte Werk erahnen läßt.

*Malmaison* was created. From the outset, this publication in 20 instalments was a book-lover's treasure – of the 150 or so copies produced, only a very small number came on to the market, the majority being bought by Napoleon and the French government for use as presentation copies.

Like the *Nouveau Duhamel* (No. 47), the Austrian National Library possessed two copies of this rare work until 1949. Also in this case the Family Trust Library's copy was sold, came into private possession, and in 1987 was acquired by the Deutsche Bank in Frankfurt am Main. It is deposited as a permanent loan in the library of the Botanical Garden and Botanical Museum in Berlin-Dahlem. This copy had also been a gift by Napoleon to his father-in-law, and was again a tactless present since it illustrated the *Jardin de la Malmaison*, the garden of Napoleon's first wife.

Another copy of this work, now lost, was in 1807 in the Royal Porcelain Factory in Berlin, where individual plates (see No. 96) were used as patterns for the decoration of a magnificent table service for Joséphine.

The château and garden of Malmaison are well preserved and even today give us a picture of the elegant world of the First Empire. However the glasshouses were demolished and considerable areas of the park sold, so that the botanical splendour of the grounds can be imagined nowadays only through the work displayed here.

faire connaître ses trésors botaniques et c'est ainsi que fut réalisé en collaboration avec plusieurs graveurs l'ouvrage somptueux intitulé *Jardin de la Malmaison.* Paru en 20 livraisons, il fut dès le départ un véritable joyau apprécié des bibliophiles – sur les 150 exemplaires édités, seule une infime partie arriva sur le marché, la majorité d'entre eux fut achetée par Napoléon et le gouvernement français qui s'en servirent comme cadeaux officiels.

Comme pour le *Nouveau Duhamel* (n° 47) l'Österreichische Nationalbibliothek posséda jusqu'en 1949 deux exemplaires de cet ouvrage rare. Ici aussi, l'exemplaire de la Fideikommissbibliothek fut vendu à un particulier, puis fut acheté en 1987 par la Deutsche Bank, à Francfort-sur-le-Main. Il est conservé en tant que prêt permanent à la bibliothèque du Jardin botanique et du musée botanique de Berlin-Dahlem. Cet exemplaire du *Jardin de la Malmaison* fut lui aussi offert par Napoléon à son beau-père, preuve là encore du manque de tact de l'Empereur puisque le jardin de sa première femme y est décrit.

On sait qu'un autre exemplaire, disparu aujourd'hui, se trouvait en 1807 à la Manufacture royale de porcelaine de Berlin, où l'on utilisa certaines planches comme modèles pour décorer un service de table réalisé pour Joséphine (voir n° 96).

Le château et les jardins de la Malmaison ont pu être conservés en bon état jusqu'à nos jours et nous laissent apprécier toute l'élégance du Premier Empire. Malheureusement, les serres furent démolies et des parties considérables du parc vendues de sorte que seul l'ouvrage présenté ici peut nous donner une idée de la splendeur botanique de cette propriété.

25
Clerodendrum Viscosum
par P. J. Redouté
Gravé par P. T. Legrand

t. [25]

t. [29]

t. [42]

t. [49]

t. [67]

t. [75]

t. [78]

t. [96]

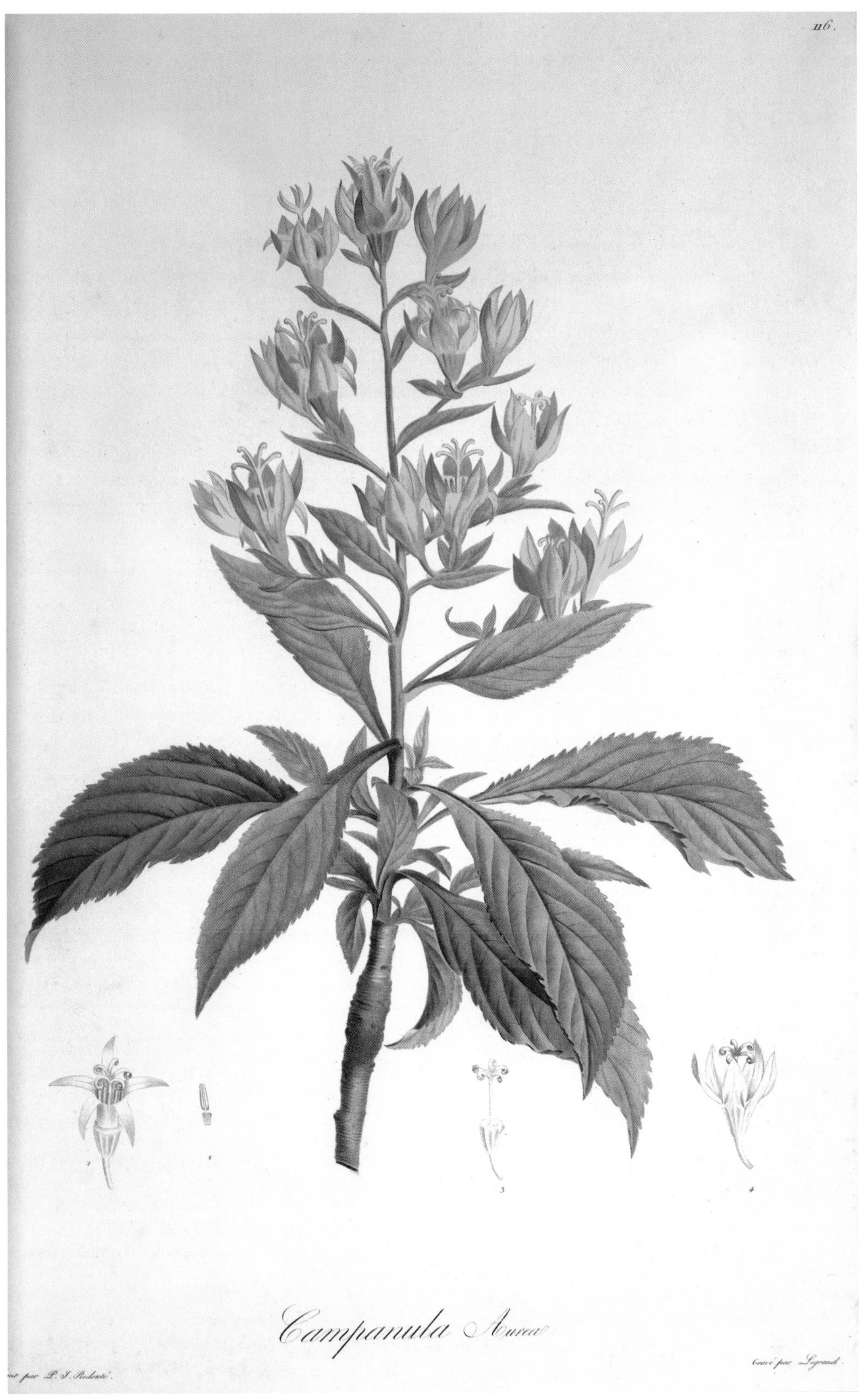


t. [116]

## 50 *Aylmer Bourke Lambert A description of the genus Pinus*

LONDON, 1803–1824

SIAWD 181.393–F (2 vol.) Lit. 36, 51, 52

Als Angehöriger einer Familie reicher englischer Großgrundbesitzer konnte Aylmer Bourke Lambert (1761–1842) seinen Neigungen leben. Sein besonderes Interesse galt den Nadelhölzern. Durch die Botaniker G. Jackson, E. Smith und D. Don ließ er viele dieser Gehölze beschreiben und von den besten damals in England tätigen Pflanzenillustratoren darstellen, wobei Ferdinand Bauer (siehe Nr. 34, 39, 54, 59) die meisten Wasserfarbenmalereien schuf. Mehrere davon haben sich in der Sammlung des Earls und der Comtess of Devonshire erhalten, die dazugehörigen Vorzeichnungen befinden sich im Natural History Museum in London. Unter dem irreführenden Titel *A description of the genus Pinus* veröffentlichte Lambert Beobachtungen und Abbildungen überwiegend von Bäumen, die man in englischen Privatgärten kultivierte. Neben bekannten eurasiatischen Arten wie der Fichte (*Picea abies* (L.) Karsten; 1: t. 25) und der nur in den Alpen und Karpaten vorkommenden Lärche (*Larix decidua* Mill.; 1: t. 35) finden sich auch Abbildungen neuester Entdeckungen von den Inseln des Pazifischen Ozeans: So wird auch ein Zweig der Zimmertanne (*Araucaria heterophylla* (Salisbury) Franco; 1: t. 39, rechts unten) dargestellt, die in ihrer natürlichen Verbreitung auf die winzige Norfolk-Insel beschränkt ist. Aus dem Text geht hervor, daß Bauer Material aus dem Herbar von Sir Joseph Banks und Zweige von einer im Königlichen Garten in Kew kultivierten Pflanze abbildete.

Johann Wolfgang von Goethe schrieb am 9. März 1819 nach Wien, man möge für die Großherzogliche Bibliothek in Weimar drei Kupferstiche aus dem Exemplar in der Privatbibliothek von Franz I., Kaiser von Österreich, kopieren. Dieser Band ist hier zu sehen.

As a member of a family of wealthy English landowners, Aylmer Bourke Lambert (1761–1842) was able to live entirely according to his own inclination. His particular interest lay in conifers. He had many of these trees described by the botanists G. Jackson, E. Smith, and D. Don and painted by the best plant illustrators working in England at that time. Among these, Ferdinand Bauer (see Nos. 34, 39, 54, 59) produced a preponderance of the watercolour paintings. Fortunately, a number of the paintings have been preserved in the collection of the Earl and Countess of Devonshire, and the preparatory sketches are in the Natural History Museum in London. Under the misleading title *A description of the genus Pinus*, Lambert published observations and illustrations, mainly concerning trees then grown in English private gardens. In addition to well-known Eurasian species such as the widespread Norway spruce (*Picea abies* (L.) Karsten; 1: t. 25) and the European larch (*Larix decidua* Mill.; l: t. 35), which is only found in the Alps and the Carpathians, there are illustrations of new discoveries from the islands of the Pacific Ocean: for example, a branch of the Norfolk Island pine (*Araucaria heterophylla* (Salisbury) Franco; l: t. 39, bottom right), whose natural habitat is confined to the tiny Norfolk Island. It emerges from the text that Bauer illustrated dried material from the herbarium of Sir Joseph Banks and branches from a plant cultivated in the Royal Botanic Gardens at Kew.

Johann Wolfgang von Goethe wrote on 9 March 1819 to Vienna that three copperplate engravings from the copy in the private library of Francis I, Emperor of Austria, should be copied for the Grandducal Library in Weimar. This is the volume seen here.

Appartenant à une famille de riches propriétaires terriens anglais, Aylmer Bourke Lambert (1761–1842) put s'adonner à ses passions, en particulier à celle qu'il éprouvait pour les conifères. Il pria les botanistes G. Jackson, E. Smith et D. Don de lui établir la description d'un grand nombre de ces arbres et les fit reproduire par les meilleurs illustrateurs de l'époque vivant en Angleterre dont Ferdinand Bauer (voir n^os^ 34, 39, 54 et 59) qui exécuta la plupart des aquarelles. Plusieurs d'entre elles se trouvent encore dans la collection du Comte et de la Comtesse de Devonshire, les esquisses étant conservées au Natural History Museum de Londres. Ce sont ces observations et reproductions que Lambert publia sous un titre pouvant induire en erreur *A description of the genus Pinus*. Elles concernent essentiellement des arbres cultivés dans les jardins de particuliers anglais. A côté d'espèces eurasiennes connues comme l'épicéa (*Picea abies* (L.) Karsten ; 1 : t. 25) et le mélèze des Alpes et des Carpates (*Larix decidua* Mill. ; 1 : t. 35), on trouve aussi les dernières découvertes des îles du Pacifique : par exemple l'araucaria (*Araucaria heterophylla* (Salisbury) Franco ; 1 : t. 39, en bas à dr.) dont le cadre naturel se limite à la minuscule île Norfolk. Le texte nous apprend que Bauer a reproduit du matériel de l'herbier de Sir Joseph Banks et des branches d'une plante cultivée dans le Jardin Royal de Kew.

Le 9 mars 1819, Johann Wolfgang von Goethe pria Vienne de faire copier pour la bibliothèque grand-ducale de Weimar trois gravures de l'exemplaire se trouvant dans la bibliothèque privée de l'empereur d'Autriche, François I^er^. C'est ce volume que nous pouvons voir ici.

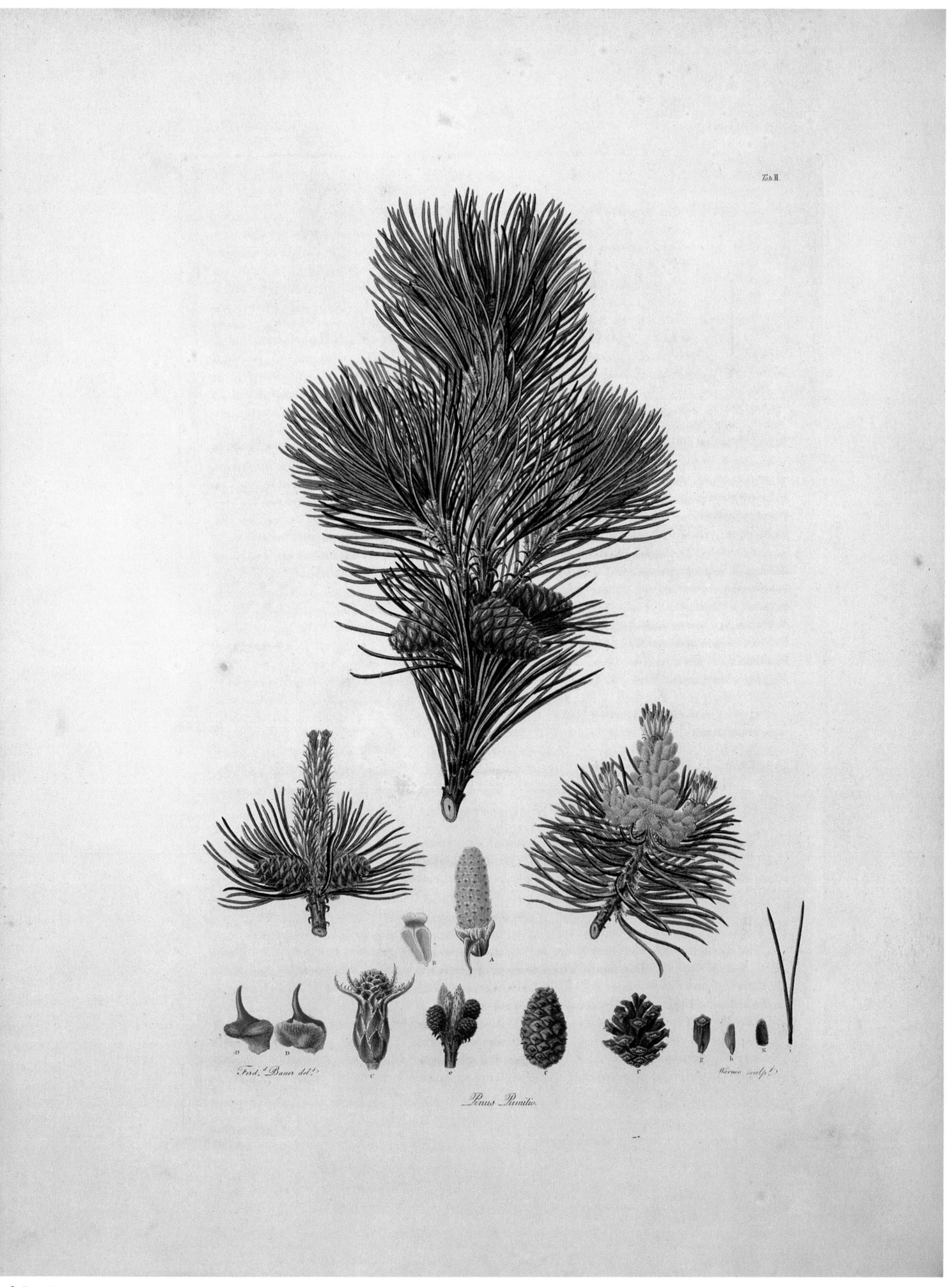




vol. I, t. 2

*vol. I, t. 7*

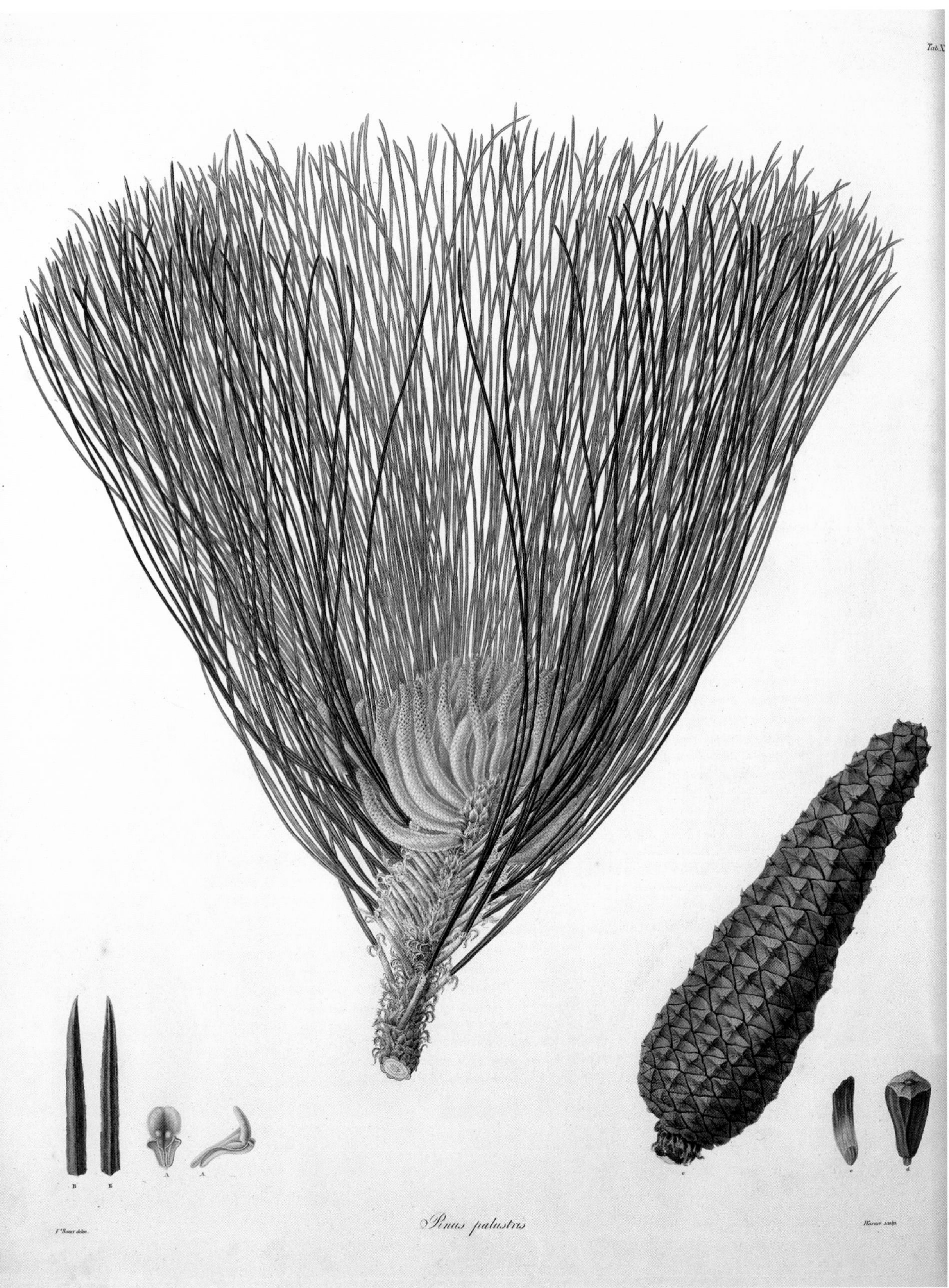


vol. I, t. 20

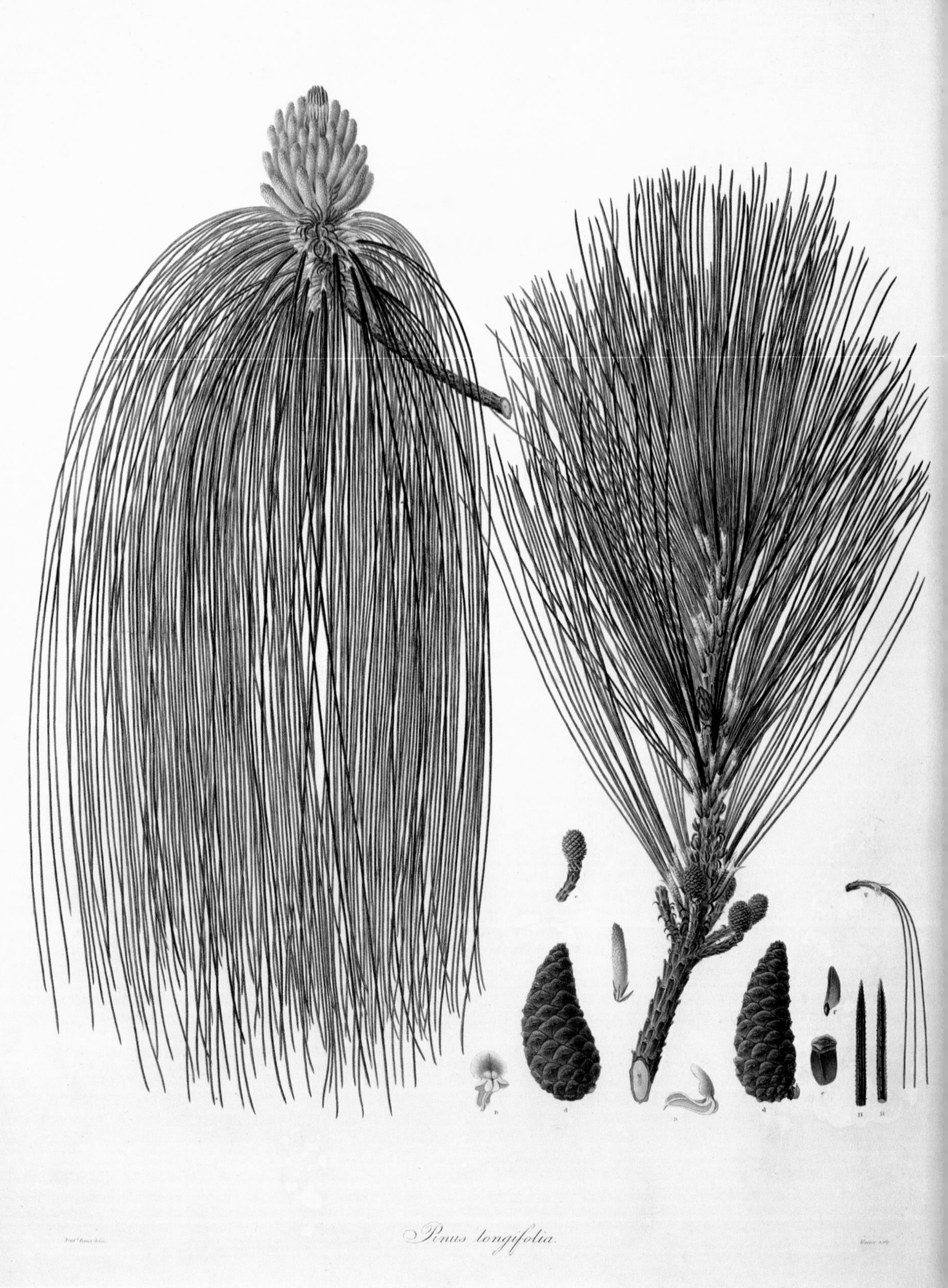


vol. I, t. 21 B

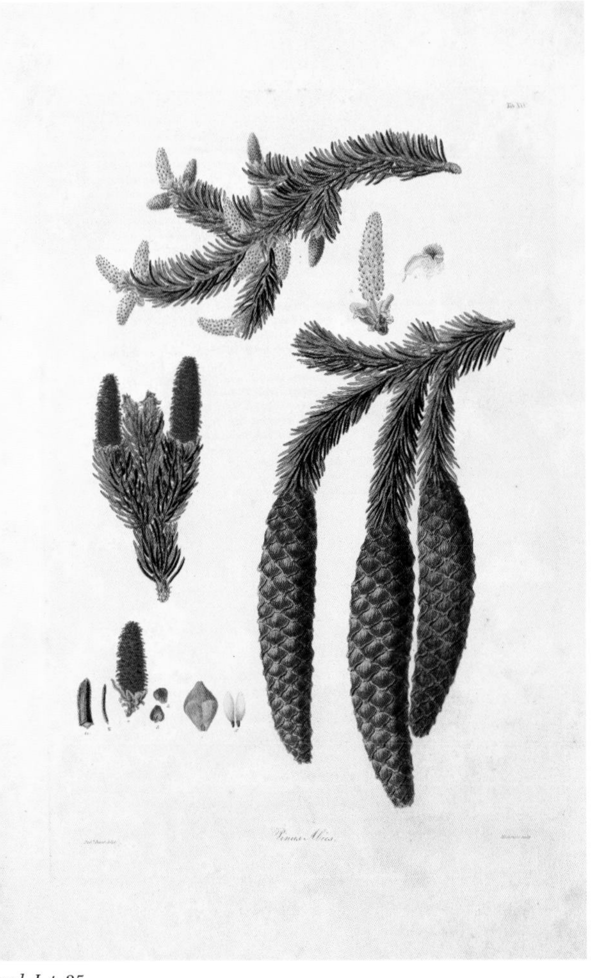

vol. I, t. 25

vol. I, t. 31

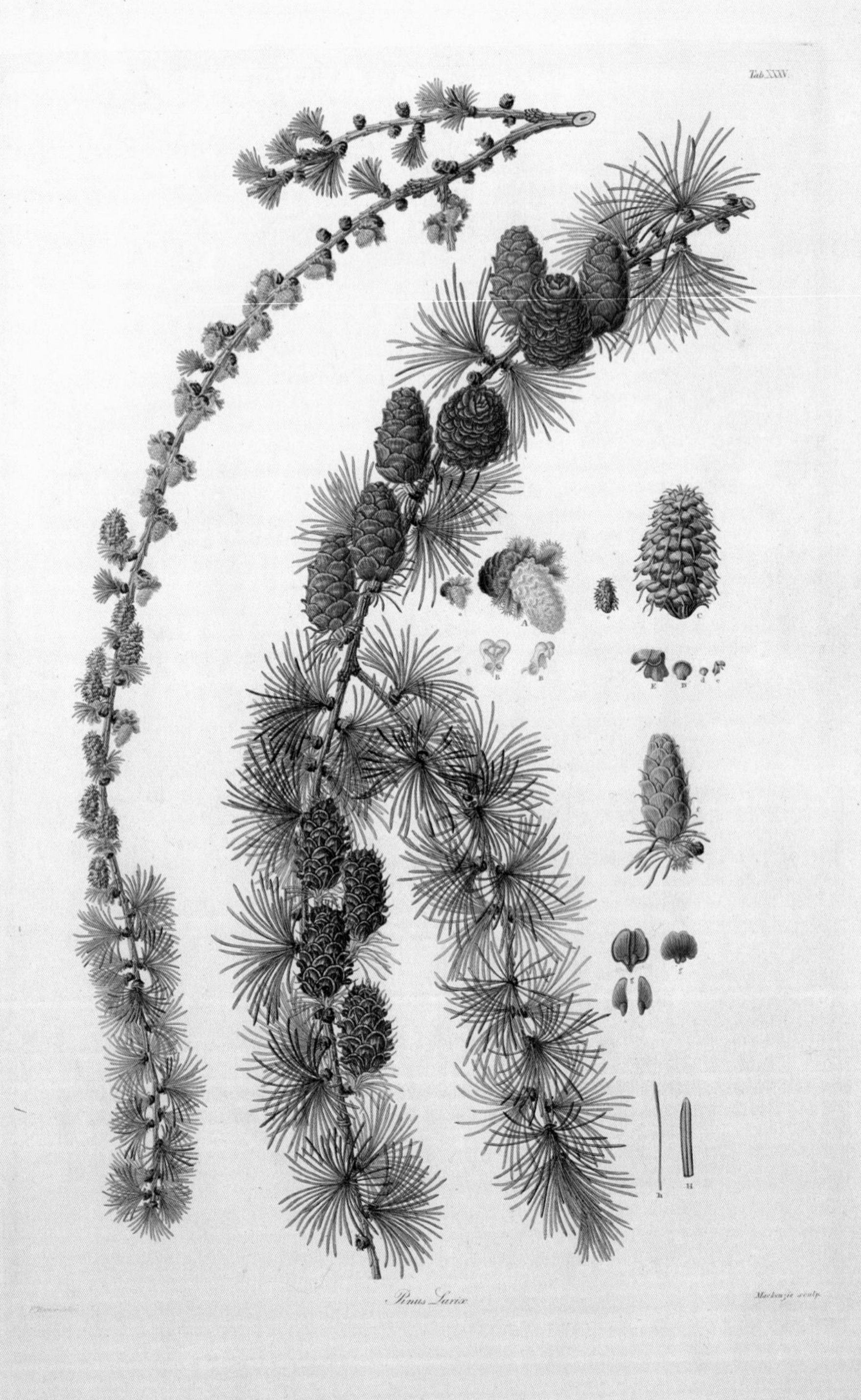


*vol. I, t. 35*

*vol. I, t. 39*

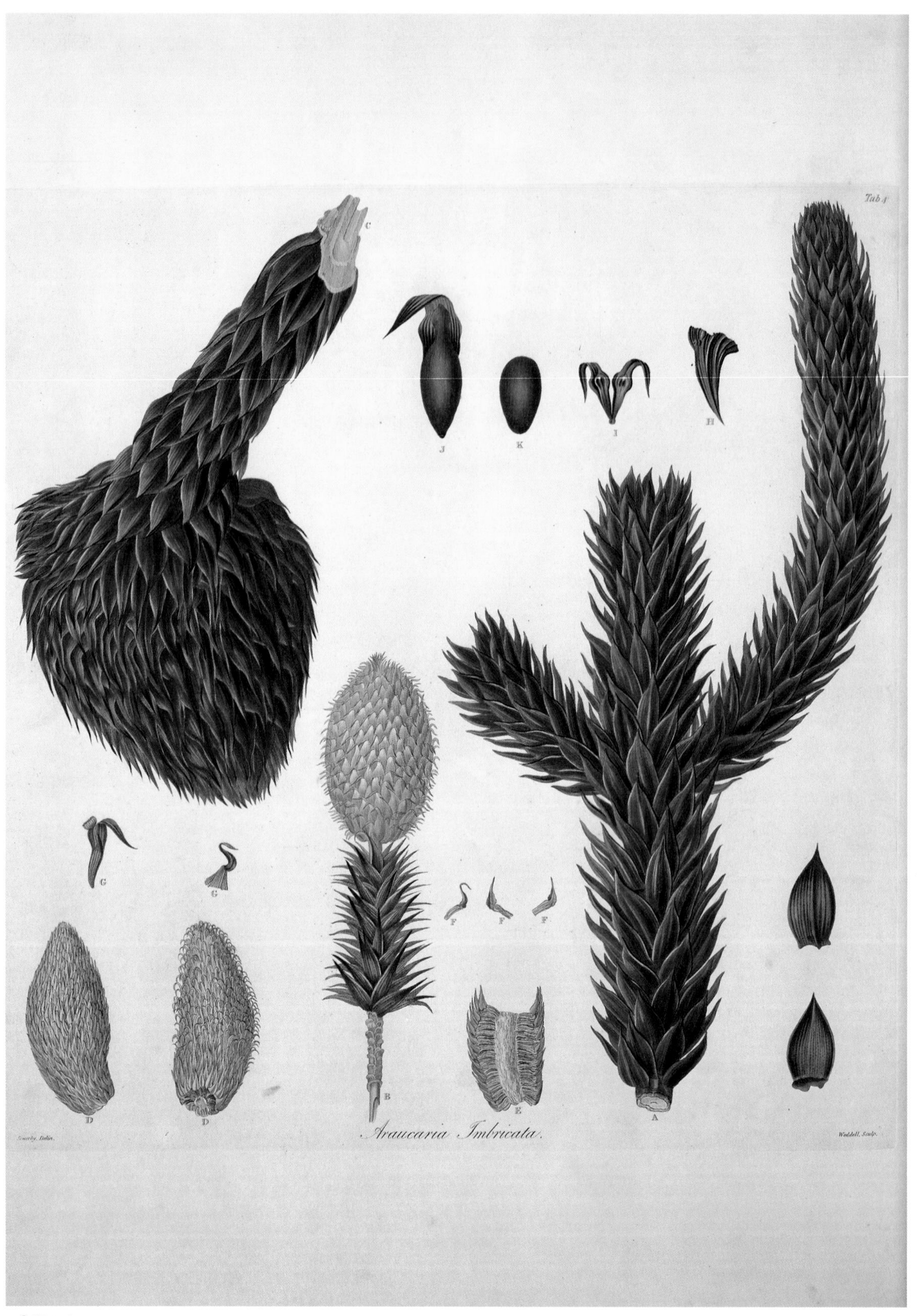
Tab 4
C
J
K
I
H
G
G
F
F
F
D
D
B
E
A
Sowerby Delin.
Araucaria Imbricata.
Weddell, Sculp.

vol. II, t. 4

*vol. II, t. 12*

# 51 Ambroise M. F. J. Palisot de Beauvois Flore d'Oware et de Bénin

PARIS, 1803–1820

SIAWD 177.705-D (2 vol.) Lit. 23, 36

Unter den um 1800 in Paris lebenden Botanikern gab es mindestens drei Bonapartisten: Jean Claude Mien Mordant de Launay, Ambroise Marie François Joseph Palisot de Beauvois und den bereits genannten Étienne Pierre Ventenat. Palisot de Beauvois beschrieb die Gattung *Napoleonaea*, Ventenat die Gattungen *Josephinia* und *Calomeria* (gebildet aus καλός = schön und ἡ μερίς = Teil, also der griechischen Übersetzung von Bonaparte), Mordant de Launay korrigierte wenig später *Calomeria* in *Agathomeris* (ἀγαθός = gut). Zwischen September und Dezember 1804 veröffentlichte man drei Gattungsnamen – *Josephinia* und *Calomeria* in der 12. und 13. Lieferung des *Jardin de la Malmaison* (Nr. 49), *Napoleonaea* aber in einem nur aus Textblatt und einem Kupferstich bestehenden Druck von höchster Seltenheit. Die Abbildung zeigt einen Zweig der in Westafrika heimischen *Napoleonaea imperialis* P. Beauv. und ist mit einem Text versehen, der mit „Napoleone imperiale Dédiée à sa Majesté l'Empereur des Français" beginnt. Zwischen den ersten beiden Worten ist ein gekrönter Adler dargestellt, das neue Symbol des Premier Empire. Diese vier Gattungsnamen stehen in engster Beziehung zur Kaiserkrönung Napoleons und Joséphines am 2. Dezember 1804.

Glück und Erfolg blieben nicht lange auf der Seite Napoleons. Als die Lieferung 18/19 der *Flore d'Oware et de Bénin* im Jahre 1819 in Paris erschien, war er bereits auf die Insel St. Helena verbannt und hatte nur mehr zwei Jahre zu leben. Trotz ihrer unkonventionellen Größe hatte man die Kupferplatte erneut zum Druck verwendet und als Tafel 78 in das Werk integriert, vorher allerdings die Widmung und den kaiserlichen Adler gelöscht.

Amongst the botanists living in Paris around 1800, there were at least three Bonapartists: Jean Claude Mien Mordant de Launay, Ambroise Marie François Joseph Palisot de Beauvois, and Étienne Pierre Ventenat, who has already been mentioned. Palisot de Beauvois described the genus *Napoleonaea*, Ventenat the genera *Josephinia* and *Calomeria* (formed from καλός = beautiful, and ἡ μερίς = part, that is, the Greek translation of "Bonaparte"), a name which Mordant de Launay shortly afterwards changed to *Agathomeris* (from ἀγαθός = good). Between September and December 1804, three generic names were published – *Josephinia* and *Calomeria* in the 12th and 13th instalments of *Jardin de la Malmaison* (No. 49), but *Napoleonaea* in a publication of greatest rarity which consisted only of a text page and a copperplate engraving. The illustration shows a branch of *Napoleonaea imperialis* P. Beauv. native to West Africa, and is provided with a text beginning "Napoleone imperiale, dedicated to his Majesty the Emperor of France". Between the first two words appears a crowned eagle, the new symbol of the First Empire. These four generic names are very closely connected with the coronation in Paris of Napoleon and Joséphine as Emperor and Empress of France on 2 December 1804.

Good fortune and success did not accompany Napoleon for long. By the time instalment No. 18/19 of the *Flore d'Oware et de Bénin* was published in 1819 in Paris, he had already been banished to the island of St Helena and had only two more years to live. In spite of its unconventional size, the copperplate was used once again for printing, and was integrated into the work as plate 78, but of course with the dedication and the Imperial eagle deleted.

Parmi les botanistes vivant à Paris aux alentours de 1800, trois au moins étaient bonapartistes : Jean Claude Mien Mordant de Launay, Ambroise Marie François Joseph Palisot de Beauvois et Étienne Pierre Ventenat dont nous avons déjà parlé plus haut. Palisot de Beauvois décrivit l'espèce *Napoleonaea*, Ventenat les espèces *Josephinia* et *Calomeria* (mot forgé à partir de καλός = belle et ἡ μερίς = partie, donc à partir de la traduction grecque de Bonaparte). Mordant de Launay transforma un peu plus tard *Calomeria* en *Agathomeris* (ἀγαθός = bon). On publia entre septembre et décembre 1804 trois noms de genres – *Josephinia* et *Calomeria* dans la douzième et treizième livraison du *Jardin de la Malmaison* (n° 49), *Napoleonaea* toutefois dans un ouvrage rarissime se composant seulement d'une feuille de texte et d'une gravure. La reproduction montre une branche du *Napoleonaea imperialis* P. Beauv. poussant en Afrique occidentale et est accompagnée d'un texte commençant par « Napoleone impériale dédiée à sa Majesté l'Empereur des Français ». Un aigle couronné, le nouveau symbole du Premier Empire, apparaît entre les deux premiers mots. Ces noms de genres ont été créés dans le contexte du couronnement de Napoléon et de Joséphine le 2 décembre 1804.

Mais Napoléon fut bientôt abandonné par sa bonne étoile. Lorsque fut publiée à Paris, en 1819, la livraison 18/19 de la *Flore d'Oware et de Bénin*, il était déjà exilé à Sainte-Hélène et n'avait plus que deux ans à vivre. Malgré sa taille inhabituelle, on réutilisa la plaque de cuivre et on l'intégra à l'ouvrage en tant que planche 78. On eut soin toutefois d'effacer la dédicace et l'aigle royale.

PL. CXX.

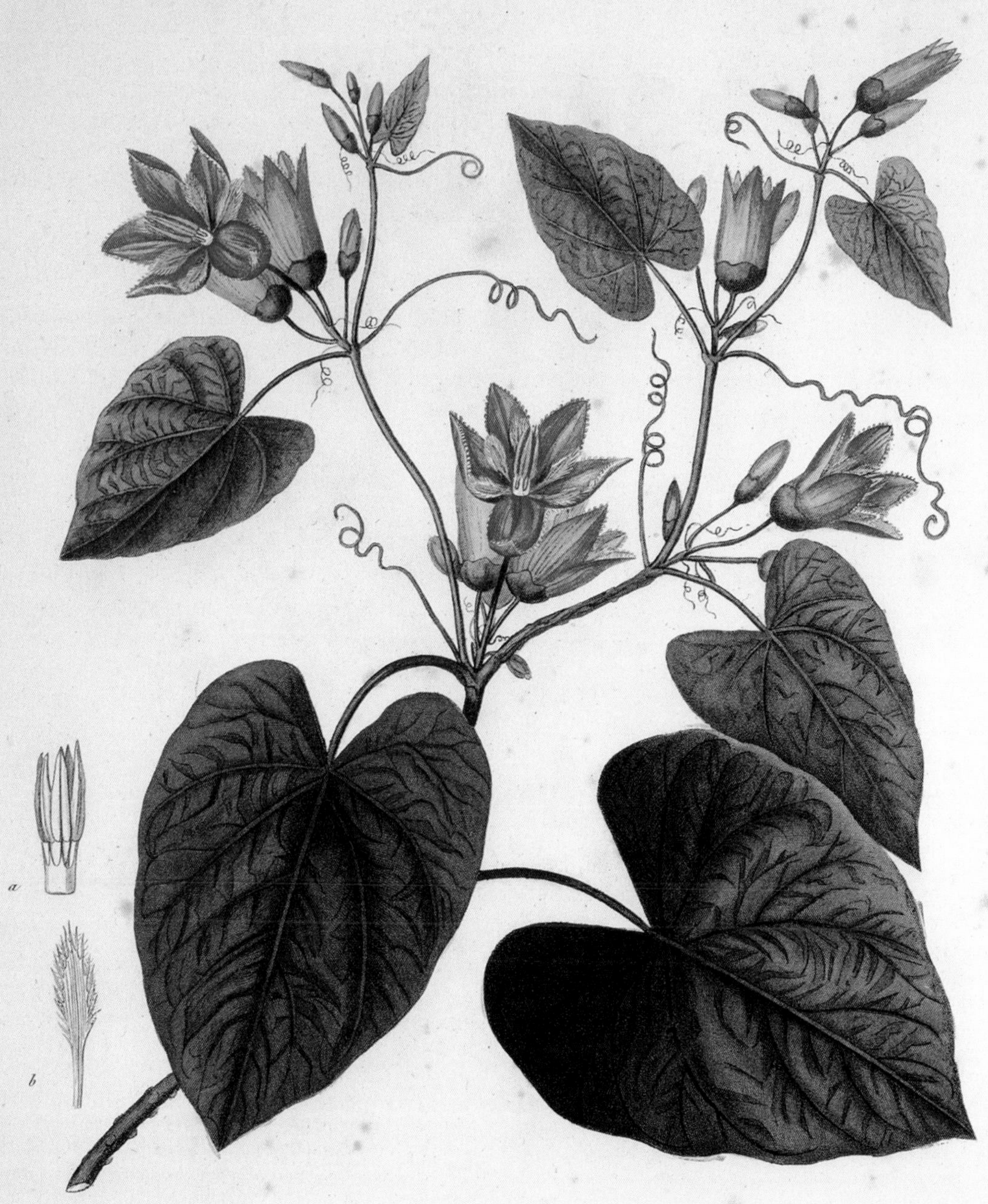


KOLBIA ELEGANS.

J. G. Prêtre del^t

t. 120

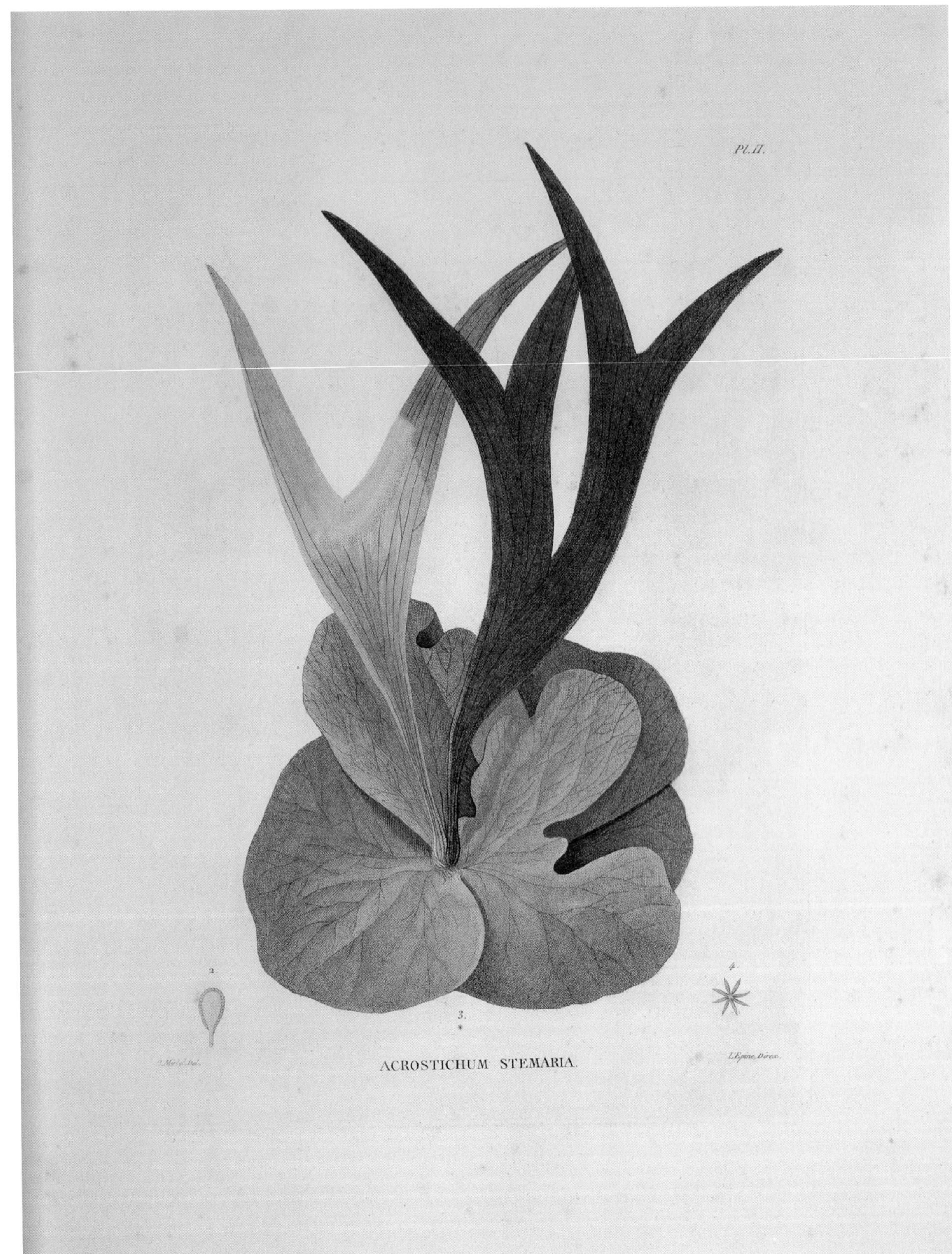


t. 2

t. 7

t. 16

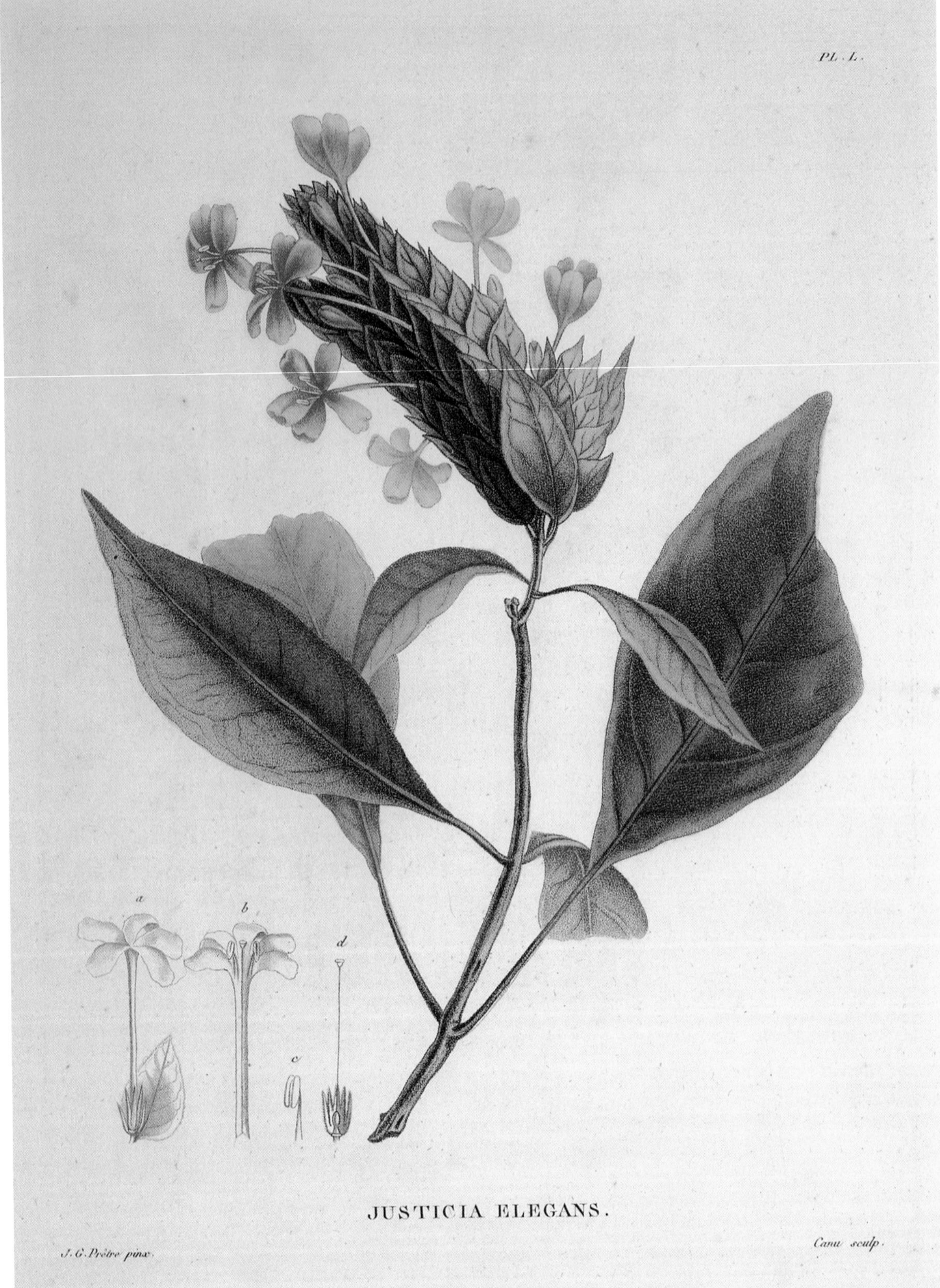


t. 50

PL. LXIII.
a
b
c
d
e
f
g
LORANTHUS SESSILIFOLIUS.
J. G. Prêtre del.
Lambert sculp.

t. 63

PL. LXXII.
a
GOMPHIA RETICULATA.
J. G. Prêtre del.
de l'Imprimerie de Langlois.
Lambert sculp.

t. 72

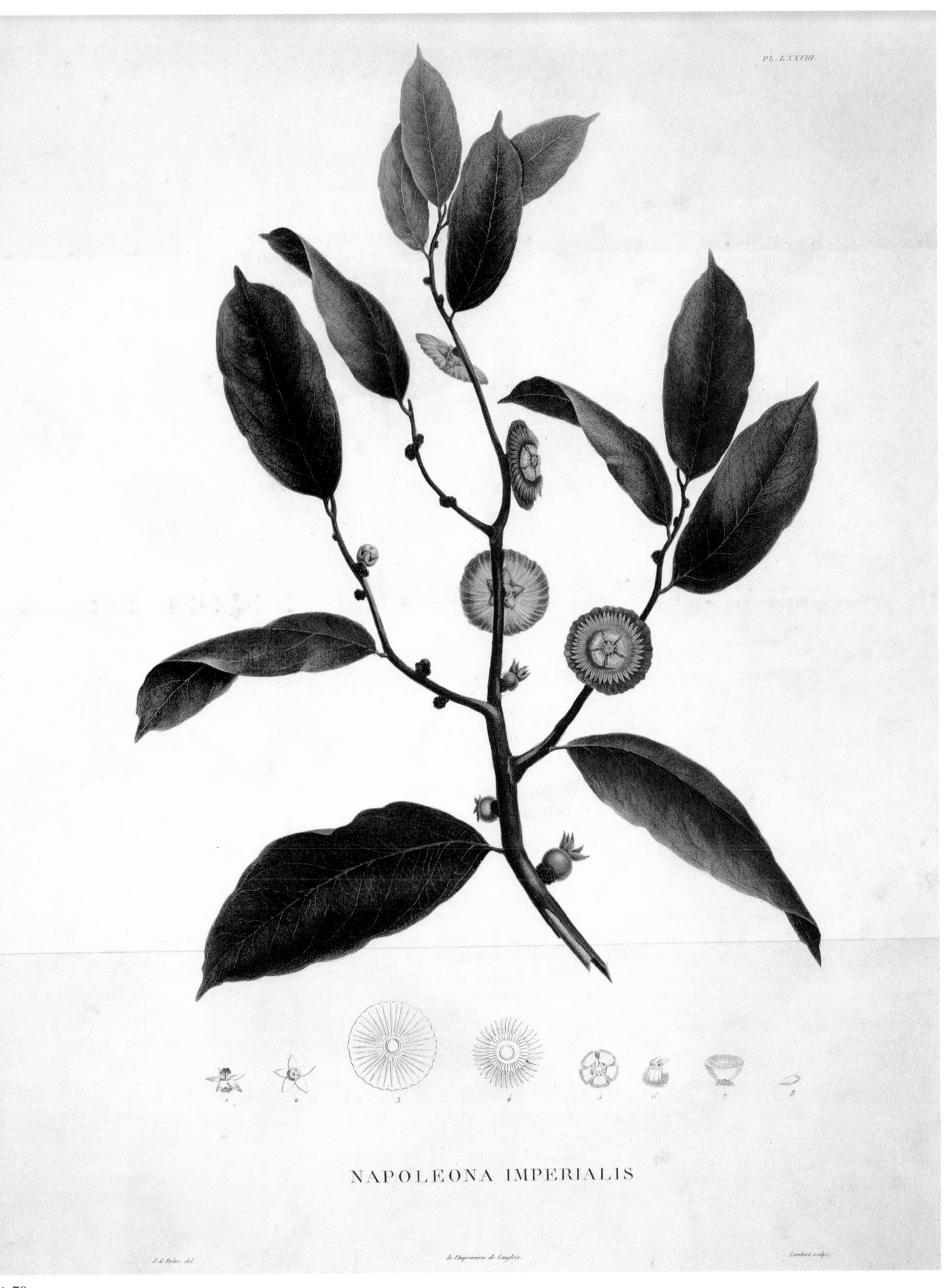
PL. LXXVIII
1
2
3
4
5
6
7
8
NAPOLEONA IMPERIALIS
J. G. Prêtre del.
de l'Imprimerie de Langlois.
Lambert sculp.

t. 78

t. 88

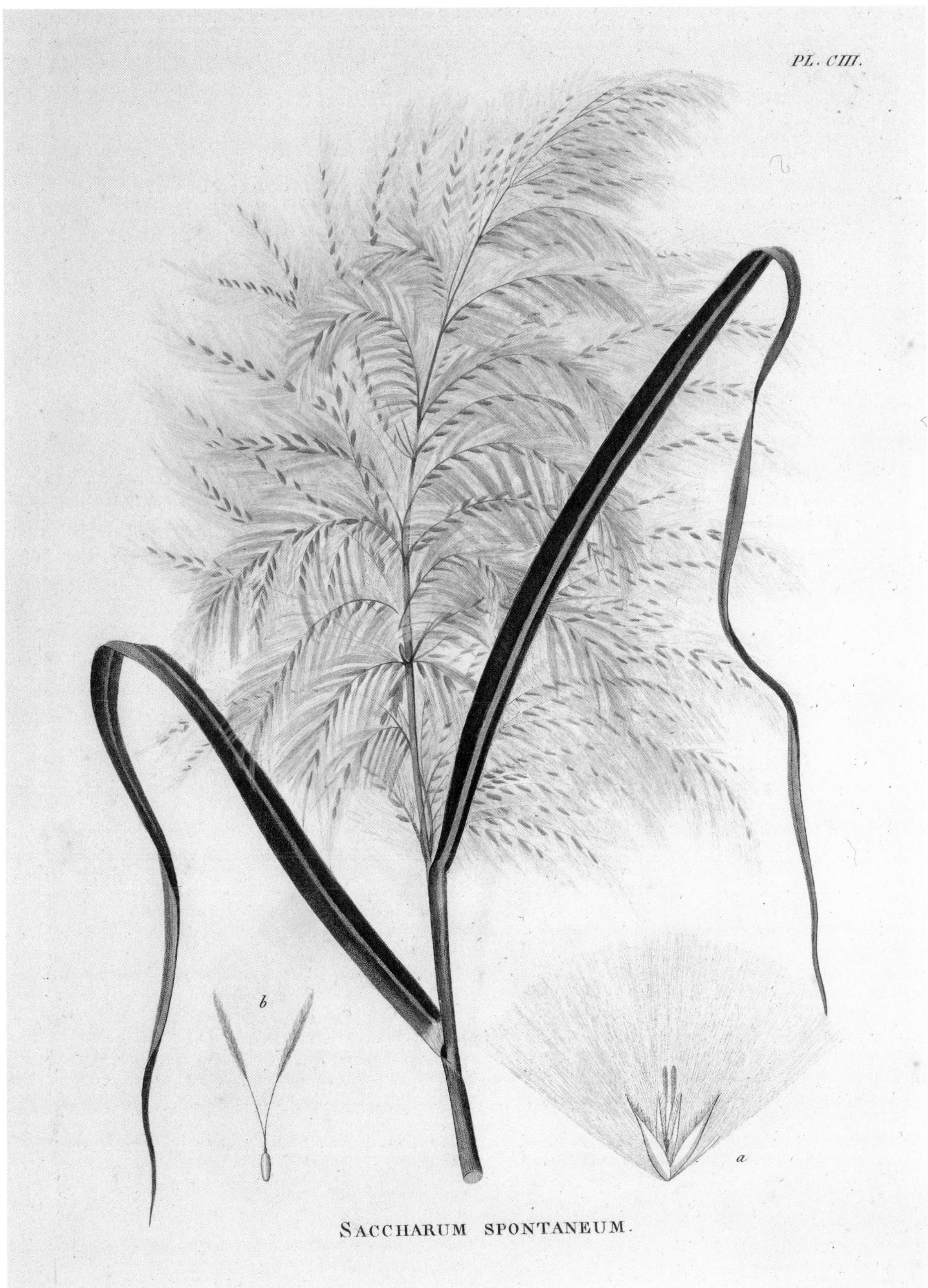


t. 103

## 52 Nikolaus Joseph Freiherr von Jacquin *Stapeliarum in hortis vindobonensibus cultarum descriptiones*

VINDOBONAE [WIEN]/LONDINI [LONDON], 1806–1819

SIAWD 177.688–E

Lit. 30, 46, 49

Nikolaus Joseph von Jacquin war es vergönnt, bis ins hohe Alter aktiv sein zu können. Längst emeritiert, begann er im 80. Lebensjahr das hier gezeigte Werk zu veröffentlichen und übernahm im Jahre 1809 das Rektorat der Universität Wien. Dies geschah, als die Stadt von französischen Truppen besetzt war – als hochangesehener Gelehrter mit französischer Muttersprache war Jacquin der richtige Mann, die Belange der Universität wirkungsvoll zu vertreten. Nach Jacquins Tod im 91. Lebensjahr brachte dann posthum sein Sohn Joseph Franz die letzte Lieferung der *Stapeliarum in hortis vindobonensibus cultarum descriptiones* heraus.

Warum sich Jacquin im Alter gerade mit dem Verwandtschaftskreis der Stapelien (*Stapelia* L. sensu lato) beschäftigte, bleibt ein Rätsel. Zwar sind die in ihrer natürlichen Verbreitung auf das südliche und tropische Afrika sowie Arabien beschränkten Gattungen *Stapelia*, *Duvalia* Haw., *Huernia* R. Br., *Orbea* Haw., *Piaranthus* R. Br. und *Tridentea* Haw. recht einfach zu kultivieren, ihre Blüten strömen aber einen dermaßen bestialischen Aasgeruch aus, daß es besonderer Zuneigung bedarf, sie zu analysieren und zu beschreiben. Andererseits befand sich in Wien eine ungewöhnlich große Zahl an Stapelien in Kultur. Sie stammte zu einem nennenswerten Teil von einer Expedition, zu der ein Heizfehler den Anlaß gegeben hatte: In einer sehr kalten Nacht des Jahres 1780 hatte ein Gärtner in Schönbrunn es zunächst verabsäumt, die Gewächshäuser zu heizen. Als er den Fehler bemerkte, heizte er so kräftig, daß viele Pflanzen zugrunde gingen. Um diese Verluste wettzumachen, sandten die von Wien nach Südafrika ausgeschickten Gärtner Franz Boos und G. Scholl kistenweise Pflanzenmaterial – darunter auch Stapelien.

Nikolaus Joseph von Jacquin was fortunate still to be able to remain active at an advanced age. In his 80th year, long after he had retired, he began publication of the work shown here, and in 1809 became rector of the University of Vienna. His entry into office occurred during the occupation of the city by French troops, and as a highly respected scholar whose mother tongue was French, Jacquin was the right man to look after the interests of the University. He died at age 91, and it was his son Joseph Franz who published posthumously the last instalment of the *Stapeliarum in hortis vindobonensibus cultarum descriptiones*.

Just why Jacquin should occupy himself in his old age with the relationships among the stapelias (*Stapelia* L. sensu lato) is a mystery. Admittedly the genera *Stapelia*, *Duvalia* Haw., *Huernia* R. Br., *Orbea* Haw., *Piaranthus* R. Br., and *Tridentea* Haw., whose natural distribution is confined to southern and tropical Africa and Arabia, are quite easy to cultivate, but their flowers give off such a bestial smell of carrion that it requires a particular affection to classify, examine and describe them. On the other hand there were an uncommonly large number of stapelias in cultivation in Vienna, stemming mainly from an expedition occasioned by a heating failure: on a very cold night in 1780, a gardener at Schönbrunn for once neglected to heat the glasshouses. When he realized his mistake, he raised the temperature so strongly that many plants perished. In order to make up for these losses, the gardeners Franz Boos and G. Scholl, who had been dispatched from Vienna to South Africa, sent back boxes of plant material, including stapelias.

Nikolaus Joseph von Jacquin eut la chance de pouvoir demeurer actif jusqu'à un âge avancé. A la retraite depuis longtemps, il commença à publier à 80 ans l'herbier présenté ici et accepta en 1809 le poste de recteur à l'Université de Vienne. Ceci se passait au moment où la ville était occupée par les troupes françaises et on jugea qu'un savant aussi illustre que Jacquin, français de naissance, était l'homme qu'il fallait pour défendre efficacement les intérêts de l'Université. Il mourut à l'âge de 91 ans et c'est son fils qui fit paraître la dernière livraison de *Stapeliarum in hortis vindobonensibus cultarum descriptiones*.

Nous ignorons pourquoi dans son grand âge Jacquin s'intéressa à la famille des stapélies (*Stapelia* L. sensu lato). Certes les genres *Stapelia*, *Duvalia* Haw., *Huernia* R. Br., *Orbea* Haw., *Piaranthus* R. Br. et *Tridentea* Haw. que l'on ne rencontre que dans le sud de l'Afrique, dans l'Afrique tropicale et en Arabie sont faciles à cultiver, mais leurs fleurs dégagent une telle odeur de décomposition qu'il faut vraiment les aimer pour vouloir les analyser et les décrire. Il faut toutefois indiquer qu'un grand nombre de stapélies étaient cultivées à Vienne et provenaient en grande partie d'une expédition. La raison de ce voyage était due à une erreur humaine : lors d'une nuit glaciale de 1780, un jardinier de Schönbrunn avait oublié de s'occuper des serres. Lorsqu'il remarqua son erreur, il chauffa si fort que de nombreuses plantes périrent. Afin de compenser les pertes, les jardiniers Franz Boos et G. Scholl que l'on avait envoyés en Afrique du Sud, expédièrent à Vienne des caisses entières de plantes contenant aussi des stapélies.

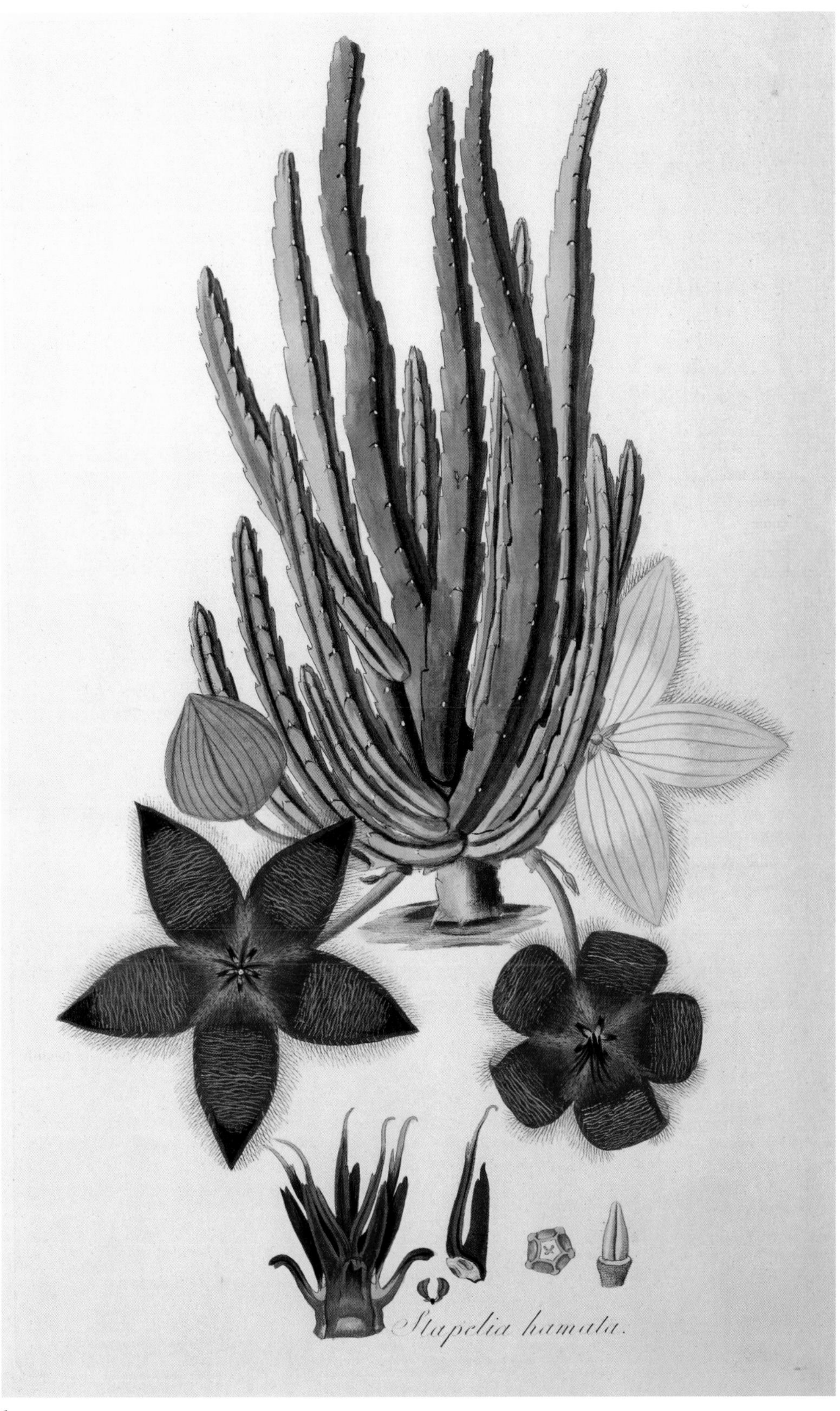


1

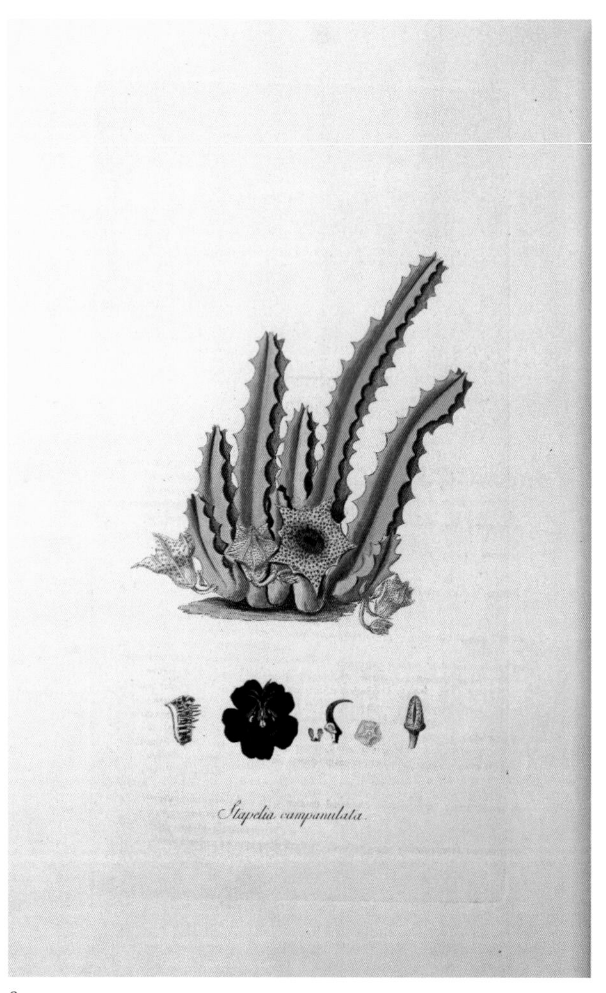


2

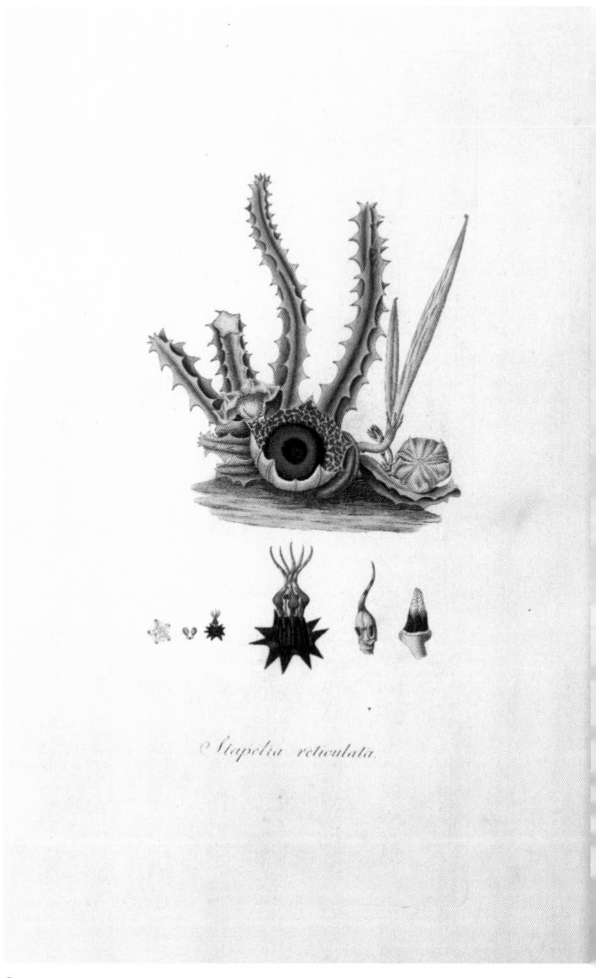


3

4

5

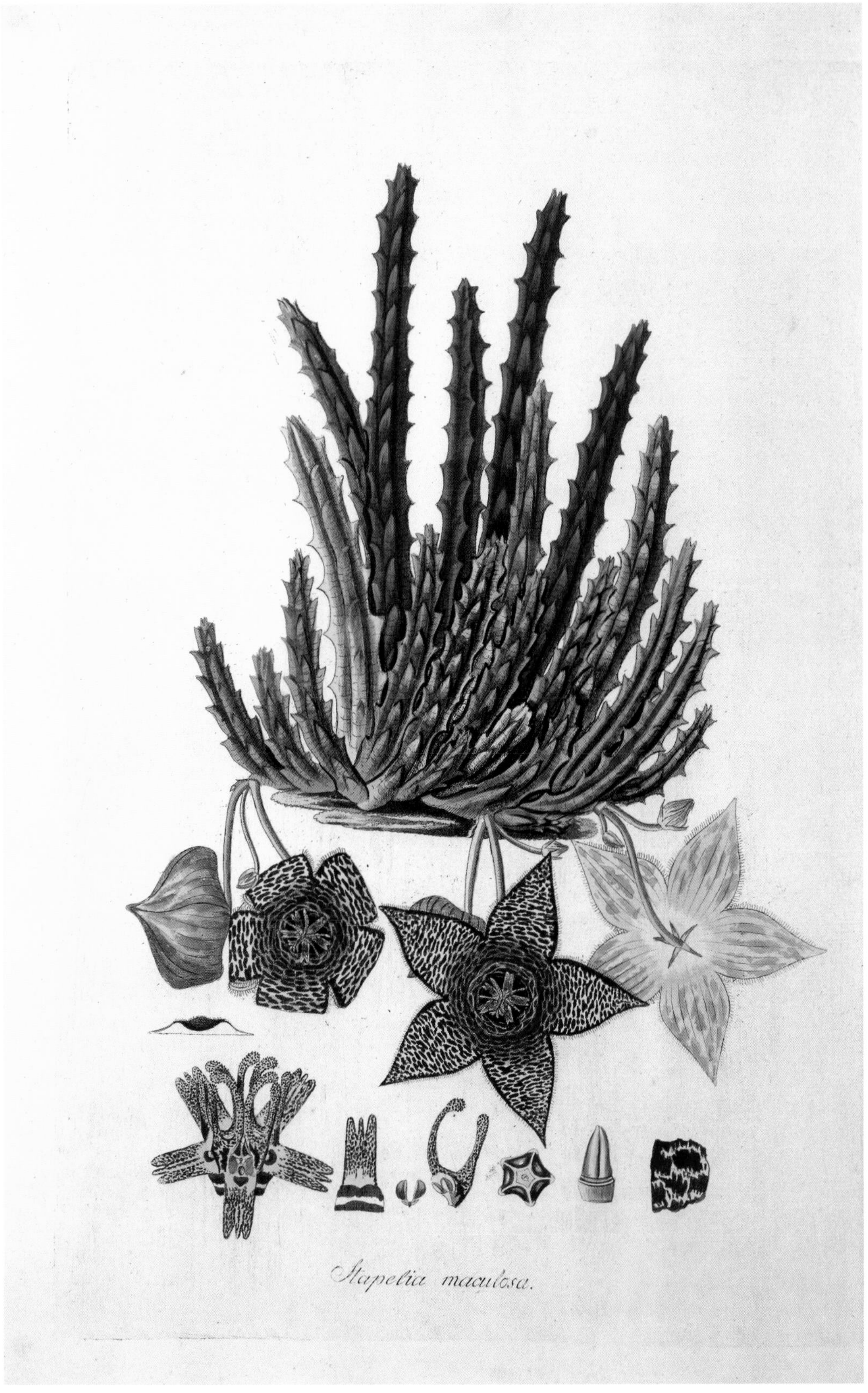


6

7

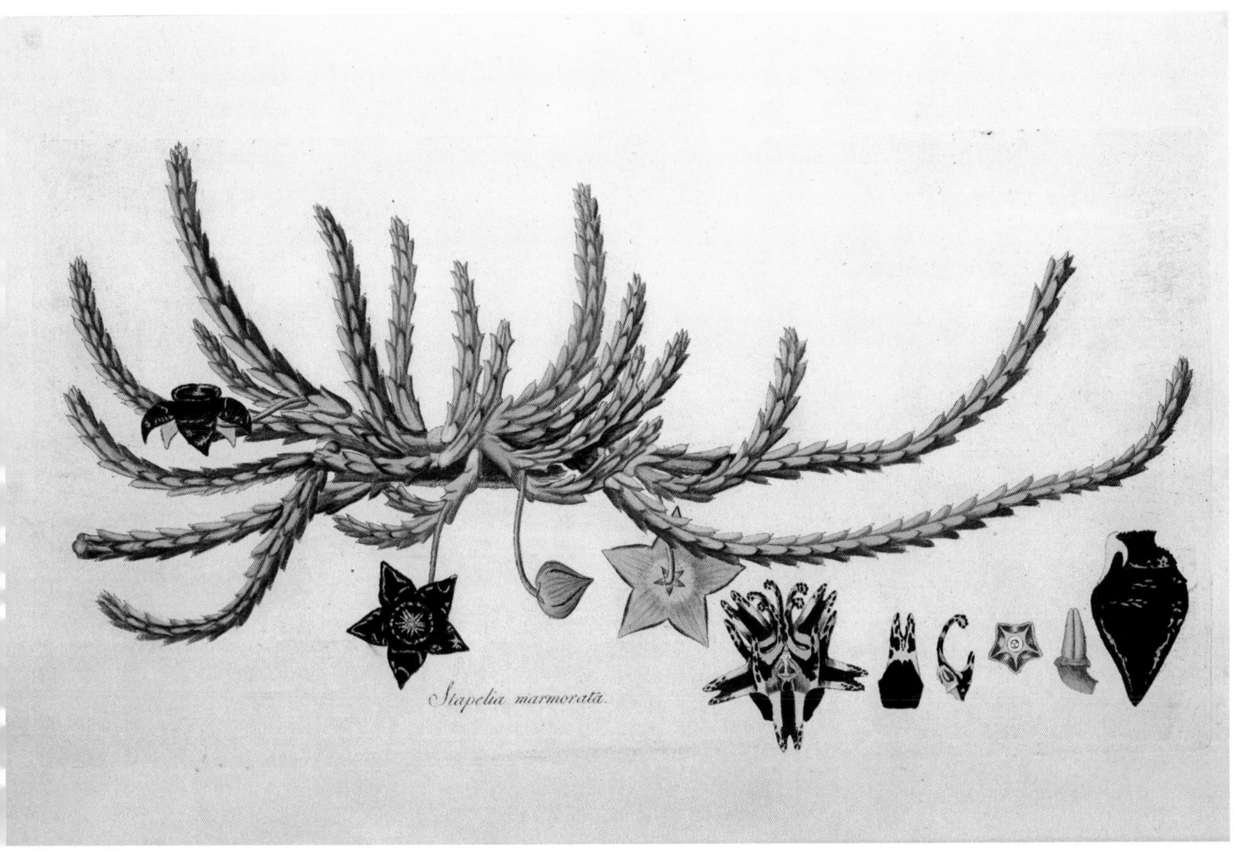


8

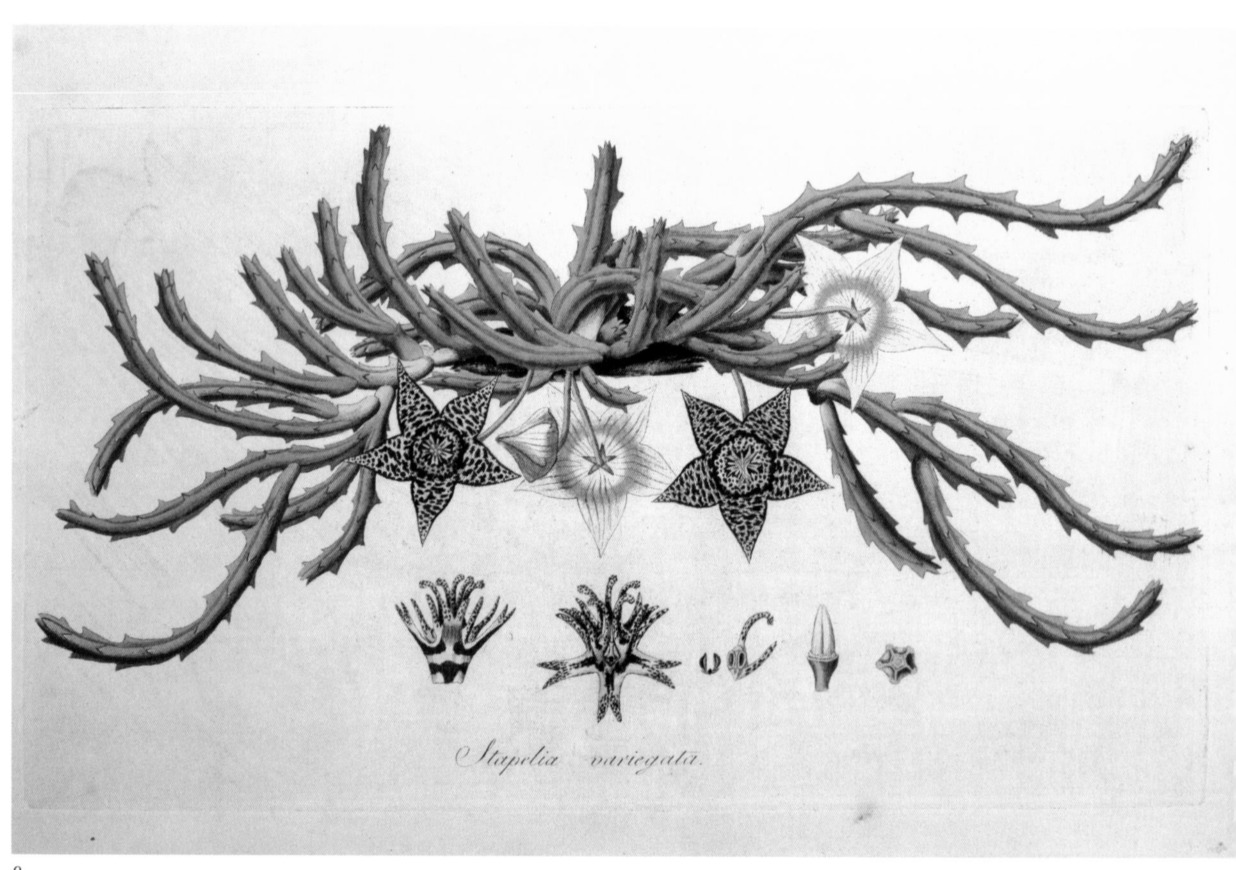


9

10

# 53 *Friedrich Wilhelm Heinrich Alexander von Humboldt & Aimé Bonpland Monographia Melastomacearum*

LUTETIAE PARISIORUM [PARIS], 1806–1823

SIAWD 180.951-F, 6.2, 1.2 (2 vol.) Lit. 36

„Die in den Jahren 1799 bis 1804 durch Friedrich Heinrich Alexander von Humboldt und Aimé Jacques Alexandre Goujaud Bonpland durchgeführte Expedition nach Süd- und Mittelamerika wird seit langem als die wichtigste, je nach Amerika unternommene betrachtet, weil ihre Ergebnisse, basierend auf der … Untersuchung einer immensen Menge von Belegen und Beobachtungen aus den Gebieten Botanik, Zoologie, Geologie, Geographie und Geschichte … innerhalb eines vergleichsweise kurzen Zeitraums danach … in einer Reihe umfassender, gut illustrierter Veröffentlichungen zugänglich gemacht wurden, die zusammen die *Voyage aux régions équinoxiales du Nouveau Continent* bilden … Dadurch wurde die *Voyage* zu einem weitreichenden und dauerhaften Beitrag zur Wissenschaft und diente als Grundlage für spätere Arbeiten", schreibt William T. Stearn. Der botanische Teil der *Voyage* besteht aus sechs voneinander unabhängigen Werken, an deren Herstellung Humboldt kaum direkt beteiligt war. Erscheinungsort war Paris, u. a. deshalb, weil vergleichbare Sammlungen, Bibliotheken, Gewächshäuser und Druckereien in Berlin damals nicht existierten.

Das hier gezeigte zweibändige Werk ist ausschließlich den Schwarzmundgewächsen gewidmet. Viele Texte verfaßte Bonpland, der zwar den überwiegenden Teil der botanischen Geländearbeit geleistet hatte, sich aber zur methodischen Bearbeitung der Expeditionsausbeute als ungeeignet erwies. Spätestens mit Bonplands Emigration nach Lateinamerika endete seine Beteiligung an der *Monographia Melastomacearum*, die von Auguste de Saint-Hilaire und schließlich Carl Sigismund Kunth weitergeführt und abgeschlossen wurde.

"The expedition to South America and Central America in the years 1799 to 1804 by Friedrich Heinrich Alexander von Humboldt and Aimé Jacques Alexandre Goujaud Bonpland has long been accepted as the most important ever made to America, because its results, based upon study … of the immense quantity of specimens and observations relating to botany, zoology, geology, geography and history … were … made available within a comparatively short time afterwards in a series of comprehensive well illustrated publications together forming the *Voyage aux régions équinoxiales du Nouveau Continent* … Thereby the *Voyage* became a lasting wide-ranging and lasting contribution to learning and served as a foundation for later work" – so writes William T. Stearn. The botanical part of the *Voyage* consists of six independent works, in whose production Humboldt, contrary to a widely held opinion, had almost no direct involvement. All these volumes were published in Paris. One reason for this was the fact that comparable collections, libraries, glasshouses, and printing-houses did not exist in Berlin at that time.

The two-volume work shown here is devoted exclusively to the Melastomataceae. Many texts were written by Bonpland, who had indeed done the most of the botanical fieldwork, but had proved unsuited to the methodical study of the huge amount of material amassed by the expedition. Bonpland's emigration to Latin America finally ended his participation in the *Monographia Melastomacearum*, which was continued and finished by Auguste de Saint-Hilaire and ultimately Carl Sigismund Kunth.

« L'expédition entreprise entre 1799 et 1804 en Amérique du Sud et en Amérique centrale par Friedrich Heinrich Alexander von Humboldt et Aimé Jacques Alexandre Goujaud Bonpland est considérée depuis longtemps comme étant la plus importante de toutes celles jamais organisées en Amérique. Ses résultats se fondent sur une foule d'échantillons et d'observations relevant du domaine de la botanique, de la zoologie, de la géologie, de la géographie et de l'histoire … Ces résultats furent rendus accessibles en un temps relativement court … dans une série de publications approfondies et bien illustrées qui constituent ensemble le *Voyage aux régions équinoxiales du Nouveau Continent* … L'ouvrage est devenu une contribution permanente et de grande portée pour la science et a servi de base à maints travaux ultérieurs » écrivait William T. Stearn. La partie botanique du *Voyage* se compose de six travaux indépendants l'un de l'autre auxquels Humboldt ne participa qu'indirectement. La publication eut lieu à Paris, entre autres parce qu'à cette époque il n'existait pas à Berlin de collections, bibliothèques, serres et imprimeries comparables.

L'œuvre en deux tomes présentée ici est exclusivement consacrée aux mélastomacées. Beaucoup de textes furent rédigés par Bonpland qui avait certes effectué la majeure partie du travail botanique sur le terrain, mais n'était pas l'homme qu'il fallait pour traiter méthodiquement les nombreux végétaux ramenés par l'expédition. Sa participation à la *Monographia Melastomacearum* prit fin lorsqu'il émigra en Amérique latine. Ce furent Auguste de Saint-Hilaire, puis Carl Sigismund Kunth qui poursuivirent et achevèrent le travail.

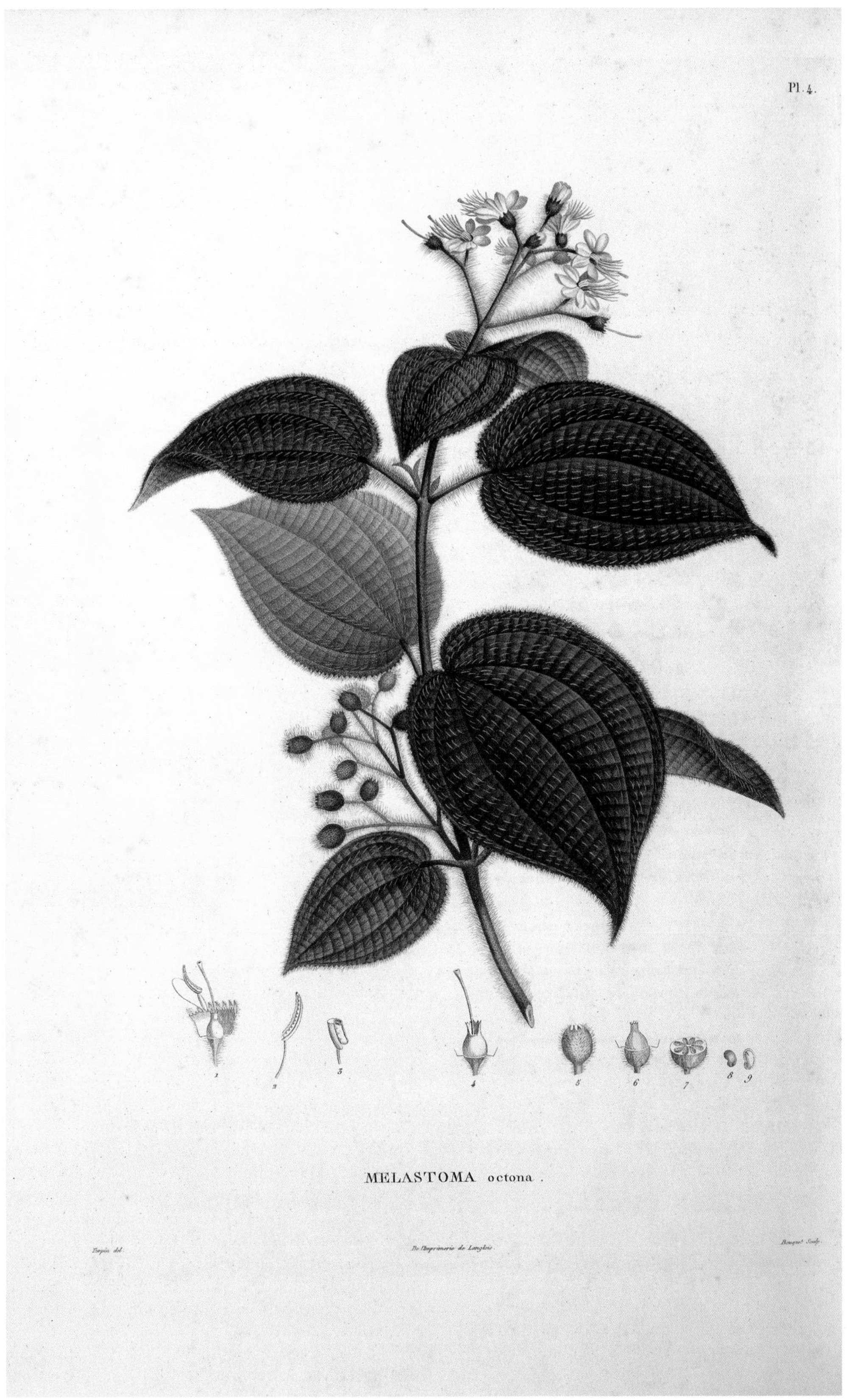
Pl. 4.
1
2
3
4
5
6
7
8
9
MELASTOMA octona.
De l'Imprimerie de Langlois

*vol. I, t. 4*

*vol. I, t. 127*

*vol. I, t. 29*

Pl. 53.
1
2
3
4
5
MELASTOMA floribunda.
Turpin pinx.
De l'Imprimerie de Langlois.
Bouquet sculp.

vol. I, t. 53

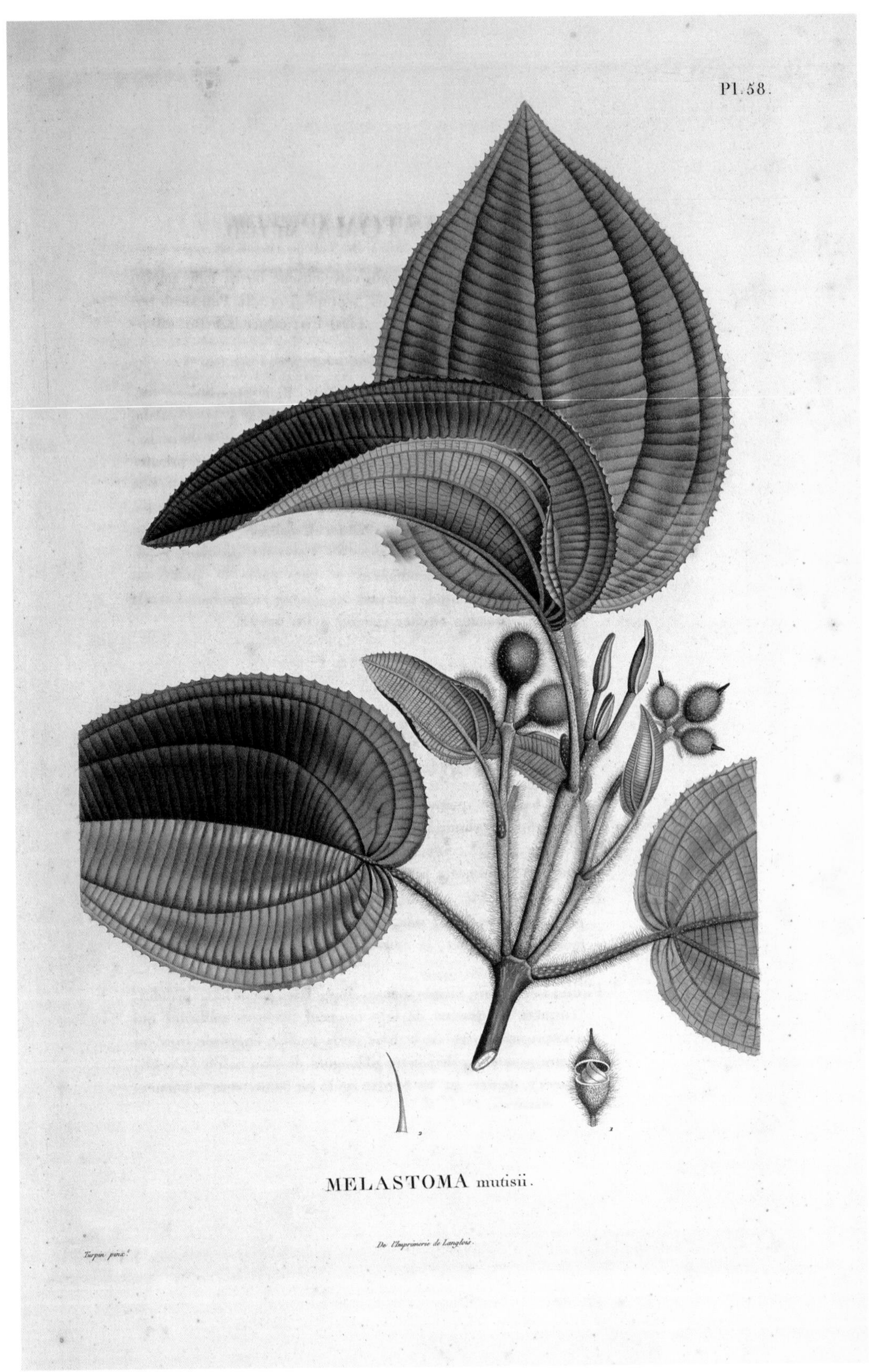
Pl. 58.
1
2
MELASTOMA mutisii.
Turpin pinx.t
De l'Imprimerie de Langlois.

vol. I, t. 58

Pl. 1.
1
2
3
4
5
6
7
8
RHEXIA muricata.
Turpin del.
de l'Imprimerie de Langlois.
Bouquet sculps.

*vol. II, t. 1*

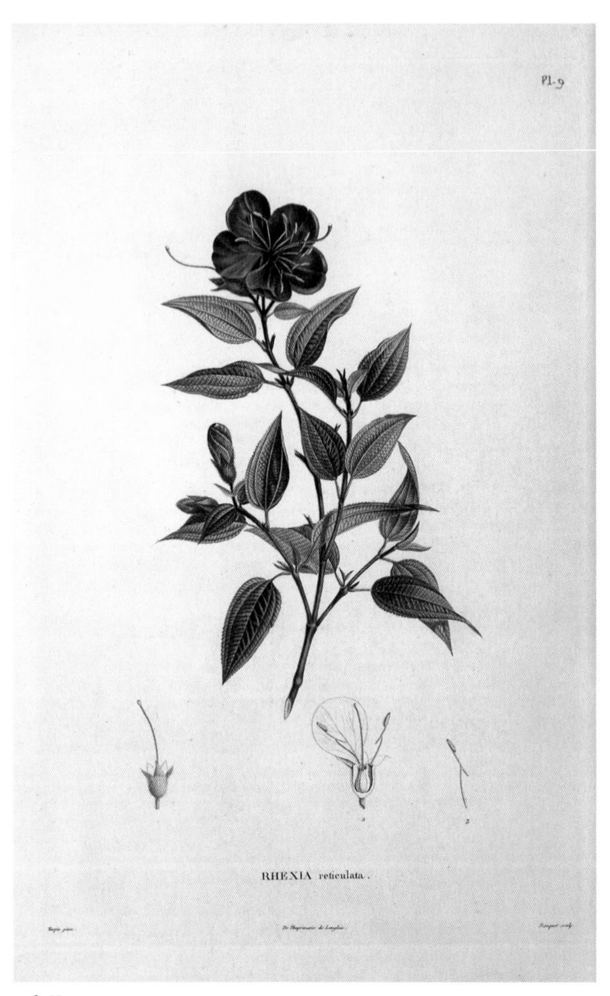

*vol. II, t. 9*

*vol. II, t. 10*

*vol. II, t. 12*

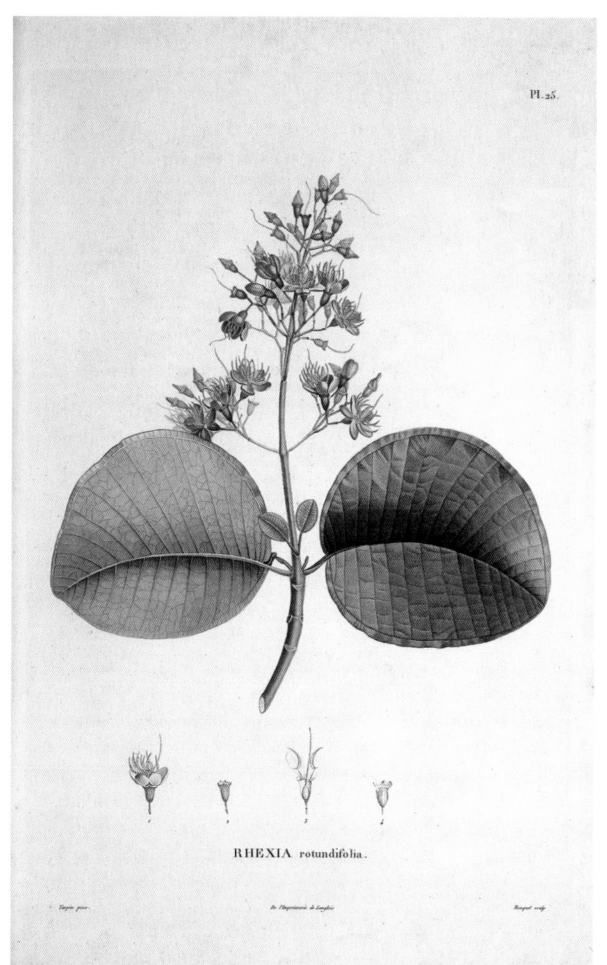


*vol. II, t. 25*

# 54 John Sibthorp & James Edward Smith *Flora Graeca*

LONDINI [LONDON], 1806–1840

SIAWD 181.472–E (10 vol.)

Lit. 43

Voll Begeisterung schreibt Michele Tenore, Professor für Botanik an der Universität Neapel und Präfekt des dortigen botanischen Gartens, in einem Kommentar: „Das klassische Land der Wissenschaften und Künste, die Heimat von Theophrast, Homer, Aristoteles, Phidias, Praxiteles verdient mit Recht als Geschenk die großartigste Flora der Welt. Dies ist in der Tat die *Flora Graeca* von Sibthorp – sowohl was die berühmten Wissenschaftler, die in diesem Werk zusammengearbeitet haben, als auch was die Überlegenheit der künstlerischen Ausführung anlangt." Um ein Exemplar studieren zu können, hatte Tenore nach Paris reisen müssen, denn auf dem ganzen europäischen Festland gab und gibt es nur zwei Exemplare. Das andere befand sich in der Privatbibliothek von Franz I., Kaiser von Österreich, und wird heute in der Österreichischen Nationalbibliothek aufbewahrt.

Die zehnbändige, in 20 Lieferungen erschienene *Flora Graeca* ist ein Werk der Superlative: Nur knapp 30 Exemplare wurden hergestellt, der Druck dauerte 34 Jahre, und als die letzte Lieferung erschien, war der Initiator John Sibthorp, Sherardian Professor für Botanik an der Universität Oxford und Präfekt des dortigen botanischen Gartens, bereits 44 Jahre tot.

Begonnen hatte das Projekt im März 1786 in Wien: Sibthorp hatte in der kaiserlichen Hofbibliothek den *Codex Aniciae Julianae* (Nr. 1) studiert, von Nikolaus Joseph Jacquin ein Exemplar der Probedrucke von frühbyzantinischen Pflanzenabbildungen (Nr. 31) erhalten und brach nun mit dem damals 26jährigen Ferdinand Bauer zu einer Reise ins Osmanische Reich auf. Die beiden besuchten Kreta, Istanbul, Zypern, den Parnaß und den Berg Athos, durchquerten dreimal die Ägäis, ehe sie im Dezember 1787 in

Michele Tenore, Professor of Botany at the University of Naples and curator of the Botanical Garden there, wrote enthusiastically in a commentary: "The classical territory of the sciences and the arts, the home of Theophrastus, Homer, Aristotle, Phidias, and Praxiteles, well deserves the gift of the most splendid flora in the world. This is in fact the *Flora Graeca* by Sibthorp, in terms both of the achievement of the illustrious scientists collaborating in this work and the superiority of its artistic execution". In order to be able to study a copy, Tenore had had of course to travel to Paris, for on the entire continent, there were – and are – only two copies. The second copy, which was in the private library of Francis I, Emperor of Austria, is today kept in the Austrian National Library.

*Flora Graeca*, published in ten volumes forming 20 instalments, is an outstanding work: no more than 30 copies were produced, the printing lasted 34 years, and when the last part was published, the initiator, John Sibthorp, Sherardian Professor of Botany at the University of Oxford and curator of the Botanic Garden there, had already been dead for 44 years.

The project had begun in March 1786 in Vienna: Sibthorp had studied the *Codex Aniciae Julianae* (No. 1) in the Imperial Court Library, and had received from Nikolaus Joseph Jacquin a proof copy of early Byzantine plant illustrations (No. 31). Now he set off on a journey to the Ottoman Empire with Ferdinand Bauer, at the time 26 years old. The two naturalists visited Crete, Istanbul, Cyprus, Parnassus and Mount Athos, crossing the Aegean three times before they arrived in Oxford in December 1787. Sibthorp had collected the plants, and Bauer pressed and dried them. At least as important were the pencil drawings of plants and ani-

Professeur de botanique à l'Université de Naples et administrateur du Jardin botanique de cette ville, Michele Tenore écrit plein d'enthousiasme : « Le pays classique des sciences et des arts, la patrie de Théophraste, d'Homère, d'Aristote, de Phidias et de Praxitèle, mérite bien qu'on lui offre la Flore la plus grandiose. La *Flora Graeca* de Sibthorp l'est en effet, et ce en raison des illustres scientifiques qui ont travaillé à cet ouvrage et de la supériorité des travaux artistiques. » Tenore avait dû se rendre à Paris pour étudier un exemplaire car il n'existait, et n'existe encore, que deux exemplaires dans toute l'Europe continentale. L'autre version se trouvait dans la bibliothèque privée de l'empereur d'Autriche François I^er^ et est conservée de nos jours à l'Österreichische Nationalbibliothek.

Les dix tomes publiés en 20 livraisons de la *Flora Graeca* appartiennent à une œuvre superlative : on n'en réalisa que 30 exemplaires, l'impression dura 34 ans et lorsque la dernière livraison fut éditée, son initiateur, John Sibthorp, professeur de botanique à l'Université d'Oxford et directeur du Jardin botanique, était déjà mort depuis 44 ans.

Le projet avait débuté à Vienne en mars 1786 : Sibthorp avait étudié le *Codex Aniciae Julianae* (n° 1) à la Bibliothèque Impériale, il avait reçu de Nikolaus Joseph Jacquin des épreuves des illustrations de plantes du début de l'art byzantin (n° 31), puis avait entrepris un voyage à travers l'Empire ottoman avec Ferdinand Bauer, âgé de 26 ans à l'époque. Ils visitèrent ensemble la Crète, Istanbul, Chypre, le Parnasse et le mont Athos. Ils traversèrent trois fois la mer Egée avant de rentrer à Oxford en décembre 1787. Sibthorp herborisait, Bauer mettait les plantes sous presse et les faisait sécher. Réalisés sur place par Bauer, les dessins à la mine

vol. II, Frontispiz

Oxford ankamen. Sibthorp sammelte Pflanzen, Bauer preßte und trocknete sie. Mindestens ebenso wichtig waren die Graphitstiftzeichnungen von Pflanzen und Tieren, die Bauer im Gelände anfertigte. Auf Grund der Expeditionsgegebenheiten hielt er die Farben mit Hilfe eines von ihm entwickelten Codes fest, der jeder Farbschattierung eine Zahl zuordnete. Seine heute im Department of Plant Sciences der Universität Oxford aufbewahrten Zeichnungen sind folglich von Schwärmen von Zahlen umgeben.

Während Sibthorp daranging, die Expeditionsausbeute zu bestimmen, stellte Bauer in etwa fünfjähriger Arbeit in Oxford Wasserfarbenmalereien von überragender Farbtreue her. Auch sie haben sich erhalten, werden heute ebenfalls im Department of Plant Sciences aufbewahrt und zählen zum Qualitätsvollsten, was je auf dem Gebiet der botanischen Illustration geleistet wurde. Im Jahre 1794 schuf Bauer auch die Vorlagen für die Frontispize der ersten sieben Bände. Die Verknüpfung einiger Darstellungen von Pflanzen, die im betreffenden Band abgehandelt werden, mit einer Landschaftsansicht findet sich so nur im *Codex Liechtenstein*, dessen erste Bände Ferdinand und Franz Bauer vor 1786 geschaffen hatten (siehe Nr. 100). Nach Sibthorps Tod – 38jährig starb er, erschöpft von seiner zweiten Reise ins Osmanische Reich – wurden die Fortsetzung der Bestimmungsarbeiten und die Anfertigung der Beschreibungen J. E. Smith übertragen. Den Stich der Kupferplatten, den Druck der Tafeln und deren Kolorierung besorgte die Firma James Sowerby in London.

Nach dem Tod von Smith brachten R. Brown und J. Lindley das Werk zum Abschluß. Es ist die teuerste und wertvollste je veröffentlichte Flora.

mals done by Bauer in the field. Because he was working under the conditions of an expedition, he recorded the colours with the help of his own code, which assigned a number to each shade of colour. Consequently, his drawings, which are held today by the Department of Plant Sciences of Oxford University, are surrounded by swarms of numbers.

While Sibthorp set about identifying the finds of the expedition, Bauer spent approximately five years at Oxford working on watercolour paintings with outstandingly accurate colours. These too have been preserved, and are today also kept in the Department of Plant Sciences. In their quality, they number amongst the best works ever produced in the sphere of plant illustration. In 1794, Bauer also made the drafts for the frontispieces of the first seven volumes. A number of the plants illustrated in the volume are linked with a landscape view, a treatment otherwise found only in the *Codex Liechtenstein*, the first volumes of which were produced by Ferdinand and Franz Bauer before 1786 (see No. 100). After Sibthorp's death at age 38, exhausted from his second journey into the Ottoman Empire, J. E. Smith took over the continuation of identifying the plants and writing of descriptions. The firm James Sowerby was responsible for engraving the copper plates, printing of the illustrations and colouring them.

After Smith's death, R. Brown and J. Lindley brought the great work to its conclusion. It is the most expensive and the most valuable flora ever published.

de plomb étaient au moins aussi importants. Les conditions d'une expédition ne lui permettant pas de les colorier, il attribua à chaque teinte un chiffre selon un code qu'il avait mis au point lui-même. Ses dessins conservés aujourd'hui au Department of Plant Sciences de l'Université d'Oxford sont ainsi entourés d'une nuée de chiffres.

Tandis que Sibthorp avait à cœur de déterminer les plantes rapportées de l'expédition, Bauer exécuta à Oxford, en l'espace de cinq ans, des aquarelles dont les couleurs sont extrêmement authentiques. Elles ont été conservées, elles aussi, et se trouvent également au Department of Plant Sciences. Ces aquarelles comptent parmi les meilleures jamais réalisées dans le domaine de l'illustration botanique. En 1794, Bauer créa aussi des modèles pour les frontispices des sept premiers volumes. La relation entre certaines reproductions de plantes traitées dans un volume et la vue d'un paysage n'existe que dans le *Codex Liechtenstein* dont les premiers volumes furent créés par Ferdinand et Franz Bauer avant 1786 (voir n° 100). Après la mort prématurée de Sibthorp – à l'âge de 38 ans, épuisé par son deuxième voyage dans l'Empire ottoman – J. E. Smith poursuivit la détermination des plantes et leur description. La firme James Sowerby à Londres se chargea de la gravure des plaques de cuivre, de l'impression des plantes et de leur coloration.

R. Brown et J. Lindley achevèrent l'œuvre après la mort de Smith. Cet herbier est le plus cher et le plus précieux jamais édité.

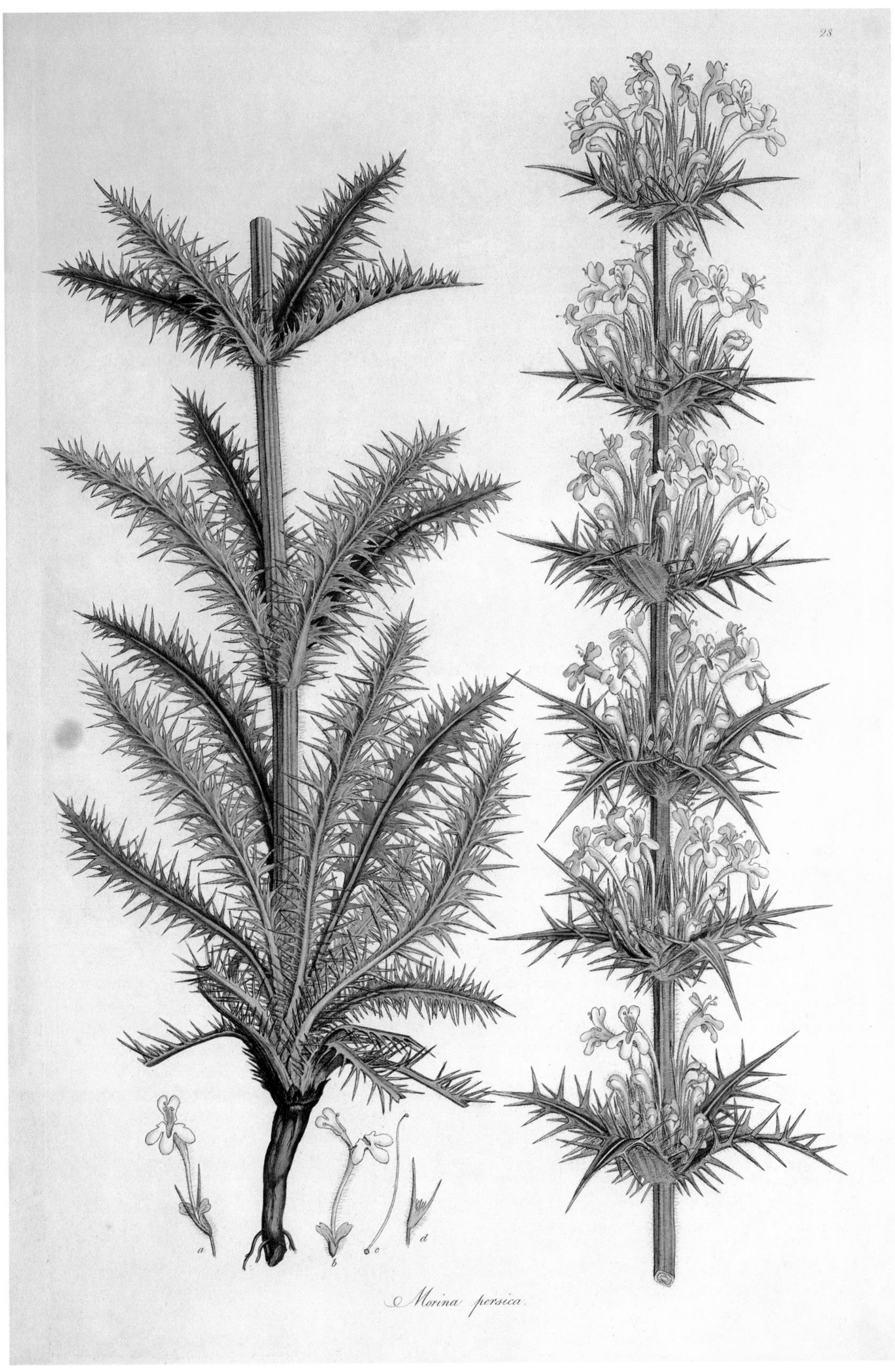


vol. I, t. 28

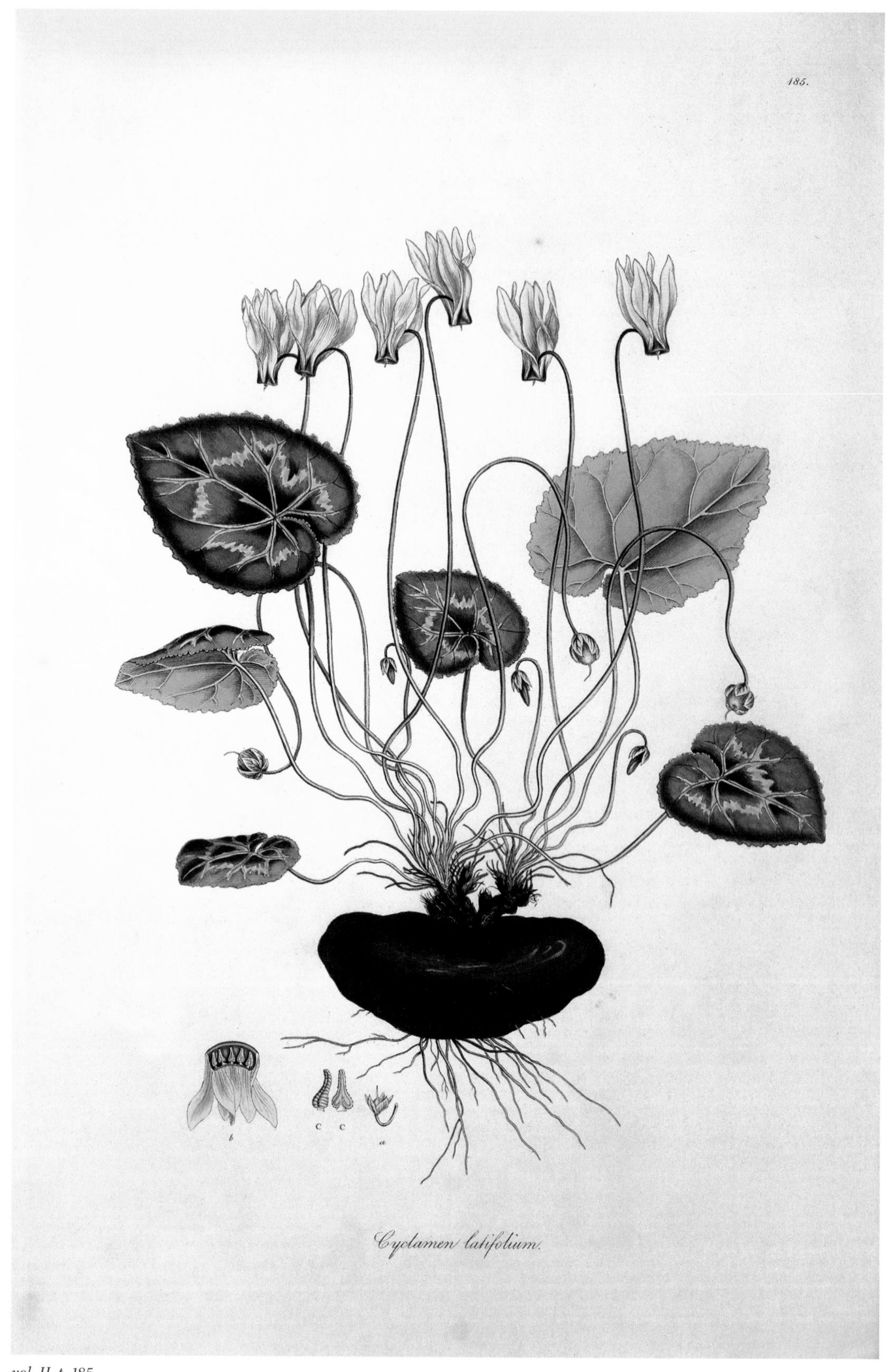


vol. II, t. 185

vol. III, t. 232

vol. IV, t. 367

*vol. V, t. 407*

*vol. VI, t. 569*

*vol. VII, t. 611*

vol. VIII, t. 735

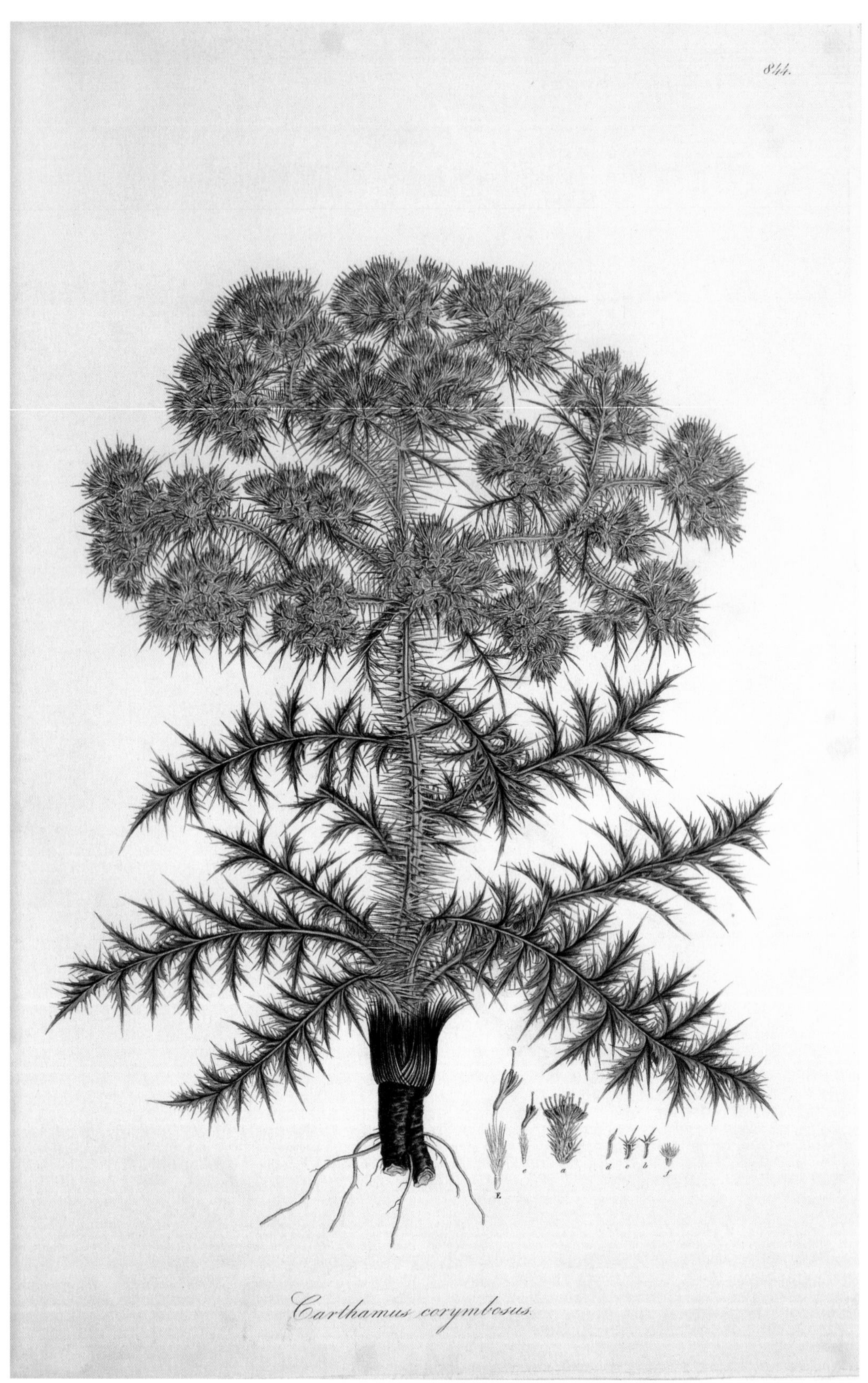
844.
Carthamus corymbosus.

*vol. IX, t. 844*

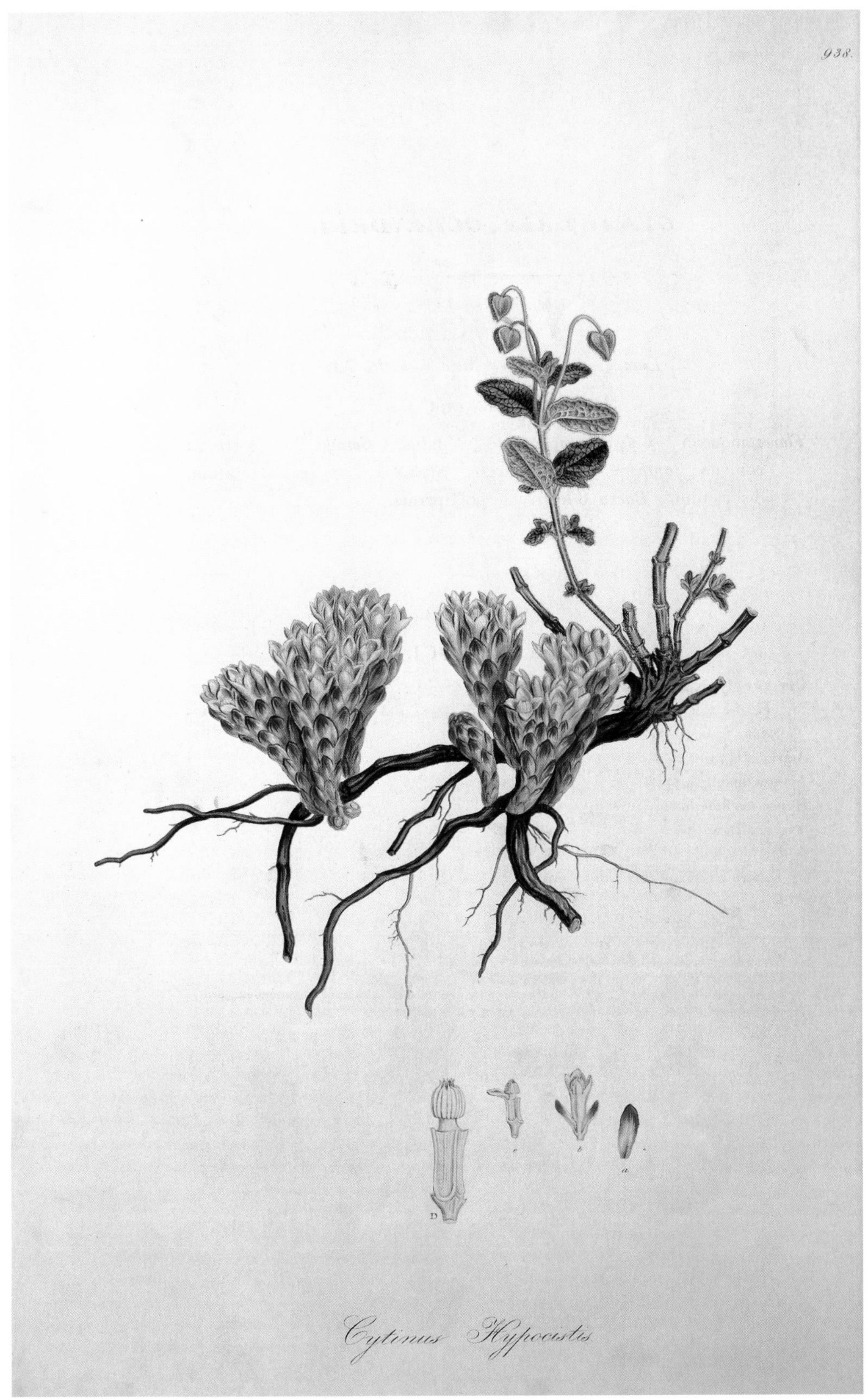


vol. X, t. 938

# 55 Johann und Josef Knapp *Pomologia*

[WIEN], C. 1808 (?)–C. 1860

POR 485 Lit. 63, 67

Nicht nur Franz I., Kaiser von Österreich, besaß ausgeprägte botanische Interessen, sondern auch seine Brüder, vor allem die Erzherzöge Anton Viktor, Johann und Rainer. Im Jahre 1804 stellte Anton Viktor den damals 26jährigen Johann Knapp als seinen Kammermaler an. Als dessen Hauptwerk gilt das „Jacquins Denkmal" genannte Stilleben, das in der Österreichischen Galerie zu sehen ist; weitere Gemälde befinden sich u. a. im Historischen Museum der Stadt Wien. In einem im Jahre 1821 veröffentlichten Beitrag unter dem Titel „Wanderung durch die Ateliers hiesiger Künstler" werden unter Johann Knapps Werken „Österreichs Weintrauben in Folio nebst einer Früchtesammlung von 400 Stück" genannt; weiters heißt es: „In seinem Atelier zu Schönbrunn (im sogenannten finstern Gang letzte Thüre, der Cavallerie-Reitschule gegenüber) stehen zwey fertige Öhlgemälde, dann eine Sammlung von 1000 Studienblättern verschiedener Blumen, von 400 Blättern Obst, Trauben, Melonen etc. … zur unterhaltenden Einsicht von Kunstfreunden bereit." Die Sammlung mit Obstdarstellungen gelangte in die Porträtsammlung der Österreichischen Nationalbibliothek und wird heute zusammen mit Blättern von Josef Knapp in mehreren Mappen mit der Signatur Pk 485 aufbewahrt. Dargestellt wurden gängige Obstsorten wie Äpfel (*Malus domestica* Borkh.; Nr. 1), Walnüsse (*Juglans regia* L.; Nr. 2), Himbeeren (*Rubus idaeus* L.; Nr. 3), Weintrauben (*Vitis vinifera* L.; Nr. 4), Stachelbeeren (*Ribes uva-crispa* L.; Nr. 5), Erdbeeren (*Fragaria* x *ananassa* (Duchesne) Guedès; Nr. 6), Ananas (*Ananas comosus* (L.) Merr.; Nr. 7), Birnen (*Pyrus communis* L.; Nr. 8), Mispeln (*Mespilus germanica* L.; Nr. 9) und Zitronatszitronen (*Citrus medica* L.; Nr. 10).

Francis I, Emperor of Austria, had pronounced botanical interests, which were also shared by his brothers, especially the Archdukes Anton Victor, Johann and Rainer. In 1804, Anton Victor employed the then 26-year-old Johann Knapp as his court painter. Knapp's most important work is the still life entitled "Jacquin's Memorial", on view in the Austrian Gallery. Further paintings are located in various other collections, including the Municipal Historical Museum of Vienna. In an article published in 1821 under the title "Ramble through the studios of local artists", the paintings "Austria's grapes in folio together with a collection of 400 fruits" were listed under the works of Johann Knapp. In addition, it was reported, "In his studio at Schönbrunn (last door in the so-called dark corridor, opposite the cavalry riding school) there are two finished oil paintings, a collection of 1000 studies of various flowers, 400 sheets of fruits, grapes, melons, etc., … waiting for the understanding view of art-lovers". The group of fruit paintings is now in the portrait collection of the Austrian National Library, preserved together with sheets by Josef Knapp in several portfolios, bearing the signature Pk 485. Common species of fruit are represented, such as apples (*Malus domestica* Borkh.; No. 1), walnuts (*Juglans regia* L.; No. 2), raspberries (*Rubus idaeus* L.; No. 3), grapes (*Vitis vinifera* L.; No. 4), gooseberries (*Ribes uva-crispa* L.; No. 5), strawberries (*Fragaria* x *ananassa* (Duchesne) Guedès; No. 6), pineapples (*Ananas comosus* (L.) Merr.; No. 7), pears (*Pyrus communis* L.; No. 8), medlars (*Mespilus germanica* L.; No. 9) and citrons (*Citrus medica* L.; No. 10).

Non seulement l'empereur d'Autriche François Ier, mais aussi ses frères les archiducs Anton Viktor, Johann et Rainier, portaient un vif intérêt à la botanique. En 1804, Anton Viktor engagea à son service le peintre Johann Knapp, âgé alors de 26 ans. Son œuvre principale est une nature morte intitulée « Monument à Jacquin » que l'on peut voir à l'Österreichische Galerie. D'autres tableaux se trouvent entre autres au musée historique de la ville de Vienne. Dans un article paru en 1821 sous le titre « Promenade dans les ateliers des artistes de notre région », on indique à propos des œuvres de Johann Knapp : « Raisins d'Autriche en folio plus une collection de fruits en 400 feuilles » ; et plus loin : « Dans son atelier de Schönbrunn (dernière porte au bout d'un couloir, dit le couloir sombre, face à l'Ecole de cavalerie) se trouvent deux tableaux à l'huile terminés, ainsi qu'une collection de 1000 études de fleurs différentes, de 400 études de fruits, raisins, melons, etc… pour le plaisir des amateurs d'art. » La collection de fruits fut intégrée à la collection des portraits de l'Österreichische Nationalbibliothek. Elle est aujourd'hui conservée avec les études de Josef Knapp dans plusieurs chemises et porte la signature Pk 485. Les œuvres représentent des variétés courantes de fruits comme les pommes (*Malus domestica* Borkh. ; n° 1), les noix (*Juglans regia* L. ; n° 2), les framboises (*Rubus idaeus* L. ; n° 3), le raisin (*Vitis vinifera* L. ; n° 4), les groseilles à maquereau (*Ribes uva-crispa* L. ; n° 5), les fraises (*Fragaria* x *ananassa* (Duchesne) Guedès ; n° 6), l'ananas (*Ananas comosus* (L.) Merr. ; n° 7), les poires (*Pyrus communis* L. ; n° 8), les nèfles (*Mespilus germanica* L. ; n° 9) et les cédrats (*Citrus medica* L. ; n° 10).

1

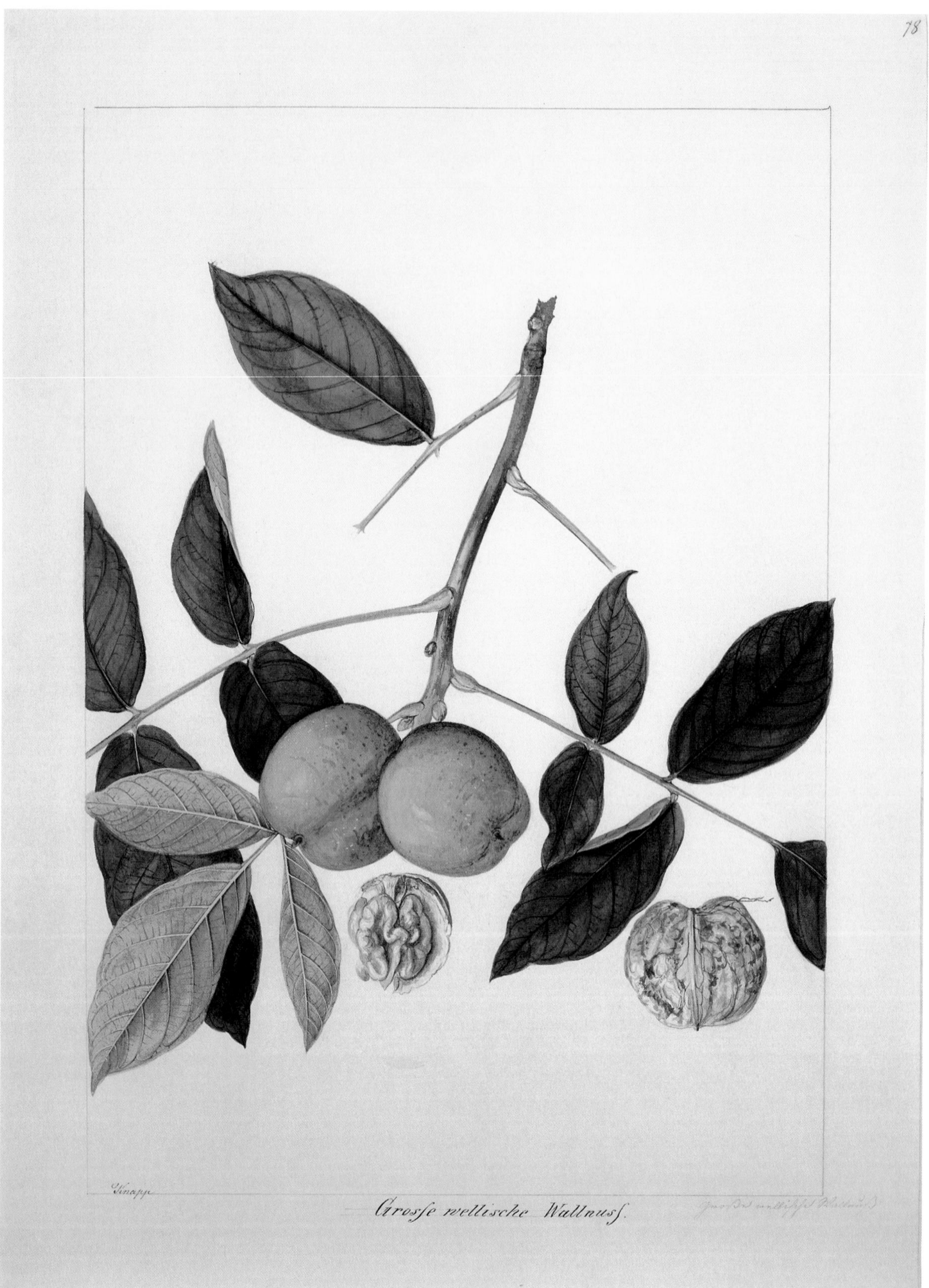


2

3

4

5

6

7

8

*9*

*10*

# 56 *Florilegium B von Franz I., Kaiser von Österreich*

[WIEN], C. 1808 (?)–C. 1830

POR Pk 507

Lit. 46

Neben dem *Florilegium A* von Franz I., Kaiser von Österreich (Nr. 44), und den für Erzherzog Anton Viktor angefertigten Früchtedarstellungen von Johann und Josef Knapp (Nr. 55) besitzt die Porträtsammlung der Österreichischen Nationalbibliothek noch einige weitere Sammlungen von naturgetreuen Pflanzenabbildungen. Hierzu zählen neben den *Icones plantarum rariorum horti archiducis Austriae Antonii*, der *Flora exotica* und den *Fungorum Austriae Icones*, alle drei von Johann Knapp für Anton Viktor gemalt, auch ein *Inländische Pflanzen* bezeichneter Bestand, der von Johann Iebmayer (auch Ibmayer, Iebmeyer) für Franz I. angefertigt wurde. Allen diesen teils gebundenen, teils lose in Kassetten aufbewahrten Beständen ist gemeinsam, daß sie nie wissenschaftlich bearbeitet wurden und weitgehend undatiert sind.

Iebmayer gilt als Nachfolger von Schmutzer, doch scheint er auch parallel mit ihm gearbeitet zu haben. Auffällig ist dabei, daß im Gegensatz zu Schmutzer Iebmayer fast ausschließlich in den Ländern des Hauses Österreich natürlich vorkommende Pflanzen darstellte. Vorarbeiten von Iebmayer sind unbekannt, sein Werk wird hier als *Florilegium B von Franz I.* bezeichnet.

Wo die von ihm abgebildeten Pflanzen wuchsen, bleibt unbekannt, es wäre aber nicht verwunderlich, wenn Iebmayer zumindest fallweise die im Garten für österreichische Pflanzen im Belvedere (heute Österreichischer Alpengarten) kultivierten dargestellt hätte. Die Gründung dieser Anlage geht auf Franz I. zurück; als erster Präfekt wirkte dessen Leibarzt Nikolaus Thomas Host, der auch Iebmayer mit der Anfertigung von Pflanzenabbildungen beauftragte (siehe Nr. 69).

Besides *Florilegium A*, produced for Francis I, Emperor of Austria, (No. 44) and the paintings of fruits made by Johann and Josef Knapp (No. 55) for the Archduke Anton Victor, the portrait collection of the Austrian National Library possesses several other collections of lifelike plant illustrations. In addition to the *Icones plantarum rariorum horti archiducis Austriae Antonii*, the *Flora exotica* and the *Fungorum Austriae Icones* – all three painted by Johann Knapp for Anton Victor – the collections include a set called *Domestic Plants* that was produced by Johann Iebmayer (also Ibmayer, Iebmeyer) for Francis I. Common to all these sets, which are partly bound and partly loose in boxes, is the fact that they have never been researched scientifically and are to a large extent undated.

Iebmayer is regarded as a successor to Schmutzer, though he seems to have worked contemporaneously with him. It is noteworthy that Iebmayer, in contrast to Schmutzer, almost exclusively painted plants that occurred naturally in the territories of the Hapsburg family. Preliminary sketches by Iebmayer are unknown; his work is designated here *Florilegium B of Francis I.*

The location of the plants he illustrated remains a mystery, but it would not be surprising if at least occasionally he had painted those cultivated in the Garden for Austrian Plants in Belvedere (today the Austrian Alpine Garden), founded by Francis I. The first curator was the Emperor's personal physician Nikolaus Thomas Host, who also gave Iebmayer the task of making plant illustrations (see No. 69).

Outre le *Florilège A de l'empereur d'Autriche François I^er^* (n° 44) et les représentations de fruits effectuées par Johann et Josef Knapp (n° 55) pour l'archiduc Anton Viktor, la collection des portraits de l'Österreichische Nationalbibliothek possède également des reproductions de plantes réalisées d'après nature. Citons ainsi les *Icones plantarum rariorum horti archiducis Austriae Antonii*, la *Flora exotica* et les *Fungorum Austriae Icones*, tous les trois peints par Johann Knapp pour Anton Viktor, ainsi qu'une série des *Plantes indigènes* exécutée par Johann Iebmayer (appelé aussi Ibmayer ou Iebmeyer) pour François I^er^. Tous ces ouvrages qui sont conservés reliés ou non dans des cassettes ont en commun de n'avoir jamais fait l'objet de recherches scientifiques et d'être pour la plupart non datés.

Considéré comme le successeur de Schmutzer, Iebmayer aurait toutefois travaillé en parallèle avec lui. On remarquera qu'Iebmayer, à l'inverse de Schmutzer, n'a représenté pratiquement que les plantes poussant à l'état sauvage dans les pays de la maison d'Autriche. Les travaux préliminaires d'Iebmayer sont inconnus, son ouvrage est désigné ici sous le nom de *Florilège B de François I^er^*.

Si l'on ignore où poussaient exactement les plantes qu'il a reproduites, il n'est toutefois pas impossible qu'Iebmayer ait représenté ici ou là des plantes cultivées au jardin des plantes autrichiennes au Belvédère (aujourd'hui Österreichischer Alpengarten). La création de ce jardin remonte à François I^er^. Nikolaus Thomas Host, médecin personnel de l'empereur, en fut le premier administrateur et c'est lui qui commanda aussi les reproductions de plantes à Iebmayer (voir n° 69).

1

2

3

4

5

6

1. Drosera rotundifolia.
PIDC
2. Drosera longifolia.
3. Drosera anglica.
1. Drosera rotundifolia.
2. Drosera longifolia.
3. Drosera anglica.

7

1. Fumaria cava.
2. Fumaria solida.
3. Fumaria pumila.
4. Fumaria fabacea.
1. Fumaria cava
2. Fumaria solida
3. Fumaria pumila
4. Fumaria fabacea
8

# 57 Johann Centurius Graf von Hoffmannsegg & Heinrich Friedrich Link *Flore portugaise*

BERLIN, 1809–1840

SIAWD BE.11.A.1 (2 vol.) Lit. 55

Franz Ferdinand, Herzog von Mecklenburg, genehmigte im Jahre 1797 Heinrich Friedrich Link, Professor für Naturkunde an der Universität Rostock, einen zweijährigen Urlaub zur Durchführung einer Forschungsreise ins Königreich Portugal. Sie ist durch die dreibändigen *Bemerkungen auf einer Reise durch Frankreich, Spanien und Portugal*, Kiel, 1801–1804, genau dokumentiert. Links Reisegefährte war Johann Centurius Graf von Hoffmannsegg, der später zur treibenden Kraft der Veröffentlichung einer *Flore portugaise* wurde. Zwei Jahre nach Erscheinungsbeginn berief man Link an die Universität Breslau [Wrocław] und dann im Jahre 1815 nach Berlin. Über 31 Jahre zog sich das Erscheinen der *Flore portugaise* hin, ehe sie mit der 22. Lieferung abbrach. Ein Manuskriptfragment wird in der Handschriftenabteilung der Staatsbibliothek in Berlin aufbewahrt. Die Tafeln gehen auf Pflanzendarstellungen von Hoffmannsegg und G. W. Voelcker zurück; mit Ausnahme der Tafeln 20 und 22 handelt es sich um Farbpunktstiche. Soweit bekannt, ist die *Flore portugaise* das einzige in Berlin gedruckte botanische Werk, das mit diesem teuren Verfahren hergestellt wurde.

Vor wenigen Jahren erwarb ein Antiquar in Iserlohn den Inhalt eines Druckereilagers. Zu seiner Überraschung stellte er fest, daß sich unter Bergen von Makulatur mehrere, allerdings unvollständige, Exemplare der abgebrochenen *Flore portugaise* befanden. Die Pflanzenabbildungen sind nicht zuletzt deshalb von besonderem Interesse, weil sie unterschiedliche Druckzustände zeigen – schwarze Punktstiche, Farbpunktstiche und nachkolorierte Farbpunktstiche.

In 1797, Francis Ferdinand, Duke of Mecklenburg, granted Heinrich Friedrich Link, Professor of Natural History at the University of Rostock, two years' leave to undertake a journey of exploration to the Kingdom of Portugal. This is accurately documented in the three-volume work *Comments on a journey through France, Spain and Portugal*, Kiel, 1801–1804. Link's travelling companion was Johann Centurius, Count of Hoffmannsegg, who later became the driving force behind the publication of a *Flore portugaise*. Two years after the start of publication, Link was offered an appointment at the University of Breslau (Wrocław) and in 1815 took up an appointment in Berlin. The publication of the *Flore portugaise* dragged on for more than 31 years before it was discontinued with the twenty-second instalment. A fragment of the manuscript is preserved in the Manuscript Department of the State Library in Berlin. The plates originate from the plant illustrations of Hoffmannsegg and G. W. Voelcker; with the exception of plates 20 and 22, they are coloured engravings à la poupée. As far as is known, the *Flore portugaise* is the only botanical work printed in Berlin that was produced by means of this expensive process.

A few years ago an antiquarian bookseller in Iserlohn acquired the contents of a printing-house store-room. To his great surprise he realised that under piles of waste paper there were several copies, albeit incomplete, of the unfinished *Flore portugaise*. The plant illustrations in them are of particular interest especially because they show various stages of printing – black engraving à la poupée, coloured engraving à la poupée, and tinted coloured engravings à la poupée.

En 1797, le duc François-Ferdinand de Mecklembourg autorisa Heinrich Friedrich Link, professeur d'histoire naturelle à l'Université de Rostock, à prendre un congé de deux ans pour un voyage d'études au royaume du Portugal. Celui-ci est rapporté avec précision dans l'ouvrage en trois volumes intitulé *Remarques sur un voyage d'études à travers la France, l'Espagne et le Portugal*, Kiel, 1801–1804. Link eut pour compagnon de voyage le comte Johann Centurius de Hoffmannsegg qui, plus tard, fut l'instigateur de l'herbier nommé *Flore portugaise*. Deux ans après le début de sa parution, Link fut nommé à l'Université de Breslau [Wrocław] et en 1815, il fut appelé à Berlin. La publication de la *Flore portugaise* s'étendit sur plus de 31 ans avant d'être interrompue à la vingt-deuxième livraison. Un fragment de manuscrit est conservé au département des manuscrits de la Staatsbibliothek de Berlin. Les planches sont basées sur les reproductions de plantes de Hoffmannsegg et de G. W. Voelcker ; à l'exception des planches 20 et 22, il s'agit de gravures à la poupée dont chaque tirage est repris au pinceau. Autant que l'on sache, la *Flore portugaise* est le seul ouvrage botanique imprimé à Berlin qui ait été créé à l'aide de cette technique onéreuse.

Il y a quelques années, un antiquaire d'Iserlohn fit l'acquisition des stocks d'une imprimerie. A sa grande surprise, il découvrit sous des montagnes de maculature plusieurs exemplaires, incomplets il est vrai, de la *Flore portugaise*. Les reproductions de plantes sont particulièrement intéressantes puisqu'elles montrent diverses variantes – gravures à la poupée en noir et blanc, gravures à la poupée en couleurs et gravures à la poupée en couleurs rehaussées au pinceau.

t. 21

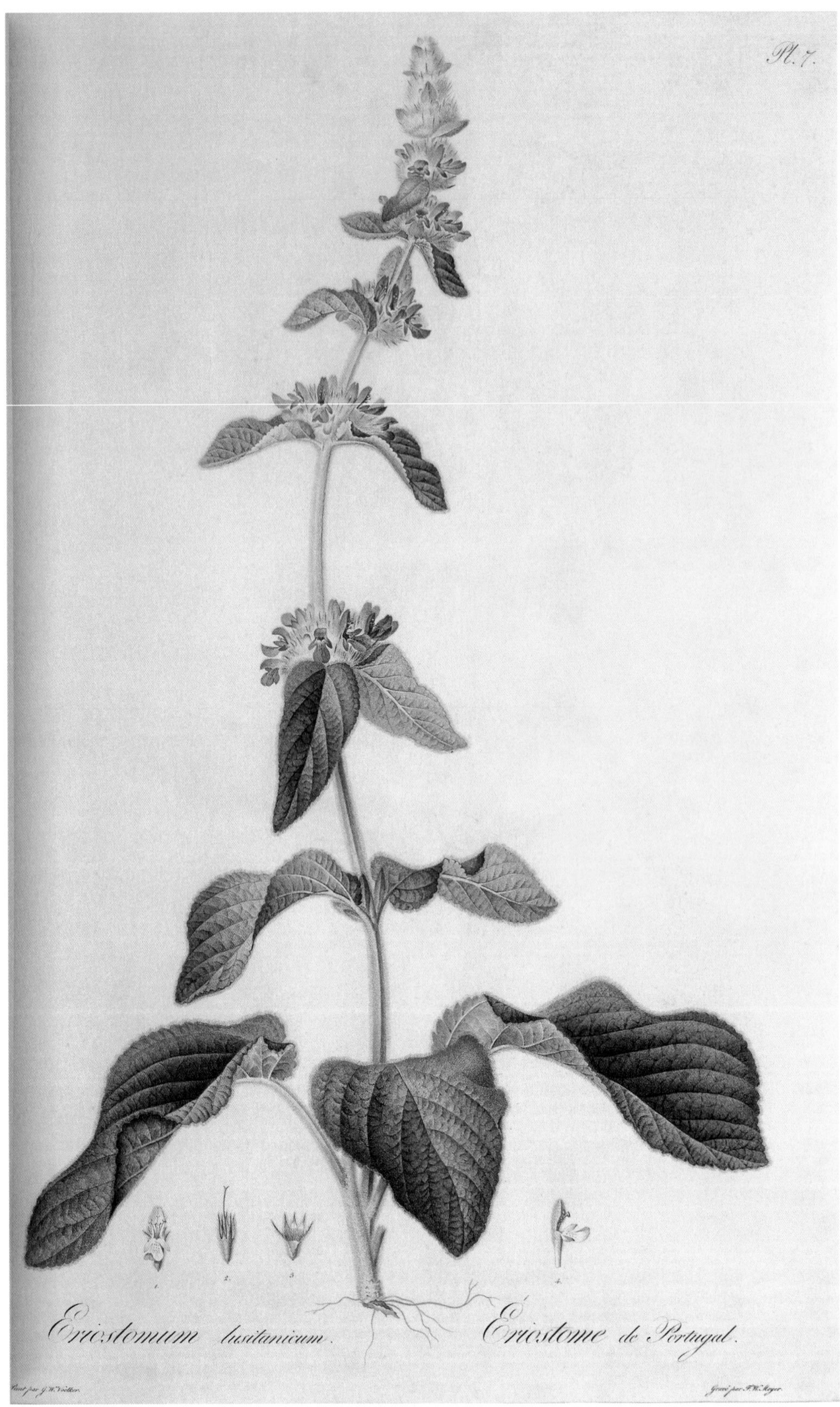


t. 7

Pl. 20.
1.
2.
3.
4.
Salvia patula.
Sauge étalée.
Peint par G.W. Voelker
Gravé par F.W. Bollinger

*t. 20*

t. 27

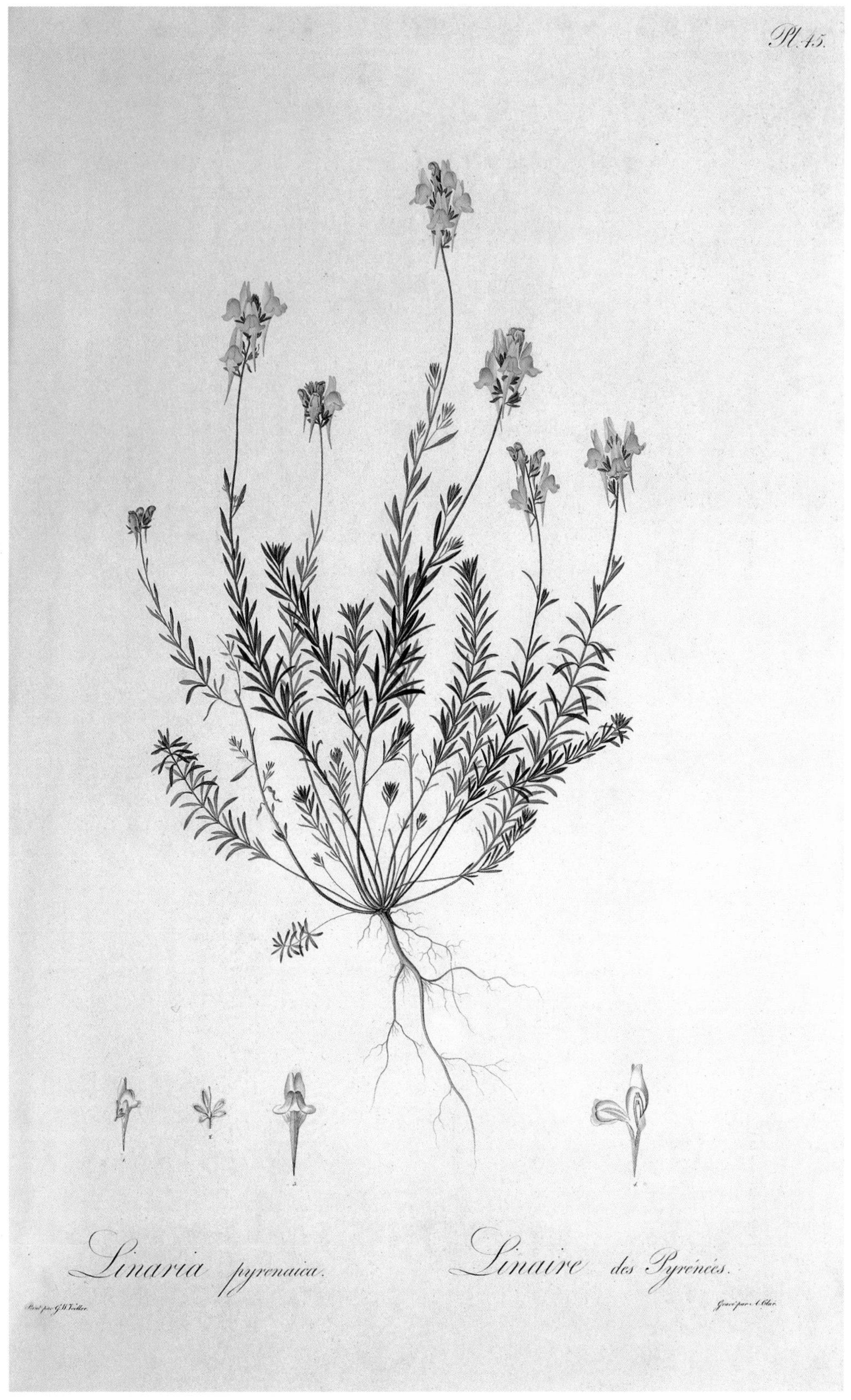


t. 45

t. 50

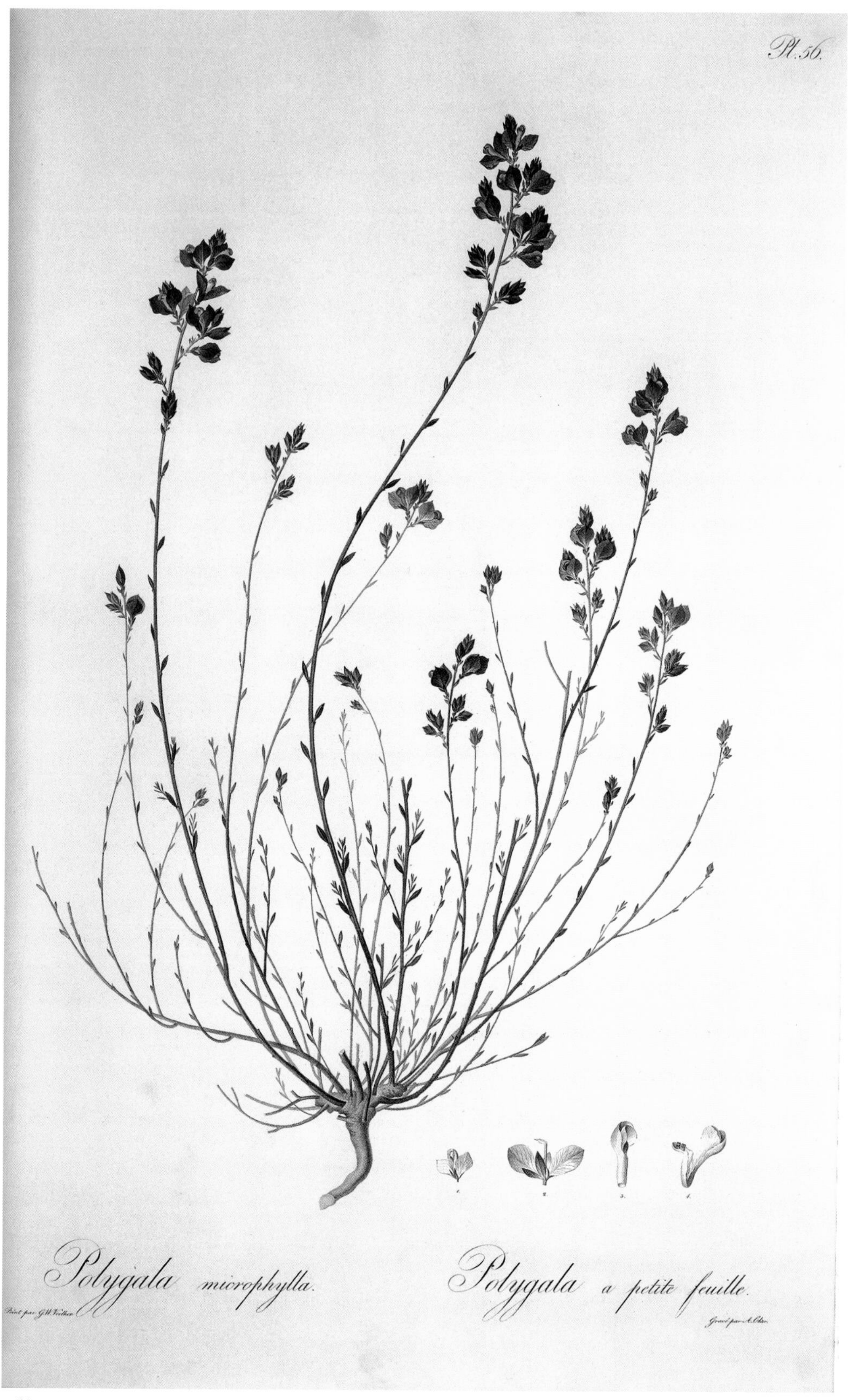
Pl. 56.
Polygala microphylla. Polygala a petite feuille.
Peint par G.W. Völker
Gravé par A. Olas

t. 56

Pl. 62.
Orobanche foetida.
Orobanche fétide.
t. 62

Pl. 76.
Armeria pungens
Armeria piquante
t. 76

Pl. 87.
Scabiosa plumosa.
Scabieuse plumeuse.
Peint par G.M. Voelcker.
Gravé par A. Clar.

*t. 87*

# 58 *Aimé Bonpland Description des plantes rares cultivées à Malmaison et à Navarre*

PARIS, 1812–1817

SIAWD 181.848–F

Lit. 69

Die Scheidung Napoleons von Joséphine und seine Wiederverheiratung mit Erzherzogin Marie-Luise, Tochter von Franz I., Kaiser von Österreich, sollte vor allem für den gewünschten Nachwuchs sorgen. Wenige Wochen nach der Trennung von Joséphine schenkte Napoleon ihr das Landgut Navarre, das sie wie zuvor Malmaison in einen Raritätengarten verwandelte. Nach dem Abschluß des *Jardin de la Malmaison* (Nr. 49) und dem Tod von Étienne Pierre Ventenat fand sie in Bonpland einen Botaniker, der die Beschreibung ihrer seltenen Pflanzen fortsetzte. Wie im *Nouveau Duhamel* (Nr. 47) arbeiteten wieder die Illustratoren Redouté und Bessa zusammen; die von ihnen geschaffenen Wasserfarbenmalereien werden heute im Fitzwilliam Museum in Cambridge aufbewahrt. In 325 Exemplaren hergestellt, ist die *Description des plantes rares cultivées à Malmaison et à Navarre* ein Meisterwerk des ausklingenden Premier Empire. Joséphine hat dessen Fertigstellung nicht erlebt, sie starb im Mai 1814, als die dritte von insgesamt elf Lieferungen erschienen war.

Von besonderem Interesse ist die Darstellung einer gefüllten, rosa blühenden Strauchpäonie (*Paeonia suffruticosa* Andrews; t. [1]). Ihre natürliche Verbreitung ist auf die chinesischen Provinzen Szechuan und Shensi beschränkt, was in China bereits im Jahre 536 bekannt war. In Europa soll die erste Pflanze im Jahre 1789 im königlichen Garten in Kew bei London angepflanzt worden sein. Auch sie war gefüllt und rosa blühend, und es ist möglich, daß Joséphine ihre Pflanze aus England erhalten hat – bekannt ist zumindest, daß ihre mit Diplomatenpässen ausgestatteten Agenten trotz des Kriegszustands in englischen Gärtnereien einkauften.

Napoleon's divorce from Joséphine and his marriage to Archduchess Marie-Luise, daughter of Francis I, Emperor of Austria, were mainly intended to ensure the offspring he desired. Only a few weeks after his separation from Joséphine, Napoleon presented her with the country estate of Navarre, which she transformed into a garden of rare plants, as she had previously at Malmaison. After the conclusion of *Jardin de la Malmaison* (No. 49) and the death of Étienne Pierre Ventenat, Joséphine found in Bonpland a botanist who would continue the description of her rare plants. As in the *Nouveau Duhamel* (No. 47), the plant illustrators Redouté and Bessa again worked together to produce watercolour paintings which are today kept in the Fitzwilliam Museum in Cambridge. The resulting work, produced in a print run of 325 copies, is a masterpiece of the waning First Empire. Joséphine did not live to see its completion, but died in May 1814, after the third of the eleven parts had been published.

Of particular interest is the painting of a double, pink-flowered tree peony (*Paeonia suffruticosa* Andrews; t. [1]). Its natural distribution is limited to the Chinese provinces of Szechuan and Shensi, a fact that was known in China as early as the year 536. In Europe, the first plant is thought to have been grown in 1789 in the Royal Botanic Garden at Kew near London. This too had double pink flowers, and it is possible that Joséphine had received her plant from England – it is well known that her agents, travelling on diplomatic passes, used to buy from English nurseries in spite of the existing state of war.

Désireux avant tout d'avoir un héritier, Napoléon répudia Joséphine pour épouser la grande-duchesse Marie-Louise, fille de l'empereur d'Autriche François Ier. Quelques semaines après leur divorce, Napoléon offrit le domaine de Navarre à Joséphine qu'elle transforma en un jardin de plantes rares à l'instar de la Malmaison. Après l'ouvrage *Jardin de la Malmaison* (n° 49), elle fit appel au botaniste Bonpland, à la mort d'Étienne Pierre Ventenat, pour continuer la description de ses fleurs rares. Comme pour le *Nouveau Duhamel* (n° 47), les illustrateurs Redouté et Bessa travaillèrent de concert. Leurs aquarelles se trouvent aujourd'hui au Fitzwilliam Museum de Cambridge. Parue en 325 exemplaires, la *Description des plantes rares cultivées à Malmaison et à Navarre* est un chef-d'œuvre de la fin du Premier Empire. Joséphine ne survécut pas à son ouvrage, elle mourut en mai 1814 lorsque fut éditée la troisième livraison sur onze au total.

La reproduction d'un buisson de pivoines roses à fleurs doubles (*Paeonia suffruticosa* Andrews ; t. [1]) est particulièrement intéressante. Son milieu naturel se limite aux provinces du Szu-ch'uan et du Shenhsi, ce qui était déjà connu en Chine dès 536. En Europe, la première plante serait apparue en 1789 dans les Jardins royaux de Kew près de Londres. Sa fleur étant elle aussi double et de couleur rose, il n'est pas impossible que Joséphine ait reçu sa plante d'Angleterre – on sait du moins que ses agents étaient munis de passeports diplomatiques leur permettant de faire des acquisitions malgré la guerre entre la France et l'Angleterre.

t. [1]

t. [3]

t. [7]

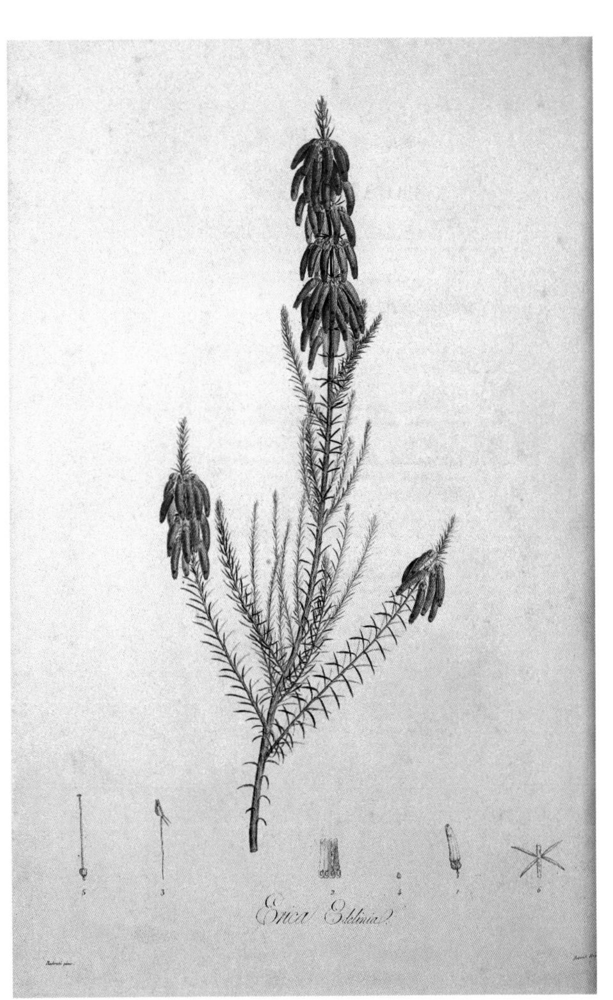

t. [16]

Magnolia Macrophylla
pinx.
Bessin Sculp.
Imprimerie de Langlois.

t. [33]

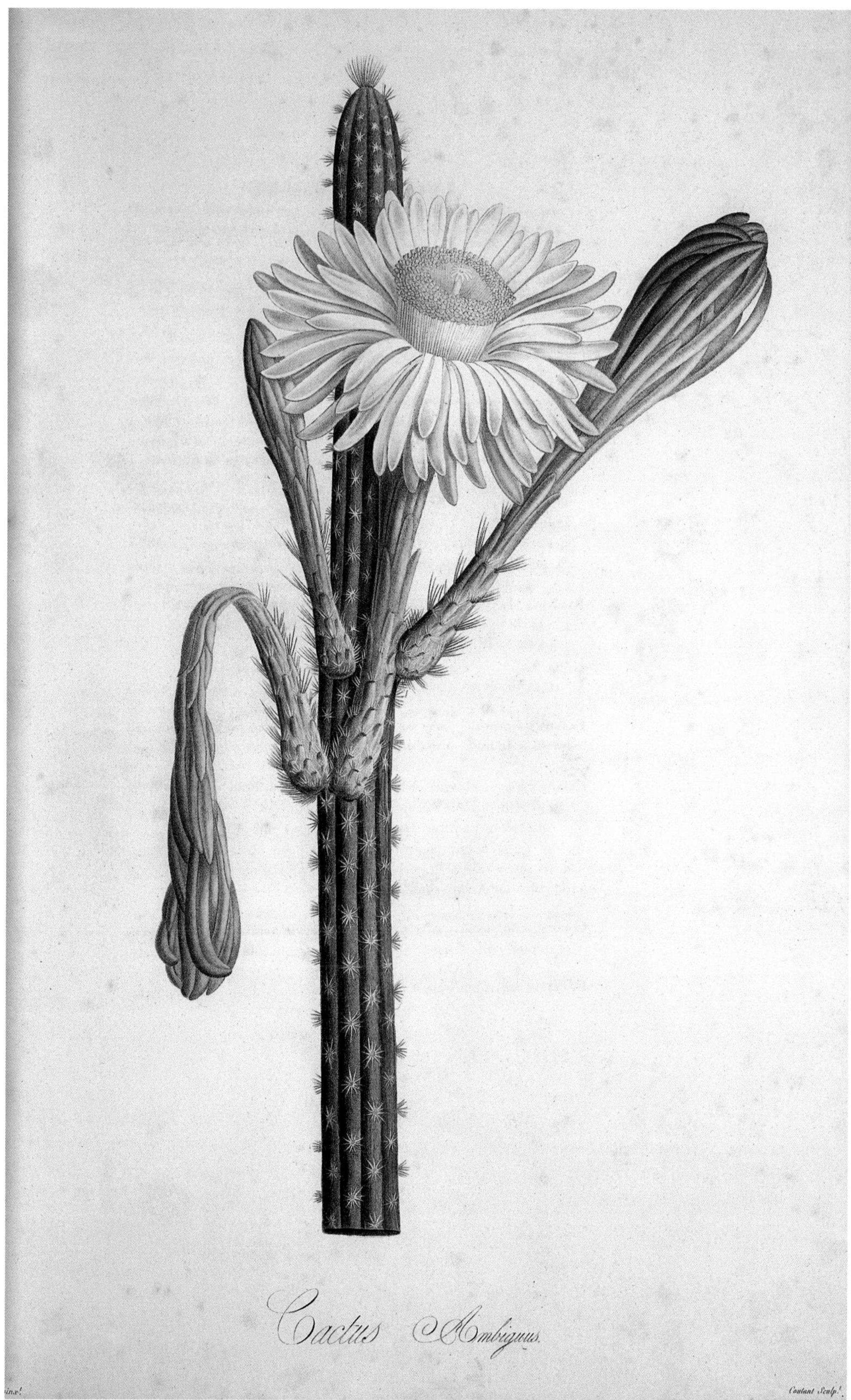


t. [36]

t. [46]

t. 59

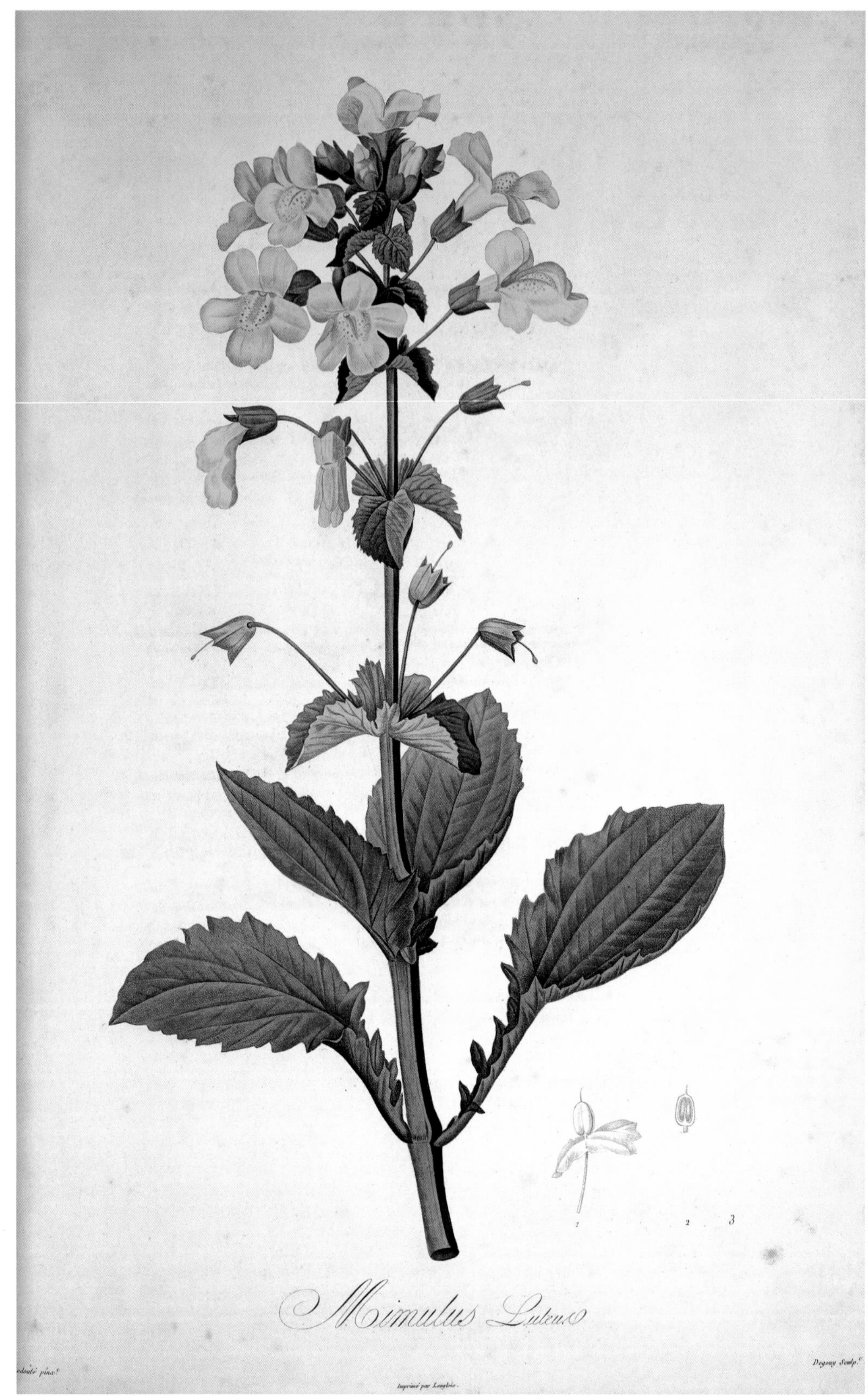
Mimulus Luteus
Redouté pinx.t
Imprimé par Langlois
Degony Sculp.t

t. 60

t. 63

## 59 *Ferdinand Bauer* *Illustrationes florae Novae Hollandiae*

LONDINI [LONDON], 1813–1816

SIAWD 180.277-E

Lit. 51

Auf Empfehlung von Sir Joseph Banks, dem langjährigen Präsidenten der Royal Society in London, engagierte die britische Admiralität für die unter der Leitung von Matthew Flinders stehende Expedition nach Australien den Pflanzenillustrator Ferdinand Bauer. Aufgabe der Unternehmung war eine kartographische Erfassung der noch unbekannten Küsten des fünften Kontinents, und es war abzusehen, daß bei den Landgängen die Möglichkeit zu botanischen Untersuchungen bestehen würde. So wie in der Levante mit Sibthorp arbeitete Bauer nun mit Robert Brown, dem Naturforscher an Bord der „Investigator“, zusammen. Ebenso wie bei seiner Reise ins Osmanische Reich brachte er Graphitstiftzeichnungen mit kodifizierten Farbangaben nach London zurück. Auf dieser Grundlage schuf er für die Admiralität eine umfangreiche Serie von Pflanzen- und Tierdarstellungen von bestechender Farbtreue; sie werden heute im Natural History Museum in London aufbewahrt, während sich die dazugehörigen Graphitstiftzeichnungen im Archiv des Naturhistorischen Museums in Wien befinden. Zu der geplanten großangelegten Veröffentlichung der Expeditionsergebnisse kam es nicht, sodaß sich Bauer entschloß, mehrere seiner Pflanzendarstellungen als kolorierte Kupferstiche zu publizieren. Wie aus dem Untertitel hervorgeht, versteht sich das Werk als Abbildungsteil zu den Pflanzenbeschreibungen in Browns *Prodromus* und enthält daher außer dem Titelblatt und den Legenden keinen Text. Bauer hat die Kupferplatten gestochen und, soweit bekannt, auch die gesamte, kleine Auflage selbst koloriert. Die in London begonnene und in Wien fortgesetzte Veröffentlichung wurde wegen finanzieller Schwierigkeiten nach der dritten Lieferung abgebrochen.

On the recommendation of Sir Joseph Banks, for many years president of the Royal Society in London, the British Admiralty engaged the plant illustrator Ferdinand Bauer to accompany an expedition to Australia led by Matthew Flinders. The object of the enterprise was a cartographic survey of the still-unknown coastlines of the fifth continent, and it was expected that the repeated visits ashore would provide opportunities for botanical investigation. In the same way that he had worked with Sibthorp in the Levant, Ferdinand Bauer now collaborated with Robert Brown, the naturalist on board the ship *Investigator*; and just as on his journey to the Ottoman Empire, so now he brought back to London pencil drawings with codified details concerning colours. With these as a basis, he produced an extensive series of plant and animal paintings for the Admiralty in impressively lifelike colours. They are now kept in the Natural History Museum in London, whereas the corresponding pencil drawings are in the archive of the Natural History Museum in Vienna. When the planned large-scale publication of the results of the expedition did not materialize, Bauer decided to publish several of his plant paintings as coloured copperplate engravings. According to its subtitle, the work consists of illustrations for the plant descriptions published by Brown in his *Prodromus*, and therefore contains no text apart from the title-page, the preface and the legends. Bauer engraved the copper plates, and is also believed to have coloured the whole of the small edition himself. The publication, which began in London and continued in Vienna, came to an end after the third part, owing to financial difficulties.

C'est sur la recommandation de Sir Joseph Banks, président de la Royal Society de Londres durant de nombreuses années, que l'amirauté britannique engagea l'illustrateur de plantes Ferdinand Bauer pour participer à l'expédition dirigée par Matthew Flinders. Le but de ce voyage était de dresser une carte des côtes inexplorées d'Australie, mais on se doutait que l'on aurait l'occasion de descendre à terre et d'étudier la flore du pays. Comme dans les régions levantines avec Sibthorp, Bauer travailla cette fois-ci avec Robert Brown, naturaliste à bord de l'« Investigator » et comme dans son voyage dans l'Empire ottoman, il rapporta à Londres des dessins à la mine de plomb portant des numéros qui indiquent les couleurs. C'est à partir de ces dessins qu'il réalisa pour l'amirauté une importante série de représentations de plantes et d'animaux. Elles sont conservées de nos jours au Natural History Museum de Londres, tandis que les dessins se trouvent aux archives du Musée d'histoire naturelle à Vienne. L'ouvrage sur l'expédition n'ayant jamais vu le jour, Bauer se décida à publier plusieurs de ses représentations sous forme de gravures coloriées. Comme l'indique le sous-titre, il s'agit de reproductions illustrant les descriptions de plantes du *Prodromus* de Brown. L'ouvrage ne contient donc aucun texte exception faite de la page de titre, de la préface et des légendes. Bauer a gravé lui-même les cuivres et, autant qu'on le sache, colorié d'après ses notes l'ensemble de la petite édition. Commencée à Londres et terminée à Vienne, la publication fut interrompue après la troisième livraison pour des raisons financières.

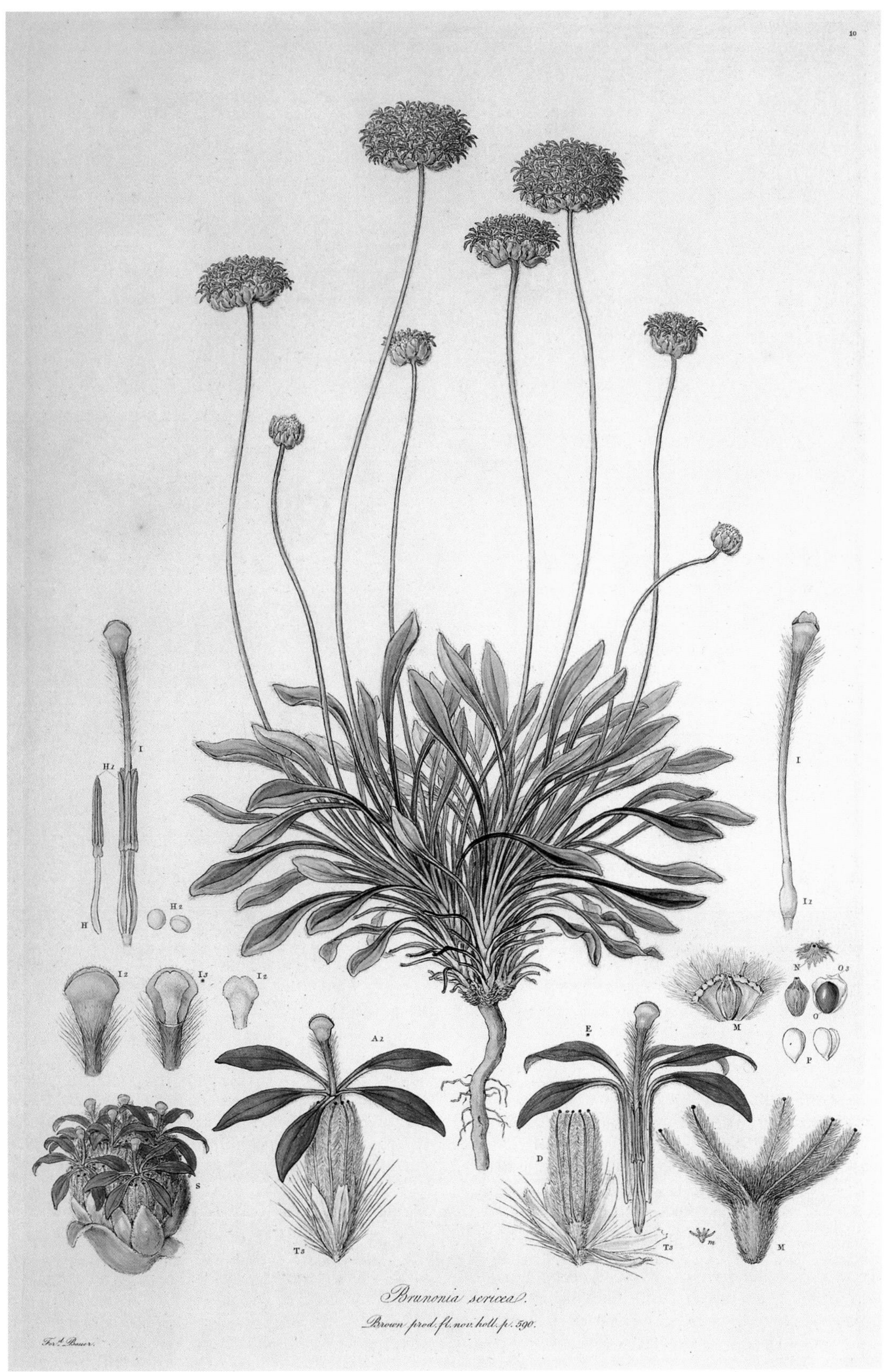


t. [10]

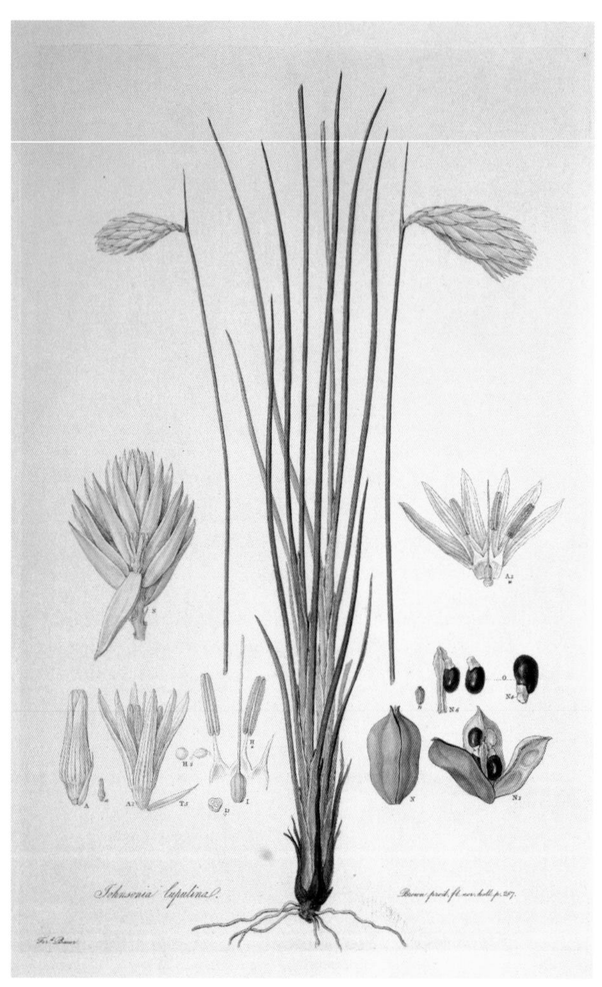

*t. [1]*

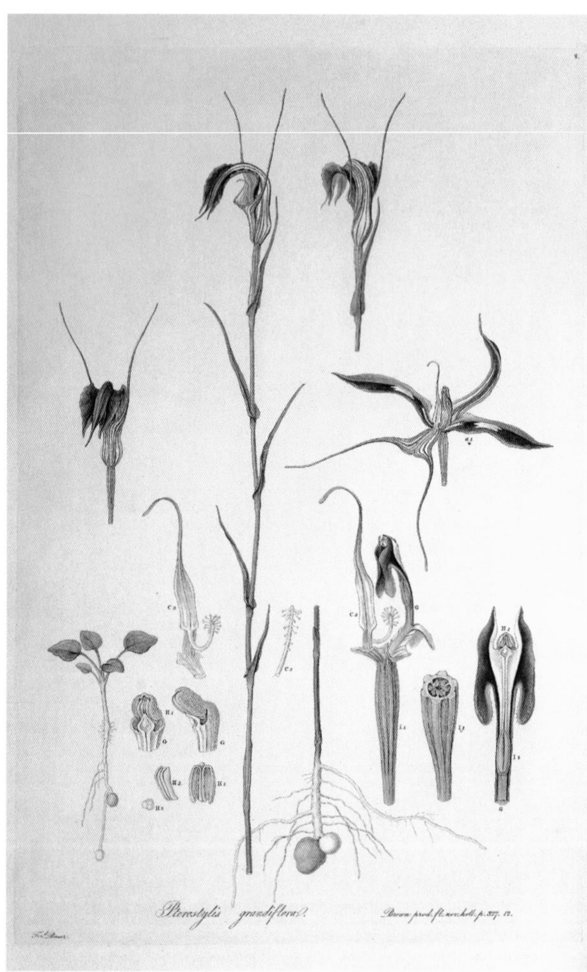

*t. [2]*

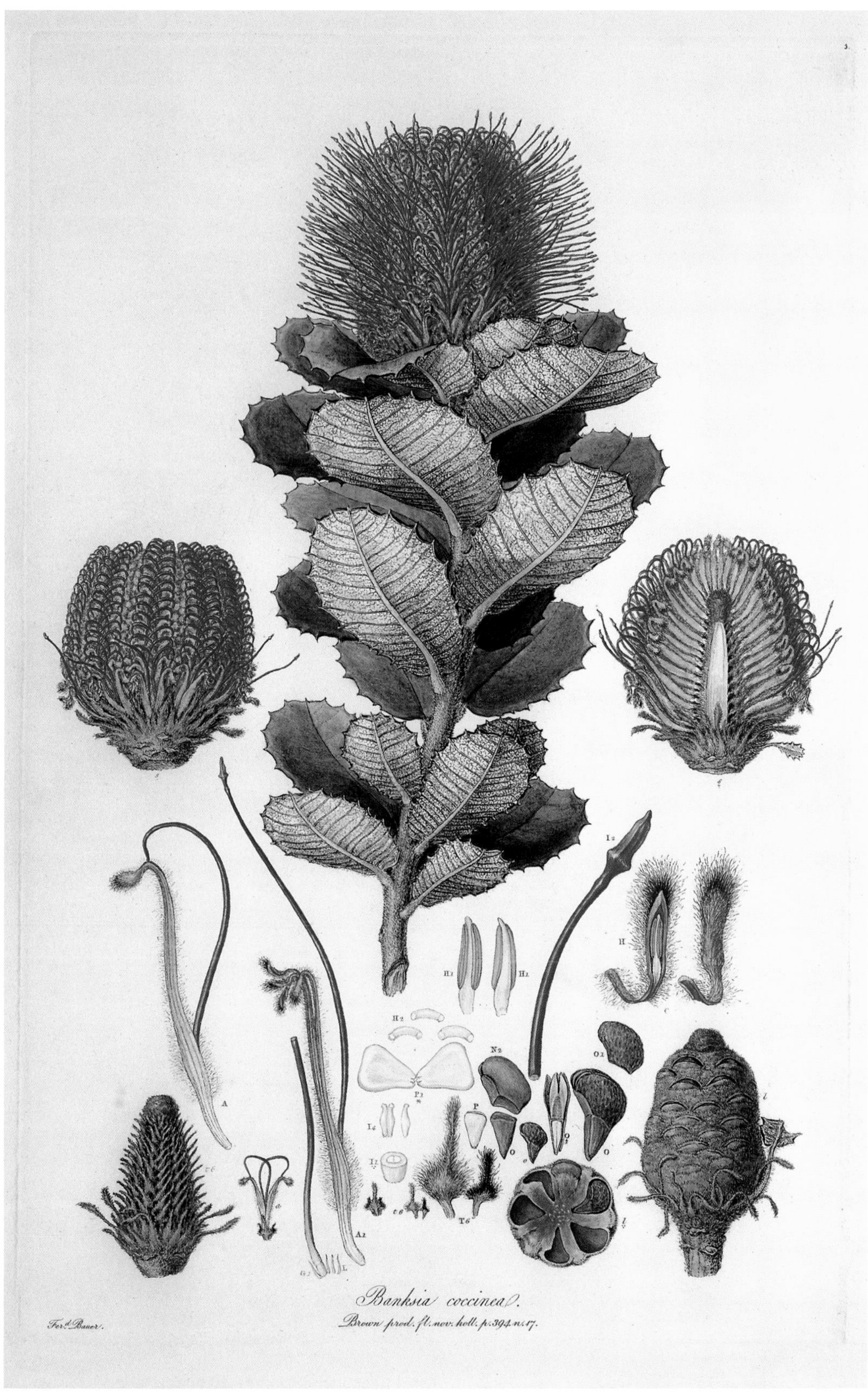
Banksia coccinea.
Brown prod. fl. nov. holl. p. 394. n. 17.
Ferd. Bauer.

*t. 3*

4.
I 3
H 2
H 2
H 2
I
D
E
a 1
O
O
P
N
N
I 1
I 1
m
n
N
Chloanthes stœchadis.
Brown prod. F. N. Holl. p. 514.
Ferd. Bauer.

t. [4]

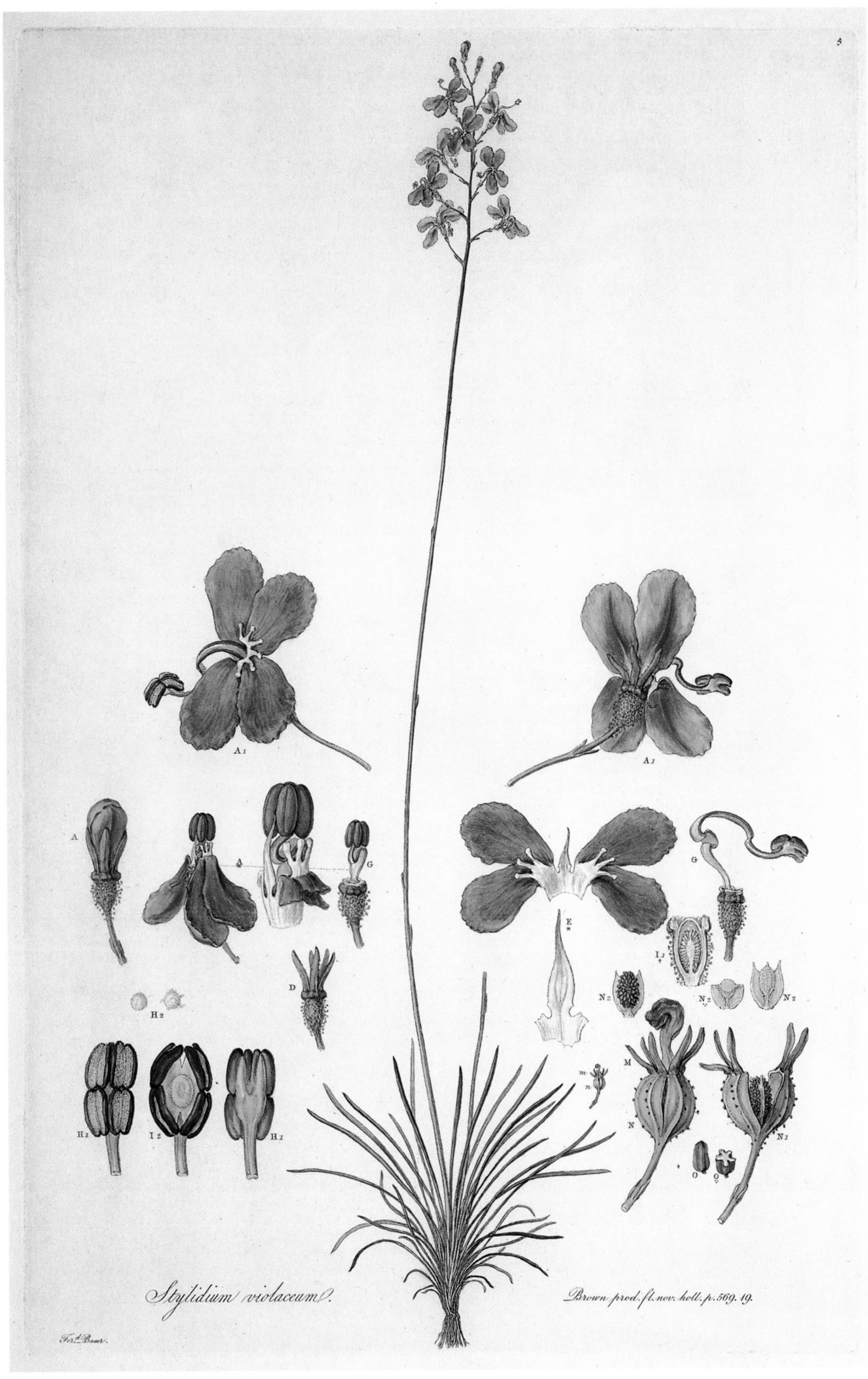


t. [5]

9
Grevillea
Banksii.
Brown prod. fl. nov. holl. p. 379. 29.
Ferd. Bauer

t. 9

11.
Tricoryne elatior.
Brown prod. fl. nov. holl. p. 278.
Ferd. Bauer.

*t. 11*

*t. 13*

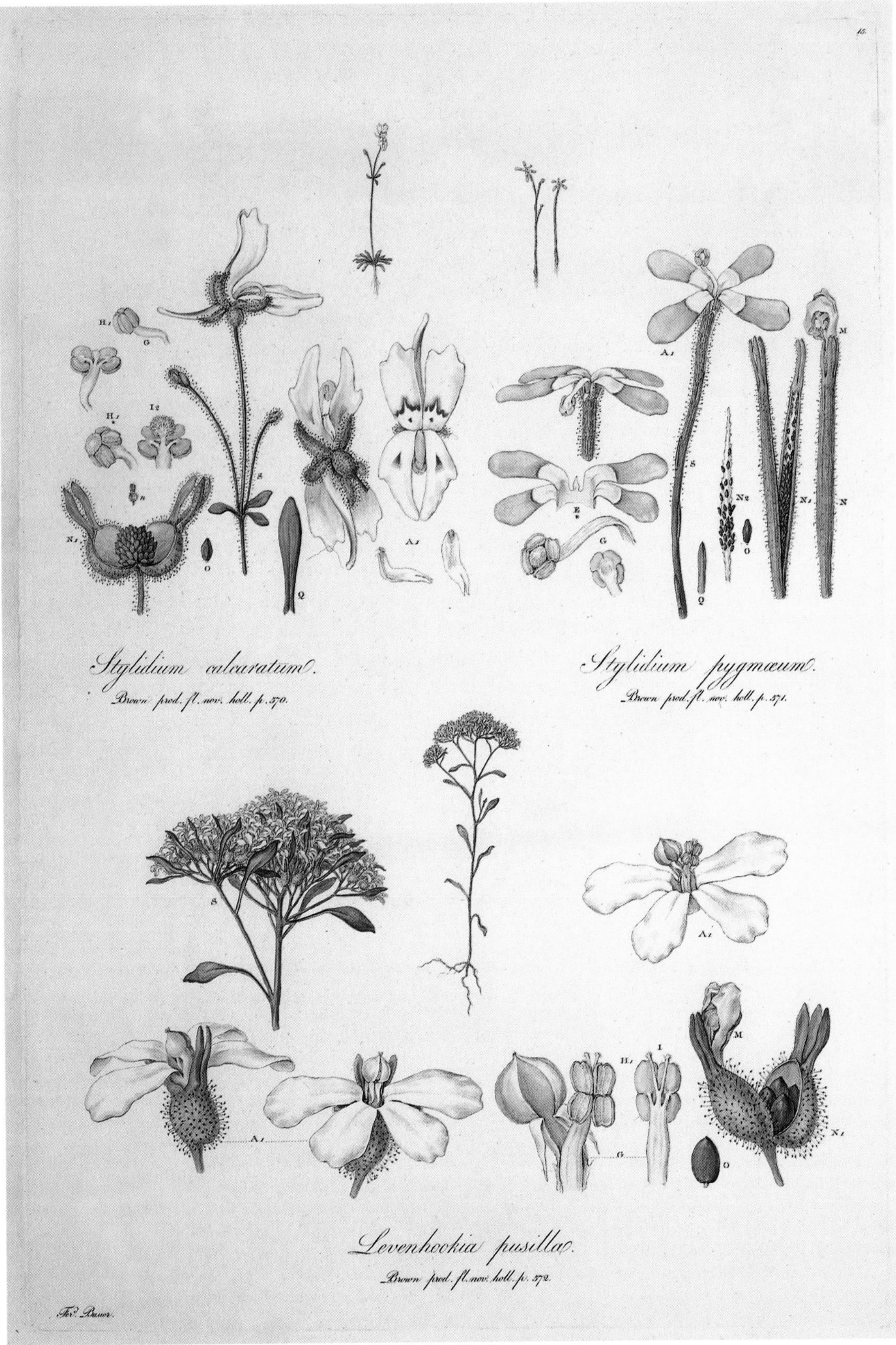
15.
Stylidium calcaratum.
Brown prod. fl. nov. holl. p. 570.
Stylidium pygmæum.
Brown prod. fl. nov. holl. p. 571.
Levenhookia pusilla.
Brown prod. fl. nov. holl. p. 572.
Fer. Bauer.

t. 15

# 60 *Carl Sigismund Kunth Nova genera et species plantarum*

LUTETIAE PARISIORUM [PARIS], 1816–1825

SIAWD 180.951–F. 6, 3, 1–7 (7 vol.)

Lit. 36

Nachdem Bonpland sich von der Untersuchung der süd- und mittelamerikanischen Ausbeute der zusammen mit Alexander von Humboldt unternommenen Expedition (siehe Nr. 53) zurückgezogen hatte und sein Jugendfreund Carl Ludwig Willdenow, nach mehrmonatigem Aufenthalt in Paris wieder nach Berlin zurückgekehrt, bereits im Jahre 1812 verstarb, mußte Humboldt nach einem neuen Mitarbeiter Ausschau halten. Er fand ihn in dem damals 25jährigen Carl Sigismund Kunth, dem Neffen eines seiner Hauslehrer. Ab 1813 lebte Kunth auf Einladung Humboldts 17 Jahre in Paris, bis er schließlich 1829 zum Professor der Botanik an die Friedrich-Wilhelms-Universität in Berlin berufen wurde. „Um von seiner grenzenlosen Thätigkeit einen Begriff zu geben, genügt es hier anzuführen, daß er vom Jahre 1815 bis 1825 die Beschreibung der von Bonpland und mir gesammelten Pflanzenarten, über 4500 an der Zahl, unter denen 3600 neue, in 7 Foliobänden herausgab. Die Kupfertafeln, welche dieses Werk (*Nova genera et species plantarum*) begleiten …, sind 700 … Wen konnte sein frühes Hinscheiden tiefer … erschüttern als mich“, schrieb Humboldt in seinem Nachruf auf Kunth. Innerhalb des botanischen Teils der *Voyage aux régions équinoxiales du Nouveau Continent* (siehe Nr. 53) bilden die *Nova genera* den umfangreichsten Abschnitt. Auf ihrer Expedition hatten Humboldt und Bonpland Naturselbstdrucke hergestellt, Humboldt und Bonpland fertigten auch einige Skizzen an; dieses Material befindet sich heute in Paris und in Berlin. Über die Anfertigung der lavierten Federzeichnungen für die *Nova genera* ist hingegen wenig bekannt; zusammen mit den getrockneten Pflanzen werden sie heute im Muséum National d'Histoire Naturelle in Paris aufbewahrt.

After Bonpland withdrew from the research work on the material that he and Alexander von Humboldt had brought back from their expedition to South and Central America (see No. 53), and after the friend of his youth Carl Ludwig Willdenow, who had spent several months in Paris, returned to Berlin but died in 1812, Humboldt had to search for a new collaborator. He found him in Carl Sigismund Kunth, the nephew of one of his private tutors, and at that time only 25 years old. For 17 years, beginning in 1813, Kunth lived in Paris at Humboldt's invitation, until finally in 1829 he was appointed Professor of Botany at the Friedrich-Wilhelms-University in Berlin. "In order to give an idea of his boundless activity, it is enough to say here that from 1815 to 1825 he published 7 folio volumes with descriptions of more than 4500 plant species, 3600 of them new, collected by Bonpland and myself. The copper plates, which accompany this work (*Nova genera et species plantarum*) … number 700 … Who could be more deeply shaken … than I by his early passing," wrote Humboldt in his obituary of Kunth. The *Nova genera et species plantarum* form the largest section of the botanical part of the *Voyage aux régions équinoxiales du Nouveau Continent* (see No. 53). During their expedition, Humboldt and Bonpland had made nature self impressions and some sketches, which are today located in Paris and Berlin. However, little is known about the preparation of the pen and ink drawings with wash for the *Nova Genera* in Paris; these are nowadays held, together with the dried plants, by the National Museum of Natural History in Paris.

Humboldt était à la recherche d'un nouveau botaniste. En effet, Bonpland avait cessé l'étude des plantes rapportées de l'expédition en Amérique centrale et en Amérique du Sud (voir n° 53) ; quant à l'ami de jeunesse d'Humboldt, Carl Ludwig Willdenow, il avait certes passé plusieurs mois à Paris, mais il rentrait maintenant à Berlin où il devait mourir en 1812. Ce nouveau collaborateur, Humboldt le trouva en la personne de Carl Sigismund Kunth, âgé à l'époque de 25 ans seulement et neveu de l'un de ses anciens précepteurs. A partir de 1813, Kunth vécut 17 ans à Paris, puis fut finalement nommé en 1829 professeur de botanique à l'Université Friedrich-Wilhelm de Berlin. « Pour donner une idée de son activité sans fin, il suffit d'indiquer qu'entre 1815 et 1825 il édita en 7 volumes in-folio la description des espèces de plantes cueillies par Bonpland et moi-même, au nombre de 4500, dont 3600 nouvelles. Les plaques de cuivre, qui accompagnent cet ouvrage (*Nova genera et species plantarum*)…, sont au nombre de 700… Qui pourrait être plus profondément bouleversé que moi par son décès prématuré ? » écrit Humbold dans son éloge funèbre. Dans la partie botanique du *Voyage aux régions équinoxiales du Nouveau Continent* (n° 53), les *Nova genera et species plantarum* constituent le chapitre le plus important. Durant leur expédition, Humboldt et Bonpland avaient réalisé des empreintes végétales et quelques esquisses qui se trouvent aujourd'hui à Paris et à Berlin. On sait peu de choses en revanche sur l'exécution des lavis pour les *Nova genera* ; elles sont conservées avec les plantes séchées au Muséum National d'Histoire Naturelle à Paris.

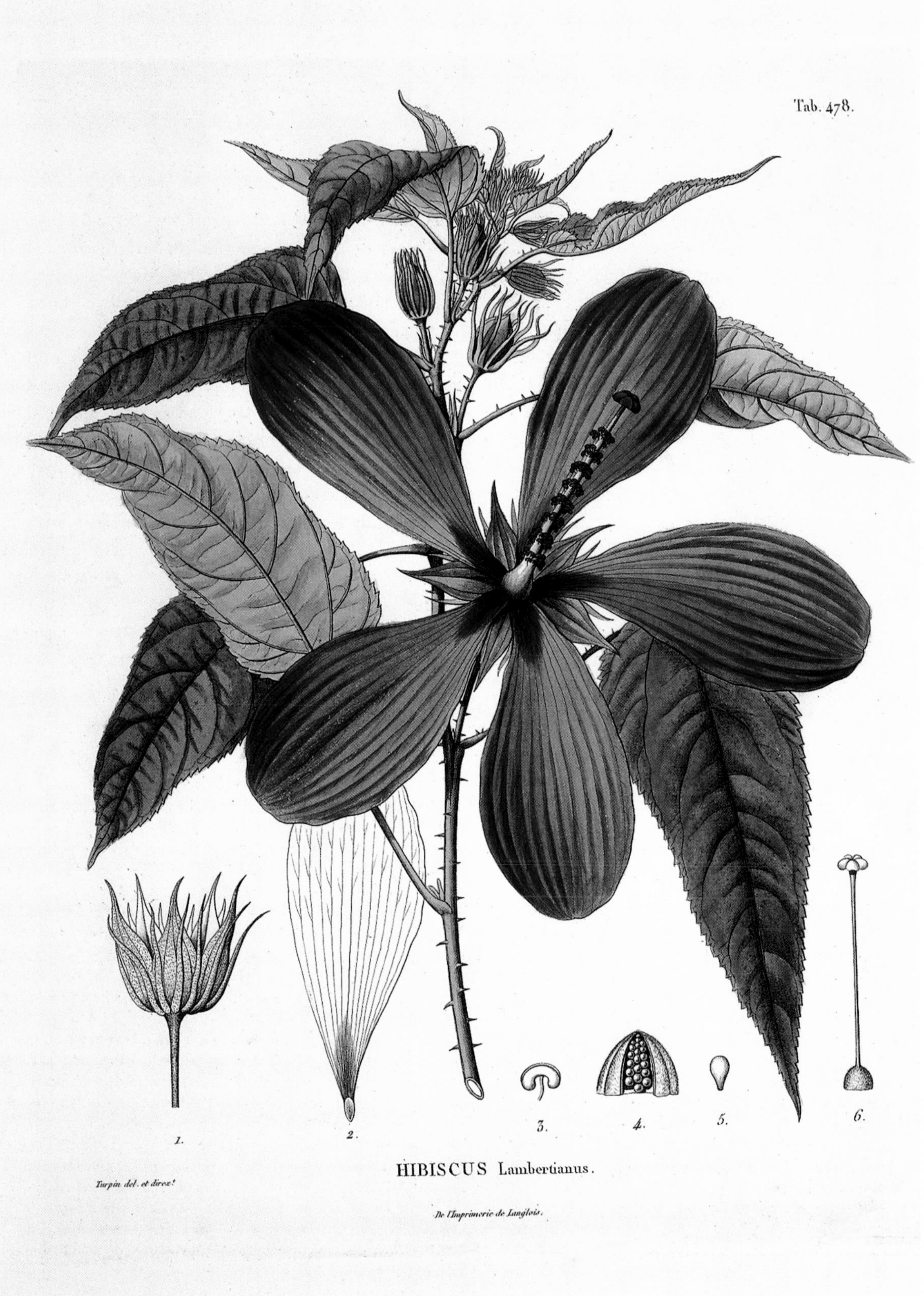
Tab. 478.
1.
2.
3.
4.
5.
6.
HIBISCUS Lambertianus.
Turpin del. et direx.
De l'Imprimerie de Langlois.

t. 478

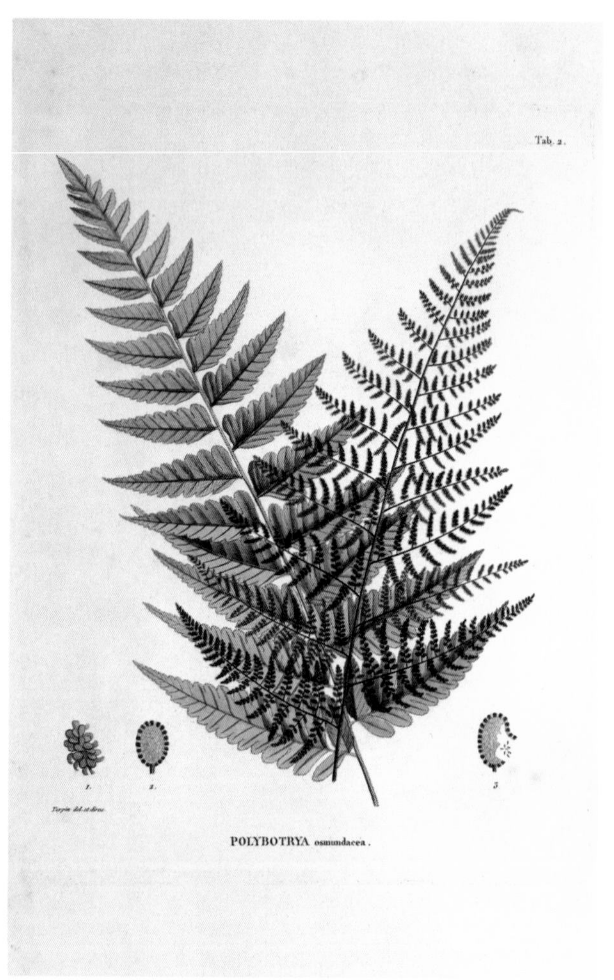


*t. 2*

*t. 66*

KUNTH 19. JAHRHUNDERT | 19TH CENTURY | 19E SIÈCLE

t. 93

Tab. 242.
1.
2.
3.
4.
Turpin del. et direx.t
PRESTONIA mollis.
De l'Imprimerie de Langlois.
t. 242

Tab. 301.

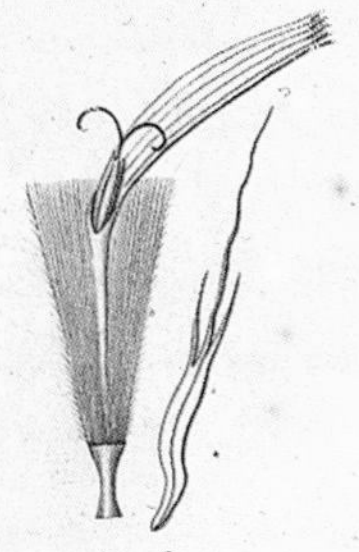

Turpin del. et direx.t

HYPOCHÆRIS sonchoides.

De l'Imprimerie de Langlois.

t. 301

Tab. 466.
1.
2.
3.
4.
5.
6.
7.
OXALIS elegans.
Turpin del. et direx.t
De l'Imprimerie de Langlois.

*t. 466*

Tab. 522.
1.
2.
3.
4.
5.
6.
7.
8.
9.
WEINMANNIA heterophylla.
Turpin. del. et direx.t
De l'Imprimerie de Langlois.

t. 522

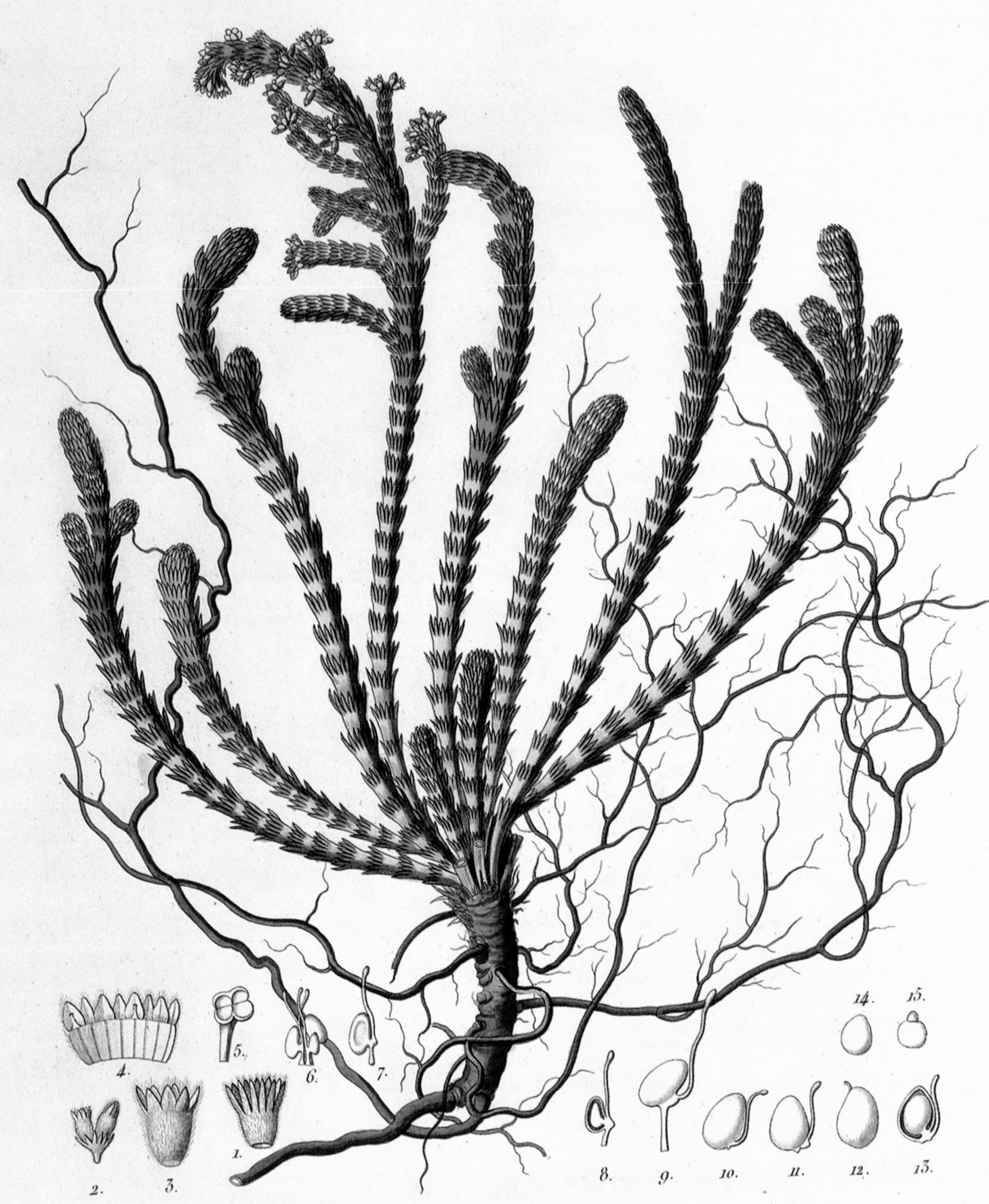
Tab. 560.
1.
2.
3.
4.
5.
6.
7.
8.
9.
10.
11.
12.
13.
14.
15.
ALCHEMILLA nivalis.
Turpin del. et direx.t
De l'Imprimerie de Langlois.

*t. 560*

Tab. 688 bis
1.
2.
3.
4.
5.
6.
7.
8.
9.
10.
11.
ARUNDO nitida.
Turpin del. et direx.t
De l'Imprimerie de Langlois.

t. 688 B

## 61 *Pierre-Joseph Redouté* *Les roses*

PARIS, 1817–1824

SIAWD B. E.2.A.4. (3 vol.)

Lit. 3

Pierre-Joseph Redoutés *Les roses* sind sein populärstes Werk, das innerhalb weniger Jahre zwei Neuauflagen erlebte. Durch eine Fülle von Reproduktionen – als Postkarten, auf Briefpapier, sogar als Dekoration von Lampenschirmen – sind die darin veröffentlichten Rosendarstellungen bis heute bekannt und beliebt. Dieses hat eine lange Tradition: Die kaiserliche Porzellan-Manufaktur in Sankt Petersburg ließ bereits knapp nach Veröffentlichung des Werks ein Porzellan-Service nach Redoutés Vorlagen dekorieren. Auch der Rosenkranz mit einem Anakreon zugeschriebenen Text (Nr. 1) wurde immer wieder abgebildet.

Der Erfolg von *Les roses* läßt sich mit der Beliebheit der dargestellten Pflanzen, aber auch mit einer weichen, gefälligen Darstellungsweise erklären, die dem Geschmack des Publikums entgegenkam und auf botanisch wesentliche Detaildarstellungen weitgehend verzichtete. Darüber hinaus wurde dieses Werk gleichsam ein Symbol der Restauration, der Friedenszeit nach den Turbulenzen der Französischen Revolution und der Napoleonischen Kriege.

Als vor wenigen Jahren aus dem hier gezeigten Exemplar drei nachkolorierte Farbpunktstiche geschnitten und gestohlen wurden, war die Aufregung in der österreichischen Presse groß. Unbeachtet blieb, daß vermutlich derselbe Täter innerhalb eines kurzen Zeitraums auch in der Universitätsbibliothek Jena und in der Universitätsibibliothek der Technischen Universität Berlin Tafeln aus den dortigen Exemplaren von *Les roses* entwendete. Diese Vorfälle zeigen, welch große Verantwortung auf den Aufsichtskräften in Lesesälen für seltene Bestände liegt und wie unabdingbar ausreichendes Personal in Bibliotheken ist, denn keine elektronische Sicherung kann derartige Diebstähle verhindern.

Pierre-Joseph Redouté's *Les roses*, his most popular work, was reprinted twice within the space of a few years. Thanks to the large variety of reproductions – as postcards, on stationery, even as decoration on lampshades – his illustrations of roses are still well known and admired today. This popularity has a long tradition: shortly after the publication of the work, the Imperial porcelain factory in St. Petersburg decorated a dinner service with Redouté's designs. The wreath of roses with a text ascribed to Anakreon (No. 1) was also frequently copied.

The success of *Les roses* can be explained by the popularity of the plants illustrated, but also by a certain soft, pleasing manner of illustration, which to a large extent dispensed with essential detailed botanical representation and appealed to public taste. Furthermore, this work became, so to speak, a symbol of the *Restauration*, the period of peace after the turbulent years of the French Revolution and the Napoleonic Wars.

A few years ago, when three tinted engravings à la poupée were cut and removed from the volume displayed here, there was a furore in the Austrian press. It went unnoticed that supposedly the same culprit had, within a short space of time, also taken plates from the volumes of *Les roses* kept in the libraries of both the University of Jena and of the Technical University in Berlin. These events highlight the great responsibility held by librarians on desk duty in rare book reading rooms, and how essential it is that libraries should be adequately staffed, for no electronic protection system can prevent this type of theft.

L'ouvrage le plus populaire de Pierre-Joseph Redouté, *Les roses*, a été réédité deux fois à quelques années d'intervalle. Ses roses ont été si souvent reproduites – sur des cartes postales, du papier à lettres, et même sur des abat-jour – qu'elles sont aujourd'hui connues et appréciées. La tradition ne date pas d'hier : la manufacture impériale de porcelaine de Saint-Pétersbourg fit décorer un service de porcelaine d'après des modèles de Redouté peu après la parution de l'ouvrage. La couronne de roses accompagnée d'un texte attribué à Anacréon (n° 1) fut elle aussi sans cesse reproduite.

Si on peut expliquer le succès des *Roses* en partie par le fait que le public appréciait les plantes représentées et que le mode de représentation doux et plaisant correspondait au goût de l'époque en renonçant aux détails botaniques essentiels, il n'en est pas moins vrai que l'ouvrage est aussi devenu un symbole de la Restauration, du calme retrouvé après la tempête de la Révolution française et des guerres napoléoniennes.

Il y a quelques années, la presse autrichienne fut très émue lorsque trois gravures à la poupée de l'exemplaire présenté ici furent découpées et dérobées. On ne remarqua pas que sans doute la même personne avait, en l'espace de peu de temps, aussi dérobé des planches des exemplaires des *Roses* conservés à la bibliothèque universitaire de Iéna et à celle de la Technische Universität de Berlin. Ces événements montrent la grande responsabilité qui incombe aux surveillants des salles de lecture pour documents rares et combien il est important que le personnel soit en nombre suffisant dans les bibliothèques, car la surveillance électronique ne peut éviter de tels incidents.

Στέφον ἔμ με καὶ λυρίζω,
Παρὰ σοῖς Διόνυσε, σηκοῖς,
Μετὰ Κύρης βαθυκόλπου,
Ροδίνοισι ςεφανίσκοις,
Πεπυκασμενος χορεύσω,
Anacreon Ode V.
P. J. Redouté pinx.
Imprimerie de Rémond
Charlin sculp.

*1*

Rosa Sulfurea.
Rosier jaune de souffre.
P. J. Redouté pinx.
Imprimerie de Rémond
Langlois sculp.

2

Rosa muscosa.
Rosier mousseux.

3

Rosa Pimpinelli folia Pumila
Petit Rosier Pimprenelle.

4

Rosa Gallica Regalis.
Rosier Gandeur Royale.
P. J. Redouté pinx.
Imprimerie de Remond
Bessin sculp.

5

Rosa Banksiæ.
Rosier de Lady Banks.
J. Redouté pinx.
Imprimerie de Rémond
Chapuy sculp.
6

Rosa Damascena aurora.
Rosier Aurore Poniatowska.
P. J. Redouté pinx.
Imprimerie de Rémond.
Chardin sculp.

7

Rosa Indica Sertulata. Le Bengale à Bouquets.
P.J. Redouté pinx.
Imprimerie de Rémond.
Langlois sculp.

8

Rosa Sepium Myrtifolia.
Rosier des Hayes à feuilles de Myrte.
P. J. Redouté pinx.
Imprimerie de Rémond
Langlois sculp.

9

*Rosa Pomponia Burgundiaca.*   *Le Pompon de Bourgogne.*

*P. J. Redouté pinx.*   *Imprimerie de Rémond*   *Langlois sculp.*

*10*

# 62 *Giorgio Gallesio Pomona italiana*

PISA, 1817–1839

SIAWD 74.A.65 (2 vol.) Lit. 33

„Er war ein guter Sohn, ein guter Gatte, ein guter Freund, ein guter Justizbeamter, ein guter Staatsbürger und lebte der Freundschaft, den Künsten, den Wissenschaften und dem Vaterland" – so lautet der Text auf einem Grabstein im Friedhof des Klosters Santa Croce in Florenz. Er erinnert an Giorgio Conte Gallesio, der Jura an der Universität Pavia studiert hatte, ins Consiglio dei Giuniori der Republik Genua gewählt wurde, später als Sekretär der Delegation dieses Staates am Wiener Kongreß teilnahm und sich dabei erfolgreich für die Vereinigung seiner Heimat mit dem Königreich Piemont-Sardinien einsetzte.

Nach dem Ende seiner politischen Laufbahn zog sich Gallesio auf sein Landgut in Finale Ligure zurück. „In einer ausgedehnten Besitzung in der besten Lage und dem fruchtbarsten Boden" entstanden die unvollendet gebliebenen *Pomona italiana*, ein Hauptwerk der pomologischen (den Obstbau betreffenden) Literatur. An der Herstellung der Wasserfarbenmalereien waren Pflanzenillustratoren aus Bologna, Genua, Florenz und anderen Städten beteiligt, wodurch eine große Uneinheitlichkeit in der Qualität der Tafeln entstand; der Druck fand in Pisa statt. In besonders zahlreichen Sorten werden Pfirsichbäume (*Prunus persica* (L.) Bartsch), Weinreben (*Vitis vinifera* L.), Feigenbäume (*Ficus carica* L., Nr. 1) und Apfelbäume (*Malus domestica* Borkh.) gezeigt. Dem milden Klima der ligurischen Küste entsprechend, finden sich auch Darstellungen zu der Edelkastanie (*Castanea sativa* Mill.), dem Granatapfelbaum (*Punica granatum* L., Nr. 3), dem Olivenbaum (*Olea europaea* L.), dem Pistazienstrauch (*Pistacia vera* L.), dem Johannisbrotbaum (*Ceratonia siliqua* L.) und der Dattelpalme (*Phoenix dactylifera* L.).

"He was a good son, a good husband, a good friend, a good judicial officer, a good citizen, and he lived for friendship, the arts, the sciences and his country." So reads the text of a gravestone in the cemetery of the Monastery of Santa Croce in Florence. It commemorates Giorgio, Count Gallesio, who had studied law at the University of Pavia and was elected to the Consiglio dei Giuniori of the Republic of Genoa. He later took part in the Congress of Vienna as secretary to the delegation from his state and, in doing so, successfully campaigned for the unification of his homeland with the kingdom of Piedmont-Sardinia.

After the end of his political career, Gallesio retired to his country estate in Liguria. His incomplete *Pomona italiana*, an important work of pomological literature (that is, concerned with fruit-growing), originated "on an extensive estate with the best of positions and the most fruitful of soils". Botanical illustrators from Bologna, Genoa, Florence and other cities took part in the creation of the watercolour illustrations, with the result that the plates are of very inconsistent quality. Printed in Pisa, the illustrations particularly depict numerous varieties of peach trees (*Prunus persica* (L.) Bartsch), vines (*Vitis vinifera* L.), fig trees (*Ficus carica* L.; No. 1) and apple trees (*Malus domestica* Borkh.). The mild climate of the Ligurian coast meant that there were also illustrations of sweet chestnut (*Castanea sativa* Mill.), pomegranate (*Punica granatum* L.; No. 3), olive (*Olea europaea* L.), pistachio (*Pistacia vera* L.), carob (*Ceratonia siliqua* L.), and date palm (*Phoenix dactylifera* L.).

« Il fut un bon fils, un bon époux, un bon ami, un bon magistrat, un bon citoyen et vécut pour l'amitié, l'art, la science et la patrie », peut-on lire sur une pierre tombale du cimetière du cloître de Santa Croce à Florence. Cette épitaphe est celle de Giorgio Conte Gallesio qui, après avoir étudié le Droit à Pavie, fut élu au Consiglio dei Giuniori de la république de Gênes, participant plus tard au congrès de Vienne en qualité de secrétaire de la délégation de cet Etat et s'impliquant avec succès pour la réunion de sa patrie avec le royaume de Piémont-Sardaigne.

Sa carrière politique terminée, Gallesio se retira sur ses terres de Finale Ligure. C'est « dans une vaste propriété située au mieux et avec le sol le plus fertile » que la *Pomona italiana*, une œuvre majeure de la littérature pomologique (arboriculture), vit le jour. Des illustrateurs de Bologne, Gênes, Florence et d'autres villes participèrent à son élaboration en reproduisant les plantes à l'aquarelle, ce qui entraîna une grande hétérogénéité dans la qualité des planches ; l'ouvrage fut imprimé à Pise. De nombreuses espèces de pêchers (*Prunus persica* (L.) Bartsch), de vignes (*Vitis vinifera* L.), de figuiers (*Ficus carica* L., n° 1) et de pommiers (*Malus domestica* Borkh.) y sont représentées. Le climat de la côte ligure étant doux, on note aussi la présence du châtaignier commun (*Castanea sativa* Mill.), du grenadier (*Punica granatum* L., n° 3), de l'olivier (*Olea europaea* L.), du pistachier (*Pistacia vera* L.), du caroubier (*Ceratonia siliqua* L.) et du palmier dattier (*Phoenix dactylifera* L.).

82
Fico Albo
Isabella Bozzolini disegnò dal vero in Firenze
Paolo Fumagalli incise

1

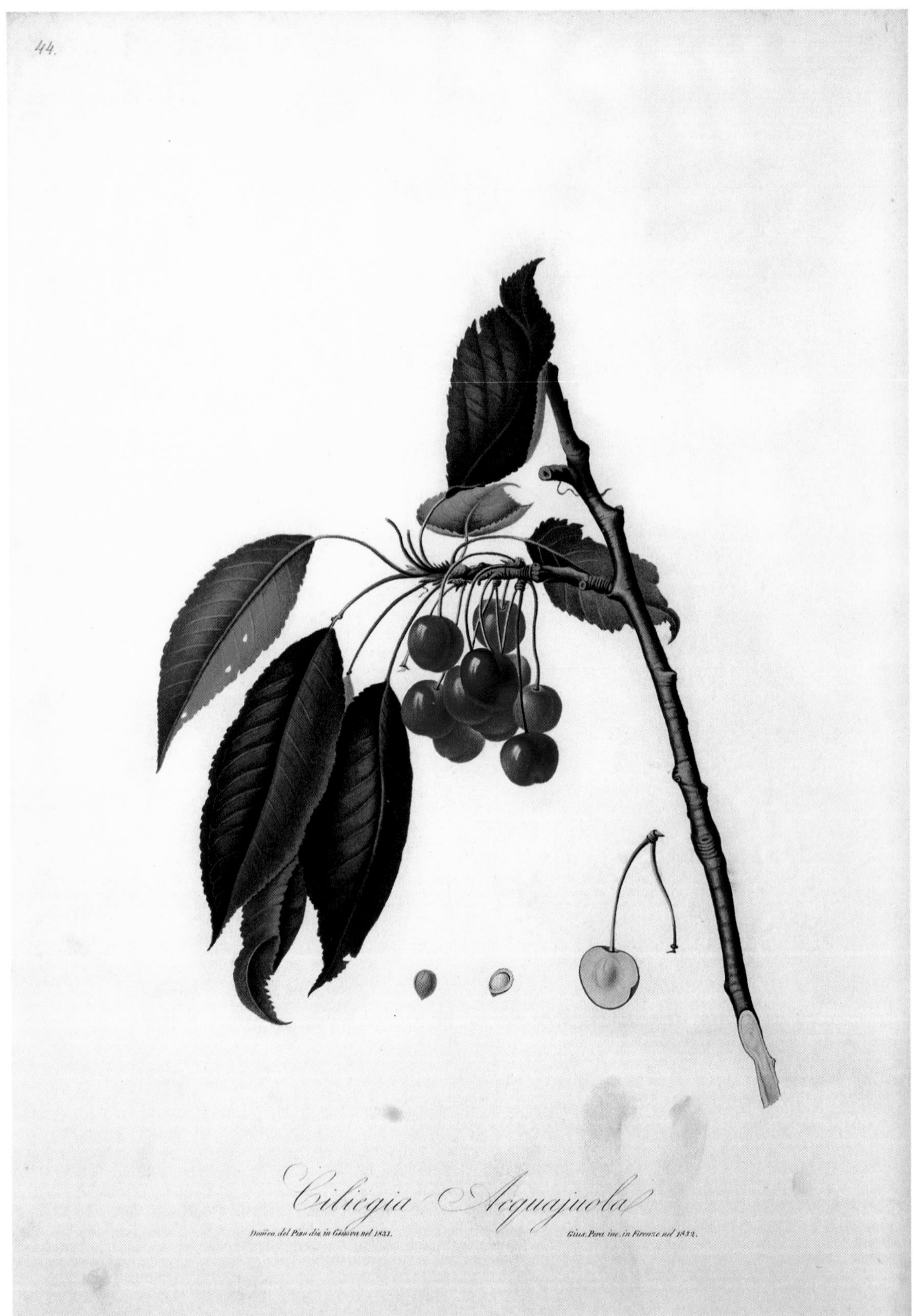
44.
Ciliegia Acquajuola
Domen. del Pino dis. in Genova nel 1831.
Gius. Pera inc. in Firenze nel 1832.

2

177
Melagrana
Bianca Milesi Mojon dipinse nel 1831.
Giuseppe Pera incise nel 1832.

3

## 63 *Franz Bauer* *Strelitzia depicta*

LONDON, 1818

SIAWD 178.222-F

Lit. 11, 57

Die so auffällig blühende Papageienvogelblume (*Strelitzia reginae* Aiton) ist in ihrer natürlichen Verbreitung auf ein kleines Gebiet an der Ostküste Südafrikas beschränkt. Im Jahre 1773 wurde sie erstmals in Kultur gebracht – Joseph Banks, der spätere Präsident der Royal Society in London (siehe Nr. 89), hatte lebendes Material dem königlichen Garten in Kew zur Verfügung gestellt. 16 Jahre später wurde die Pflanze im ersten gedruckten Bestandsverzeichnis dieses Gartens beschrieben, wobei sie den wissenschaftlichen Namen *Strelitzia reginae* Aiton erhielt. Er erinnert an Charlotte Sophie Prinzessin von Mecklenburg-Strelitz, die Gattin von Georg III., König von Großbritannien und Irland, die in der Ortschaft Strelitz (heute Teil von Neustrelitz) geboren wurde. Auch das Artepitheton „reginae" (der Königin) nimmt auf sie Bezug.

Die erste Abbildung hatte James Sowerby geschaffen, dessen Firma später die Kupferplatten für die *Flora Graeca* (Nr. 54) liefern sollte; Kupferstiche davon verteilte Banks unter Freunden. Bald veröffentlichten auch andere Botaniker Abbildungen von *Strelitzia reginae*, die Apotheose aber bildet das *Strelitzia depicta* genannte Werk, von dem die Österreichische Nationalbibliothek allerdings nur ein Fragment besitzt. Ihr Schöpfer ist Franz Bauer (siehe Nr. 36, 39); Banks hatte ihn gegen Bezahlung einer Leibrente verpflichtet, naturgetreue Abbildungen von Pflanzen vor allem aus dem königlichen Garten von Kew herzustellen. Auf den Druck eines Textes wurde verzichtet, da den detailgenauen Tafeln nichts mehr hinzuzufügen war. Sie sind frühe Beispiele von kolorierten Lithographien und damit nach einem Druckverfahren hergestellt, das den Kupferstich aus der botanischen Illustration später verdrängen sollte.

The native range of the spectacular bird-of-paradise flower (*Strelitzia reginae* Aiton) is restricted to a small region on the east coast of South Africa. It was cultivated in Europe for the first time in the year 1773 after Joseph Banks, later President of the Royal Society in London (see No. 89), had provided the Royal Garden at Kew with some live material. Sixteen years later, the plant was described in the first printed inventory of the garden, at which time it received the scientific name of *Strelitzia reginae* Aiton, in reference to Princess Charlotte Sophie of Mecklenburg-Strelitz, wife of George III, King of Great Britain and Ireland, who had been born in Strelitz (now part of Neustrelitz). The designation *reginae* (of the Queen) also refers to her.

The first illustration was produced by James Sowerby, whose firm was later to provide the copper plates for the *Flora Graeca* (No. 54). Banks distributed copper engravings of the plant among his friends, and before long other botanists also were also publishing illustrations of *Strelitzia reginae*. The apotheosis of these works is known as the *Strelitzia depicta*, of which the Austrian National Library possesses only a fragment. Its creator was Franz Bauer (see No. 36, 39), whom Banks had commissioned, in return for a generous life annuity, to produce naturalistic plant illustrations, particularly from the Royal Garden at Kew. The printing of a text was dispensed with, as there was nothing to add to the unusually accurate and detailed plates, which furthermore represent early examples of coloured lithographs, a printing process which was later to replace the copperplate engraving in the world of botanical illustration.

L'oiseau du paradis (*Strelitzia reginae* Aiton) dont la fleur attire les regards ne pousse à l'état naturel que dans une région bien délimitée de la côte orientale de la République sud-africaine. Elle fut cultivée pour la première fois en 1773 – Joseph Banks, le futur président de la Royal Society de Londres (voir n° 89), avait mis des plantes à la disposition du Jardin royal de Kew. Seize ans plus tard, l'oiseau de paradis était décrit dans le premier catalogue imprimé présentant les espèces qu'abritait le Jardin et reçut le nom scientifique de *Strelitzia reginae* Aiton en l'honneur de la reine de Grande-Bretagne et d'Irlande, épouse de George III et née Charlotte-Sophie de Mecklembourg-Strelitz. La princesse allemande était née dans la localité de Strelitz qui fait aujourd'hui partie de Neustrelitz.

C'est James Sowerby, dont l'entreprise réalisa plus tard les cuivres destinés à la *Flora Graeca* (n° 54), qui représenta pour la première fois cette plante. Banks distribua des gravures à ses amis. Bientôt, d'autres botanistes éditèrent aussi des reproductions de la *Strelitzia reginae*, mais l'apothéose du genre reste l'ouvrage nommé *Strelitzia depicta* dont l'Österreichische Nationalbibliothek ne possède cependant qu'un fragment. Il est l'œuvre de Franz Bauer (voir n[os] 36, 39) que Banks avait engagé en lui versant une pension pour lui faire réaliser des reproductions d'après nature de plantes, surtout celles du Jardin royal de Kew. On renonça à imprimer un texte, vu que plus rien ne pouvait être ajouté aux planches dont la précision dans le rendu des moindres détails reste inégalée. Elles sont un exemple précoce de lithographies coloriées, une technique d'impression qui devait plus tard supplanter celle de la gravure sur cuivre dans le domaine de l'illustration botanique.

t. 1

t. 2

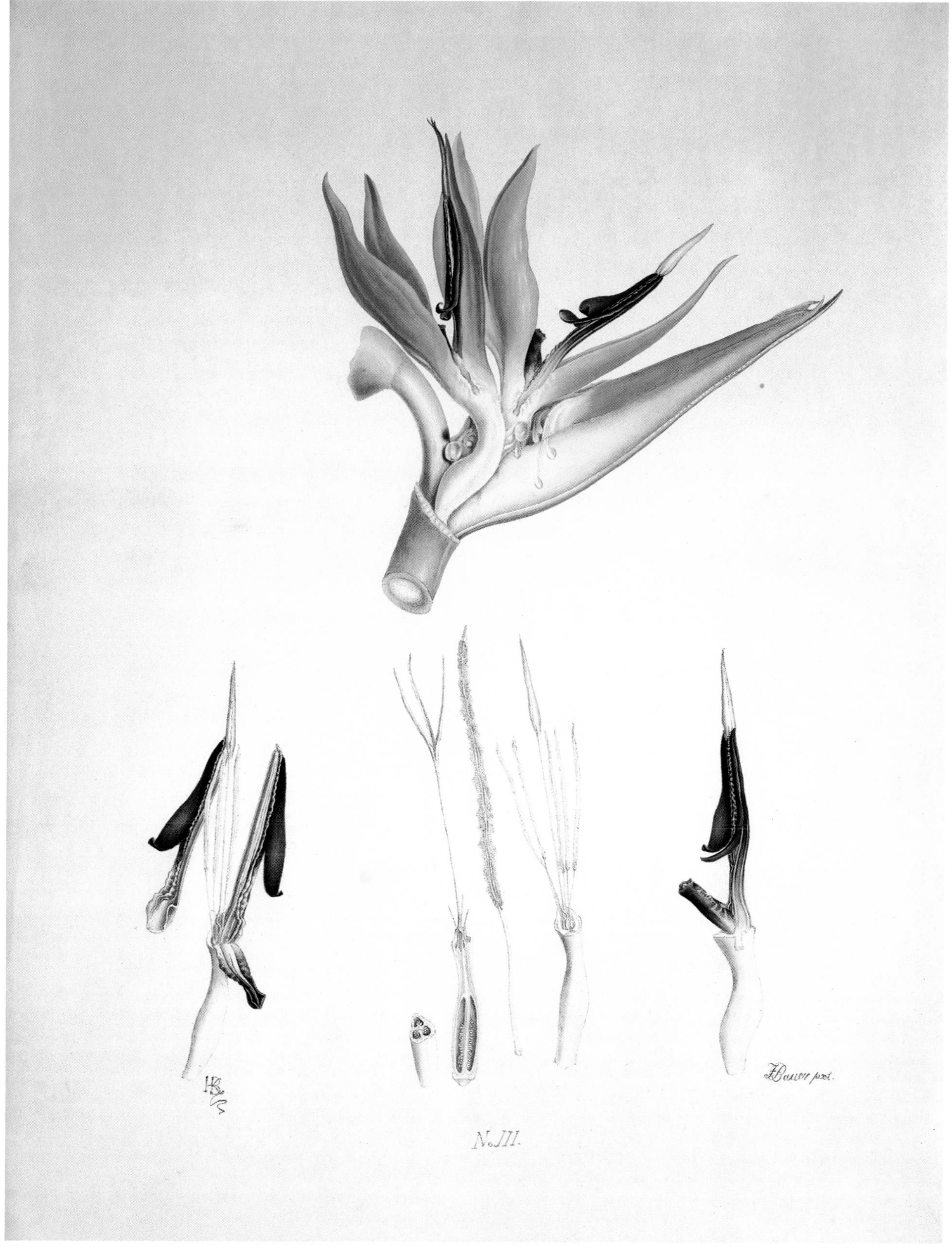


t. 3

## 64 *William Jackson Hooker Musci Exotici*

LONDON, 1818–1820

 Lit. 54

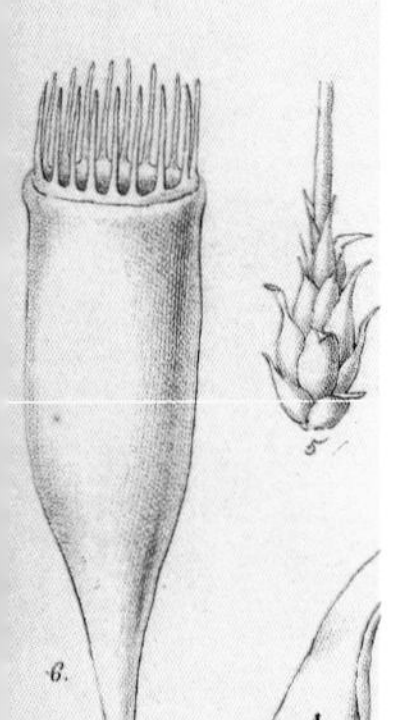

So wie Nikolaus Joseph Jacquin und sein Sohn Joseph Franz in Wien, Humphrey Sibthorp und sein Sohn John in Oxford, John Martyn und sein Sohn Thomas in Cambridge, so bestimmten William Jackson Hooker und sein Sohn Joseph Dalton jahrzehntelang die Geschicke der Botanik in Kew. Hier entstand unter ihrer Leitung der führende botanische Garten der Welt. Was aus heutiger Sicht nur als krasser Nepotismus zu bezeichnen ist, war damals weitverbreitete Praxis, und manchmal folgte auf einen unbedeutenden Vater ein bedeutender Sohn, wie in Oxford, oder auf einen bedeutenden Vater ein ebenso bedeutender Sohn, wie in Kew. Aus der Zeit vor seiner Tätigkeit als Regius Professor für Botanik an der Universität Glasgow stammt das hier gezeigte Werk von Hooker senior, das sich überwiegend mit außereuropäischen Moosen beschäftigt.

Getrocknet lassen sich Moospolster leicht transportieren. So erreichten Hooker senior Moossammlungen von zwei bedeutenden Expeditionen: der von Alexander von Humboldt und Aimé Bonpland unternommenen Reise nach Süd- und Mittelamerika und der dritten unter der Leitung von James Cook unternommenen Weltreise, in deren Verlauf dieser auf den Hawaii-Inseln einen gewaltsamen Tod fand. Entsprechend der Route dieser Fahrt untersuchte Hooker senior Proben aus dem Gebiet der heutigen Staaten Republik Südafrika, Australien, Neuseeland, Kanada und USA sowie von atlantischen und pazifischen Inseln wie Sankt Helena und Tahiti.

Die hier abgebildete Tafel zeigt ein von Humboldt und Bonpland im Süden des heutigen Ecuador gesammeltes Moos.

Like Nikolaus Joseph Jacquin and his son Joseph Franz in Vienna, Humphrey Sibthorp and his son John in Oxford, and John Martyn and his son Thomas in Cambridge, so William Jackson Hooker and his son Joseph Dalton determined the fate of botany at Kew for decades. Under their direction, Kew became the world's leading botanic garden. What today seems to us to be blatant nepotism, was then common practice, and sometimes an undistinguished father was followed by a distinguished son, as in Oxford, or, elsewhere, a distinguished father was followed by an equally distinguished son, as in the case of Kew. The work by the elder Hooker shown here, which mainly concerns non-European mosses, dates from the period before he became Regius Professor of Botany at Glasgow University.

In the dried state, cushions of moss are easy to transport. Thus, the elder Hooker received moss collections from two important expeditions: that undertaken by Alexander von Humboldt and Aimé Bonpland to South and Central America, and the third voyage round the world under the direction of James Cook (during the course of which the explorer met a violent death on the island of Hawaii). From the latter journey, the elder Hooker examined samples from the countries now known as South Africa, Australia, New Zealand, Canada and the USA, as well as from Atlantic and Pacific islands such as St. Helena and Tahiti.

The plate displayed here shows a moss collected by von Humboldt and Bonpland in the south of what is now Ecuador.

A l'instar de Nikolaus Joseph Jacquin et de son fils Joseph Franz à Vienne, de Humphrey Sibthorp et de son fils John à Oxford, de John Martyn et de son fils Thomas à Cambridge, William Jackson Hooker et son fils Joseph Dalton marquèrent durant des décennies le cours de la botanique à Kew. Celui-ci devint sous leur direction le plus grand jardin botanique du monde. Cette pratique que l'on pourrait aujourd'hui qualifier de pur népotisme était courante à l'époque. Parfois, ce fut le cas à Oxford, un fils talentueux succédait à un père insignifiant, parfois le père et le fils étaient d'égale importance, comme à Kew. L'ouvrage présenté ici date de l'époque qui précéda l'activité de Hooker père en tant que « Regius professor » de botanique à l'Université de Glasgow et s'intéresse principalement aux mousses extra-européennes.

Les plaques de mousse séchées sont facilement transportables. C'est ainsi que Hooker père reçut les mousses rassemblées durant deux expéditions majeures – les voyages entrepris par Alexander von Humboldt et Aimé Bonpland en Amérique centrale et latine et le tour du monde en bateau sous la direction de James Cook durant lequel celui-ci trouva une mort violente aux îles Hawaii. Hooker père, suivant ainsi l'itinéraire de Cook, analysa des échantillons provenant de régions qui se trouvent aujourd'hui dans la République Sud-africaine, l'Australie, la Nouvelle-Zélande, le Canada et les États-Unis, ainsi que d'îles de l'Atlantique et du Pacifique, telles Sainte-Hélène et Tahiti.

La planche illustrée ici montre une mousse recueillie par Humboldt et Bonpland au sud de l'Équateur actuel.

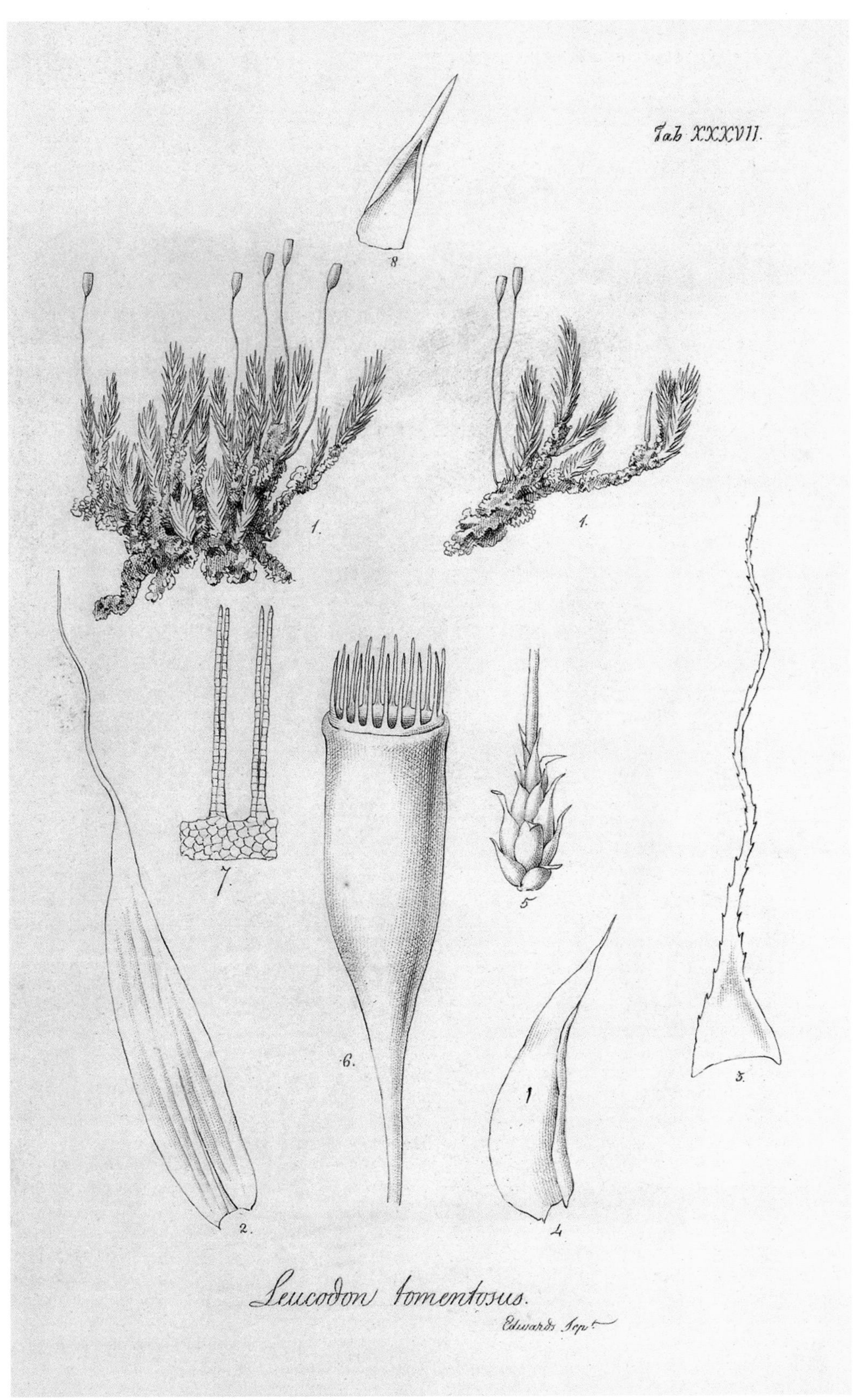
Tab XXXVII.
8
1.
1.
7.
6.
5
1
3.
2.
4
Leucodon tomentosus.
Edwards Sculp.

t. 37

# 65 China Pflanzendarstellungen / Illustrations of plants / Représentations de plantes

KANTON [GUANGZHOU], C. 1820

POR Pk 2966 Lit. 19, 24

Im Jahre 1828 erwarb Franz I., Kaiser von Österreich, 13 gebundene Alben, die eine kuriose Mischung von Themen behandeln: Gewänder, Hofdamen, Krieger, Handwerker, Musiklehrerinnen, Schiffe, Pflanzen, Vögel, Insekten, Meerestiere sowie Folter- und Hinrichtungsmethoden. Sie waren von Eduard Watts, einem früheren k. k. Generalkonsul für Ostindien und China, angeboten und für die stolze Summe von 7571 Gulden gekauft worden. Watts hatte sich längere Zeit in Kanton aufgehalten, und es ist wahrscheinlich, daß er in dem für Europäer zugänglichen Handelszentrum auch diese Bände erwarb. Die darin enthaltenen anonymen Pflanzendarstellungen aus der Zeit des Kaisers Jiaqing entsprechen jedoch nicht der chinesischen Tradition, sondern sind eindeutig nach europäischen Vorstellungen angefertigt.

Bildträger ist Reispapier, das aber keineswegs – wie man vielleicht meinen möchte – aus der Reispflanze (*Oryza sativa* L.), sondern aus dem Bast des Papiermaulbeerbaums (*Broussonetia papyrifera* (L.) Vent.) hergestellt wird. Gezeigt werden vor allem Nutz- und Zierpflanzen, die seit Jahrtausenden in China, kaum aber in Europa bekannt waren. Dazu zählen die sogenannte Japanische Wollmispel (*Eriobotrya japonica* (Thunb.) Lindl.; Nr. 1), der Per Thunberg, ein Nachfolger von Engelbert Kaempfer als Arzt auf der Insel Deshima im Hafen von Nagasaki in Japan (siehe Nr. 25), erstmals einen wissenschaftlichen Namen gab, sowie eine blühende Ingwerstaude (*Zingiber* spec.; Nr. 2). Bei der Strauchpäonie handelt es sich wahrscheinlich um die auch in der *Description des plantes rares cultivées à Malmaison et à Navarre* (Nr. 58) abgebildeten *Paeonia suffruticosa* Andrews (Nr. 3), die man spätestens in der Zeit der Han Dynastie (202 v. Chr.–220 n. Chr.) in China kultivierte.

In the year 1828, Emperor Francis I of Austria purchased 13 bound albums treating a curious mixture of subjects: costumes, court ladies, warriors, workmen, music teachers, ships, plants, birds, insects, sea creatures and also methods of torture and of execution. The albums had been offered for sale by Edward Watts, one-time Imperial Royal Consul General for the East Indies and China, and were bought for the princely sum of 7571 guilders.

Watts had spent considerable time in Canton, and it is probable that he acquired these volumes in this commercial centre, which was accessible to Europeans. The anonymous plant illustrations from the time of Emperor Jiaqing contained in them are not, however, in keeping with Chinese tradition, but were clearly made for European taste.

The illustrations are on rice paper – which is not at all derived from the rice plant (*Oryza sativa* L.), as one might imagine, but from the paper mulberry (*Broussonetia papyrifera* (L.) Vent.). Receiving emphasis in the work are useful and ornamental plants, which had been well-known for thousands of years in China, but were largely unfamiliar in Europe. These include the loquat (*Eriobotrya japonica* (Thunb.) Lindl.; No.1), first named scientifically by Per Thunberg, a successor to Engelbert Kaempfer as doctor on the island of Deshima in the Japanese harbour of Nagasaki (see No. 25), and also a flowering shrub of ginger (*Zingiber* spec; No. 2). The shrub peony is probably *Paeonia suffruticosa* Andrews (No. 3), also illustrated in the *Description des plantes rares cultivées à Malmaison et à Navarre* (No. 58), which was cultivated by the time of the Han Dynasty (202 BC – 220 AD) in China, if not earlier.

En 1828, François I^er^ d'Autriche acquit 13 albums reliés représentant un curieux mélange de sujets : vêtements, dames de la cour et guerriers, artisans, dames enseignant la musique, bateaux, plantes, oiseaux, insectes, animaux marins ainsi que des techniques de torture et d'exécution. Ils étaient mis en vente par Eduard Watts, un ancien consul général austro-hongrois en Inde et en Chine, et rapportèrent la coquette somme de 7571 florins.

Watts avait longtemps séjourné à Canton et il est vraisemblable qu'il acquit ces volumes, dans cette capitale du commerce accessible aux Européens. Les plantes anonymes de l'ère Jiaqing représentées ne correspondent pourtant pas à la tradition chinoise, elles ont manifestement été réalisées d'après des conceptions européennes.

Le support pictural est du papier de riz qui n'a rien à voir, même si son nom semble l'indiquer, avec le riz (*Oryza sativa* L.) mais est fabriqué à partir de l'écorce du mûrier (*Broussonetia papyrifera* (L.) Vent.). On peut voir dans cette collection surtout des plantes utiles et ornementales, connues depuis des milliers d'années en Chine, mais à peine en Europe. En font partie le néflier japonais (*Eriobotrya japonica* (Thunb.) Lindl. ; n° 1), auquel Per Thunberg, un médecin succédant à Engelbert Kaempfer sur l'île de Deshima dans le port de Nagasaki au Japon (voir n° 25) donna pour la première fois un nom scientifique ainsi qu'un gingembre fleuri (*Zingiber* spec. ; n° 2). La pivoine est probablement la pivoine arbustive *Paeonia suffruticosa* Andrews (n° 3), qui est reproduite dans la *Description des plantes rares cultivées à Malmaison et à Navarre* (n° 58). Elle fut cultivée au plus tard sous la dynastie Han (202 av. J.-C. – 220) en Chine.

1

2

3

# 66 *John Lindley Digitalium monographia*

LONDINI [LONDON], 1821

SIAWD 177.699–E

Lit. 11, 36, 43

Die moderne Therapie des kranken Herzes begann mit der Veröffentlichung des Bändchens *An account of the foxglove*, London, 1785. Es schlug wie eine Bombe ein. Dem Autor, William Withering, Arzt in Birmingham, war es gelungen, an Herzinsuffizienz leidenden Patienten mit dem Roten Fingerhut (*Digitalis purpurea* L.) zu helfen: Die Pumpfunktion ihres Herzes wurde verbessert, ihre Harnausscheidung dramatisch erhöht. Dem Band ist ein Frontispiz mit dem Roten Fingerhut vorangestellt, das wahrscheinlich von James Sowerby stammt.

Sibthorp (siehe Nr. 54) erfuhr möglicherweise in Wien von dieser Veröffentlichung. Schon im Jahr 1787 scheinen er und Ferdinand Bauer den Fingerhüten auf dem Berg Athos im heutigen Griechenland besondere Aufmerksamkeit geschenkt zu haben, und in der Tat erwies sich eine von Bauer dort gefundene Pflanze als der Wissenschaft noch unbekannt. Seine Graphitstiftzeichnung von *Digitalis viridiflora* Lindl. wird im Department of Plant Sciences der Universität Oxford, die danach hergestellte Wasserfarbenmalerei in der Lindley Library der Royal Horticultural Society in London aufbewahrt. Ihre Veröffentlichung als kolorierter Kupferstich erfolgte in dem hier vorgestellten Band, den Text schrieb John Lindley, damals Hilfskraft in der Bibliothek von Sir Joseph Banks (siehe Nr. 89), später Professor für Botanik am University College in London. Das von Lindley und Bauer geschaffene Werk ist die erste modernen Ansprüchen genügende Monographie der Gattung Fingerhut (*Digitalis* L.), in der auch der Rote Fingerhut erneut abgebildet ist (t. 2). Über Ferdinand Bauer schrieb Goethe voll Bewunderung: „Daher wird man beim Anblick dieser Blätter bezaubert, die Natur ist offenbar, die Kunst versteckt, die Genauigkeit groß."

Modern cardiac medicine began with the publication of a small book entitled *An account of the foxglove*, published in London in 1785. The book had an explosive impact. The author, the Birmingham doctor William Withering, had succeeded in helping patients suffering from cardiac insufficiency by the use of common foxglove (*Digitalis purpurea* L.). The pumping action of the heart was improved, and the ability to pass water dramatically increased. The volume begins with a frontispiece, probably stemming from James Sowerby, depicting common foxglove. Sibthorp (see No. 54) may have learned of the publication in Vienna: in 1787, he and Ferdinand Bauer seem already to have taken a particular interest in the foxgloves on Mount Athos in Greece, and in fact one of the plants found there by Bauer proved to be unknown to science at the time. Bauer's pencil drawing of *Digitalis viridiflora* Lindl. is kept in the Department of Plant Sciences of Oxford University, and the watercolour painting of the plant is in the Lindley Library of the Royal Horticultural Society in London. Subsequently, it was published in the form of a coloured copper plate in the volume shown here. The text was composed by John Lindley, then an assistant in the library of Sir Joseph Banks (see No. 89) and later Professor of Botany at University College, London. The work by Lindley and Bauer, in which the common foxglove (t. 2) is portrayed again, is the first monograph on the foxglove genus (*Digitalis* L.) to meet modern expectations. Filled with admiration, Goethe was to write of Ferdinand Bauer: "One is therefore enchanted at the sight of these plates: nature is revealed, art hidden, and accuracy great."

La thérapie moderne des maladies cardiaques débute avec la parution d'un fascicule insignifiant s'intitulant *An account of the foxglove*, qui fit l'effet d'une bombe à son époque. Son auteur, William Withering, médecin à Birmingham, avait réussi à secourir les patients souffrant d'insuffisance cardiaque à l'aide de la digitale pourpre (*Digitalis purpurea* L.) : la tonicité du muscle cardiaque est améliorée, le volume des urines substantiellement augmenté. La digitale pourpre est illustrée sur le frontispice de l'ouvrage et pourrait être de James Sowerby. C'est peut-être à Vienne que Sibthorp (voir n° 54) prit connaissance de cette parution. Dès l'année 1787, Ferdinand Bauer et lui semblent avoir accordé une attention particulière aux digitales poussant sur le mont Athos en Grèce ; il s'avéra d'ailleurs que l'une des plantes trouvées par Bauer était encore inconnue des scientifiques. Son dessin au crayon de *Digitalis viridiflora* Lindl. est conservé au Department of Plant Sciences de l'Université d'Oxford, les aquarelles réalisées d'après ce croquis à la Lindley Library de la Royal Horticultural Society à Londres. Elles parurent sous forme de gravures coloriées dans le volume présenté ici. Le texte les accompagnant a été écrit par John Lindley, à l'époque assistant à la bibliothèque de Sir Joseph Banks (voir n° 89), plus tard professeur de botanique à l'University College de Londres. Lindley et Bauer ont ainsi réalisé la première monographie de la digitale (*Digitalis* L.) susceptible de satisfaire aussi les exigences scientifiques modernes et dans laquelle la digitale pourpre est à nouveau reproduite (t. 2). Goethe écrira plein d'admiration au sujet de Ferdinand Bauer : « C'est pourquoi on est ravi à la vue de ces feuilles, la nature est manifeste, l'art caché, l'exactitude grande. »

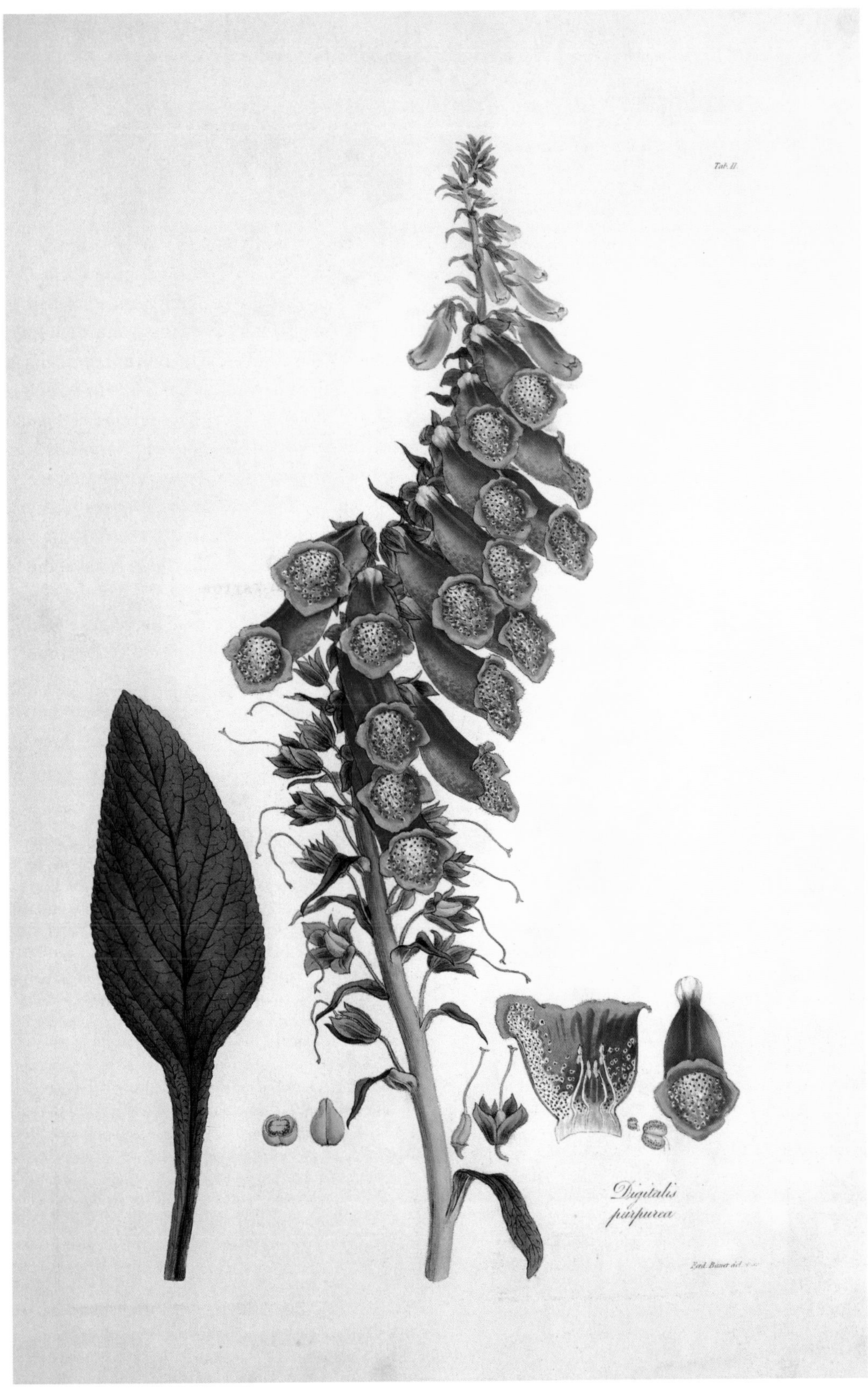


t. 2

# 67 Carl Friedrich Philipp von Martius
# Historia naturalis palmarum

MONACHII [MÜNCHEN]/LIPSIAE [LEIPZIG], 1823–1853

SIAWD 29.B.1 (3 vol.) Lit. 36

Als am 15. Dezember 1868 in München Carl Friedrich Philipp von Martius, Professor für Botanik an der Universität München und Direktor des dortigen königlichen botanischen Gartens, zu Grabe getragen wurde, war sein Sarg mit frischen Palmwedeln bedeckt. Man erinnerte damit an eines seiner Hauptwerke, die großformatige *Historia naturalis palmarum.* Über sie hatte Alexander von Humboldt geschrieben: „Solang man Palmen kennt und Palmen nennt, wird auch der Name Martius nicht vergessen sein." Neben seinen auf einer Expedition im späteren Kaiserreich Brasilien gesammelten Palmen behandelte Martius in dem Werk auch die Ausbeuten verschiedener anderer Forschungsreisender – so auch das von Eduard Friedrich Poeppig während seines zehnjährigen Aufenthalts in den Andenländern zusammengetragene Material. Ungewöhnlich an dem dreibändigen Werk ist weiters die Aufnahme von Blütendiagrammen sowie von Landschaftsdarstellungen. Während die Blütendiagramme auf Studien von Martius zurückgehen, gilt dieses nicht für die Landschaften, die stets Palmen – häufig solitär stehende – darstellen. Dadurch gelang es, dem Betrachter ein klares Bild von der Architektur dieser mächtigen Bäume zu geben, von denen sich der Mitteleuropäer kaum eine rechte Vorstellung machen konnte. Das berühmte Palmenwerk enthält dadurch aber auch vieles, was Martius nie mit eigenen Augen gesehen hat – die dramatisch überhöhte Szene vom Südabhang der Anden-Kette bei Cuchero im Gebiet des heutigen Staates Peru (t. 140) etwa stammt von Poeppig, die sehr naturgetreue Ansicht der Insel Norfolk im Pazifischen Ozean (t. 151) von Ferdinand Bauer, der sich nach dem Abbruch der „Investigator"-Reise (siehe Nr. 59) dort mehrere Monate aufgehalten hat.

On 15 December 1868, Carl Friedrich Philipp von Martius, Professor of Botany at the University of Munich and director of the Royal Botanic Garden, was carried to his grave in Munich in a coffin covered with fresh palm leaves. These were a reference to one of his main works: the large-format *Historia naturalis palmarum.* Alexander von Humboldt had written of him: "As long as palms are known and named, the name of Martius will not be forgotten." Apart from his own collection of palms gathered on an expedition in the later empire of Brazil, Martius also wrote about the findings of other travellers on similar expeditions, such as the material collected by Eduard Friedrich Poeppig during his ten-year stay in the Andes region.

Beyond this, the three-volume work is unusual in its inclusion of floral diagrams as well as landscapes. Whereas the floral diagrams can be traced back to studies by Martius himself, this is not the case with the landscapes, which always include palm trees – often standing alone. The landscapes conveyed a clear impression of the architecture of these mighty trees, which central Europeans would have found hard to imagine accurately. This famous work on palms therefore contains much that Martius never saw with his own eyes: for example, the overly dramatic view of the southern face of the Andes chain near Cuchero in the region which is now Peru (t. 140) was done by Poeppig, and the very naturalistic view of Norfolk Island in the Pacific Ocean (t. 151) was by Ferdinand Bauer, who had spent several months there after the break-up of the expedition of the *Investigator* (see No. 59).

Le 15 décembre 1868 à Munich eurent lieu les obsèques de Carl Friedrich Philipp von Martius, professeur de botanique à l'Université de Munich et directeur du Jardin botanique royal de la même ville. Les feuilles de palmier dont son cercueil était recouvert se référaient à l'un de ses ouvrages majeurs en grand format, l'*Historia naturalis palmarum.* Selon Alexander von Humboldt : « Aussi longtemps que l'on connaîtra les palmiers et que l'on nommera des palmiers, le nom de Martius ne sera pas oublié. » Martius étudie dans cette monographie les palmiers rassemblés par ses soins au cours d'une expédition dans ce qui deviendra l'empire brésilien, mais aussi le matériel rapporté par divers autres explorateurs – par exemple les plantes qu'Eduard Friedrich Poeppig avait recueillies durant dix années passées dans les Andes. L'originalité de cet ouvrage en trois volumes réside dans la présence inaccoutumée de diagrammes floraux et de représentations de paysages. Alors que les diagrammes de fleurs se réfèrent à des études de Martius, ce n'est pas le cas des paysages qui montrent toujours des palmiers, souvent isolés. Par ce biais, le spectateur peut se faire une idée claire de l'architecture de ces arbres puissants, encore peu courants sous nos latitudes. Mais ces illustrations enrichissent aussi l'ouvrage de maintes choses que Martius n'a jamais vues de ses propres yeux – par exemple, la scène rehaussée de manière dramatique sur la pente sud de la chaîne des Andes près de Cuchero, aujourd'hui au Pérou (t. 140) est de Poeppig et la vue très fidèle de l'île de Norfolk dans l'océan Pacifique (t. 151) de Ferdinand Bauer qui y séjourna quelques mois après que le voyage d'exploration à bord de l'« Investigator » (voir n° 59) eut été interrompu.

t. S

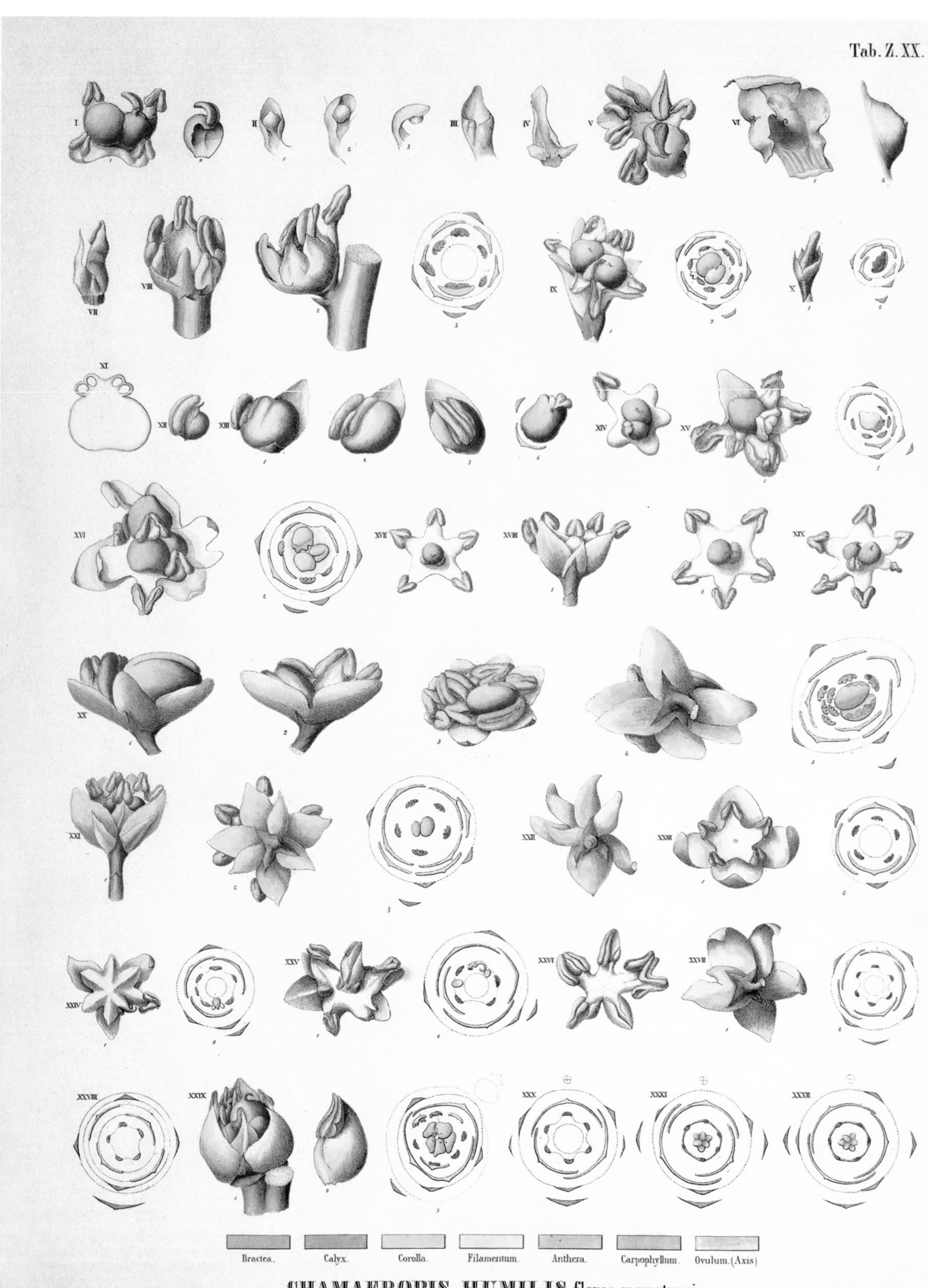
Tab. Z. XX.
Bractea.
Calyx.
Corolla.
Filamentum.
Anthera.
Carpophyllum.
Ovulum. (Axis)
CHAMAEROPIS HUMILIS flores monstrosi.

*t. Z XX*

Tab. 52.
Martius ad nat.
ASTROCARYUM Iauari.
LEOPOLDINIA pulchra.

*t. 52*

Tab. 60.
ASTROCARYUM gynacanthum. BACTRIS pectinata. BACTRIS hirta.

t. 60

Tab. 70.
DIPLOTHEMIUM caudescens. BACTRIS acanthocarpa.

t. 70

COCOS capitata. DIPLOTHEMIUM campestre.

*t. 78*

Tab: 91.
Martius palm ad nat.
Ziegler in lap del.
MAXIMILIANA regia.

*t. 91*

MORENIA Pöppigiana.

t. 140

*t. 145*

t. 151

# 68 *Johann Emanuel Pohl Plantarum Brasiliae icones*

VINDOBONAE [WIEN], 1826–1833



Lit. 33, 34

Es begann mit einer Hochzeit: Im Jahre 1817 feierte man in der Augustinerkirche in Wien die Vermählung von Erzherzogin Leopoldine, einer Tochter von Franz I., Kaiser von Österreich, mit Dom Pedro, dem ältesten Sohn von João VI., König von Portugal, Brasilien und der Algarve. Die Abwesenheit des Bräutigams trübte die Freude – er war mit seiner Familie vor Napoleon nach Rio de Janeiro geflohen. So wie ihre ältere Schwester Marie-Luise metternichscher Staatsraison geopfert worden war und Napoleon heiraten mußte, so geschah es nun ähnlich mit Leopoldine; sie starb später an Verletzungen, die ihr Ehemann ihr während der zweiten Schwangerschaft zugefügt hatte.

Von Livorno aus begab sich Leopoldine auf Brautfahrt nach Brasilien. In ihrer Begleitung befand sich eine mehrköpfige Delegation von Naturforschern, unter ihnen J. E. Pohl und J. E. Mikan aus Prag, der Landschaftszeichner Th. Ender, J. Natterer und der Gärtner Heinrich Wilhelm Schott jun., alle aus Wien, G. Raddi aus Florenz und als Gäste C. F. P. v. Martius (siehe Nr. 67) und J. B. Spix aus München. Nach den Hochzeitsfeierlichkeiten begannen die Mitglieder der Delegation auf teils gemeinsam, teils getrennt unternommenen Expeditionen die Weiten der damals weitgehend unbekannten portugiesischen Kolonie Brasilien zu erkunden. Eine auch für heutige Begriffe immense Menge an Sammlungsgegenständen wurde nach Europa gebracht, vor allem nach Wien und München. In Wien sah man sich veranlaßt, ein eigenes Museum, das k. k. Brasilianermuseum in der Johannesgasse, zu gründen, das die meisten Objekte aufnehmen sollte. Lebende Pflanzen und Samen kamen zur Weiterkultur bzw. Anzucht in die kaiserlichen Gärten, vor allem in die Gewächshäuser in Schönbrunn und in den Privatgarten von

It began with a wedding: in the year 1817 the marriage between Archduchess Leopoldine, a daughter of Francis I, Emperor of Austria, and Dom Pedro, the eldest son of João VI, King of Portugal, Brazil and the Algarve, was celebrated in the church of St. Augustine in Vienna. The absence of the bridegroom marred the joy of the occasion, for he had fled from Napoleon with his family to Rio de Janeiro. Just as her older sister Marie-Luise had been a victim of Metternich's policies and had been forced to marry Napoleon, a similar fate now befell Leopoldine, who however was to die tragically after a short marriage from the injuries inflicted on her by her husband during her second pregnancy.

From Livorno Leopoldine set off on her bridal journey to Brazil. She was accompanied by a delegation of natural scientists, including J. E. Pohl and J. E. Mikan from Prague, the landscape draughtsman Th. Ender, J. Natterer and the horticulturist Heinrich Wilhelm Schott (Junior), all from Vienna; in addition, there were G. Raddi from Florence, and, as guests, C. F. P. von Martius (see No. 67) and J. B. Spix from Munich. After the wedding celebrations, the members of the delegation began to explore, by means of both joint and separate expeditions, the hitherto largely unknown expanses of the Portuguese colony of Brazil. Even by today's standards, an immense quantity of material was collected and carried back to Europe, in particular to Vienna and Munich. In Vienna it was felt appropriate to found a special museum, the Imperial Royal Museum of Brazil in Johannesgasse to house most of the items. Living plants and seeds were brought back and planted in the Imperial gardens, in particular in the glasshouses in Schönbrunn and in the private garden of

Tout commence par un mariage : en 1817, on fête dans la Augustinerkirche de Vienne les noces de l'archiduchesse Léopoldine, une des filles de l'empereur François Ier d'Autriche, avec Dom Pedro, fils aîné de João VI, roi du Portugal, du Brésil et d'Algarve. L'absence du fiancé ternit l'éclat des réjouissances – poursuivi par Napoléon, il s'est réfugié à Rio de Janeiro avec sa famille. Après sa sœur aînée Marie-Louise qui avait dû épouser Napoléon, voilà Léopoldine sacrifiée à son tour à la raison d'Etat chère à Metternich. Léopoldine connaîtra une fin précoce et tragique, mourant des blessures que lui infligera son mari durant sa seconde grossesse.

Léopoldine partit rejoindre son époux au Brésil et embarqua à Livourne. Elle était accompagnée d'une délégation de plusieurs naturalistes, dont J. E. Pohl et J. E. Mikan de Prague, du dessinateur paysager Th. Ender, de J. Natterer et du jardinier Heinrich Wilhelm Schott junior, tous originaires de Vienne, de G. Raddi de Florence, et comme invités de C. F. P. v. Martius (voir n° 67) et J. B. Spix de Munich. Après les festivités en l'honneur des noces, les membres de la délégation organisèrent des expéditions et commencèrent à explorer, ensemble ou séparément, la colonie portugaise plus ou moins inconnue à l'époque. Les objets rassemblés – une quantité gigantesque même selon les critères modernes – furent expédiés en Europe et surtout à Vienne et Munich. A Vienne, on se vit même obligé de fonder un musée dans la Johannesgasse, le Brasilianermuseum austro-hongrois, pour abriter la plupart des objets rapportés du Brésil. Les plantes et les semences furent transplantées ou semées dans les jardins impériaux et surtout dans les serres de Schönbrunn et le

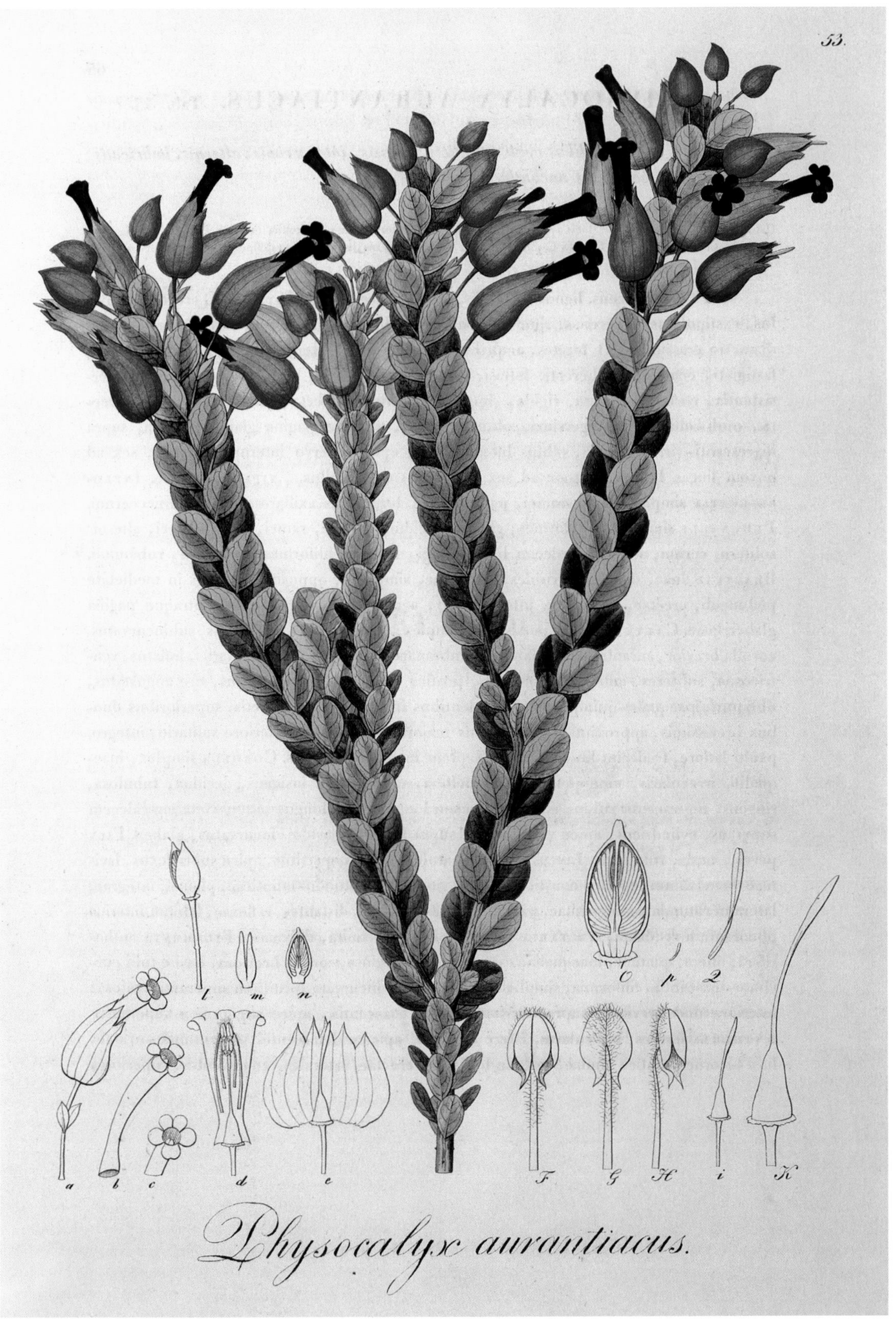


t. 53

Franz I. Einige davon wurden im *Florilegium A* (Nr. 44) von M. Schmutzer abgebildet, doch sind diese Zusammenhänge meist nur über die Vorzeichnungen in Berlin und Krakau zu erschließen.

Wenn Pohl die Reiseumstände in Brasilien als „eine wahre Odyssee an Mühen und Qualen" bezeichnet, übertreibt er nicht. In seinem Bericht lesen wir etwa: „So sehr auch immer die neuen Gegenstände, die man auffindet, zum Sammeln anregen, so wird diese Freude nur zu früh getrübt, wenn man keine Gelegenheit findet, Papier und Pflanzen zu trocknen; wenn feuchte Luft den Schimmel und Moder herbeyführt, und das mühsam Eroberte wieder weggeworfen werden muss, oder ehe man es sich versieht, selbst in der Wohnung die Termiten einziehen und einen Zerstörungskrieg verkünden ...".

Nach 50 Reisemonaten kehrte Pohl zwar mit 111 Kisten Sammlungen nach Wien zurück, aber er war krank und sollte seine Gesundheit nicht mehr wiedergewinnen. In den ihm verbleibenden Jahren veröffentlichte er einen umfangreichen Bericht und die ersten zwei Bände des hier vorgestellten Werks, das nach seinem Tod keine Fortsetzung fand. Den Traditionen der Zeit entsprechend widmete Pohl vier, für die Wissenschaft neue Gattungen Mitgliedern des Hauses Habsburg: *Franciscea* Pohl (t. 5) Franz I., Kaiser von Österreich, *Augustea* Pohl (t. 104) seiner vierten Frau Karoline Auguste, geborene Charlotte, Prinzessin von Bayern, *Ferdinandusia* Pohl (t. 108) Ferdinand, Erzherzog von Österreich, und *Antonia* Pohl (t. 109) Anton Viktor, Erzherzog von Österreich. Das hier gezeigte, luxuriös gebundene Werk stammt aus der Privatbibliothek von Franz I.

Francis I, Emperor of Austria. Some of these were illustrated in the *Florilegium A* (No. 44) by M. Schmutzer, but these connections are mostly verifiable only through the sketches in Berlin and Cracow.

In describing the travelling conditions in Brazil as "a true odyssey of sweat and anguish," Pohl was not exaggerating. For instance, in his report we read: "However greatly the new objects may inspire us to collect them, this is a pleasure soon marred, when we have no opportunity to dry the paper and plants; when humidity causes mould and decay, and items obtained with difficulty have to be thrown away; or when, in no time at all, the termites move even into our living quarters, warning of massive destruction to come..."

After 50 months of travel, Pohl returned to Vienna. He brought 111 packing cases containing his finds with him, but was ill and was never to recover his health. In the few years remaining to him, he published a comprehensive report and the first two volumes of the work shown here, which remained unfinished after his death. In keeping with the tradition of the time, Pohl dedicated four of the new genera to members of the house of Hapsburg: *Franciscea* Pohl (t. 5) to Francis I, Emperor of Austria; *Augustea* Pohl (t. 104) to his fourth wife, Caroline Augusta, born Charlotte, Princess of Bavaria; *Ferdinandusia* Pohl (t. 108) to Ferdinand, Archduke of Austria; and *Antonia* Pohl (t. 109) to Anton Victor, Archduke of Austria. The magnificently bound volume shown here comes from the private library of Francis I.

jardin privé de l'empereur François Ier. Certaines furent reproduites dans le *Florilegium A* (n° 44) de M. Schmutzer, mais on ne fait le plus souvent le rapprochement qu'en voyant les premiers dessins à Berlin et Cracovie.

Pohl n'exagère pas quand il écrit que ce voyage au Brésil fut « une véritable Odyssée de fatigues et de souffrances ». On peut lire dans son compte rendu : « Même si les objets nouveaux que l'on découvre incitent toujours à collectionner, cette joie n'en est pas moins ternie très tôt quand on ne trouve aucune occasion de sécher les plantes et le papier ; quand l'air humide amène la moisissure et la pourriture et qu'il faut jeter ce que l'on a péniblement conquis, ou bien quand les termites occupant en un clin d'œil son logement même déclarent une guerre destructrice... »

Pohl, de retour à Vienne après 50 mois d'absence, apportait 111 caisses avec lui, mais il était malade et ne recouvra jamais la santé. Au cours des années qui lui restaient à vivre, il publia un compte rendu détaillé et les deux premiers volumes de l'ouvrage présenté ici qui ne fut pas poursuivi après sa mort. Conformément aux traditions de l'époque, Pohl dédia quatre des nouveaux genres inconnus des scientifiques à des membres de la maison de Habsbourg : *Franciscea* Pohl (t. 5) à François Ier, empereur d'Autriche ; *Augustea* Pohl (t. 104) à la quatrième épouse de celui-ci, Karoline Auguste, née Charlotte princesse de Bavière ; *Ferdinandusia* Pohl (t. 108) à Ferdinand, archiduc d'Autriche, et *Antonia* Pohl (t. 109) à Anton Viktor, archiduc d'Autriche. L'ouvrage à la reliure luxueuse présenté ici provient de la bibliothèque privée de l'empereur François Ier.

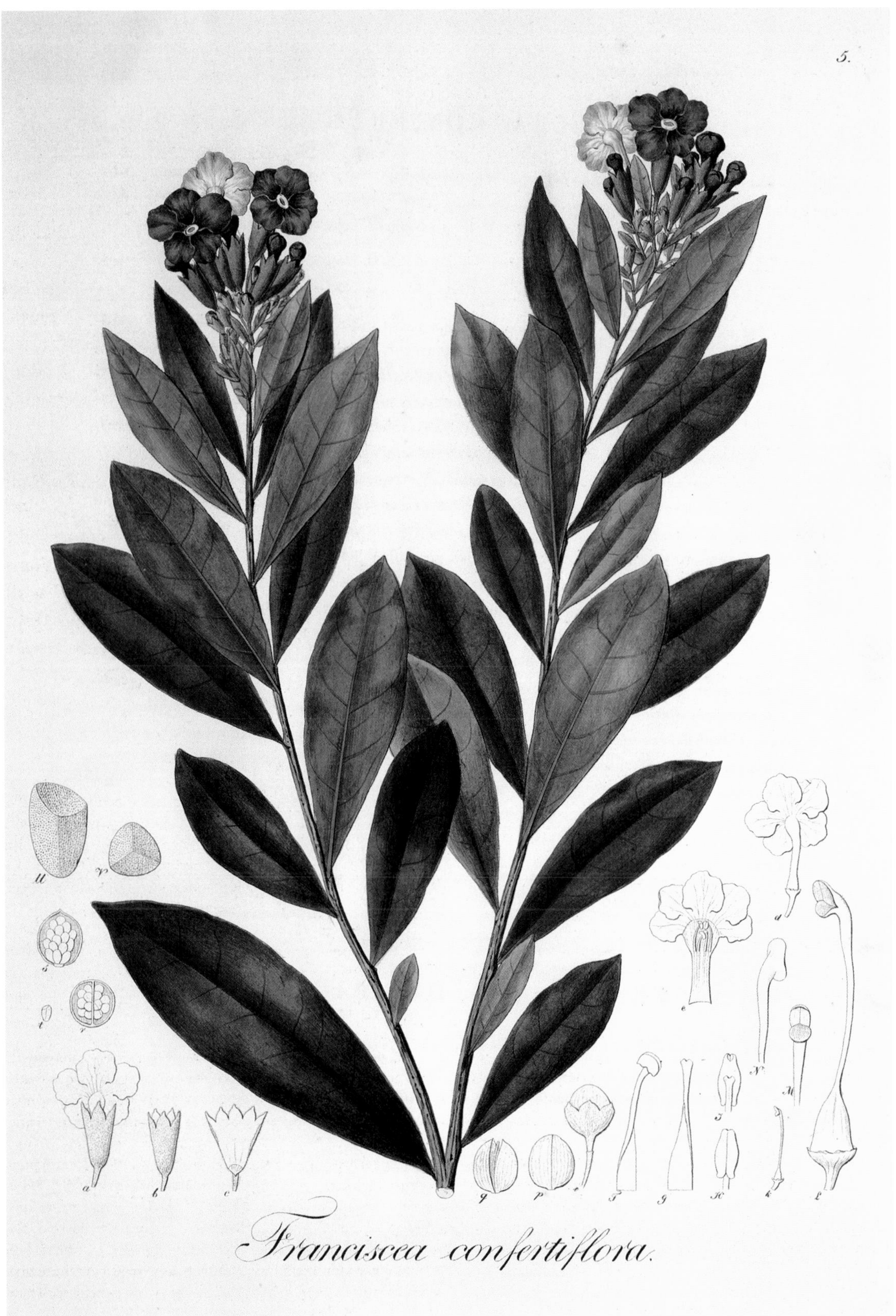
5.
Franciscea confertiflora.

t. 5

t. 57

t. 70

t. 100

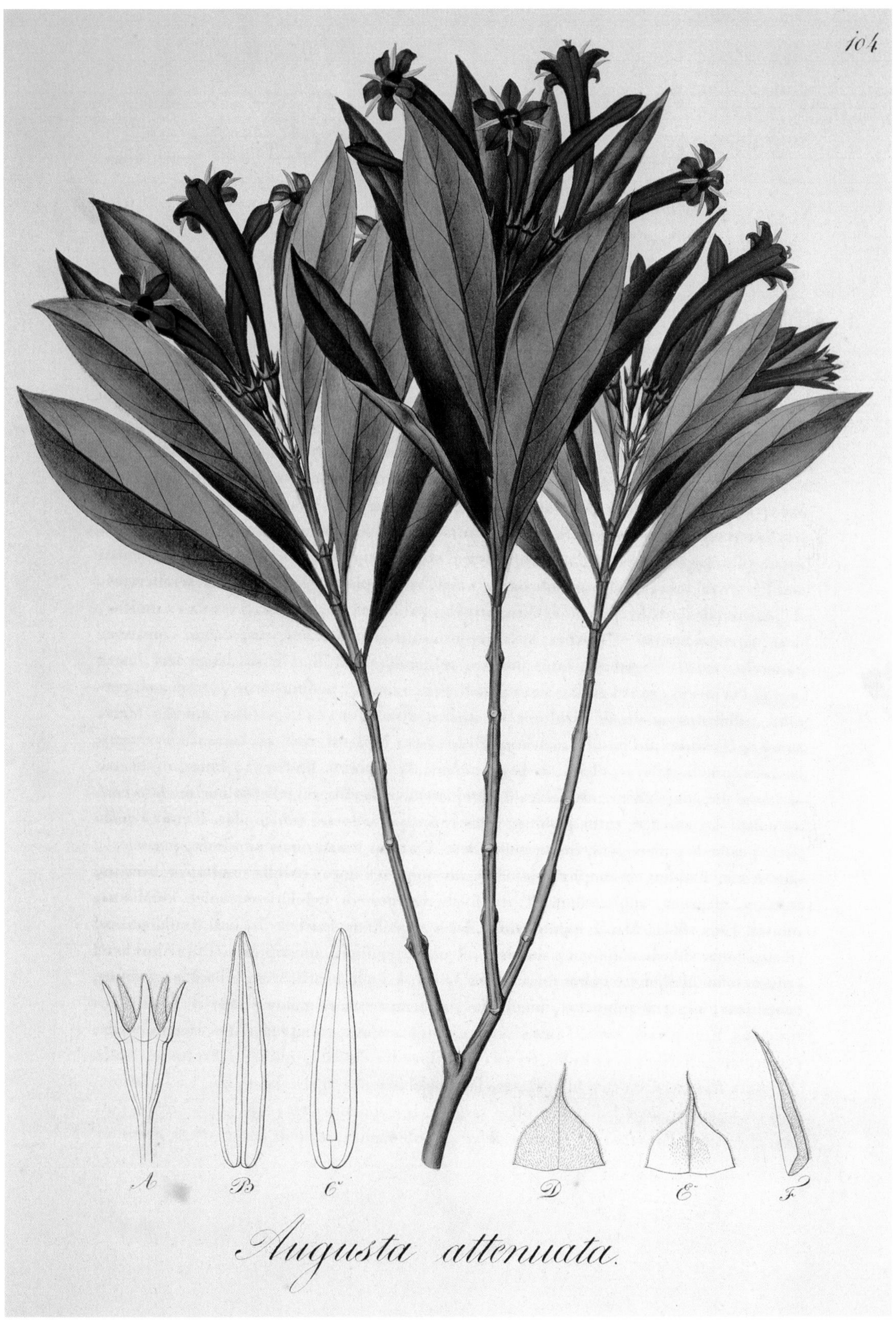


t. 104

t. 108

t. 109

t. 160

*t. 167*

# 69 *Johann Iebmayer Weidendarstellungen / Illustrations of willows / Représentations de saules*

[WIEN], A. 1828

POR 252.045-E (2 vol.)

Vielen Gartenfreunden ist die ostasiatische Gattung *Hosta* Tratt. ein Begriff, deren verschiedene Arten sich als spätblühende Bodendecker großer Beliebtheit erfreuen. Weniger bekannt ist die Tatsache, daß dieser Name an Nikolaus Thomas Host erinnert, einen der Leibärzte von Franz I., Kaiser von Österreich. Unter seiner Leitung stand der sogenannte Garten für österreichische Pflanzen im Belvedere (siehe Nr. 56).

Zusammen mit diesem Illustrator schuf Host ein vierbändiges Werk über die Gräser Mitteleuropas und ein einbändiges Werk über die Weiden (*Salix* sp.) Mitteleuropas. Das erste wurde unter dem Titel *Icones et descriptiones graminum austriacorum* in Wien in den Jahren 1801 bis 1809 gedruckt, das zweite als *Salix* im Jahre 1828. Aus dem Vorwort zu *Salix* geht hervor, daß Host die „Provinzen Österreichs" durchwandert, die Weiden am natürlichen Standort untersucht, in Kultur gebracht und zu allen Jahreszeiten beobachtet hatte, wobei seine besondere Aufmerksamkeit „den Kätzchen, den Kätzchenschuppen, den Nektarien, Staubblättern, Samen, Griffeln, Narben und Kapseln" galt. Die zu diesen Werken gehörigen Wasserfarbenmalereien von Iebmayer kamen in die Privatbibliothek von Franz I.; der erste Band der hier vorgestellten illuminierten Handschrift beinhaltet fertig ausgearbeitete Weidendarstellungen, der zweite teilkolorierte Graphitstiftzeichnungen, vereinzelt mit Anmerkungen in der Handschrift von Host versehen.

Many gardening enthusiasts have heard of the East Asian genus *Hosta* Tratt., of which various species enjoy considerable popularity as late-flowering ground cover. Less well known is the fact that this name commemorates Nikolaus Thomas Host, personal physician to Francis I, Emperor of Austria. He was also the director of the so-called Garden for Austrian Plants at Belvedere (see no. 56).

Together with Iebmayer, Host created a four-volume work on the grasses of Central Europe and a one-volume work on Central European willows (*Salix* sp.). The first was printed in Vienna between 1801 and 1809 under the title *Icones et descriptiones graminum austriacorum*, the second as *Salix* in 1828. It emerges from the foreword to *Salix* that Host had hiked through "the provinces of Austria", had examined the willows in their natural surroundings, had cultivated them, and observed them at all seasons; his particular interest was devoted to "catkins, catkin scales, nectaries, stamens, seeds, styles, stigmas and capsules". The watercolour paintings by Iebmayer belonging to these works came into the private library of Francis I. The first volume of the illuminated manuscript shown here displays completed illustrations of willows. The second volume shows partly coloured pencil drawings, some with notes in Host's handwriting.

Les amis des jardins sont nombreux à connaître le genre *Hosta* Tratt., originaire d'Extrême-Orient et dont quelques espèces tapissantes à floraison tardive sont très appréciées. On sait moins qu'elle doit ce nom à Nikolaus Thomas Host, un des médecins attitrés de l'empereur François Ier d'Autriche. Il dirigeait le Jardin des plantes autrichiennes au Belvédère (voir nº 56).

Avec l'aide de l'illustrateur Iebmayer, Host a réalisé un ouvrage en quatre volumes sur les graminées d'Europe centrale et un ouvrage en un volume sur les saules (*Salix* sp.) d'Europe centrale. Le premier fut imprimé à Vienne de 1801 à 1809 sous le titre *Icones et descriptiones graminum austriacorum*, le second sous le titre de *Salix* en 1828. L'introduction de *Salix* donne à savoir que Host a traversé les « provinces d'Autriche », analysé les saules dans leur milieu naturel, et les a cultivés et observés au fil des saisons. Ce faisant, il accorde une attention toute particulière aux « chatons, aux écailles des chatons, aux nectaires, aux étamines, à la semence, aux styles, aux stigmates et aux capsules. » Les illustrations à l'aquarelle réalisées par Iebmayer pour cet ouvrage rejoignirent la bibliothèque privée de François Ier. Le premier volume du manuscrit enluminé dont il est question ici montre des représentations accomplies de saules, le second des dessins au crayon en partie coloriés, parfois accompagnés d'annotations de la main de Host.

*vol. II, f. 35*

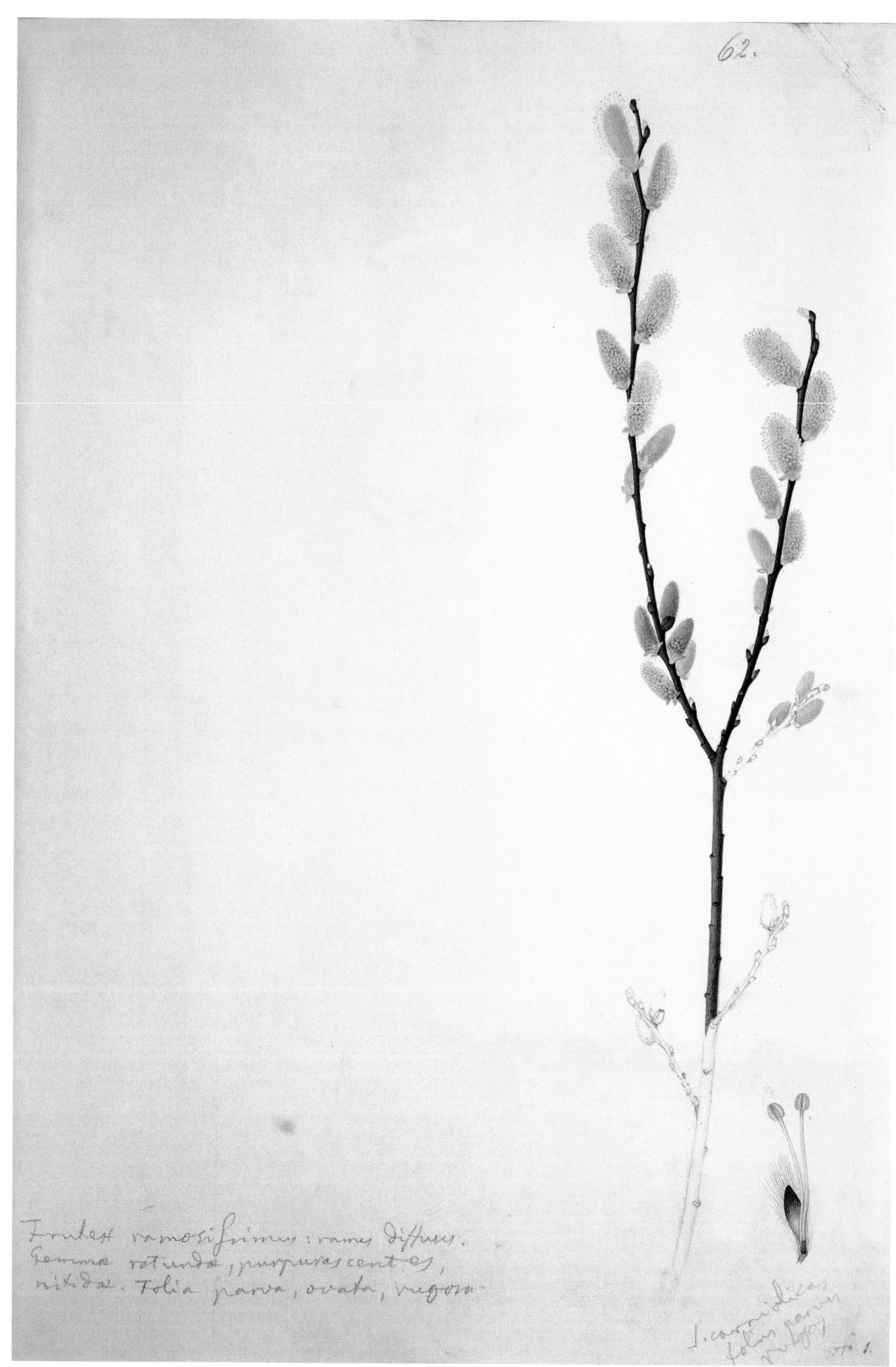
62.
Frutex ramosissimus: ramus diffusus.
Gemmae rotundae, purpurascentes,
nitidae. Folia parva, ovata, rugosa.

*vol. II, f. 62*

vol. II, f. 127

# 70 *Nathaniel Wallich Plantae Asiaticae rariores*

LONDON/PARIS/STRASBURGH [STRASBOURG], 1829–1832

POR 180.297-F Fid (3 vol.) Lit. 12

Nicht nur in China wurden Pflanzen nach europäischem Geschmack in naturgetreuen Abbildungen festgehalten, sondern auch in Indien. Hier waren der Botanische Garten von Kalkutta das wissenschaftliche Zentrum und die Direktoren dieser Institution die wichtigsten Auftraggeber. Der in Kopenhagen geborene Nathaniel Wallich (né Wulff) leitete die Einrichtung von 1817 bis 1846, aber schon im Jahre 1834 schrieb er: „Es geht mir sehr gut, aber ich bin krank, d. h. ich bin krank von Indien." Die Veröffentlichung seiner dreibändigen *Plantae Asiaticae rariores* mit 300 kolorierten Lithographien war zwei Jahre zuvor abgeschlossen worden. Der indische Pflanzenillustrator Gorchand hatte 146 Wasserfarbenmalereien geschaffen, sein Kollege Vishnupersaud (auch Vishnu Prasad) 109, doch ist über beide nur ihre elende Bezahlung bekannt – sie erhielten das Gehalt von Schreibkräften. Wegen der unzureichenden Erfahrung mit der neuen Drucktechnik der Lithographie ließ sich Wallich zu einem mehrjährigen Aufenthalt in England beurlauben, wo dann unter seiner Aufsicht gedruckt und koloriert wurde. Er ließ erstmals den Tohabaum (*Amherstia nobilis* Wall.; t. 1) abbilden, den er in der Nähe eines aufgelassenen Klosters am Salween-Fluß im heutigen Myanmar [Birma] gefunden und in den Botanischen Garten von Kalkutta gebracht hatte. Sein wissenschaftlicher Name erinnert an Comtess Amherst, die botanikbegeisterte Gattin des damaligen Generalgouverneurs von Indien, und ihre Tochter, Lady Sarah.

Not only in China were plants captured in lifelike illustrations according to European taste, but also in India. Here the Botanic Garden of Calcutta formed the academic centre, and the directors of this institution were the most important customers for plant illustrations. Nathaniel Wallich (né Wulff), who was born in Copenhagen, served as director from 1817 to 1846. However, already in 1834 he wrote, "I am perfectly well – and yet I am sick – that is I am sick of India". The publication of his three-volume *Plantae Asiaticae rariores* with its 300 coloured lithographs had been completed two years earlier. The Indian plant illustrator Gorchand had done 146 watercolour paintings, and his colleague Vishnupersaud (also known as Vishnu Prasad) had done 109, but all that is known about these two is their miserable pay – they received the same salary as scribes. On account of his inadequate experience with lithography, the new printing method, Wallich took a leave of absence for several years in England, where he oversaw the printing and colouring. Wallich first had the orchid tree (*Amherstia nobilis* Wall.; t. 1) illustrated, which he had found near a derelict monastery on the Salween river in what is now Myanmar, and brought back to the Botanic Garden of Calcutta. Its scientific name refers to Countess Amherst, the enthusiastic botanist wife of the then Governor-General of India, and her daughter Lady Sarah.

Ce n'est pas seulement en Chine que les plantes furent représentées selon le goût européen, ce fut aussi le cas en Inde. Ici, le centre scientifique était le Jardin botanique de Calcutta et les principaux commanditaires les directeurs de l'institution. Nathaniel Wallich (Wulff à l'origine), né à Copenhague, dirigea l'institution de 1817 à 1846, mais dès 1834 il écrivait : « Je vais très bien, mais je suis malade, c'est-à-dire que je suis malade de l'Inde. » La publication de son ouvrage en trois volumes *Plantae Asiaticae rariores* illustré de 300 lithographies coloriées s'était achevée deux ans plus tôt. L'illustrateur botanique indien Gorchand avait réalisé 146 aquarelles, son collègue Vishnupersaud (dit aussi Vishnu Prasad) 109, mais on ignore tout des deux dessinateurs sauf le fait qu'ils reçurent un salaire de misère puisqu'ils furent rétribués comme des employés de secrétariat. Son expérience de la nouvelle technique de la lithographie étant insuffisante, Wallich se fit donner un congé de quelques années pour séjourner en Angleterre, où les planches furent alors imprimées et coloriées sous sa surveillance. Il fit représenter pour la première fois le toha (*Amherstia nobilis* Wall. ; t. 1) qu'il avait découvert à proximité d'un monastère près de la rivière Salouen en Myanmar actuelle et apporté au Jardin botanique de Calcutta. Son nom latin évoque celui de la comtesse Amherst, l'épouse férue de botanique du gouverneur général des Indes à cette époque, et sa fille, Lady Sarah.

*t. 1*

9
Vishnupersaud del.
Printed by Engelmann, Graf, Coindet & Co
M. Gauci lithog.
Curcuma Roscoeana

t. 9

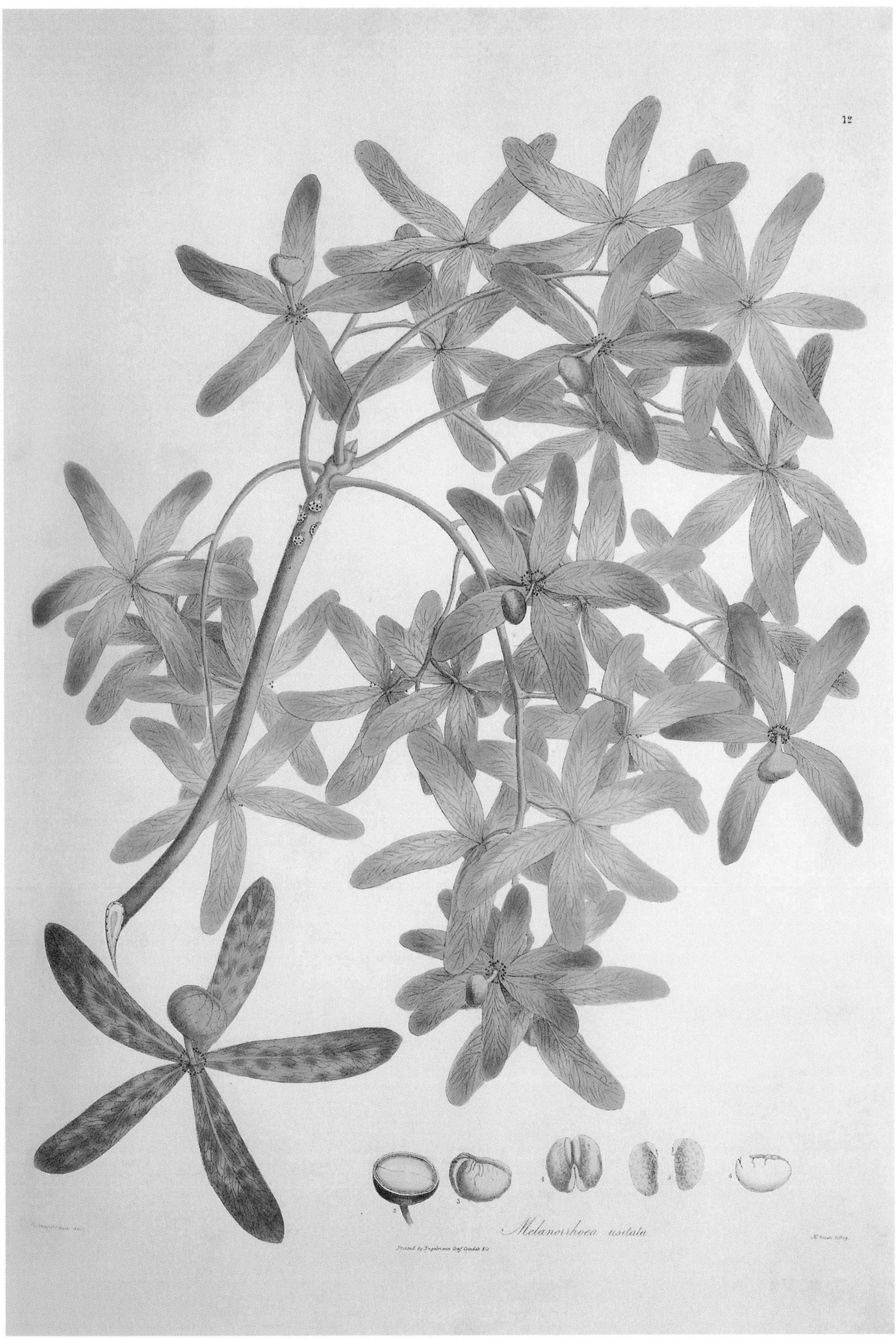
12
2
3
4
5
6
Melanorrhoea usitata

*t. 12*

*t. 40*

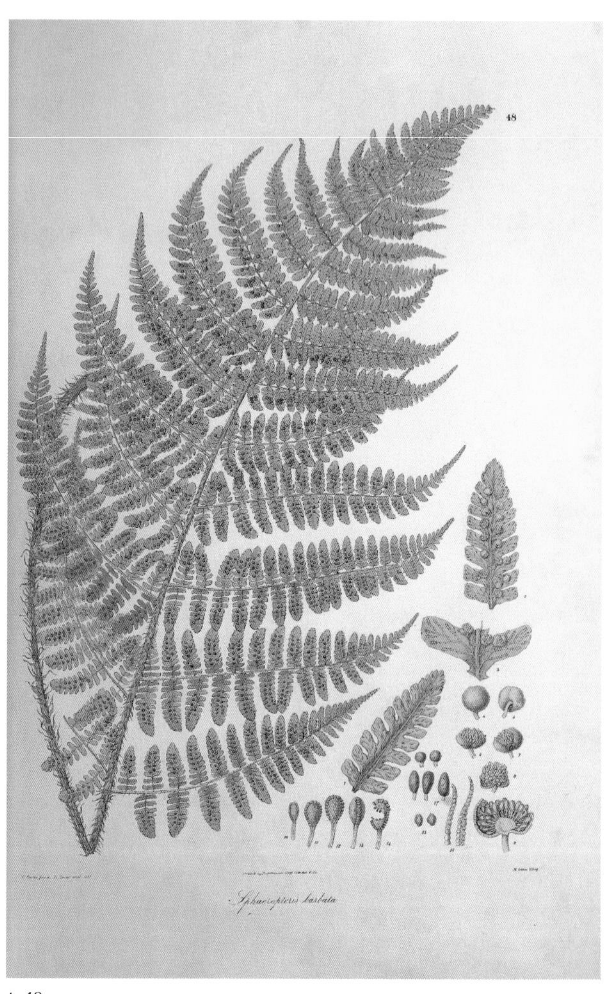

*t. 48*

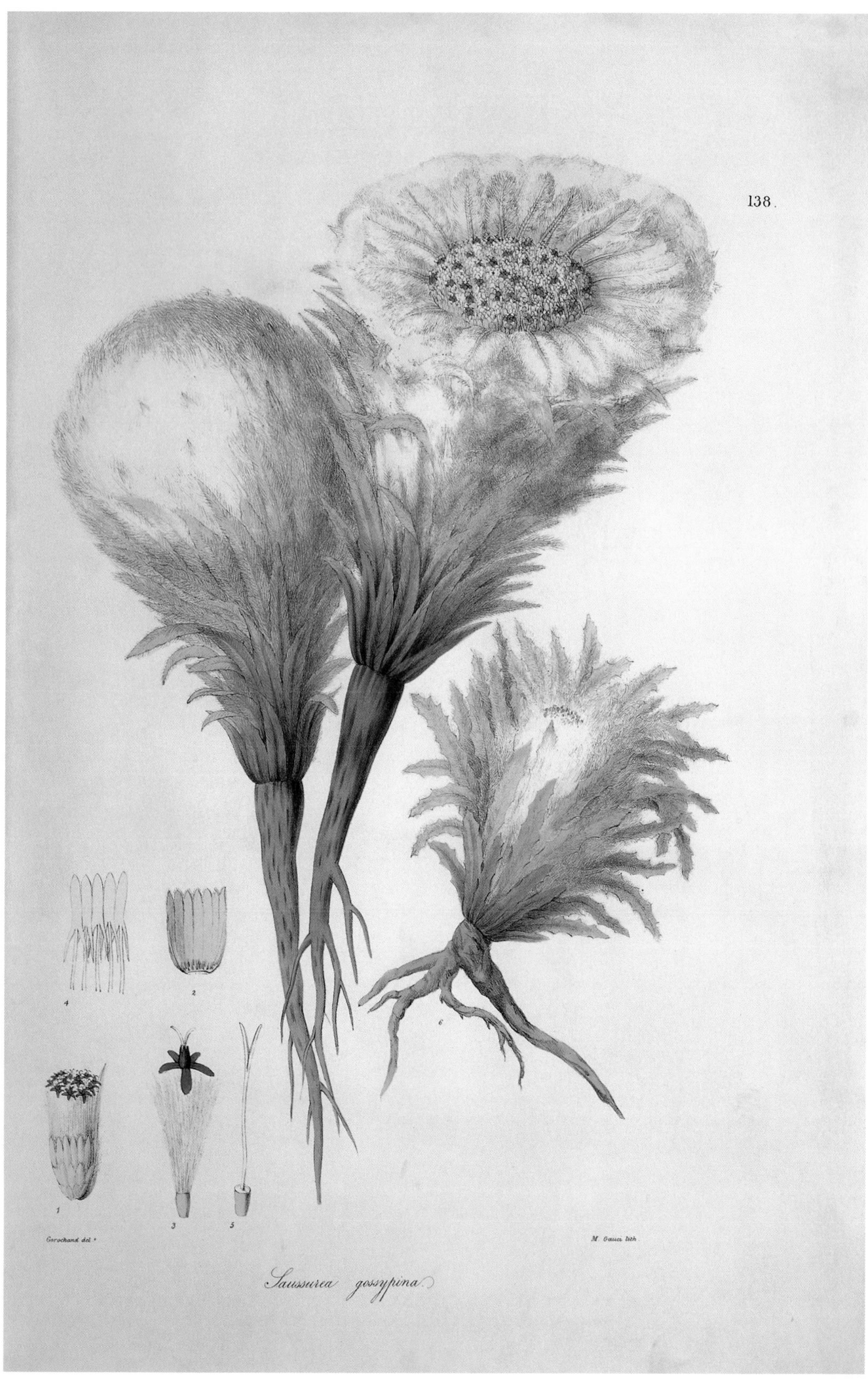


*t. 138*

212.
Prangos pabularia.
Printed by Engelmann, Graf, Coindet & Co.

t. 212

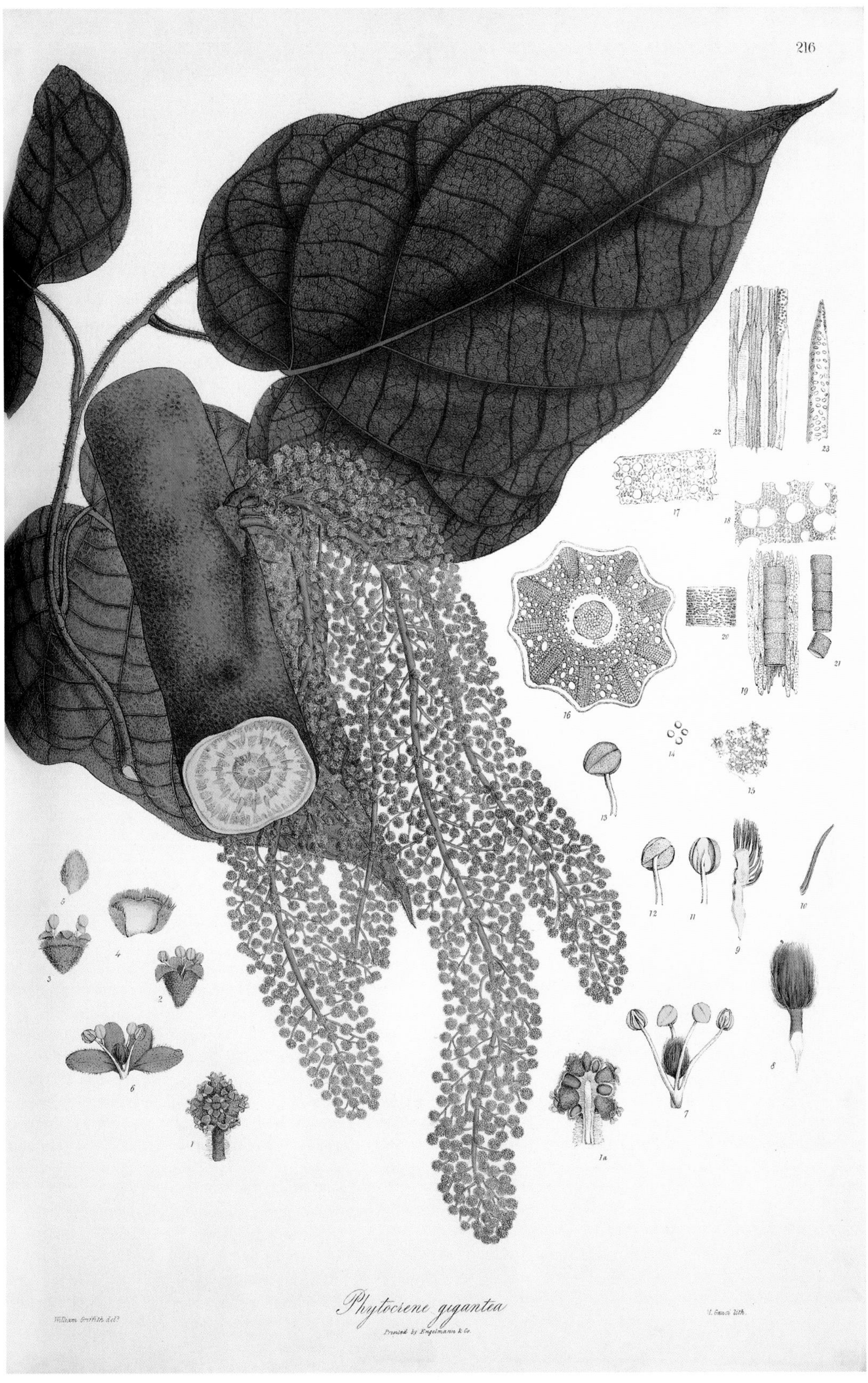

t. 216

# 71 *Francis Bauer Illustrations of orchidaceous plants*

LONDON, 1830–1838

SIAWD 177.312–D

Lit. 74

Orchideen hat Franz Bauer oft dargestellt – in seiner Jugend in Mähren und Niederösterreich natürlich vorkommende, später in England heimische sowie in Gewächshäusern kultivierte während seiner Tätigkeit in Kew, wo er in unmittelbarer Nähe des königlichen Gartens lebte. Wie niemand vor oder nach ihm hat er 50 Jahre lang den Reichtum dieses Gartens in Hunderten von Wasserfarbenmalereien von bewundernswerter Präzision und Detailgenauigkeit dokumentiert. Von den heute im Natural History Museum in London aufbewahrten Blättern wurde nur ein kleiner Teil veröffentlicht. Aus den während der Jahre 1792 bis 1832 entstandenen Orchideen-Darstellungen wählte John Lindley, der Vater der Orchideenkunde, 35 Tafeln aus und publizierte sie in London als kolorierte Lithographien unter dem Titel *Illustrations of orchidaceous plants by Francis Bauer.* Aus dem Vorwort geht klar hervor, daß Kostengründe für die Wahl des neuen Druckverfahrens ausschlaggebend waren, denn Kupferstiche hätten einen „großzügigen Monarchen und eine aufgeklärte Regierung“ zur Voraussetzung gehabt. Unter den dargestellten Orchideen findet sich die einzige vom Menschen direkt genutzte Vertreterin dieser Pflanzenfamilie – die Vanille (*Vanilla planifolia* Andrews, t. Genera 11), deren Duft und Geschmack bereits den Azteken bekannt waren.

Wie die meisten botanischen Abbildungswerke erschien auch dieser Band in Lieferungen. 80jährig erlebte Franz Bauer den Abschluß dieses Publikationsvorhabens, während die mit den Pflanzenabbildungen seines Bruders Ferdinand illustrierte *Flora Graeca* (Nr. 54) erst 14 Jahre nach dessen Tod vollendet war.

Franz Bauer frequently illustrated orchids – those growing naturally in Moravia and Lower Austria in his youth, those native in England and those cultivated in glass houses during his work at Kew, where he lived very close to the Royal Garden. Unlike anybody before or since, for 50 years, he documented the riches of this garden in hundreds of watercolour paintings of admirable precision and detail. Only a small proportion of the plates now preserved in the Natural History Museum in London was published. Of the illustrations of orchids produced during the years 1792–1832, John Lindley, father of the science of orchids, chose 35 plates and published these in London as coloured lithographs under the title *Illustrations of orchidaceous plants by Francis Bauer.* From the foreword it is clear that financial reasons were decisive for the choice of the new printing method, for “a generous monarch and an enlightened government” would have been a prerequisite for the use of copper plates. Among the orchids shown there is a representation of the only species of this plant family which is directly useful for man – vanilla (*Vanilla planifolia* Andrews, t. Genera 11), whose scent and flavour were already known to the Aztecs.

Like most books of botanical illustrations, this volume was also published in instalments. At the age of 80, Franz Bauer saw the end of this project, whereas the *Flora Graeca* (No. 54), illustrated by his brother Ferdinand, was not completed until 14 years after Ferdinand’s death.

Jeune homme, Franz Bauer dessinait les orchidées sauvages qui poussaient en Moravie et en basse Autriche ; ensuite, quand il habita tout proche du Jardin royal de Kew, il reproduisit celles qui poussaient en Angleterre et celles qui étaient cultivées en serres. Personne, avant et après lui, n’a documenté aussi bien pendant un demi siècle par des centaines d’aquarelles d’une précision admirable dans le détail la richesse de ce jardin. Seule une petite partie des feuillets conservés au Natural History Museum de Londres a été publiée. John Lindley, le fondateur des études méthodiques des orchidées révisa les illustrations de ces plantes réalisées de 1792 à 1832 et en sélectionna 35 qui furent publiées à Londres sous forme de lithographies coloriées dans un recueil intitulé *Illustrations of orchidaceous plants by Francis Bauer.* L’introduction indique sans détours que des raisons financières décidèrent du choix de la nouvelle méthode d’impression, car des gravures auraient demandé un « monarque généreux et un gouvernement éclairé ». Parmi les orchidées représentées, se trouve la seule et unique espèce de cette famille a être utilisée par l’homme – la vanille (*Vanilla planifolia* Andrews, t. Genera 11), dont les Aztèques appréciaient déjà l’odeur et la saveur.

Comme la plupart des ouvrages de botanique illustrés, ce volume parut lui aussi en livraisons. Franz Bauer avait 80 ans quand ce projet de publication s’acheva – la *Flora Graeca* (n° 54) illustrée par son frère Ferdinand ne fut terminée que 14 ans après la mort de celui-ci.

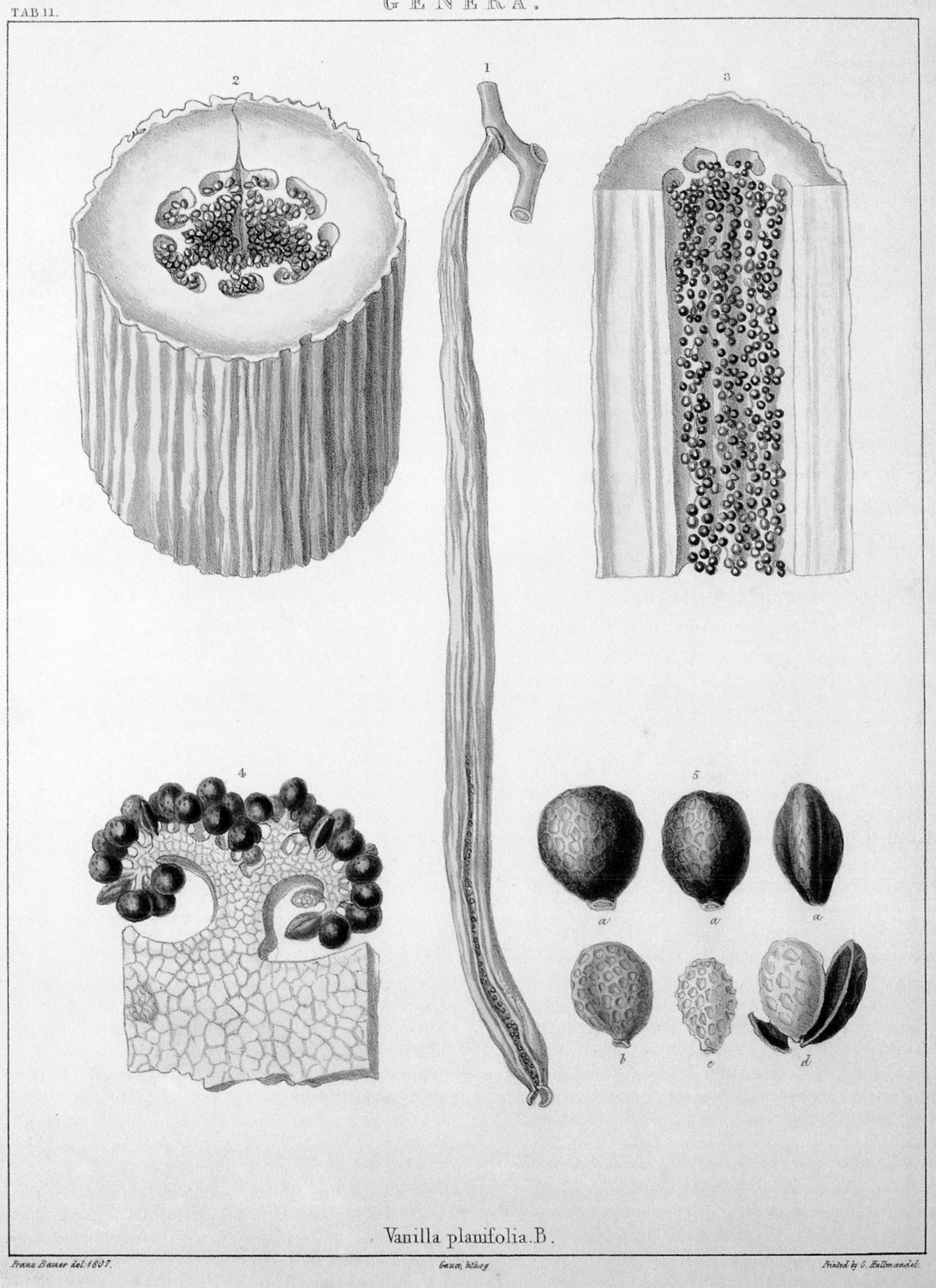
TAB 11.
GENERA.
1
2
3
4
5
a
a
a
b
c
d
Vanilla planifolia. B.
Franz Bauer del. 1807.
Gauci, lithog
Printed by C. Hullmandel.

*t. Genera 11*

## 72 Leopold Trattinick Die eßbaren Schwämme des Oesterreichischen Kaiserstaates, ed. 2

WIEN, 1830

POR 10122 (alte Signatur)

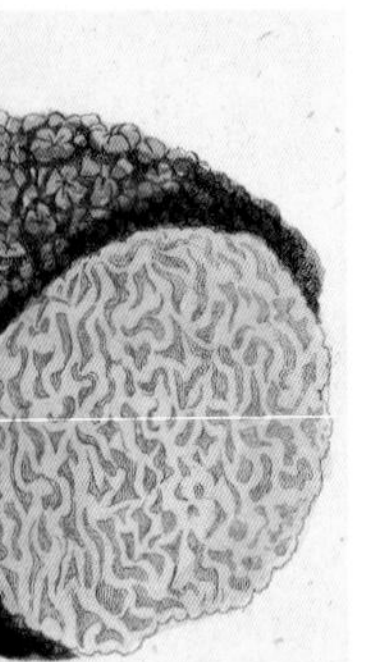

Das Inventar der Verlassenschaft von Ferdinand Bauer unterzeichnete Leopold Trattinick, der erste Kustos des von Franz I., Kaiser von Österreich, im Jahre 1807 gegründeten botanischen Hof-Kabinetts. Diese Sammlung war damals in unmittelbarer Nähe zur kaiserlichen Hofbibliothek im Gebäude der Hofburg untergebracht, ehe sie mit Zustimmung von Ferdinand I., Kaiser von Österreich (regierte 1835–1848), dem ältesten Sohn des Gründers, im Jahre 1844 in das sogenannte alte Museum im botanischen Garten der Universität Wien übersiedelt wurde.

Als Angehöriger einer wohlhabenden Familie verfügte Trattinick jahrzehntelang über die Mittel, teure botanische Werke ohne Rücksicht auf die Kosten zu publizieren. Sein besonderes Interesse galt den Pelargonien, den Rosen und den Pilzen. Der hier gezeigte Band ist die zweite, erweiterte Auflage eines im Jahre 1809 erstmals veröffentlichten illustrierten Werks mit dem gleichen Titel. Zu einem nicht exakt festzustellenden Zeitpunkt ließ Trattinick die als kolorierte Kupferstiche dargestellten Pilze auch als Modelle in gefärbtem Wachs arbeiten. Der Autor fand in der Fideikommissbibliothek eine 18 Stück umfassende, in drei Holzkistchen verpackte Serie, die „Cabinett der essbaren Schwämme" bezeichnet ist. Der Deckel der Kistchen ist aufschiebbar und mit einem gedruckten Inhaltsverzeichnis versehen, in dem wissenschaftlicher und umgangssprachlicher Name sowie die ökologischen Ansprüche der jeweiligen Arten angegeben sind. Die einzelnen Modelle sind mit Buchstaben gekennzeichnet und können so den ebenfalls mit Buchstaben bezeichneten Kupferstichen zugeordnet werden.

The inventory of Ferdinand Bauer's estate was signed by Leopold Trattinick, the first curator of the botanical Court Cabinet, founded by Francis I, Emperor of Austria, in 1807. At that time the collection was located directly adjacent to the Imperial Court Library in the Hofburg, before it was moved in 1844 into the so-called Old Museum in the University Botanic Garden in Vienna with the approval of Ferdinand I, Emperor of Austria (reigned 1835–1848), the eldest son of the founder.

As a member of a prosperous family, Trattinick had the means of publishing over a period of decades expensive botanical works without regard to the costs. His particular interests lay in pelargoniums, roses, and fungi. The volume shown here is the second, enlarged edition of an illustrated work of the same title that was first published in 1809. At an undetermined point in time, Trattinick had the fungi that were represented on coloured copperplate engravings also modelled in coloured wax. The author found a set comprising 18 pieces packed in three small wooden boxes described as the "Cabinet of Edible Fungi" in the Family Trust Library. The lids of the boxes, made to slide back, are provided with a printed list of contents, bearing the scientific and the common names, as well as the ecological requirements of the species concerned. The individual models are marked with letters, enabling them to be matched with the letters on the engravings.

C'est Leopold Trattinick, le premier conservateur du cabinet impérial de botanique créé par François Ier d'Autriche en 1807, qui signa l'inventaire de la collection laissée par Ferdinand Bauer. A l'époque, le cabinet se trouvait dans le bâtiment de la Hofburg, tout près de la bibliothèque impériale. En 1844, avec l'assentiment de l'empereur Ferdinand Ier (règne de 1835 à 1848) qui avait succédé à son père, ce cabinet fut transporté dans l'Alte Museum du Jardin botanique de l'Université de Vienne.

La famille de Trattinick était riche, et il eut les moyens de publier pendant des décennies des ouvrages botaniques onéreux sans se soucier des frais encourus. Il s'intéressait particulièrement aux pélargoniums, aux roses et aux champignons. Le volume présenté ici est la seconde édition élargie d'un ouvrage illustré paru pour la première fois en 1809 sous le même titre. A une date que l'on ne peut fixer exactement, Trattinick fit réaliser des modèles en cire d'après les champignons représentés sur les gravures coloriées. L'auteur a trouvé dans la Fideikommissbibliothek 18 modèles emballés dans une série de trois petites caisses de bois, dite le « Cabinet des champignons comestibles ». Les caisses sont munies d'un couvercle à glissière portant une étiquette qui indique leur contenu. Le nom scientifique et le nom latin y sont inscrits ainsi que les exigences écologiques de chaque espèce. Chaque modèle est marqué de lettres de l'alphabet et peut être ainsi associé à la gravure sur cuivre correspondante qui porte les mêmes lettres.

t. A

*m. N*

*m. G*

*m. E*

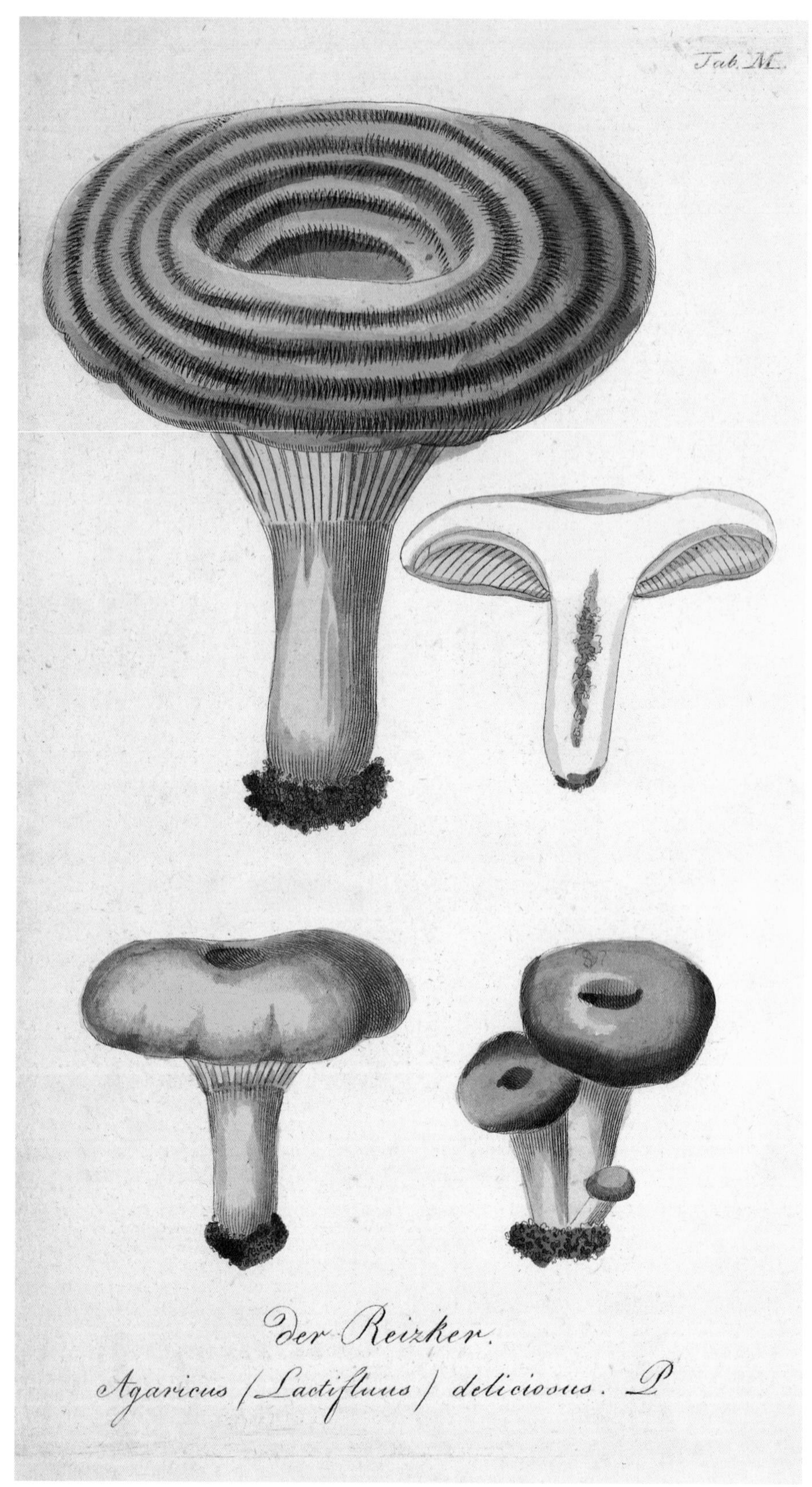


t. M

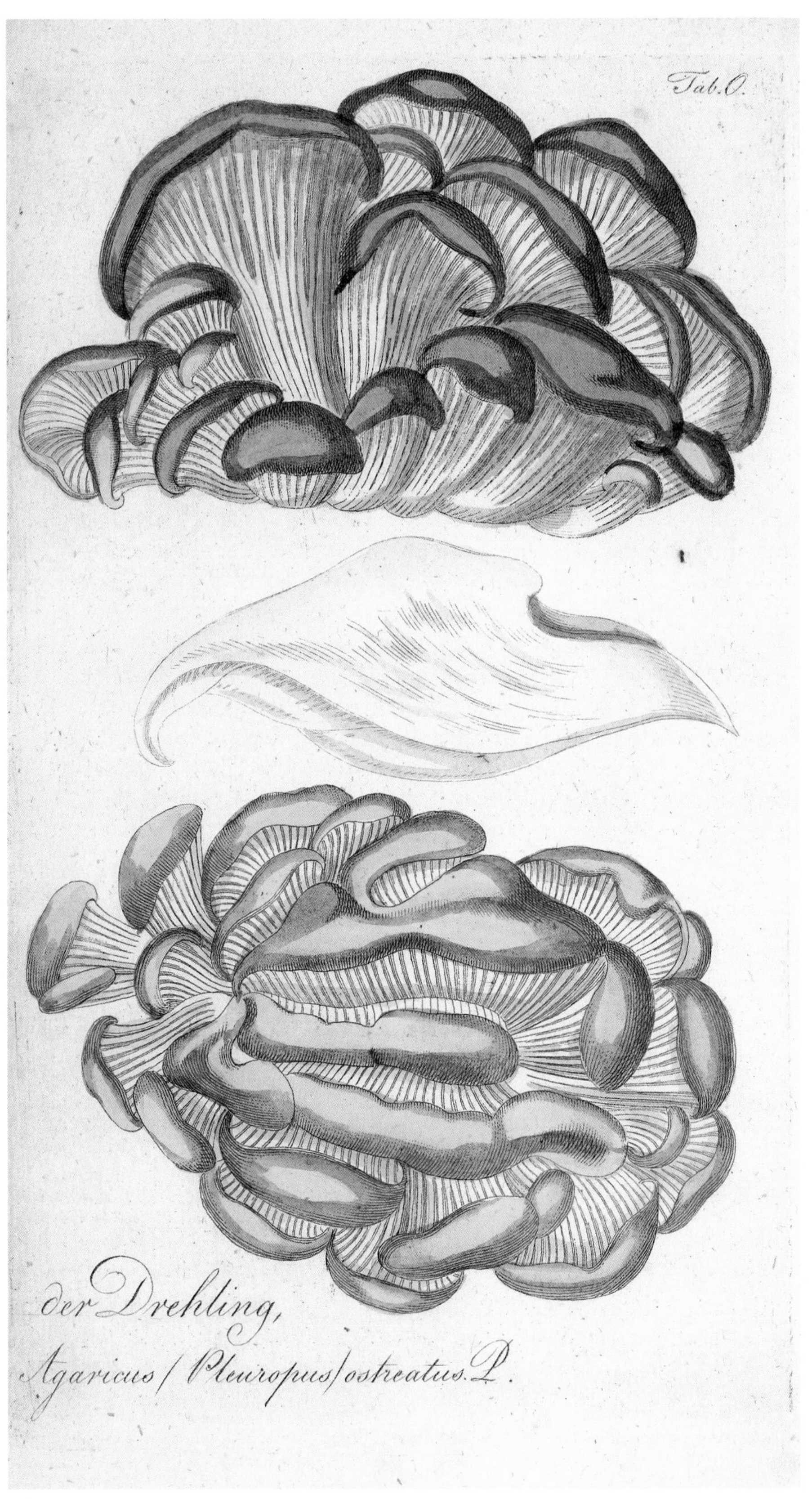


t. O

# 73 *Leopold Trattinick Fungi austriaci, ed. 2*

WIEN, C. 1830

POR 256.034–C Fid

Lit. 38

Klosterneuburg war im 18. Jahrhundert noch stärker als heute vom Weinbau geprägt. Der in dieser Kleinstadt geborene Trattinick muß daher von Kindheit an mit Weinfässern vertraut gewesen sein. In der ersten, in den Jahren 1804 bis 1806 erschienenen Auflage des hier gezeigten Werks beschrieb er erstmals einen Pilz, über dessen Vorkommen zu lesen ist: „Er ist nicht ganz gemein in Weinkellern, wo er an alten Fässern und an deren Unterlage hervorzutreiben pfleget, und zwar eben so wohl an vollen als an leeren. Da nun aber hier zu Lande alle[s] dasjenige was zur Aufbewahrung des Weines gehört, nur von Eichenholze gemacht wird, so scheint er zu dem großen Haufen derjenigen Schwämme zu zu gehören, die man als Parasyten der Eiche aufzuzählen befugt ist." Dieser heute *Ossicaulis lignatilis* (Pers.: Fr.) Redhead & Gibbs genannte Pilz ist in Weinkellern selten: 170 Jahre mußten vergehen, ehe er erneut an zum Teil über hundert Jahre alten Weinfässern beobachtet wurde – in Retz, Ziersdorf und Maissau. Die Abbildung dieses Pilzes (t. 14 links) aus der zweiten Auflage ist hier zu sehen.

Zu einem nicht genau bestimmbaren Zeitpunkt ließ Trattinick die in diesem Werk in kolorierten Kupferstichen dargestellten Pilze auch in Wachs modellieren. Die „Mycologisches Cabinett" bezeichnete Serie umfaßt sieben Lieferungen mit insgesamt 42 Modellen, die wie die Kupferstiche durchnumeriert sind und sich so leicht zuordnen lassen. In der Art der Ausführung und der Verpackung entspricht das „Mycologische Cabinett" dem „Cabinett der essbaren Schwämme" (Nr. 72). Wahrscheinlich stellte man diese Objekte in geringer Stückzahl her, doch ist zu bedenken, daß der gesamte Komplex der botanischen Modelle in Wachs, Porzellan, Papiermaché und Stein bisher nur ungenügend erforscht wurde.

In the 18th century, Klosterneuburg was even more strongly associated with wine-growing than it is today. Trattinick, who was born in this little town, must therefore have been familiar with wine-barrels since childhood. In the first edition of the work shown here (published in 1804–1806) he described for the first time a fungus, about whose occurrence we read, "It is fairly common in wine-cellars, where it usually grows on old barrels and underneath their bases, and indeed just as much on full ones as on empty ones. But as hereabouts what is used for keeping wine in is only made of oak, so it appears to belong to the great mass of fungi that are usually classed as parasites of the oak". This fungus, nowadays called *Ossicaulis lignatilis* (Pers.: Fr.) Redhead & Gibbs, is rare in wine-cellars – 170 years had to elapse before it was again observed on wine-barrels, some of which were more than a hundred years old in Retz, Ziersdorf and Maissau. The illustration of these fungi (t. 14, left) from the second edition can be seen here.

At some point, Trattinick also had the fungi that are represented in this work as coloured copperplate engravings modelled in wax. The set, known as the "Mycological Cabinet", comprises seven parts with a total of 42 models, which are numbered consecutively from beginning to end and therefore can be easily correlated. In its manner of construction and packing, the "Mycological Cabinet" corresponds to the "Cabinet of Edible Fungi" (No. 72). Such objects were probably only produced in small numbers; however, the complete complex of botanical models in wax, porcelain, papier-mâché and stone has not yet been fully researched.

Au XVIII$^{e}$ siècle, la petite ville de Klosterneuburg était encore plus marquée par la viticulture qu'elle ne l'est aujourd'hui. Trattinick y était né et a dû être familiarisé très tôt avec les barriques de vin. Dans la première édition, publiée dans les années 1804–1806, de l'ouvrage présenté ici, il décrit pour la première fois un champignon dont on peut lire qu'« il n'est pas tout à fait commun dans les caves à vin, où il a l'habitude de croître sur les vieux tonneaux et en dessous, qu'ils soient vides ou pleins. Mais comme tout ce qui a trait à la conservation du vin dans ce pays est fait de bois de chêne, il semble faire partie de la grande famille des champignons parasites du chêne. » Ce champignon, dont le nom scientifique est *Ossicaulis lignatilis* (Pers. : Fr.) Redhead & Gibbs, est rare dans les caves à vin : il fallut attendre 170 ans avant de pouvoir l'observer à nouveau sur des fûts dont certains avaient plus d'un siècle – à Retz, Ziersdorf et Maissau. L'illustration de ce champignon (t. 14, à gauche) présentée ici provient de la deuxième édition.

Trattinick fit également réaliser à une date que nous ignorons des modèles en cire des champignons représentés sur des gravures coloriées dans cet ouvrage. La série intitulée « Cabinet mycologique » comprend sept livraisons totalisant 42 modèles, numérotés comme les gravures sur cuivre et se laissant ainsi classer sans difficultés. Sur le plan de l'exécution et de l'emballage, le « Cabinet mycologique » correspond au « Cabinet des champignons comestibles » (n° 72). Ces modèles ont vraisemblablement été fabriqués en nombre restreint, il n'empêche que le fonds complet des modèles botaniques en cire, porcelaine, papier mâché ou en pierre n'a pas fait l'objet d'études assez poussées jusqu'ici.

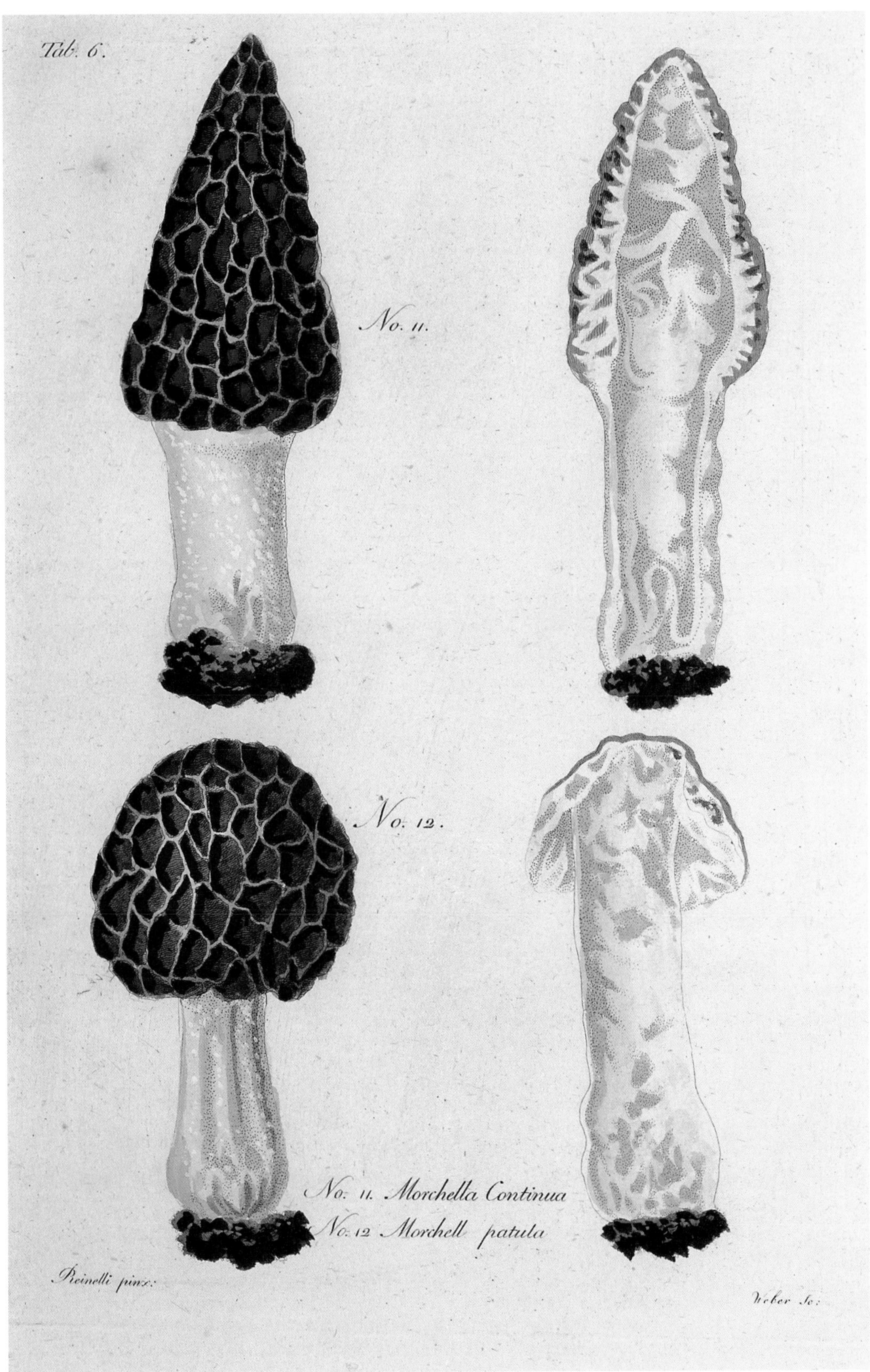
Tab. 6.
No. 11.
No. 12.
No. 11. Morchella Continua
No. 12 Morchell patula
Reinelli pinx.
Weber Sc.

t. 6

*m. 11, 12*

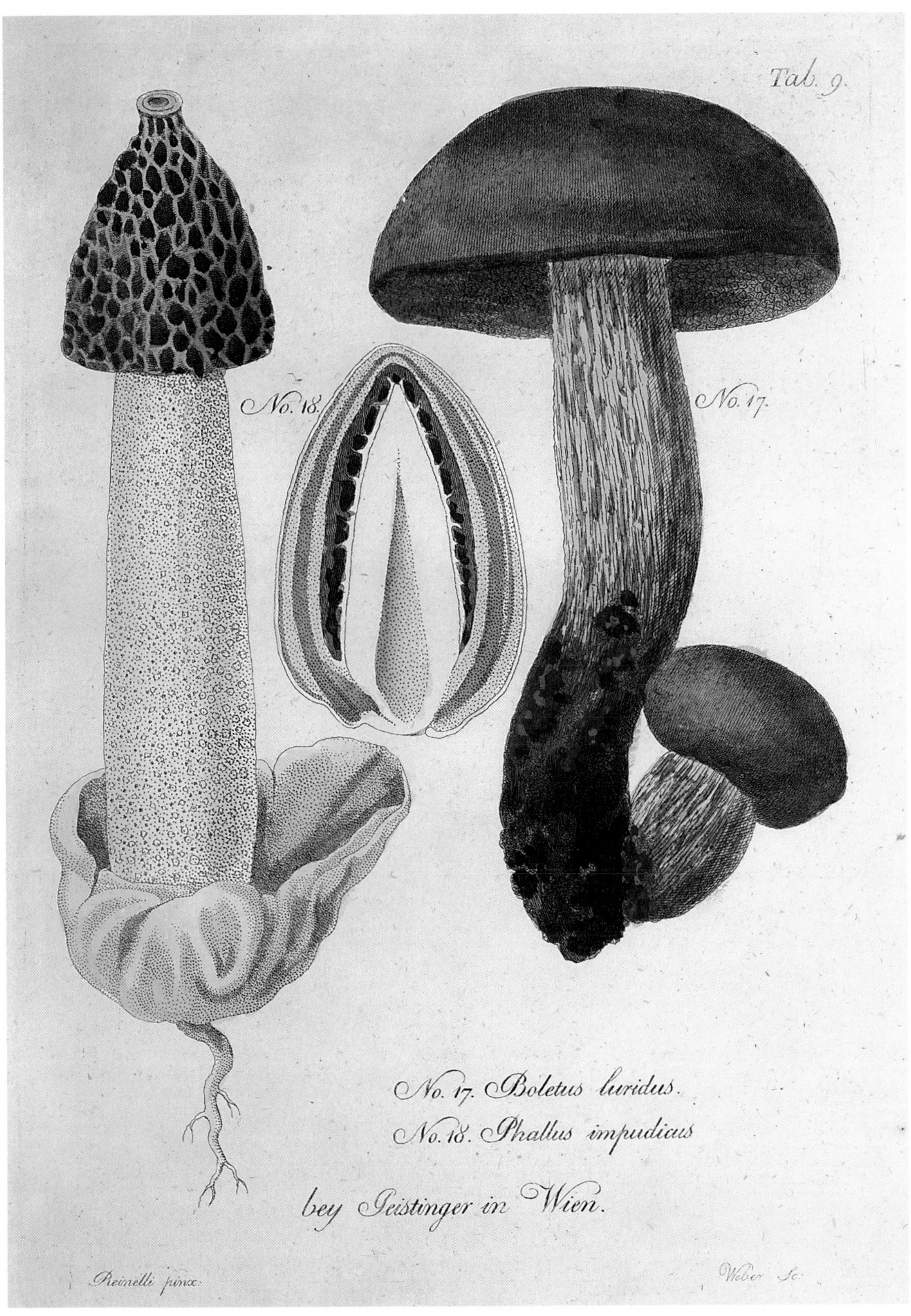
Tab. 9.
No. 18.
No. 17.
No. 17. Boletus luridus.
No. 18. Phallus impudicus
bey Geistinger in Wien.
Reinelli pinx.
Weber Sc.

t. 9

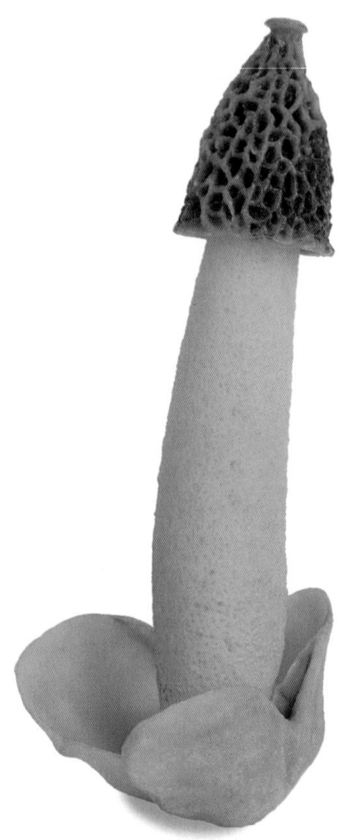

*m. 18*

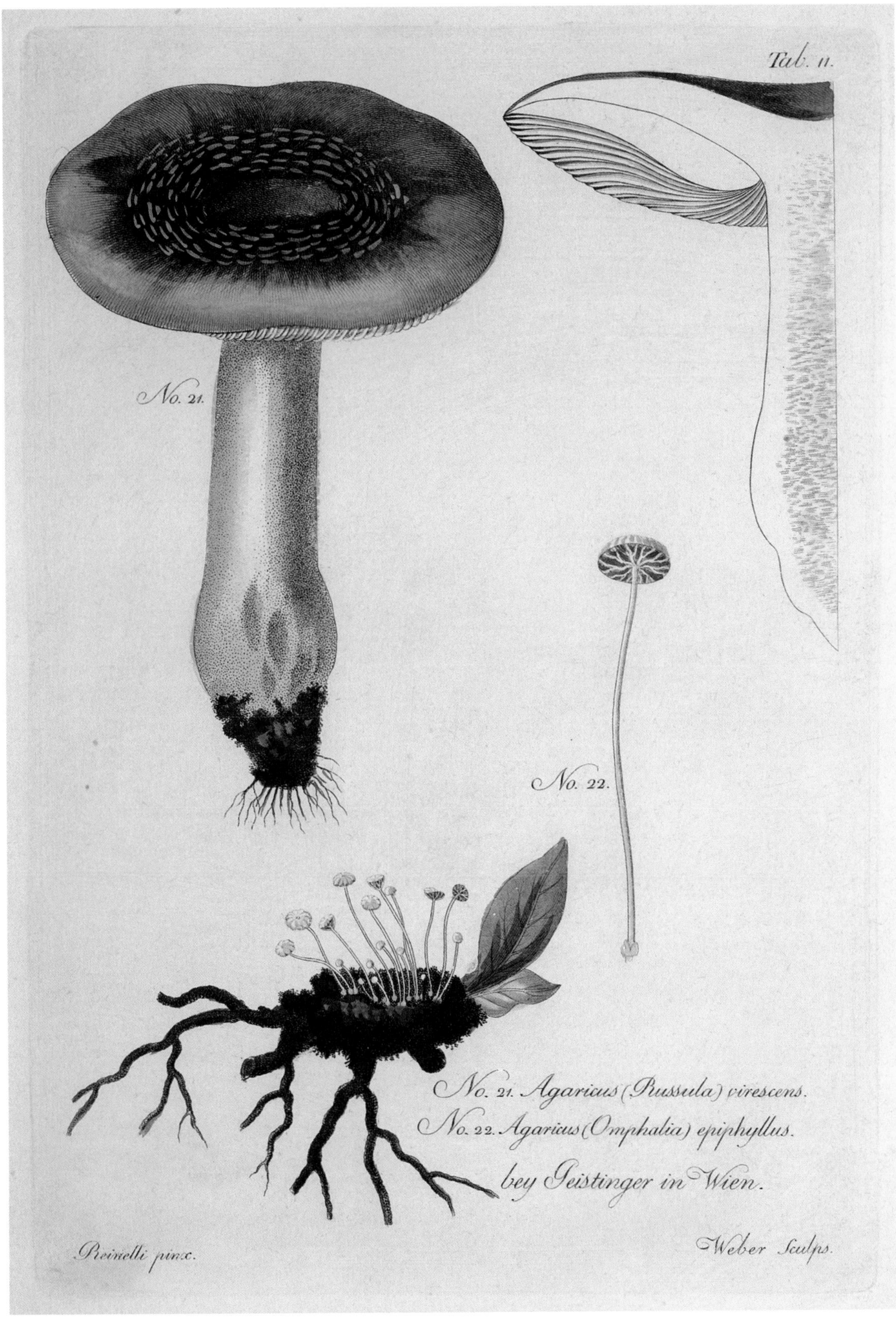
Tab. 11.
No. 21.
No. 22.
No. 21. Agaricus (Russula) virescens.
No. 22. Agaricus (Omphalia) epiphyllus.
bey Geistinger in Wien.
Peirielli pinx.
Weber Sculps.

t. 11

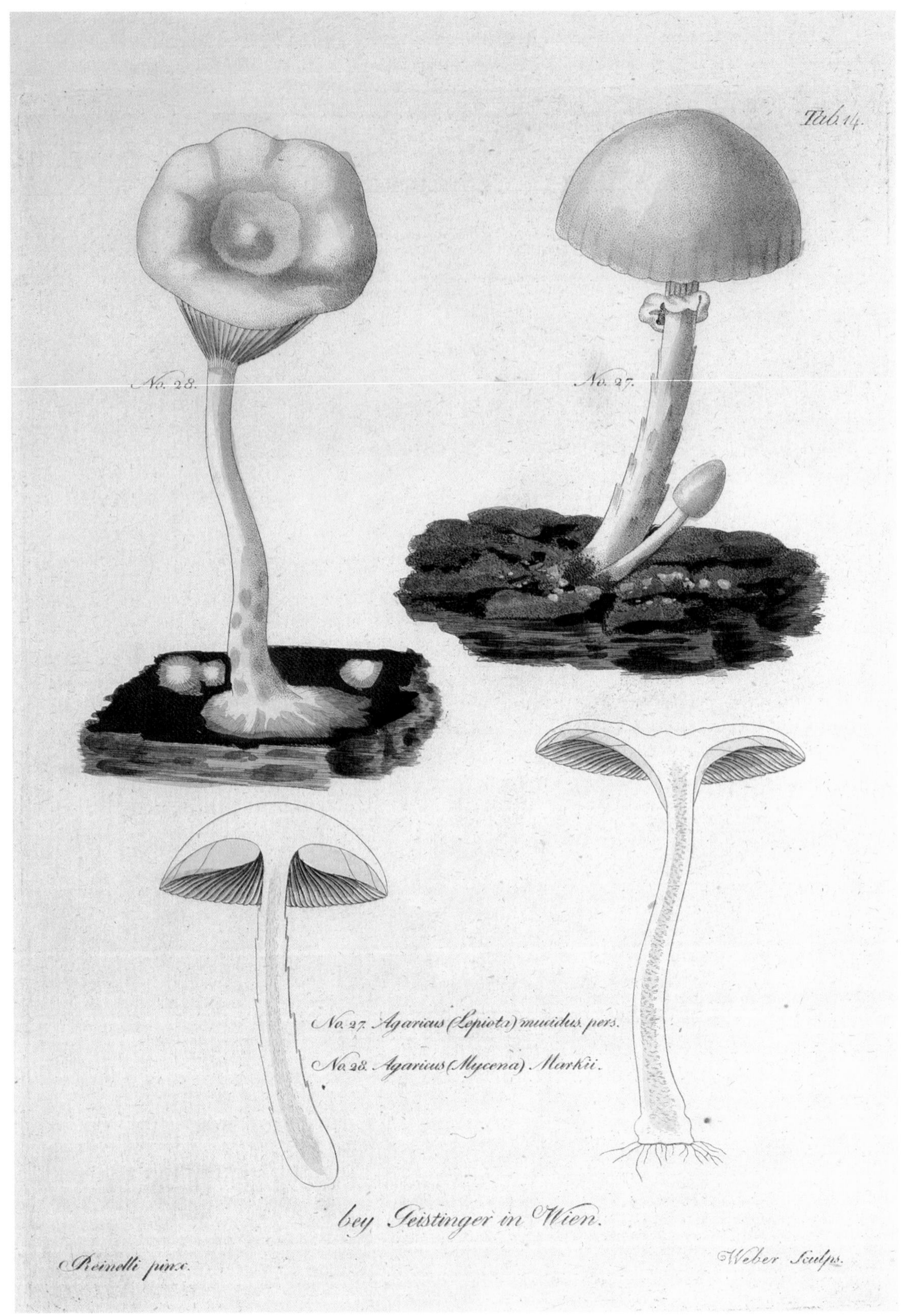
Tab. 14.
No. 28.
No. 27.
No. 27. Agaricus (Lepiota) mucidus. pers.
No. 28. Agaricus (Mycena) Markii.
bey Geistinger in Wien.
Reinelli pinx.
Weber Sculps.

t. 14

Tab. 17.
No. 34.
No. 33.
No. 33. Agaricus (Russula) rosaceus Pers.
No. 34. Boletus edulis Pers.

*t. 17*

# 74 *Heinrich Wilhelm Schott & Stephan Endlicher*
# *Meletemata botanica*

VINDOBONAE [WIEN], 1832

POR 29040 (alte Signatur) Lit. 22

So wie Pohl seine Erinnerungen als *Reise im Innern von Brasilien* veröffentlichte, so tat dies auch Heinrich Wilhelm Schott, unter dem Titel *Tagebücher des k. k. Gärtners, Hrn. H. Schott, in Brasilien*; und so wie Pohl seine großformatigen *Plantarum Brasiliae icones* (Nr. 68) publizierte, verfaßte Schott zusammen mit dem damals an der kaiserlichen Hofbibliothek tätigen Stephan Endlicher seine großformatigen *Meletemata botanica*. Das Werk ist Nathaniel Wallich (siehe Nr. 70) gewidmet und enthält die Beschreibung von fünf neuen Gattungen – von dreien hatte Schott Material in Brasilien, von zwei weiteren Ferdinand Bauer Material auf der Insel Norfolk gesammelt. Die hier aufgeschlagene Tafel zeigt eine holoparasitische, chlorophylllose Blütenpflanze, die in feuchten Tropenwäldern im Südosten von Brasilien vorkommt und in diesem Werk ihren bis heute verbindlichen wissenschaftlichen Namen *Lophophytum mirabile* Schott & Endl. (t. 1) erhielt. Im Gelände war Schott von keinem Pflanzenillustrator begleitet worden, denn die kolorierte Lithographie trägt den Vermerk „ex sicco del." [in trockenem Zustand gezeichnet]. Die *Meletemata botanica* wurden in einer Auflage von 50 Stück gedruckt und waren nicht zum Verkauf bestimmt. Das hier gezeigte kolorierte Exemplar stammt aus der Privatbibliothek von Franz I., Kaiser von Österreich. Im Jahre 1964 stellte die Firma J. Cramer in Weinheim einen Nachdruck in einer Auflage von hundert Exemplaren her, der als Weihnachtsgeschenk an Kunden verteilt wurde.

Just as Pohl published his memoirs as *Journey in the Interior of Brazil*, Heinrich Wilhelm Schott wrote his under the title *Diaries of the Imperial Royal Gardener, Mr H. Schott, in Brazil*; and just as Pohl published his *Plantarum Brasiliae icones* (see No. 68) in large format, so Schott wrote a large-format work *Meletemata botanica* together with Stephan Endlicher, who at that time was working at the Imperial Court Library. The work is dedicated to Nathaniel Wallich (see No. 70) and contains the descriptions of five new genera. Schott had collected material of three of these in Brazil, and Ferdinand Bauer had collected material of the other two on Norfolk Island. The plate displayed here shows a holoparasitic flowering plant, devoid of chlorophyll, which occurs in the damp tropical forests in south-eastern Brazil, and which in this work got the scientific name *Lophophytum mirabile* Schott & Endl. (t. 1), a name still valid today. Schott was not accompanied by a plant illustrator in the field, for the coloured lithograph bears the note "ex sicco del." (drawn in dry state). The *Meletemata botanica*, printed in an edition of 50 copies, was not intended to be sold. The coloured copy shown here comes from the Private Library of Francis I, Emperor of Austria. In 1964 the firm of J. Cramer in Weinheim produced a reprint in an edition of a hundred copies, which were distributed to customers as Christmas presents.

Suivant l'exemple de Pohl qui publia ses souvenirs sous le titre *Reise im Innern von Brasilien* (Voyage au cœur du Brésil), Heinrich Wilhelm Schott publia son journal de voyage intitulé *Tagebücher des k. k. Gärtners, Hrn. H. Schott, in Brasilien*, et tout comme Pohl avait publié en grand format ses *Plantarum Brasiliae icones* (voir n° 68), Schott rédigea avec l'aide de Stephan Endlicher, employé à la bibliothèque impériale, des *Meletemata botanica* de belles dimensions. L'ouvrage est dédié à Nathaniel Wallich (voir n° 70) et on y trouve la description de cinq nouveaux genres – trois d'entre eux avaient été recueillis par Schott lui-même au Brésil, deux autres sur l'île de Norfolk par Ferdinand Bauer. La planche présentée ici montre une plante à fleur holoparasite sans chlorophylle qui pousse dans les forêts tropicales humides du Sud-Est brésilien. Elle a reçu dans cet ouvrage le nom scientifique encore en usage aujourd'hui : *Lophophytum mirabile* Schott & Endl. (t. 1). Aucun dessinateur n'accompagnait Schott sur le terrain, en effet la lithographie coloriée porte l'annotation « ex sicco del. » [dessinée d'après un spécimen desséché]. Les *Meletemata botanica* furent imprimés en 50 exemplaires et n'étaient pas destinés à la vente. L'exemplaire colorié présenté ici provient de la bibliothèque privée de l'empereur François Ier d'Autriche. En 1964, la maison J. Cramer de Weinheim en fit réaliser une nouvelle édition en 100 exemplaires qui furent offerts aux clients lors des fêtes de Noël.

1.
1.
2.
3.
4.
5.
Zehner ex sicco del
ex offic. lith. Mansfeld et Comp
M Fahrmbacher sculps.
Lophophytum mirabile.

t. 1

# 75 John Forbes Royle *Illustrations of the botany ...*

LONDON, 1833–1840

SIAWD 177.290–D (2 vol.)

Lit. 12, 36, 58

Die schneebedeckten Gebirgsketten des Himalaja auch nur von Ferne zu sehen ist ein unvergeßliches Erlebnis. Es verwundert daher nicht, daß man als Frontispiz zum Tafelband der *Illustrations of the botany and other branches of the natural history of the Himalayan Mountains and of the flora of Cashmere* eine kolorierte Lithographie mit einer Ansicht dieses Gebirges auswählte. Sie zeigt den Blick von Almora auf die Siebentausender an der indisch-nepalesischen Grenze. Autor des Werks ist der englische Arzt John Forbes Royle, der den Botanischen Garten im nahen Saharunpore geleitet hatte. Selbst lange nach Royles Rückkehr nach London war die Anlage offenbar in einem sehr guten Zustand, wie aus der Schilderung eines Besuchers hervorgeht: „Wäre die Luft etwas feuchter, der Himmel wolkiger gewesen, und hätte man auf den Wegen das Unkraut besser entfernt, so hätte ich glauben können, mich in einer Gartenanlage eines Connaisseurs der ersten Klasse in England zu befinden."

Bald zum Vizepräsidenten der hochangesehenen und einflußreichen Royal Society in London gewählt, publizierte Royle das hier gezeigte zweiteilige Werk. Die kolorierten Lithographien wurden in England nach den naturgetreuen Wasserfarbenmalereien mehrerer Pflanzenillustratoren hergestellt, unter ihnen Vishnupersaud (siehe Nr. 70), auf den auch die aufgeschlagene Tafel zurückgeht. Ihm verdankt man zudem die erste Abbildung des Drüsigen Springkrauts (*Impatiens glandulifera* Royle). In seiner natürlichen Verbreitung auf ein kleines Areal in Pakistan und Kaschmir beschränkt, ist es heute, eingeschleppt, in weiten Teilen Europas und Nordamerikas zu finden.

It is an unforgettable experience to see the snow-covered chain of the Himalayas, even from a distance. It is therefore not surprising that a coloured lithograph with a view of these mountains was chosen as a frontispiece for the volume of plates of *Illustrations of the botany and other branches of the natural history of the Himalayan Mountains and of the flora of Cashmere.* It presents a view from Almora to the 23,000-ft. mountains on the Indo-Nepalese frontier. The author was the English doctor John Forbes Royle, who had been in charge of the botanic garden in nearby Saharunpore. Even long after his return to London, the garden apparently still remained in very good condition, as is clear from the observation of a visitor: "had the air been a bit damper, the sky more cloudy, and the walks better weeded, I might have fancied myself in the grounds of a first class connoisseur in England."

Soon after his election as vice-president of the highly respected and influential Royal Society in London, Royle published the two-part work shown here. The coloured lithographs were made in England from lifelike watercolour paintings by several plant illustrators, amongst them Vishnupersaud (see No. 70), who also produced the plate displayed. The first illustration of Indian balsam (*Impatiens glandulifera* Royle) is also his work. In its natural habitat, this balsam is restricted to a small area in Pakistan and Kashmir, but it can be found nowadays as an introduced plant across large areas of Europe and North America.

Admirer les cimes neigeuses de l'Himalaya, même de loin, est une expérience inoubliable. Rien d'étonnant donc si une lithographie coloriée montrant cette montagne a été choisie pour illustrer le frontispice du volume des planches des *Illustrations of the botany and other branches of the natural history of the Himalayan Mountains and of the flora of Cashmere.* Elle montre l'immense chaîne de montagne à la frontière indo-népalaise vue d'Almora. L'auteur de cet ouvrage est le médecin anglais John Forbes Royle qui avait dirigé le Jardin botanique de Saharunpore situé à proximité. Bien longtemps après le retour de Royle à Londres, le jardin était très bien entretenu comme le fait remarquer un visiteur : « Si l'air avait été un peu plus humide, le ciel un peu plus couvert, et si on avait mieux ôté les mauvaises herbes des sentiers, j'aurais pu me croire dans le jardin d'un connaisseur de premier rang en Angleterre. »

Bientôt élu vice-président de la vénérable et influente Royal Society de Londres, Royle publia l'ouvrage en deux volumes présenté ici. Les lithographies coloriées furent réalisées en Angleterre d'après les aquarelles d'après nature de plusieurs illustrateurs, dont Vishnupersaud (voir n° 70), qui est l'auteur de la planche présentée ici. Nous lui devons aussi la première représentation de la balsamine glanduleuse (*Impatiens glandulifera* Royle). Cette plante, dont l'habitat naturel est une zone restreinte limitée au Cachemire et au Pakistan, s'est aujourd'hui répandue dans une grande partie de l'Europe et de l'Amérique du Nord.

vol. II, t. 57

ROYLE 19. JAHRHUNDERT | 19TH CENTURY | 19E SIÈCLE

# 76 *Philipp Franz Siebold Flora Japonica*

LUGDUNI BATAVORUM [LEIDEN], 1835–1870

 Lit. 47

Als Arzt der Ostindischen Handelskompanie auf der Insel Deshima im Hafen von Nagasaki war Philipp Franz Siebold der bedeutendste Nachfolger von Engelbert Kaempfer (Nr. 25). Wegen des großen Interesses an „rangaku“ [westlichem Wissen] gestattete man Siebold sogar, auf dem Festland eine Schule zu gründen, in der er Japanern medizinischen Unterricht erteilte. Bei einem seiner Patientenbesuche lernte er ein 16jähriges Mädchen namens O-Taki-San kennen, mißverstand aber ihren Namen und nannte sie „Otakusa“. Aus dieser Begegnung entstand die erste deutsch-japanische Beziehung, eine Eheschließung wurde aber von den japanischen Behörden untersagt. Da O-Taki-San ihrem Geliebten dauernd nahe sein wollte, auf Deshima sich aber nur japanische Prostituierte aufhalten durften, ließ sich die junge Frau einen Ausweis als Prostituierte ausstellen. Aus dieser Verbindung stammt die Tochter I-Ine, die Siebold erst Jahrzehnte später wiedersehen sollte – sie war die erste Ärztin Japans geworden.

Im Juli 1830 nach Europa zurückgekehrt, ließ sich Siebold in Leiden nieder, heiratete Ida Carolina Helene von Geldern und befaßte sich während der folgenden zwei Jahrzehnte mit der Veröffentlichung der Forschungsergebnisse, die er im Land der aufgehenden Sonne gesammelt hatte und die ihn zum Begründer der Japanologie machen sollten. Sein wichtigstes botanisches Werk ist die unvollendet gebliebene *Flora Japonica.* Neun Jahre nach Siebolds Rückkehr aus Deshima widmete er seiner früheren Geliebten eine der spektakulärsten Pflanzen Japans – *Hydrangea otaksa* Sieb. (t. 52; heute *H. macrophylla* (Thunb.) Ser. s. l.).

Philipp Franz Siebold, a doctor with the East India Company on the island of Deshima in Nagasaki harbour, was the most important successor to Kaempfer (No. 25). Because of the great interest in *rangaku* (western knowledge), Siebold was even allowed to establish a school on the mainland, where he gave medical instruction to the Japanese. On one of his visits to patients, he got to know a 16-year-old girl named O-Taki-San, but misunderstood her name and called her "Otakusa". From this meeting arose the first Germano-Japanese relationship, but marriage was forbidden by the Japanese authorities. As O-Taki-San wanted to remain close to her beloved, but only Japanese prostitutes were allowed to stay on Deshima, the young woman obtained a prostitute's license. This union resulted in a daughter I-Ine, whom Siebold was to see decades later – she had become the first woman doctor in Japan.

Returning to Europe in July 1830, Siebold settled in Leiden, married Ida Carolina Helene von Geldern, and for the next two decades devoted himself to the publication of the results of the investigations which he had made in the Land of the Rising Sun and which were to make him the founder of Japanese studies. His most important botanical work is the *Flora Japonica*, which remains incomplete. Nine years after his return to Europe, Siebold dedicated one of the most spectacular of Japanese plants to his former lover – *Hydrangea otaksa* Sieb. (t. 52; now called *H. macrophylla* (Thunb.) Ser. s. l.).

En tant que médecin de la compagnie commerciale des Indes orientales sur l'île Deshima dans le port de Nagasaki, Philipp Franz Siebold fut le principal successeur d'Engelbert Kaempfer (n° 25). L'intérêt pour le « rangaku » (le savoir occidental) était alors si grand, qu'il fut même autorisé à fonder une école sur la terre ferme, dans laquelle il enseignait la médecine aux Japonais. En rendant visite à l'un de ses patients, il fit la connaissance d'O-Taki-San, une jeune fille de 16 ans. Ayant mal compris son nom, il l'appelait Otakusa. Il s'ensuivit la première relation germano-japonaise, mais les autorités nippones leur interdirent de se marier. O-Taki-San désirait rester près de son amant, et comme seules les prostituées japonaises étaient autorisées à séjourner à Deshima, elle se fit donner une carte de professionnelle. Une fille I-Ine naquit de cette union, que Siebold ne devait revoir que des dizaines d'années plus tard – elle était alors devenue la première femme-médecin du Japon.

De retour en Europe en juillet 1830, Siebold s'établit à Leyde, épousa Ida Carolina Helene von Geldern et, dans les 20 années qui suivirent, il ne vécut que pour la publication des résultats des recherches menées au pays du Soleil levant qui devaient faire de lui le fondateur des études sur le Japon. Son ouvrage botanique majeur est la *Flora Japonica* restée inachevée. Neuf ans après avoir quitté Deshima, Siebold dédia à la femme qu'il avait aimée une des plantes les plus spectaculaires du Japon, l'*Hydrangea otaksa* Sieb. (t. 52 ; aujourd'hui *H. macrophylla* (Thunb.) Ser. s. l.).

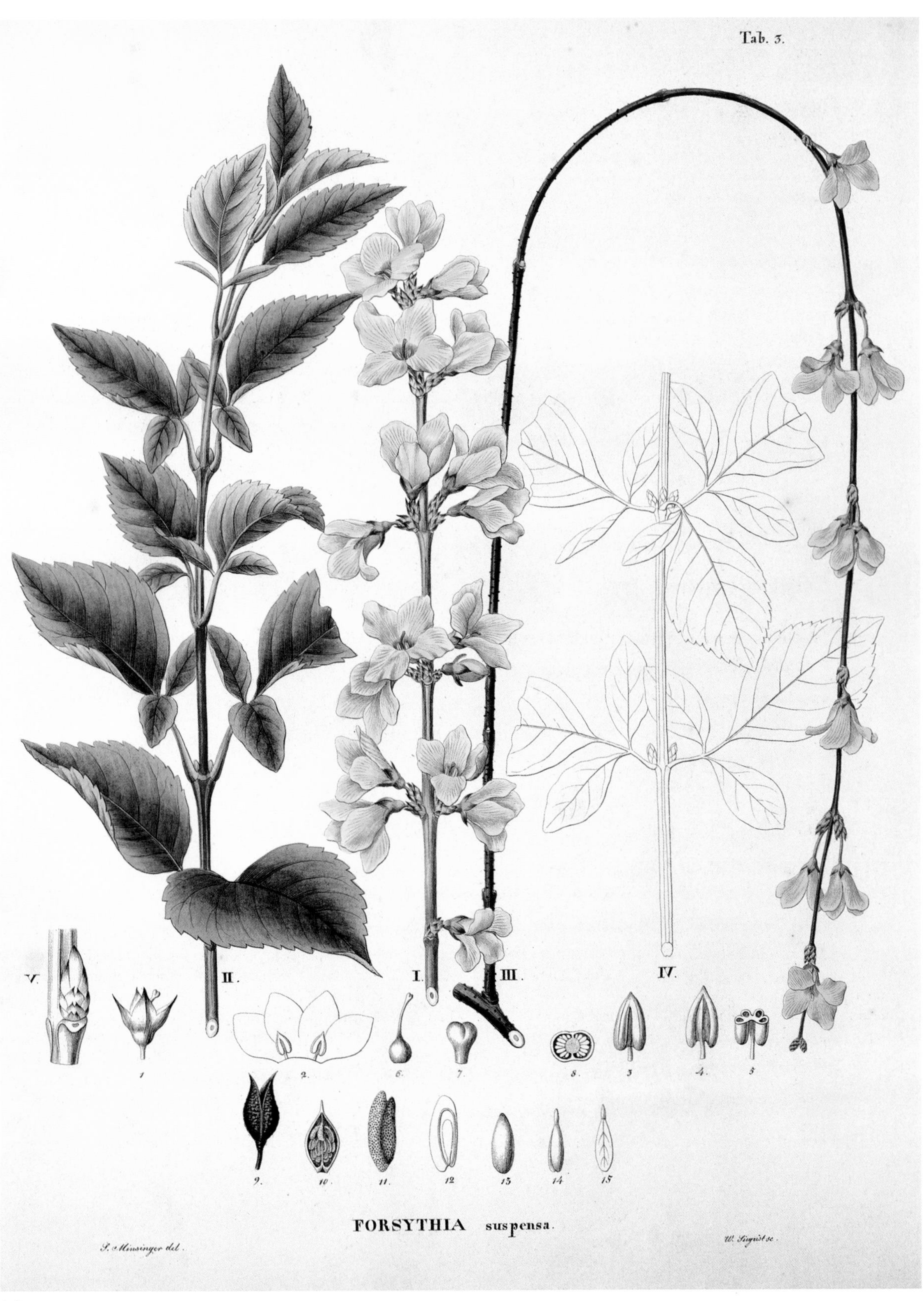
Tab. 3.
V.
II.
I.
III.
IV.
1
2.
6.
7.
8.
3
4.
5
9.
10.
11.
12
13
14
15
FORSYTHIA suspensa.

t. 3

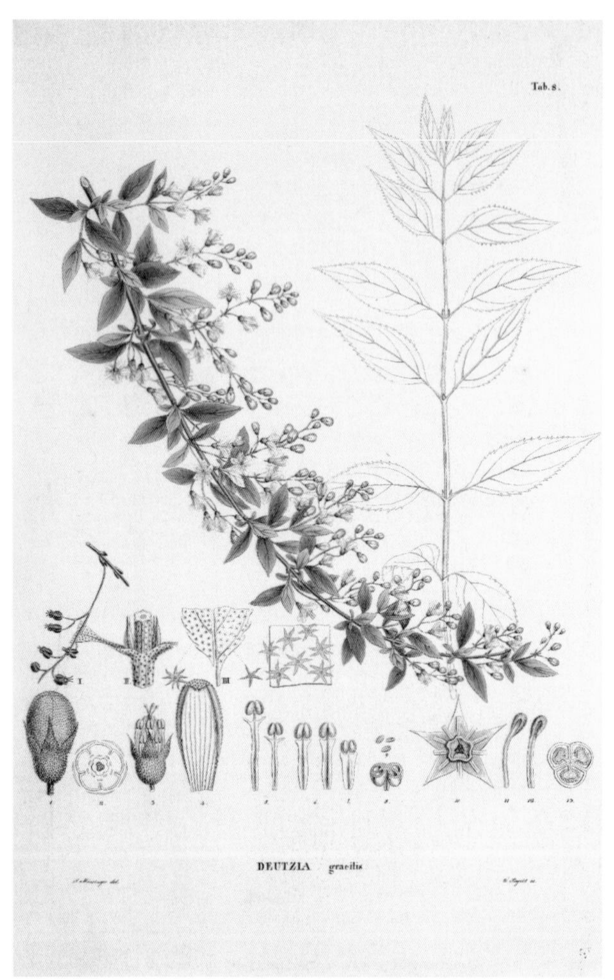
Tab. 8.
I
II
III
DEUTZIA gracilis

*t. 8*

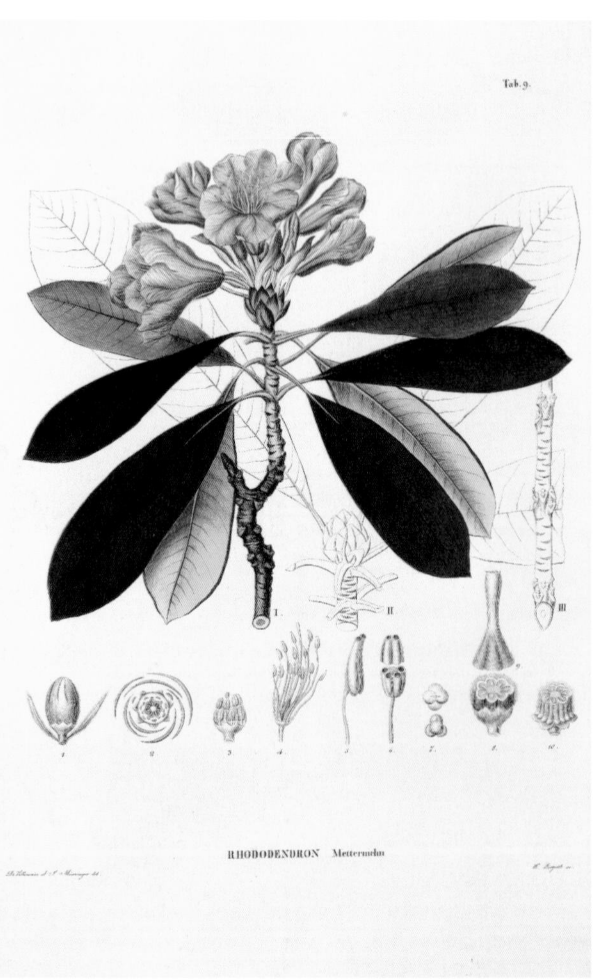
Tab. 9.
I.
II
III
RHODODENDRON Metternichii

*t. 9*

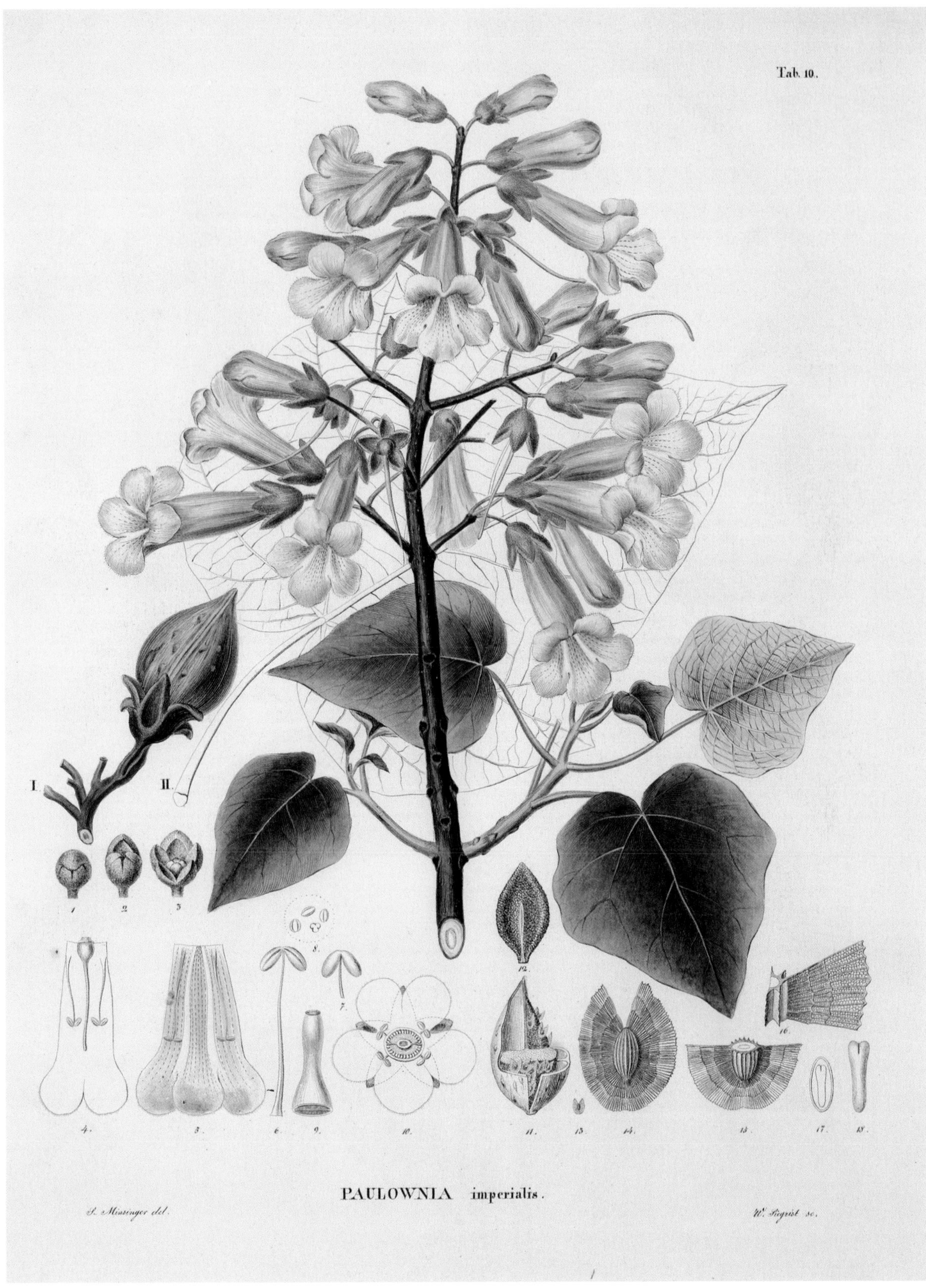
Tab. 10.
I.
II.
PAULOWNIA imperialis.
S. Minsinger del.
W. Siegrist sc.

t. 10

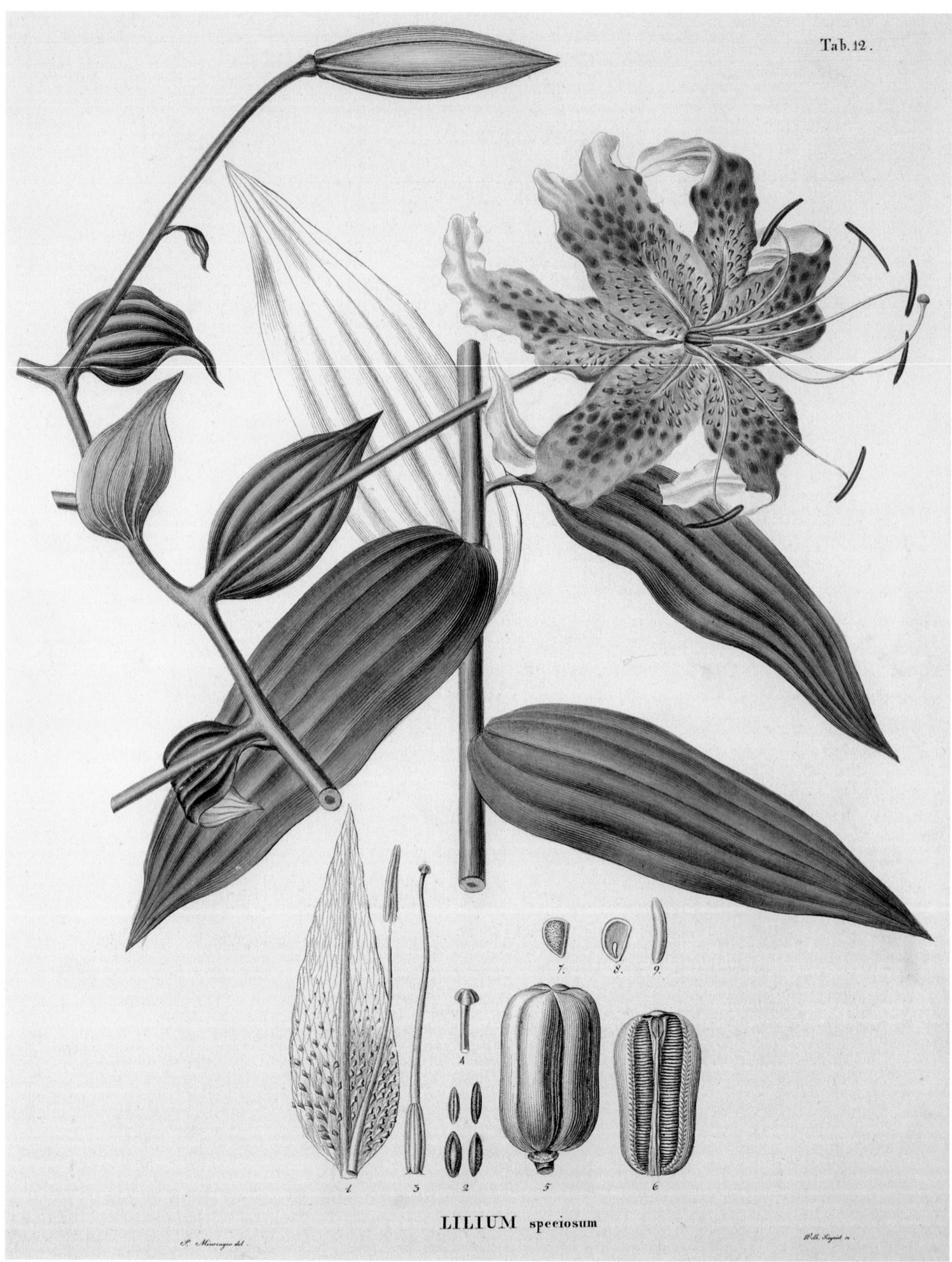


*t. 12*

Tab. 44.
I
II
III
8
9
1
2
3
4
7
5
6
WISTERIA chinensis
Minsinger del.
Siegrist sc.

t. 44

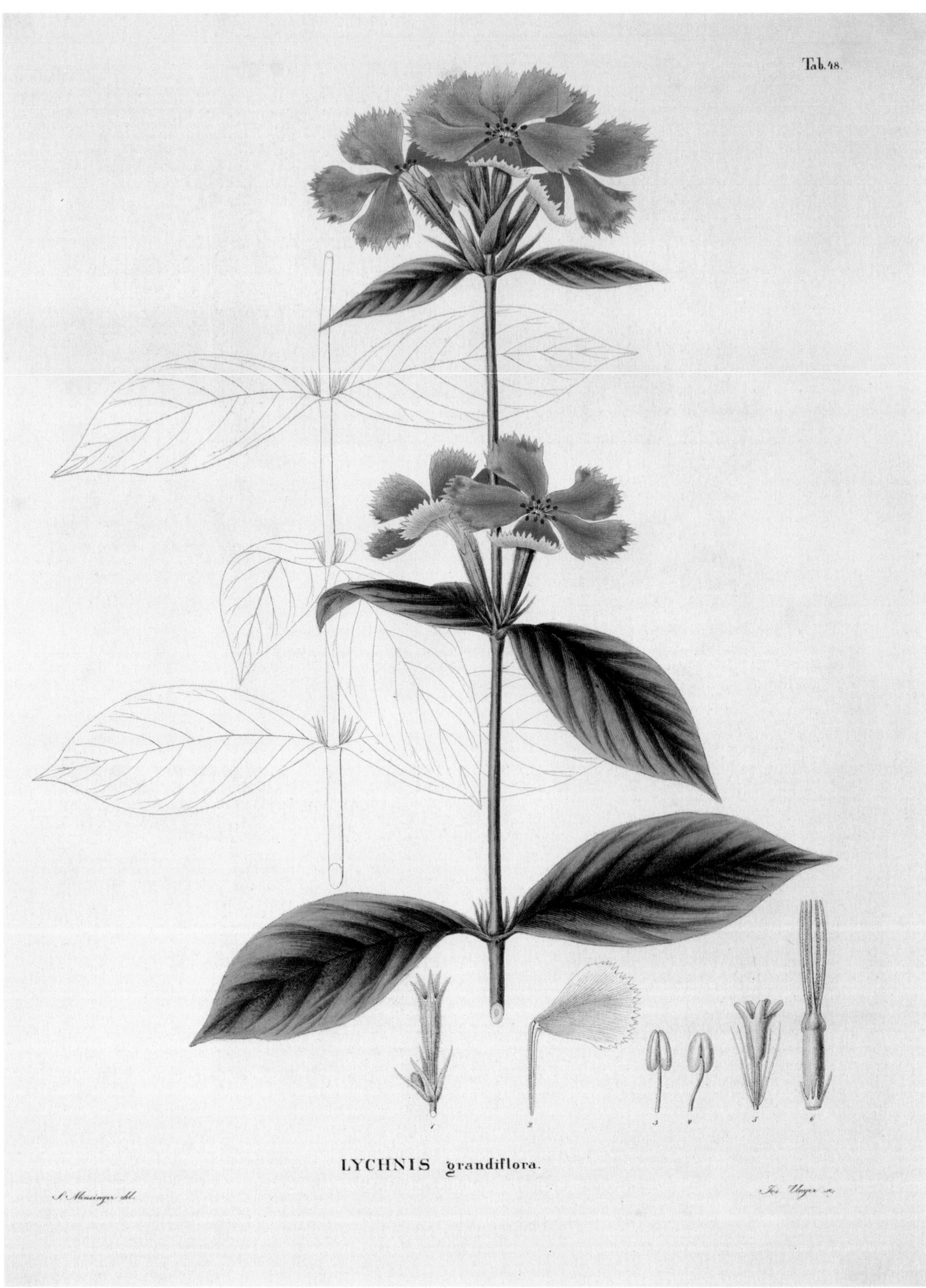


t. 48

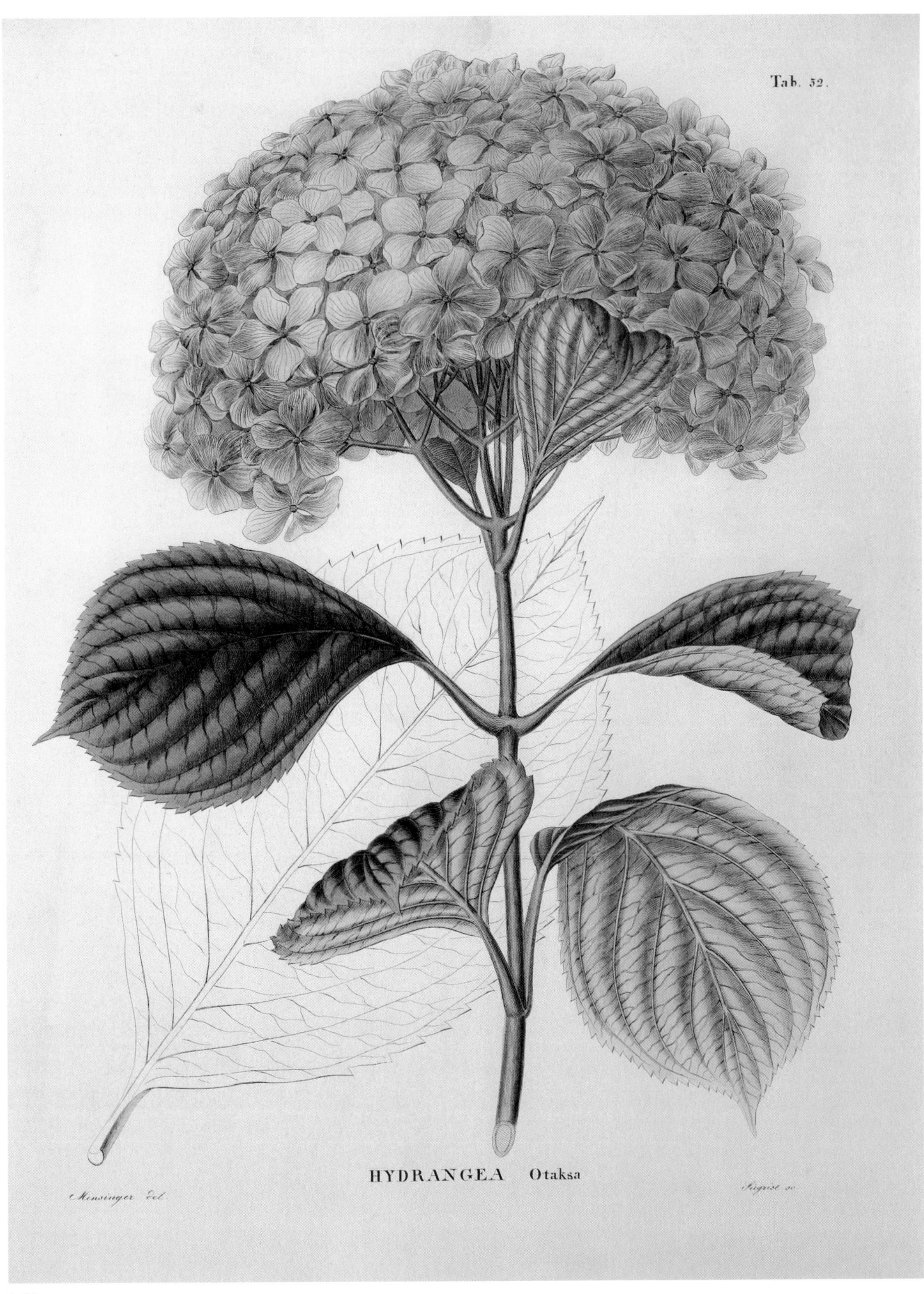


t. 52

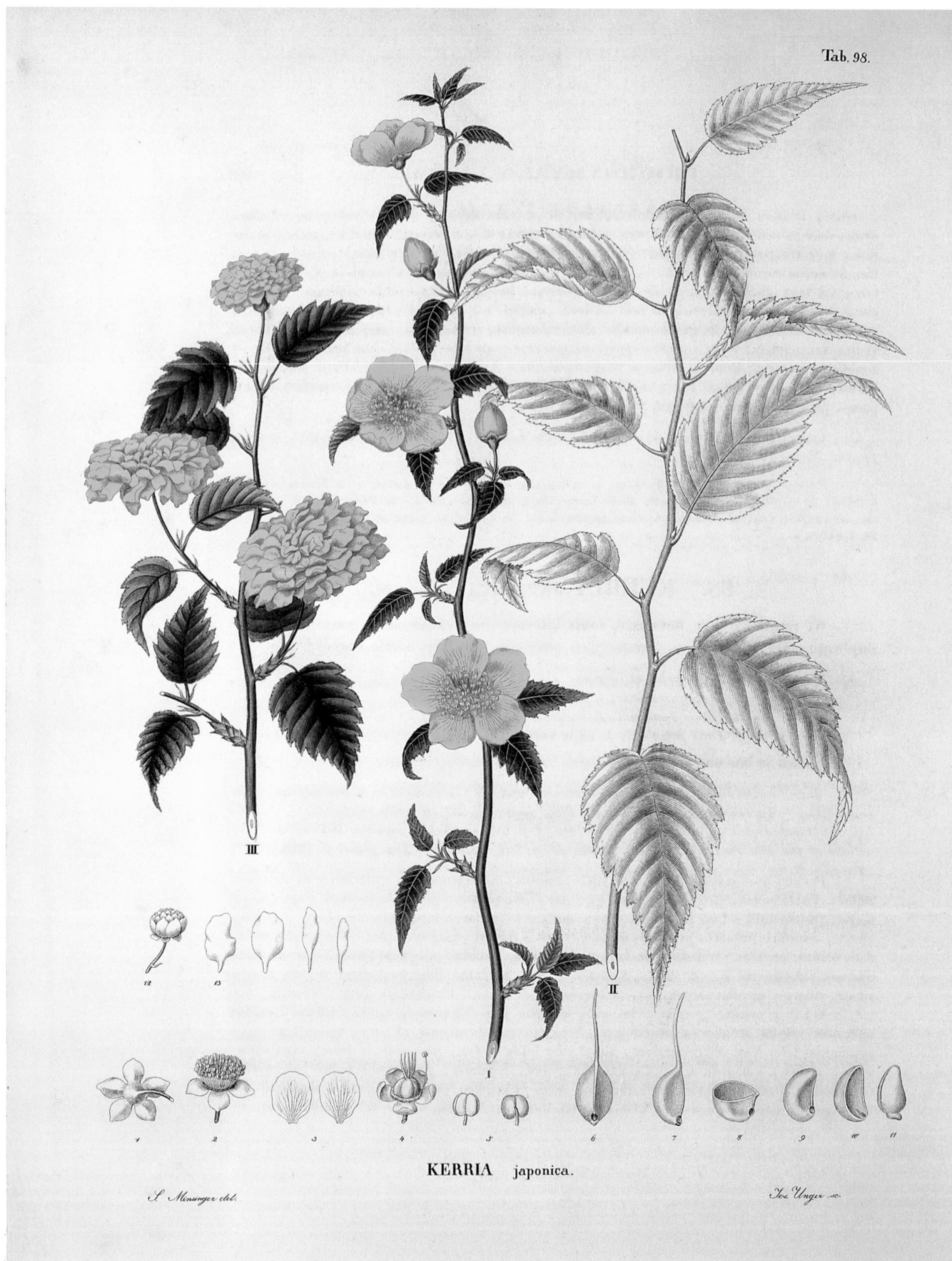
Tab. 98.
III
II
I
12
13
1
2
3
4
5
6
7
8
9
10
11
KERRIA japonica.
S. Minsinger del.
Jos. Unger sc.

t. 98

CEPHALOTAXUS pedunculata.

t. 152

77 # Joseph Dalton Hooker
## The Rhododendrons of Sikkim-Himalaya, ed. 2

LONDON, 1849–1851

POR 260.036-F Fid

Lit. 13

Dieses berühmte Werk ist Zeugnis der ausgezeichneten Zusammenarbeit zwischen William Jackson Hooker, dem ersten Direktor des Royal Botanic Gardens in Kew bei London (siehe Nr. 64), und seinem Sohn und Nachfolger Joseph Dalton Hooker. Treffend schreibt die Zeitschrift „The Athenaeum" dazu: „Daß er den Himalaja erstiegen, eine Anzahl neuer Pflanzen entdeckt und daß diese in England in fast unerreichtem, großartigem Stil illustriert wurden – und das in weniger als achtzehn Monaten – ist eines der Wunder unserer Zeit. Aber nicht jeder Botaniker hat einen Vater wie Sir W. Hooker zu Hause." Hooker junior sandte nämlich nicht nur Samen und getrocknete Pflanzen nach England, sondern auch teilaquarellierte Graphitstiftzeichnungen von bemerkenswerter Qualität, auf deren Grundlage Walter Hood Fitch Lithographien herstellte und kolorieren ließ. Hooker senior überarbeitete die Pflanzenbeschreibungen seines Sohns und beaufsichtigte den Druck. Der Erfolg des hier gezeigten Werks war überwältigend – die frostresistenten, leicht kreuzbaren, oft großblütigen und duftenden *Rhododendron*-Arten aus Sikkim veränderten nachhaltig die Gärten und Parkanlagen in den gemäßigten Zonen der ganzen Welt. Zusätzlich zu dem hier gezeigten Werk ließ Hooker senior auch zahlreiche, von seinem Sohn nach England geschickte *Rhododendron*-Herkünfte in der populären Garten-Zeitschrift „Curtis's Botanical Magazine" beschreiben und abbilden – darunter das auch hier gezeigte epiphytisch (auf anderen Pflanzen) wachsende *Rhododendron dalhousiae* Hook. f. (t. 1).

Gefunden hatte Hooker junior diesen beliebten Zierstrauch an der Grenze zu Nepal, als er in Begleitung von mehreren Lepchas, Ghurkas und Bengalis reiste, die Zelte, Decken, Lebensmittel, Instrumente

This famous work is evidence of the excellent collaboration between William Jackson Hooker, the first director of the Royal Botanic Garden at Kew near London (see No. 64), and his son and successor Joseph Dalton Hooker. The periodical *The Athenaeum* wrote fittingly about the work: "It is one of the wonders of our time that he climbed the Himalayas and discovered a number of new plants, and that these were illustrated in England in a style almost unequalled in its splendour – and all this in less than eighteen months. But not every botanist has a father at home like Sir W. Hooker." In fact the younger Hooker sent back to England not only seeds and dried plants, but also pencil drawings of remarkable quality, partly painted in water-colour. On this basis, Walter Hood Fitch produced lithographs which were then coloured.

The elder Hooker revised his son's plant descriptions and supervised the printing. The success of the work shown here was overwhelming – the often large-flowered and fragrant *Rhododendron* species from Sikkim, which were frost-resistant and easy to hybridize, changed forever the gardens and parks in temperate zones throughout the world. In addition to the work displayed here, the elder Hooker also had many of the introduced *rhododendrons*, which had been sent back to England by his son, described and illustrated in the popular garden periodical *Curtis's Botanical Magazine*; among them is the epiphytic (growing on other plants) *Rhododendron dalhousiae* Hook. f. (t. 1), also shown here. The younger Hooker had found this popular ornamental shrub on the Nepalese frontier when he was travelling together with a number of Lepchas, Gurkhas, and Bengalis who were transporting the tents, blankets,

Ce célèbre ouvrage témoigne de la collaboration remarquable entre William Jackson Hooker, le premier directeur du Royal Botanic Garden de Kew près de Londres (voir n° 64), et son fils et successeur Joseph Dalton Hooker. Le magazine « The Athenaeum » écrit avec pertinence : « Qu'il ait escaladé l'Himalaya, découvert une série de nouvelles plantes et que celles-ci aient été illustrées en Angleterre dans un style magnifique, presque incomparable – et ceci en moins de 18 mois – est l'un des miracles de notre temps. Mais tous les botanistes n'ont pas chez eux un père tel que Sir W. Hooker. » En effet, Hooker fils ne faisait pas seulement parvenir les graines et les plantes séchées en Angleterre, il y envoyait aussi des dessins au crayon d'une qualité remarquable, en partie rehaussés à l'aquarelle, à partir desquels Walter Hood Fitch faisait réaliser des lithographies et les faisait colorier.

Hooker père remaniait les descriptions de plantes de son fils et surveillait l'impression. Le succès de l'ouvrage présenté ici fut énorme. Les espèces de *Rhododendron* originaires de Sikkim, des plantes résistant à la gelée, faciles à croiser, souvent dotées de grandes fleurs odorantes transformèrent durablement l'aspect des jardins et des parcs dans les régions tempérées du monde entier. En plus de l'ouvrage présenté ici, Hooker père fit aussi décrire et illustrer dans le magazine horticole populaire « Curtis's Botanical Magazine » de nombreux *rhododendrons* introduits – dont le *Rhododendron dalhousiae* Hook. f. (t. 1), un épiphytique (végétal vivant fixé sur les plantes sans les parasiter) qui est reproduit ici.

Hooker fils avait découvert cet arbuste ornemental très apprécié à la frontière népalaise. Il voyageait alors en compagnie de plusieurs lepchas,

Tab. I.
J.D.H. del. Fitch, lith.
Reeve, Benham & Reeve, imp.
RHODODENDRON DALHOUSIÆ, Hook. fil.
(in its native locality)

*t. 1*

und Papier zum Einlegen der Pflanzen transportierten. Nur langsam kam man in den unwegsamen Bergwäldern beim Kloster Simonsbong (Selimbong?) voran, immer wieder behindert durch sintflutartige Regenfälle, gegen die sich die Mitglieder der Expedition nur unter eilig errichteten Unterständen aus Bambus und Bananenblättern schützen konnten. Über die folgende Nacht schreibt Hooker junior in seinem Tagebuch: „Abgesehen von dem fallweisen Schreien einer Eule, war die Nacht einige Stunden nach Einbruch der Dunkelheit vollkommen still – zu dieser Jahreszeit ziehen die Zikaden nicht so hoch auf den Berg. Ein dichter Nebel umhüllte alles, und der Regen platschte auf die Blätter unserer Hütte. Um Mitternacht unterbrach ein Baumfrosch diese Stille mit einem seltsam metallischen Geklapper, und andere schlossen sich rasch dem Chor an und setzten ihre eigenartige Musik bis zum Morgen fort."

14 Jahre nach Veröffentlichung der letzten Lieferung von *The Rhododendrons of Sikkim-Himalaya* übernahm Hooker junior die Direktion des schon damals größten und bedeutendsten botanischen Gartens der Welt. Nach einem ausgefüllten, aktiven Leben starb Joseph Dalton Hooker 93jährig im Dezember 1911. Er wurde auf dem Friedhof von St. Anne's Church in Kew beigesetzt – sein Epitaph in der kleinen Kirche befindet sich in unmittelbarer Nähe zu den Grabdenkmälern für seinen Vater und für Franz Bauer. Die Verdienste von Hooker junior um die botanische Erforschung der britischen Kronkolonie Indien werden sogar auf dem Epitaph gewürdigt: Er trägt eine Darstellung von *Rhododendron thomsonii* Hook. f.

food, instruments, and paper for the plants. They made only slow progress in the almost impassable mountain forests near the monastery of Simonsbong (Selimbong?), continually hindered by torrential showers of rain against which the members of the expedition could only protect themselves by hurriedly erecting shelters made of bamboo and banana leaves. During the following night, the younger Hooker noted in his diary, "Except for the occasional hooting of an owl, the night was profoundly still during several hours after dark – the cicadas at this season not ascending so high on the mountain. A dense mist shrouded everything, and the rain pattered on the leaves of our hut. Midnight a tree-frog broke the silence with his curious metallic clack, and others quickly joined the chorus, and keeping up their strange music till morning."

Fourteen years after the publication of the last part of *The Rhododendrons of Sikkim-Himalaya*, the younger Hooker took over the management of what was already the largest and most important botanic garden in the world. After a very full and active life, Joseph Dalton Hooker died at the age of 93 in December 1911. He was buried in the churchyard of St. Anne's Church in Kew – his memorial plaque in the little church is adjacent to the monuments to his father and Franz Bauer. The services of the younger Hooker to botanical exploration of the British Crown Colony of India are even expressed on the memorial, which bears a representation of *Rhododendron thomsonii* Hook. f.

ghourkas et Bengalis qui transportaient des tentes, des couvertures, des aliments, des instruments et du papier pour y déposer les plantes. Se déplacer dans les chemins impraticables des montagnes recouvertes de forêts près du monastère Simonsbong (Selimbong ?) n'était pas chose aisée. Des pluies diluviennes interrompaient sans cesse l'expédition dont les membres ne pouvaient se protéger qu'en construisant à la hâte des abris en bambou et feuilles de bananier. Hooker fils écrit, en parlant de la nuit qui suivit dans son journal : « Excepté les cris d'une chouette, la nuit était parfaitement calme quelques heures après que le soir fut tombé – à cette époque, les cigales ne montent pas si haut dans les montagnes. Une brume épaisse enveloppait tout et la pluie tombait en cascade sur les feuilles de notre cabane. Vers minuit, une grenouille interrompit ce silence avec un clic-clac curieusement métallique et d'autres se joignirent vite à la chorale et continuèrent à jouer leur musique bizarre jusqu'au petit matin. »

Quatorze ans après la publication de la dernière livraison de *The Rhododendrons of Sikkim-Himalaya*, Hooker fils prit la direction du Jardin botanique de Kew, qui était déjà à l'époque le plus grand et le plus important du monde. Après une vie remplie et active, Joseph Dalton Hooker mourut à l'âge de 93 ans en décembre 1911. Il fut inhumé au cimetière de St. Anne's Church à Kew. Dans la petite église, une tablette funéraire portant une inscription commémorative se trouve juste à côté des monuments funéraires érigés en l'honneur de son père et de Franz Bauer. La tablette funéraire exprime aussi les mérites de Hooker fils durant l'exploration botanique de la colonie de la couronne britannique aux Indes puisqu'y est gravée une représentation de *Rhododendron thomsonii* Hook. f.

Tab. III.
1
2
3
4
5
J.D.H. del. Fitch, lith.
Reeve, Benham & Reeve, imp.
RHODODENDRON BARBATUM, Wall.

*t. 3*

Tab. VI.
1.
2.
3
J.D.H. del. Fitch lith.
Reeve, Benham & Reeve, imp.
RHODODENDRON CAMPBELLIÆ, Hook.fil.

*t. 6*

Tab. IX.
J.H.D. del. Fitch lith.
Reeve, Benham & Reeve, imp.
RHODODENDRON ARGENTEUM, Hook.fil.

t. 9

Tab. X
1.
2.
3.
4.
5.
6.
7.
8.
J. D. H. del. Fitch lith.
Frederic Reeve imp.
RHODODENDRON HODGSONI, Hook. fil.

*t. 15*

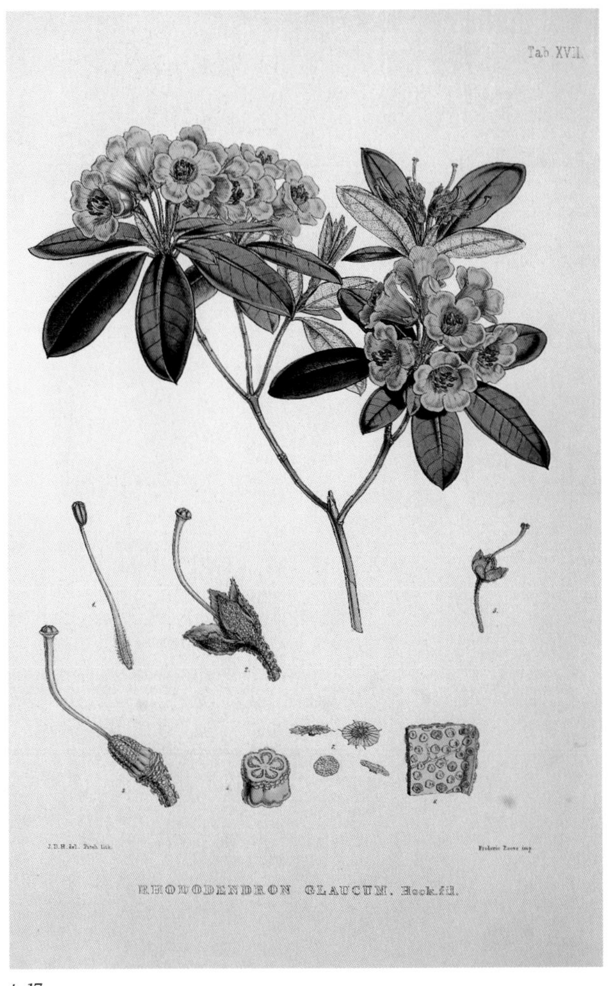
Tab XVII.
RHODODENDRON GLAUCUM. Hook.fil.

t. 17

Tab. XXI
RHODODENDRON EDGEWORTHII, Hook. fil.

t. 21

Tab. XXV
1.
2.
3.
4.
5.
J. D. H. del. Fitch, lith.
Reeve & Nichols imp.
RHODODENDRON FULGENS, Hook. fil.

t. 25

RHODODENDRON WIGHTII. Hook. fil.

*t. 27*

Tab. XXX
RHODODENDRON CAMPYLOCARPUM. Hook. fil.

*t. 30*

# 78 Franz Joseph Ruprecht Tange des Ochotskischen Meeres

SANKT PETERSBURG [SANKT-PETERBURG], 1851

BUI 60.633-F

Lit. 21

Tange sind seit Jahrhunderten bekannt. Durch Stürme aus ihrer Verankerung auf küstennahen Felsen gerissen, treiben sie frei im Meer und sind daher für Schiffsbesatzungen Boten von nahem Land. Das wußte bereits Dom Vasco da Gama, denn er berichtet von seiner historischen Seefahrt nach Indien: „Am Mittwoch, dem ersten Tag des Monats November [1497], dem Allerheiligentag, sahen wir viele Zeichen von Land, das waren Tange, die entlang der Küste wachsen.“ Drei Tage später landete er in Ste Ellena, heute St. Helena Bay in der Republik Südafrika. Der Reisebericht des holländischen Seefahrers Cornelis de Houtman aus dem Jahre 1598 enthält die frühesten Abbildungen des bis zu drei Meter langen Tanges *Ecklonia maxima* (Osbeck) Papenf. vom Kap der Guten Hoffnung an der Südspitze Afrikas.

Das Ochotskische Meer wurde erst ein Vierteljahrtausend später näher untersucht. Wesentliche Erkenntnisse brachte die von Aleksandr Fedorovič Middendorf, damals Professor für Zoologie an der Universität Kiew, geleitete Expedition, deren Ergebnisse Middendorf unter dem Titel *Reise in den äussersten Norden und Osten Sibiriens* publizierte. Auch dieses ist ein Lieferungswerk, und wie bei vielen derartigen Berichten waren mehrere Autoren an der Bearbeitung der Expeditionsausbeute beteiligt. Die Tange untersuchte Franz Joseph Ruprecht, später Direktor des Botanischen Museums der kaiserlichen Akademie der Wissenschaften in Sankt Petersburg. Die botanischen Sammlungen der Middendorfschen Expedition werden heute in der Nachfolgeinstitution aufbewahrt, dem Botanischen Institut der Russischen Akademie der Wissenschaften auf der Apothekerinsel in Sankt Petersburg.

Seaweeds have been known for centuries. Torn from their anchorage on coastal rocks by storms, they drift about freely in the ocean and are therefore regarded by the crew of ships as harbingers of nearby land. Dom Vasco da Gama realized this, for on his historic voyage to India he reported, “On Wednesday, the first day of the month of November (1497), All Saints' Day, we saw many signs of land: seaweeds that grow along the coast”. Three days later he landed at Ste Ellena, nowadays called St. Helena Bay in the Republic of South Africa. The report of the journey of the Dutch seafarer Cornelis de Houtman in 1598 contains the earliest illustrations of a seaweed that grows up to three metres long: *Ecklonia maxima* (Osbeck) Papenf., from the Cape of Good Hope at the southern tip of Africa.

The Sea of Okhotsk was first closely investigated some 250 years later. The expedition, led by Aleksandr Fedorovič Middendorf, at that time Professor of Zoology at the University of Kiev, made substantial discoveries, the results of which were published under the title *Journey to the Far North and East of Siberia*. This too appeared in instalments and, like many such reports, was a work in which a number of authors participated in relating the finds of the expedition. The seaweeds were examined by Franz Joseph Ruprecht, later director of the Botanical Museum of the Imperial Academy of Sciences in St. Petersburg. The botanical collections of Middendorf's expedition are kept today in the successor institution, the Botanical Institute of the Russian Academy of Sciences on Apothecary's Island in St. Petersburg.

Le varech est connu depuis des siècles. Les tempêtes le détachent des rochers de la côte où il est accroché. Les équipages des navires le voient flotter dans la mer et savent que la terre ferme est proche. Cela, Vasco de Gama le savait déjà, puisqu'il écrit au sujet de son voyage historique en Inde : « Mercredi, le premier jour du mois de novembre [1497], le jour de la Toussaint, nous vîmes de nombreux signes de la terre, il y avait des varechs qui poussent le long de la côte. » Trois jours plus tard, il accostait à Ste Ellena, aujourd'hui St. Helena Bay en République Sud-africaine. Le compte rendu de voyage du marin hollandais Cornelis de Houtman, qui date de l'année 1598, contient les premières reproductions d'*Ecklonia maxima* (Osbeck) Papenf., originaire du cap de Bonne-Espérance à la pointe méridionale de l'Afrique et qui peut atteindre trois mètres de long.

La mer d'Okhotsk ne fut vraiment explorée que près de trois siècles plus tard. L'expédition dirigée par Aleksandr Fedorovič Middendorf, à l'époque professeur de zoologie à l'Université de Kiev, rapporta des informations essentielles. Il en publia les résultats sous le titre *Voyage aux confins Nord et Est de la Sibérie* et l'ouvrage parut également en plusieurs livraisons. Comme c'est souvent le cas dans ce genre de rapport, de nombreux auteurs ont contribué à l'étude du matériel rassemblé pendant l'expédition. Le varech fut étudié par Franz Joseph Ruprecht, le futur directeur du musée botanique de l'Académie impériale des Sciences de Saint-Pétersbourg. Les plantes recueillies par l'expédition de Middendorf sont conservées aujourd'hui à l'institution qui l'a remplacé : l'institut botanique de l'Académie russe des sciences, sur l'île des apothicaires à Saint-Pétersbourg.

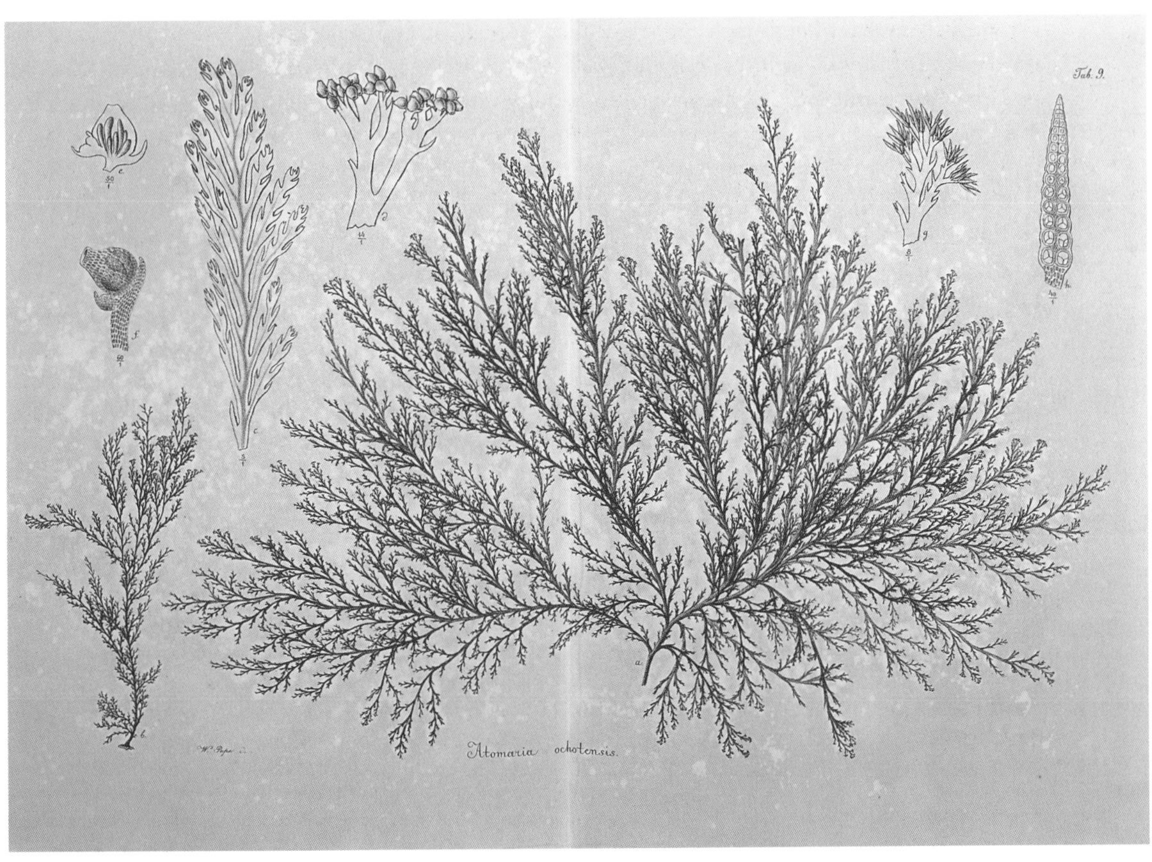


*t. 9*

## 79 *Franz Antoine jr. & Theodor Kotschy*
## *Coniferen des cilicischen Taurus*

WIEN, 1855

POR 250.286-D Fid

Viele großformatige Abbildungswerke botanischen Inhalts wurden nicht abgeschlossen. Von dem hier gezeigten Werk erschien nur die erste Lieferung, die fünf Seiten Text und drei Lithographien umfaßt und in der Mechitharisten-Congregations-Druckerei in Wien gedruckt wurde. Hier wird *Juniperus drupacea* Lab., ein Verwandter des Wacholders (*Juniperus communis* L.), beschrieben und abgebildet. Dazu heißt es: „Auf der Südlehne des cilicischen Taurus fand Kotschy im Juni 1853 sowohl männliche, mit Kätzchen übersäte Bäume im verblühten Zustande, als im September weibliche Bäume, mit Knospen und gleichzeitig mit völlig ausgebildeten Früchten geschmückt. Zahlreiche eingelegte Exemplare, so wie eine grosse Menge Früchte in mannigfaltigster Formbildung, nebst Aststücken und einem Stammdurchschnitt von 1 Fuss Durchmesser, wurden zur näheren Kenntnis nach Wien gebracht ... Die Früchte reifen mit Ende October, und werden ... eingesammelt. In den Berggegenden Ciliciens fehlt ein Wintervorrath dieser Früchte in keinem Haushalte. Sie werden zu Muss ausgesotten, der dicke Brei getrocknet, und als eine Art Marmelade aufbewahrt, die man unter dem Namen ‚Andrys Bekmes' als Tauschartikel in die Städte herabbringt. Nicht nur die Gebirgsbewohner schätzen diese Früchte, sondern es kommen im Spätherbste ganze Karavanen aus dem Innern Caramaniens, um die Andrys-Früchte zu sammeln und sogleich zu Muss zu kochen. Trotz des harzigen Beigeschmacks sind sie süsslich, angenehm riechend und schmackhaft." Diese Beobachtungen stammen aus den Bolkar dağlari im Süden der Türkei.

Many illustrated large-format botanical works were never completed. Of the work shown here, only the first part, comprising five pages of text and three lithographs, was published, printed at the Mechitarist Congregation's Printinghouse in Vienna. The plant described and illustrated here is plum juniper (*Juniperus drupacea* Lab.), a relative of common juniper (*Juniperus communis* L.). The text reports, "In June 1853 on the southern slope of the Cilician Taurus, Kotschy found male trees covered with catkins in a faded state, and in September female trees with buds and simultaneously bearing fully formed fruits. Numerous preserved specimens, as well as a large quantity of fruits in all stages of development, together with pieces of branches, and a section of a trunk one foot in diameter, were brought to Vienna for closer study ... The fruits ripen at the end of October, and are ... gathered up. In the mountain regions of Cilicia, no household is without a winter store of these fruits. They are boiled to a pulp and the thick mash is dried and preserved as a kind of jam which is brought down to the towns as an article of exchange under the name 'andrys bekmes'. These fruits are not only prized by the mountain-dwellers, but in late autumn whole caravans of people arrive from the interior of the Karaman region to gather the andrys fruits and immediately boil them to pulp. In spite of a resinous tang, they are slightly sweet and have a pleasant smell and taste." These observations come from the Bolkar Mountains in the south of Turkey.

De nombreux ouvrages botaniques illustrés de grand format ne furent jamais achevés. De l'ouvrage présenté ici ne fut publiée que la première livraison qui comprend cinq pages de texte et trois lithographies, le tout imprimé dans l'atelier de la congrégation des méchitharistes à Vienne. On y trouve une description et une illustration de *Juniperus drupacea* Lab., un parent du genévrier (*Juniperus communis* L.). Le texte dit ceci : « En 1853, Kotschy trouva sur la pente sud du Taurus de Cilicie à la fois des arbres mâles couverts de chatons aux fleurs flétries au mois de juin, et en septembre des arbres femelles parés en même temps de boutons et de fruits complètement formés. De nombreux exemplaires conservés ainsi qu'une grande quantité de fruits formés de multiples façons à côté de fragments de branches et une lamelle du tronc d'un pied de diamètre ont été rapportés à Vienne pour y être étudiés de plus près... Les fruits mûrissent fin octobre et sont... récoltés. Dans les régions montagneuses de Cilicie, tous les ménages en font des provisions pour l'hiver. On les fait cuire pour les réduire en bouillie. Cette purée épaisse est séchée et conservée comme une sorte de marmelade que l'on apporte dans les villes où on s'en sert comme article d'échange sous le nom d'"Andrys Bekmes". Les habitants des montagnes ne sont pas les seuls à être friands de ces fruits. A la fin de l'automne on voit même des caravanes entières venir de l'intérieur de la Caramanie pour récolter les andrys et en faire de la bouillie. Malgré leur petit goût de résine, ils sont sucrés, sentent bon et ont bon goût. » Ces observations ont été faites dans les Bolkar dağlari, au sud de la Turquie.

TABULA
I.

Antoine, Photog.

ARCEUTHOS DRUPACEA.

**VARIETAS** *α* **ACEROSA.**



*t. 1*

# 80 *Constantin Freiherr von Ettingshausen & Alois Pokorny*
## *Physiotypia plantarum austriacarum*

WIEN, 1856–1873

BUI 72 Q. 95 Atlas: BE.12.B.7 (insgesamt 12 vol.)

Der entscheidende Durchbruch beim Naturselbstdruck gelang um die Mitte des 19. Jahrhunderts in der k. k. Hof- und Staatsdruckerei in Wien. Deren Direktor Alois Auer, später Ritter von Welsbach, berichtet, einer der technischen Mitarbeiter, Faktor Andreas Worring, habe den »vortrefflichen Einfall« gehabt, »Pflanze, Blume oder ein Insect, Stoff oder Gewebe … zwischen eine Kupfer- und eine Bleiplatte« zu legen und beide durch »zwei fest zusammengeschraubte Walzen laufen« zu lassen. »Trägt man auf diese geprägte Bleiplatte die Farben wie beim Druck eines Kupferstiches auf, so erhält man durch einen einmaligen Druck von einer Platte jedesmal die der Natur täuschend ähnliche Copie mit den verschiedenen Farben.« Auer glaubte, daß »kostspielige Herbarien« nun bald »ihr Ende finden« würden, täuschte sich aber gewaltig – wegen der hohen Kosten blieb der Naturdruck weiterhin eine Außenseitermethode; er hat wie der Naturselbstdruck nur eine untergeordnete Rolle gespielt und konnte sich gegen die Photographie nicht durchsetzen.

Die zwölfbändige *Physiotypia plantarum austriacarum* gilt zu Recht als Apotheose dieses neuen Druckverfahrens. Die Autoren des Werks sind Constantin Freiherr von Ettingshausen, Professor für Botanik und Phytopaläontologie an der Universität Graz, der vor allem als Paläobotaniker hervorgetreten ist, und Alois Pokorny, Direktor des Leopoldstädter Communal-, Real- und Oberschulgymnasiums in Wien.

A decisive breakthrough in nature self impression occurred around the middle of the 19th century in the Imperial Royal Court and State Printing Works in Vienna. Its director, Alois Auer, later Ritter von Welsbach, reported that a member of his technical staff, foreman Andreas Worring, had had the »brilliant idea« of laying »a plant, a flower, or an insect, material or tissue … between a copper and a lead plate« and letting both »run between two rollers firmly screwed together … If colours are applied to this impressed lead plate, as is done in printing a copper engraving, a deceptively natural copy is obtained each time in the various colours from a single printing of the plate.« Auer believed that »costly herbaria« would now soon »come to an end«, but he was highly mistaken; because of the high costs, this form of printing, the so-called nature impression, remained a fringe method, just as the traditional nature self impession. It played only a subordinate role, and could not compete against photography.

The twelve-volume *Physiotypia plantarum austriacarum* is justly considered the apotheosis of this new printing method. The authors of the work are Constantin Freiherr von Ettingshausen, Professor of Botany and Phytopalaeontology at the University of Graz, who was above all a distinguished palaeobotanist, and Alois Pokorny, Director of the Leopoldstadt Communal-, Real- and Oberschulgymnasium (Community secondary school) in Vienna.

L'empreinte végétale connut une avancée décisive au milieu du XIXe siècle au k. k. Hof- und Staatsdruckerei à Vienne. Son directeur Alois Auer, plus tard chevalier de Welsbach, rapporte que l'un de ses employés, le contremaître Andreas Worring, a eu « l'excellente idée » de placer « des plantes, des fleurs, des insectes et des tissus… entre une plaque de cuivre et une plaque de plomb » et de faire passer ces dernières « entre deux cylindres fixés fortement l'un à l'autre au moyen de boulons. Quand on applique des couleurs sur cette plaque de plomb, comme pour l'impression d'une gravure sur cuivre, on obtient grâce à une unique pression simultanée une copie colorée ressemblant à s'y méprendre à l'original. » Auer pensait que cette méthode « allait sonner le glas » des « herbiers coûteux », mais il se trompait grandement. En raison de ses coûts élevés, cette empreinte naturelle, comme l'empreinte végétale, demeura une technique marginale, joua seulement un rôle secondaire dans le développement de l'illustration botanique et ne put rivaliser avec la photographie.

L'ouvrage en douze volumes intitulé *Physiotypia plantarum austriacarum* est considéré à juste titre comme l'apothéose de ce nouveau procédé d'impression. Les auteurs de cette œuvre sont le baron Constantin d'Ettingshausen, professeur de botanique et de phytopaléontologie à l'Université de Graz, paléobotaniste réputé, ainsi qu'Alois Pokorny, directeur de l'établissement scolaire Leopoldstädter Communal-, Real- und Oberschulgymnasium à Vienne.

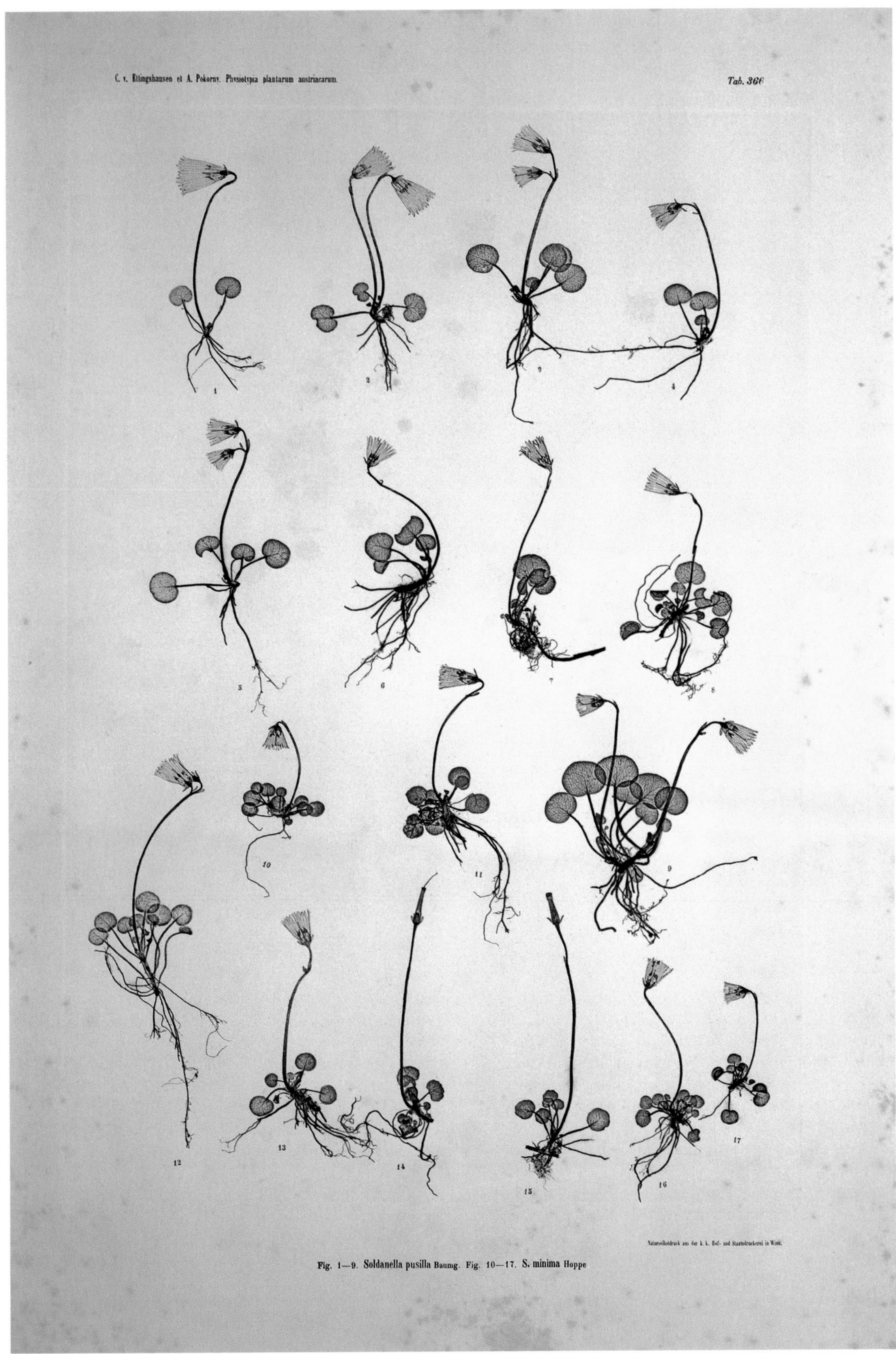

Fig. 1—9. Soldanella pusilla Baumg. Fig. 10—17. S. minima Hoppe

*t. 366*

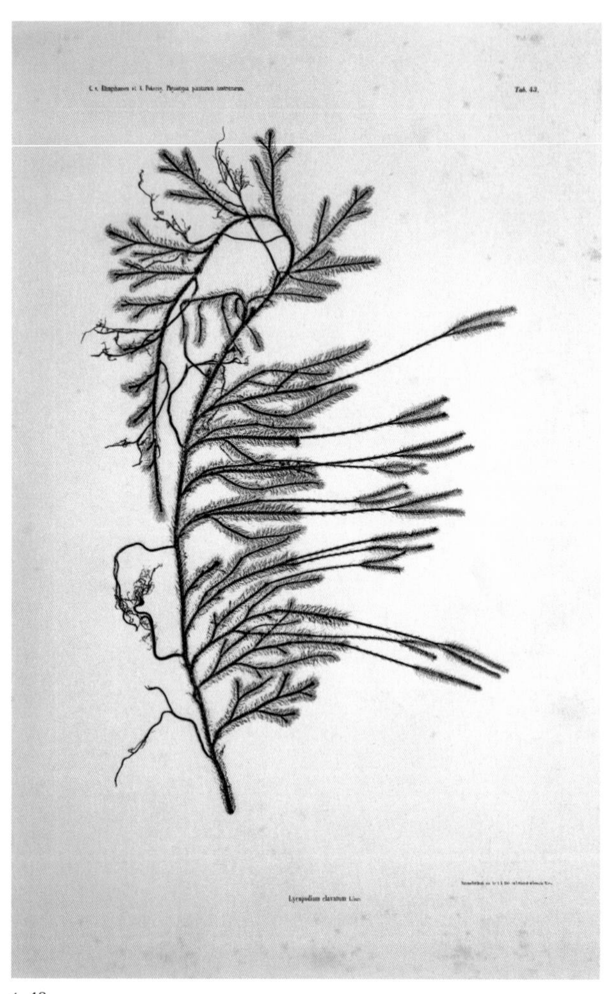
t. 43

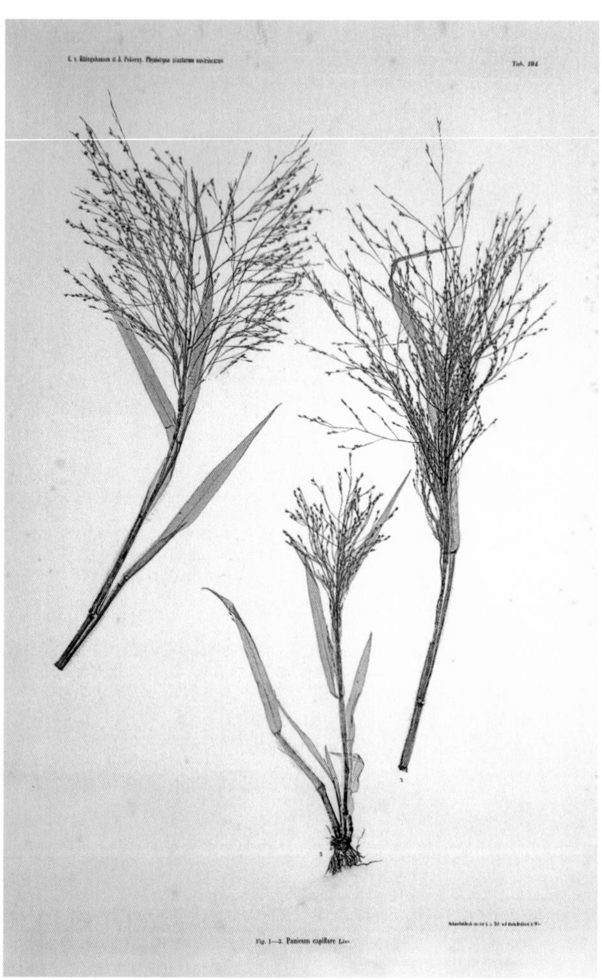
t. 104

C. v. Ettingshausen et A. Pokorny. Physiotypia plantarum austriacarum.
Tab. 204.
Urtica dioica Linn.

*t. 204*

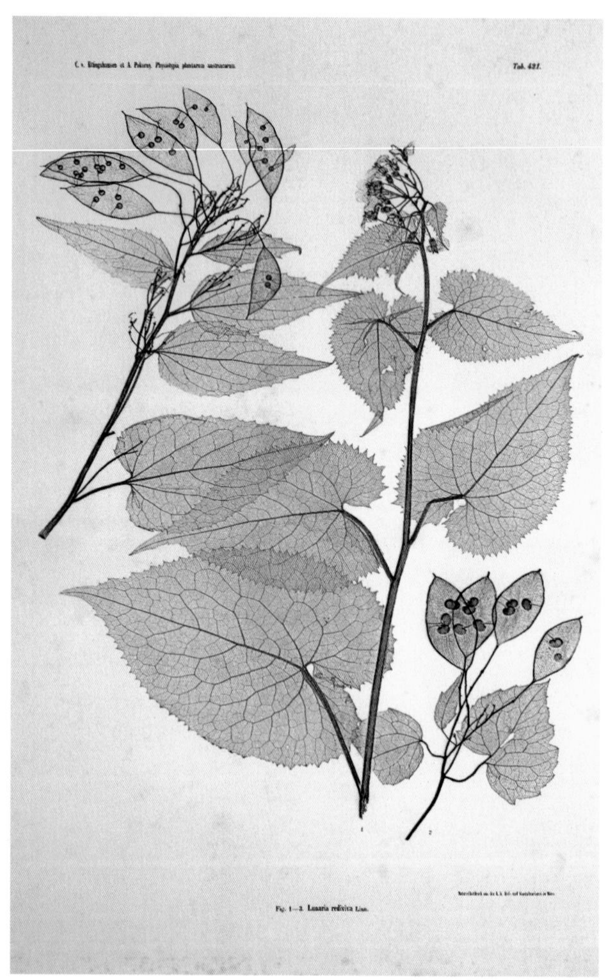

t. 421

t. 592

C. v. Ettingshausen et A. Pokorny. Physiotypia plantarum austriacarum.
Tab 605.
1
2
3
Naturselbstdruck aus der k. k. Hof- und Staatsdruckerei in Wien.
Fig. 1—3. Dipsaeus sylvestris Huds.

*t. 605*

C. v. Ettingshausen et A. Pokorny, Physiotypia plantarum austriacarum.
Tab. 727.
Asperula odorata Linn.

*t. 727*

C. v. Ettingshausen et A. Pokorny, Physiotypia plantarum austriacarum.
Tab. 802.
Fig. 1–3. Meum Mutellina Gärtn.

*t. 802*

C. v. Ettingshausen et A. Pokorny. Physiotypia plantarum austriacarum.
Tab. 904.
Fig. 1, 2. Acer Pseudoplatanus Linn.
Naturselbstdruck aus der k. k. Hof- und Staatsdruckerei in Wien.

*t. 904*

# 81 *Heinrich Wilhelm Schott Icones aroidearum*

VINDOBONAE [WIEN], 1857–1859

BUI 20.934-F

Lit. 36

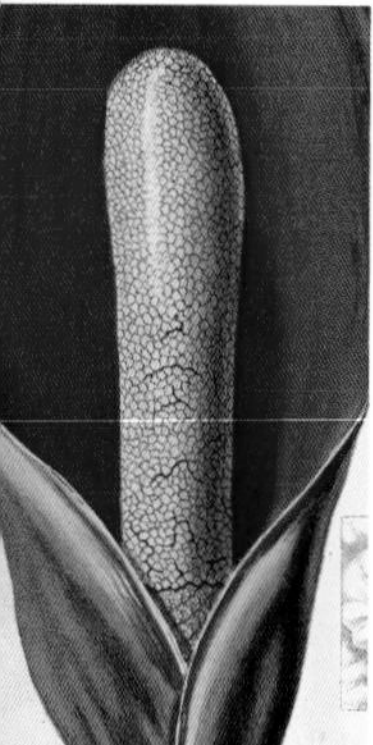

Heinrich Wilhelm Schott, Empfänger eines Vermächtnisses von Ferdinand Bauer und seit 1845 k. k. Hofgarten- und Menageriedirektor in Schönbrunn bei Wien, gilt als erster Monograph der Aronstabgewächse. Mit einem persönlichen Einsatz von über 16 000 Gulden und unter Beteiligung mehrerer Pflanzenillustratoren ließ Schott im Laufe der Jahrzehnte über 3400 großformatige Abbildungen von Arten dieser überwiegend tropischen Familie anfertigen. Ein erheblicher Teil davon wuchs in den Gewächshäusern in Schönbrunn, die damals das weltweit reichste Sortiment an Aronstabgewächsen beherbergten. Nur ein verschwindend kleiner Teil dieser Wasserfarbenmalereien wurde zu Lebzeiten Schotts veröffentlicht, so die 40 Tafeln, die das hier gezeigte Werk enthält.

Schotts Sammlungen wurden später zwischen zwei Brüdern geteilt: Die Pflanzenabbildungen erwarb Franz Joseph I., Kaiser von Österreich (regierte 1848–1916), für das k. k. botanische Hofkabinett; heute werden sie im Archiv des Naturhistorischen Museums in Wien aufbewahrt und sind über eine Mikrofiche-Ausgabe allgemein zugänglich. Den Großteil des Herbars kaufte Erzherzog Maximilian, der es nach Mexiko transportieren ließ. Nach der Hinrichtung Maximilians, der sich 1864 zum Kaiser von Mexiko hatte ausrufen lassen, am 19. Juni 1867 wurden die Sammlungen wieder nach Wien gebracht und von Erzbischof Lajos Haynald erworben, der sie in seinem Palais in Kalocsa in Ungarn unterbringen ließ. Nach dem Tod des späteren Kardinals und Mitglieds mehrerer Kongregationen im Vatikan kamen die Bestände an das Királyi Nemzeti Múzeum in Budapest und werden heute im Természettudományi Múzeum in der ungarischen Hauptstadt aufbewahrt.

Heinrich Wilhelm Schott, recipient of a legacy from Ferdinand Bauer, and since 1845 Director of the Imperial Royal Court Garden and Menagerie at Schönbrunn near Vienna, was the first person to write a monograph of the Araceae. With a personal investment of more than 16,000 guilders and the participation of a number of plant illustrators, Schott was able to produce more than 3400 large-format illustrations of species of this predominantly tropical family in the course of decades of work. A considerable number of these plants grew in the glasshouses at Schönbrunn, which at that time housed the widest range of Araceae in the world. Only a small number of these watercolour paintings were published in Schott's lifetime, among them the 40 plates that are contained in the work shown here. Schott's collections were divided later between two brothers: the plant illustrations were acquired by Francis Joseph I, Emperor of Austria (reigned 1848–1916) for the Imperial Royal Botanical Court Cabinet. They are preserved nowadays in the archive of the Natural History Museum in Vienna, and are accessible to all in a microfiche edition. The greater part of the herbarium was bought by Archduke Maximilian, who had it transported to Mexico. On 19 June 1867 Maximilian, who had accepted a crown as Emperor of Mexico in 1864, was executed, and the collections were brought back to Vienna and acquired by Archbishop Lajos Haynald, who accommodated them in his palace at Kalocsa in Hungary. After the death of Haynald, who in his later years had been a cardinal and member of several congregations in the Vatican, the collections came to the Royal National Museum in Budapest, and are nowadays kept in the Museum of Natural Sciences in the Hungarian capital.

Heinrich Wilhelm Schott, légataire de Ferdinand Bauer et, à partir de 1845, directeur du Jardin et de la Ménagerie austro-hongrois de Schönbrunn près de Vienne, est considéré comme le premier monographe des aracées. Avec un apport personnel de plus de 16 000 florins et la participation de plusieurs illustrateurs, Schott fit réaliser au cours de dizaines d'années de travail plus de 3400 illustrations en grand format d'espèces de la famille des aracées qui pousse surtout sous les tropiques. Une grande partie de ces plantes se trouvaient dans les serres de Schönbrunn, qui abritaient à l'époque la plus grande collection d'aracées du monde entier. Seule une partie insignifiante de ces aquarelles fut publiée durant la vie de Schott, ainsi les 40 planches que contient l'ouvrage présenté ici. Deux frères se partagèrent plus tard les collections de Schott : l'empereur François Ier d'Autriche (règne de 1848 à 1916) acquit les illustrations de plantes pour le cabinet botanique austro-hongrois. Elles sont aujourd'hui conservées à Vienne, dans les archives du Naturhistorisches Museum. Le grand public peut les consulter par le biais de microfiches. L'archiduc Maximilien, pour sa part, acheta la plus grande partie de l'herbier et le fit transporter au Mexique. Maximilien, qui s'était fait proclamer empereur du Mexique en 1864, fut exécuté le 19 juin 1867 et les collections furent ensuite rapportées à Vienne et achetées par l'archevêque Lajos Haynald, futur cardinal et membre de plusieurs congrégations au Vatican, qui les fit transporter dans son palais à Kalocsa en Hongrie. Après sa mort le fonds revint au Királyi Nemzeti Múzeum de Budapest. Il est aujourd'hui conservé dans la capitale hongroise, au Természettudományi Múzeum.

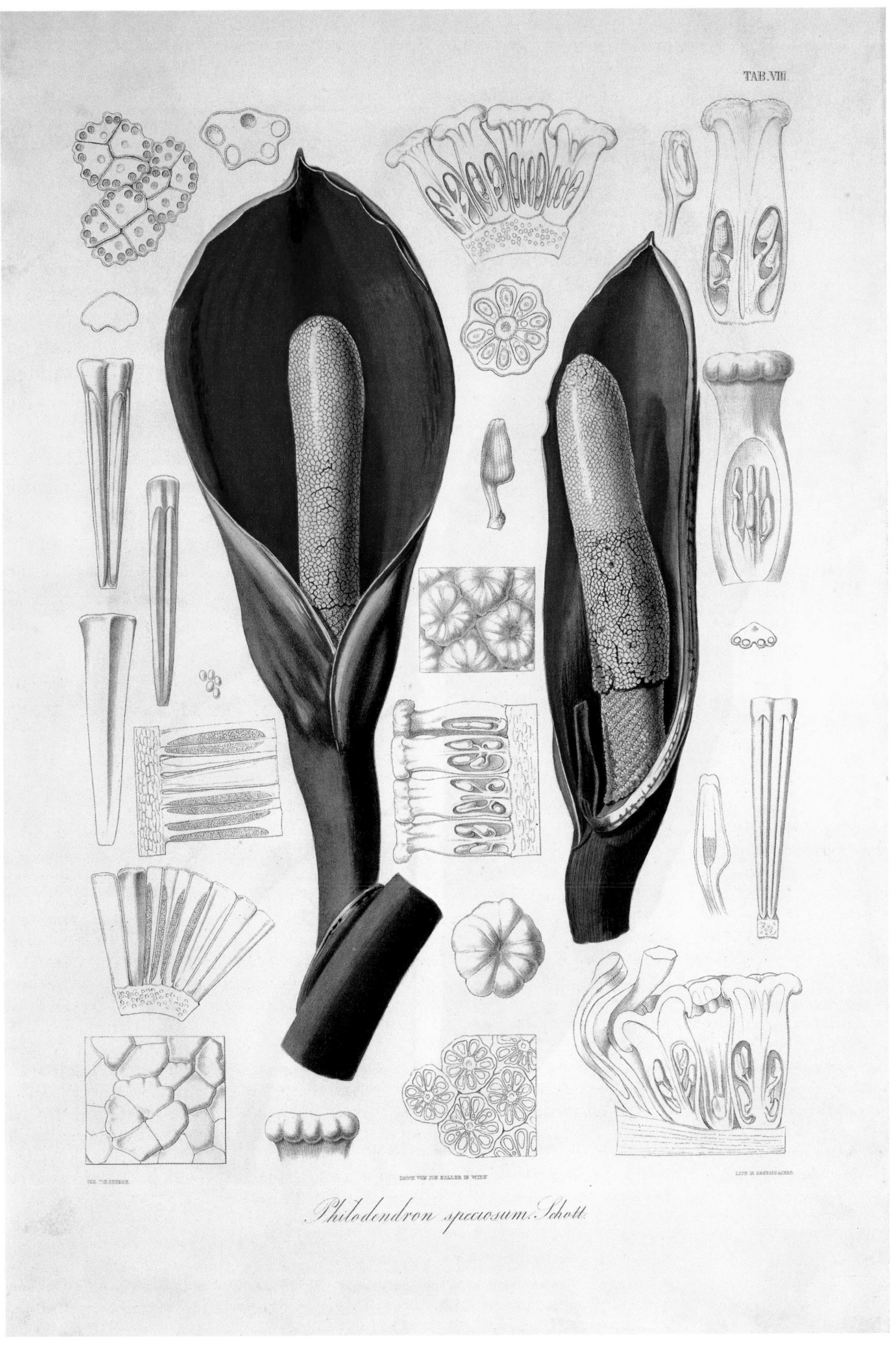


t. 8

TAB. II.
GEZ. JOS. OBERER.
GEDR. BEI JOS. HALLER WIEN.
LITH. v. M. FAHRMBACHER.
Philodendron eximium Schott

t. 2

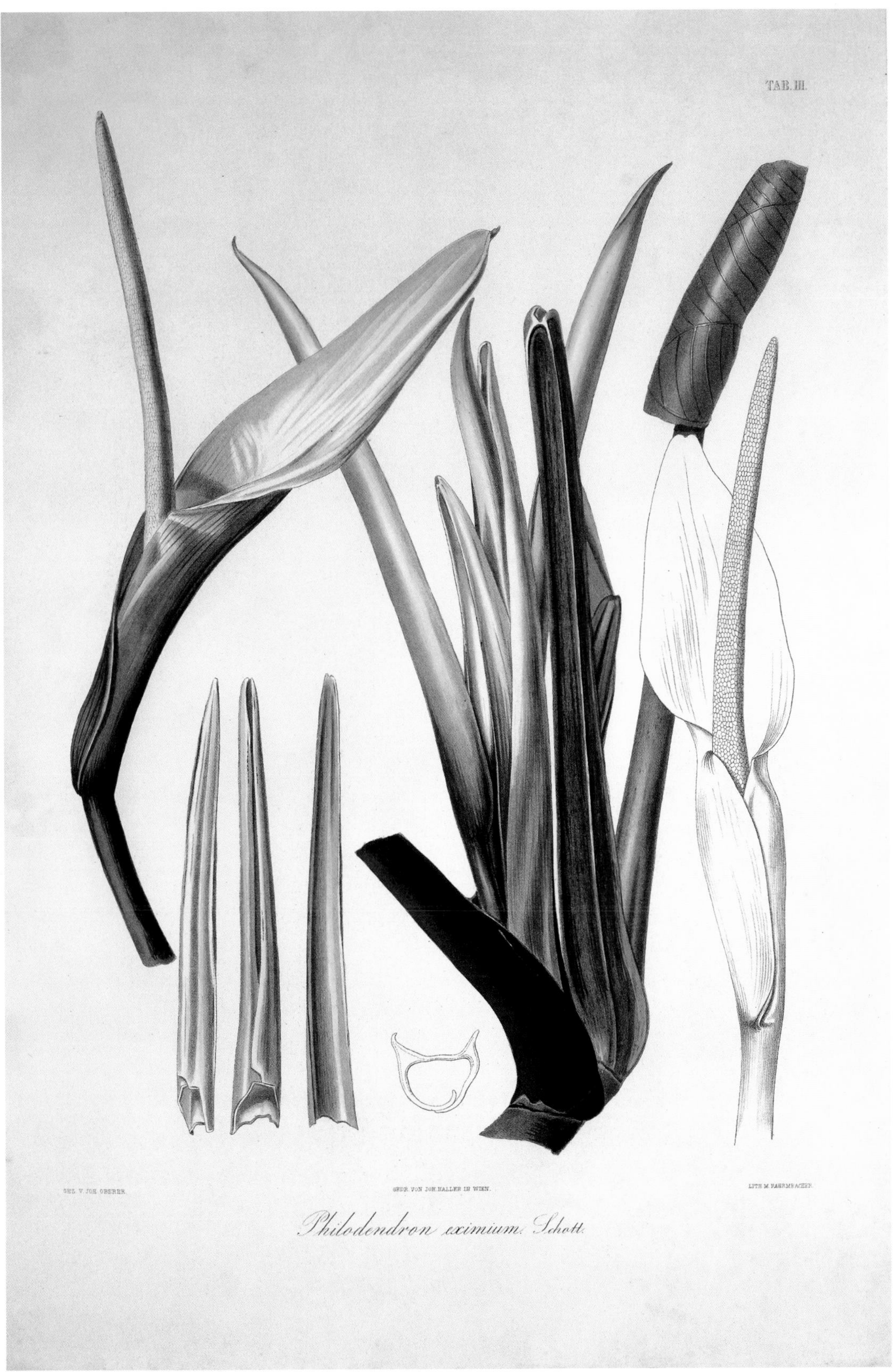
TAB. III.
GEDR. VON JOH. HALLER IN WIEN.
Philodendron eximium. Schott.

t. 3

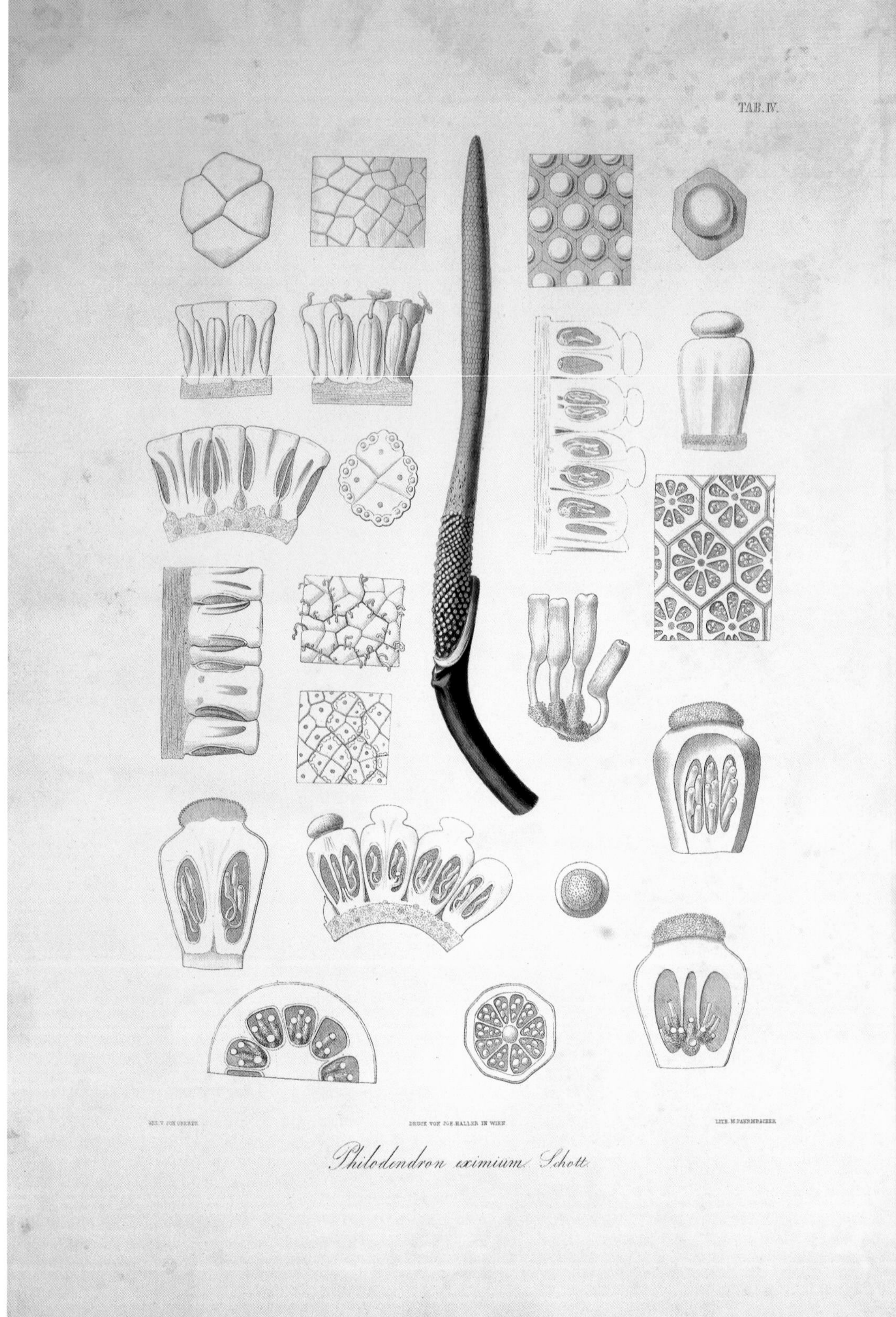
TAB. IV.
DRUCK VON JOS. HALLER IN WIEN
LITH. M. PAHRMBACHER
Philodendron eximium Schott

t. 4

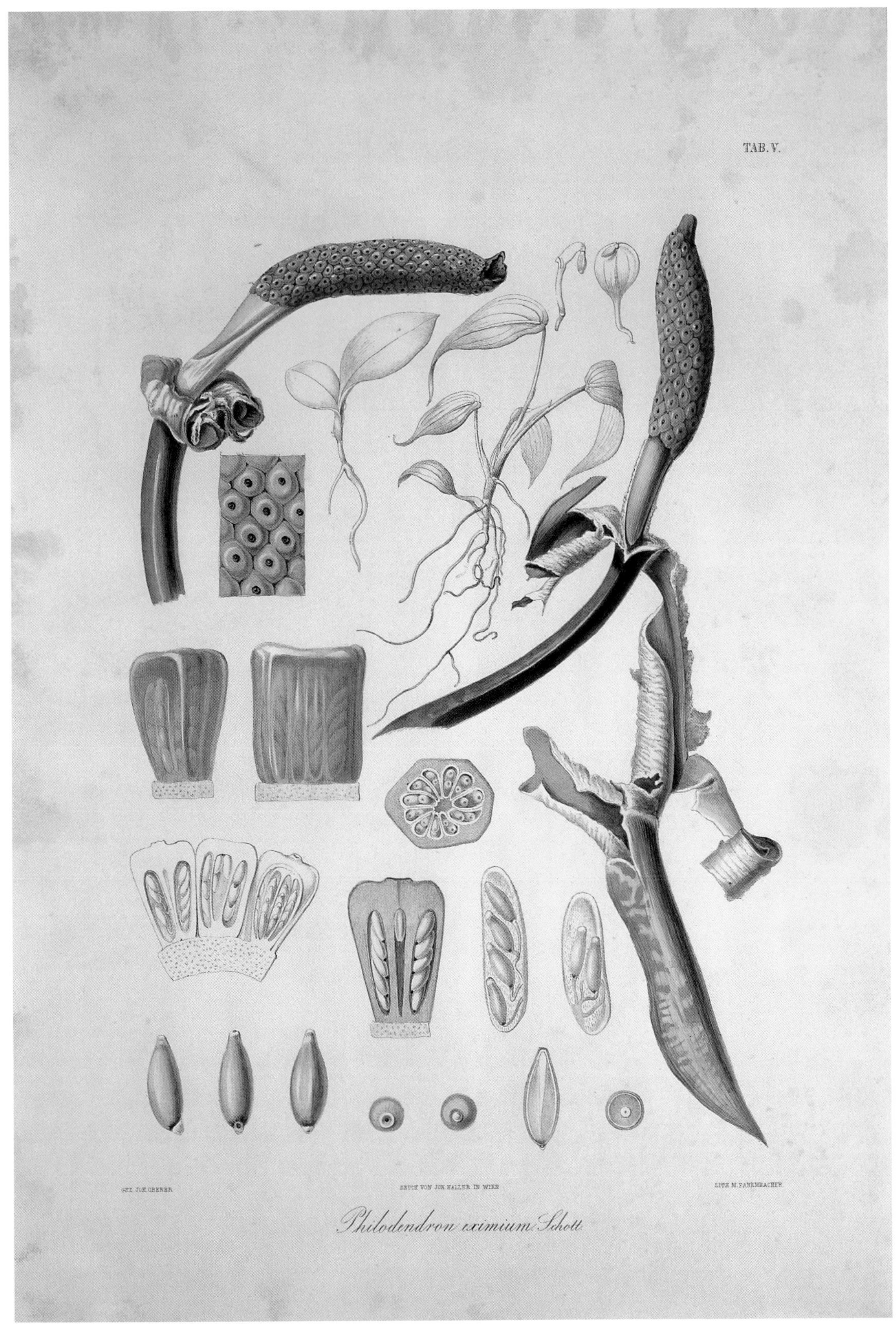
TAB. V.
GEZ. JOH. OBERER
DRUCK VON JOH. HALLER IN WIEN
LITH. M. FAHRMBACHER
Philodendron eximium Schott

t. 5

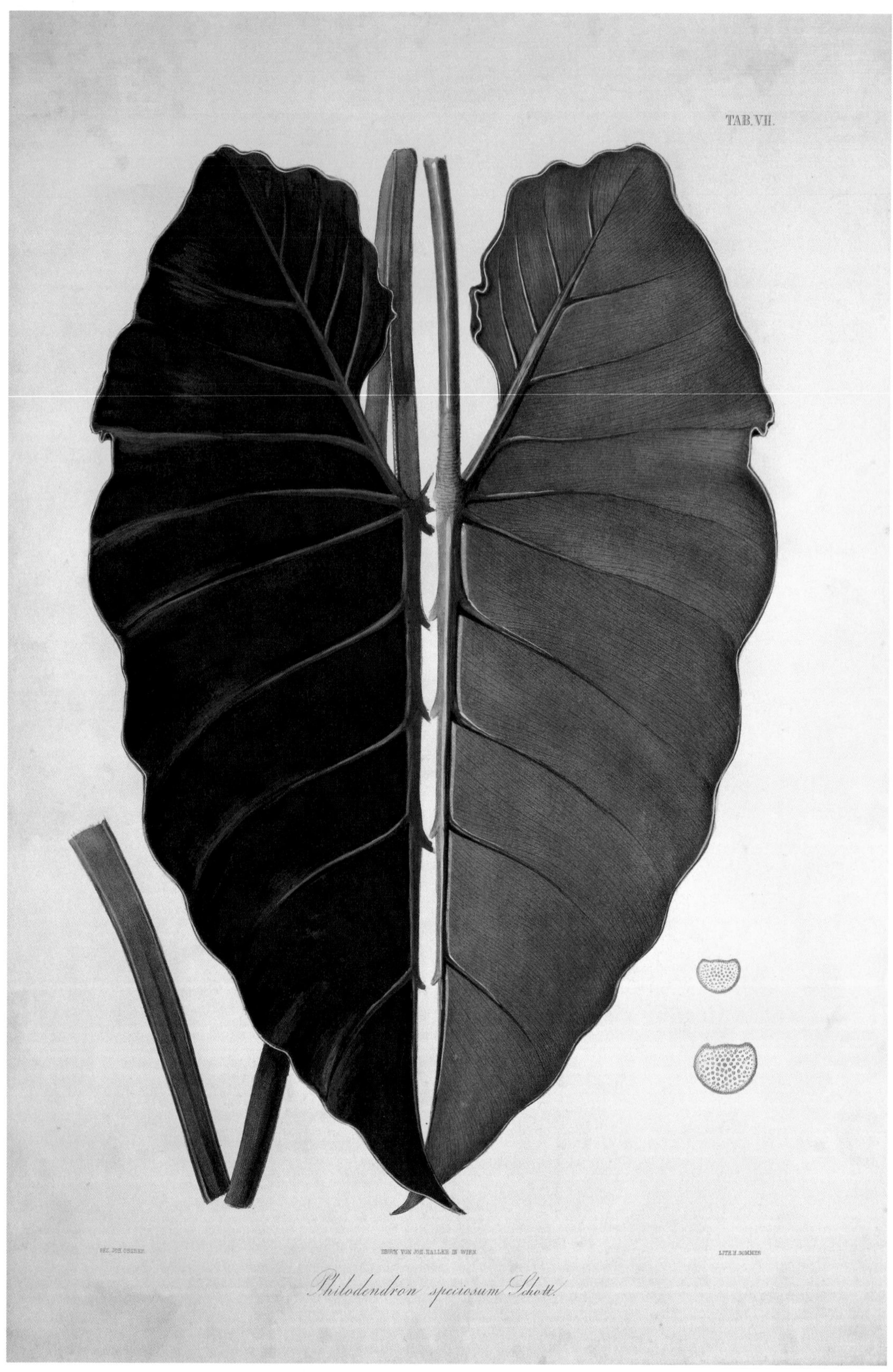
TAB. VII.
DRUCK VON JOS. HALLER IN WIEN
LITH. H. SOMMER
Philodendron speciosum Schott.

*t. 7*

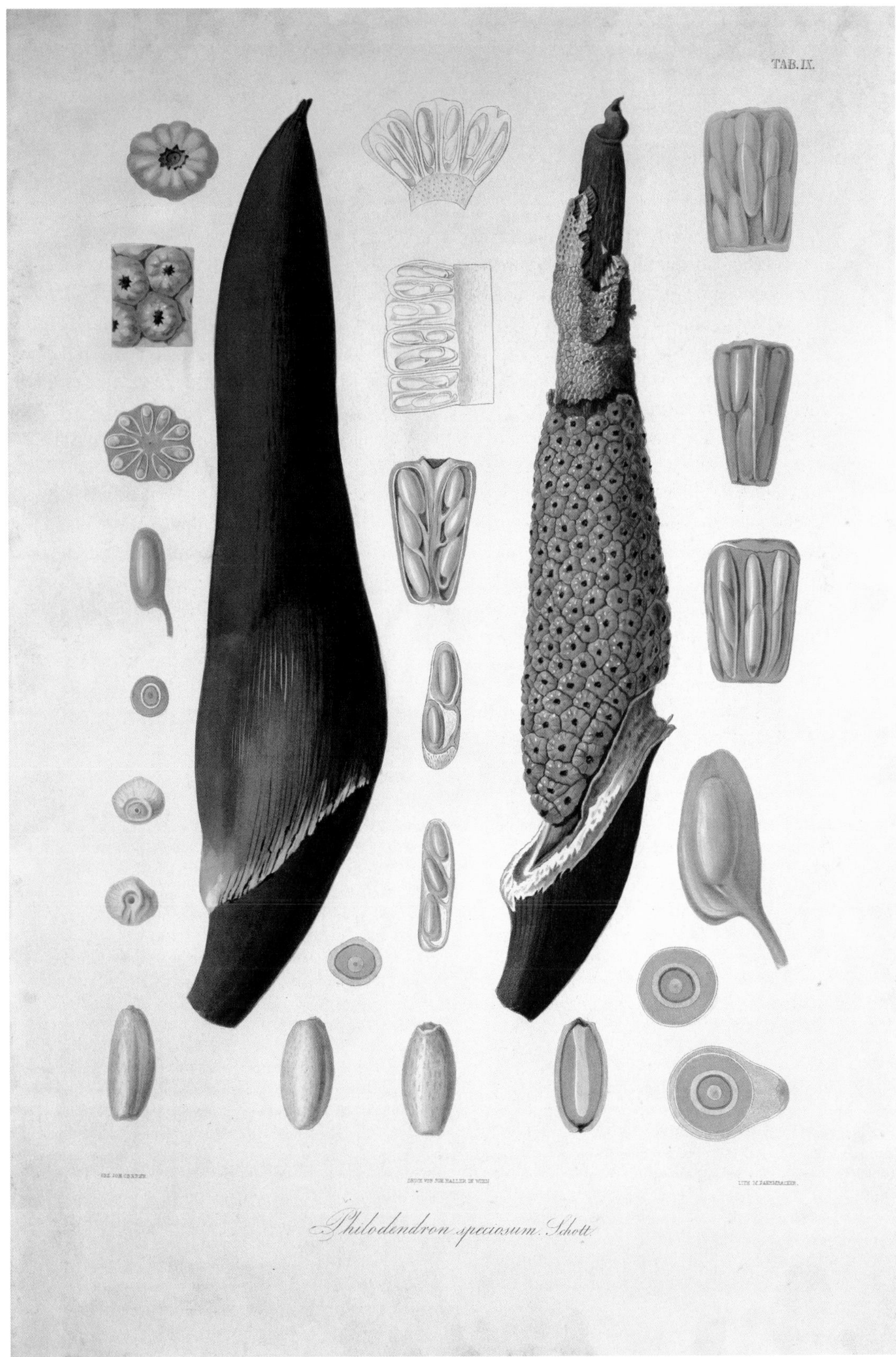
TAB. IX.
DRUCK VON JOH. HALLER IN WIEN
Philodendron speciosum. Schott.

t. 9

# 82 *Theodor Kotschy Die Eichen Europa's und des Orients*

WIEN/OLMÜTZ [OLOMOUC], 1858–1862

BUI 181.352-F

Wie kein Naturforscher vor oder nach ihm hat Theodor Kotschy die Weiten der Nilländer und des Nahen Osten bereist und eine außerordentlich reiche, überwiegend botanische Expeditionsausbeute nach Wien gebracht. Jahrelang sammelte er unter oft schwierigsten Umständen im Gebiet der heutigen Staaten Ägypten, Irak, Iran, Sudan, Syrien, Türkei und Zypern. Dabei stieß er in Richtung Süden bis zu 10° nördlicher Breite, in Richtung Osten bis zu 53° östlicher Länge vor. Die vollständigste Serie seiner Kollektionen kam an das spätere k. k. Naturhistorische Hof-Museum in Wien; durch sie und seine Veröffentlichungen begründete Kotschy die Orientforschung an dieser Institution. Seine reich illustrierte Monographie der Eichen Europas und des Nahen Ostens erschien während seiner Tätigkeit als zweiter Custos-Adjunkt am k. k. botanischen Hofkabinett, das zu dieser Zeit noch im sogenannten Alten Museum im botanischen Garten der Universität Wien untergebracht war. Die behandelten Eichen waren zu einem nennenswerten Teil von Kotschy selbst beobachtet worden. Er sammelte auch Belege, so von *Quercus alnifolia* Poech (t. 6), und schrieb dazu: „Von diesem Strauch sammelte ich Exemplare mit reifen Früchten Ende October 1840 auf der Insel Cypern um 3000 Fuss über Meer auf der Ostlehne des Berges Olympus, wo er vorherrschend das Vor- und Unterholz an lichten Stellen des Kieferwaldes bildet. Die Mönche der griechischen Klöster sammeln die Früchte …“ Mit dem Olymp ist das Troodos-Gebirge gemeint, die höchste Erhebung der Insel Zypern.

Theodor Kotschy travelled the length and breadth of the countries of the Nile and the Near East as no naturalist had done before or has done since, and he brought back to Vienna an extraordinarily rich collection of mainly botanical specimens. For years he collected in the area covered by present-day Egypt, Iraq, Iran, Sudan, Syria, Turkey and Cyprus, often under the most difficult circumstances, venturing southward as far as 10 degrees north latitude and eastward as far as 53 degrees east longitude. The most complete series of his collections came to the later Imperial Royal Court Natural History Museum in Vienna; on the basis of these and also his publications, Kotschy founded Oriental research at this institution. His abundantly illustrated monograph of the oaks of Europe and the Near East appeared while he was working as second assistant to the curator at the Imperial Royal Botanical Court Cabinet, that at this time was still housed in the so-called Old Museum in the University Botanic Garden in Vienna. To a large extent, Kotschy had observed the oaks himself and also gathered specimens, such as *Quercus alnifolia* Poech (t. 6), about which he wrote, "I collected specimens with ripe fruits from this shrub at the end of October 1840 on the island of Cyprus at 3000 feet above sea level on the eastern slope of Mount Olympus, where it occurs predominantly as undergrowth in clearings of the pine forest. The monks of the Greek monasteries collect the fruits …" By Olympus, he meant the Troodos Mountains, the highest elevation on the island of Cyprus.

Grand explorateur des contrées bordant le Nil et des pays du Proche-Orient, Theodor Kotschy rapporta à Vienne, comme nul autre naturaliste avant ou après lui, un nombre exceptionnel d'échantillons essentiellement de nature végétale. Pendant des années, il herborisa dans des conditions souvent très difficiles, parcourant des régions qui constituent aujourd'hui l'Egypte, l'Iraq, l'Iran, le Soudan, la Syrie, la Turquie, Chypre et s'aventurant jusqu'à 10° de latitude Nord et 53° de longitude Est. La série la plus complète de ses collections fut envoyée au futur k. k. Naturhistorisches Hof-Museum de Vienne. C'est grâce à ses récoltes botaniques et à ses publications que Kotschy put faire débuter la recherche sur le Proche-Orient dans cette institution. Sa monographie richement illustrée des chênes d'Europe et du Proche-Orient parut alors qu'il travaillait comme deuxième conservateur-adjoint au Cabinet austro-hongrois de botanique qui se trouvait encore à l'époque dans le vieux Musée au Jardin botanique de l'Université de Vienne. Kotschy avait observé et sélectionné lui-même une grande partie des chênes présentés, comme il l'indique pour le *Quercus alnifolia* Poech (t. 6) : « A la fin du mois d'octobre 1840, j'ai cueilli des exemplaires de cet arbuste portant des fruits mûrs sur l'île de Chypre, à 3000 pieds au-dessus du niveau de la mer, sur le versant est du mont Olympe, où il constitue le principal peuplement des sous-bois et des lisières aux endroits clairsemés des forêts de pins. Les moines des monastères grecs cueillent ses fruits… » Ce qu'il désigne sous le nom d'Olympe est le massif de Troghodos, le point culminant de Chypre.

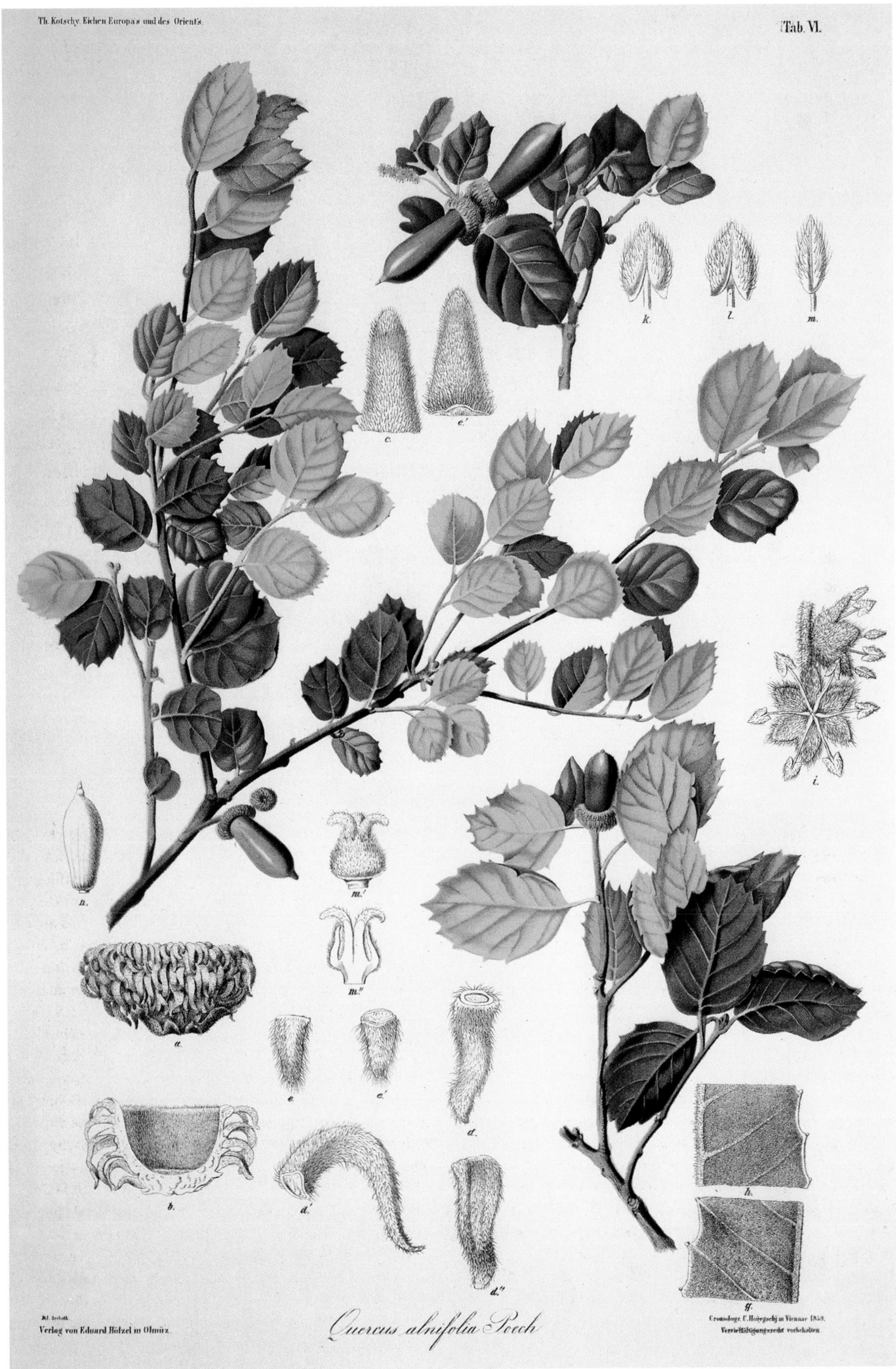
Th. Kotschy. Eichen Europa's und des Orient's.
Tab. VI.
Verlag von Eduard Hölzel in Olmütz.
Quercus alnifolia Poech
Vervielfältigungsrecht vorbehalten.

t. 6

*t. 8*

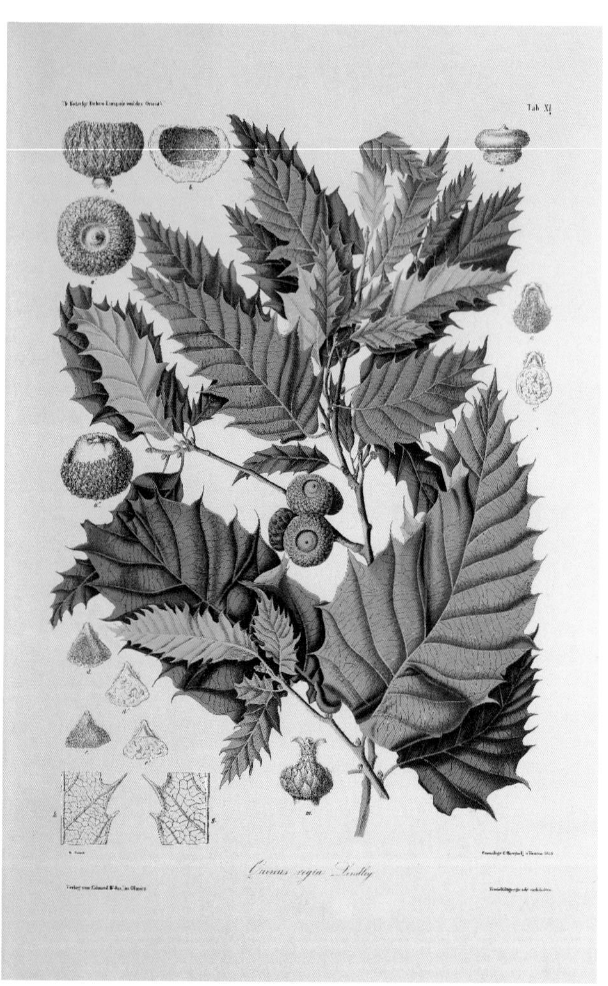


*t. 11*

Th Kotschy. Eichen Europa's und des Orient's.
Tab. XII.
i.
m.
l.
k.
e.'
e.
a.
b.
n.
d."
c.
c.'
d.'
d.
h.
g.
Cromolog: C. Hoëregschj in Vienne 1858.
Quercus Ithaburensis Decaisne.
Verlag von Eduard Hölzel in Olmüz.
Vervielfältigungsrecht vorbehalten.

t. 12

Th. Kotschy. Eichen Europa's und des Orients.
Tab XVIII.
Quercus vulcanica Boissier.
Verlag von Eduard Hölzel in Olmüz.

t. 18

Th. Kotschy. Eichen Europa's und des Orients.
Tab.XXX
Del. Seeboth.
Cromolog. C. Horegschj in Viennae.
Quercus Graeca Kotschy.
Verlag von Eduard Hölzel in Olmütz.
Vervielfältigungsrecht vorbehalten.

t. 30

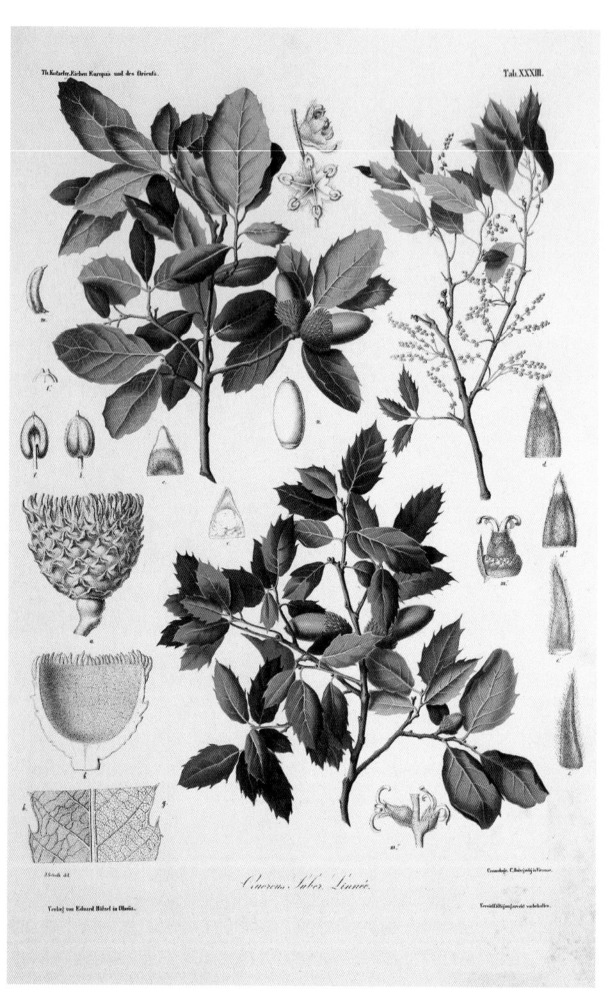
Th. Kotschy, Eichen Europa's und des Orients.
Tab. XXXIII.
Quercus Suber Linné.
Verlag von Eduard Hölzel in Olmüz.

t. 33

Th. Kotschy, Eichen Europa's und des Orients.
Tab. XXXIV.
Quercus pubescens Willdenow.
Verlag von Eduard Hölzel in Olmüz.

t. 34

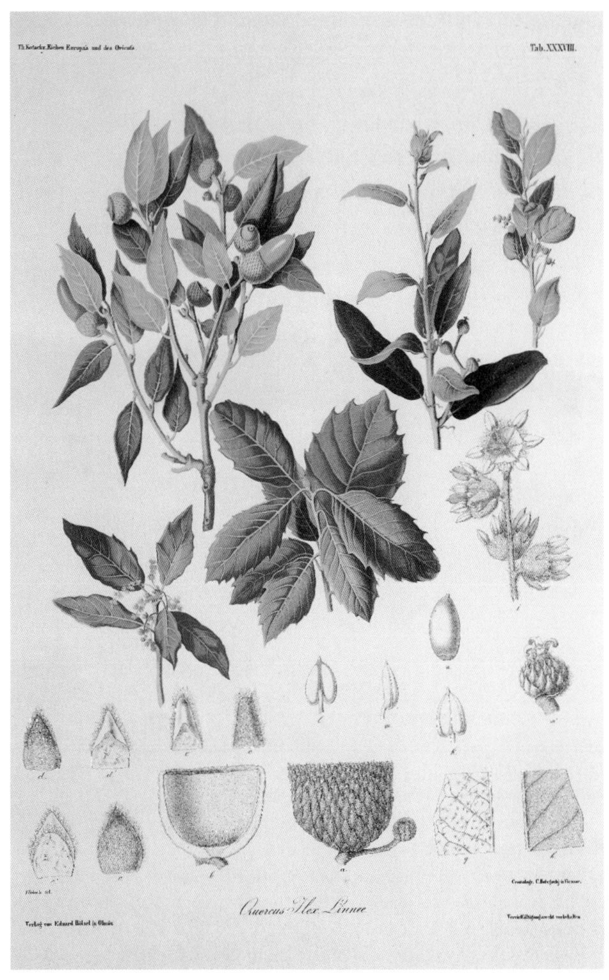
Tab. XXXVIII.
Quercus Ilex. Linnee

*t. 38*

Tab. XXXX.
Quercus castaneaefolia. C. A. Meyer.

*t. 40*

# 83 *Alois Pokorny Plantae lignosae imperii Austriaci*

WIEN, 1864

BIU 116.367-D

Lit. 17

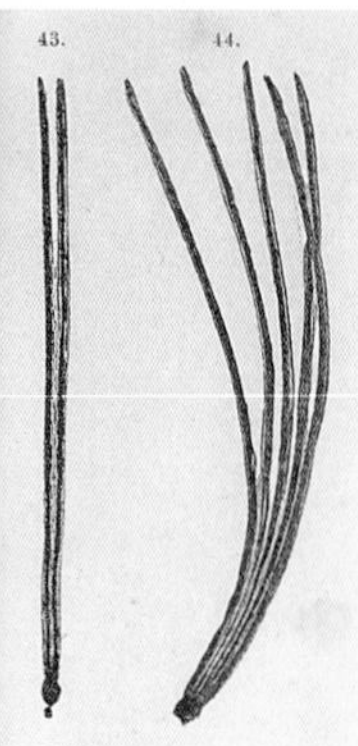


Nach dem von Auer (siehe Nr. 80) vorgestellten Verfahren wurde in der k. k. Hof- und Staatsdruckerei das hier gezeigte Werk hergestellt, dessen Untertitel Aufschluß über das Ziel des Projekts gibt: *Österreichs Holzpflanzen. Eine auf genaue Berücksichtigung der Merkmale der Laubblätter gegründete floristische Bearbeitung aller im österreichischen Kaiserstaate wild wachsenden oder häufig cultivierten Bäume, Sträucher und Halbsträucher.*

Wie in keinem anderen mit Naturdrucken illustrierten Werk wird hier eine Vorstellung von der gesamten Gehölzflora eines Gebiets vermittelt. Kenner altösterreichischer Verhältnisse werden nicht verwundert sein festzustellen, daß mit Österreich die im Reichsrat vertretenen Königreiche und Länder (Cisleithanien) gemeint sind, Pflanzen aus den Ländern der heiligen Stephanskrone (Transleithanien) aber fehlen. Die Fundorte der hier abgebildeten Pflanzen befinden sich folglich in den heutigen Staaten Österreich, Tschechische Republik, Polen, Slowenien, Ukraine, Kroatien und Italien.

Using the process introduced by Auer (see No. 80), the work shown here was produced in the Imperial Royal Court and State Printing Works, and its subtitle gives information about the aim of the project: *Austria's Woody Plants. A floristic treatment of all the trees, shrubs, and sub-shrubs that grow wild or are frequently cultivated in the Imperial State of Austria, based on a careful study of the characteristics of the leaves.*

No other work illustrated with nature impressions conveys so well an idea of the entire tree flora of a region. Experts on Austrian history will not be surprised to learn that the term »Austria« designates the kingdoms and countries represented in the Reichsrat (Cisleithania), but that plants from the lands under the crown of St. Stephen (Transleithania) are absent. Consequently, the places where the plants illustrated were found lie today in the countries of Austria, the Czech Republic, Poland, Ukraine, Slovenia, Croatia, and Italy.

L'ouvrage présenté ici a été réalisé au k. k. Hof- und Staatsdruckerei suivant le procédé décrit par Auer (voir n° 80). Son sous-titre nous révèle l'objectif du projet *Plantes ligneuses d'Autriche. Traité de tous les arbres, arbustes et buissons poussant à l'état sauvage ou fréquemment cultivés dans tous les États autrichiens de l'Empire, une élaboration floristique prenant en compte avec exactitude les caractéristiques des feuilles.*

Aucun autre ouvrage illustré d'empreintes naturelles n'offre une vision aussi complète de la flore des arbres et arbustes d'une région donnée. Les personnes versées dans l'histoire autrichienne ne s'étonneront pas de constater que l'on désignait alors sous le nom d'Autriche les seuls royaumes et pays représentés au Reichsrat (Cisleithanie). Les plantes des pays de la Couronne de saint Etienne (Transleithanie) font donc défaut. Les lieux où furent découvertes les plantes reproduites ici se trouvent par conséquent dans les États formant aujourd'hui l'Autriche, la république Tchèque, la Pologne, la Slovénie, l'Ukraine, la Croatie et l'Italie.

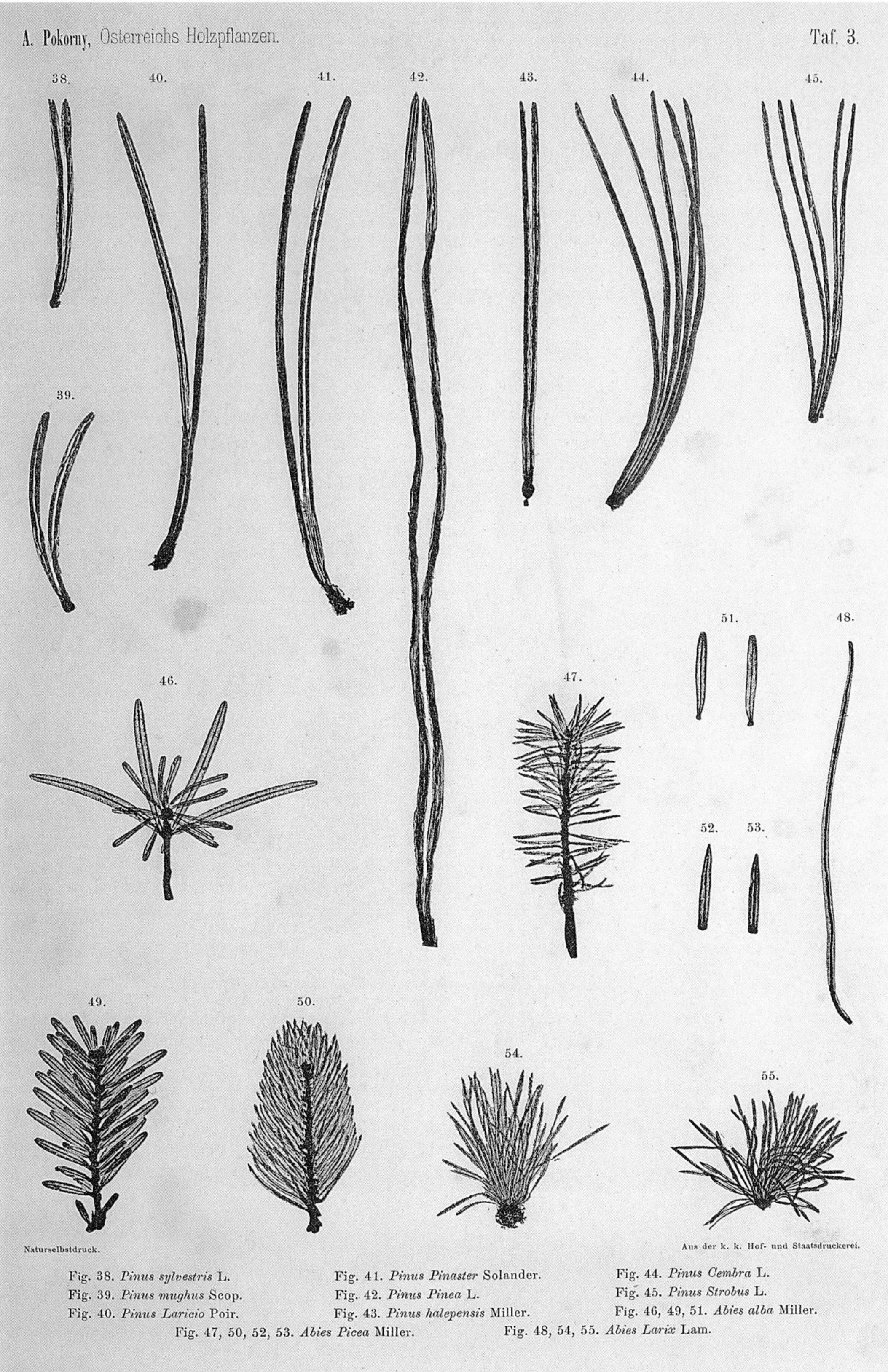


Fig. 38. *Pinus sylvestris* L.
Fig. 39. *Pinus mughus* Scop.
Fig. 40. *Pinus Laricio* Poir.
Fig. 41. *Pinus Pinaster* Solander.
Fig. 42. *Pinus Pinea* L.
Fig. 43. *Pinus halepensis* Miller.
Fig. 44. *Pinus Cembra* L.
Fig. 45. *Pinus Strobus* L.
Fig. 46, 49, 51. *Abies alba* Miller.
Fig. 47, 50, 52, 53. *Abies Picea* Miller.
Fig. 48, 54, 55. *Abies Larix* Lam.

*t. 3*

t. 9

t. 48

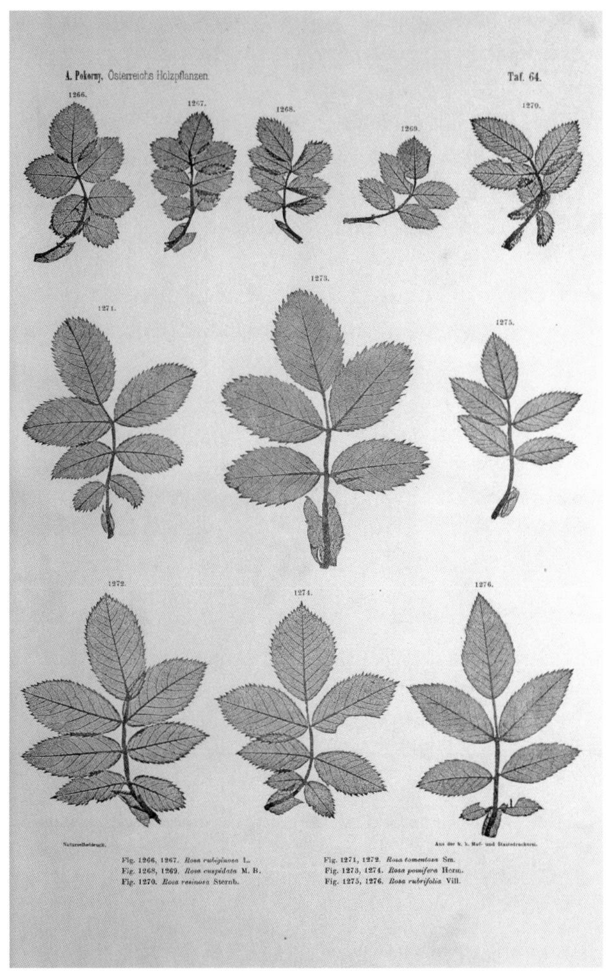
A. Pokorny, Österreichs Holzpflanzen.
Taf. 64.
Fig. 1266, 1267. Rosa rubiginosa L.
Fig. 1268, 1269. Rosa cuspidata M. B.
Fig. 1270. Rosa resinosa Sternb.
Fig. 1271, 1272. Rosa tomentosa Sm.
Fig. 1273, 1274. Rosa pomifera Herm.
Fig. 1275, 1276. Rosa rubrifolia Vill.

*t. 64*

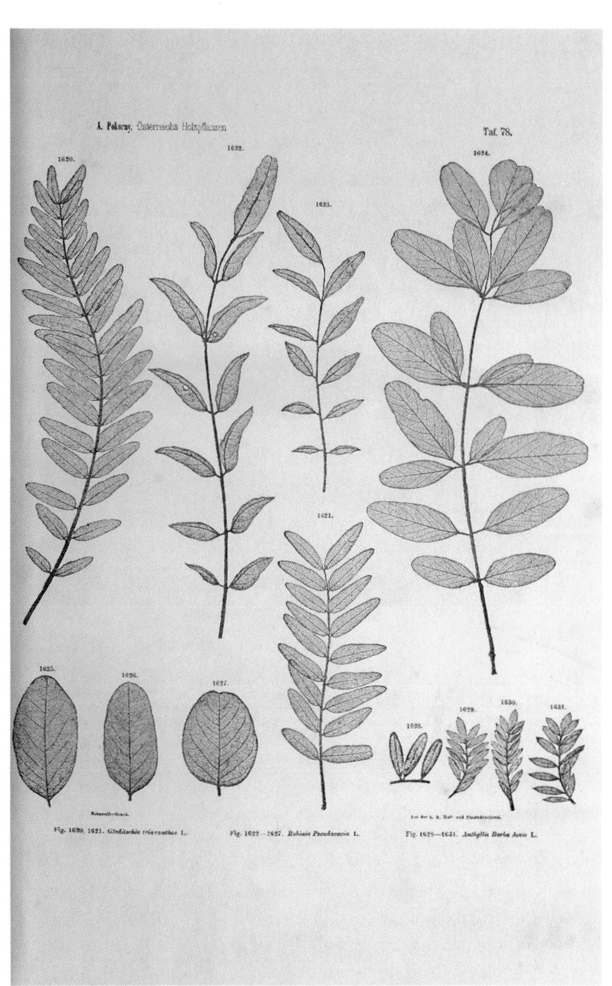
A. Pokorny, Österreichs Holzpflanzen.
Taf. 78.
Fig. 1620, 1621. Gleditschia triacanthos L.
Fig. 1622—1627. Robinia Pseudacacia L.
Fig. 1628—1631. Anthyllis Barba Jovis L.

*t. 78*

# 84 *James Bateman A monograph of Odontoglossum*

LONDON, 1864–1874

 Lit. 15

Als James Bateman im Jahre 1897 im Alter von 88 Jahren starb, schrieb „Gardener's Chronicle", die führende Gartenzeitung Englands, er sei „einer der bemerkenswertesten Männer in der Welt des Gartenbaus gewesen, den das [19.] Jahrhundert hervorgebracht" habe. John Lindley (siehe Nr. 66) hatte früh Batemans Interesse an Orchideen geweckt, das lebenslang anhalten sollte. In den Jahren 1837 bis 1843 veröffentlichte Bateman in London das „größte, schwerste, aber wahrscheinlich auch edelste Orchideenbuch, das je erschienen ist". Das ist keine Übertreibung: Um *The Orchidaceae of Mexico and Guatemala* zu bewegen, sind vier Hände nötig, denn das Werk mißt 73 x 53 x 8 cm und wiegt fast 20 kg. In der Österreichischen Nationalbibliothek wird dieser Band unter der Signatur „Sub tab. 2" liegend aufbewahrt. In einer Auflage von 125 Exemplaren hergestellt und 40 großformatige Tafeln enthaltend, gilt dieses Werk als das gefragteste Orchideenbuch aller Zeiten.

Hier wird die in sechs Lieferungen erschienene, mit 30 kolorierten Lithographien illustrierte *Monograph of Odontoglossum* gezeigt. Die als Druckvorlagen verwendeten Wasserfarbenmalereien hatte Walter Hood Fitch angefertigt, der für seine Fähigkeit bekannt war, komplizierte Blütenstrukturen exakt darzustellen. Reich genug, um private Orchideenjäger zu finanzieren, hatte Bateman einen gewissen Colley nach British Guyana sowie George Ure Skinner nach Mittelamerika ausgeschickt. Auf seinem Landsitz Knypersley bei Biddulph in Staffordshire ließ Bateman einen der bemerkenswertesten Gärten in England anlegen, in dessen Gewächshäusern er viele seiner Orchideen kultivieren ließ.

When James Bateman died in 1897 at the age of 88, England's leading gardening magazine, the *Gardener's Chronicle* wrote that he had been "one of the most remarkable men in the horticultural world that the [19th] century had seen". A lifelong interest in orchids had been awakened at an early age by John Lindley (see No. 66). During the years 1837–1843, Bateman published in London the "largest, heaviest, but probably also the finest book on orchids that has ever appeared". The description is no exaggeration: it requires four hands to move *The Orchidaceae of Mexico and Guatemala*, for the work measures 28 ¾ x 20 ¾ x 3 ⅛ in. (73 x 53 x 8 cm) and weighs approximately 44 lbs. (almost 20 kg). In the Austrian National Library this volume is stored horizontally under the shelf-mark "Sub tab. 2". Published in an edition of 125 copies and containing 40 large-format plates, the work is the most sought-after volume on orchids of all time.

The *Monograph of Odontoglossum* shown here was published in six parts and is illustrated with 30 coloured lithographs. The watercolour paintings used as models for the prints were done by Walter Hood Fitch, who was renowned for his ability to represent complicated flower structures with precision. Bateman was sufficiently wealthy to be able to finance orchid hunters privately, and he dispatched a certain Mr. Colley to British Guyana, and George Ure Skinner to Central America. On his country seat Knypersley near Biddulph in Staffordshire Bateman created one of England's most remarkable gardens, in whose glasshouses many of his orchids were cultivated.

Lorsque James Bateman mourut en 1897 à l'âge de 88 ans, le grand journal anglais d'horticulture « Gardener's Chronicle » écrivit qu'il « était l'un des hommes les plus remarquables dans le monde de l'horticulture que le [XIX$^{e}$] siècle eût engendré ». C'est John Lindley (voir n° 66) qui, très tôt, éveilla chez Bateman une passion pour les orchidées qui ne devait plus le quitter. De 1837 à 1843, Bateman fit publier à Londres « le livre d'orchidées le plus grand, le plus lourd et probablement le plus précieux jamais édité à ce jour ». Ceci n'est pas exagéré car il faut bien quatre mains pour déplacer *The Orchidaceae of Mexico and Guatemala*. L'ouvrage mesure en effet 73 x 53 x 8 cm et pèse près de 20 kg. A l'Österreichische Nationalbibliothek on le conserve à plat sous la signature « Sub tab. 2 ». Edité en 125 exemplaires et comportant 40 planches grand format, il est l'ouvrage sur les orchidées le plus recherché de tous les temps.

On y présente la *Monograph of Odontoglossum* illustrée en 30 lithographies coloriées et parue en six fascicules. Les aquarelles qui ont servi de copie ont été effectuées par Walter Hood Fitch qui était connu pour sa capacité à rendre avec exactitude les structures compliquées des fleurs. Suffisamment riche pour engager des chasseurs d'orchidées, Bateman avait envoyé un dénommé Colley en Guyane britannique et George Ure Skinner en Amérique centrale. Dans son domaine de Knypersley près de Biddulph dans le Staffordshire, Bateman aménagea l'un des jardins les plus remarquables de toute l'Angleterre. Il y faisait cultiver en serres un grand nombre de ses orchidées.

Plate 1.
W. Fitch, del et lith.
Vincent Brooks, Imp.
Odontoglossum nebulosum.

*t. 1*

Plate VI.
W.H. Fitch, del et lith.
Vincent Brooks, Imp.
Odontoglossum pendulum.

*t. 6*

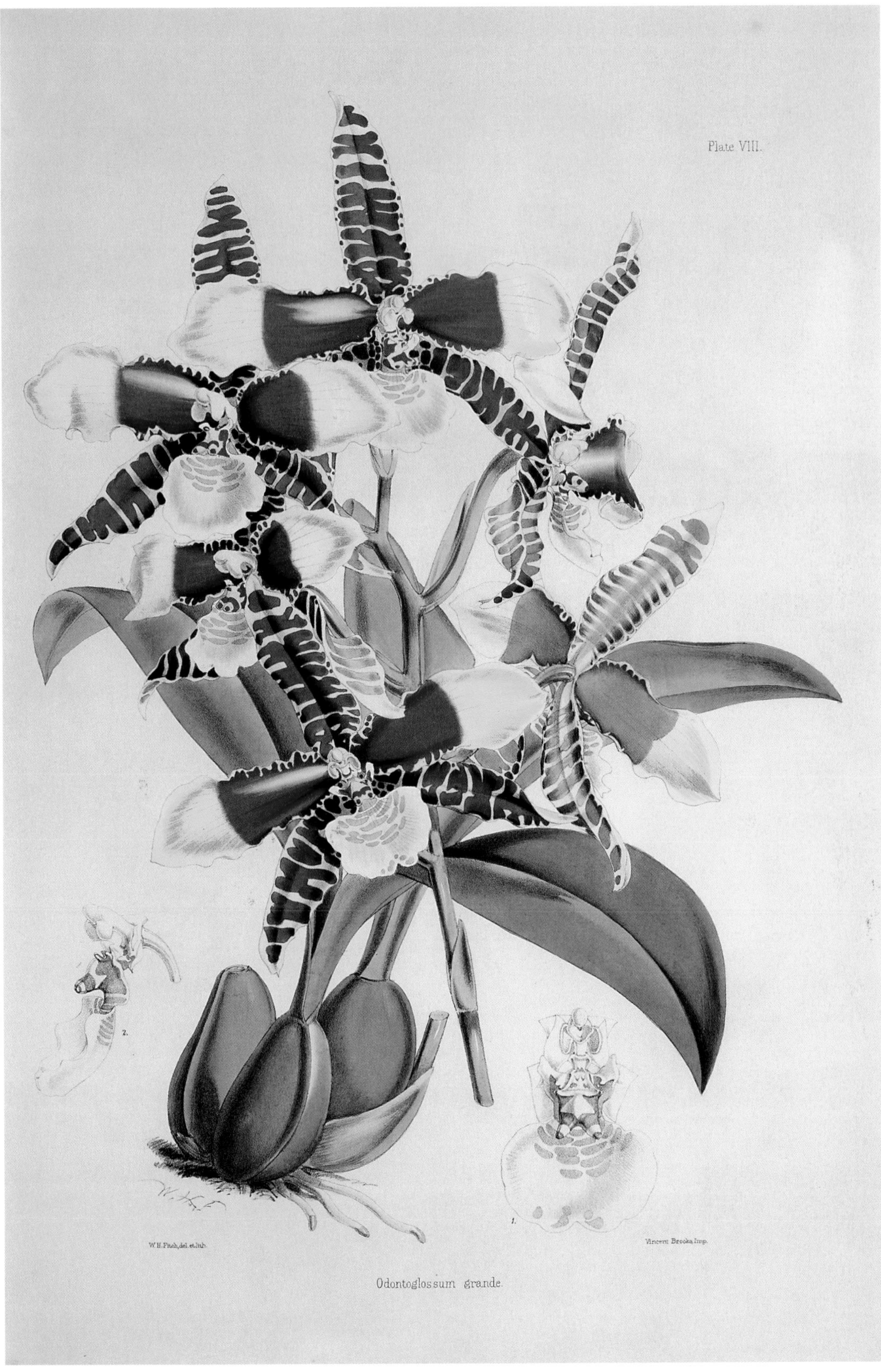

Odontoglossum grande.

t. 8

Plate
W.H.Fitch, del.et lith.
Vincent Brooks, Imp.
Odontoglossum læve.

*t. 16*

Plate 22.
W.H.Fitch, del. et lith.
Vincent Brooks, Day & Son, Imp.
Odontoglossum Roseum.

*t. 22*

t. 23

t. 27

Plate XXIX
W H F
W. H. Fitch, del. et. lith
Vincent Brooks Day & Son, Imp.
Odontoglossum vexillarium

*t. 29*

# 85 *Theodor Kotschy Plantae Tinneanae*

VINDOBONAE [WIEN], 1867

BIU 182.584-F Lit. 28

Was im Jahre 1863 im Rahmen einer geplanten Expedition ins Innere Afrikas als Fahrt auf einem gemieteten Nildampfer begann, wurde für Henriette Marie Louise Tinne, ihre Schwester Adrienne van Capellen und Dr. H. Steudner, der sich ihnen in Khartum [Al-Chartum] angeschlossen hatte, zur Katastrophe: Sie erlagen einem Tropenfieber. Nur zwei Expeditionsteilnehmer überlebten – Alexandrine P. F. Tinne, die Tochter von H. M. L. Tinne, und Theodor von Heuglin. So ist der prunkvoll ausgestattete, Sophie Friedericke Mathilde, Königin der Niederlande, gewidmete Band *Plantae Tinneanae* Zeugnis einer Tragödie. Die im Gebiet des Weißen Nils [Bahr el-Abiad] im Westen des heutigen Staates Sudan gesammelten Pflanzen kamen durch einen der Überlebenden an das k. k. botanische Hofkabinett in Wien, wo Kotschy die Bestimmung und Veröffentlichung übernahm. Er war dafür bestens geeignet, denn als Teilnehmer einer von Joseph Russegger geleiteten Expedition hatte er sich mehr als zwei Jahrzehnte zuvor in diesem Gebiet aufgehalten und Pflanzen gesammelt. Die *Plantae Tinneanae* wurden von John A. und A. P. F. Tinne, den Kindern von H. M. L. Tinne, finanziert. Das in lateinischer und französischer Sprache verfaßte Werk enthält 27 Lithographien, die in Wien nach Herbarexemplaren hergestellt wurden. Johann Joseph Peyritsch, Marinearzt in Pola [Pula] im heutigen Kroatien, half dem krank aus dem Gebiet des heutigen Staates Syrien heimgekehrten Kotschy bei mehreren Pflanzenbeschreibungen. Das Vorwort des Werks ist „19 Novembris 1865" datiert. Kotschy starb bereits am 11. Juni 1866 in Wien und hat die Veröffentlichung dieses Prachtbandes nicht mehr erlebt.

The planned expedition into the interior of Africa that had begun in 1863 as a journey on a hired Nile steamer turned into a catastrophe for Henriette Marie Louise Tinne, her sister Adrienne van Capellen and Dr. H. Steudner, who had joined them in Khartoum (Al Chartum): they succumbed to a tropical fever. Only two members of the expedition survived – Alexandrine P. F. Tinne, the daughter of H. M. L. Tinne, and Theodor von Heuglin. Thus, the splendidly produced volume *Plantae Tinneanae*, dedicated to Sophie Friedericke Mathilde, Queen of the Netherlands, is the testimony to a tragedy. The plants collected in the region of the White Nile (Bahr El Abiad) in the west of the present-day country of Sudan were sent by one of the survivors to the Imperial Royal Botanical Court Cabinet in Vienna, where Kotschy took on the work of identification and publication. He was eminently suited for this task, for as a member of the expedition led by Joseph Russegger, he had spent time in this region collecting plants more than two decades earlier. The *Plantae Tinneanae* was financed by John A. and A. P. F. Tinne, the children of H. M. L. Tinne. The work, written in Latin and French, contains 27 lithographs, which were produced in Vienna from herbarium specimens. Johann Joseph Peyritsch, a naval doctor in Pola (Pula) in present-day Croatia, helped Kotschy with a number of plant descriptions when he returned home, a sick man, from what is now Syria. The preface of the work is dated "19 Novembris 1865". As Kotschy died on 11th June 1866, he did not live to see the publication of this magnificent work.

Ce qui commença en 1863 comme une remontée du Nil sur un bateau à vapeur dans le cadre d'une expédition au fin fond de l'Afrique tourna au cauchemar pour Henriette Marie Louise Tinne, sa sœur Adrienne van Capellen et le Dr H. Steudner, qui les avait rejointes à Khartoum [Al-Chartum]. A l'exception d'Alexandrine P. F. Tinne, la fille de H. M. L. Tinne, et de Theodor von Heuglin, tous les membres de l'expédition périrent de la fièvre. Le somptueux volume *Plantae Tinneanae* dédié à la reine de Hollande Sophie Friedericke Mathilde constitue donc le témoignage d'une tragédie. Les plantes cueillies dans la région du Nil blanc [Bahr el-Abiad], à l'ouest du Soudan actuel, furent rapportées par l'un des survivants au cabinet austro-hongrois de botanique à Vienne où Kotschy se chargea de les identifier, puis de les publier. C'était tout à fait l'homme qui convenait : ayant participé à une expédition dirigée par Joseph Russegger, il avait séjourné et herborisé dans cette région vingt ans plus tôt. Les *Plantae Tinneanae* furent financées par John A. et A. P. F. Tinne, les enfants de H. M. L. Tinne. L'ouvrage rédigé en latin et en français comporte 27 lithographies coloriées qui furent effectuées à Vienne. Ce fut Johann Joseph Peyritsch, médecin dans la marine à Pola [Pula], aujourd'hui en Croatie, qui aida Kotschy revenu malade de Syrie à décrire plusieurs plantes. L'avant-propos de l'ouvrage est daté du « 19 novembris 1865 ». Kotschy mourut le 11 juin 1866 à Vienne et n'a par conséquent jamais vu la publication de cet ouvrage luxueux.

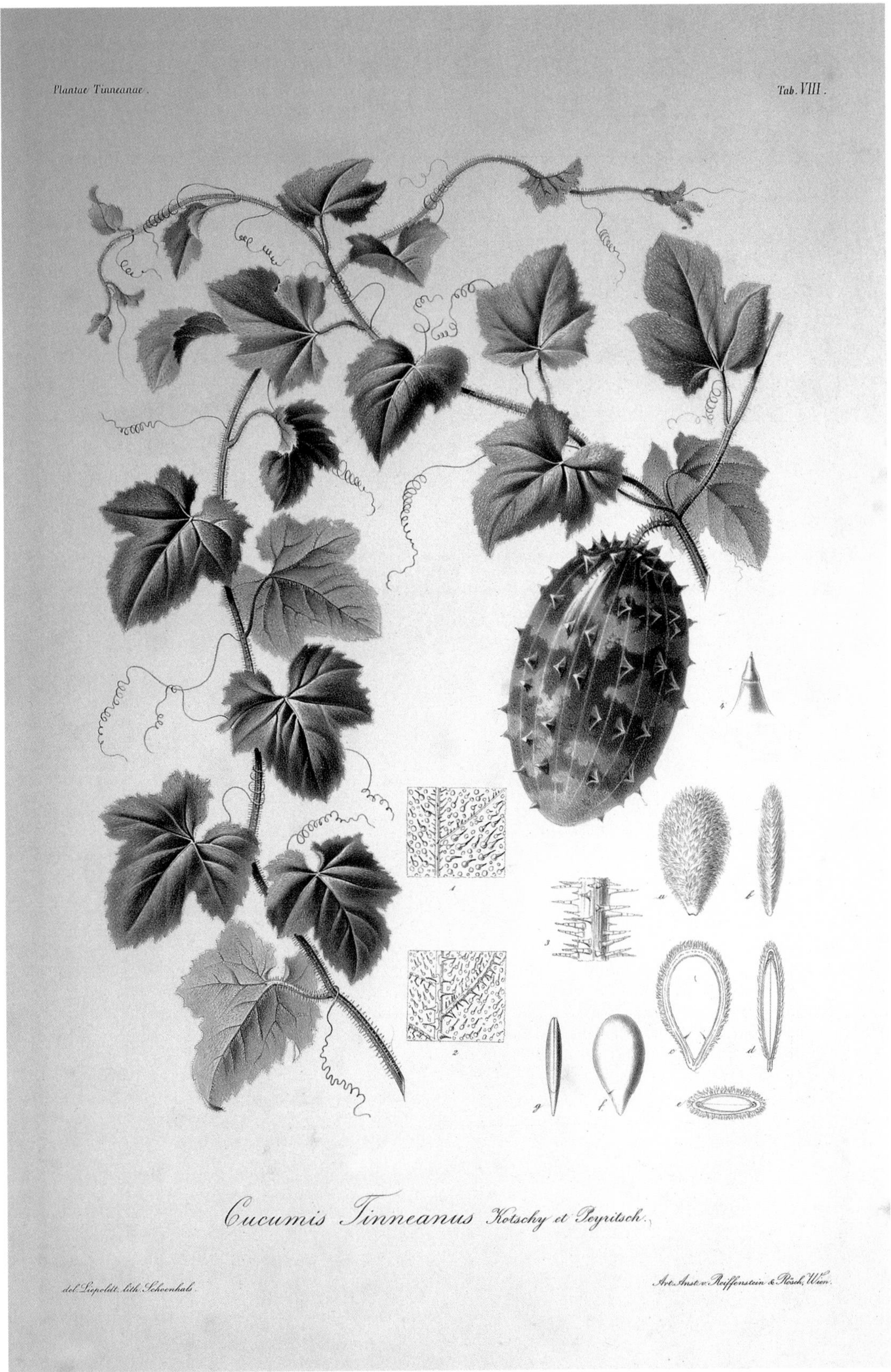
Plantae Tinneanae.
Tab. VIII.
Cucumis Tinneanus Kotschy et Peyritsch.
del. Liepoldt. lith. Schoenhals.
Art. Anst. v. Reiffenstein & Rösch, Wien.

t. 8

Plantae Tinneanae.
Tab. X.
Ipomoea asarifolia Roemer et Schultes.
del. Liepoldt. lith. Strohmeyer.
Art. Anst. v. Reiffenstein & Rösch, Wien.

*t. 10*

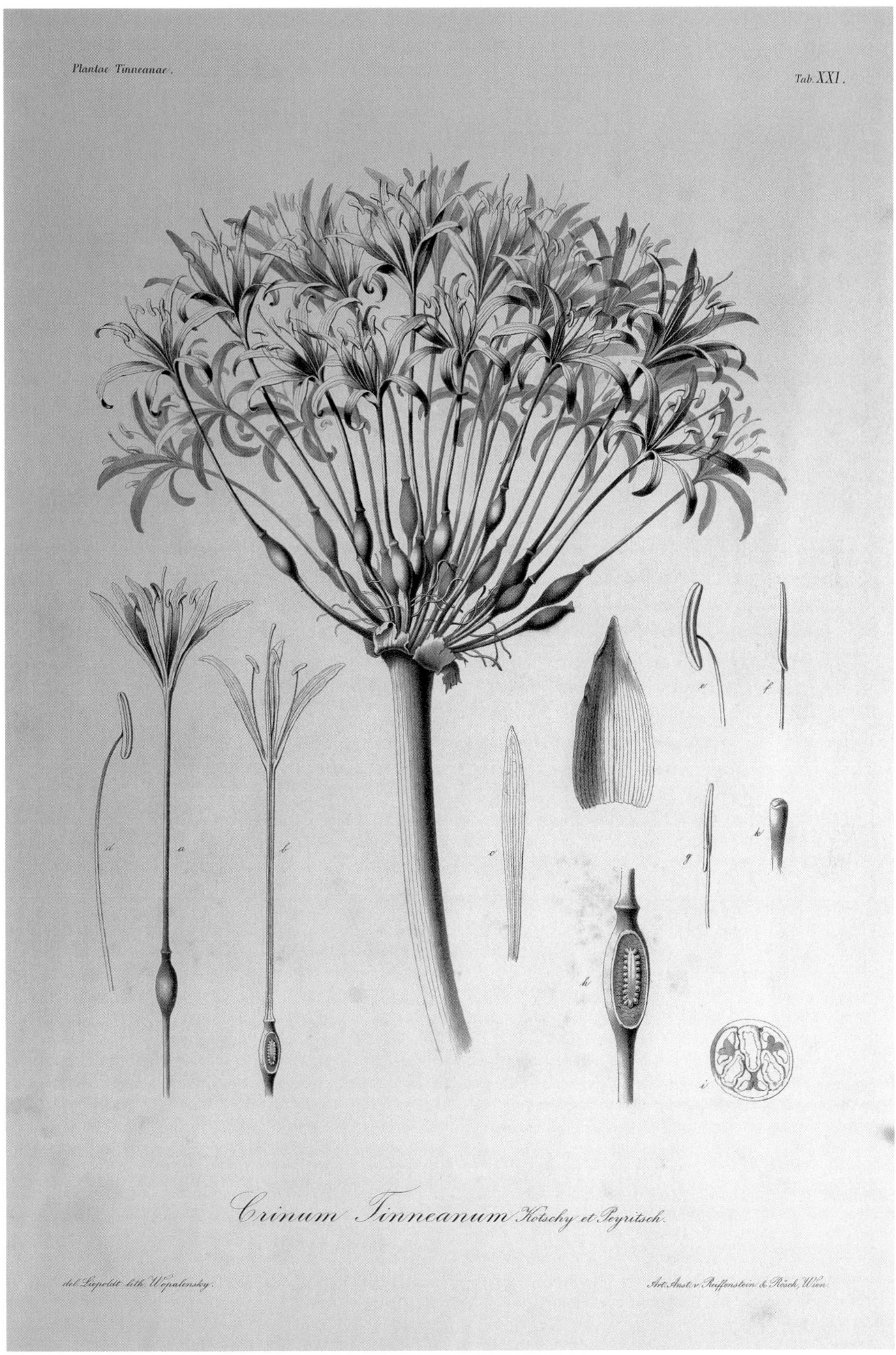
Plantae Tinneanae.
Tab. XXI.
d
a
b
c
e
f
g
h
i
k
Crinum Tinneanum Kotschy et Peyritsch.
del. Liepoldt lith. Wopalensky.
Art. Anst. v. Reiffenstein & Rösch, Wien.

t. 21

## 86 *Georg Schweinfurth Reliquiae Kotschyanae*

BERLIN, 1868

BUI 116.418 Lit. 78

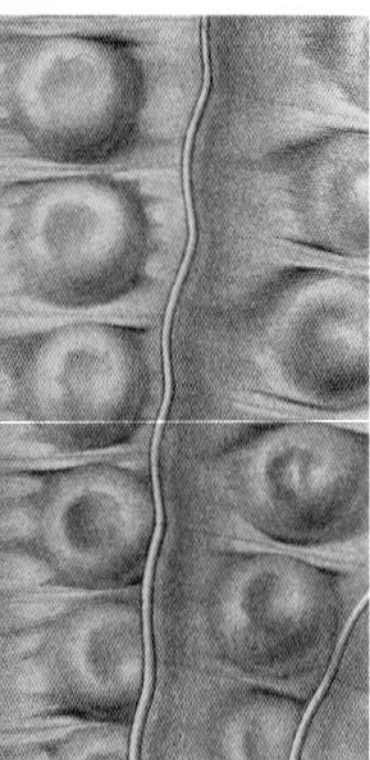

Wie vielen Botanikern war es auch Kotschy nicht vergönnt, die auf seinen weiten Reisen gesammelten Materialien vollständig zu veröffentlichen. Während aber ein botanischer Nachlaß oft jahrzehntelang unberührt liegen bleibt, war das hier nicht der Fall, denn sehr rasch fand sich in der Person des damals 30jährigen Privatgelehrten Georg Schweinfurth ein hochqualifizierter Bearbeiter. In den Jahren 1864 und 1865 war er zweimal entlang der Westküste des Roten Meeres südwärts gesegelt, hatte den Ostrand des heutigen Staates Sudan besucht und sich auch kurz im damaligen Kaiserreich Äthiopien aufgehalten, sodaß er unter anderem auch Gebiete kennenlernte, die Kotschy ein Vierteljahrhundert vorher bereist hatte. Schweinfurths *Reliquiae Kotschyanae* nehmen im Untertitel auf diese Zusammenhänge Bezug: *Beschreibung und Abbildung einer Anzahl unbeschriebener oder wenig bekannter Pflanzenarten, welche Theodor Kotschy auf seinen Reisen in den Jahren 1837 bis 1839 als Begleiter Joseph's von Russegger in den südlich von Kordofan und oberhalb Fesoglu gelegenen Bergen der freien Neger gesammelt hat.* Darüber hinaus enthält der Band aber auch Beschreibungen von Arten, die Schweinfurth auf seinen Reisen in den Nilländern gefunden hatte – beispielsweise von der von Senegal im Westen bis zum Sudan im Osten verbreiteten *Entada africana* Guill. & Perr. (t. 9) –, ferner ist ein von Oskar Kotschy verfaßter Nachruf auf seinen Bruder Theodor aufgenommen. Das Werk ist Lajos Haynald, Erzbischof von Kalocsa, gewidmet, der Kotschys Zeichnungen von der Russegger-Expedition erworben hatte. Als einer der größten Grundbesitzer Ungarns fiel es ihm auch nicht schwer, die Publikation der *Reliquiae Kotschyanae* finanziell zu unterstützen.

Like many botanists, Kotschy was not granted the opportunity to publish in full the material he had collected on his extensive travels. But whereas a botanical legacy often lies untouched for decades, such a delay did not occur in his case, for a highly qualified scholar working on his own account was very quickly found in the person of Georg Schweinfurth, who at that time was 30 years old. Between 1864 and 1865 Schweinfurth had twice sailed southwards along the west coast of the Red Sea, visiting the eastern fringe of present-day Sudan and spending a short while in the then Empire of Ethiopia. In this way he had amongst other things also become acquainted with regions that Kotschy had travelled through a quarter of a century previously. He alludes to the connection in the subtitle of his *Reliquiae Kotschyanae*: *Descriptions and illustrations of a number of undescribed or little-known species of plants which Theodor Kotschy collected on his journeys during the years 1837 to 1839 as companion to Joseph von Russegger in the mountains of the Free Negroes in the south of Kordofan and above Fesoglu.* In addition, the volume contains descriptions of species which Schweinfurth had found on his travels in the lands of the Nile, for example *Entada africana* Guill. & Perr. (t. 9), which is widespread from Senegal in the west to the Sudan in the east, as well as an obituary by Oscar Kotschy for his brother Theodor. The work is dedicated to Lajos Haynald, Archbishop of Kalocsa, who had acquired Kotschy's drawings from the Russegger expedition. As one of the biggest landowners in Hungary, it was not difficult for him to provide financial support for the publication of the *Reliquiae Kotschyanae.*

Comme beaucoup de botanistes, Kotschy n'eut pas la chance de pouvoir publier complètement le matériel rassemblé lors de ses lointains voyages. Mais tandis que certaines successions botaniques demeurent ignorées pendant des dizaines d'années, celle-ci fut rapidement examinée par le « Privatgelehrte » Georg Schweinfurth, âgé de 30 ans à l'époque, qui était hautement qualifié pour cela. Dans les années 1864 et 1865, il avait en effet navigué deux fois le long de la côte ouest de la mer Rouge, avait visité l'est du Soudan actuel et avait même séjourné brièvement dans le Royaume d'Éthiopie ce qui lui avait permis, entre autres, de connaître les régions parcourues par Kotschy un quart de siècle plus tôt. Il y fait d'ailleurs référence dans le sous-titre de ses *Reliquiae Kotschyanae* : *Description et reproduction d'espèces de plantes non décrites ou peu connues rassemblées par Theodor Kotschy lors de ses voyages dans les années 1837 à 1839 en tant qu'accompagnateur de Joseph von Russegger dans les montagnes situées au sud de Kordofan et au-dessus de Fesoglu.* Le volume contient par ailleurs des descriptions d'espèces que Schweinfurth avait découvertes durant ses voyages dans les pays du Nil – comme la *Entada africana* Guill. & Perr. (t. 9) répandue de l'ouest du Sénégal à l'est du Soudan – ainsi qu'un éloge posthume à Theodor Kotschy, rédigé par son frère Oscar. L'ouvrage est dédié à l'archevêque de Kalocsa, Lajos Haynald, qui avait fait l'acquisition de dessins de Kotschy exécutés lors de l'expédition Russegger. Comptant parmi les plus gros propriétaires terriens de Hongrie, il lui fut aisé de cofinancer la publication des *Reliquiae Kotschyanae.*

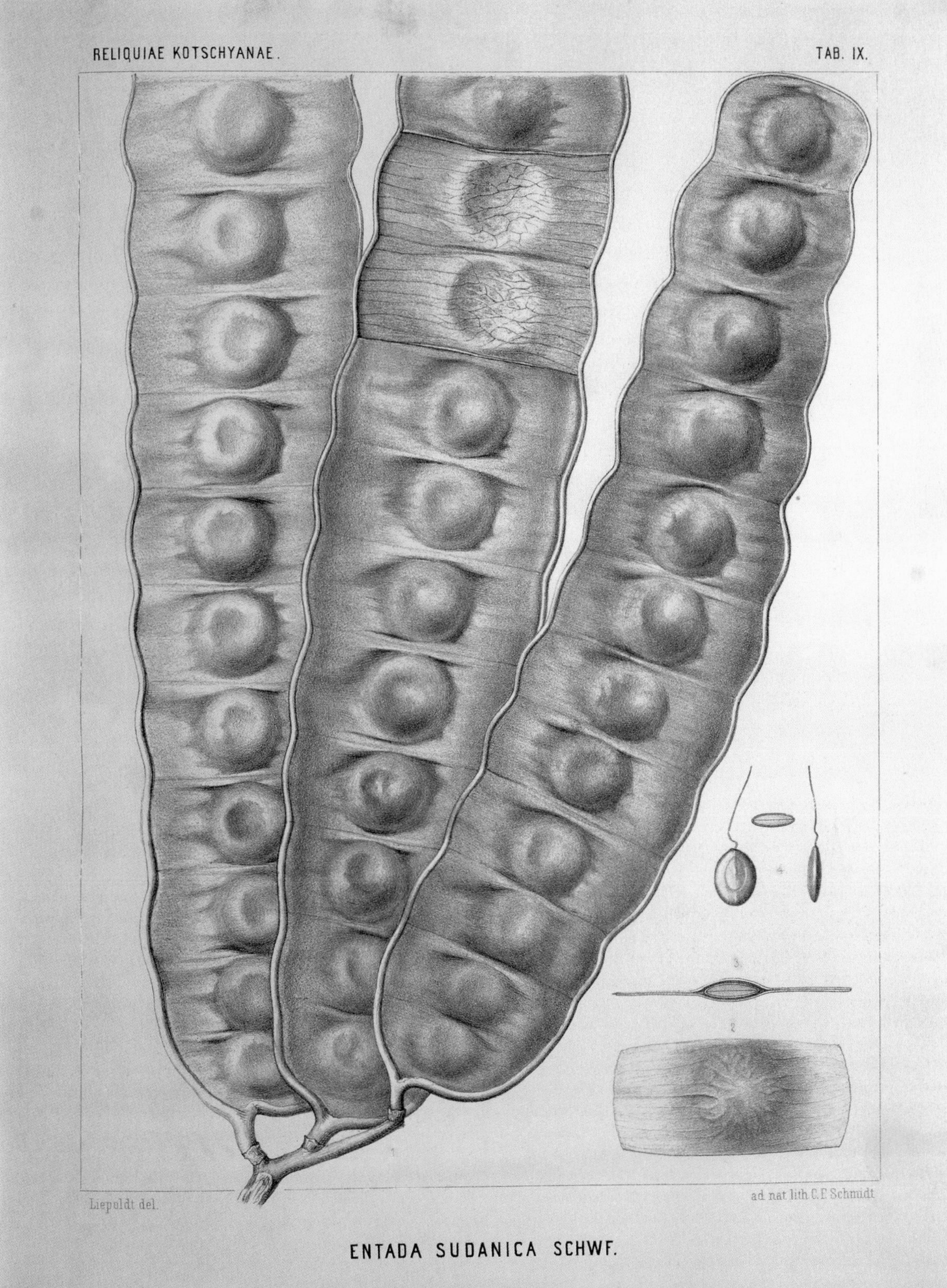
RELIQUIAE KOTSCHYANAE.
TAB. IX.
Liepoldt del.
ad nat. lith. C. F. Schmidt
ENTADA SUDANICA SCHWF.

t. 9

## 87 Johann Joseph Peyritsch *Aroideae Maximilianae*

WIEN, 1879

BUI BE.6.A.6

Lit. 48, 63

Im Gegensatz zu seinem älteren Bruder Franz Joseph, Kaiser von Österreich, war Erzherzog Maximilian stark an Naturwissenschaften interessiert. Seit 1854 hatte er das Oberkommando über die Marine inne, ließ bei Übungs- und Erkundungsfahrten naturkundliche Objekte sammeln und eine große wissenschaftliche Expedition, die Weltumsegelung der Fregatte „Novara", vorbereiten. Im letzten Moment aus gesundheitlichen Gründen an der Teilnahme gehindert, brach er im Jahre 1860 zu einer Privat-Expedition nach dem Kaiserreich Brasilien auf. Die Veröffentlichung der dabei gesammelten Aronstabgewächse hatte ein besonderes Schicksal: Sie erfolgte erst im Jahre 1879, zwölf Jahre nach der Hinrichtung des Erzherzogs, der sich als Maximilian I. zum Kaiser von Mexiko hatte ausrufen lassen. Darauf nimmt der Untertitel Bezug: *Auf der Reise Sr. Majestät des Kaisers Maximilian I. nach Brasilien gesammelte Aronstabgewächse nach handschriftlichen Aufzeichnungen von H. Schott.* Aber auch Schott (siehe Nr. 81) und sein Nachfolger Kotschy (siehe Nr. 79, 82, 85, 86) waren über der Bearbeitung des Materials gestorben, und erst Johann Joseph Peyritsch, damals Professor für Botanik an der Universität Innsbruck, brachte das Werk zu einem guten Abschluß. Wegen ihrer Detailgenauigkeit zählen die Lithographien mit zu den besten Abbildungen von Aronstabgewächsen, die je geschaffen wurden. Adolf Engler, damals Kustos am königlichen Botanischen Garten der Universität München und der zweite Monograph der Aronstabgewächse, reiste eigens nach Wien, um die noch nicht gedruckten Abbildungen und die lebenden Pflanzen in den Gewächshäusern von Schönbrunn zu untersuchen.

In contrast to his elder brother Francis Joseph, Emperor of Austria, Archduke Maximilian was greatly interested in the natural sciences. As supreme commander of the Navy since 1854, he gave orders for objects of natural history to be collected on exercises and reconnaissances, and made preparations for a large-scale scientific expedition, the circumnavigation of the world by the frigate *Novara*. Prevented at the last moment from taking part because of ill health, he set off in 1860 on a private expedition to the Empire of Brazil. The publication of the Araceae that were collected on this occasion had a peculiar fate: it did not occur until 1879, twelve years after the execution of the Archduke, who had proclaimed himself Maximilian I, Emperor of Mexico. The subtitle refers to his assumption of the crown: *Araceae collected by His Imperial Majesty, Maximilian I, on his Journey to Brazil according to handwritten notes by H. Schott.* Both Schott (see No. 81) and his successor Kotschy (see Nos. 79, 82, 85, 86), however, had died while still at work on the material, and it was Johann Joseph Peyritsch, at that time Professor of Botany at the University of Innsbruck, who brought the work to a successful conclusion. Because of their precision of detail, the lithographs are regarded as among the best illustrations of the Araceae that have ever been achieved. Adolf Engler, who was then curator at the Royal Botanic Garden of the University of Munich and the second monographer of the Araceae, travelled specially to Vienna in order to examine the as yet unprinted illustrations and the living plants in the glasshouses at Schönbrunn.

L'archiduc Maximilien s'intéressait vivement aux sciences naturelles contrairement à son frère aîné François-Joseph, l'empereur d'Autriche. Chef suprême de la marine depuis 1854, il faisait rassembler toutes sortes de spécimens durant les croisières de reconnaissance et d'entraînement et organisa une grande expédition scientifique : le tour du monde à la voile de la frégate « Novara ». Ne pouvant y participer pour des raisons de santé, il entreprit toutefois en 1860 une expédition privée à destination de l'empire du Brésil. La publication des aracées cueillies durant ce voyage connut un destin particulier. Elle n'eut lieu en effet qu'en 1879, douze ans après l'exécution par les armes de l'archiduc qui s'était fait proclamer empereur du Mexique sous le nom de Maximilien Ier. Le sous-titre y fait d'ailleurs allusion : *Aracées rassemblées lors du voyage au Brésil de Sa Majesté l'Empereur Maximilien Ier d'après des manuscrits de H. Schott.* Toutefois, Schott (voir n° 81) et son successeur Kotschy (voir nos 79, 82, 85, 86) moururent eux aussi avant d'avoir terminé l'étude du matériel et ce fut finalement Johann Joseph Peyritsch, à l'époque professeur de botanique à l'Université d'Innsbruck, qui acheva l'ouvrage. Présentant une grande exactitude dans les détails, les lithographies sont considérées comme faisant partie des meilleures illustrations d'aracées. Adolf Engler qui était conservateur au Jardin botanique de l'Université de Munich et le deuxième monographe des aracées, se rendit en personne à Vienne afin d'étudier les reproductions qui n'étaient pas encore imprimées ainsi que les plantes qui se trouvaient dans les serres de Schönbrunn.

Tab. 4.
W. Liepoldt del. M. Strecher lith.
Anthurium Maximiliani.

*t. 4*

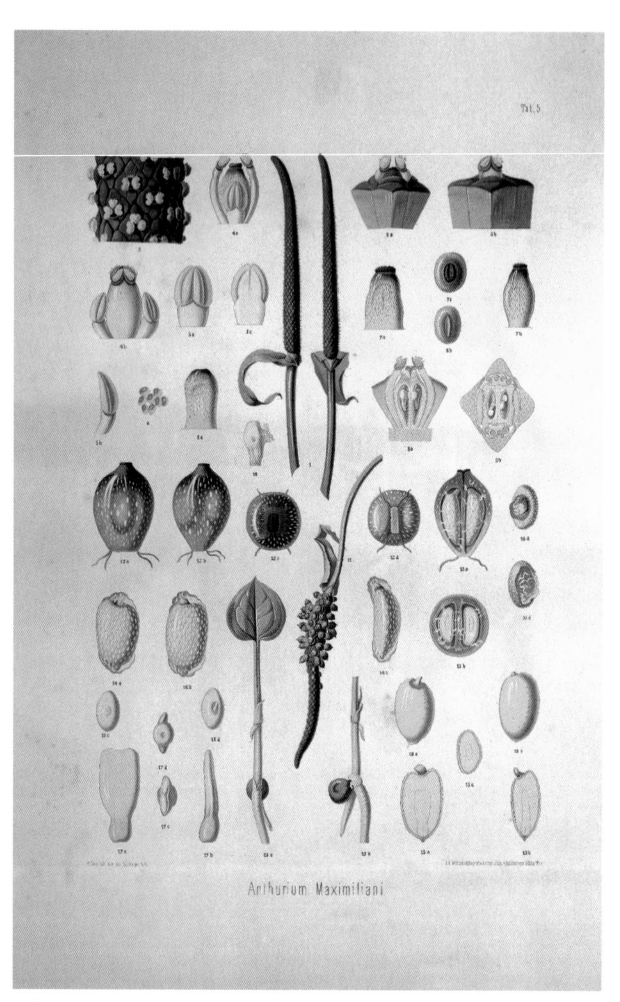


*t. 5*

*t. 6*

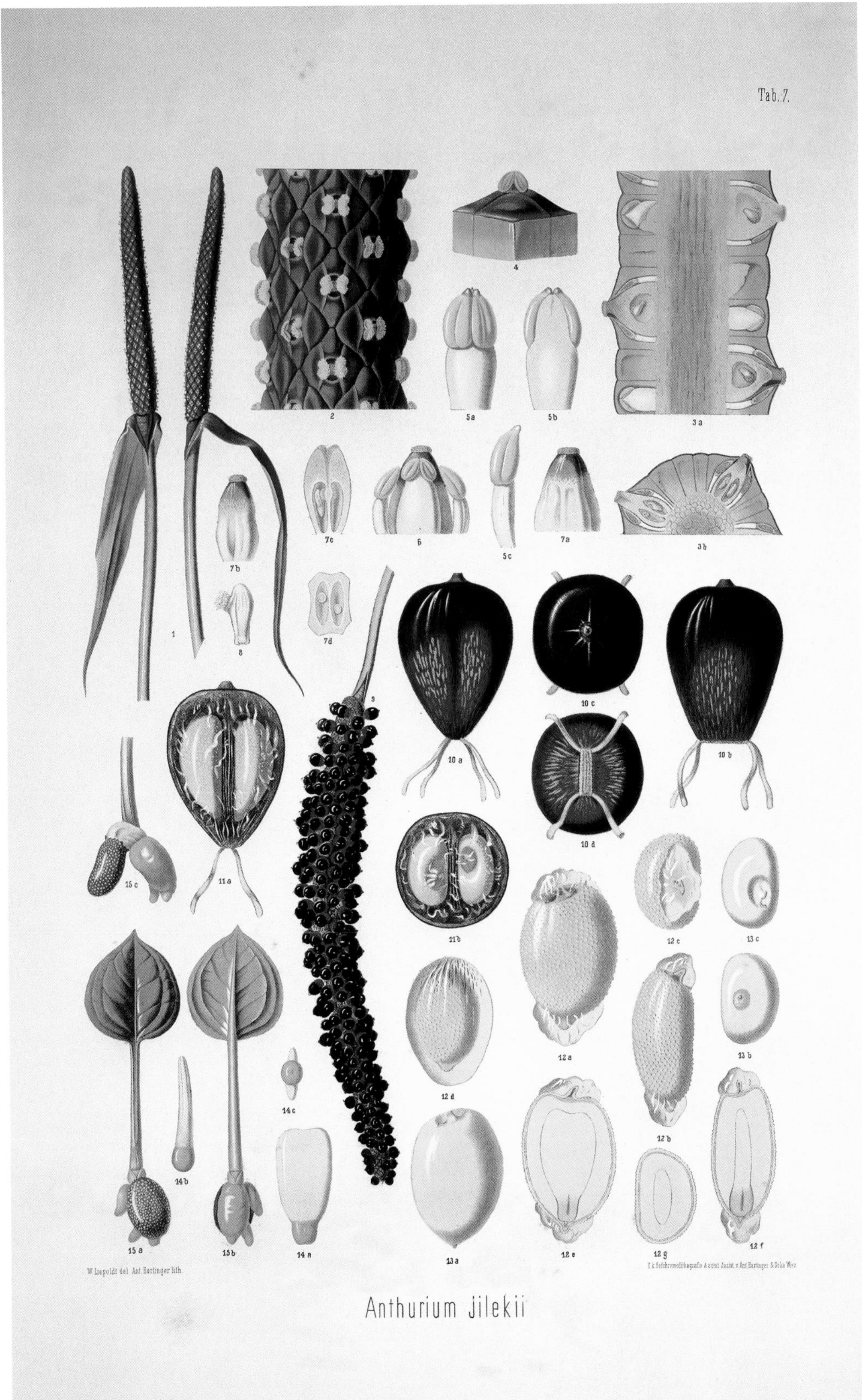


t. 7

Tab. 17.
W. Liepoldt del. Ant. Hartinger lith.
K.k. Hofchromolithografie & artist. Anstalt v. Ant. Hartinger & Sohn Wien.
Syngonium Riedelianum.

*t. 17*

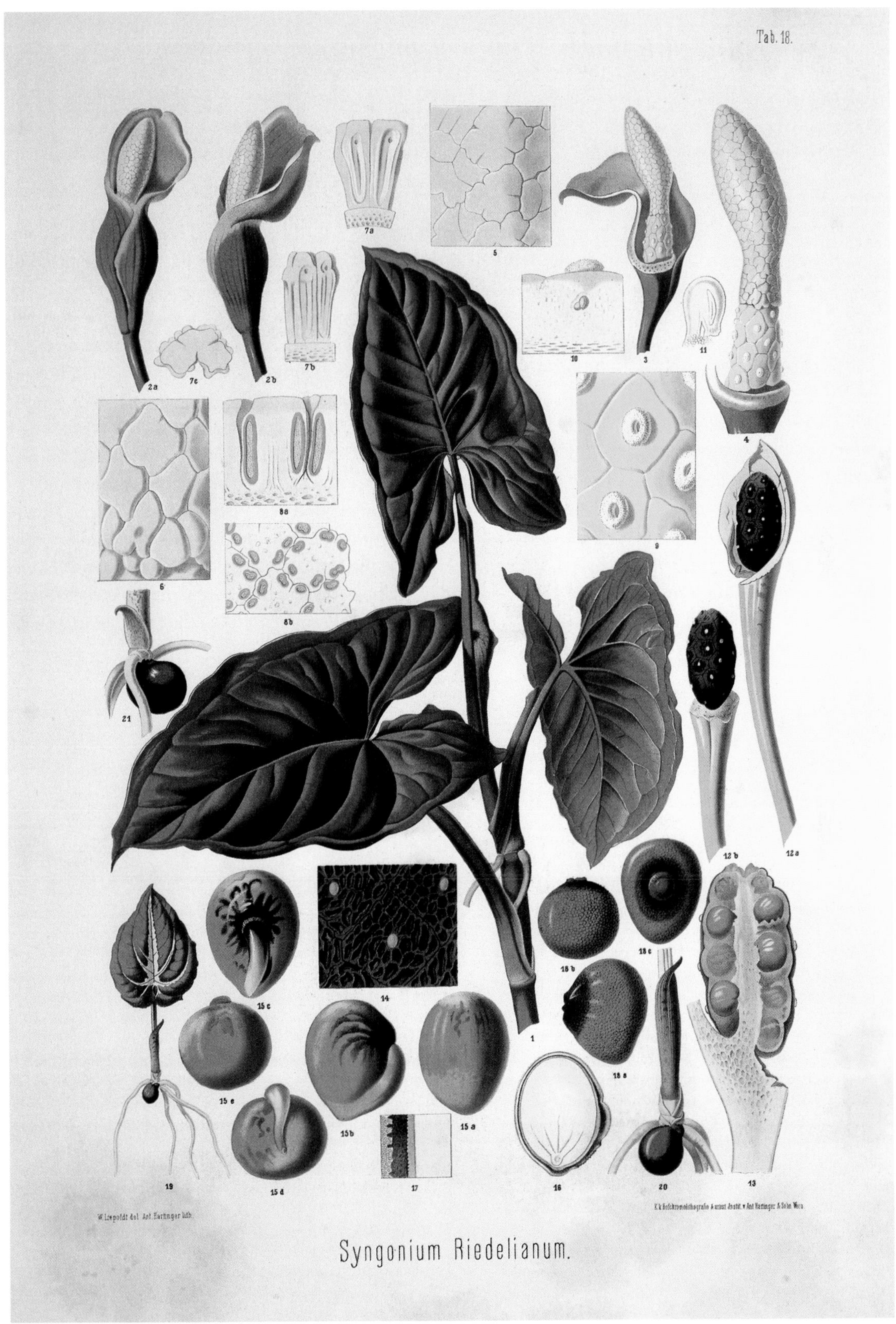
Tab. 18.
2a
7c
2b
7a
7b
5
10
3
11
4
6
8a
8b
9
21
1
12b
12a
19
15c
14
15e
15b
15a
15d
17
16
18b
18c
18a
20
13
Syngonium Riedelianum.

*t. 18*

# 88 Franz Antoine jr. Phyto-Iconographie der Bromeliaceen. Atlas

WIEN, 1884



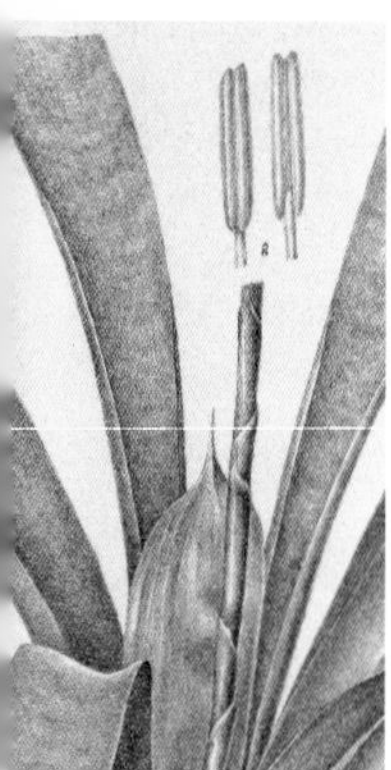

Ferdinand I., Kaiser von Österreich, hatte zwar im Jahre 1848 auf den Thron verzichtet, blieb aber weiterhin Oberhaupt der Familie Habsburg-Lothringen und damit Eigentümer der Fideikommissbibliothek. Erst nach seinem Tod im Jahre 1878 folgte ihm als Familienoberhaupt sein Neffe Franz Joseph I., Kaiser von Österreich. Im Gegensatz zu seinem Bruder, seinem Onkel und insbesondere seinem Großonkel, dem „Blumenkaiser" Franz I. von Österreich, besaß Franz Joseph I. kein Interesse an den Naturwissenschaften und wenig Interesse an der Fideikommissbibliothek. Es ist daher vielleicht kein Zufall, daß der Bibliothekar dieser Privatbibliothek offensichtlich keine Anstrengungen unternahm, den hier gezeigten Atlas zur *Phyto-Iconographie der Bromeliaceen* mit all seinen Lieferungen zu erwerben. Auf den ersten Blick ist das erstaunlich, denn in großformatigen, teilkolorierten Lithographien werden hier jene Bromelien abgebildet, die man im k. k. Hofburggarten in Wien in unmittelbarer Nähe der Fideikommissbibliothek kultivierte. Außerdem war der Autor des Werks, Franz Antoine der Jüngere, k. k. Hofgartendirektor in Wien und auch für die Gartenanlagen und Gewächshäuser der kaiserlichen Sommerresidenz Schönbrunn verantwortlich. Auf den zweiten Blick ist die Unterlassung des Bibliothekars aber verständlich, denn der neue Eigentümer, Franz Joseph I., verfolgte andere Interessen, und so erwarb man die ersten Lieferungen dieses Werks nicht. Die Pflanzendarstellungen hatte Antoine selbst hergestellt, das Werk wurde nach der siebenten Lieferung abgebrochen.

Ferdinand I, Emperor of Austria, had admittedly renounced his right to the throne in 1848, but he still remained head of the Hapsburg-Lothringen family, and therefore owner of the Family Trust Library. It was only after his death in 1878 that his nephew Francis Joseph I, Emperor of Austria, succeeded him as head of the family. In contrast to his brother, his uncle, and especially his great-uncle, the "flower-emperor" Francis I, Francis Joseph I had no interest in the natural sciences and little interest in the Family Trust Library. It is therefore perhaps no accident that the librarian of this private library apparently made no effort to acquire the work shown here, an atlas of the *Phyto-Iconography of the Bromeliaceae* with all its parts. At first sight it seems an astonishing omission, for here, in large-format partially coloured lithographs, are illustrated those bromeliads that were being cultivated in the Imperial Royal Garden of the Hofburg in Vienna, immediately adjacent to the Family Trust Library. Furthermore, the author of the work was Franz Antoine the younger, who was director of the Imperial Royal Court Garden in Vienna and also responsible for the gardens and glasshouses of the Imperial summer residence at Schönbrunn. On second thought, however, the negligence of the librarian is understandable, for the new owner, Francis Joseph I, pursued other interests, and thus the first instalments of this work were not purchased. The plant paintings were produced by Antoine himself; after the publication of the seventh instalment, the work was discontinued.

Bien que l'empereur d'Autriche Ferdinand Ier eût renoncé au trône en 1848, il n'en demeurait pas moins le chef de la maison de Habsbourg-Lorraine et, de ce fait, propriétaire de la Fideikommissbibliothek. Ce n'est qu'à sa mort en 1878 que son neveu l'empereur d'Autriche François-Joseph Ier lui succéda comme chef de famille. Contrairement à son frère, à son oncle et surtout à son grand-oncle, « l'empereur des fleurs » François Ier, François-Joseph Ier n'était nullement attiré par les sciences naturelles et s'intéressait peu à la Fideikommissbibliothek. Ce n'est donc pas un hasard si le responsable de cette bibliothèque privée ne fit aucun effort pour acquérir l'atlas de la *Phyto-Iconographie der Bromeliaceen* avec toutes ses livraisons. Au premier abord, cela peut sembler étonnant car les lithographies grand format, en partie coloriées, montrent les bromélias cultivés dans les jardins austro-hongrois de la Hofburg, qui étaient situés tout près de la Fideikommissbibliothek. De plus, l'auteur de l'ouvrage était Franz Antoine le Jeune, directeur des jardins austro-hongrois à Vienne et responsable également des jardins et serres de la résidence d'été à Schönbrunn. Pourtant, on peut comprendre aussi l'attitude du bibliothécaire puisque le nouveaux propriétaire François-Joseph Ier avait d'autres intérêts, et l'on renonça à acquérir les premières livraisons de l'ouvrage. Antoine avait exécuté lui-même les reproductions de plantes et l'œuvre fut interrompue après la septième livraison.

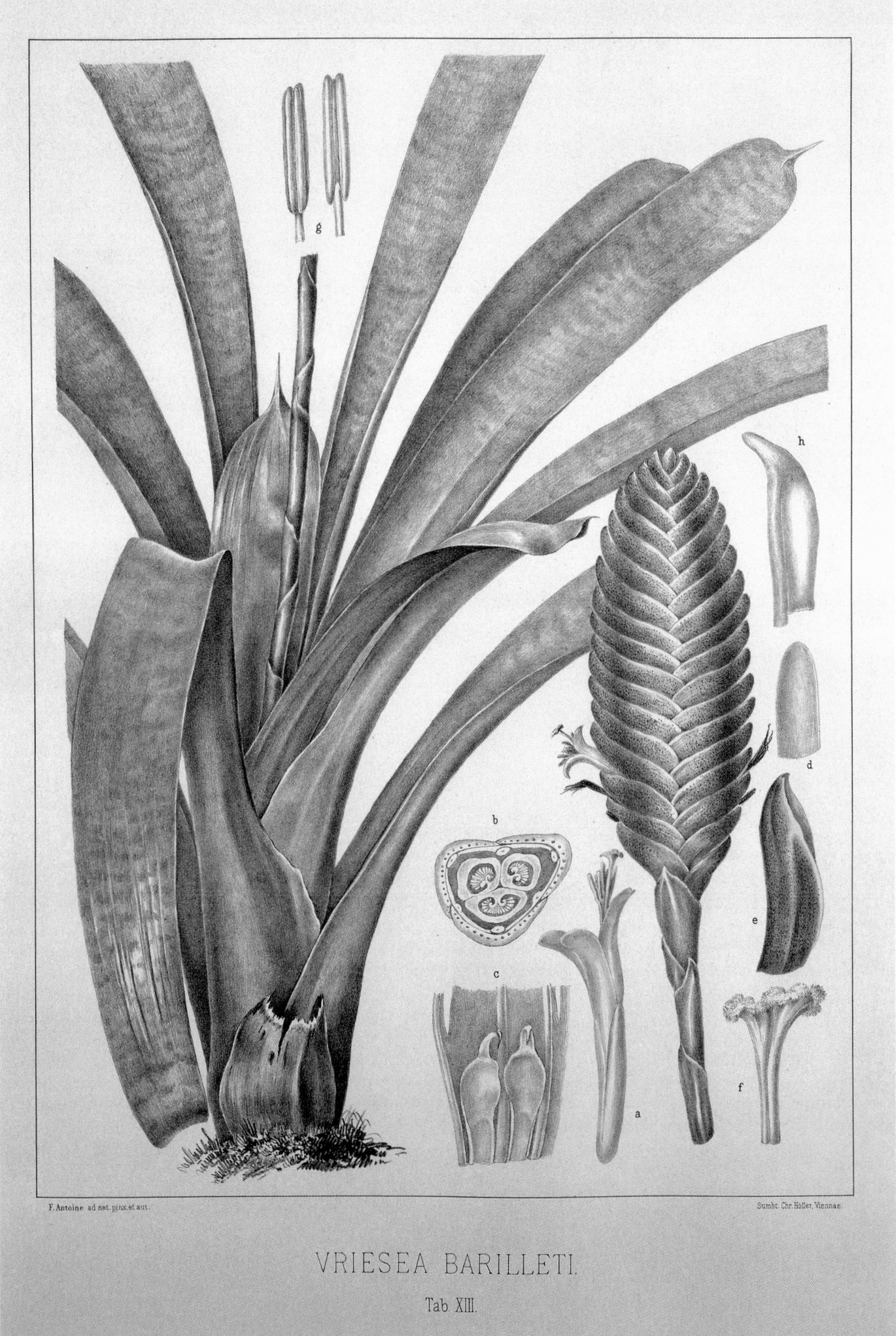
g
h
d
b
e
c
f
a
F. Antoine ad nat. pinx. et aut.
Sumbt. Chr. Höller, Viennae.
VRIESEA BARILLETI.
Tab. XIII.

t. 13

VRIESEA RODIGASIANA.
Tab. XI.

t. 11

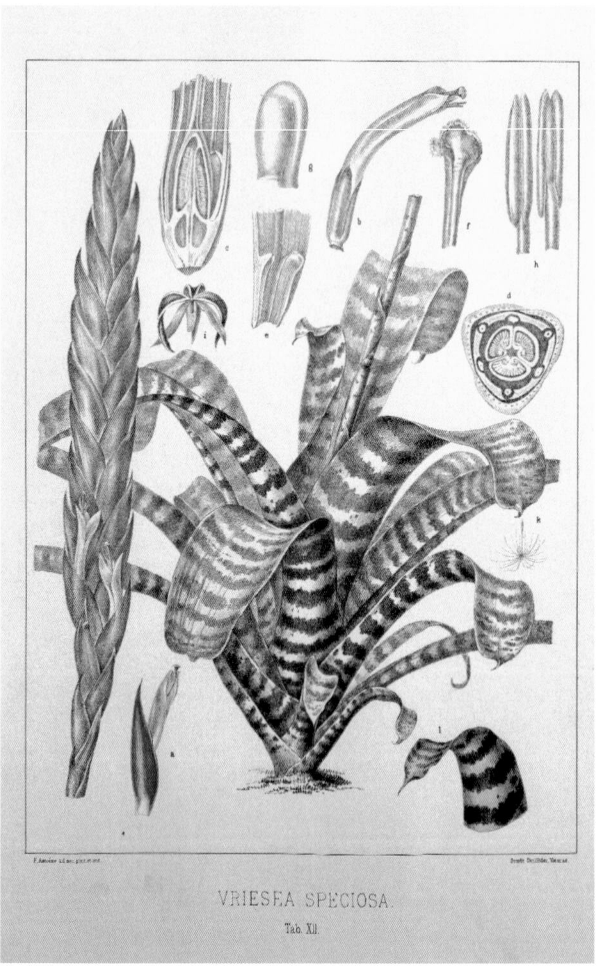
VRIESEA SPECIOSA.
Tab. XII.

t. 12

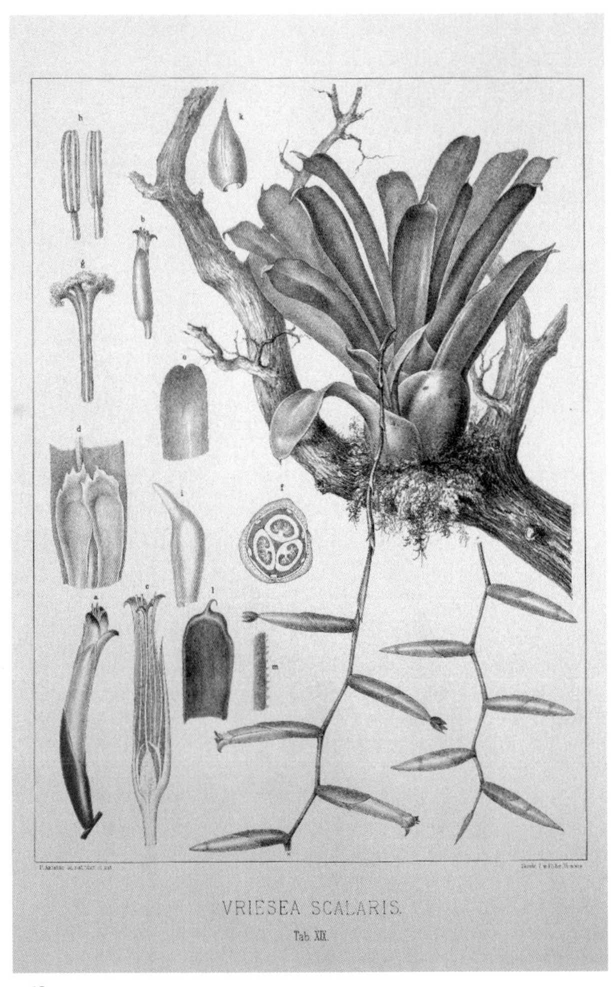

*t. 19*

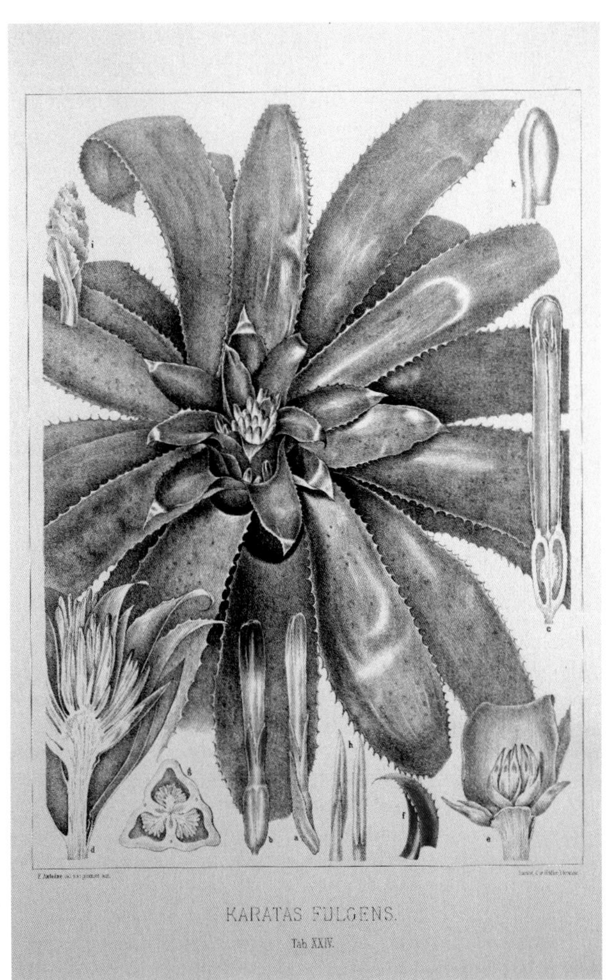

*t. 24*

# 89 *Joseph Banks & Daniel Solander*
# *Illustrations of Australian Plants*

LONDON, 1900–1905

KAR 409.351–E. K. (3 vol.) Lit. 14, 31, 32

Die von James Cook geleitete erste Weltumsegelung mit der „Endeavour" in den Jahren 1768 bis 1771 gilt zu Recht als Meilenstein in der Geschichte der Seefahrt. Sie hatte auch geopolitische Konsequenzen: Am 28. April 1770 betraten erstmals Europäer die Ostküste Australiens und nahmen bald darauf den fünften Kontinent für die britische Krone in Besitz, indem sie eine Fahne auf der heute Possession Island genannten Insel hißten. Joseph Banks, zu Beginn der Fahrt 24 Jahre alt, und Daniel Solander nahmen als Naturforscher an dieser Reise teil, begleitet von Illustratoren, Sekretären und Dienern. Sydney Parkinson fiel es zu, die häufig für die Wissenschaft noch unbekannten Pflanzen und Tiere in naturgetreuen Wasserfarbenmalereien festzuhalten. In Australien war die Zahl der darzustellenden Objekte so überwältigend, daß er lediglich teilkolorierte Graphitstiftzeichnungen anfertigen konnte. Zu ihrer Vollendung kam es nicht – Parkinson starb an der roten Ruhr auf der Fahrt von Batavia [Jakarta] zum Kap der Guten Hoffnung.

Im Auftrag und auf Kosten von Banks, einem wohlhabenden Großgrundbesitzer, stellten mehrere Illustratoren in London vollständig kolorierte Wiederholungen der Studien ihres verstorbenen Kollegen her, gleichzeitig bestimmte und beschrieb Solander die überaus reiche Expeditionsausbeute. Ebenfalls auf Kosten von Banks wurden Kupferplatten gestochen und Probeabzüge angefertigt. Danach aber ließ Banks das Projekt einer Veröffentlichung seiner botanischen Sammlungen von der „Endeavour"-Reise abbrechen. Über die Gründe ist viel spekuliert worden – Solander starb früh und unerwartet, Banks war durch andere Vorhaben voll in Anspruch genommen, entscheidend war aber wohl der Verfall der Woll-

The first circumnavigation of the world by James Cook in the *Endeavour* between 1768 and 1771 rightly stands as a milestone in the history of navigation. It also had geopolitical consequences: Europeans landed on the east coast of Australia for the first time on 28 April 1770, and shortly afterwards took possession of the fifth continent for the British throne, hoisting a flag on what is known today as Possession Island. Joseph Banks, 24 years old at the beginning of the voyage, and Daniel Solander took part in this journey as naturalists, accompanied by illustrators, secretaries and servants. It fell to Sydney Parkinson to record the plants and animals that were often still unknown to science in lifelike watercolour paintings. In Australia, the number of subjects to be represented was so overwhelming that he could do no more than make partially coloured pencil drawings. They were never finished – Parkinson died of dysentery on the journey from Batavia (Djakarta) to the Cape of Good Hope.

On the instructions of Banks – and at his own expense, as he was a well-to-do landowner – a number of illustrators in London produced fully coloured repeats of the sketches of their deceased colleague. At the same time Solander identified and described the abundance of finds brought back by the expedition. Copper plates were engraved and proofs prepared, also at Banks' expense. But then Banks allowed the project of publishing the botanical collections from his journey on the *Endeavour* to come to a halt. There has been much speculation as to the reasons for this – Solander died unexpectedly early, and Banks' time was fully taken up with other matters. But the probable deciding factor was the fall in wool prices, which must have led to a drop in his rental income. At the very

Le premier tour du monde entrepris par James Cook avec l'« Endeavour », de 1768 à 1771, est considéré à juste titre comme une étape importante dans l'histoire de la navigation. Il eut par ailleurs des conséquences géopolitiques puisque le 28 avril 1770, des Européens posaient le pied pour la première fois sur la côte est de l'Australie et prenaient, au nom du roi d'Angleterre, possession du cinquième continent en hissant leur drapeau sur l'île appelée aujourd'hui île de la Possession. Joseph Banks, âgé de 24 ans au début du voyage, et Daniel Solander participaient à ce voyage en qualité de naturalistes et étaient accompagnés d'illustrateurs, de secrétaires et de domestiques. Sydney Parkinson avait pour mission de reproduire d'après nature en aquarelles les plantes et animaux souvent inconnus des savants. Leur nombre était si énorme en Australie qu'il dut se contenter de dessins à la mine de plomb partiellement coloriés. Ceux-ci ne furent jamais achevés. Parkinson devait en effet mourir de dysenterie sur la route du retour entre Batavia [Jakarta] et le cap de Bonne-Espérance.

A la demande de Banks et à ses frais – il était gros propriétaire terrien –, plusieurs illustrateurs effectuèrent à Londres des copies entièrement coloriées des études de leur collègue décédé tandis que Solander identifiait et décrivait la riche moisson de spécimens rapportés par l'expédition. Ce fut également aux frais de Banks que l'on grava les cuivres et réalisa les épreuves. Banks interrompit toutefois le projet de publication de ses collections botaniques de l'« Endeavour ». On a beaucoup spéculé sur les raisons qui l'incitèrent à agir de la sorte : peut-être était-ce la mort prématurée et imprévue de Solander ou encore les autres projets de Banks qui l'occupaient pleinement. Quoi qu'il en soit, l'une des raisons

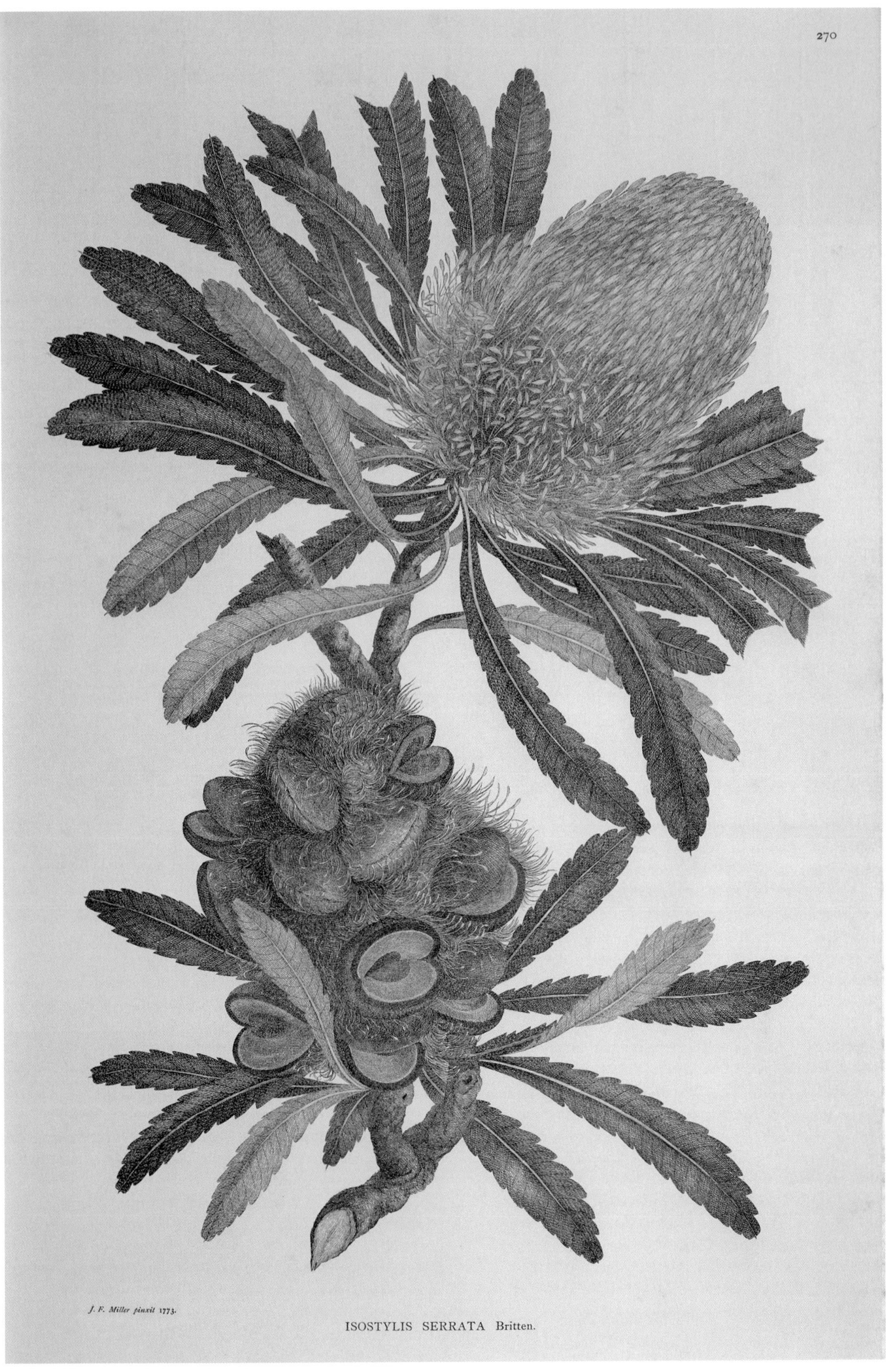


ISOSTYLIS SERRATA Britten.

*t. 270*

preise, der zu einem Absinken seiner Pachteinnahmen führen mußte. Wollte Banks zu Beginn des Projekts zweifellos noch durch sein geplantes Florilegium berühmt werden, war dieser Aspekt 13 Jahre später, als die letzten Kupferplatten gestochen wurden, völlig in den Hintergrund getreten, denn Banks war bereits weltbekannt: Die Universität Oxford hatte ihn zum „doctor of civil law" gemacht und Georg III., König von Großbritannien und Irland, zum wissenschaftlichen Berater für den königlichen Garten in Kew. Im Alter von 35 Jahren hatte man Banks zum Präsidenten der Royal Society gewählt, man ernannte ihn zum Baronet; der Orden „Knight of the Order of the Bath" sowie die Berufung ins Privy Council sollten folgen. So kam es, daß nach dem Tod von Banks die Zeichnungen von Parkinson, die ausgearbeiteten Wiederholungen, die nicht benutzten Kupferplatten und die Probeabzüge ins Eigentum des British Museum (heute Natural History Museum) kamen. Dort wurden sie zwar wohl verwahrt und auch von der scientific community konsultiert, zu einer Veröffentlichung kam es aber nicht.

Erst fast 120 Jahre nach der Rückkehr der „Endeavour" und 70 Jahre nach dem Tod von Banks wurde den Trustees des British Museum vorgeschlagen, die Pflanzenabbildungen endlich zu veröffentlichen. Von den Probeabzügen der Kupferplatten wurden Lithographien hergestellt und zusammen mit den Pflanzenbeschreibungen von Solander, die James Britten überarbeitet hatte, publiziert. Allerdings beschränkten die Trustees das Projekt auf die Pflanzenabbildungen aus Australien, sodaß man schließlich weniger als die Hälfte der von Parkinson geschaffenen Darstellungen veröffentlichte.

beginning of the project, Banks had undoubtedly wanted to become famous through his planned *Florilegium*, but 13 years later, when the last copper plates had been engraved, this aspect had faded completely into the background, for Banks was already famous throughout the world: Oxford University had named him doctor of civil law, and George III, King of Great Britain and Ireland, had appointed him scientific advisor to the Royal Garden at Kew. At the age of 35, he had been chosen president of the influential Royal Society, and had been made a baronet. The honour of being dubbed Knight of the Order of the Bath as well as the offer of an appointment to the Privy Council were to follow. Thus it came about that after Banks' death, Parkinson's drawings, the completed repeats, the unused copper plates, and the proofs became the property of the British Museum (today the Natural History Museum), where they were indeed looked after and were consulted by the scientific community, but they were not published.

It was nearly 120 years after the return of the *Endeavour* and 70 years after the death of Banks before a suggestion was put to the Trustees of the British Museum that the plant illustrations should finally be published. Lithographs, made from the proofs of the copper plates, were produced and published, together with plant descriptions by Solander, as revised by James Britten. The trustees, however, restricted the project to the plant illustrations from Australia, so that in the end fewer than half of the paintings produced by Parkinson were published.

fut probablement la chute des prix de la laine, qui eut pour conséquence une diminution des revenus de ses fermes. Si au début du projet Banks voulait devenir célèbre avec son florilège, 13 ans plus tard, alors que les derniers cuivres étaient gravés, ceci n'était plus important puisqu'il était déjà connu dans le monde entier : l'Université d'Oxford lui avait conféré le grade de « doctor of civil law », George III, roi de Grande-Bretagne et d'Irlande, l'avait nommé conseiller scientifique des jardins royaux de Kew, il avait été élu président de la très influente Royal Society à l'âge de 35 ans. Banks avait été fait baronet, puis « chevalier de l'Ordre du Bain » et devait enfin être nommé au Privy Council. A sa mort, les dessins de Parkinson, les copies coloriées, les cuivres non utilisés et les épreuves devinrent la propriété du British Museum (aujourd'hui Natural History Museum). Ce matériel fut certes soigneusement conservé et consulté par la communauté scientifique, mais jamais publié.

Ce n'est que 120 ans après le retour de l'« Endeavour » et 70 ans après la mort de Banks que l'on a proposé aux administrateurs du British Museum proposèrent de publier enfin les reproductions de plantes. Des lithographies furent exécutées à partir des épreuves des cuivres et furent publiées avec les descriptions de Solander, remaniées par James Britten. Les administrateurs limitant le projet aux plantes d'Australie, on ne publia finalement que moins de la moitié des reproductions que Parkinson avait réalisées durant son voyage.

5
F. P. Nodder pinxit 1781.
G. Sibelius sc.
ADELIOIDES DECUMBENS Banks & Sol.

*t. 5*

# 90 *Heinrich Freiherr von Handel-Mazzetti*

## *Monographie der Gattung Taraxacum*

LEIPZIG/WIEN, 1907



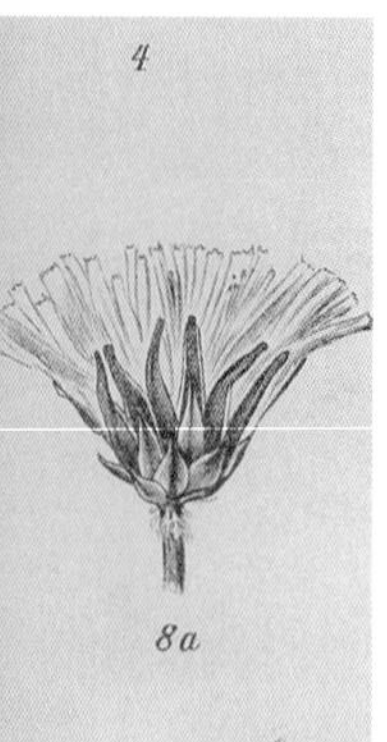


Das 20. Jahrhundert brachte an der kaiserlichen Hofbibliothek, ab 1920 Nationalbibliothek, ab 1945 Österreichische Nationalbibliothek eine bedauerliche Entwicklung, die sich schon im späten 19. Jahrhundert angekündigt hatte. Die Institution begann sich nicht mehr als Universalbibliothek zu verstehen und verzichtete in zunehmendem Maße darauf, naturwissenschaftliche und medizinische Literatur zu erwerben – mit der Folge, daß heute einer überreichen Sammlung botanischer Literatur aus früheren Jahrhunderten ein äußerst dürftiger Bestand an neuem Schrifttum gegenübersteht. Mit dieser Weichenstellung steht die Österreichische Nationalbibliothek allerdings nicht allein: In vergleichbaren Institutionen wie der königlichen Bibliothek (heute Staatsbibliothek) in Berlin ist eine ähnliche Entwicklung festzustellen. Da die Bibliotheken des k. k. Naturhistorischen Hof-Museums (heute Naturhistorisches Museum) in Wien und des botanischen Instituts der Universität Wien begonnen hatten, in bemerkenswertem Umfang einschlägige Literatur zu erwerben, ist dieser Rückzug der Hof- bzw. Nationalbibliothek aber nicht unverständlich. Die beiden anderen Institutionen hatten außerdem um 1900 große neue Gebäude bezogen, und so war es nur sinnvoll, in einer Zeit der explodierenden Buchproduktion Schwerpunkte zu bilden. Hinzu kam in der Hofbibliothek bzw. Nationalbibliothek eine beginnende Konzentration auf Austriaca, also Werke, die in einem Bezug zu Cisleithanien, dem westlichen Teil der Donaumonarchie, später zur Republik Österreich, stehen bzw. hier gedruckt wurden.

Als Beispiel für diese Entwicklung wird hier die erweiterte Fassung einer an der Universität Wien eingereichten Dissertation über die Gattung Löwenzahn (*Taraxacum* Wigg.) gezeigt.

The 20th century brought to the Imperial Court Library – from 1920 known as the National Library, and after 1945, the Austrian National Library – a regrettable development, which had already been foreshadowed in the late 19th century. The institution ceased to regard itself as a universal library and gave up in increasing measure the acquisition of literature on the natural sciences and medicine. This has led to the situation today whereby an extremely rich collection of botanical literature from earlier centuries confronts a meagre stock of new literature. The Austrian National Library is certainly not alone in adopting this apathetic attitude. In comparable institutions, such as the Royal Library (now State Library) in Berlin, a similar development can also be detected. This tendency is indeed not incomprehensible: the libraries of the Imperial Royal Court Museum of Natural History (now Natural History Museum) in Vienna and of the Botanical Institute of Vienna University had begun to acquire specialist literature on a considerable scale. In addition, around 1900 both institutions moved into new buildings, and so it was only reasonable to become selective in a time of soaring book production. Besides, in the Imperial Court Library a concentration on Austriaca began to develop, i. e., works referring to or printed in Cisleithania, the western part of the Austro-Hungarian Empire, and later the Republic of Austria. An example of this development is shown here – the enlarged version of a thesis on the genus dandelion (*Taraxacum* Wigg.) submitted at the University of Vienna.

La Bibliothèque Impériale (devenue Nationalbibliothek en 1920, puis Österreichische Nationalbibliothek à partir de 1945) connut au XX^e siècle une évolution regrettable qui s'était déjà annoncée à la fin du XIX^e siècle. L'institution ne se concevant plus comme une bibliothèque universelle renonça en effet de plus en plus à acquérir des ouvrages de sciences naturelles et de médecine. Résultat, elle dispose aujourd'hui d'une collection extrêmement riche en traités botaniques anciens mais d'un fonds plutôt maigre d'ouvrages modernes. L'Österreichische Nationalbibliothek n'est toutefois pas la seule à avoir suivi cette voie et l'on constate une évolution semblable dans d'autres institutions du même type, par exemple à la Königliche Bibliothek (aujourd'hui Staatsbibliothek) de Berlin. Cette tendance peut néanmoins s'expliquer. Les bibliothèques du k. k. Naturhistorisches Hof-Museum (aujourd'hui Naturhistorisches Museum) de Vienne et de l'Institut botanique de l'Université de Vienne ayant commencé à acquérir un très grand nombre d'ouvrages spécialisés, on comprend la décision de la Bibliothèque impériale (Nationalbibliothek). En outre, les deux autres institutions avaient emménagé dans de nouveaux locaux plus vastes aux alentours de 1900. Il fut donc plein de sens, à une époque où la production du livre était en plein essor, de constituer des axes thématiques. On commença de plus à centrer les acquisitions sur les « Austriaca », c'est-à-dire les ouvrages se référant à la Cisleithanie, (la partie ouest de l'Empire austro-hongrois) et plus tard à la République autrichienne, ou imprimés ici. A titre d'exemple de cette évolution, l'édition augmentée d'une thèse de dissertation de l'Université de Vienne est présentée ici. Il s'agit d'un texte sur le genre dent-de-lion (*Taraxacum* Wigg.).

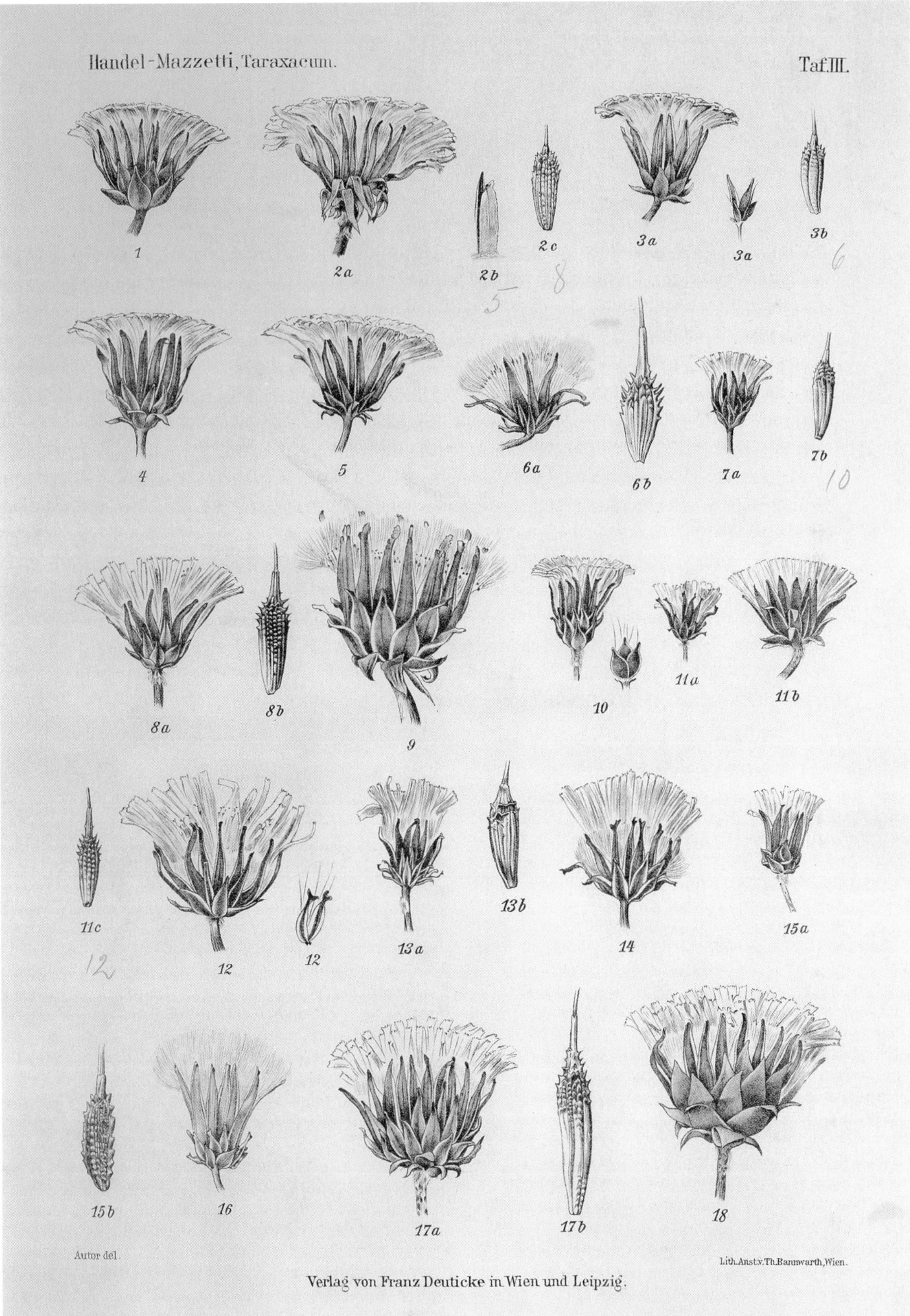
Handel-Mazzetti, Taraxacum.
Taf. III.
1
2a
2b
2c
3a
3a
3b
4
5
6a
6b
7a
7b
8a
8b
9
10
11a
11b
11c
12
12
13a
13b
14
15a
15b
16
17a
17b
18
Autor del.
Lith. Anst. v. Th. Bannwarth, Wien.
Verlag von Franz Deuticke in Wien und Leipzig.

*t. 3*

# 91 Alfred Beier Ex Libris Hedi Koppauer

[WIEN (?)], VOR 1922

FLU E-55019

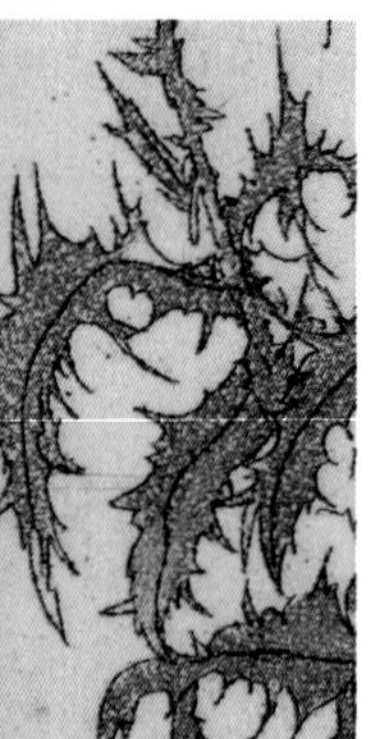

Das Ende des Ersten Weltkriegs und der Zerfall der Donaumonarchie brachten den tiefsten Einschnitt in der langen Geschichte der kaiserlichen Hofbibliothek. In Wien gab es keinen Hof mehr, Karl I., Kaiser von Österreich (regierte 1916–1918), Großneffe und Nachfolger von Franz Joseph I. sowie Eigentümer der Fideikommissbibliothek, war in die Schweiz ins Exil gegangen. Die junge Republik Österreich stand vor ungeheuren Problemen: Ihre Grenzen waren anfangs noch unbestimmt, die Wirtschaft befand sich in einer schweren Krise, die Zukunft des Staates schien ungewiß. Hinzu kam ein für den botanischen Bestand der Bibliothek schlimmes Ereignis: Die italienische Waffenstillstandskommission verlangte im Jahre 1919 die Herausgabe des *Codex Neapolitanus* (siehe Nr. 30, 31) und ließ ihn an die Biblioteca Nazionale in Neapel bringen, wo er noch heute aufbewahrt wird. Noch traumatischer aber war die Pfändung des *Codex Aniciae Julianae* (Nr. 1) als Sicherstellung für die Reparationen, die Österreich an die Alliierten zu zahlen hatte. Eine kontinuierliche Erwerbungspolitik der Bibliothek war unter diesen Umständen undenkbar. So überrascht es nicht, daß in den ersten Nachkriegsjahren die Zahl der botanischen Zugänge äußerst gering war. Auch die Buchproduktion lag in Österreich darnieder, sodaß es nur Kleinstformen sind, die Zeugnis von der botanischen Illustration dieser Zeit ablegen. Dazu zählt das hier gezeigte Exlibris für Hedi Koppauer, das vor 1922 in Wien in Aquatinta-Radierung entstanden sein dürfte. Über die Eignerin des Blattes ist nichts bekannt, bei der dargestellten Pflanze ist an die weitverbreitete Ackerkratzdistel (*Cirsium arvense* (L.) Scop.) zu denken. Das von Alfred Beier handsignierte Blatt ist eines von 17 ebenfalls handsignierten Exlibris einer Mappe „Ex Libris Alfred Beier".

The end of the First World War and the disintegration of the Austro-Hungarian Empire were decisive turning points in the long history of the Imperial Court Library. There was no longer a court in Vienna, for Charles I, Emperor of Austria (reigned 1916–1918), great-nephew and successor of Francis Joseph I and owner of the Family Trust Library, had gone into exile in Switzerland. The young Republic of Austria was faced with huge problems – its frontiers were at first undetermined, the economy was in a state of severe crisis, and the future of the state appeared uncertain. In addition, an event fateful for the botanical collection of the Library occurred: in 1919 the Italian Armistice Commission demanded the return of the *Codex Neapolitanus* (see Nos. 30, 31) and had it brought to the National Library in Naples, where it is still kept today. Even more traumatic, however, was the seizure of the *Codex Aniciae Julianae* (No. 1) as guarantee for the reparations which Austria had to pay to the Allied Powers. Under these conditions, a policy of continuous acquisition was unthinkable. So it was not surprising that in the early post-war years, the number of botanical acquisitions dwindled. Book production in Austria was also in a depressed state, so that only works of the smallest format represent botanical illustration of that time. The ex libris of Hedi Koppauer displayed here, which is thought to have been produced before 1922 in Vienna as an aquatint etching, belongs to this period. Nothing is known about the owner of the sheet, but the plant represented resembles the widespread creeping thistle (*Cirsium arvense* (L.) Scop). The sheet, bearing Alfred Beier's signature, is one of 17 such signed ex libris from a folder "Ex Libris Alfred Beier."

La fin de la Première Guerre mondiale et la désintégration de la monarchie austro-hongroise constituèrent un tournant décisif dans la longue histoire de la Bibliothèque Impériale. La Cour avait quitté Vienne et l'empereur Charles Ier d'Autriche (règne de 1916 à 1918), petit-neveu et successeur de François-Joseph Ier et propriétaire de la Fideikommissbibliothek, vivait en exil en Suisse. La jeune république d'Autriche se retrouvait face à de très gros problèmes : ses frontières étaient encore incertaines, l'économie traversait une crise grave et l'avenir de l'Etat semblait précaire. Le fonds botanique de la bibliothèque accusa le coup : la commission d'armistice italienne exigea en 1919 qu'on lui remette le *Codex Neapolitanus* (voir n[os] 30, 31) et le fit porter à la Biblioteca Nazionale de Naples où il se trouve toujours. Mais plus terrible encore fut la saisie en gage du *Codex Aniciae Julianae* (n° 1) qui devait servir de garantie pour les réparations que l'Autriche devrait verser aux Alliés. Dans ces circonstances, la bibliothèque ne pouvait songer à maintenir une politique d'acquisitions continues comme autrefois. Il n'est donc pas étonnant qu'il y eut extrêmement peu d'arrivées d'ouvrages botaniques durant les premières années d'après-guerre. La production de livres était en outre si basse en Autriche que seuls de très petits ouvrages témoignent de l'illustration botanique de cette époque. L'ex-libris pour Hedi Koppauer que nous présentons ici est l'un de ces ouvrages et a été réalisé probablement en aquatinte avant 1922 à Vienne. Nous ignorons tout de la propriétaire de l'ex-libris ; quant à la plante reproduite, elle fait penser au chardon (*Cirsium arvense* (L.) Scop.) largement répandu. La feuille signée de la main d'Alfred Beier est l'un des 17 ex-libris signés d'un portfolio « Ex-libris Alfred Beier ».

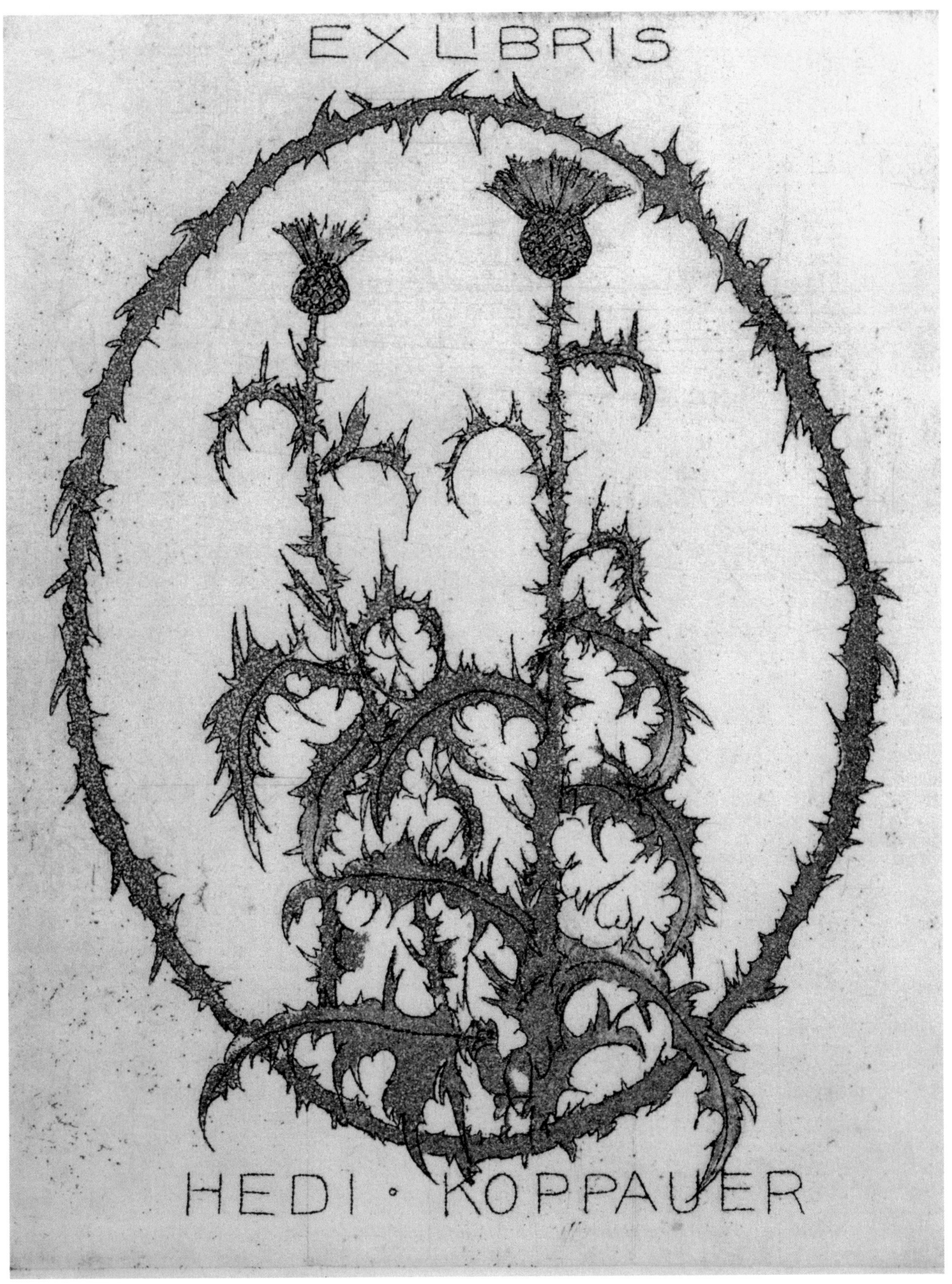
EX LIBRIS
HEDI · KOPPAUER

# 92 *Heinrich Freiherr von Handel-Mazzetti*
## *Naturbilder aus Südwest-China*

WIEN, 1927

BUI 559.145-C

Der Ausbruch des Ersten Weltkriegs überraschte Heinrich Freiherr von Handel-Mazzetti an einem ungewöhnlichen Ort – in Lijang in der chinesischen Provinz Yünnan. Eine Rückkehr in die Heimat war schwierig: Hätte Handel-Mazzetti sich über die Berge ins nahe Birma [Myanmar] durchgeschlagen, wäre er von den britischen Behörden festgenommen worden, hätte er den konventionellen Weg über Peking und dann weiter mit der transsibirischen Eisenbahn genommen, wäre er an der russisch-chinesischen Grenze verhaftet worden. Es verwundert daher nicht, daß der Botaniker im Reich der Mitte blieb – fünf Jahre lang, bis er im März 1919 in die junge Republik Österreich repatriiert wurde. Zwar war Handel-Mazzetti nun in Wien, aber einige weitere Jahre mußten vergehen, bis seine in den Kriegswirren beschlagnahmten botanischen Sammlungen dorthin gelangten. Das hatte zur Folge, daß zahlreiche der von Handel-Mazzetti im südwestlichen China entdeckte Pflanzen zu seinem Ärger zum ersten Mal von anderen Wissenschaftlern beschrieben wurden, die ihr später gesammeltes Material schneller nach Europa transportieren konnten. Acht Jahre nach seiner Rückkehr und inzwischen Kustos am Naturhistorischen Museum in Wien, hat Handel-Mazzetti seine abenteuerlichen Reiseerlebnisse in dem hier gezeigten, mit Drucken nach Farbphotographien illustrierten Band veröffentlicht. Er endet mit einem Gedicht, das sein chinesischer Sammler Wang-te-hui der Pflanzensendung des Jahres 1921 beigelegt hatte: „Von dem höchsten Berg weithin Bächlein murmelnd talwärts zieh'n. Auf dem Kamm, für fernes Land, samml' ich, was Natur läßt blüh'n." Es war sein letzter Text, bald danach fiel Wang-te-hui am Hsüfeng-schan vermutlich einem Tiger zum Opfer.

Heinrich Freiherr von Handel-Mazzetti was taken by surprise by the outbreak of the First World War in a rather awkward location place – Lijang, in the Chinese province of Yunnan. To return home was difficult; if he made his way over the mountains into nearby Burma (today Myanmar), he would be arrested by the British authorities, but if he took the conventional route via Peking and then continued with the Trans-Siberian railway, he would be arrested at the Russian-Chinese border. It is therefore not surprising that he remained in the Middle Kingdom for five years, until he was repatriated in March 1919 to the young Republic of Austria. Handel-Mazzetti indeed reached Vienna, but not his botanical collections, which had been confiscated in the confusion of the war and did not arrive for a number of years. To his annoyance, this delay resulted in many of the plants which he had discovered in south-west China being described for the first time by others who had collected them later, but were able to transport them to Europe more quickly.

Eight years after his return, having in the meantime become curator at the Natural History Museum in Vienna, Handel-Mazzetti published his hazardous travel experiences in the volume shown here, illustrated with prints based on colour photographs. He concludes with a poem which his Chinese collector Wang-te-hui had enclosed in the consignment of plants for the year 1921: "From the highest mountain for miles around the rivulet draws murmuring towards the valley. On the peak, for a distant land, I collect what nature bids bloom." It was his last text, for shortly afterwards Wang-te-hui was killed at Hsufeng-shan, probably by a tiger.

La déclaration de la Première Guerre mondiale surprit le baron Heinrich von Handel-Mazzetti alors qu'il se trouvait dans un endroit plutôt inhabituel, à savoir à Lijang dans la province chinoise du Yunnan. Il s'aperçut qu'il aurait des difficultés à rentrer chez lui : s'il traversait les montagnes pour rejoindre la Birmanie [Myanmar] toute proche, il se ferait capturer par les autorités britanniques, s'il choisissait le chemin habituel par Pékin pour prendre le chemin de fer à travers la Sibérie, il se ferait arrêter à la frontière russe. On ne s'étonnera donc pas que le botaniste ait préféré demeurer dans l'Empire du Milieu. Il y resta cinq ans, jusqu'en mars 1919, date à laquelle il fut rapatrié dans la jeune république d'Autriche. De retour à Vienne, Handel-Mazzetti dut encore attendre quelques années avant de pouvoir reprendre possession de ses collections botaniques qui avaient été confisquées durant la guerre. A son grand désagrément, il constata qu'un grand nombre de plantes qu'il avait découvertes dans le sud-ouest de la Chine avaient été décrites par d'autres savants qui avaient été plus rapides que lui pour les rapporter en Europe. Huit ans après son retour, alors qu'il était devenu conservateur au Naturhistorisches Museum à Vienne, Handel-Mazzetti publia ses aventures dans cet ouvrage illustré de photos en couleur. Le livre s'achève sur un poème que son collecteur chinois Wang-te-hui lui avait fait parvenir en 1921 avec une caisse de plantes : « Descendant de la plus haute montagne, les petits ruisseaux se dirigent en murmurant vers la vallée. Sur la crête, je cueille pour le pays lointain ce que la nature a fait fleurir. » Ce fut son dernier texte, Wang-te-hui devait mourir peu de temps plus tard, probablement après avoir été attaqué par un tigre au Hsufeng-shan.

31. Alpenrosenblüte *(Rhododendron rubiginosum)* am Tschahungnyotscha ober Ngaitschekou, 3800 *m*. Tannen *(Abies Delavayi)*. Unten Birken, Weiden u. a. im Mischwald.

32. Die Vereinigung des Yalung mit dem Hsiao-Djing-ho. Garide aus *Campylotropis Delavayi (?)*.



Fig. 31, 32

43. Am Rand einer Schneemulde am Yülung-schan, 4225 *m*. *Primula pseudosikkimensis, P. pinnatifida, Trollius Yunnanensis, Allium Victorialis, Salvia Evansiana, Leontopodium calocephalum.*

44. Die Voralpenmatte Ndwolo am Yülung-schan, 3500 *m*. *Strobilanthes versicolor, Trollius Yunnanensis, Anemone demissa, Berberis dictyophylla.* L. *Picea*, rückw. *Abies Forrestii.*

*Fig. 43, 44*

67. *Mayodendron igneum* im tropischen Savannenwald gegenüber Manhao. *Lygodium flexuosum* schlingend.

68. *Rhododendron Delavayi* im Eichenwald *(Quercus glauca?)* auf dem Dji-schan, 3000 *m*.



*Fig. 67, 68*

# 93 *Hans Ranzoni d. J. Akeleien mit Bockkäfer / Columbines with longhorn beetle / Ancolies avec capricorne*

[WIEN], 1929

FLU Teilnachlaß Alfred Coßmann M 14/1

Das 20. Jahrhundert brachte nicht nur einen bis dahin unvorstellbaren Gewinn an botanischem Wissen und das Vordringen in bis dahin ebenso ungeahnte molekulare Dimensionen, sondern auch eine geradezu phantastische Beschleunigung der Verbreitung dieses Wissens. Hatte man bis ins 19. Jahrhundert neue Erkenntnisse überwiegend in Büchern, oft großformatig und reich illustriert, veröffentlicht, trat an ihre Stelle nun die in kurzen Abständen erscheinende wissenschaftliche Zeitschrift. Gleichzeitig sank auch die Zahl der Mäzene, die botanische Veröffentlichungen zu finanzieren bereit waren. Zeitschriften leben aber von Abonnenten; besaßen diese, wie in der Zwischenkriegszeit, wenig Mittel, mußte die Zahl der kostenträchtigen Abbildungen gering gehalten werden. Weiters wurden die wenigen Abbildungen meist nach einfachen Strichzeichnungen oder nach Schwarzweißphotographien gedruckt. Diese Entwicklung war in Österreich zwischen den beiden Weltkriegen besonders ausgeprägt. Dieses spiegelt sich auch in den bescheidenen botanischen Beständen wider, die sich in der Österreichischen Nationalbibliothek aus dieser Zeit finden. Hinzu kam, daß man sich dort, wie erwähnt, auf den Erwerb der wenigen Austriaca konzentrierte. Meisterwerke der botanischen Illustration aus dieser Zeit finden sich eher in Kleinstformen, wie sie im Teilnachlaß Alfred Coßmann in der Flugblätter-, Plakate- und Ex libris-Sammlung anzutreffen sind. Der hier gezeigte Kupferstich von Akeleien mit Bockkäfer stammt von Hans Ranzoni d. J., einem Schüler von Alfred Coßmann (siehe Nr. 94); er sollte seinem Lehrer an der Graphischen Lehr- und Versuchsanstalt in Wien nachfolgen und bis ins hohe Alter Kupferstiche für Exlibris und Briefmarken herstellen.

The 20th century brought not only an unimaginable gain in botanical knowledge and the advance into hitherto equally unsuspected molecular dimensions, but also a truly fantastic acceleration in the spreading of this knowledge. Until into the 19th century, new discoveries had been published predominantly in books, often large in format and richly illustrated; now their place was taken by the scientific periodical, which appeared at short intervals. At the same time, the number of patrons prepared to finance botanical publications also declined. Periodicals owe their livelihood to subscribers; when these had scarce resources, as was the case between the wars, then the number of costly illustrations had to be kept low. Furthermore, the few illustrations were mainly printed from simple line drawings or from black-and-white photographs. This development was particularly pronounced in the Austria of the inter-war years, and is naturally reflected in the modest botanical holdings which are to be found in the Austrian National Library from this time. Furthermore, as noted above, the library was concentrating on acquiring the few Austriaca then available. Masterpieces of botanical illustration from this period are more likely to be found in the smallest forms, as found in the partial estate of Alfred Coßmann in the Broadsheets, Posters and Ex Libris Collection. The copperplate engraving shown here, depicting columbines and a longhorn beetle, is by Hans Ranzoni Jr., a student of Alfred Coßmann (see No. 94). Ranzoni was to succeed his teacher at the Grafic Educational and Research Institute in Vienna and to produce copperplate engravings for ex libris and stamps into an advanced age.

Le XX$^{e}$ siècle a non seulement vu l'éclosion d'un savoir botanique inconcevable pour les générations passées ainsi qu'une avancée tout aussi inimaginable dans l'univers moléculaire, il a permis également de diffuser ces connaissances à une vitesse fantastique. Les livres en grand format et richement illustrés du XIX$^{e}$ siècle furent remplacés par des revues scientifiques publiées à intervalles courts. En même temps, on vit baisser le nombre des mécènes prêts à financer les publications botaniques. Ce sont les abonnés qui font vivre les journaux ; si ceux-ci n'avaient plus autant de moyens – ce fut le cas dans l'entre-deux guerres –, les revues devaient limiter les reproductions coûteuses. La plupart du temps, elles étaient imprimées d'après de simples dessins au trait ou des photographies en noir et blanc. On constate cette évolution dans l'Autriche de l'entre-deux guerres où elle est reflétée dans le nombre modeste de collections botaniques que l'on trouvait de cette époque à l'Österreichische Nationalbibliothek. Celle-ci s'employa surtout à acheter comme mentionné, quelques « Austriaca ». Les chefs-d'œuvre de l'illustration botanique de cette époque se rencontrent surtout en petit format, comme le montre la donation partielle d'Alfred Coßmann dans la collection de feuilles volantes, d'affiches et d'ex-libris. La gravure présentée ici, qui montre des ancolies avec un capricorne, a été réalisée par Hans Ranzoni le Jeune, un élève d'Alfred Coßmann (voir n° 94) ; il devait succéder à son maître à la Grapische Lehr- und Versuchsanstalt de Vienne et réaliser jusqu'à un âge avancé des gravures pour des ex-libris et des timbres.

## 94 *Alfred Coßmann Flechte / Lichen*

[WIEN], 1942–1943

FLU Teilnachlaß Alfred Coßmann K 2/76

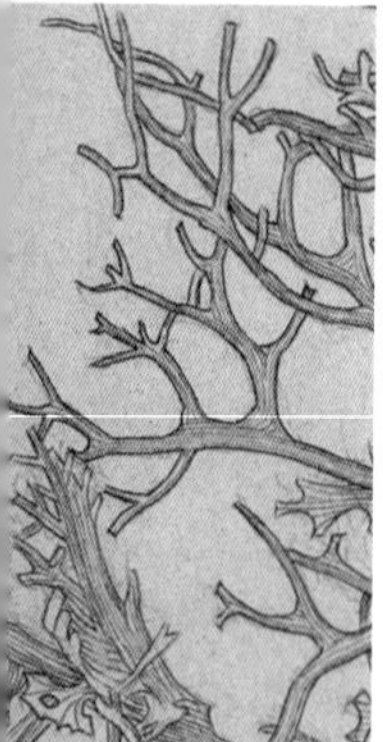

Die Besetzung Österreichs durch die deutsche Wehrmacht im Jahre 1938, die daraufhin bald erfolgte Entlassung jüdischer und regimekritischer Bibliotheksmitarbeiter, der Ausbruch des Zweiten Weltkriegs im Jahre 1939, die Bergung der immensen Bibliotheksbestände und deren Rückbergung nach Kriegsende stellten die Österreichische Nationalbibliothek vor riesige Probleme und Aufgaben. Verglichen mit anderen großen Bibliotheken in Mitteleuropa war man aber insgesamt gut über den Zweiten Weltkrieg gekommen. Es gab keine nennenswerten Gebäudeschäden, die Sammlungen blieben unversehrt und ungeteilt. Außerdem befanden sie sich von 1945 bis 1955 in der internationalen Zone des von den vier Alliierten besetzten Wien. An ein bedeutendes Wachstum der Bibliotheksbestände war in diesen Jahrzehnten nicht zu denken. Wissenschaft und Publikationstätigkeit waren zwar nicht erloschen, brannten aber gleichsam auf Sparflamme.

So ist der hier gezeigte Kupferstich ein typisches Zeugnis für die botanische Illustration dieser Zeit, die oft einer Flucht aus der Realität glich. Man stellte eine Flechte dar und verband sie mit einem zeitlosen Vers von Goethe. Das Blatt gehört zu einer Folge von sechs Stichen zu Goethes Worten über die Natur.

Auch nach 1945 änderte die Österreichische Nationalbibliothek die Leitlinien der Erwerbungspolitik nicht: Die Naturwissenschaften spielten weiterhin eine untergeordnete Rolle, der Schwerpunkt lag auf den in Österreich erschienenen Veröffentlichungen. Da aber nur ein verschwindender Bruchteil der weltweit publizierten botanischen Bücher und Zeitschriften in Österreich erscheint, ist der nach 1950 von der Österreichischen Nationalbibliothek erworbene botanische Bestand winzig.

The occupation of Austria by the German Wehrmacht in the year 1938, the quickly ensuing dismissal of library employees who were either Jewish or critical of the regime, the outbreak of the Second World War in the year 1939, and the rescue of the immense library holdings as well as their recovery after the war posed enormous tasks for the Austrian National Library. Compared with other large libraries in Central Europe, the institution emerged from the war period in quite good condition on the whole. There was no structural damage of note, and the collections also remained undamaged and undivided. Furthermore, they were located in the international zone of a Vienna, which was until the year 1955 occupied by the four Allied Powers. It was not possible to think in terms of a significant growth in library holdings, however, during these years. While scientific activity and publishing had not ceased, they were so to speak on a low heat. Thus the copperplate engraving shown here provides a typical example of botanical illustration of the times, which often seemed to seek an escape from reality: one presented a lichen combined with an eternal verse by Goethe. The plate is one of a series of six engravings based on the poet's nature sayings.

After 1945, the Austrian National Library did not change its guidelines for acquisitions. The natural sciences played a secondary role and the emphasis lay on those publications which appeared in Austria. But since only a diminishing fraction of the botanical books and periodicals published worldwide appear in Austria, the botanical stock acquired by the Austrian National Library after 1950 is minute.

Avec l'occupation de l'Autriche par l'armée allemande en 1938, le licenciement rapide des juifs et des opposants au régime travaillant à la bibliothèque, la déclaration de la Deuxième Guerre mondiale en 1939, la mise en sécurité des nombreuses collections et leur retour après la guerre, l'Österreichische Nationalbibliothek dut faire face à une lourde tâche et des problèmes énormes. Toutefois, comparée à d'autres grandes bibliothèques d'Europe centrale, elle traversa la guerre sans trop de dommages. Les bâtiments furent à peine abîmés et les collections demeurèrent intactes et complètes. Elles se trouvaient par ailleurs dans la zone internationale de la ville de Vienne qui fut occupée de 1945 à 1955 par les Alliés. Dans ces années de l'après-guerre, il n'était évidemment pas question d'agrandir considérablement les fonds de la bibliothèque. Si les activités scientifiques et de publication n'étaient pas mortes, elles étaient néanmoins en veilleuse. La gravure présentée ici est typique de l'illustration botanique de cette époque, qui semblait souvent vouloir fuir la réalité. On y voit un lichen associé à un vers classique de Goethe. La feuille fait partie d'une série de six gravures qu'accompagnent des paroles de Goethe sur la nature.

Même après 1945, l'Österreichische Nationalbibliothek ne changea pas sa politique d'acquisition : les sciences naturelles continuèrent à y jouer un rôle secondaire. L' accent fut mis sur les ouvrages publiés en Autriche. Étant donné toutefois que seule une partie minime des livres et journaux botaniques publiés dans le monde entier paraît en Autriche, le fonds botanique acquis par l'Österreichische Nationalbibliothek après 1950 est minuscule.

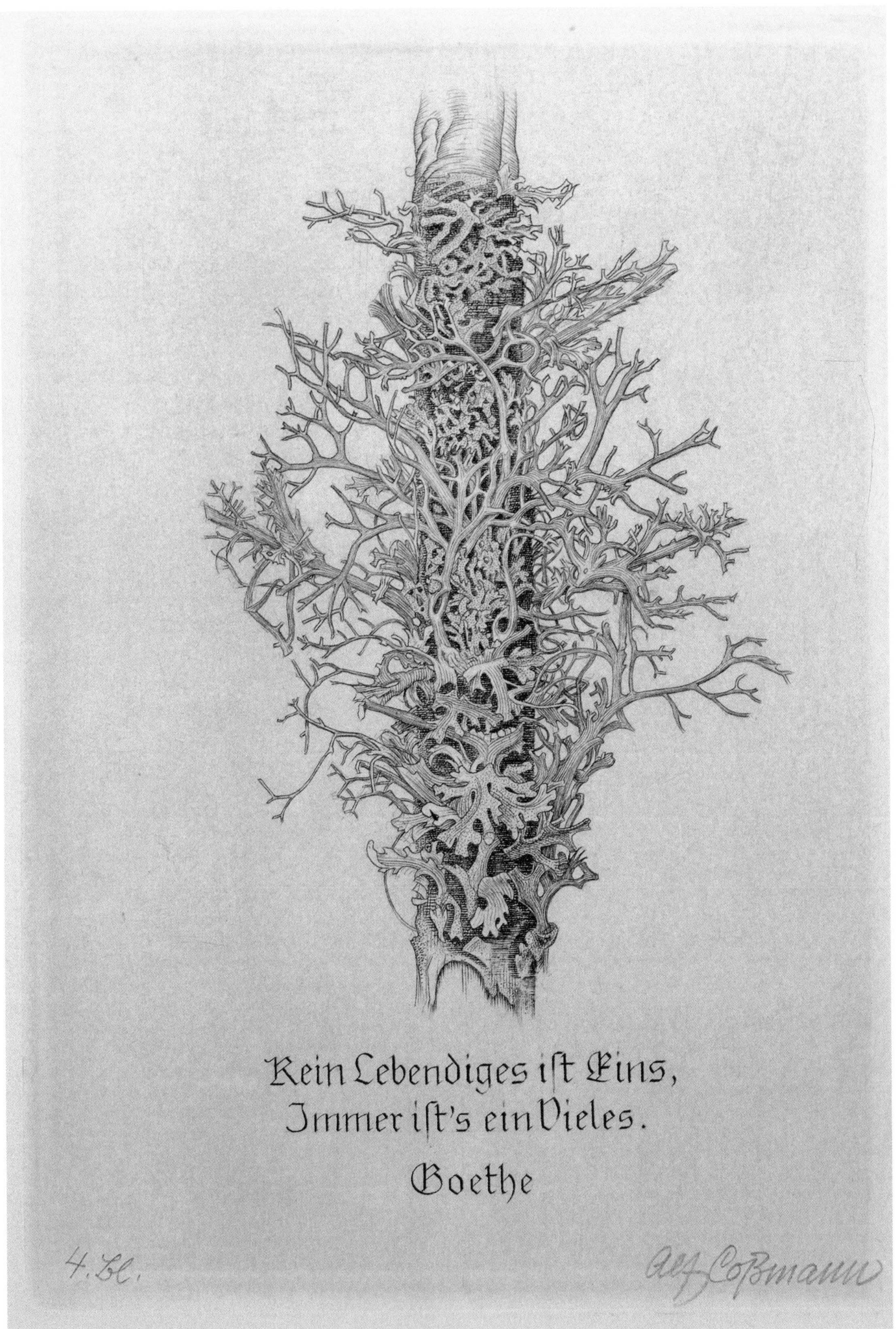
Kein Lebendiges ist Eins,
Immer ist's ein Vieles.
Goethe
4. Bl.
Alf Coßmann

# 95 *Walter Gams* *Die Bodenpilze im zentralalpinen Rohhumus*

INNSBRUCK, 1959

BUI 898.238-C

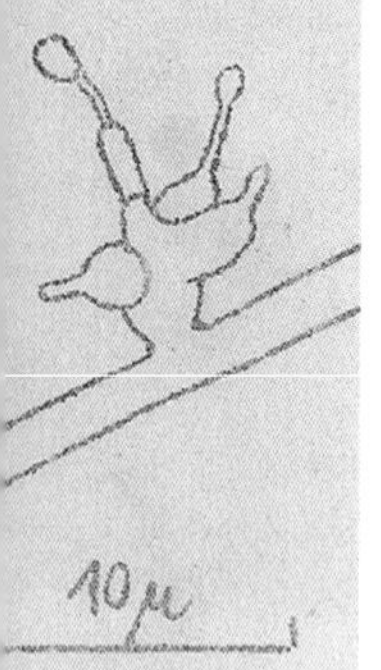


Als die hier gezeigte hektographierte Dissertation im Jahre 1959 an der Universität Innsbruck eingereicht wurde, ahnten weder der Dekan noch die Gutachter oder der Kandidat, daß damit der Siegeszug der Transplantationsmedizin beginnen sollte. In seiner Arbeit beschrieb der damals 25jährige Walter Gams erstmals einen Mikropilz, den er im Juli und September 1957 in Torfböden in Obergurgl (Tirol) gefunden hatte. Er gab ihm die vorläufige Bezeichnung „*Trichoderma inflatum* n. prov.", die 14 Jahre später – verändert zu *Tolypocladium inflatum* Gams – in einer holländischen Zeitschrift ordnungsgemäß veröffentlicht wurde. In den 1970er Jahren gelang es einer Arbeitsgruppe der Firma Sandoz in Basel, aus diesem Pilz das Molekül Cyclosporin zu isolieren und als zyklisches Peptid zu charakterisieren. Zur grenzenlosen und weltweiten Überraschung aller – Mediziner, Biologen und Chemiker – erwies es sich imstande, in subtiler Art und Weise in das Immunsystem von Säugetieren und Menschen einzugreifen. Undenkbares war damit möglich geworden: Transplantierte Organe wurden bei Cyclosporin-Behandlung vom Immunsystem des Empfängers nicht mehr regelmäßig abgestoßen. Im Jahre 1983 beispielsweise erstmals erfolgreich bei einer Herztransplantation angewendet, ist die Langzeittherapie von Transplantationspatienten mit Cyclosporin bis heute ohne ausgereifte Alternative. Diese Substanz wird aus Kostengründen nach wie vor ausschließlich aus *Tolypocladium inflatum* Gams gewonnen. Die von Gams im Siebdruck vervielfältige Strichzeichnung (p. 97) ist die erste gedruckte Darstellung dieses unscheinbaren Pilzes, der zu einem der sensationellsten Objekte in der Geschichte der Pharmazie wurde.

When the hectographed dissertation shown here was submitted in 1959 at the University of Innsbruck, neither the Dean, the reviewers nor the candidate realized that this was to be the beginning of the triumphant progress of transplant medicine. In his thesis, the 25-year-old Walter Gams described for the first time a small fungus which he had found in July and September 1957 in peat soil in Obergurgl in Tyrol. He gave it the provisional name *Trichoderma inflatum* n. prov., which, altered to *Tolypocladium inflatum* Gams, was properly published 14 years later in a Dutch journal. In the 1970s, a team at the company Sandoz in Basle succeeded in isolating the molecule cyclosporine from this fungus and characterized it as a cyclical peptide. To the boundless and worldwide surprise of all – doctors, biologists and chemists – it proved itself capable of subtly intervening in the immune system of mammals, including humans. The unthinkable was now possible: with the use of cyclosporine, transplanted organs were no longer regularly rejected by the immune system of the recipient. Successfully used for the first time after a heart transplant in 1983, cyclosporine has still to this day no fully developed alternative to the long-term treatment of transplant patients. For reasons of cost, this substance is still exclusively derived from *Tolypocladium inflatum* Gams. The line drawing that Gams reproduced by silk-screen printing (p. 97) is the first printed representation of this unpretentious fungus that became one of the most exciting objects in the history of pharmacy.

Lorsque la thèse présentée ici fut soumise en 1959 à l'Université d'Innsbruck, ni le doyen de la faculté, ni les experts, ni le candidat lui-même ne se doutaient qu'elle annonçait l'entrée triomphale de la greffe d'organes en médecine. Walter Gams, âgé à l'époque de 25 ans, décrivait en effet pour la première fois un champignon microscopique qu'il avait trouvé en juillet et septembre 1957 dans les terrains tourbeux d'Obergurgl au Tyrol. Le nom de *Trichoderma inflatum* n. prov. qu'il lui donna provisoirement, fut modifié, 14 ans plus tard, dans une revue hollandaise en *Tolypocladium inflatum* Gams. Dans les années soixante-dix, un groupe de travail de la société Sandoz à Bâle parvint à isoler à partir de ce champignon la molécule de la cyclosporine et à la caractériser comme un peptide cyclique. A la stupéfaction des médecins, des biologistes et des chimistes, elle s'avéra capable d'agir de façon subtile sur le système immunitaire des mammifères et de l'homme. Ce qui était inconcevable peu de temps auparavant était désormais possible : sous l'action de la cyclosporine, les organes greffés n'étaient plus systématiquement rejetés par le système immunitaire du receveur. Utilisé par exemple pour la première fois en 1983 aprés la greffe d'un cœur, le traitement de longue durée à la cyclosporine n'a toujours pas d'équivalent. Cette substance est encore extraite du *Tolypocladium inflatum* Gams pour des raisons d'économie. Le dessin à trait de Gams (p. 97), reproduit en sérigraphie, est la première représentation imprimée de cette moisissure discrète qui fait partie des objets les plus sensationnels de l'histoire de la pharmacie.

Trichoderma „inflatum" n. prov.

Aeusserlich wie die vorige Art, auf Malzagar etwas höhere Polster, geruchlos. Unterseite auf Malzagar leicht bräunlich werdend. Konidienbildung nach 10 Tagen, nicht ganz so reich wie bei der vorhergehenden Art. Phialiden ebenfalls in Wirteln an einfachen oder verzweigten kurzen Seitenästen, aber flaschenförmig dick aufgetrieben mit sehr schmalem Hals. Konidien eiförmig, 1,5 x 2$\mu$, unter dem Deckglas ebenfalls auseinanderströmend.

Fig. 42

Die Art ist nach den mikroskopischen Merkmalen sehr ähnlich Pachybasium niveum Rostrup, das von BREWER 1958 neu beschrieben und abgebildet worden ist. Der Hauptunterschied ist jedoch der der beiden Gattungen Trichoderma und Pachybasium. Diese werden zwar jetzt von HUGHES miteinander vereinigt wegen der Priorität der Autorschaft LINKs mit Trichoderma. Nach meiner Erfahrung handelt es sich bei den heute allgemein unter diesen Namen verstandenen Gattungen jedoch um 2 deutlich unterscheidbare Typen der Phialosporenbildner, die beide durch mehrere Arten vertreten sind. Die Unterschiede sind folgende:
1. Die Wuchsform von Pachybasium gleicht ± der von Trich.viride, d.h. konidienbildende Pusteln, klein und vereinzelt, oder in grössere Polster zusammenfliessend, sondern sich deutlich vom übrigen lockeren weissen Luftmyzel. Desgleichen besteht eine grosse Aehnlichkeit zu Tr.viride im Geruch. Meine beiden Arten Tr. actinodes und inflatum jedoch wachsen viel weniger in die Breite und bilden einen dichten, ziemlich hohen samtigen weissen Polster, sie weichen im Geruch völlig von Tr.viride ab.
2. Die charakteristischen sterilen Enden der Phialidenträger, die bei Pachyb. deutlich über den konidienbildenden Polster hervorragen, fehlen bei Trichoderma. 3. Ein wesentliches weiteres Merkmal für Pachyb. scheint mir die Ballung der Phialosporen zu sein, die sich auch in Flüssigkeit unter dem Deckglas kaum voneinander trennen.

Demnach könnte also höchstens eine Verwandtschaft von Trich. viride mit Pachybasium postuliert werden (vgl. Punkt 1.), jedoch nicht mit den anderen Arten. Ich behalte hier den gebräuchlichen Namen Pachybasium bei, obwohl er nach den Regeln der Nomenklatur durch einen andern zu ersetzen wäre.

p. 97

# 96 *Poster „Pflanzen auf Porzellan" / "Plants on Porcelain" / « Plantes sur porcelaine »*

[BERLIN], 1979

FLU P D 1979 Lit. 3

Bei der Ausleihe eines Objekts für Ausstellungszwecke sehen die Bestimmungen der Österreichischen Nationalbibliothek die kostenlose Überlassung eines Plakats vor, das dann in der Flugblätter-, Plakate- und Ex libris-Sammlung aufbewahrt wird. Als im Jahre 1979 der Botanische Garten Berlin die 300. Wiederkehr seiner Gründung feierte und aus diesem Anlaß im Schloß Charlottenburg eine vielbeachtete Ausstellung „Pflanzen auf Porzellan" stattfand, wurden auch einige außerordentlich seltene botanische Abbildungswerke von der Österreichischen Nationalbibliothek ausgeliehen. Das hierauf nach Wien übersandte Plakat zeigt anschaulich das Thema der Ausstellung: die Gegenüberstellung von Porzellanen, die mit naturgetreuen Pflanzenabbildungen dekoriert und mit dem wissenschaftlichen Namen beschriftet sind, und dem jeweiligen Vorlagewerk. Der auf dem Plakat abgebildete, in Privatbesitz befindliche Teller mit reicher, zum Teil gravierter Vergoldung stammt aus einem Porzellanservice, das die Königliche Porzellan-Manufaktur in Berlin im Auftrag der französischen Besatzungsmacht im Jahre 1807 für Joséphine, damals Impératrice des Français, herstellte (siehe Nr. 49). Dabei handelt es sich wahrscheinlich um einen Dessertteller, weitere Stücke dieser Serie befinden sich in den Musées Royaux d'art et d'histoire in Brüssel. Die von den Porzellanmalern verwendete Vorlage ist ein kolorierter Kupferstich, der in dem bekannten Abbildungswerk „Curtis's Botanical Magazine" veröffentlicht wurde. Er zeigt ein Exemplar von *Halimium ocymoides* (Lam.) Willk., das aus Portugal stammt und um 1802 in der Gärtnerei Loddidge bei London kultiviert wurde.

When an object is lent for exhibition purpose, the regulations of the Austrian National Library require the donation of an exhibition poster, which is then kept in the Broadsheets, Posters and Ex Libris Collection. As the Berlin Botanical Garden celebrated the 300th anniversary of its foundation in 1979, and on this occasion a highly regarded exhibition entitled "Plants on Porcelain" was mounted in the Schloss Charlottenburg, some extraordinarily rare works containing botanical illustrations were lent by the Austrian National Library. The poster which was subsequently sent to Vienna clearly conveys the theme of the exhibition: the comparison between pieces of porcelain decorated with realistic depictions of plants annotated with the scientific name of the plant, and the true-to-life plant illustrations from which they were drawn. The plate that is reproduced on the poster belongs to a private collection. It is richly gilded and the gilt partly engraved. The piece comes from a porcelain service intended for the French Empress Joséphine (see No. 49), which the Königliche Porzellan-Manufaktur (Royal Porcelain Factory) in Berlin made on commission for the French occupying powers in the year 1807. It is probably a dessert plate; other pieces of this series are to be found in the Musées Royaux d'art et d'histoire (Royal Museum of Art and History) in Brussels. The model used by the artists who painted the porcelain is a coloured copperplate engraving, which was published in the well-known illustrated journal *Curtis's Botanical Magazine*. It shows a specimen of *Halimium ocymoides* (Lam.) Willk., which comes from Portugal and which was being cultivated around 1802 at Loddidge's nursery near London.

Quand l'Österreichische Nationalbibliothek prête un objet afin qu'il soit exposé, il est prévu qu'elle reçoive par la suite une affiche gratuite. Celle-ci est conservée dans la collection Feuilles volantes, Affiches, Ex-libris. En 1979, le Jardin botanique de Berlin a fêté le tricentenaire de sa fondation et une exposition très remarquée, « Pflanzen auf Porzellan » [Plantes sur porcelaine], s'est déroulée à cette occasion au château de Charlottenburg. Les organisateurs avaient demandé à l'Österreichische Nationalbibliothek de leur prêter quelques ouvrages imprimés de botanique extrêmement rares. L'affiche envoyée à Vienne illustre explicitement le thème de l'exposition, puisqu'elle montre un face à face entre les porcelaines décorées de plantes reproduites d'après nature avec leur nom scientifique et l'illustration qui leur a servi de modèle. L'assiette généreusement dorée et la dorure en partie gravée représentée sur l'affiche appartient à une collection privée et fait partie d'un service que la Königliche Porzellan-Manufaktur de Berlin réalisa en 1807 pour Joséphine, à l'époque impératrice des Français (voir n° 49), à la demande des forces d'occupation françaises.

Il s'agit vraisemblablement d'une assiette à dessert. D'autres pièces de cette série se trouvent aux Musées Royaux d'art et d'histoire de Bruxelles. Le modèle utilisé par les peintres sur porcelaine est une gravure coloriée qui fut reproduite dans le « Curtis's Botanical Magazine », un périodique botanique illustré bien connu. Il montre un spécimen d'*Halimium ocymoides* (Lam.) Willk. originaire du Portugal et cultivé vers 1802 chez l'horticulteur Loddidge près de Londres.

*Detail/détail*

# 97 *Franz Johann Pilz Spitzmorcheln und Hirschkäfer / Morels and stag beetle / Morilles et lucane*

[STEEG IM SALZKAMMERGUT], 1986

FLU Neuerwerbung 2000, in Bearbeitung

Während sich die durch Fernsehen, Film und Printmedien vermittelte Bilderwelt in zunehmenden Maße bunter, bewegter, ja hektischer gestaltete, schuf Franz Johann Pilz im Jahre 1986 ein Stilleben mit Spitzmorcheln, zwei Eicheln und einem Hirschkäfer. Es scheint aus längst vergangenen Zeiten zu stammen: Im Zeitalter der elektronischen Kommunikation verwendete Pilz den Kupferstich als Methode zur Vervielfältigung, wählte ein sehr kleines Format (75 x 123 mm) und zudem ein Bildmotiv, das ebensogut im Biedermeier oder in der Renaissance hätte dargestellt werden können. Dieses Blatt zeigt ein bekanntes Phänomen: die Gleichzeitigkeit der unterschiedlichen Methoden. Während etwa Schmutzer (Nr. 44) noch auf kostbarem Pergament malte, wurden längst Kupferstiche in hoher Auflage auf billigem Papier gedruckt; während in den 1990er Jahren Plakate nach Pflanzenphotographien gedruckt wurden (siehe Nr. 98), entstand eine neue, inzwischen unüberschaubare Bilderwelt im Internet. Das ist allerdings für den Kulturhistoriker nichts Neues: Nach Einführung des Buchdrucks mit beweglichen Lettern durch Johannes Gutenberg wurden auch weiterhin Manuskripte mit der Hand kopiert, und die Entwicklung der Lithographie zur Vervielfältigung von Abbildungen führte nicht sofort zum Ende des Kupferstichs. Es wäre daher unangemessen und überheblich, das hier gezeigte Werk von Pilz als Anachronismus zu bezeichnen. Denn es ist gerade die Mannigfaltigkeit der Ansätze und Methoden, die jedes Wissensgebiet – auch das der botanischen Illustration – reizvoll, interessant, ja gleichsam menschlich erscheinen läßt.

While the world of images conveyed by television, film and the print media became ever more colourful, more turbulent, indeed more hectic, Franz Johann Pilz created a still life with morels, two acorns and a stag beetle in the year 1986. It seems to come from times long past: in the age of electronic communication Pilz employed copperplate engraving as a method of reproduction, chose a very small format (3 x 4 ¾ in. (75 x 123 mm)) and moreover selected for his picture a motif which could just as well have been portrayed in the Biedermeier period or in the Renaissance. This print thereby shows a well-known phenomenon: the contemporaneity of the different methods. Whereas for example Schmutzer (No. 44) still painted on costly parchment, copperplate engravings have long since been printed in large numbers on cheap paper; whereas in the 1990s posters were printed from photographs of plants (see No. 98), there has emerged a new, and by now overwhelmingly large, world of images on the Internet. This is nothing new for the cultural historian: after the introduction of letterpress printing with moveable letters by Johannes Gutenberg, manuscripts continued to be copied by hand. Similarly, the development of lithography as a means of copying illustrations did not immediately result in the demise of the copperplate engraving. It therefore seems inappropriate and supercilious to describe the work by Pilz shown here as an anachronism. For it is precisely the diversity of approaches and methods that give every field of knowledge – including that of botanical illustration – its charm, interest and, indeed, its humanity.

Alors que la télévision, le cinéma et les médias imprimés nous transmettent un monde d'images de plus en plus bigarré, animé, et disons même fébrile, Franz Johann Pilz a réalisé en 1986 une nature morte représentant des morilles, deux glands et un lucane, qui semble sortie tout droit d'une époque révolue. A l'heure des autoroutes de l'information, Pilz a utilisé la gravure sur cuivre pour reproduire son ouvrage. Il a choisi un format minuscule (75 x 123 mm) et un sujet digne des artistes de la Renaissance ou de l'époque Biedermeier. Néanmoins, cette planche met au jour un phénomène fondamental : la simultanéité des différentes méthodes. A l'heure où Schmutzer (n° 44), par exemple, peint encore sur du vélin précieux, il y a longtemps que l'on imprime des reproductions des gravures à grand tirage sur du papier bon marché. Et alors qu'on réalise des affiches d'après des photographies de plantes (voir n° 98), on assiste à l'explosion d'un nouvel univers pictural sur le Net. En fait, n'y a là rien de nouveau pour l'historien des civilisations. On a copié des manuscrits à la main longtemps après que Johannes Gutenberg a introduit les caractères d'imprimerie et le développement de la lithographie pour reproduire des illustrations n'a pas immédiatement sonné le glas de la gravure. Il serait donc inadéquat et présomptueux de placer au rang des anachronismes l'ouvrage de Pilz présenté ici. N'est-ce pas justement la variété des approches et des techniques qui rend tout savoir – et l'illustration botanique en fait partie – attrayant, intéressant, et malgré tout humain ?

PILZ
86

## 98 Poster „Botanischer Garten des Landes Kärnten" / "Botanical Garden of Carinthia" / « Jardin botanique en Carinthie »

[KLAGENFURT], 1990

FLU P 1990/34/1

In einer von Bildern überfluteten Welt muß jede Institution, die Waren auf dem Markt verkaufen oder Besucher anlocken will, durch Bilder präsent sein – bewegte Bilder (wie bei einem Werbespot) oder unbewegte Bilder (wie bei einem Logo). Das hier gezeigte, im Jahre 1990 gedruckte Plakat macht auf den Botanischen Garten in Klagenfurt aufmerksam und wurde als Pflichtexemplar an die Österreichische Nationalbibliothek geliefert. Das gewählte Motiv verdeutlicht, daß in diesem etwa 1,2 Hektar großen Garten am östlichen Rand des Kreuzbergls nicht in erster Linie die Pflanzenwelt außereuropäischer Gebiete dem Besucher nähergebracht werden soll, sondern die heimische Flora – die auf dem Plakat gezeigte Herbstzeitlose (*Colchicum autumnale* L.) ist eine weitverbreitete, im Spätsommer und Herbst blühende Pflanze, die auch im südlichen und östlichen Kärnten fast überall zu finden ist. Sie ist giftig und wird auch vom Vieh gemieden.

Botanische Gärten sind heute wie schon zu ihrer Entstehungszeit in der Spätrenaissance primär Orte der Wissensvermittlung, doch richten sie sich nicht mehr wie damals ausschließlich an Apotheker und Ärzte, sondern an jeden an Pflanzen interessierten Besucher. Sie werden auch nicht mehr ausschließlich als Universitätsinstitutionen geführt, wofür der durch das Land Kärnten finanzierte botanische Garten in Klagenfurt ein Beispiel ist. Neu hingegen ist die Aufgabe botanischer Gärten, den Besuchern die Reaktion der Ökosysteme auf unüberlegte Eingriffe des Menschen vor Augen zu führen.

In a world flooded by images, every institution that sells goods on the market or wants to attract visitors must present itself through images – moving images (as in a commercial) or stationary images (as in a logo). The poster shown here, which was printed in the year 1990, draws attention to the Botanical Gardens in Klagenfurt and was delivered to the Austrian National Library as a deposit copy. The chosen motif makes it clear that it is not primarily the flora of non-European regions which is to be presented to the visitor in this garden of almost 3 acres (1.2 hectares) on the eastern edge of the Kreuzbergl, but primarily domestic flora. The meadow saffron (*Colchicum autumnale* L.) which appears on the poster, is a widespread plant flowering in the late summer and autumn, and is almost ubiquitous in southern and eastern Carinthia. It is poisonous and is also avoided by cattle.

Botanical gardens are today primarily places for conveying knowledge, as they were at the time of their emergence in the late Renaissance. They are however no longer directed as they were then exclusively at those who prescribe and dispense medicine, but at those visitors who are interested in plants. Furthermore, they are now also no longer exclusively run as university institutions as they were then; an example of this is the botanical garden in Klagenfurt which is financed by the province of Carinthia. A new task however for botanical gardens is to show visitors the reaction of ecosystems to rash interventions by man.

A l'heure où règne l'image, toute institution qui veut vendre des produits ou attirer des visiteurs doit, elle aussi, être présente en images – animées (clip publicitaire) ou inanimées (logo). L'affiche imprimée en 1990 présentée ici attire l'attention sur le Jardin botanique de Klagenfurt. Il s'agit d'un exemplaire obligatoirement remis à l'Österreichische Nationalbibliothek. Le motif choisi montre bien que ce jardin d'environ 1,2 hectare à la limite orientale du Kreuzbergl n'est pas là en premier lieu pour présenter la flore non-européenne au visiteur, mais principalement la flore de la région. Le colchique (*Colchicum autumnale* L.) sur l'affiche, est une plante très commune qui fleurit à la fin de l'été et en automne et on la trouve aussi presque partout en Carinthie méridionale et orientale. Elle est vénéneuse et le bétail l'évite aussi.

Les jardins botaniques sont restés ce qu'ils étaient à l'époque où ils ont vu le jour – la fin de la Renaissance –, en premier lieu des endroits où le savoir est dispensé. Mais ils ne sont plus exclusivement réservés aux pharmaciens et aux médecins et s'adressent désormais à tous les visiteurs qui s'intéressent aux plantes. Ils ne sont plus administrés exclusivement comme des institutions académiques, ce dont le Jardin botanique de Klagenfurt, financé par le land de Carinthie, est un exemple. En revanche, une nouvelle mission leur incombe aujourd'hui : faire comprendre au public combien l'écosystème est sensible aux interventions irréfléchies des hommes.

Detail/détail

## 99 *Poster „Blumen der Türkei“ / “Flowers of Turkey” / « Fleurs de Turquie »*

[LINZ], 1994

FLU P 1994/11b/36

Lit. 71

Botanischen Themen gewidmete Ausstellungen sind bis heute Seltenheiten. Das hier gezeigte Plakat wirbt für eine derartige Veranstaltung, die vom Oberösterreichischen Landesmuseum in Linz im Jahre 1994 durchgeführt wurde. Anlaß dazu war der 80. Geburtstag von Dr. Friederike Sorger, die durch zahlreiche Reisen einen wesentlichen Beitrag zur botanischen Erforschung der Türkei geleistet hat. Viele von ihr gesammelte Herbarexemplare finden sich in der zehnbändigen *Flora of Turkey* zitiert, die in den Jahren 1965 bis 1988 von P. H. Davis in Edinburgh herausgegeben wurde. Der neunte Band dieser Flora wurde ihr gewidmet, und im zehnten Band heißt es über Frau Sorger, sie habe „mit dem bei ihr üblichen unermüdlichen Enthusiasmus großzügig viel Zeit zur Akkumulierung neuer Taxa verwendet“. In der Tat war es ihr in den entlegeneren Gebieten der Türkei gelungen, zahlreiche für die Wissenschaft neue Arten und Unterarten zu entdecken, die von ihr und anderen Botanikern erstmals beschrieben wurden. Da Frau Sorger lange Jahre in Linz gelebt und ihre botanischen Sammlungen dem Naturhistorischen Museum in Wien und dem Oberösterreichischen Landesmuseum geschenkt hatte, gab es einen speziellen Bezug zu Linz. Die auf den Türkeireisen von Frau Sorger photographierten Pflanzen bildeten dann das tragende Element der Ausstellung. Der dazugehörige Begleitband macht deutlich, in welcher Tradition diese Forscherin steht: Bereits Clusius (siehe Nr. 12, 13) hatte über Pflanzen aus dem Gebiet der heutigen Türkei berichtet, Kotschy (siehe Nr. 79, 82, 85, 86) und Handel-Mazzetti (siehe Nr. 90, 92) machten diese Region zum Ziel ihrer Expeditionen. Das Plakat zeigt *Iris iberica* Hoffm. subsp. *elegantissima* (Sosn.) Takht. & Fedorov aus der Gegend von Erzurum im Nordosten der Türkei.

Exhibitions dedicated to botanical themes have been a rarity until today. The poster shown here advertises such an event, which was held by the Oberösterreichisches Landesmuseum (Upper Austrian Provincial Museum) in Linz in the year 1994. The occasion for this was the eightieth birthday of Dr. Friederike Sorger, who on numerous journeys has made a considerable contribution to the botanical exploration of Turkey. Many of the herbarium specimens she collected are cited in the ten volume *Flora of Turkey*, which was published between 1965 and 1988 by P. H. Davis in Edinburgh. The ninth volume of this flora is dedicated to her, and the tenth volume states that Friederike Sorger “has, with customary indefatigable enthusiasm, generously given much time to the accumulation of new taxa”. Indeed, in the more remote regions of Turkey, she succeeded in discovering numerous species and subspecies which were new to science, and which she and other botanists described for the first time. As Friederike Sorger had lived for many years in Linz and had donated her botanical collections to the Natural History Museum in Vienna and the Upper Austrian Provincial Museum, there was a special link to the latter institution. Thus the plants which had been photographed by Friederike Sorger on her travels to Turkey formed the major part of the exhibition. The accompanying catalogue also makes clear the tradition in which she stands as a researcher: Clusius (see Nos. 12, 13) had already reported on plants from the area which is now Turkey, and Kotschy (see Nos. 79, 82, 85, 86) and Handel-Mazzetti (see Nos. 90, 92) made this region the goal of their expeditions. The poster shows *Iris iberica* Hoffm. subsp. *elegantissima* (Sosn.) Takht. & Fedorov from the Erzurum area of north-eastern Turkey.

Les expositions à thème botanique ont toujours été rares. L’affiche présentée ici attire l’attention sur celle qui fut organisée par l’Oberösterreichisches Landesmuseum de Linz en 1994 à l’occasion du quatre-vingtième anniversaire du Dr Friederike Sorger. Celle-ci a apporté une contribution considérable à l’exploration botanique de la Turquie en y effectuant de nombreux voyages. De nombreux échantillons de plantes séchées qu’elle a rassemblés sont cités dans la *Flora of Turkey*, un ouvrage en dix volumes édité de 1965 à 1988 par P. H. Davis à Edimbourg. Le neuvième volume de cette flore lui est dédié et on peut lire dans le dixième que Madame Sorger a « généreusement accordé beaucoup de temps à l’accumulation de nouvelles espèces avec l’enthousiasme inépuisable que nous lui connaissions ». Et de fait, elle a réussi à découvrir dans des régions isolées de la Turquie de nombreuses espèces et sous-espèces inconnues de la science et qui ont été décrites par elle et d’autres botanistes. Comme Madame Sorger a longtemps vécu à Linz et qu’elle a fait don de ses collections botaniques au Naturhistorisches Museum de Vienne et à l’Oberösterreichisches Landesmuseum, elle a une relation spécifique avec cette institution. Les plantes qu’elle a photographiées durant ses voyages en Turquie sont l’élément porteur de l’exposition. Le catalogue qui l’accompagne révèle clairement aussi dans quelle tradition se situe Madame Sorger : Clusius (voir n^os^ 12, 13) avait déjà écrit un compte rendu sur les plantes que l’on trouve dans la Turquie actuelle, Kotschy (voir n^os^ 79, 82, 85, 86) et Handel-Mazzetti (voir n^os^ 90, 92) firent de cette région le but de leurs expéditions. L’affiche montre l’*Iris iberica* Hoffm. subsp. *elegantissima* (Sosn.) Takht. & Fedorov de la région d’Erzeroum au nord-est de la Turquie.

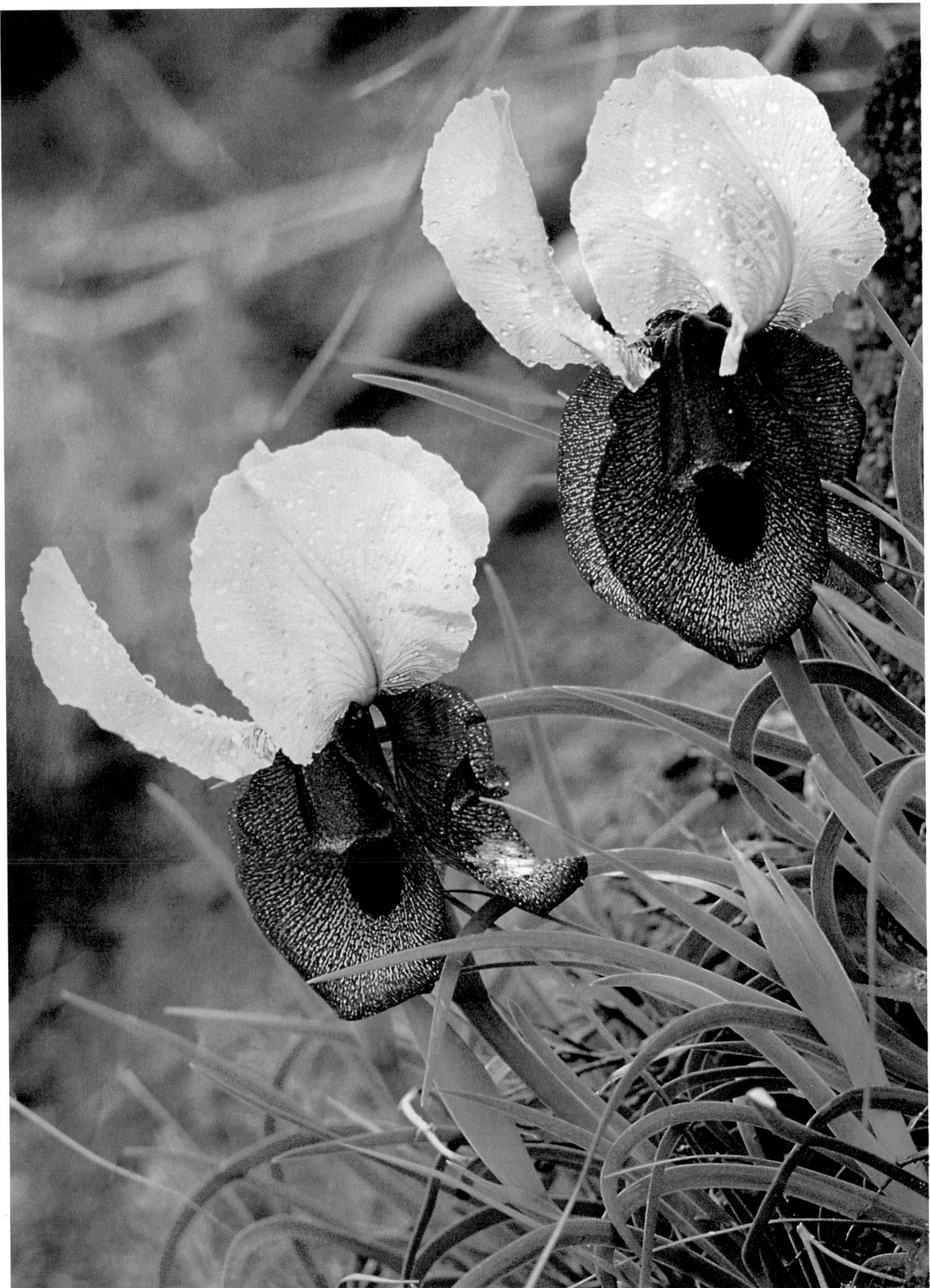

*Detail/détail*

# 100 *H. Walter Lack Ein Garten für die Ewigkeit*

BERN, 2000

BUI Neuerwerbung 2000, in Bearbeitung

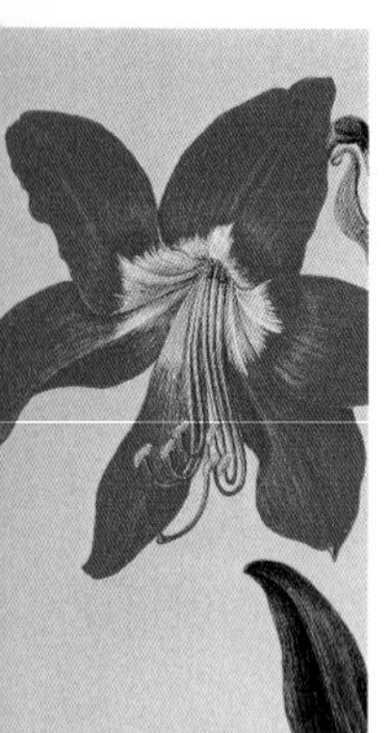

Durch ihre außerordentlich reichen Bestände ist die Österreichische Nationalbibliothek nicht nur eine der ersten Adressen für älteres botanisches Schriftgut, sondern auch für älteres botanisches Bildmaterial. Die Bestimmungen dieser Institution sehen bei Nutzung von Bildern zur Illustration von Büchern und Zeitschriften die kostenlose Überlassung von mindestens einem Belegexemplar vor. Für die Österreichische Nationalbibliothek hat dieses unter anderem den Vorteil, daß sie so Werke erwerben kann, die sie auf Grund ihrer Richtlinien nie kaufen würde. Die hier gezeigte Monographie erschien in der Schweiz und behandelt ein botanisches Thema; sie wäre in einer Zeit knapper Mittel kaum gekauft worden. Dabei behandelt dieses Buch ein Florilegium, das sich fast 150 Jahre lang in Wien befunden hat – allerdings nicht in der kaiserlichen Hofbibliothek oder der Fideikommissbibliothek der Familie Habsburg-Lothringen, sondern in der Fideikommissbibliothek der Familie Liechtenstein. Erst gegen Ende des Zweiten Weltkriegs wurde die 14bändige, ursprünglich *Liber regni vegetabilis* bezeichnete Handschrift, jetzt *Codex Liechtenstein* genannt, in einer dramatischen Rettungsaktion nach Vaduz gebracht, wo sie sich auch heute befindet (siehe auch Nr. 34). Ein sehr erheblicher Teil der Wasserfarbenmalereien stammt von den Brüdern Joseph, Franz und Ferdinand Bauer (t. 39). Bis zum April 2000 der Forschung gänzlich unbekannt, wird in *Ein Garten für die Ewigkeit* dieser bedeutende Schatz erstmals zugänglich gemacht. Ähnlich dem *Codex Aniciae Julianae* (Nr. 1) zeugt dieses Werk vom Geheimnis der Zeit und der schöpferischen Kraft des Menschen, selbst so ephemere Objekte wie Pflanzen dauerhaft im Bild festzuhalten.

Because of its extraordinarily rich holdings, the Austrian National Library is not only one of the best sources of older written material on botanical subjects but also of older botanical pictures. The regulations of this institution provide for the delivery free of charge of at least one voucher copy when pictures in its possession are used as illustrations in books and periodicals. Among other things, this has the advantage for the Austrian National Library of bringing into the library's possession works which it would never buy because of its guidelines. The monograph shown here, that was published in Switzerland, deals with a botanical theme, and in a time of limited resources would scarcely have been bought. The book deals with a florilegium which resided in Vienna for nearly 150 years, though neither in the Imperial Court Library nor in the Hapsburg-Lothringen Family Trust Library, but rather in the Liechtenstein Family Trust Library. It was only towards the end of the Second World War that the 14-volume manuscript, initially entitled *Liber regni vegetabilis* and known today as *Codex Liechtenstein*, was brought to Vaduz in a dramatic rescue operation, where it is still to be found today. A very considerable number of the watercolour paintings were done by the brothers Joseph, Franz und Ferdinand Bauer (t. 39). Completely unknown to research until April 2000, this irreplaceable treasure is made accessible for the first time in *Ein Garten für die Ewigkeit* (A garden for eternity). Like the *Codex Aniciae Julianae* (No. 1), this work shows something of the mystery of the time, and of the creative power of man to capture lastingly the image of even such ephemeral objects as plants.

L'Österreichische Nationalbibliothek abrite de si nombreux ouvrages qu'elle n'est pas seulement l'une des sources privilégiées de ceux qui cherchent des textes botaniques anciens, elle est aussi une mine de matériel pictural botanique ancien. Les règlements de cette institution prévoient en cas d'utilisation des images pour illustrer des livres ou des magazines la livraison gratuite obligatoire d'au moins un exemplaire. L'un des avantages que cela présente pour l'Österreichische Nationalbibliothek est qu'elle peut ainsi acquérir des ouvrages qu'elle n'achèterait pas en raison de ses principes directeurs. La monographie botanique présentée ici est parue en Suisse et la bibliothèque ne l'aurait jamais achetée en cette époque de gêne financière. Le sujet du livre est un florilège qui a séjourné près d'un siècle et demi à Vienne, non pas à la Bibliothèque Impériale ou la Fideikommissbibliothek de la maison de Habsbourg-Lorraine mais à la Fideikommissbibliothek de la maison de Liechtenstein. Il a fallu attendre la fin de la Seconde Guerre mondiale pour qu'à l'issue d'une action de sauvetage dramatique le manuscrit en 14 volumes nommé à l'époque *Liber regni vegetabilis*, dit aujourd'hui *Codex Liechtenstein*, soit apporté à Vaduz, où il se trouve encore (voir aussi n° 34). Une très grande partie des aquarelles ont été réalisées par les frères Joseph, Franz et Ferdinand Bauer (t. 39). Jusqu'au mois d'avril 2000, ce trésor remarquable était parfaitement inconnu de la recherche et *Ein Garten für die Ewigkeit* le rendra pour la première fois accessible au public. A l'instar du *Codex Aniciae Julianae* (n° 1), cet ouvrage évoque l'énigme de l'écoulement du temps et la puissance créatrice de l'Homme, qui sait fixer durablement par l'image même des objets aussi éphémères que les plantes.

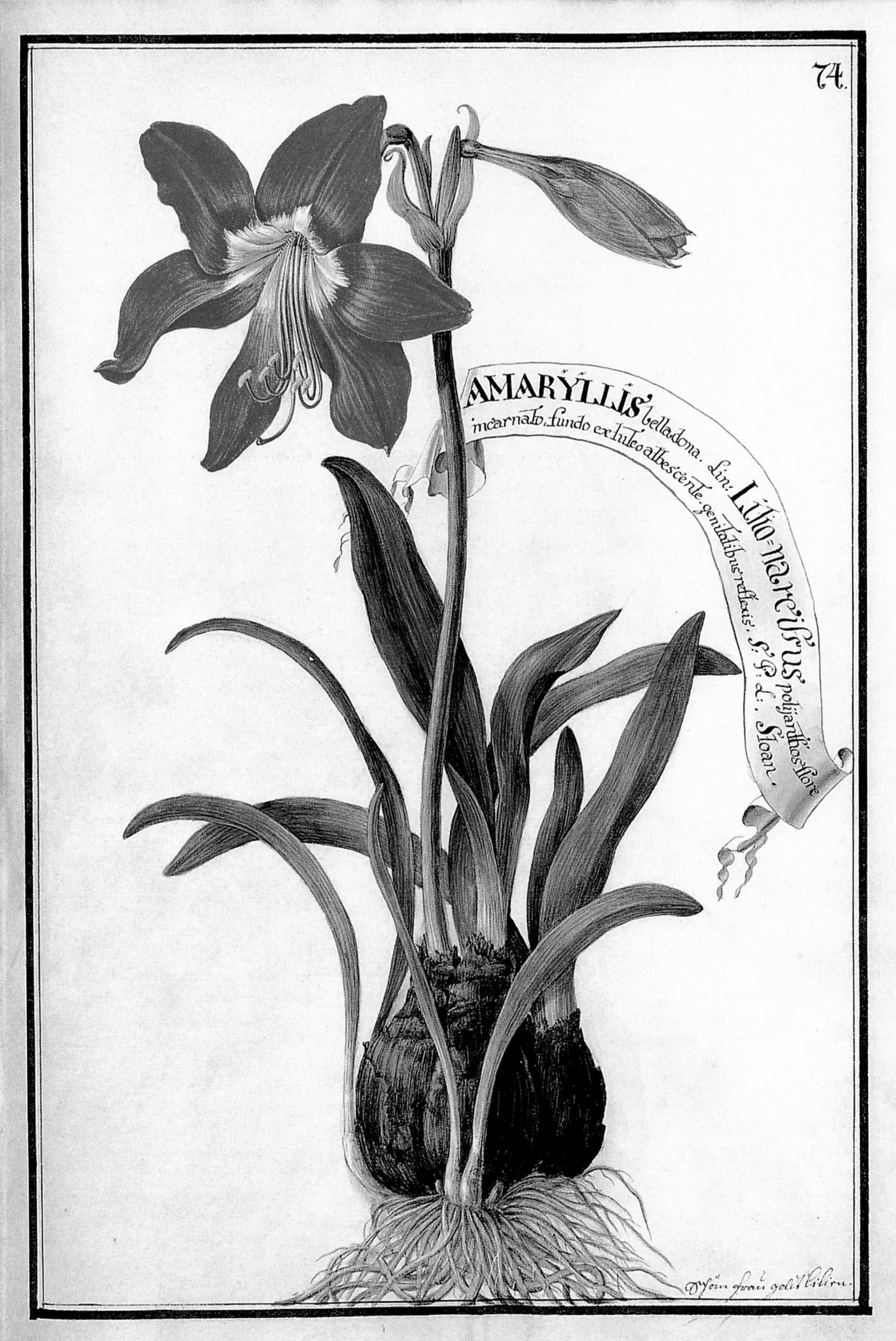
74.
AMARYLLIS bella dona. Lin:
Lilio-narcissus polyanthos flore
incarnato, fundo ex luteo albescente, genitalibus reflexis. S: P: L: Sloan.

p. 211

# DANKSAGUNG
# ACKNOWLEDGEMENTS
# REMERCIEMENTS

Mein Dank gilt allen Mitarbeitern der Österreichischen Nationalbibliothek, die an diesem Projekt beteiligt waren. Wertvolle inhaltliche Anregungen stammen von Hofrat Univ. Doz. Dr. Ernst Gamillschegg (HAN), Mag. Marianne Jobst-Ziegler (FLU), Dr. Claudia Karolyi (FLU) und Hofrat Dr. Gerda Mraz (POR), die Koordination aller in Wien durchgeführten Arbeiten lag in den kompetenten Händen von Mag. Anton Knoll, Öffentlichkeitsarbeit und Ausstellungen.

Die vorläufige Fassung der Texte haben dankenswerterweise Peter Hirsch, Mag. Petra Pellgrü und Dr. Thomas Raus (alle Berlin) gelesen. Die Betreuung des Buchs zur Ausstellung lag bei Dr. Petra Lamers-Schütze (Köln) und Brigitte Beier (Hamburg).

Die dienstlichen Beurlaubungen für die Arbeit in Wien hat dankenswerterweise Prof. Dr. W. Greuter (Berlin) genehmigt.

I would like to thank the staff at the Austrian National Library who participated in this project. Hofrat and University Lecturer Dr. Ernst Gamillschegg (HAN), Mag. Marianne Jobst-Ziegler (FLU), Dr. Claudia Karolyi (FLU) and Hofrat Dr. Gerda Mraz (POR) provided many ideas on content. The project co-ordination in Vienna, publicity work, as well as the mounting of the exhibition lay in the competent hands of Mag. Anton Knoll.

I am grateful to Mr. Peter Hirsch, Mag. Petra Pellgrü, and Dr. Thomas Raus (all in Berlin) for reading the prelininary text. The production of the book was conducted by Dr. Petra Lamers-Schütze in Cologne and Ms Brigitte Beier in Hamburg.

For granting leaves of absence to carry out the work in Vienna, I would like to thank Prof. W. Greuter in Berlin.

Je remercie tous les collaborateurs de l'Österreichische Nationalbibliothek qui ont participé à ce projet. Le Dr Ernst Gamillschegg (HAN), conseiller aulique et privat-docent à l'université, le Mag. Marianne Jobst-Ziegler (FLU), le Dr Claudia Karalyi (FLU) et le Dr Gerda Mraz (PQR), conseiller aulique, nous ont fait des suggestions précieuses, la coordination de tous les travaux réalisés à Vienne était aux mains compétentes du Mag. Anton Knoll, Relations publiques et Expositions.

Mes remerciements à Peter Hirsch, au Mag. Petra Pellgrü et au Dr Thomas Raus (tous trois à Berlin) qui ont lu la version non définitive des textes et à Hervé Burdet, Genève, qui a lu la traduction française ainsi qu'au Dr Petra Lamers-Schütze (Cologne) et Brigitte Beier (Hambourg) qui ont assuré le suivi de l'ouvrage accompagnant l'exposition.

Je remercie enfin le Prof. Dr W. Greuer (Berlin) qui a autorisé ma mise en disponibilité afin que je puisse travailler à Vienne.

## BIBLIOGRAPHIE | BIBLIOGRAPHY

### Bibliographien und Standardwerke
### Bibliographies and Reference Works
### Bibliographies et ouvrages de référence

Blunt, W. & Stearn, W. T. (1994), *The art of botanical illustration*, new Edition. Woodbridge, Suffolk.

Ehrhardt, W., Götz, E., Bödeker, N. & Seybold, S. (2000), *Zander*, 16. Ausg. Stuttgart.

Mabberley, D. (1997), *The plant-book*, second edition. Cambridge.

Nissen, C. (1951/2), *Die botanische Buchillustration*, 2 vols. Stuttgart.

Pritzel, G. A. (1871–1877), *Thesaurus literaturae botanicae*, ed. 2. Lipsiae.

Stafleu, F. A. & Cowan, R. S. (1976, 1979, 1981, 1983, 1985, 1986, 1988), Taxonomic Literature, second edition, 1–7. *Regnum vegetabile* 94, 98, 105, 110, 112, 115, 116.

Stafleu, F. A. & Cowan, R. S. (1992, 1993, 1995, 1997, 1998, 2000), Taxonomic Literature, Suppl. 1–6. *Regnum Vegetabile* 125, 130, 132, 134, 135, 137.

### Sekundärliteratur
### Secondary Literature
### Littérature critique

**1.** Albert, J., Laar, A. & Ehberger, G. (1999), *Hortus Eystettensis. Ein vergessener Garten?* 2. Auflage, München.

**2.** Andrássy, P. (1994), Kitaibel Pál munkásságához kapcsolódó postabélyegek, alkalmi bélyegzések, 66–68. In: Andrássy, P., Csapody, I. & Hortobágyi, T. C., *Kitaibel Pál és a Kitaibel Pál Középiskolai Biológiai Tanulmányi Verseny*. Veszprém.

**3.** Baer, W. & Lack, H. W. (1979), *Pflanzen auf Porzellan*. Berlin.

**4.** Baldini, E. (1993), Documenti di museografia naturalistica: xiloteche e modelli botanico-pomologici. In: *Museologia scientifica* 9, 181–223.

**5.** Barker, N. (1994), *Hortus Eystettensis. The bishop's garden and Besler's magnificent book*. London.

**6.** Baumann, F. A. (1974), Das Erbario Carrarese. In: *Berner Schriften zur Kunst* 12.

**7.** Blunt, W. (1971), *The compleat naturalist. A life of Linnaeus*. London.

**8.** Brücher, H. (1975), Domestikation und Migration von *Solanum tuberosum* L. In: *Kulturpflanze* 23, 11–74.

**9.** Calmann, G. (1975), *Ehret Flower Painter Extraordinary*. London.

**10.** Casper, J. (2000), Die Geschichte des Kanarischen Drachenbaums in Wissenschaft und Kunst. In: *Haussknechtia* Beiheft 10.

**11.** Cleevely, R. J. (1974), A provisional bibliography of natural history works by the Sowerby family. In: *Journal of the Society for the History of Natural History* 6, 482–559.

**12.** Desmond, R. (1992), *The European discovery of the Indian flora*. Oxford.

**13.** Desmond, R. (1999), *Sir Joseph Dalton Hooker. Traveller and Plant Collector.* Woodbridge, Suff.

**14.** Ebes, H. (1988), *The florilegium of Captain Cook's first voyage to Australia 1768–1771*. Melbourne.

**15.** Fletcher, H. R. (1969), *A story of the Royal Horticultural Society 1804–1968*. Oxford.

**16.** Garbari, F. (1991), I 'Prefetti' del Giardino, dalle origini. In: Garbari, F., Tongiorgi Tomasi, L. & Tosi, A. (eds.), *Giardino dei Semplici*, 27–114. Ospedaletto.

**17.** Geus, A. (1995), Natur im Druck. Geschichte und Technik des Naturselbstdrucks. In: Geus, A. (ed.), *Natur im Druck*, 9–27. Marburg an der Lahn.

**18.** Gombocz, E. (ed.) (1945), *Diaria itinerum Pauli Kitaibelii*, vols. 2. Budapest (= Kubacska, A. T. (ed.), Leben und Briefe ungarischer Naturforscher, 3–4).

**19.** Grübl-Steinbauer, R. (2001), Chinesische Bilder aus der Fideikommißbibliothek: Das Gengshi tu des Kaisers Franz I. von Österreich. In: *Biblios* 49, 293–307.

**20.** Guiney, R. (1949), On the whereabouts of the 'Oxford copy' of Rudbeck's Campi Elysii. *Proceedings of the Linnean Society of London* 161, 50–56.

**21.** Gunn, M. & Codd, L. E. (1981), *Botanical exploration of Southern Africa*. Cape Town.

**22.** Hansen, B. (1980), Balanophoraceae. *Flora Neotropica* 23.

**23.** Heine, H. (1967), 'Ave Caesar, botanici te salutant'. L'épopée napoléonienne dans la botanique. *Adansonia* sér. 2, 7, 115–140.

**24.** Hong, D.-Y. & Pan, K.-Y. (1999), A revision of the *Paeonia suffruticosa* complex. *Nordic Journal of Botany* 19, 289–299.

**25.** Hoppe, B. (1969), *Das Kräuterbuch des Hieronymus Bock*. Stuttgart.

**26.** Jacquin, J. F. v. (1824), Der Universitäts-Garten in Wien. In: *Medizinische Jahrbücher des kaiserlich königlichen österreichischen Staates* N. F. 2, 482–518.

**27.** Johnston, S. H. (ed.) (1992), *The Cleveland herbal, botanical and horticultural collections*. Kent, Ohio.

**28.** Kanitz, A. (1868), Plantae Tinneanae. *Botanische Zeitung* (Berlin) 26, 487–498, 504–507.

**29.** Koreny, F. (1985), *Albrecht Dürer und die Tier- und Pflanzendarstellungen der Renaissance.* München.

**30.** Kronfeld, E. M. (1923), *Park und Garten von Schönbrunn*. Wien (= Amalthea-Bücherei 35).

**31.** Lack, E. &. Lack, H. W. (1984), *Ein Kontinent wird entdeckt. Pflanzen von Kapitän Cook's erster Weltreise 1768–1771*. Frankfurt a. M. (= Kleine Senckenberg-Reihe 14).

**32.** Lack, E. &. Lack, H. W. (1985), *Die Abenteuer des Sir Joseph Banks 1743–1820. Botaniker, Weltreisender und Mäzen.* Wien (= Botaniker auf Weltreisen 1).

**33.** Lack, E. & Lack, H. W. (1985), *Botanik und Gartenbau in Prachtwerken.* Berlin.

**34.** Lack, H. W. (1982), Pohls 'Plantarum Brasiliae icones et descriptiones'. In: *Zandera* 1, 3–7, 13–20.

**35.** Lack, H. W. (1987), Ein Garten für die Kaiserin. In: Anon., *Jardin de la Malmaison*, 8–13. Berlin.

**36.** Lack, H. W. (1987), [Verschiedene Beiträge]. In: Lack, H. W., Becker, P. J. & Brandis, T., *100 Botanische Juwelen. 100 Botanical Jewels*, 116–117, 120–121, 126–129, 134–135, 142–145, 158–159, 166–167, 170–171, 180–181, 192–193, 208–209. Berlin (= Staatsbibliothek Preußischer Kulturbesitz Ausstellungskataloge 30).

**37.** Lack, H. W. (1994), Hieronymus Bock 1498–1554. In: *Botanisches Museum, Sonderausstellung, Infoblatt* 5. Berlin.

**38.** Lack, H. W. (1994), ‚... in Weinkellern an alten Fässern ...' „Österreichs Schwämme" – ein pilzkundliches Prachtwerk des frühen 19. Jahrhunderts. Zu einer Neuerwerbung. In: *MuseumsJournal* 8 (2), 82–83.

**39.** Lack, H. W. (1998), Jacquin's ‚Selectarum stirpium americanarum historia'. The extravagant second edition and its title pages. In: *Curtis's Botanical Magazine* ser. 6, 15, 194–214.

**40.** Lack, H. W. (1998), Die frühe botanische Erforschung der Insel Kreta. In: *Annalen des Naturhistorischen Museums Wien* 98 B Suppl., 183–236.

**41.** Lack, H. W. (1998), Die Kupferstiche von frühbyzantinischen Pflanzenabbildungen im Besitz von Linné, Sibthorp und Kollár. In: *Annalen des Naturhistorischen Museums Wien* 100 B, 613–655.

**42.** Lack, H. W. (1998), Von den Inseln der Karaiben. Mahagoni, van Swieten und Jacquin. In: *MuseumsJournal* 12 (1), 64–65.

**43.** Lack, H. W. (with Mabberley, D.) (1998), *The Flora Graeca story. Sibthorp, Bauer and Hawkins in the Levant.* Oxford.

**44.** Lack, H. W. (1999), Eine unbekannte Wiener Bilderhandschrift: Die ‚Phytanthologia Eikonike' des Johann Jakob Well. In: *Annalen des Naturhistorischen Museums Wien* 101 B, 531–564.

**45.** Lack, H. W. (2000), Lilac and horse-chestnut: discovery and rediscovery. In: *Curtis's Botanical Magazine* ser. 6, 17, 109–141.

**46.** Lack, H. W. (2000), *Ein Garten für die Ewigkeit. Der Codex Liechtenstein.* Bern.

**47.** Lack, H. W. (2000), Philipp Franz, O-Taki-San und O-Ine. Eine deutsch-japanische Beziehung. In: *MuseumsJournal* 14 (4), 43–45.

**48.** Lack, H. W. (2000), *Adolf Engler. Die Welt in einem Garten.* München.

**49.** Leach, L. C. (1985), A revision of *Stapelia* L. (Asclepiadaceae). In: *Excelsa Taxonomic Series* 1.

**50.** Ludwig, H. (1998), *Nürnberger naturgeschichtliche Malerei im 17. und 18. Jahrhundert.* Marburg an der Lahn (= Geus, A. (ed.), Acta Biohistorica 2).

**51.** Mabberley, D. (1999), *Ferdinand Bauer. The nature of discovery*. London.

**52.** Mabberley, D. & Moore, D. T. (1999), Catalogue of the holdings in The Natural History Museum (London) of the Australian botanical drawings of Ferdinand Bauer (1760–1826) and cognate materials relating to the Investigator voyage of 1801–1805. In: *Bulletin of the Natural History Museum* (London) 29 (2).

**53.** Mallary, P. & F. (1986), *A Redouté treasury. 468 watercolours from Les Liliacées of Pierre-Joseph Redouté*. London.

**54.** Margadant, W. D. (1968), Early bryological literature. In: *Mededeelingen von het botanisch museum te Utrecht* 283.

**55.** Martius, C. F. P. v. (1851), *Denkrede auf Heinrich Friedrich Link*. München.

**56.** Meyer, F. G., Trueblood, E. E. & Heller, J. L. (1999), *The great herbal of Leonhart Fuchs*, 1. Stanford, Calif.

**57.** Moore, H. E. & Hyypio, P. A. (1970), Some comments on *Strelitzia* [Strelitziaceae]. In: *Baileya* 17, 64–74.

**58.** Nasir, Y. J. (1980), Balsaminaceae. In: *Flora of Pakistan* 133.

**59.** Petkovšek, V. (1973), Clusius' naturwissenschaftliche Bestrebungen im südlichen Pannonien. In: *Burgenländische Forschungen*. Sonderheft 5, 202–225.

**60.** Raphael, S. (1990), *An Oak Spring Pomona. A selection of the rare books on fruit in the Oak Spring Garden Library*. Upperville, Virg.

**61.** Raphael, S. (1992). Mattioli's Herbal. In: Anon., *The Mattioli Woodblocks*, [3]–[8]. Oxford.

**62.** Ratzel, F. (1887), Pallas: Peter Simon P. In: *Allgemeine Deutsche Biographie* 25, 81–98.

**63.** Riedl-Dorn, C. (1989), Die grüne Welt der Habsburger. In: *Veröffentlichungen des Naturhistorischen Museums Wien* N. F., 23.

**64.** Riedl-Dorn, C. (1998), *Das Haus der Wunder*. Wien.

**65.** Robb, H. (1988), *Jacob und Johann Philipp Breyne. Zwei Danziger Botaniker im 17. und 18. Jahrhundert* (= Veröffentlichungen der Forschungsbibliothek Gotha 27).

**66.** Röttinger, H. (1942), Weiditz (Wydytz), Hans, II. In: Vollmer, H. (ed.), *Allgemeines Lexikon der bildenden Künste von der Antike bis zur Gegenwart* 35, 269–271.

**67.** Rupprecht, J. B. (1821), Wanderung durch Ateliers hiesiger Künstler. In: *Archiv für Geographie, Historie, Staats- und Kriegskunst* 12, 138–140.

**68.** Savage, S. (1921), A little-known Bohemian herbal. In: *Library* ser. 4, 2, 117–131.

**69.** Scrase, D. (1997), *Fitzwilliam Museum Handbooks. Flower Drawings*. Cambridge.

**70.** Sermonti Spada, I. (1969), Boccone, Paolo. In: *Dizionario biografico degli italiani* 11, 98–99. Roma.

**71.** Speta, F. (1994), Österreichs Beitrag zur Erforschung der Flora der Türkei. In: *Stapfia* 34, 7–76.

**72.** Stearn, W. T. (1948), Kaempfer and the lilies of Japan. In: *The Lily Yearbook* 1948, 65–70.

**73.** Steele, A. R. (1964), *Flowers for the king*. Durham, North Carolina.

**74.** Stewart, J. & Stearn, W. T. (1993), *The orchid paintings of Franz Bauer*. London.

**75.** Tjaden, W. L. (1971), Hortus nitidissimus. In: *Taxon* 20, 461–466.

**76.** Tongiorgi Tomasi, L. (1991), Arte e natura nel giardino dei semplici: dalle origini alla fine dell' età medicea. In: Garbari, F., Tongiorgi Tomasi, L. & Tosi, A. (eds.), *Giardino dei Semplici*, 115-212. Ospedaletto.

**77.** Watson, W. P. (1981), Redouté – artist and technician. In: Mathew, B., *P. J. Redouté, Lilies and related flowers*, 8–15. London.

**78.** Wickens, G. E. (1972), Dr. G. Schweinfurth's journeys in the Sudan. In: *Kew Bulletin* 27, 129–146.

# REGISTER | INDEX

**Personen/Persons/Personnes**

**Orte/Localities/Lieux**

Es werden die modernen Bezeichnungen in deutscher, englischer und französischer Sprache erfaßt, sowie die an den betreffenden Orten heute üblichen.

Contemporary toponyms in German, English and French are listed, as well as names used today in these places.

Les toponymes contemporains en allemand, anglais et français sont indiqués, et aussi ceux qui sont appliqués aujourd'hui dans les localités.

**Pflanzen/Plants/Plantes**

**Bücher, Handschriften, Plakate, Ex Libris/ Books, manuscripts, posters, ex libris/ Livres, manuscrits, posters, ex-libris**

In der Regel werden die Bezeichnungen der Exponate in der Originalsprache angegeben, und zwar in der im Text verwendeten Form. Bei fingierten Titeln wird dies mit einem Sternchen (*) gekennzeichnet.

As a rule, the titles of the items exhibited are given in the original language and in the spelling used in the text. Fictitious names are marked with an asterisk (*).

Les titres des objets sont indiqués en langue et orthographe originales. Les titres fictifs sont marqués par un astérisque (*).